Mathematik

Gymnasiale Oberstufe
Nordrhein-Westfalen
Qualifikationsphase

Grundkurs

Herausgegeben von
Dr. Anton Bigalke   Dr. Norbert Köhler

Erarbeitet von
Dr. Anton Bigalke
Dr. Norbert Köhler
Dr. Gabriele Ledworuski
Dr. Horst Kuschnerow

unter Mitarbeit der Verlagsredaktion
und Beratung von
Prof. Dr. Andreas Büchter, Dortmund
Gerhard Lowinski, Ratingen
Dr. Christian Wahle, Meschede

Cornelsen

Redaktion: Dr. Jürgen Wolff, Felix Arndt
Layout: Klein und Halm Grafikdesign, Berlin
Bildrecherche: Dieter Ruhmke

Grafik: Dr. Anton Bigalke, Waldmichelbach; Christian Böhning, Berlin
Illustration: Detlev Schüler †, Berlin; Gudrun Lenz, Berlin
Umschlaggestaltung: Klein und Halm Grafikdesign, Hans Herschelmann, Berlin
Technische Umsetzung: CMS – Cross Media Solutions GmbH, Würzburg

www.cornelsen.de

Die Webseiten Dritter, deren Internetadressen in diesem Lehrwerk angegeben sind,
wurden vor Drucklegung sorgfältig geprüft. Der Verlag übernimmt keine Gewähr für
die Aktualität und den Inhalt dieser Seiten oder solcher, die mit ihnen verlinkt sind.

1. Auflage, 4. Druck 2022

Alle Drucke dieser Auflage sind inhaltlich unverändert
und können im Unterricht nebeneinander verwendet werden.

Druck und Bindung: Livonia Print, Riga

ISBN 978-3-06-041913-5

PEFC zertifiziert
Dieses Produkt stammt aus nachhaltig
bewirtschafteten Wäldern und kontrollierten
Quellen.

www.pefc.de

PEFC™
PEFC/12-31-006

Inhalt

Vorwort

Kernlehrplan

In diesem Buch wird der Kernlehrplan für den Grundkurs Mathematik der Qualifikationsphase (Sekundarstufe II, Gymnasium/Gesamtschule) des Landes Nordrhein-Westfalen konsequent umgesetzt. Der modulare Aufbau des Buches und der einzelnen Kapitel ermöglichen dem Lehrer individuelle Schwerpunktsetzungen. Die Schüler können sich aufgrund des beispielbezogenen und selbsterklärenden Konzeptes problemlos orientieren und zielgerichtet vorbereiten.

Druckformat

Das Buch besitzt ein weitgehend zweispaltiges Druckformat, was die Übersichtlichkeit deutlich erhöht und die Lesbarkeit erleichtert.

Lehrtexte und Lösungsstrukturen sind auf der linken Seitenhälfte angeordnet, während Beweisdetails, Rechnungen und Skizzen in der Regel rechts platziert sind.

Beispiele

Wichtige Methoden und Begriffe werden auf der Basis anwendungsnaher, vollständig durchgerechneter Beispiele eingeführt, die das Verständnis des klar strukturierten Lehrtextes unterstützen. Diese Beispiele können auf vielfältige Weise als Grundlage des Unterrichtsgesprächs eingesetzt werden. Im Folgenden werden einige Möglichkeiten skizziert:

- Die Aufgabenstellung eines Beispiels wird problemorientiert vorgetragen. Die Lösung wird im Unterrichtsgespräch oder in Stillarbeit entwickelt, wobei die Schülerbücher geschlossen bleiben. Im Anschluss kann die erarbeitete Lösung mit der im Buch dargestellten Lösung verglichen werden.

- Die Schüler lesen ein Beispiel und die zugehörige Musterlösung. Anschließend bearbeiten sie eine an das Beispiel anschließende Übung in Einzel- oder Partnerarbeit. Diese Vorgehensweise ist auch für Hausaufgaben gut geeignet.

- Ein Schüler wird beauftragt, ein Beispiel zu Hause durchzuarbeiten und als Kurzreferat zur Einführung eines neuen Begriffs oder Rechenverfahrens im Unterricht vorzutragen.

Übungen

Im Anschluss an die durchgerechneten Beispiele werden exakt passende Übungen angeboten.

- Diese Übungsaufgaben können mit Vorrang in Stillarbeitsphasen als Kontrolle eingesetzt werden. Dabei können die Schüler sich am vorangegangenen Unterrichtsgespräch orientieren.

- Eine weitere Möglichkeit: Die Schüler erhalten den Auftrag, eine Übung zu lösen, wobei sie mit dem Lehrbuch arbeiten sollen, indem sie sich am Lehrtext oder an den Musterlösungen der Beispiele orientieren, die vor der Übung angeordnet sind.

- Weitere Übungsaufgaben auf zusammenfassenden Übungsseiten finden sich am Ende der meisten Abschnitte. Sie sind für Hausaufgaben, Wiederholungen und Vertiefungen geeignet. Rot markierte Übungen haben einen erhöhten Schwierigkeitsgrad.

- In erheblichem Umfang sind die Formate des Zentralabiturs berücksichtigt, vor allem auch solche mit einfachen Anwendungsbezügen und mitModellierungen. Allerdings muss man sich die ohnehin knappe Zeit gut einteilen, da Anwendungsaufgaben zeitaufwendig sind.

Überblick, Test, mathematische Streifzüge

An jedem Kapitelende sind in einem Überblick die wichtigsten mathematischen Regeln, Formeln und Verfahren des Kapitels in knapper Form zusammengefasst.

Auf der letzten Kapitelseite findet man einen Test zum Standardstoff, der auch zur Selbstkontrolle dienen kann. Die Lösungen findet man im Buch auf den Seiten 480–491.

Fast alle Kapitel enthalten einen mathematischen Streifzug, der besonders interessierten Schülern interessante Vertiefungsmöglichkeiten bietet.

Verwendung des GTR

Der GTR ist ein zusätzliches, zeitsparendes und reichweitevergrößerndes Hilfsmittel, welches die wichtigen manuellen Techniken ergänzen aber nicht ersetzen kann. Es gibt an den passenden Stellen GTR-Passagen, in denen die technische Verwendung für zwei gebräuchliche Rechnermodelle konkret erläutert wird. Am Ende des Buches gibt es zwei kleine Kurse zu den beiden dargestellten Rechnermodellen. Die meisten Aufgabenstellungen im Buch sind so flexibel ausgelegt, dass sie sowohl manuell als auch mit GTR bewältigt werden können. An passenden Stellen wird mit dem Symbol GTR angedeutet, das hier die Anwendung des Rechners empfohlen wird oder notwendig ist. Entsprechend wird durch das Symbol GTR angezeigt, dass hier eine hilfsmittelfreie Bearbeitung empfohlen wird.

Gesamtkonzeption und Kapitelhinweise

Das Buch ist so angelegt, dass unter Beachtung der Intentionen des Lehrplans die Anforderungen der Abiturprüfung abgesichert werden. Dabei sollen die Schüler die drei klassischen Tragpfeiler der Mathematik, die Differential- und Integralrechnung, die analytische Geometrie und die Stochastik in der für die Mathematik typischen klaren Fachsystematik kennenlernen.

I. Eigenschaften von Funktionen

Der ersten beiden Abschnitte fassen wiederholend die Inhalte Steigung und erste Ableitung sowie Ableitungsregeln aus der Einführungsphase zusammen. In der Folge werden die Kriterien für Extrema und Wendepunkte entwickelt und im Rahmen von vollständigen Kurvenuntersuchungen angewandt. Vertieft wird durch die exemplarische Untersuchung von Kurvenscharen und von realen Prozesse , wobei hier aus Zeitgründen eine exemplarische Auswahl getroffen werden muss. Die Polynome bilden die zugrunde liegende Funktionsklasse. An geeigneten Stellen werden als Vertiefungsmöglichkeit aber auch einfache nicht ganzrationale Funktionen angeboten.

II. Anwendungen der Differentialrechnung

In diesem Kapitel gibt es zwei Abschnitte über Extremalprobleme mit Nebenbedingungen (Minimaxprobleme) und über die Rekonstruktion von Funktionen (Steckbriefaufgaben), wobei auch der Modellierungsaspekt angemessen berücksichtigt wird. Hier sind zahlreiche Aufgabenstellungen und Übungsmöglichkeiten angeboten, so dass die Möglichkeit besteht, durch eine begrenzte Auswahl eigene Schwerpunkte zu setzen und einen individuellen Kurs zusammenzustellen.

III. Grundlagen der Integralrechnung

Als einführendes Beispiel zur Integralrechnung wird die Rekonstruktion einer Funktion aus ihren Änderungsraten verwendet. Es ist aber auch möglich, in Umkehrung der Differentialrechnung direkt mit dem Begriff der Stammfunktion zu starten und dann das bestimmte Integral zu behandeln. Bestandsrekonstruktionen erfolgen dann später am Ende von Kapitel IV, wenn die Schüler mit den Grundlagen der Integralrechnung vertraut sind.

IV. Anwendungen der Integralrechnung

In diesemKapitel wird zunächst der Zusammenhang zwischen bestimmtem Integral und Flächen-inhalt herausgearbeitet. Dabei werden systematisch Flächen unter Funktionsgraphen, Flächen zwischen Funktionsgraphen und abschließend die nicht ganz einfachen Bestandsrekonstruktionen behandelt. Hier wird aus Gründen der Flexibilität sehr viel Material – vor allem auch im Anwen-dungsbereich – angeboten. Aus Zeitgründen ist eine exemplarische Auswahl erforderlich. Dabei kann auch eine Anpassung an die noch fortschreitenden Entwicklungen im Bereich der Abitur-prüfung erfolgen.

V. Exponentielle Prozesse

Der erste Abschnitt stellt eine kurze Wiederholung von Kenntnissen aus der Einführungsphase zum Thema Exponentialfunktionen dar. Eine systematische Behandlung ist nicht erforderlich. Im zweiten Abschnitt wird die Euler'sche Exponentialfunktion e^x entwickelt. Dabei wird auch die Logarithmusfunktion $\ln x$ angesprochen, die man zum Lösen einfacher Exponentialgleichungen benötigt. Dann werden Produkt- und Kettenregel eingeführt, die nun benötigt werden, um beson-ders abiturrelevante Funktionstypen bearbeiten zu können, welche sich aus Exponentialfunktio-nen und Polynomen durch Produktbildung und Verkettung zusammensetzen lassen, wie z. B. $(x^2 - 2x)e^{-0,5x}$. Es empfiehlt sich, neben der linearen auch die allgemeine Kettenregel einzuführen. Man ist dann freier in der Auswahl der zu untersuchenden Probleme und Funktionen. In den letzten beiden Abschnitten werden die Modelle des unbegrenzten und des begrenzten Wachstums und Zerfalls vorgestellt.

VI. Untersuchung zusammengesetzter Funktionen

Nun werden die Methoden der Differential- und Integralrechnung gebündelt. Am Kapitelende sollte es möglich sein, abiturnahe Analysisaufgaben aus Kapitel XV zu bearbeiten.

Im ersten Abschnitt „Zusammensetzung von Funktionen" werden die vorgesehenen Arten der Zusammensetzung (Summen, Produkte und Verkettungen mit linearer innerer Funktion) erklärt. Als Funktionsmaterial kommen Polynome und Exponentialfunktionen in Frage, stark einge-schränkt auch trigonometrische Funktionen. ImAnschluss werden die bekannten Differentiations und Integrationstechniken auf zusammengesetzte Funktionen übertragen und in einer Tabelle konzentriert zusammengestellt.

Nach diesem zeitsparenden Überblick werden im zweiten Abschnitt „Kurvendiskussionen" die Techniken im Rahmen von Funktionsuntersuchungen verknüpft und in einfachen Anwendungs-situationen eingesetzt. Die wichtigsten Techniken und Verfahren werden durch schlagwortartige Überschriften gekennzeichnet. Dies erhöht die Zeiteffizienz und die Langzeitabrufbarkeit.

Der dritte Abschnitt „Exkurs: Anwendung" handelt von der Kettenlinie und ist zur Vertiefung für interessierte Schüler gedacht. Das Gleiche gilt für den Streifzug zur Radiokarbonmethode.

Im vierten Abschnit „Modellierungen" hat der Lehrer die Möglichkeit, aus einem vielfältigen Angebot eine enge, zeitlich zu bewältigende Auswahl zusammenstellen zu können. Drei Aspek-te werden angesprochen: Das geometrisch geprägte Modellieren von Randkurven, das dynamisch ausgerichtete Modellieren von Prozessen und die Bestandsrekonstruktionen.

VII. Lineare Gleichungssysteme

Dieses Kapitel bildet den Auftakt zur analytischen Geometrie. Denn in diesem Themengebiet der Mathematik treten lineare Gleichungssysteme (LGS) häufiger auf. Die Fähigkeit, sie systematisch lösen zu können, soll hier erworben werden, im Anschluss an Erfahrungen aus den Zusammen-hängen „Steckbriefaufgaben" und „Modellierung von Funktionen".

Im ersten Abschnitt „Grundlagen" werden die Begriffe und Schreibweisen geklärt. Es reicht, hier ein Beispiel zu behandeln. Man kann den Abschnitt auch ganz überspringen.

Im zweiten Abschnitt „Das Lösungsverfahren von Gauß" werden die beiden Grundideen von Gauß (Dreieckssystem, Rückwärtseinsetzung) vermittelt. Einfache kleine LGS sollten manuell gelöst werden können, wobei die klare Dokumentation des Lösungswegs erforderlich ist.

Im dritten Abschnitt geht es um „Lösbarkeitsuntersuchungen" sowie unter- und überbestimmte Gleichungssysteme. Das kann man kurz halten, da die Lösbarkeitsfrage später mithilfe des GTR mit viel weniger Zeitaufwand entschieden werden kann.

Nun – da der theoretische Unterbau vorhanden ist und die grundlegenden manuellen Fähigkeiten gesichert sind – wird im vierten Abschnitt die zeitsparende „Lösung von linearen Gleichungssystemen mit dem GTR" intensiv angesprochen, und zwar für beide dargestellte Rechnersysteme getrennt, da die Bedienung deutlich unterschiedlich ist. Beide Rechner verfügen über eine direkte Eingabemethode, die zunächst behandelt wird, da die Schüler sie favorisieren dürften. Sie reicht auch für die meisten Praxisfälle aus. Der CASIO-GTR kann aber so nur LGS lösen, bei denen Gleichungsszahl m und Variablenzahl n übereinstimmen. Ist diese Bedingung nicht erfüllt, kann man trotzdem mit einem Trick zum Ziel kommen, indem man das LGS durch Nullzeilen oder Nullspalten auffüllt.

Darüber hinaus gibt es noch eine zweite Methode, die auf der Verwendung von Matrizen basiert. Dafür braucht man etwas theoretischen Unterbau (Koeffizientenmatrix, erweiterte Koeffizientenmatrix, Diagonalform der erweiterten Koeffizientenmatrix), um die Arbeitsweise des GTR verstehen zu können. Dann kann man das lineare Gleichungssystem indirekt eingeben, nämlich als Matrixvariable. Die Lösung erfolgt dann mit dem Rref-Befehl, über den beide Rechner verfügen. Auf umfassende Übungen im Anwendungszusammenhang wird in diesem Kapitel verzichtet, da im Rahmen der Folgekapitel noch zur Genüge Anwendungsmöglichkeiten bestehen.

VIII. Geraden

Aus der Einführungsphase vorausgesetzt werden das Rechnen mit Spaltenvektoren, die Addition und Vervielfachung von Vektoren sowie der Begriff der Kollinearirät.

Im ersten Abschnitt „Geraden im Raum" werden die vektorielle Parametergleichung und die Zweipunktegleichung einer Geraden eingeführt. Dabei sollte man besonderenWert legen auf die Vermittlung der anschaulichen Bedeutung des Geradenparameters. Er erzeugt ein inneres lineares Koordinatensystem auf der Geraden, mit dessen Hilfe man sich auf der Geraden orientieren kann und auch Teile einer Geraden wie z. B. eine Strecke beschreiben kann.

Der zweite Abschnitt „Lagebeziehungen" stellt das Zentrum des Kapitels dar. Es geht um die Lagebeziehungen Punkt/Gerade, Punkt/Strecke und Gerade/Gerade. Hier kann man etwas Zeit investieren, die sich später auszahlt. Wichtig erscheint es, ein Untersuchungsschema für die Lagebeziehung Gerade/Gerade zu vermitteln.

Die Lagebeziehungsuntersuchungen sollten zuerst sicher manuell ausgeführt werden können, bevor auf die zeitsparende Untersuchung mit dem GTR übergegangen wird. Als Anwendungen werden Aufgabenstellungen mit geometrischen Körpern sowie Flugbahnaufgaben angeboten, wobei letztere auch Gechwindigkeitsaspekte enthalten können.

Es gibt einen Exkurs zu „Spurpunkten von Geraden". Daraus sollte man exemplarisch Aufgaben zur Schattenbildung und zur Spiegelung behandeln. Diese könnten abiturrelevant sein.

Am Ende des Kapitels findet man einige zusammengesetzte Aufgaben, die viele verschiedene Teilprobleme enthalten und klausur- und abiturartigen Charakter aufweisen.

IX. Das Skalarprodukt

Im ersten Abschnitt „Das Skalarprodukt" werden die Kosinusform und die Koordinatenform des Skalarproduktes eingeführt. Beide müssen manuell beherrscht werden. Der Einsatz des GTR lohnt nicht, da die Eingabe länger dauert als die Berechnung ohne Hilfsmittel.

Mit dem Skalarprodukt wird metrische Geometrie betrieben. Man kann damit Winkel zwischen Vektoren, Winkel zwischen Geraden und Flächeninhalte von Dreiecken und Parallelogrammen bzw. sogar von beliebigen, geradlinig begrenzten ebenen Gebilden berechnen. Zum Pflichtprogramm gehört auch das Orthogonalitätskriterium für Vektoren.

Als Übungen bieten sich vor allem Aufgabenstellungen zu Winkelberechnungen in geometrischen Gebilden und Körpern an sowie Orthogonalitätsnachweise.

X. Ebenen

Im ersten Abschnitt „Ebenengleichungen" werden die vektorielle Parametergleichung der Ebene und die Dreipunktegleichung entwickelt. Normalen- und Koordinatengleichungen stehen laut Lehrplan nicht zur Verfügung. Durch die Verwendung des GTR beim Lösen von Gleichungen kann dieser Nachteil aber ausgeglichen werden.

Auch hier sollte wie bei den Geraden die Bedeutung der beiden Ebenenparameter veranschaulicht werden. Durch sie wird im Zusammenspiel mit den beiden Richtungsvektoren ein auf der Ebene liegendes Koordinatensystem definiert. Mithilfe der Parameter kann man feststellen, in welchem Bereich der Ebene man sich gerade bewegt.

Den Kapitelschwerpunkt bildet der zweite Abschnitt über „Lagebeziehungen". Punkt/Ebene, Gerade/ Ebene und Punkt/Dreieck sowie Gerade/Dreieck stehen auf dem Programm. Hierzu gibt es eine große Auswahl an Aufgaben in Anwendungszusammenhängen, wobei es um Konstellationen in geometrischen Figuren und Körpern, aber auch um Sichtlinien, Flugbahnen und Bohrtunnel geht. Derartige Fragestellungen sind in besonderem Maße abiturrelevant.

Die Lagebeziehung zwischen zwei Ebenen gehört nicht zur Pflicht, wird aber für Interessierte als Exkurs angeboten und basiert dann stets auf dem Einsatz des GTR. Das gilt auch für den Streifzug zu Abstandsbestimmungen am Kapitelende. Der letzte Abschnitt „Untersuchung geometrischer Objekte im Raum" enthält komplexe Aufgaben, die auf das Abitur vorbereiten. Er sollte zumindest in Ausschnitten genutzt werden.

XI. Grundbegriffe der Wahrscheinlichkeitsrechnung

Dies ist ein reines Wiederholungskapitel und nur zum Nachschlagen und Rekapitulieren gedacht, nicht aber zur systematischen Behandlung. Inhalt: Mehrstufige Versuche, Baumdiagramme, Abzählverfahren, geordnete/ungeordnete Stichproben, Lottomodell, bedingte Wahrscheinlichkeiten, Unabhängigkeit und Vierfeldertafel, alles in knapper Form.

XII. Zufallsgrößen

In diesem Kapitel geht es um Zufallsgrößen und deren Wahrscheinlichkeitsverteilungen. Der Erwartungswert und die Standardabweichung als wichtige Kenngrößen einer Verteilung werden angesprochen und in Anwendungsaufgaben und Spielen angewandt. Bei Zeitmangel kann man in diesem Kapitel kürzen und die Begriffe im Rahmen des Folgekapitels begleitend einführen.

XIII. Die Binomialverteilung

Dieses Kapitel ist das zentrale Kapitel der Stochastik in diesem Kurs. Am Beispiel der Binomialverteilung wird die Arbeitsweise der beurteilenden Statistik exemplarisch verdeutlicht. Nach der Einführung des Begriffs der Bernoullikette wird die Formel von Bernoulli entwickelt und manuell angewandt. Die Eigenschaften der Binomialverteilung werden behandelt (Diagramme, Kenngrößen Erwartungswert und Standardabweichung). Die Sigmaregeln werden angesprochen. In den Anwendungen spielt die kumulierte Binomialverteilung eine bedeutende Rolle. Die erforderlichen Berechnungen wurden traditionell mit statistischen Tabellen vorgenommen, nun aber mit dem GTR direkt durchgeführt. Das Kapitel schließt mit abiturnahen Komplexaufgaben.

XIV. Stochastische Prozesse

Im ersten Abschnitt werden nur Matrizenoperationen eingeführt, welche für stochastische Prozesse unbedingt benötigt werden (Begriff der Matrix, Schreibweisen, Addition, Multiplikation, Potenzierung). Die Rechnungen werden sowohl manuell als auch mit dem GTR demonstriert. Im zweiten Abschnitt werden Prozesse mit stochastischen Übergangsmatrizen behandelt. Solche Problematiken sind, auch im Abitur denkbar. Der GTR-Einsatz ist hoch. Im kurzen dritten Abschnitt, der eine Vertiefung dargestellt, werden Prozesse mit absorbierenden Zuständen behandelt, die oft bei Spielen oder in der Populationsdynamik angewandt werden.

XV. Aufgaben zur Abiturvorbereitung

In drei Abschnitten (Analysis, Geometrie, Stochastik) werden jeweils elementare Aufgaben, die hilfsmittelfrei gelöst werden, und komplexe Aufgaben, bei denen Hilfsmittel wie der GTR zumindest partiell zugelassen sind, zusammengestellt. Diese Aufgaben bereiten noch einmal unmittelbar auf die schriftliche Abiturprüfung vor. Sie sind für die eigene, häusliche Vorbereitung der Schüler gedacht, da sie für den Unterricht in ihrer Gesamtheit zu zeitintensiv wären. Nähere Erläuterungen hierzu findet man auf der Startseite 422 des Kapitels.

XVI. GTR-Anwendungen

In diesem Kapitel gibt es zwei Abschnitte, jeweils mit Beispielen für den TI-NspireTM und den CASIO fx-CG20. Dort sind zum Nachschlagen relevante Aufgabenstellungen zusammengestellt, die sinnvoll mit einem GTR gelöst werden können. Dabei geht es hauptsächlich um die Bedienung des GTR, die Bedienschritte sind detailliert aufgelistet.

I. Eigenschaften von Funktionen

Einführung

Viele technische und wirtschaftliche Prozesse können durch mathematische Funktionen beschrieben werden. Dabei spielen drei charakteristische Eigenschaften der Funktion eine wichtige Rolle: Das Vorzeichenverhalten, das Steigungsverhalten und das Krümmungsverhalten.

▶ **Beispiel: Stückgewinn bei der Motorradproduktion**
Der Stückgewinn G bei der Produktion von Motorrädern eines Herstellers kann als Funktion der täglich produzierten Stückzahl erfasst werden. Die Graphik zeigt den Zusammenhang. Beschreiben und interpretieren Sie die dargestellte Stückgewinnfunktion.

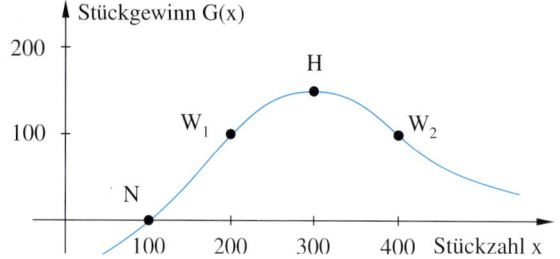

Lösung:
Vorzeichenverhalten: Zunächst verläuft G im negativen Bereich. Die Produktion verursacht Verluste. Vermutlich ist die Produktion zu gering ausgelastet, so dass die Grundkosten die Einnahmen aufzehren. Im Punkt $N(100|0)$ ändert sich das Vorzeichenverhalten.
G wird positiv. Der Stückgewinn erreicht nun die Gewinnzone.

Steigungsverhalten: Der Stückgewinn G steigt nun kontinuierlich an, bis er im Hochpunkt H ein Maximum erreicht. Nun sind die Maschinen optimal ausgelastet. Anschließend fällt der Stückgewinn wieder. Die Produktionsmaschinen könnten nun überlastet sein und Wartungskosten verursachen und die Personalkosten könnten durch Überstunden steigen, wodurch der Stückgewinn zunehmend geschmälert wird.

Krümmungsverhalten: Zunächst verläuft der Graph von G ansteigend und linksgekrümmt. Der Stückgewinn wächst also immer schneller. Im Wendepunkt W_1 ist der Anstieg am steilsten. Hier wächst der Stückgewinn $G(x)$ maximal, wenn man die Stückzahl x steigert. Danach steigt G mit Rechtskrümmung weiter bis zum Hochpunkt H. In diesem Bereich verlangsamt sich das Wachstum des Stückgewinns bis auf null. Nach dem Hochpunkt geht es mit Rechtskrümmung weiter bis zum zweiten Wendepunkt W_2, wobei der Stückgewinn immer schneller fällt. Im Wendepunkt W_2 kommt es zur Trendwende. Es erfolgt der Übergang zur Linkskrümmung, d. h., die Stückge-
▶ winne fallen nun zunehmend langsamer.

Fazit:
Im Folgenden werden wir uns vertieft mit dem Steigungsverhalten und dem Krümmungsverhalten beschäftigen sowie mit den Punkten, in denen das Steigungs- bzw. das Krümmungsverhalten wechselt, den Extrempunkten und den Wendepunkten. Man kann Steigung und Krümmung einer Funktion mit den Ableitungen der Funktion erfassen, was wir nun ausarbeiten.

1. Steigung und erste Ableitung

Das Steigungsverhalten einer Funktion, in der Fachsprache als *Monotonieverhalten* bezeichnet, prägt den Kurvenverlauf besonders. Man unterscheidet zwei Arten des Steigens und Fallens.

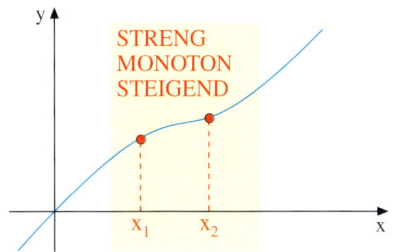

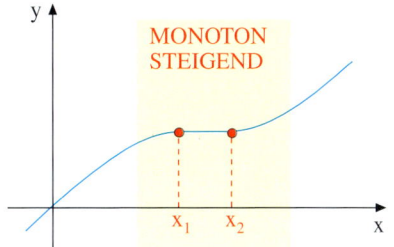

Definition I.1: Strenge Monotonie
Gilt für zwei beliebige Stellen x_1 und x_2 des Intervalls I mit $x_1 < x_2$ stets $f(x_1) < f(x_2)$, so wird die Funktion f als *streng monoton steigend* auf dem Intervall I bezeichnet.

Gilt für zwei beliebige Stellen x_1 und x_2 des Intervalls I mit $x_1 < x_2$ stets $f(x_1) > f(x_2)$, so wird die Funktion f als *streng monoton fallend* auf dem Intervall I bezeichnet.

Definition I.2: Monotonie
Gilt für zwei beliebige Stellen x_1 und x_2 des Intervalls I mit $x_1 < x_2$ stets $f(x_1) \leq f(x_2)$, so wird die Funktion f als *monoton steigend* auf dem Intervall I bezeichnet.

Gilt für zwei beliebige Stellen x_1 und x_2 des Intervalls I mit $x_1 < x_2$ stets $f(x_1) \geq f(x_2)$, so wird die Funktion f als *monoton fallend* auf dem Intervall I bezeichnet.

Mithilfe dieser Definitionen lassen sich Monotonieuntersuchungen nur schwer direkt vornehmen. Man verwendet daher meistens das graphische Verfahren des folgenden Beispiels oder das so genannte Monotoniekriterium, welches auf der folgenden Seite steht.

> **Beispiel: Graphische Monotonieuntersuchung**
> Untersuchen Sie das Monotonieverhalten von $f(x) = x^2 - 2x$ und $g(x) = x^2(x - 3)$.

Lösung:
Wir zeichnen den Graphen (Tabelle oder GTR) und lesen die Monotoniebereiche direkt ab.

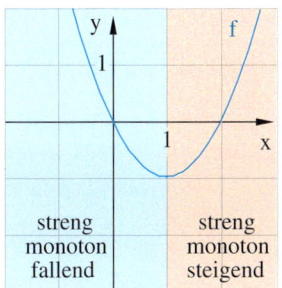

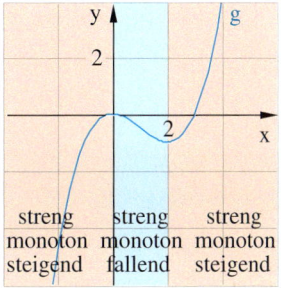

Exakte Monotonieuntersuchungen können besonders leicht an differenzierbaren Funktionen mithilfe der Ableitung durchgeführt werden, wie im Folgenden dargestellt.

▶ **Beispiel: Monotoniebereiche einer Funktion**
Wie lauten die Bereiche monotonen Steigens und Fallens für die Funktion $f(x) = \frac{1}{2}x^2 - x$?

Lösung:
Die Funktion besitzt die Ableitung
$f'(x) = x - 1$.

f′ hat bei x = 1 eine Nullstelle mit Vorzeichenwechsel von Minus nach Plus.

Für x < 1 ist f′(x) < 0: f fällt dort streng monoton.
Für x > 1 ist f′(x) > 0: f steigt dort streng
▶ monoton.

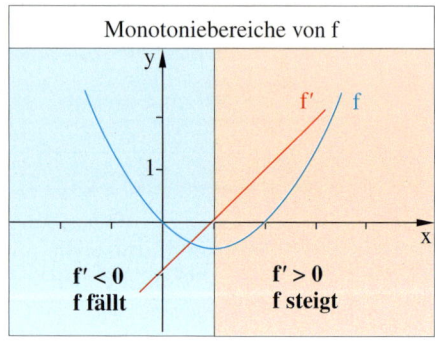

Die genauen Zusammenhänge zwischen Monotonie und Ableitung stellen wir im folgenden anschaulich klaren Monotoniekriterium zusammen. Der Beweis dieses hinreichenden Kriteriums für Monotonie ist allerdings recht theoretisch, sodass wir hier auf ihn verzichten.

Das Monotoniekriterium

Die Funktion f sei auf dem Intervall I differenzierbar. Dann gelten folgende Aussagen:
Ist **f′(x) > 0** für alle x ∈ I, so ist **f(x) streng monoton steigend** auf I.
Ist **f′(x) < 0** für alle x ∈ I, so ist **f(x) streng monoton fallend** auf I.
Ist **f′(x) ≥ 0** für alle x ∈ I, so ist **f(x) monoton steigend** auf I.
Ist **f′(x) ≤ 0** für alle x ∈ I, so ist **f(x) monoton fallend** auf I.

▶ **Beispiel:** Untersuchen Sie die Funktion $f(x) = \frac{1}{3}x^3 - x^2 + 4$ mithilfe des Monotoniekriteriums auf strenge Monotonie.

Lösung:
$f(x) = \frac{1}{3}x^3 - x^2 + 4$ besitzt die Ableitung
$f'(x) = x^2 - 2x$.
f′ hat Nullstellen bei x = 0 und x = 2.
Für x < 0 ist f′(x) > 0, also ist f nach dem Monotoniekriterium in diesem Bereich streng monoton steigend.
Für 0 < x < 2 ist f′(x) < 0. f ist dort streng monoton fallend.
Für x > 2 ist f′(x) > 0. f ist dort also streng
▶ monoton steigend.

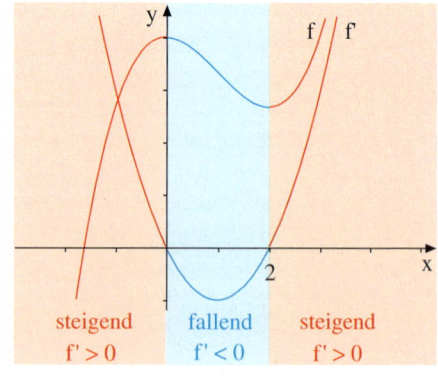

Übungen

1. Entscheiden Sie für jeden der abgebildeten Graphen, welche der folgenden Monotonieeigenschaften auf dem farbig gekennzeichneten, offenen Intervall vorliegt.
   A: streng monotones Fallen/Steigen,   B: monotones Fallen/Steigen,   C: keine Monotonie

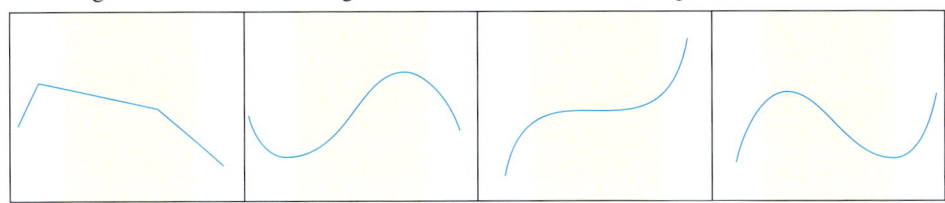

2. Betrachten Sie den abgebildeten Graphen von f im Intervall $[-5; 5]$. Untersuchen Sie, ob die folgenden Aussagen richtig oder falsch sind.

   a) $f'(x) > 0$ für $x < -3$.

   b) $f'(x) < 0$ für $[-1; 3]$.

   c) $f'(x)$ ist für $-3 < x < 2$ negativ.

   d) Für $x > 3$ ist f streng monoton steigend.

   e) $f'(2) = 0$

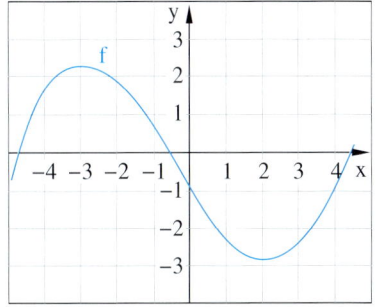

3. Zeichnen Sie den Graphen von f mit dem GTR und geben Sie die Monotoniebereiche von f angenähert an.

   a) $f(x) = x^2 - 4x - 3$ b) $f(x) = -x^2 + 6x$ c) $f(x) = \frac{1}{x-1}$

   d) $f(x) = \frac{1}{3}x^3 - 2x^2 + 2$ e) $f(x) = \frac{1}{3}x^3 - \frac{7}{2}x^2 + 8x$ f) $f(x) = \frac{1}{8}x^4 - x^2$

4. Untersuchen Sie rechnerisch mithilfe der ersten Ableitung f', wo die Funktion f streng monoton fällt bzw. streng monoton steigt.

   a) $f(x) = x^2 - 5x + 1$ b) $f(x) = \frac{1}{9}x^3 - 3x$ c) $f(x) = \frac{1}{4}x^4 - 2x^2$

   d) $f(x) = x + \frac{4}{x}$ e) $f(x) = x^2 - 2a^2 x$ f) $f(x) = \frac{1}{2}x^4 - a^2 x^2$

5. Die Abbildungen zeigen den Graphen der Ableitungsfunktion f'. Skizzieren Sie den Verlauf des Graphen einer passenden Funktion f, die durch den Ursprung gehen soll.

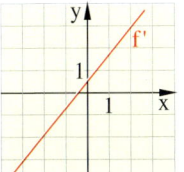 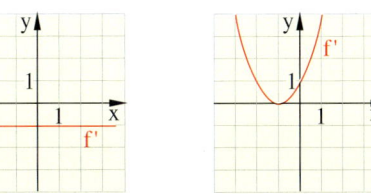 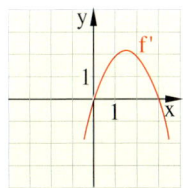

2. Ableitungsregeln und höhere Ableitungen

Im Folgenden wiederholen wir anhand einer kurzen Zusammenstellung die Ableitungsregeln für Funktionen, welche bereits in der Einführungsphase eingeführt wurden.

Allgemeine Ableitungsregeln:	Beispiele zu den Regeln:
Summenregel Die Ableitung einer Summe kann summandenweise gebildet werden. $(f(x) + g(x))' = f'(x) + g'(x)$	$(x^2 + x^3)' = 2x + 3x^2$ Summenregel (und Potenzregel)
Faktorregel Ein konstanter Faktor bleibt beim Differenzieren erhalten. $(a \cdot f(x))' = a \cdot f'(x)$	$(2 \cdot x^3)' = 2 \cdot 3x^2 = 6x^2$ Faktorregel (und Potenzregel)
Konstantenregel Eine additive Konstante fällt beim Differenzieren weg. $(c)' = 0$	$(x^2 + 4)' = 2x + 0 = 2x$ Konstantenregel (und Potenzregel)

Spezielle Ableitungsregeln:	Beispiele zu den Regeln:
Potenzregel Für jede natürliche Zahl n gilt: $(x^n)' = n \cdot x^{n-1}$	$(x^4)' = 4x^3$ Potenzregel
Wurzelregel Für $x > 0$ gilt: $(\sqrt{x})' = \dfrac{1}{2\sqrt{x}}$	$(6\sqrt{x})' = 6 \cdot \dfrac{1}{2\sqrt{x}} = \dfrac{3}{\sqrt{x}}$ Wurzelregel
Reziprokenregel Für $x \neq 0$ gilt: $\left(\dfrac{1}{x}\right)' = -\dfrac{1}{x^2}$	$\left(\dfrac{2}{x}\right)' = 2 \cdot \left(-\dfrac{1}{x^2}\right) = -\dfrac{2}{x^2}$ Reziprokenregel
Verallgemeinerte Potenzregel Für jede rationale Zahl r gilt: $(x^r)' = r \cdot x^{r-1}$	$(\sqrt[3]{x})' = \left(x^{\frac{1}{3}}\right)' = \dfrac{1}{3}x^{-\frac{2}{3}} = \dfrac{1}{3 \cdot \sqrt[3]{x^2}}$ $\left(\dfrac{1}{x^2}\right)' = (x^{-2})' = -2x^{-3} = -\dfrac{2}{x^3}$
Sinusregel, Kosinusregel $(\sin x)' = \cos x$ $(\cos x)' = -\sin x$	$(2\sin x + 3)' = 2\cos x$ Sinusregel

Bisher trat nur die Ableitung f' einer Funktion auf, welche anschaulich als Kurvensteigung interpretiert wird. Nun kommen weitere Ableitungen höherer Ordnung hinzu.

Die *Ableitungsfunktion f'* wird kurz als erste Ableitung oder als Ableitung von f bezeichnet.
Differenziert man die Ableitung f', so erhält man die *zweite Ableitung f''* von f.
Die Sprechweisen lauten:
f': f-Strich; f'': f-zwei-Strich.
Für die dritte Ableitung schreibt man: f'''.
Ab der vierten Ableitung verwendet man zur Darstellung keine hochgestellten Striche mehr, sondern hochgestellte eingeklammerte Ziffern: $f^{(4)}$, $f^{(5)}$, usw.

Beispiel:

$$f(x) = x^6 + 2x^4$$

$$f'(x) = 6x^5 + 8x^3 \quad \text{(1. Ableitung)}$$

$$f''(x) = 30x^4 + 24x^2 \quad \text{(2. Ableitung)}$$

$$f'''(x) = 120x^3 + 48x \quad \text{(3. Ableitung)}$$

$$f^{(4)}(x) = 360x^2 + 48 \quad \text{(4. Ableitung)}$$

$$f^{(5)}(x) = 720x \quad \text{(5. Ableitung)}$$

▶ **Beispiel: Höhere Ableitungen**
Berechnen Sie die dritte Ableitung von $f(x) = x^4 - 8x^3 + x$ sowie die zweite Ableitung von $g(x) = \frac{1}{5}x^5 - ax^4$.

Rechnung:

$$f(x) = x^4 - 8x^3 + x$$
$$f'(x) = 4x^3 - 24x^2 + 1$$
$$f''(x) = 12x^2 - 48x$$
$$f'''(x) = 24x - 48$$

Lösung:
Unter Verwendung der Ableitungsregeln berechnen wir der Reihe nach f', f'' und f'''.
Resultat: $f'''(x) = 24x - 48$.
▶ Analog erhalten wir: $g''(x) = 4x^3 - 12ax^2$.

$$g(x) = \frac{1}{5}x^5 - ax^4$$
$$g'(x) = x^4 - 4ax^3$$
$$g''(x) = 4x^3 - 12ax^2$$

Übung 1
Berechnen Sie die höhere Ableitung.
a) $f(x) = x^4 + x^2$ b) $f(x) = x^n + 2x^3$ c) $f(x) = 0{,}25(x^4 - x)$ d) $f(x) = \sin x$
     $f''(x) = ?$ $f''(x) = ?$ $f^{(4)}(x) = ?$ $f'''(x) = ?$

Übung 2
Geben Sie eine Funktion f an, die die gegebene höhere Ableitung besitzt.
a) $f''(x) = x^2$ b) $f'''(x) = 6$ c) $f''(x) = 6ax + 2$ d) $f^{(4)}(x) = 1$
e) $f'''(x) = x^2 + 1$ f) $f''(x) = 6$ g) $f''(x) = \sin x$ h) $f''(x) = x^{-3}$

Übung 3
a) Welchen Wert hat die zweite Ableitung von $f(x) = x^2 - \frac{1}{6}x^3$ an der Stelle $x = -1$?
b) Welchen Wert hat die dritte Ableitung von $f(x) = x^2 - \frac{1}{6}x^3$ an der Stelle $x = -1$?
c) An welcher Stelle hat die dritte Ableitung von $f(x) = -x^3 + 0{,}25x^4$ den Wert 3?
d) Zeigen Sie, dass die zweite Ableitung von $f(x) = \frac{1}{12}x^4 + \frac{1}{6}x^3 + \frac{1}{2}x^2$ keine Nullstellen hat.
e) Welche Ableitungen von $f(x) = \sin x$ stimmen mit f exakt überein?
f) Zeigen Sie mit der verallgemeinerten Potenzregel, dass $f(x) = \frac{1}{x}$ die dritte Ableitung
    $f'''(x) = -\frac{6}{x^4}$ besitzt.

3. Krümmung und zweite Ableitung

Ein weiteres wichtiges Merkmal eines Funktionsgraphen ist sein Krümmungsverhalten. Bewegt man sich auf dem unten abgebildeten Graphen in Richtung der positiven x-Achse, so durchfährt man zunächst eine Rechtskurve, dann eine Linkskurve. Denjenigen Punkt, in dem sich die Krümmungsart ändert, nennt man *Wendepunkt*.

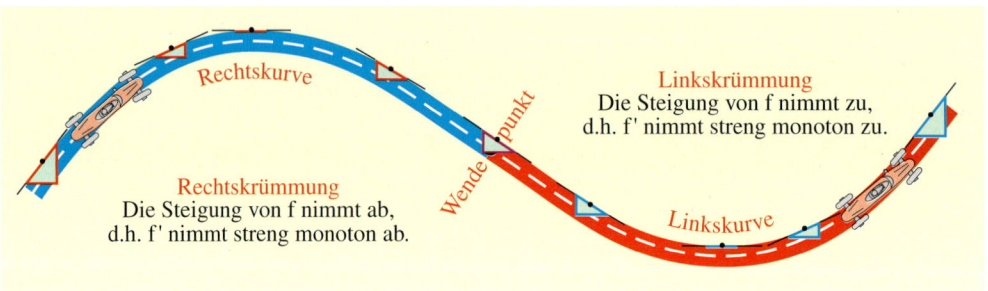

Der Abbildung kann man entnehmen, dass die Steigung von f, also f′, im Bereich der Rechtskrümmung abnimmt, beim Wendepunkt minimal ist und im Bereich der Linkskrümmung zunimmt. Diese Beobachtungen führen zur der exakten Definition des Krümmungsbegriffs.

Definition I.3: Die Funktion f sei auf dem Intervall I differenzierbar.

f heißt *rechtsgekrümmt* auf I genau dann, wenn f′ auf I streng monoton fällt.	f heißt *linksgekrümmt* auf I genau dann, wenn f′ auf I streng monoton steigt.

▶ **Beispiel:** Untersuchen Sie das Krümmungsverhalten von $f(x) = \frac{1}{6}x^3 - \frac{1}{2}x^2 + 3$. Skizzieren Sie dazu die Graphen von f, f′ und f″ in einem gemeinsamen Koordinatensystem. Welcher Zusammenhang besteht zwischen Krümmungsverhalten und zweiter Ableitung?

Lösung:
Man erkennt, dass für x < 1 die zweite Ableitung f″(x) = x − 1 negativ ist.
Daher ist nach dem Monotoniekriterium die erste Ableitung f′ in diesem Bereich streng monoton fallend.
Nach Definition I.3 folgt daraus eine Rechtskrümmung von f für x < 1.
Analog ergibt sich, dass f für x > 1 linksgekrümmt ist.
Die zweite Ableitung bestimmt also das
▶ Krümmungsverhalten einer Funktion.

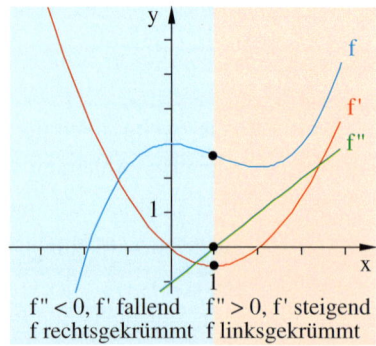

f″ < 0, f′ fallend   f″ > 0, f′ steigend
f rechtsgekrümmt   f linksgekrümmt

Die auf dem Monotoniekriterium beruhende Überlegung aus dem vorhergehenden Beispiel liefert das folgende hinreichende Kriterium für das Krümmungsverhalten von Funktionen.

Das Krümmungskriterium

Die Funktion f sei auf dem Intervall I zweimal differenzierbar. Dann gilt:

Gilt **f″(x) < 0** für alle x ∈ I,   Gilt **f″(x) > 0** für alle x ∈ I,
so ist f auf I **rechtsgekrümmt**.   so ist f auf I **linksgekrümmt**.

Die Art der Krümmung einer Funktion f wird also durch das Vorzeichen der zweiten Ableitung f″ bestimmt. Wir zeigen nun, wie man das Kriterium rechnerisch anwendet.

▶ **Beispiel:** Untersuchen Sie das Krümmungsverhalten der Funktion $f(x) = -\frac{1}{12}x^3 + \frac{1}{2}x^2$ rechnerisch. Kontrollieren Sie Ihr Resultat anschließend durch Skizzen von f und f″.

Lösung:
Wir suchen zunächst die Nullstellen der zweiten Ableitung $f''(x) = -\frac{1}{2}x + 1$.
Es gibt nur eine einzige, die bei x = 2 liegt.
Dort wechselt das Vorzeichen von f″ von Plus nach Minus.
Folglich verläuft der Graph von f für x < 2 linksgekrümmt und anschließend für x > 2 rechtsgekrümmt.
Im Punkt $W\left(2\middle|\frac{4}{3}\right)$ wechselt die Krümmungsart von f. W ist der Wendepunkt des Graphen von f.

▶ Die Zeichnung bestätigt diese Resultate.

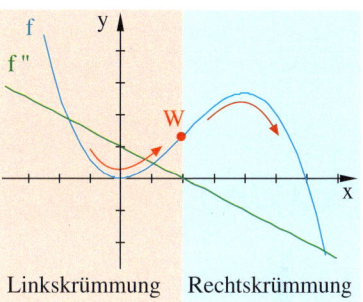

Linkskrümmung   Rechtskrümmung

Übung 1

Wo ändert sich das *Steigungsverhalten* von f? Gibt es einen Punkt, in dem sich das *Krümmungsverhalten* von f ändert?

a) $f(x) = x^2 - 4x$ b) $f(x) = \frac{1}{6}x^3 - 2x$ c) $f(x) = -\frac{1}{6}x^3 + \frac{3}{4}x^2$

Übung 2

Bestimmen Sie wie im letzten Beispiel rechnerisch das *Krümmungsverhalten* von f. Geben Sie an, in welchen Punkten sich das Krümmungsverhalten ändert.

a) $f(x) = x^3 + 3x^2 + 2$ b) $f(x) = \frac{1}{2}x^3 - \frac{3}{2}x$ c) $f(x) = 1 - x^2$ d) $f(x) = \frac{1}{8}x^4 - \frac{1}{4}x^3$

4. Extrempunkte

A. Hinführung

Kennt man charakteristische Punkte einer Funktion wie ihre Nullstellen, den Schnittpunkt mit der y-Achse und ihre Extrempunkte, so ist es relativ einfach, den Graphen zu skizzieren. Im Folgenden zeigen wir, wie Hoch- und Tiefpunkte systematisch und exakt ermittelt werden.

► **Beispiel: Hochpunkt**

Ein Fluss verläuft durch ein Steppenge-biet. Dabei durchfließt er ein undurch-dringliches Waldstück.
Sein Verlauf wird grob durch die Funktion $f(x) = \frac{1}{3}x^3 - 2x^2 + 3x + 1$ erfasst.
Welches ist der nördlichste Punkt inner-halb des Waldstücks, der auf dem Wasser-weg erreicht werden kann.

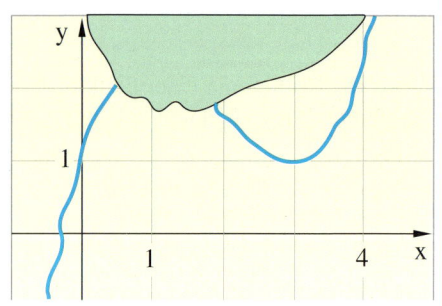

Lösung:
Der nördlichste Punkt im Wald ist der Hochpunkt $H(x_E|y_E)$ von f. f hat dort eine waagerechte Tangente. Die Steigung ist al-so dort null.
Es gilt daher $f'(x_E) = 0$.

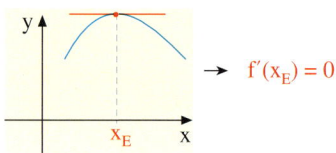

Wegen $f'(x) = x^2 - 4x + 3$ führt dies auf die Gleichung $x^2 - 4x + 3 = 0$, die nach nebenstehender Rechnung die beiden Lösungen $x = 1$ und $x = 3$ besitzt. Das sind die einzigen Stellen mit waagerechten Tangenten. Betrachten wir die verbliebenen Reste des Graphen, so kommen wir zu dem Schluss, dass der nördlichste Punkt im Wald bei $x = 1$ liegt: $H\left(1\Big|\frac{7}{3}\right)$.

Die zweite Stelle mit waagerechter Tan-gente bei $x = 3$ muss dann der x-Wert des in der Zeichnung ebenfalls zu erken-nenden Tiefpunkts sein: $T(3|1)$.

Berechnung der Ableitung:
$$f(x) = \frac{1}{3}x^3 - 2x^2 + 3x + 1$$
$$f'(x) = x^2 - 4x + 3$$

Berechnung der Stellen mit f'(x) = 0:
$$f'(x) = 0$$
$$x^2 - 4x + 3 = 0$$
$$x = 2 \pm \sqrt{1}$$
$$x_1 = 1 \quad x_2 = 3$$

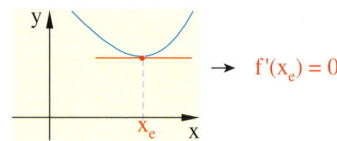

Das Beispiel zeigt, dass man lokale Hoch- und Tiefpunkte mithilfe der ersten Ableitung berech-nen kann, da diese Punkte ein besonderes Kennzeichen haben, nämlich eine waagerechte Tan-gente bzw. die Steigung 0 ($f'(x) = 0$).

B. Notwendiges Kriterium für lokale Extrema

Nach der anschaulichen Hinführung werden wir nun die Begriffe mathematisch präzisieren.

Definition I.4: Lokale Extremalpunkte

Ein Graphenpunkt $H(x_H|f(x_H))$ heißt *Hochpunkt* von f, wenn es eine Umgebung U von x_H gibt, sodass für alle $x \in U$ gilt: $f(x) \leq f(x_H)$.

Ein Graphenpunkt $T(x_T|f(x_T))$ heißt *Tiefpunkt* von f, wenn es eine Umgebung U von x_T gibt, sodass für alle $x \in U$ gilt: $f(x) \geq f(x_T)$.

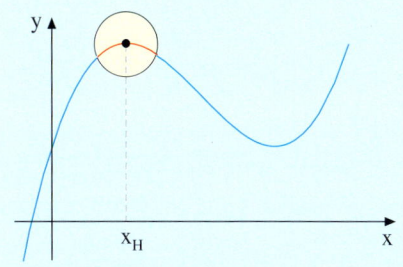

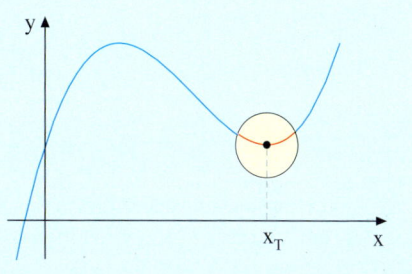

Ein lokaler Hochpunkt ist also ein Graphenpunkt, in dessen unmittelbarer Nachbarschaft es nur tiefer liegende Graphenpunkte gibt. Der Funktionswert im Hochpunkt wird als *lokales Maximum* der Funktion bezeichnet. Analoges gilt für Tiefpunkte.

In einem Hoch- bzw. in einem Tiefpunkt einer *differenzierbaren* Funktion verläuft die Tangente an den Funktionsgraphen waagerecht. Die Steigung der Funktion dort ist daher notwendigerweise null. Diese Tatsache wird als notwendige Bedingung für Extrema bezeichnet.

Notwendige Bedingung für lokale Extrema

Die Funktion f sei an der Stelle x_E differenzierbar. Dann gilt:
Wenn bei x_E ein lokales Extremum von f liegt, dann ist $f'(x_E) = 0$.

Die Punkte mit $f'(x) = 0$ sind die einzigen Kandidaten für lokale Hoch- und Tiefpunkte. Manchmal werden sie auch als *potentielle Extrema* bezeichnet.

Übung 1

Untersuchen Sie, ob die Funktion f Stellen mit waagerechten Tangenten besitzt, d. h. potentielle Extrempunkte. Prüfen Sie durch Zeichnen des Graphen, ob es sich tatsächlich um Extrempunkte handelt.

a) $f(x) = x^2 - 4x + 2$
b) $f(x) = (x - 2)^2 + x$
c) $f(x) = x^3 + 3x$

Übung 2

Die Funktion f hat zwei Stellen mit waagerechten Tangenten. Erläutern Sie den Unterschied. Wie verhält sich das Vorzeichen der Ableitung f' beim Passieren dieser Stellen?

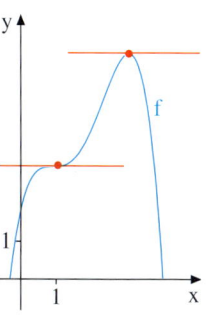

Liegt ein Punkt mit waagerechter Tangente vor, d. h. $f'(x) = 0$, so kann mithilfe der Krümmung in diesem Punkt, also mithilfe der zweiten Ableitung, festgestellt werden, ob es sich um ein Maximum, ein Minimum oder einen Sattelpunkt handelt. Im Hochpunkt verläuft f stets rechtsgekrümmt, im Tiefpunkt linksgekrümmt und im Sattelpunkt kommt es zu einem Krümmungswechsel, wie das die folgenden Bilder erkennen lassen.

waagerechte Tangente
UND
Rechtskrümmung
⇓
Hochpunkt

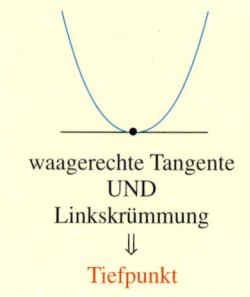

waagerechte Tangente
UND
Linkskrümmung
⇓
Tiefpunkt

waagerechte Tangente
UND
Krümmungswechsel
⇓
Sattelpunkt

Da man die Krümmungsart mithilfe des Vorzeichens von f'' feststellen kann, erhalten wir folgendes Ergebnis, das sehr oft gebraucht wird.

Hinreichendes Kriterium für lokale Extrema (f''-Kriterium)

Die Funktion f sei in einer Umgebung von x zweimal differenzierbar. Dann gilt:

Gilt $f'(x_E) = 0$ und $f''(x_E) < 0$, so liegt an der Stelle x_E ein **lokales Maximum** von f.
Gilt $f'(x_E) = 0$ und $f''(x_E) > 0$, so liegt an der Stelle x_E ein **lokales Minimum** von f.
Gilt $f'(x_E) = 0$ und wechselt in x_E die Krümmungsart, so liegt dort ein **Sattelpunkt**.

Das folgende Beispiel zeigt, wie notwendiges und hinreichendes Kriterium im Verbund zur Berechnung der Extremalpunkte von Funktionen eingesetzt werden können.

► **Beispiel:** Untersuchen Sie die Funktion $f(x) = \frac{1}{3}x^3 + \frac{1}{2}x^2$ auf Extrema.

Lösung:
Mit dem notwendigen Kriterium $f'(x) = 0$ bestimmen wir die Stellen mit waagerechten Tangenten. Es sind $x = -1$ und $x = 0$.

Diese untersuchen wir weiter mit Hilfe des hinreichenden f''-Kriteriums:

Bei $x = -1$ gilt $f''(-1) = -1 < 0$. Hier ist f also rechtsgekrümmt. Es liegt ein Maximum vor.

Bei $x = 0$ gilt $f''(0) = 1 > 0$. Daher ist f hier
► linksgekrümmt. Es liegt ein Minimum vor.

1. Ableitungen
$f'(x) = x^2 + x$ $f''(x) = 2x + 1$

2. Notwendiges Kriterium $f'(x) = 0$
$f'(x) = 0$
$x^2 + x = 0$
$x = -1$ und $x = 0$

3. Überprüfungs mittels f''-Kriterium
$x = -1$: $f''(-1) = -1 < 0 \Rightarrow$ Maximum
$x = 0$: $f''(0) = 1 > 0 \Rightarrow$ Minimum

Hochpunkt $H\left(-1 \Big| \frac{1}{6}\right)$, Tiefpunkt $T(0|0)$

Das hinreichende f''-Kriterium für Extrema ist manchmal in seiner Anwendbarkeit begrenzt. Dann sind Zusatzuntersuchungen erforderlich, um eine Entscheidung zu erhalten.

▶ **Beispiel:** Untersuchen Sie $f(x) = x^3$ und $g(x) = x^4$ auf Extrema.

Lösung für $f(x) = x^3$:	Lösung für $g(x) = x^4$:
1. Ableitungen:	**1. Ableitungen:**
$f''(x) = 3x^2 \qquad f''(x) = 6x$	$g'(x) = 4x^3 \qquad g''(x) = 12x^2$
2. Notwendige Bedingung:	**2. Notwendige Bedingung:**
$f'(x) = 0$	$g'(x) = 0$
$3x^2 = 0$	$4x^3 = 0$
$x = 0$	$x = 0$
3. Überprüfungs mittels f''-Kriterium:	**3. Überprüfungs mittels f''-Kriterium:**
$x = 0$: $f''(0) = 0 \Rightarrow$ keine Entscheidung	$x = 0$: $g''(0) = 0 \Rightarrow$ keine Entscheidung
Das f''-Kriterium versagt also hier.	Das f''-Kriterium versagt auch hier.
Wir zeichnen daher den Graphen von f:	Zeichnung des Graphen von g:

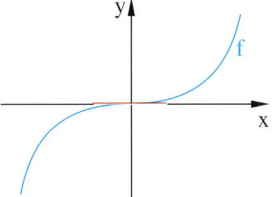

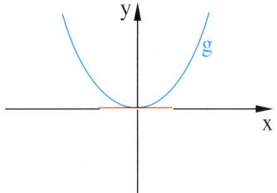

Es zeigt sich, dass bei $x = 0$ weder ein Maximum noch ein Minimum liegt, sondern ein sog. Sattelpunkt, d.h. ein Wendepunkt
▶ mit waagerechter Tangente.

Eine Zeichnung des Graphen von g zeigt jedoch, dass bei $x = 0$ tatsächlich ein Extremum von g liegt, nämlich ein Minimum.

Im Folgenden lernen wir ein zweites hinreichendes Kriterium kennen – das sog. *Vorzeichenwechselkriterium für Extrema*. Dieses kann eingesetzt werden, wenn das f''-Kriterium für Extrema wie im obigen Beispiel versagt. Es ist allerdings etwas umständlicher zu handhaben.

Hinreichendes Kriterium für lokale Extrema (Vorzeichenwechsel-Kriterium)

f sei in einer Umgebung von x_E zweimal differenzierbar und es gelte $f'(x_E) = 0$.

Wenn dann die Ableitung f' an der Stelle x_E
einen **Vorzeichenwechsel** hat von + nach –, so liegt bei x_E ein **lokales Maximum** von f,
einen **Vorzeichenwechsel** hat von – nach +, so liegt bei x_E ein **lokales Minimum** von f.

Wenn die Ableitung f' bei x_E **keinen Vorzeichenwechsel** hat, so liegt bei x_E **kein Extremum** von f. Für jede ganzrationale Funktion f liegt in diesem Fall bei x_E ein **Sattelpunkt** von f.

Wir demonstrieren die Funktionsweise des schon aus der Einführungsphase bekannten Vor-
zeichenwechsel-Kriteriums am letzten Beispiel, das mittels f''-Kriterium nicht direkt lösbar war.

> **Beispiel:** Untersuchen Sie $f(x) = x^3$ und $g(x) = x^4$ mit dem Vorzeichenwechselkriterium auf
> lokale Extrema.

Lösung für $f(x) = x^3$:

1. Ableitung von f:

$f'(x) = 3x^2$

2. Notwendige Bedingung:

$f'(x) = 3x^2 = 0$

$x = 0$

3. Überprüfung mit dem VZW-Kriterium:
Wir prüfen, ob f' bei $x = 0$ einen Vorzeichenwechsel hat, indem wir Teststellen bei
$x = -1$ und bei $x = 1$ verwenden.

$f'(-1) = +3 > 0$
$f'(+1) = +3 > 0$

f' wechselt bei $x = 0$ das Vorzeichen nicht.
Es bleibt positiv. f steigt also vorher und
nachher. Daher hat f bei $x = 0$ kein lokales
> Extremum, sondern einen Sattelpunkt.

Lösung für $g(x) = x^4$:

1. Ableitung von g:

$g'(x) = 4x^3$

2. Notwendige Bedingung:

$g'(x) = 4x^3 = 0$

$x = 0$

3. Überprüfung mit dem VZW-Kriterium:
Wir prüfen, ob g' bei $x = 0$ einen Vorzeichenwechsel hat, indem wir Teststellen bei
$x = -1$ und bei $x = 1$ verwenden.

$g'(-1) = -4 < 0$
$g'(+1) = +4 > 0$

g' wechselt bei $x = 0$ das Vorzeichen von
Minus auf Plus. g wechselt also von Fallen
auf Steigen. g hat daher bei $x = 0$ ein lokales Minimum.

Insgesamt ergibt sich also folgende Handlungsanweisung zur Extremstellenbestimmung:

*Zunächst wird mit der notwendigen Bedingung für Extrema $f'(x) = 0$ berechnet, an welchen
Stellen waagerechte Tangenten vorliegen, also potentielle Extremstellen. Dann überprüft man
diese Stellen mit dem hinreichenden f''-Kriterium. Wenn dieses versagt, überprüft man die Stellen
mit dem Vorzeichenwechselkriterium, das stets eine Aussage liefert.*

Übung 3

Untersuchen Sie die Funktion f auf lokale
Extremstellen.
Verwenden Sie als hinreichende Bedingung
das f''-Kriterium.

a) $f(x) = \frac{1}{4}x^2 - x + 1$

b) $f(x) = x^3 - 3x^2$

c) $f(x) = \frac{1}{3}ax^3 - a^3x, a > 0$

d) $f(x) = \sin x, 0 \le x \le 2\pi$

Übung 4

Untersuchen Sie die Funktion f auf lokale
Extremstellen.
Verwenden Sie als hinreichende Bedingung
das Vorzeichenwechsel-Kriterium.

a) $f(x) = x - \frac{1}{4}x^4$

b) $f(x) = ax^2 - 4a^2x, a > 0$

c) $f(x) = 4\sqrt{x} - x, x \ge 0$

d) $f(x) = x + \frac{4}{x}$

Im folgenden Beispiel kommen Extrempunkte und Sattelpunkte vor. Beide hinreichende Kriterien für Extrema müssen eingesetzt werden, um diese nachzuweisen.

▶ **Beispiel: Kurve mit Sattelpunkt**
Untersuchen Sie die Funktion $f(x) = -\frac{1}{20}x^4 + \frac{4}{15}x^3$ auf Extrema und zeichnen Sie den Graphen der Funktion für $-2 \leq x \leq 6$.

Lösung:
Die notwendige Bedingung für Extrema $f'(x) = 0$ liefert zwei potentielle Extrema bei $x = 0$ und $x = 4$.

Wir überprüfen diese Stellen mithilfe der hinreichenden Kriterien.

Die Untersuchung der Stelle $x = 4$ erfolgt problemlos mit dem f''-Kriterium:
Wegen $f''(4) < 0$ liegt dort ein Maximum. $H\left(4 \left| \frac{64}{15}\right.\right)$ ist also ein Hochpunkt.

An der Stelle $x = 0$ ist wegen $f''(0) = 0$ eine Entscheidung mit dem f''-Kriterium nicht ohne weiteres möglich.

Wir wenden daher das Vorzeichenwechsel-Kriterium für Extrema an und überprüfen das Vorzeichen von f' sowohl links als auch rechts von der kritischen Stelle $x = 0$.

Dazu wählen wir eine Teststelle $x = -1$ links von $x = 0$ und eine weitere Teststelle $x = +1$ rechts von $x = 0$.

An den beiden gewählten Teststellen $x = -1$ und $x = 1$ ist f' jeweils positiv.

Daher besitzt f' bei $x = 0$ keinen Vorzeichenwechsel. Es liegt daher ein Sattelpunkt vor,
▶ der monoton wachsend durchlaufen wird.

1. Ableitungen
$$f'(x) = -\frac{1}{5}x^3 + \frac{4}{5}x^2$$
$$f''(x) = -\frac{3}{5}x^2 + \frac{8}{5}x$$

2. Notwendige Bedingung für Extrema:
$$f'(x) = -\frac{1}{5}x^3 + \frac{4}{5}x^2 = 0$$
$$-\frac{1}{5}x^2 (x - 4) = 0$$
$$x = 0 \text{ oder } x = 4$$

3. Hinreichende Bedingung für Extrema:
x = 4: $f''(4) = -\frac{16}{5} < 0 \Rightarrow$ Maximum

x = 0: Vorzeichen von f' links von $x = 0$
Teststelle $x = -1$: $f'(-1) = 1 > 0$

Vorzeichen von f' rechts von $x = 0$
Teststelle $x = +1$: $f'(1) = \frac{3}{5} > 0$

$\Rightarrow$ kein Vorzeichenwechsel bei $x = 0$
$\Rightarrow$ Sattelpunkt $S(0|0)$

4. Graph:

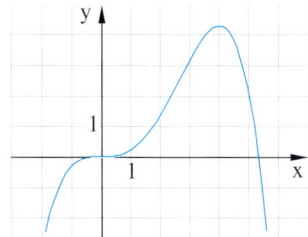

Übung 5
Untersuchen Sie die Funktion f auf lokale Extrempunkte. Skizzieren Sie dann den Graphen von f.

a) $f(x) = -\frac{1}{3}x^3 - x^2 + 3x$ b) $f(x) = -\frac{1}{4}x^4 - 2x^2 + 2$ c) $f(x) = 3 - \frac{1}{3}x^3$

5. Wendepunkte

In einem lokalen Extrempunkt von f ändert sich das Steigungsverhalten von Steigen auf Fallen oder umgekehrt.
Der Extrempunkt selbst ist ein Punkt „ohne" Steigung, d. h. ein Punkt mit einer waagerechten Tangente, in dem $f'(x) = 0$ gilt.

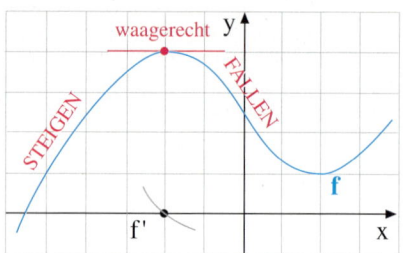

Analog hierzu ändert sich in einem lokalen *Wendepunkt* von f das Krümmungsverhalten der Kurve von Rechts- auf Linkskrümmung oder umgekehrt.
Der Wendepunkt selbst ist ein Punkt „ohne" Krümmung, d. h., dort verläuft der Graph punktuell gerade. Es gilt also $f''(x) = 0$.

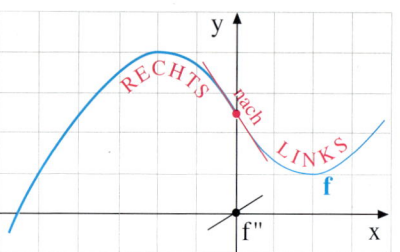

Zwei unterschiedliche Betrachtungsperspektiven für Wendepunkte

Stellt man sich die rechts abgebildete Kurve als Straße vor, die aus der Vogelperspektive betrachtet wird, so würde ein darauf von West nach Ost fahrendes Fahrrad zunächst einen Lenkereinschlag nach links und später einen Lenkereinschlag nach rechts aufweisen. Genau dazwischen durchquert das Fahrrad einen Punkt, in dem sein Lenker exakt gerade sein muss. Das ist der Wendepunkt.
Im Wendepunkt ändert sich das *Krümmungsverhalten der Kurve.*

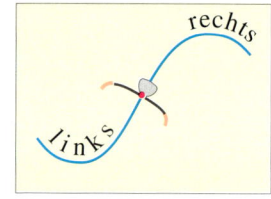

Stellt man sich die Kurve als Ausschnitt aus einer Berg- und Talbahn vor, so ist der Wendepunkt ein Punkt mit einer extremalen Steigung, im Bild rechts mit einer lokal maximalen Steigung.
Wäre umgekehrt zum Bild erst ein Berg und dann ein Tal zu durchfahren, so wäre der Wendepunkt ein Punkt minimaler Steigung.
Ein Wendepunkt ist also auch ein *Extremum der Steigung f'.*

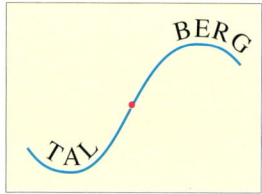

Aus dem letzten Grund ergibt sich, dass die Wendestellen der notwendigen Bedingung für lokale Extremstellen der ersten Ableitung f' unterliegen , d. h. es gilt $f''(x) = 0$.

Notwendige Bedingung für Wendepunkte

Die Funktion f sei mindestens zweimal differenzierbar. Dann gilt:
Wenn bei x_W eine Wendestelle von f liegt, dann ist $f''(x_W) = 0$.

Es gibt zwei Arten von lokalen Extrema einer Kurve f, lokale Maxima und lokale Minima.
Bei den Wendepunkten gibt es ebenfalls zwei Arten, *Links-Rechts-Wendepunkte*, die ein Maximum der Ableitung f' darstellen, und *Rechts-Links-Wendepunkte*, die ein Minimum von f' darstellen. Allerdings gibt es insgesamt vier „Wendesituationen", da jede der beiden Wendepunktarten in zwei verschiedenen Konfigurationen auftritt.

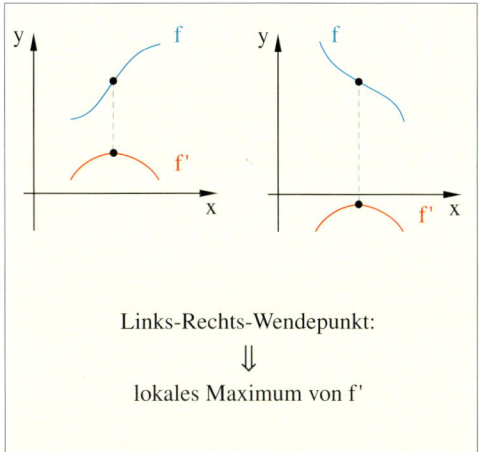

Links-Rechts-Wendepunkt:
⇓
lokales Maximum von f'

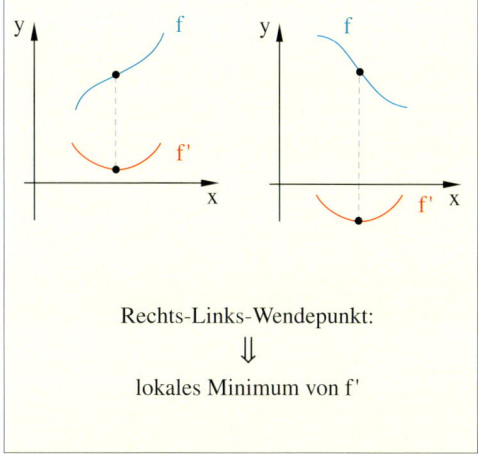

Rechts-Links-Wendepunkt:
⇓
lokales Minimum von f'

Wendepunkte von f zu suchen bedeutet also nichts anderes, als die Extremwerte von f' zu suchen.
Wir erhalten daher Wendepunktkriterien für f, indem wir die Extremwertkriterien auf die Funktion f' anwenden.
Das notwendige Kriterium für Wendepunkte (f''(x) = 0) haben wir oben schon formuliert.
Ein hinreichendes Kriterium gewinnen wir, indem wir das hinreichende Kriterium von Seite 22 auf die Funktion f' anwenden.

Hinreichendes Kriterium für Wendepunkte (f'''-Kriterium)

Die Funktion f sei in einer Umgebung von x_W dreimal differenzierbar.

Gilt **f''(x_W) = 0 und f'''(x_W) ≠ 0**, so liegt an der Stelle x_W ein Wendepunkt von f.

Genauer: f'''(x_W) < 0 ⇒ Links-Rechts-Wendepunkt
f'''(x_W) > 0 ⇒ Rechts-Links-Wendepunkt

▶ **Beispiel: Wendepunkt**
Gesucht ist der Wendepunkt von $f(x) = \frac{1}{2}x^3 - \frac{3}{2}x^2$.

Lösung.
Wir berechnen zunächst der Reihe nach die benötigten Ableitungen f', f'' und f''' der gegebenen Polynomfunktion f.

1. Ableitungen

$f'(x) = \frac{3}{2}x^2 - 3x$

$f''(x) = 3x - 3$

$f'''(x) = 3$

Nun bestimmen wir mit der notwendigen Bedingung die Lage des potentiellen Wendepunktes. Er liegt bei x = 1 und y = −1.

Anschließend überprüfen wir diese Stelle mit dem hinreichenden f‴-Kriterium.

Es gilt f‴(1) = 3 > 0. Daher liegt tatsächlich eine Wendepunkt vor.
Es handelt sich um einen Rechts-Links-Wendepunkt bei W (1|−1).

Der Graph von f, den wir mit einer Wertetabelle oder mit dem GTR zeichnen, bestätigt dieses rechnerische Ergebnis.

2. Notw. Bedingung für Wendepunkte
$f''(x) = 0$
$3x − 3 = 0$
$x = 1, y = −1$

3. Überprüfung von x = 1 mittels f‴
$f'''(1) = 3 > 0 \Rightarrow$ R-L-Wendepunkt

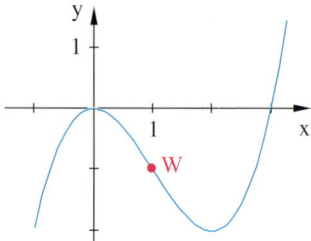

Übung 1
Untersuchen Sie die folgenden Funktionen auf das Vorliegen von Wendepunkten. Skizzieren Sie den Graphen von f.
a) $f(x) = x^3 − 3x^2$
b) $f(x) = \frac{1}{30}x^4 − \frac{4}{5}x^2$
c) $f(x) = \sin x + 1, \quad 0 \le x \le 2\pi$

Übung 2
Die Einwohnerzahl von Sim City wird durch $e(t) = 0{,}04t^3 − 0{,}12t^2 + 0{,}2t + 0{,}3$ beschrieben (t: Zeit seit 2000 in Jahrzehnten, e(t): Einwohnerzahl in Tausend).
a) Zeigen Sie, dass die Einwohnerzahl im Zeitraum $0 \le t \le 6$ stets ansteigt.
b) Wann ist der Anstieg der Einwohnerzahl am schwächsten?

Manchmal versagt das hinreichende f‴-Kriterium, nämlich dann, wenn sich bei der Überprüfung einer potentiellen Wendestelle x der Wert f‴(x) = 0 ergibt. Dann ist mit dem f‴-Kriterium keine Aussage möglich. In solchen Fällen kann man als Alternative das folgende hinreichende Vorzeichenwechselkriterium für Wendepunkte verwenden.

Hinreichendes Kriterium für Wendepunkte (Vorzeichenwechsel-Kriterium)

f sei in einer Umgebung von x_W zweimal differenzierbar und es gelte **f″(x_W) = 0**.

Wenn dann die zweite Ableitung f″ an der Stelle x_W einen **Vorzeichenwechsel** hat, so liegt dort eine Wendestelle.

Genauer: **Vorzeichenwechsel** von + nach − ⇒ **Links-Rechts-Wendepunkt**
Vorzeichenwechsel von − nach + ⇒ **Rechts-Links-Wendepunkt**

Beispielsweise hat die Funktion $f(x) = x^5$ wegen $f''(x) = 20x^3$ nur bei x = 0 einen potentiellen Wendepunkt. Da aber $f'''(x) = 60x^2$ dort ebenfalls 0 ist, ist keine Aussage möglich.
Mit den Vorzeichenwechselkriterium und den Teststellen x = −1 und x = +1 kann aber ein Vorzeichenwechsel von f″ an der Stelle x = 0 von Minus nach Plus festgestellt werden, so dass dort ein Rechts-Links-Wendepunkt liegt.

Nun untersuchen wir Wendepunkte im Anwendungszusammenhang. Dabei ist der Aspekt des *Wendepunktes als Punkt mit maximaler oder minimaler Steigung* besonders wichtig.

▶ **Beispiel: Verschuldung einer Stadt**
Der Haushalt einer Stadt ist nicht ausgeglichen.
Die Schulden zum Jahresende können durch die
Funktion $f(t) = \frac{1}{100}(-t^3 + 12t^2 + 60t + 200)$ erfasst
werden. t: Zeit in Jahren seit 2010, f: Schuldenstand
in Mio. €.

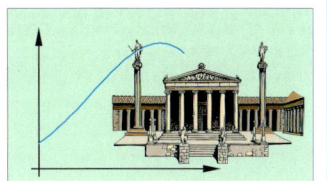

a) Erstellen Sie eine Schuldentabelle der Jahre 2010 bis 2022.
b) In welchem Jahr sind die Schulden maximal?
c) Zu welchem Zeitpunkt ist der Schuldenantieg maximal?

Lösung zu a:

t in Jahren	0	2	4	6	8	10	12
f(t) in Mio. €	2	3,60	5,68	7,76	9,36	10	9,20

Lösung zu b:
Gesucht ist nun der lokale Hochpunkt der Schuldenfunktion f. Dessen Lage wird mit dem notwendigen Bedingung für Extrema $f'(t) = 0$ bestimmt. Er liegt bei $H(10|10)$. Die Schulden überschreiten also 10 Mio. Euro nicht.
Das Maximum wird durch Überprüfung mit dem hinreichenden f''-Kriterium bestätigt.

Hochpunkt von f: Maximale Schulden
$f'(t) = 0$
$\frac{1}{100}(-3t^2 + 24t + 60) = 0$
$t^2 - 8t - 20 = 0$
$t = 4 \pm 6$
$t = -2$ (irrelevant)
$t = 10 \quad f(10) = 10$

Überprüfung mittels f''
$f''(10) = -0,36 < 0 \Rightarrow$ Maximum

Lösung zu c:
Der stärkste Schuldenanstieg wird erreicht, wenn die Steigung der Schuldenfunktion maximal ist. Das ist bei ihrer Wendestelle der Fall. Deren Lage bestimmen wir mit der notwendigen Bedingung für Wendestellen $f''(t) = 0$. Sie liegt bei $x = 4$.
Am Ende des vierten Jahres steigen die Schulden also besonders rasant. Die Anstiegsgeschwindigkeit beträgt zu diesem
▶ Zeitpunkt $f'(4) = 1,08$ Mio. €/Jahr.

Wendestelle von f: Maximaler Anstieg
$f''(t) = 0$
$\frac{1}{100}(-6t + 24) =$
$-6t + 24 = 0$
$t = 4 \quad f(4) = 5,68$ Mio.
$\qquad f'(4) = 1,08$ Mio./Jahr

Überprüfung mittels f'''
$f'''(4) = -0,06 < 0 \Rightarrow$ L-R-Wp

Übung 3 Hochwasser
Der Wasserstand im Fluss während eines Unwetters kann durch $f(t) = -\frac{1}{9}t^3 + \frac{2}{3}t^2 + 3$ beschrieben werden (t: Zeit in Std. f: Wasserstand in m). Legen Sie eine Wertetabelle an. Skizzieren Sie den Graphen von f. Nach wie vielen Minuten wird der maximale Wasserstand erreicht? Wie hoch ist er? Wann steigt das Wasser am schnellsten? Wie schnell steigt es zu diesem Zeitpunkt? Wann wird der Wasserstand, der zu Beobachtungsbeginn vorlag, wieder erreicht?

Übungen

4. Nachweis besonderer Punkte

Untersuchen Sie, ob an der Stelle x ein Hoch-, Tief-, Wende- oder Sattelpunkt vorliegt.

a) $f(x) = x^2$
   $x = 0$

b) $f(x) = x^3$
   $x = 0$

c) $f(x) = x^4$
   $x = 0$

d) $f(x) = 2x^3 - 6x^2$
   $x = 1, x = 2$

e) $f(x) = 12x - x^3$
   $x = 0, x = \pm 2$

f) $f(x) = \frac{1}{12}x^4 - 2x^2$
   $x = 0, x = 2, x = \pm\sqrt{12}$

GTR   **5. Extrema**

Bestimmen Sie die Extrema von f. Verwenden Sie den GTR.

a) $f(x) = \frac{1}{4}x + \frac{1}{x}$, $x \neq 0$

b) $f(x) = \sqrt{x} - \frac{1}{6}x$, $x \geq 0$

c) $f(x) = \frac{4}{x} + \sqrt{x}$, $x \geq 0$

6. Funktion f und Ableitung f′

Jede der folgenden Abbildungen zeigt die Graphen einer Funktion f und ihrer Ableitung f′.
Begründen Sie, welcher Graph zu f bzw. f′ gehört.

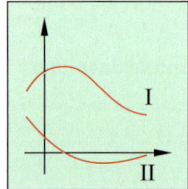 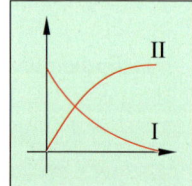 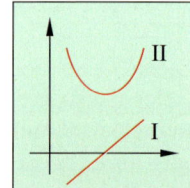 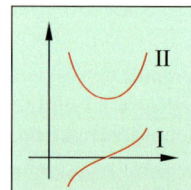

7. Rekonstruktion einer Funktion

Skizzieren Sie den Graphen einer Funktion f, welche die dargestellten Ableitungen f′ und f″ besitzt. Der Graph von f soll durch den Ursprung gehen. Beginnen Sie mit der Skizze dort.

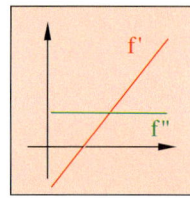 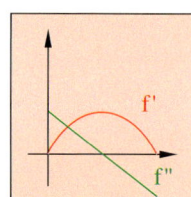

8. Rationale Funktionen

a) Untersuchen Sie die Funktionen $f(x) = \frac{1}{4}x + \frac{1}{x}$, $x \neq 0$ und $g(x) = x^4 - 2x^2$ auf Nullstellen, Extrema und Wendepunkte. Skizzieren Sie die Graphen von f und g.

b) Zeigen Sie: Jede Polynomfunktion dritten Grades der Form $f(x) = ax^3 + bx^2 + cx + d$, $a \neq 0$, besitzt einen Wendepunkt.

9. Motorroller

Die Verkaufszahlen eines neuen Rollermodells in den ersten Wochen nach der Markteinführung werden durch die Funktion $r(t) = 15t^2 - t^3$ modelliert.

t: Zeit in Wochen; r(t): Anzahl der zur Zeit t pro Woche produzierten Roller

a) Zu welchem Zeitpunkt erreicht der Absatz der Roller ein Maximum?

b) Wann steigen die Absatzzahlen am stärksten?

c) Welche mittlere Absatzsteigerung pro Woche wurde in den ersten 10 Wochen erzielt?

6. Kurvendiskussionen

Bei einer Kurvendiskussion werden charakteristische Eigenschaften der gegebenen Funktion untersucht. In der folgenden Tabelle sind die Standarduntersuchungen aufgelistet.

1. Symmetrie	Der Term $f(-x)$ wird berechnet und mit $f(x)$ bzw. $-f(x)$ verglichen: $f(-x) = +f(x) \quad \Rightarrow \quad$ **Achsensymmetrie zur y-Achse** $f(-x) = -f(x) \quad \Rightarrow \quad$ **Punktsymmetrie zum Ursprung**

2. Nullstellen
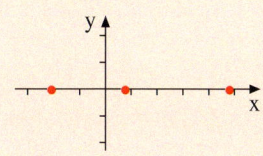
	Die Gleichung $f(x) = 0$ wird nach x aufgelöst. Ihre Lösungen sind die Nullstellen der Funktion f.
	
	Lösungsmethoden: p-q-Formel
	                             Faktorisierung, ggf. Polynom-
	                             division
	                             GTR-Anwendung

3. Lokale Extremalpunkte 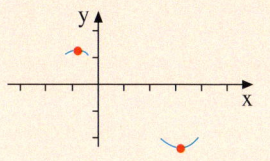	Die notwendige Bedingung $f'(x) = 0$ wird nach x aufgelöst. Die Lösungen x_E werden mit hinreichenden Kriterien getestet. ***f''-Kriterium*** $f''(x_E) < 0 \quad \Rightarrow \quad$ **Maximum** $f''(x_E) > 0 \quad \Rightarrow \quad$ **Minimum** $f''(x_E) = 0 \quad \Rightarrow \quad$ **keine Aussage** ***Vorzeichenwechsel-Kriterium*** **Vorzeichenwechsel von f' bei x_E: +/−** $\Rightarrow$ **Maximum** **Vorzeichenwechsel von f' bei x_E: −/+** $\Rightarrow$ **Minimum**
4. Wendepunkte 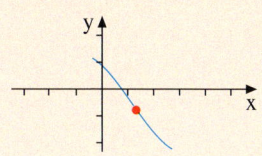	Die notwendige Bedingung $f''(x) = 0$ wird nach x aufgelöst. Die Lösungen x_W werden mit hinreichenden Kriterien getestet. ***f'''-Kriterium*** $f'''(x_W) < 0 \quad \Rightarrow \quad$ **Wendepunkt (L-R)** $f'''(x_W) > 0 \quad \Rightarrow \quad$ **Wendepunkt (R-L)** $f'''(x_W) = 0 \quad \Rightarrow \quad$ **keine Aussage** ***Vorzeichenwechsel-Kriterium*** **Vorzeichenwechsel von f'' bei x_W: +/−** $\Rightarrow$ **L-R-Wp** **Vorzeichenwechsel von f'' bei x_W: −/+** $\Rightarrow$ **R-L-Wp**
5. Graph 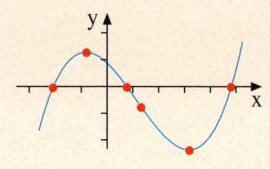	Das Koordinatenkreuz wird gezeichnet und beschriftet. In manchen Fällen erhalten die Achsen unterschiedliche Maßstäbe. Die charakteristischen Punkte aus 2. bis 4. werden eingezeichnet. Falls erforderlich, wird eine zusätzliche Wertetabelle erstellt. Der Graph wird auf dieser Grundlage skizziert.

Wir führen nun Kurvenuntersuchungen durch.

▶ **Beispiel: Kugelstoßen**
Die Bahnkurve eines Kugelstoßes wird durch $h(x) = -0{,}04\,x^2 + 0{,}7\,x + 2{,}25$ beschrieben (x: Weite in m, h: Höhe in m). Untersuchen Sie den Kurvenverlauf und stellen Sie die maximale Stoßweite und die maximale Steighöhe fest. In welcher Höhe und unter welchem Winkel wurde die Kugel abgestoßen?

Lösung:
Wir berechnen zunächst die Nullstellen von h mithilfe der p-q-Formel. Sie liegen bei 20,27 m und −2,77 m. Die Stoßweite beträgt also 20,27 m.

Nullstellen:
$h(x) = -0{,}04\,x^2 + 0{,}7\,x + 2{,}25$
$x^2 - 17{,}5\,x - 56{,}25 = 0$
$x = 8{,}75\,x \pm \sqrt{76{,}56 + 56{,}25}$
$x \approx 8{,}75 \pm 11{,}52$
$x \approx 20{,}27 \quad$ bzw. $x \approx -2{,}77$

Nun bestimmen wir die ersten beiden Ableitungen von h: $h'(x) = -0{,}08\,x + 0{,}7$ und $h''(x) = -0{,}08$. Die notwendige Bedingung für lokale Extrema $h'(x) = 0$ liefert uns einen Extrempunkt $H(8{,}75\,|\,5{,}31)$. Durch Überprüfung mit der zweiten Ableitung bestätigen wir, dass dies ein Hochpunkt ist. Die maximale Steighöhe beträgt 5,31 m.

Extremum:
$h'(x) = -0{,}08\,x + 0{,}7 = 0 \quad$ (notw. Bed.)
$0{,}08x = 0{,}7$
$x = 8{,}75 \quad y \approx 5{,}31$
Überprüfung mittels f'':
$f''(8{,}75) = -0{,}08$
$f''(8{,}75) = -0{,}08 < 0 \Rightarrow$ Maximum

Abgestoßen wurde die Kugel in der Höhe $h(0) = 2{,}25$ m.
Der Abstoßwinkel α ist der Steigungswinkel beim Abwurf, also bei $x = 0$. Dieser ergibt sich aus der Formel $\tan\alpha = h'(0)$, d.h. $\tan\alpha = 0{,}7$.
▶ Hieraus folgt $\alpha = \arctan 0{,}7 \approx 35°$.

Abwurfhöhe und Abwurfwinkel:
$h(0) = 2{,}25$

$\tan\alpha = h'(0)$
$\tan\alpha = 0{,}7$
$\alpha = \arctan 0{,}7 \approx 35°$

Übung 1
Eine Silvesterrakete wird senkrecht nach oben abgeschossen. Die erreichte Flughöhe in Metern nach t Sekunden wird durch die Funktion $h(t) = -5\,t^2 + 80\,t$ erfasst.
a) Wann erreicht die Rakete ihren höchsten Punkt? Welche Höhe hat sie dann erreicht?
b) Wie schnell ist sie beim Start bzw. auf halber Gipfelhöhe?

Übung 2
Untersuchen Sie die Funktion f auf lokale Extremstellen. Verwenden Sie als hinreichende Bedingung das f''-Kriterium, sofern dies anwendbar ist.
a) $f(x) = 2\,x - \frac{1}{6}x^3$
b) $f(x) = \frac{2}{3}x - 3\sqrt{x}$
c) $f(x) = 3\,a^2\,x^3 - \frac{1}{5}x^5, \quad a > 0$

Das folgende Beispiel bezieht sich auf ein Polynom dritten Grades. Außerdem wird die Kurven-diskussion durch Zusatzuntersuchungen (Symmetrie, Schnittwinkel) erweitert.

▶ **Beispiel: Polynomfunktion dritten Grades**
Diskutieren Sie die Funktion $f(x) = \frac{1}{3}x^3 - 3x$ und zeichnen Sie den Graphen von f für $-3{,}5 \le x \le 3{,}5$. Ist f achsensymmetrisch zur y-Achse oder punktsymmetrisch zum Ursprung? Unter welchem Winkel schneidet der Graph die x-Achse im Ursprung?

Lösung:

1. Ableitungen

$f(x) = \frac{1}{3}x^3 - 3x$

$f'(x) = x^2 - 3$

$f''(x) = 2x$

$f'''(x) = 2$

5. Graph

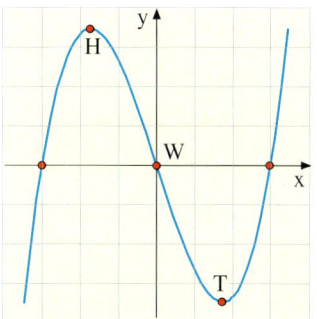

2. Nullstellen

$f(x) = 0$

$\frac{1}{3}x^3 - 3x = 0$

$x\left(\frac{1}{3}x^2 - 3\right) = 0$

$x = 0$ bzw. $\frac{1}{3}x^2 - 3 = 0$

$x = 0$ bzw. $x = 3, x = -3$

3. Extrema

$f'(x) = 0$

$x^2 - 3 = 0$

$x = \sqrt{3}, y = -2\sqrt{3}$

$x = -\sqrt{3}, y = 2\sqrt{3}$

$f''(\sqrt{3}) = 2\sqrt{3} > 0 \Rightarrow$ Minimum

$f''(-\sqrt{3}) = -2\sqrt{3} < 0 \Rightarrow$ Maximum

Tiefpunkt $T(\sqrt{3}|-2\sqrt{3}) = T(1{,}73|-3{,}46)$

Hochpunkt $H(-\sqrt{3}|2\sqrt{3}) = H(-1{,}73|3{,}46)$

4. Wendepunkte

$f''(x) = 0$

$2x = 0 \Rightarrow x = 0, y = 0$

$f'''(0) = 2 > 0 \Rightarrow \begin{cases} W(0|0) \text{ ist ein Rechts-} \\ \text{Links-Wendepunkt} \end{cases}$

6. Symmetrie

Die Symmetrieuntersuchung besteht aus einem Vergleich von $f(-x)$ mit $f(x)$.

$f(x) = \frac{1}{3}x^3 - 3x$

$f(-x) = \frac{1}{3}(-x)^3 - 3(-x) = -\frac{1}{3}x^3 + 3x$

Man erkennt, dass $f(-x) = -f(x)$ gilt. Dies bedeutet Punktsymmetrie zum Ursprung.

7. Schnittwinkel mit der x-Achse

Die x-Achse wird im Ursprung geschnitten. Dort ist die Steigung $f'(0) = -3$.

Also gilt $\tan\alpha = -3$.

Daraus folgt $\alpha \approx -71{,}57°$.

Übung 3

Untersuchen Sie die quadratische Funktion $f(x) = -\frac{1}{2}x^2 + 3x - \frac{5}{2}$ (Symmetrie, Nullstellen, Extrema, Wendepunkte, Graph für $-1 \le x \le 8$).

Übung 4

Untersuchen Sie die Funktion $f(x) = \frac{1}{4}x^4 - x^2$. Zeichnen Sie ihren Graphen für $-2{,}5 \le x \le 2{,}5$. Unter welchem Winkel schneidet f die Gerade $x = 3$? Ist f symmetrisch zur y-Achse oder zum Ursprung? Wie groß ist die mittlere Steigung von f zwischen linkem Minimum und Hochpunkt?

▶ **Beispiel: Vulkanausbruch**
Beim Ausbruch eines Vulkans wird durch Messungen festgestellt, dass die Auswurfleistung durch die Funktion
$a(t) = 12{,}5 \cdot (6t^2 - t^3)$ erfasst werden kann.
t: Zeit in min seit Beginn; a(t): Auswurfleistung zur Zeit t in
Tonnen/min.
Untersuchen Sie die Funktion a. Zeichnen Sie die Graphen
von a und a′ für $0 \leq t \leq 6$. Interpretieren Sie die Ergebnisse
unter Bezug auf den realen Prozess.

Lösung:
Nullstellen:
$a(t) = 12{,}5 \cdot (6t^2 - t^3) = 0$
$\quad 12{,}5t^2 \cdot (6 - t) = 0$
$\quad\quad t = 0, t = 6$

Extrema:
$a'(t) = 12{,}5 \cdot (12t - 3t^2) = 0$
$\quad 37{,}5t \cdot (4 - t) = 0$
$\quad\quad t = 0, a = 0 \quad$ Minimum
$\quad\quad t = 4, a = 400 \quad$ Maximum

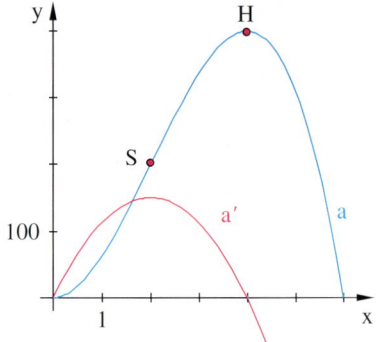

Punkte mit maximaler Steigung:
Der Punkt S der Funktion a mit dem steilsten Anstieg liegt ca. bei x = 2. Dort hat a′
ein Maximum. Dessen Lage können wir
bestimmen, indem wir die Ableitung von a′,
d.h. a″, gleich Null setzen.
Wir erhalten den Punkt S (2|200).

Maximum von a′:
$a''(t) = 12{,}5 \cdot (12 - 6t) = 0$
$\quad 75 \cdot (2 - t) = 0$
$\quad\quad t = 2, a = 200$
$\quad\quad S(2|200)$

Interpretation:
Die Auswurfleistung a(t) des Vulkans steigt nach langsamem Beginn zunehmend schneller an.
Im Wendepunkt S, d.h. nach nur zwei Minuten, ist die Zunahmerate a′ am größten. Danach sinkt
die Zunahmerate wieder. Die Auswurfleistung steigt nun also langsamer und hat nach vier Minuten ihr Maximum erreicht. Danach bricht der Ausbruch schnell zusammen. Die Zunahmerate a′
▶ wird negativ. Nach 6 Minuten ist der Ausbruch zu Ende.

Übung 5

In einem afrikanischen Land kommt es zum Ausbruch von
Ebola. Die ersten Monate legen nahe, dass die Anzahl der
Erkrankten durch $e(t) = -\frac{1}{400}t^2\,(t - 48)$ erfasst werden kann
(t: Zeit in Monaten, e(t): Erkrankte in Tausend).
Nach welcher Zeit hat die Anzahl e der Kranken ein Maximum
erreicht? Wann steigt e am schnellsten? Wie groß ist die Erkrankungsrate zu diesem Zeitpunkt? Wann ist mit dem Erlö-
schen der Epidemie zu rechnen? Zeichnen Sie e.

Übungen

6. Kurvenuntersuchung ohne GTR
Untersuchen Sie die Funktion f auf Nullstellen, Extrema und Wendepunkte.

a) $f(x) = \frac{1}{2}x^3 - \frac{3}{2}x^2$ b) $f(x) = -\frac{1}{2}x^3 + \frac{1}{8}x$ c) $f(x) = \frac{1}{2}x^4 + x^3$

7. Funktionsuntersuchung
Gegeben ist die Funktion $f(x) = \frac{1}{20}x^5 - \frac{2}{3}x^3 + 3x$.

a) Bestätigen Sie, dass die Funktion an der Stelle $x = \sqrt{2}$ ein Maximum annimmt.
b) An welchen Stellen nimmt f ein Minimum an?
c) Geben Sie ohne weitere Rechnung alle vier Extremstellen von f an.
d) Ermitteln Sie die Wendepunkte von f.

8. Funktionsuntersuchung mit dem GTR
Ermitteln Sie die Nullstellen, Extrempunkte und Wendepunkte von f.

a) $f(x) = \frac{1}{5}(x+2)^2(x-1)$ b) $f(x) = -\frac{1}{10}x^5 + 2x^4 - x^3 + 1$ c) $f(x) = x^4 - x^3 + x^2 - x$

9. Sattelpunkte
a) Zeigen Sie, dass $f(x) = x - \sin x$, $0 \le x \le 2\pi$, nur in den Randpunkten waagerechte Tangenten hat.
b) Zeigen Sie, dass die Wendepunkte von f entweder die Steigung 0 besitzen und folglich Sattelpunkte sind oder die Steigung 2 besitzen.

10. Höhenmesser
Der Höhenmesser zeigt gemäß der Funktion $h(t) = 0{,}6t^3 - 9t^2 + 400$ die Flughöhe eines Heißluftballons während einer 15-minütigen Flugphase an (t in min, h in m), $0 \le t \le 15$.
a) Wie hoch fliegt der Ballon 3 Minuten nach Beginn der Messung?
b) Wann erreicht der Ballon seine geringste Flughöhe?
c) Zu welchem Zeitpunkt verringert sich die Flughöhe am stärksten? Wann steigt sie am stärksten an? Wie groß ist die Änderung zu diesen Zeitpunkten, gemessen in m/s?

11. Kosten und Gewinn
Der Hersteller gibt die Produktionskosten bei der Herstellung einer innovativen Uhr an für $0 \le x \le 800$ mit
$K(x) = 0{,}001x^3 - 0{,}9x^2 + 150x + 72000$
(x: Anzahl der produzierten Uhren pro Tag, $0 \le x \le 1000$; $K(x)$: Produktionskosten pro Tag).

a) Zeichnen Sie den Graphen der Funktion K.
b) Wie hoch sind die Kosten für eine Uhr bei einer Produktion von 500 Uhren pro Tag?
c) Untersuchen Sie die Funktion K auf Extrema.
d) Bestimmen Sie den Wendepunkt von K.
e) Der Verkaufspreis der Uhr wird auf 150 Euro festgelegt. Die mittleren täglichen Einnahmen der Firma betragen somit $E(x) = 150x$. Ermitteln Sie graphisch, ab welcher Tagesstückzahl x der Hersteller einen Gewinn erwirtschaftet.
f) Bei welcher Tagesstückzahl x ist der Gewinn am größten?

12. Funktionsuntersuchung

Gegeben ist die Funktion $f(x) = (x^2 + 3) \cdot (x^2 - 1)$.

a) Begründen Sie, dass der Graph der Funktion f symmetrisch zur y-Achse ist.

b) Bestimmen Sie die Nullstellen von f.

c) In welchen Bereichen ist die Funktion monoton wachsend bzw. monoton fallend?

d) Bestimmen Sie die Gleichung der Tangente an den Graphen von f bei $x = 1$.

e) Eine quadratische Parabel $p(x) = ax^2 + c$ hat ihren Scheitelpunkt in $S(0|-4)$ und besitzt die gleichen Nullstellen wie die Funktion f. Wie lautet die Funktionsgleichung von p?

13. Ski-Cross-Parcours

Das Höhenprofil des ersten Abschnitts eines Ski-Cross-Parcours wird durch die ganzrationale Funktion $f(x) = -\frac{1}{100}x^3 + \frac{3}{4}x$ $(-10 \le x \le 0)$ beschrieben $(1\,\text{LE} = 10\,\text{m})$.

a) Ermitteln Sie den Höhenunterschied zwischen dem Punkt $A(-10|y)$ und dem tiefsten Punkt B des ersten Abschnitts.

b) Wie groß ist das durchschnittliche Gefälle zwischen den Punkten A und B?

c) Wie groß ist der Winkel α, unter dem der Fahrer im Ursprung fährt?

d) Das Profil wird auf dem zweiten Abschnittt $0 \le x \le 10$ fortgesetzt durch die Funktion

$g(x) = \frac{3}{400}x^3 - \frac{3}{20}x^2 + \frac{3}{4}x.$

Zeigen Sie, dass f und g ohne Knick ineinander übergehen und dass g im Punkt $C(10|0)$ in die Waagerechte übergeht.

e) Wo ist die Steigung von g maximal?

f) Ermitteln Sie den Wendepunkt von g.

g) Beschreiben Sie das Krümmungsverhalten der gesamten Bahn.

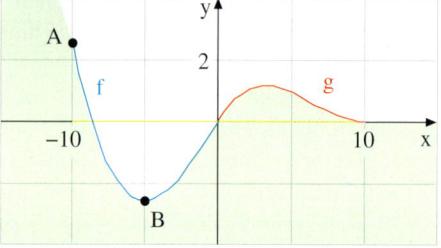

14. Funktionsuntersuchung

Gegeben sei die Funktion $f(x) = \frac{1}{8}(x^4 - 8x^2 - 9)$.

a) Zeigen Sie, dass f zwei Nullstellen bei $x = 3$ und $x = -3$ hat.

b) Untersuchen Sie f auf Extrema.

c) Errechnen Sie die Lage der beiden Wendepunkte von f.

d) Zeichnen Sie den Graphen von f für $-3,5 \le x \le 3,5$.

e) Wie groß ist die Steigung von f in den beiden Nullstellen?

f) An welcher Stelle des Intervalls $[-2; 2]$ hat f die größte Steigung?

15. Quadratische und kubische Polynome

a) Zeigen Sie, dass jedes Polynom dritten Grades genau einen Wendepunkt hat.

b) Zeigen Sie, dass jedes Polynom zweiten Grades genau ein Extremum hat.

c) Begründen Sie, dass jedes Polynom dritten Grades mindestens eine Nullstelle hat.

d) Kann eine Funktion dritten Grades keinen, einen oder zwei Extremwerte besitzen?

Vertiefung: Tangenten und Normalen

Kurvenuntersuchungen enthalten oft Tangenten- und Normalenprobleme. Tangenten und Normalen besitzen im Berührpunkt P den gleichen Funktionswert wie die Kurve. Die Tangente t hat dort die gleiche Steigung wie f. Die Normale, die in P senkrecht auf f steht, hat dort die negativ reziproke Steigung wie f.
Wir erhalten also:

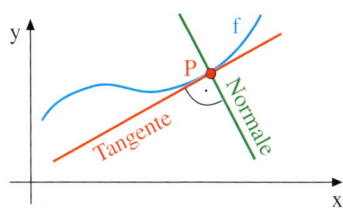

Tangentenbedingung	**Normalenbedingung**
Ansatz: $t(x) = m x + n$	Ansatz: $q(x) = m x + n$
I. $m = f'(x_0)$	I. $m = -\dfrac{1}{f'(x_0)}$, $f'(x_0) \neq 0$
II. $m x_0 + n = f(x_0)$	II. $m x_0 + n = f(x_0)$

▶ **Beispiel: Tangentengleichung**

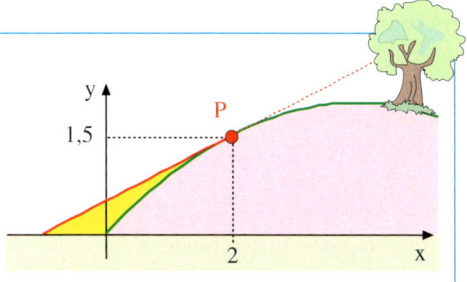

Die Funktion $f(x) = -\frac{1}{8}x^2 + x$ beschreibt das Randprofil einer Sanddüne am Nordseestrand. Für eine neue Treppe soll eine Aufschüttung angelegt werden, die tangential im Punkt $P(2|1,5)$ enden soll. Wie lautet die Tangentengleichung?

Lösung:
Die Ableitung von f ist $f'(x) = -\frac{1}{4}x + 1$.
Für die Tangentengleichung verwenden wir den Ansatz $y(x) = m x + n$.
Es gilt $m = f'(2) = 0,5$. Dies führt zum Zwischenergebnis $y(x) = 0,5x + n$.
Im Übergangspunkt P stimmen die Funktionswerte von f und von y überein. Es gilt also $f(2) = y(2)$, d.h. $1,5 = 1 + n$ bzw. $n = 0,5$.

▶ Resultat: $y(x) = 0,5x + 0,5$.

Ableitung von f:
$$f'(x) = -\frac{1}{4}x + 1$$

Gleichung der Tangente in P:
$$y(x) = m x + n \qquad \text{(Ansatz)}$$
$$m = f'(2) \Rightarrow m = 0,5$$
$$\Rightarrow y(x) = 0,5x + n \qquad \text{(Zwischenergebnis)}$$
$$y(2) = f(2)$$
$$1 + n = 1,5 \Rightarrow n = 0,5$$
$$\Rightarrow y(x) = 0,5x + 0,5 \qquad \text{(Endergebnis)}$$

Übung 16 Fortsetzung des Beispiels
a) Ermitteln Sie den Schnittpunkt Q der im Beispiel berechneten Tangente mit der x-Achse.
b) Bestimmen Sie nun die Länge der im Beispiel beschriebenen Treppe.

Übung 17 Normale
Gegeben ist die Funktion $f(x) = \frac{1}{2}x^2 - 2$. g sei die Tangente von f an der Stelle $x = 2$ und h sei die Normale von f an der Stelle $x = -2$.
a) Bestimmen Sie die Gleichungen von g und h. Zeichnen Sie f, g und h im Koordinatensystem.
b) Welchen Flächeninhalt hat das Dreieck, das von g und h und der x-Achse berandet wird?

Man kann die *Gleichungen von Tangente und Normale* in einem Kurvenpunkt auch durch jeweils eine allgemeine Formel darstellen, in die man nur noch einzusetzen braucht. Das spart gegenüber der eher „manuellen" Berechnung mit dem Ansatz $y(x) = mx + n$ Zeit. Die manuellen Ansätze fördern jedoch das Verständnis und die Rechenfertigkeiten stärker.

Eine Gerade durch den Punkt $P(x_0|y_0)$ hat bekanntlich ganz allgemein die Gleichung

$$y(x) = m(x - x_0) + y_0.$$

Setzen wir nun im Fall der Tangente hier $m = f'(x_0)$ und $y_0 = f(x_0)$ ein, so erhalten wir die rechts aufgeführte allgemeine Tangentengleichung.

> **Gleichung der Tangente**
> Die Gleichung der Tangente an den Graphen von f im Punkt $P(x_0|f(x_0))$ lautet:
>
> $$\mathbf{y(x) = f'(x_0)(x - x_0) + f(x_0)}$$

Setzen wir analog im Fall der Normalen $m = -\frac{1}{f'(x_0)}$ und $y_0 = f(x_0)$ ein, so erhalten wir die rechts aufgeführte allgemeine Normalengleichung.

> **Gleichung der Normalen**
> Die Gleichung der Normalen an den Graphen von f im Punkt $P(x_0|f(x_0))$. lautet:
>
> $$\mathbf{y(x) = -\frac{1}{f'(x_0)} \cdot (x - x_0) + f(x_0)}$$

▶ **Beispiel: Gleichungen von Tangente und Normale**
Gegeben ist die Funktion $f(x) = x^2 - x$
sowie der Punkt $P(1|0)$. Wie lautet

a) die Gleichung der Tangente von f in P?
b) die Gleichung der Normalen von f in P?

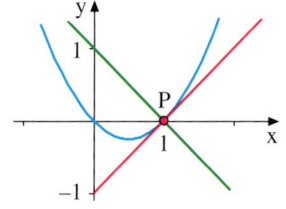

Lösung zu a:

Ableitung von f:
$f'(x) = 2x - 1$

Gleichung der Tangente:
$y(x) = f'(x_0) \cdot (x - x_0) + f(x_0)$
$\quad = f'(1) \cdot (x - 1) + f(1)$
$\quad = 1 \cdot (x - 1) + 0$
$\quad = x - 1$

Lösung zu b:

Ableitung von f:
$f'(x) = 2x - 1$

Gleichung der Normalen:
$y(x) = -\frac{1}{f'(x_0)} \cdot (x - x_0) + f(x_0)$
$\quad = -\frac{1}{f'(1)} \cdot (x - 1) + f(1)$
$\quad = -\frac{1}{1} \cdot (x - 1) + 0$
$\quad = -x + 1$

GTR

Übung 18
Gegeben sind die Funktion $f(x) = 1 - x^2$ sowie die Punkte $P(1|0)$ und $Q(-1|0)$.
Wie lautet die Gleichung
a) der Tangente von f in P?
b) der Normalen von f in Q?

Übung 19
$y = 4x + 2$ ist Tangente der Funktion $f(x) = ax^3 + bx^2$ bei $x = 1$.
a) Wie lautet die Gleichung der Normalen von f bei $x = 1$?
b) Bestimmen Sie die Gleichung von f.

Bestimmung von Tangente und Normale mit dem GTR

GTR

> **Beispiel: Tangente und Normale mit dem GTR**
> Zeichnen Sie die Graphen und bestimmen Sie die Gleichungen der Tangente und der Normalen
> an den Graphen der Funktion $f(x) = -\frac{1}{8}x^2 + x$ im Punkt $P(2|1,5)$ mit dem GTR.

CASIO Lösung:

Im SETUP muss die Option Derivative auf *On* gesetzt sein. Dann zeichnet man den Graphen von f.
Mit der Auswahl Sketch > Tangent wird die Tangente an der Stelle $x = 0$ dargestellt. Man kann nun mit dem Cursortasten andere Stellen auswählen oder nach Wahl der x,Θ,T-Taste direkt den x-Wert 2 eingeben, wonach die Zeichnung der Tangente und die Ausgabe der Tangentengleichung $y(x) = 0,5x + 0,5$ erfolgt.

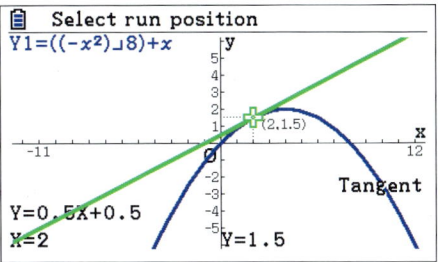

Die Bestimmung der Normalen erfolgt analog durch die Auswahl Sketch > Norm. Man erhält für den x-Wert 2 das nebenstehende Bild und die Normalengleichung $y(x) = -2x + 5,5$.

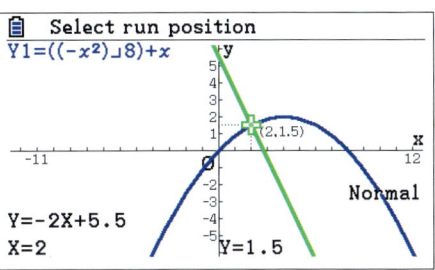

TI Lösung:

Auf einer Notes-Seite werden zunächst die Funktionen f, a, t und n definiert. Anschließend werden die Graphen der Funktion f, der Tangente t und der Normalen n dargestellt.

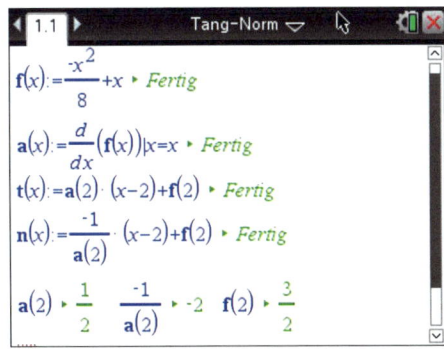

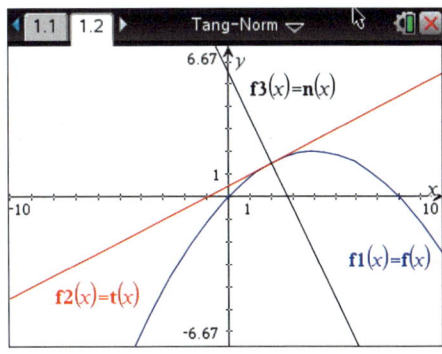

Übung 20 Tangenten und Normalen mit dem GTR

Zeichnen Sie f sowie die Tangente und die Normale an f in x_0. Bestimmen Sie die Gleichungen.

a) $f(x) = x^2$, $\quad x_0 = 1$ b) $f(x) = x - 0,5x^2$, $x_0 = 2$ c) $f(x) = 0,5x^3 - x$, $\quad x_0 = 0$
d) $f(x) = x - 0,5x^2$, $x_0 = 3$ e) $f(x) = 0,1x^2$, $\quad x_0 = 4$ f) $f(x) = x^2 - 4x$, $\quad x_0 = 0$
g) $f(x) = x^3 - x^2$, $\quad x_0 = 2$ h) $f(x) = x - 0,5x^2$, $x_0 = 1$ i) $f(x) = 2 - 0,25x^2$, $x_0 = -1$

Beispiel: Minigolf

Bei einer Minigolfbahn verläuft der Rand eines Hindernisses zwischen den Punkten $P(-1|f(-1))$ und Q wie die Funktion $f(x) = \frac{1}{4}x^3 - \frac{3}{4}x^2 + 5$.

Q ist dabei der Wendepunkt von f $(1\,\text{LE} = 1\,\text{m})$.

Wo liegt der Hochpunkt der Bahn?

Wie müssen der Abschlagspunkt $A(a|0)$ und der Einlochpunkt $L(b|0)$ festgelegt werden, damit die beste Chance besteht, die Bahn zu bewältigen?

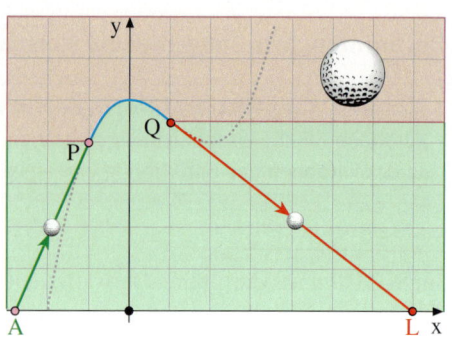

TI Lösung:

Nach Eingabe von $f(x) = \frac{1}{4}x^3 - \frac{3}{4}x^2 + 5$ und der manuell bestimmten Ableitungsfunktion $f'(x) = \frac{3}{4}x^2 - \frac{3}{2}x$ wird der y-Wert des Punktes P durch Berechnung von $f(-1) = 4$ bestimmt. Resultat: $P(-1|4)$.

Dann wird der Graph von f gezeichnet. Nun kann zunächst der Hochpunkt bestimmt werden. Er liegt bei $H(0|5)$. (Menu > Graph analysieren > Maximum).

Die beste Chance, die Bahn zu bewältigen, ergibt sich, wenn der Ball exakt auf der Tangente von f im Punkt P geschlagen wird. Also wird die Tangente t_1 im Punkt P eingegeben, wobei die Tangentenformel verwendet wird: $t_1(x) = f'(-1) \cdot (x+1) + f(-1)$. Nach Einzeichnung der Tangente t_1 wird deren Nullstelle $A(-2,78|0)$ ermittelt. Dies ist der optimale Abschlagpunkt (Menu > Graph analysieren > Nullstelle).

Für die Bestimmung des Einlochpunktes L benötigen wir den Wendepunkt Q. Er wird durch Nullsetzen von $f''(x) = \frac{3}{4}x - \frac{3}{2}$ manuell ermittelt und liegt bei $Q(1|4,5)$.

Nun wird die Gleichung der Tangente t_Q im Wendepunkt Q eingegeben und gezeichnet: $t_Q(x) = f'(1) \cdot (x - 1) + f(1)$. Deren Nullstelle $x = 7$ wird bestimmt und liefert den optimalen Einlochpunkt ▶ $L(7|0)$.

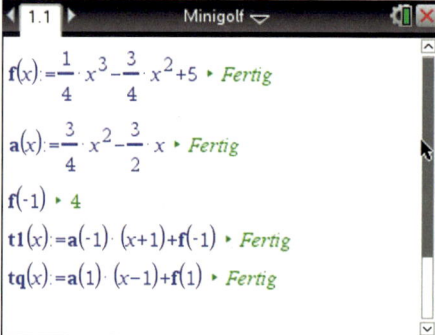

CASIO Lösung: (analog)

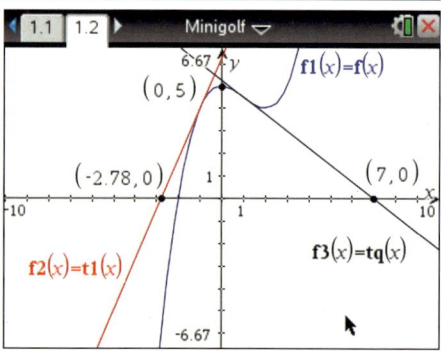

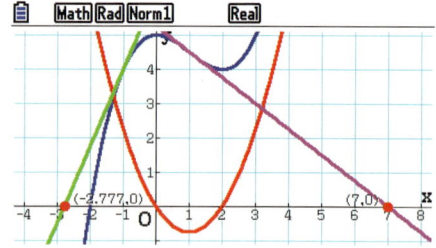

7. Einfache Kurvenscharen

Die Funktionsgleichung $f_a(x) = x^2 - ax$ $(a \in \mathbb{R})$ beschreibt nicht eine einzige Funktion, sondern gleich eine ganze *Kurvenschar*, denn für jeden Wert von a erhält man eine andere Funktion. a heißt *Scharparameter* der Kurvenschar f_a.

▶ **Beispiel: Parabelschar**
Führen Sie eine Kurvendiskussion der Kurvenschar $f_a(x) = x^2 - ax$ $(a \in \mathbb{R})$ durch. Berechnen Sie die Lage der Nullstellen und Extrema von f_a in Abhängigkeit vom Scharparameter a. Skizzieren Sie die Graphen der speziellen Scharfunktionen f_1, f_3 und $f_{-1,5}$.

Lösung:
Ableitungen:
$f_a(x) = x^2 - ax$
$f_a'(x) = 2x - a$
$f_a''(x) = 2$

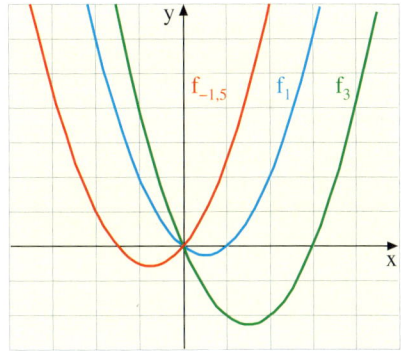

Nullstellen:
$f_a(x) = x^2 - ax = x(x - a) = 0$
$\Rightarrow x = 0$ und $x = a$

Extrema:
$f_a'(x) = 2x - a = 0 \Rightarrow x = \frac{a}{2}$
$f_a''\left(\frac{a}{2}\right) = 2 > 0 \Rightarrow$ Minimum
▶ Tiefpunkt: $T\left(\frac{a}{2} \mid -\frac{a^2}{4}\right)$

Häufig steht man vor der Aufgabe, aus einer Kurvenschar diejenige Kurve auszusortieren, die eine bestimmte, vorgegebene Eigenschaft hat.

▶ **Beispiel: Parameter gesucht**
a) Welche Kurve der Schar $f_a(x) = x^2 - ax$ hat an der Stelle $x = 3$ die Steigung 1?
b) Gibt es eine Kurve der Schar f_a, die genau eine Nullstelle besitzt?

Lösung zu a:
Eine Kurve der Schar f_a hat an der Stelle $x = 3$ die Steigung 1, wenn $f_a'(3) = 1$ gilt. Daraus folgt:
$f_a'(3) = 6 - a = 1 \Rightarrow a = 5$.
▶ $f_5(x) = x^2 - 5x$ ist die gesuchte Funktion.

Lösung zu b:
Im obigen Beispiel wurde bereits gezeigt, dass die Nullstellen bei $x = 0$ und $x = a$ liegen. Für $a = 0$ gibt es also nur genau eine Nullstelle. Folglich besitzt die Funktion $f_0(x) = x^2$ genau eine Nullstelle.

Übung 1
Gegeben sei die Kurvenschar $f_a(x) = x^2 - 2ax + 1$ $(a \in \mathbb{R}, a > 0)$.
a) Führen Sie eine Kurvendiskussion von f_a durch.
b) Skizzieren Sie die Graphen für $a = 1$, $a = 1,5$ und $a = 0,5$.
c) Welche Kurve der Schar f_a hat an der Stelle $x = 4$ die Steigung 1?
d) Welche Kurven der Schar f_a haben keine Nullstellen bzw. genau eine Nullstelle?

▶ **Beispiel: Schar kubischer Funktionen**
Gegeben sei die Kurvenschar $f_a(x) = x^3 - 3ax^2$ ($a \in \mathbb{R}$, $a > 0$).
Führen Sie eine Kurvendiskussion der Kurvenschar f_a durch (Nullstellen, Extrema und Wendepunkte). Skizzieren Sie die Graphen für $a = 1$, $a = 0{,}6$ und $a = 1{,}2$.

Lösung:
Ableitungen:
$f_a(x) = x^3 - 3ax^2 = x^2 \cdot (x - 3a)$
$f_a'(x) = 3x^2 - 6ax = 3x \cdot (x - 2a)$
$f_a''(x) = 6x - 6a = 6 \cdot (x - a)$
$f_a'''(x) = 6$

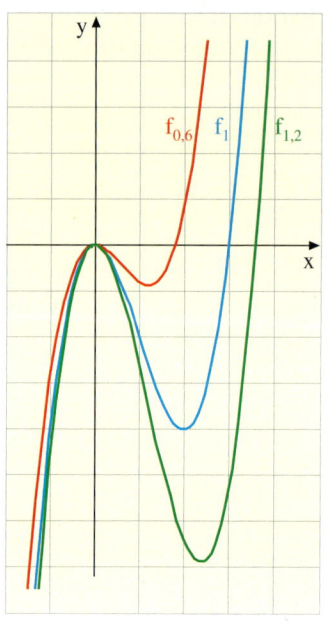

Nullstellen:
$f_a(x) = x^3 - 3ax^2 = x^2 \cdot (x - 3a) = 0$
$\Rightarrow x = 0$ und $x = 3a$

Extrema:
$f_a'(x) = 3x^2 - 6ax = 3x \cdot (x - 2a) = 0$
$\Rightarrow \left.\begin{array}{l} x = 0 \\ y = 0 \end{array}\right\}$ Hochpunkt, denn $f_a''(0) = -6a < 0$;
$\Rightarrow \left.\begin{array}{l} x = 2a \\ y = -4a^3 \end{array}\right\}$ Tiefpunkt, denn $f_a''(2a) = 6a > 0$

Wendepunkte:
$f_a''(x) = 6x - 6a = 6(x - a) = 0$
$\Rightarrow \left.\begin{array}{l} x = a \\ y = -2a^3 \end{array}\right\}$ Wendepunkt, denn $f_a'''(a) = 6 \neq 0$

▶ **Beispiel: Wendetangente**
Welche Kurve der Schar $f_a(x) = x^3 - 3ax^2$ ($a \in \mathbb{R}$, $a > 0$) besitzt eine Wendetangente, die durch den Punkt $P(0|8)$ geht?

Lösung:
Im obigen Beispiel wurde bereits gezeigt, dass $W(a|-2a^3)$ Wendepunkt von f_a ist. Dort liegt die Steigung $f_a'(a) = -3a^2$ vor.
Für die Wendetangente t kann daher der Ansatz $t(x) = -3a^2 x + n$ verwendet werden.
Setzen wir hier die Wendepunktkoordinaten ein, so erhalten wir $-3a^3 + n = -2a^3$, d.h. $n = a^3$.
Die Gleichung der Wendetangente von f_a lautet daher $t(x) = -3a^2 x + a^3$.
▶ Die Forderung $t(0) = 8$ führt auf $a^3 = 8$, d.h. $a = 2$. Also ist $f_2(x) = x^3 - 6x^2$ die gesuchte Kurve.

Übung 2
Führen Sie eine Kurvendiskussion der Kurvenschar f_a durch. Skizzieren Sie die zu den angegebenen Parametern gehörigen Graphen.

a) $f_a(x) = x^3 - ax$, $a > 0$
   Skizze: $a = 3$, $a = 1$, $a = 6$

b) $f_a(x) = -x^3 + 2ax^2$, $a > 0$
   $a = 1$, $a = 0{,}5$, $a = 1{,}5$

c) $f_a(x) = x^4 - ax^2$, $a > 0$
   $a = 2$, $a = 4$

EXKURS: Ortskurven

Im folgenden Beispiel geht es um die *Ortskurve* der Extrema einer Kurvenschar. Das ist diejenige Kurve, auf der alle lokalen Extrema der Schar liegen.

▶ **Beispiel: Ortskurve**
Die Funktionenschar $f_a(x) = -\frac{1}{4}x^2 + a\,x$ $(a > 0)$ soll untersucht werden. Zeichnen Sie die Graphen für $a = 1$, $a = 2$ und $a = 3$ in das gleiche Koordinatensystem. Bestimmen Sie außerdem diejenige Kurve y, auf der alle Hochpunkte von f_a liegen, und zeichnen Sie deren Graphen ein.

Lösung:
1. Nullstellen:
$f_a(x) = -\frac{1}{4}x^2 + a\,x = 0$
$-\frac{1}{4}x \cdot (x - 4a) = 0$
$x = 0 \quad$ oder $\quad x = 4a$

2. Extrema:
$f'_a(x) = -\frac{1}{2}x + a = 0$
$x = 2a$
$y = a^2$
$f''_a(a) = -\frac{1}{2} < 0 \Rightarrow$ Hochpunkt $H(2a|a^2)$

3. Wendepunkte:
$f''_a(x) = -\frac{1}{2} \neq 0$
$\Rightarrow$ keine Wendepunkte

4. Ortskurve der Hochpunkte:
Der Hochpunkt hat die beiden Koordinaten $x = 2a$ und $y = a^2$.
Wir lösen die Gleichung für die x-Koordinate nach a auf, d.h. $a = \frac{x}{2}$. Wir setzen dieses Zwischenergebnis in die Gleichung für die y-Koordinate ein:
$y = a^2 = \left(-\frac{x}{2}\right)^2 = \frac{1}{4}x^2$
Das Endergebnis $y = \frac{1}{4}x^2$ stellt die gesuchte Ortskurve der Hochpunkte dar.
▶ In der Graphik ist sie grün dargestellt.

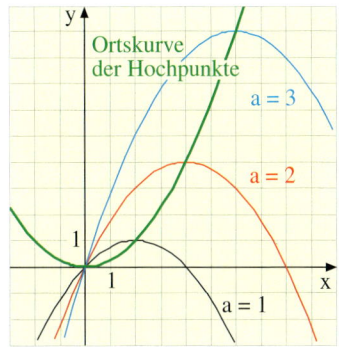

Koordinaten des Hochpunktes:
x-Koordinate: $x = 2a$
y-Koordinate: $y = a^2$

Auflösen der x-Koordinate nach a:
$x = 2a \Rightarrow a = \frac{x}{2}$

Einsetzen in die y-Koordinate:
$y = a^2 \Rightarrow y = \left(\frac{x}{2}\right)^2 \Rightarrow y = \frac{1}{4}x^2$

Gleichung der Ortskurve:
$y = \frac{1}{4}x^2$

Rezept zur Bestimmung der Ortskurve eines Extrempunktes
1. Bestimmen Sie die beiden Koordinaten des Extrempunktes in Abhängigkeit von a.
2. Lösen Sie die Gleichung für die x-Koordinate nach dem Parameter a auf.
3. Setzen Sie den so gewonnenen Term für a in die Gleichung für die y-Koordinate ein.

Übung 3 Ortskurve
Untersuchen Sie Schar $f_a(x) = a\,x^2 - x$ $(a > 0)$ auf Nullstellen und Extrema. Skizzieren Sie f_1, f_2 und f_3. Bestimmen und zeichnen Sie die Ortskurve der Extrema.

Übung 4 Ortskurve
Untersuchen Sie $f_a(x) = \frac{1}{2}x^4 - a\,x^2$ $(a > 0)$.
Zeichnen Sie f_1, f_2 und f_3. Bestimmen Sie die Ortskurven der Extrema und Wendepunkte und zeichnen Sie diese ein.

Übungen

5. Parabelschar

Gegeben ist die Funktionenschar $f_a(x) = x^2 - (a+1)x$.

a) Untersuchen Sie die Schar für $a \in \mathbb{R}$ auf Nullstellen und Extrema.

b) Skizzieren Sie die Graphen von f_1 und f_2 für $-1 \le x \le 4$.

c) Welcher Graph der Schar f_a hat ein Extremum bei $x = 2$?

d) Für welchen Wert von a hat f_a genau eine Nullstelle?

e) Zeigen Sie, dass alle Extrema von f_a auf der Parabel $y = -x^2$ liegen.

f) Welche Graphen zeigt die Abbildung?

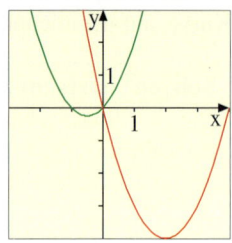

6. Parabelschar

Gegeben ist die Funktionenschar $f_a(x) = -a x^2 + 6x$, $a > 0$.

a) Bestimmen Sie die Nullstellen und das Extremum von f.

b) Zeichnen Sie die Graphen von f_2 und f_3.

c) Zeigen Sie: Alle Graphen der Schar haben einen gemeinsamen Punkt P.

d) Welche Steigung haben die Scharfunktionen im Punkt P?

e) Zeigen Sie, dass f_2 und f_3 sich im Punkt P berühren.

7. Kubische Schar

Gegeben ist die Funktionenschar $f_a(x) = x^3 - 3a^2 x + 2a^3$.

a) Untersuchen Sie f_a auf Extrema und Wendepunkte.

b) Zeigen Sie, dass $x = -2a$ eine Nullstelle von f_a ist.

c) Skizzieren Sie die Graphen von f_1 und f_{-1}.

d) Zeigen Sie, dass alle Graphen der Schar die x-Achse berühren.

e) Zeigen Sie, dass f_a und f_{-a} symmetrisch zueinander sind.

8. Nicht-ganzrationale Schar

Gegeben ist die Funktionenschar $f(x) = x - 2a + \frac{a}{x}$.

a) Für welche a existieren zwei, eine bzw. keine Nullstellen?

b) Untersuchen Sie f_a auf Extrema.

c) Skizzieren Sie die Graphen von f_1 und f_{-1}.

d) Zeigen Sie, dass keine Scharfunktion einen Wendepunkt hat.

e) Zeichnen Sie den Graphen von f_2.

f) Unter welchen Winkeln schneidet der Graph von f_2 die x-Achse?

9. Motorrad-Stunt

Auf dem Parkhausdach stehen 6 Autos von jeweils 5 m Länge und 2 m Höhe. Ein Stuntman beschleunigt über die Rampe auf die Geschwindigkeit v (in m/s) und versucht, die Autos zu überspringen. Seine Flugbahn lautet $y_v(x) = \frac{1}{2}x - \frac{5}{v^2}x^2$

a) Welche Geschwindigkeit v muss er erreichen, um eine Maximalhöhe von 5 m zu erzielen?

b) Wie groß ist dann die Sprungweite?

c) Kann er so die Autos zu überspringen?

d) Wie groß ist der Absprungwinkel?

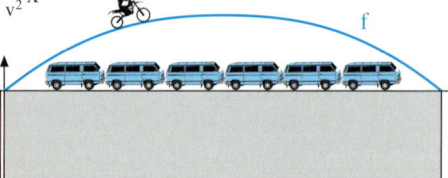

10. Golf

Ein Golfspieler steht im Ursprung des Koordinatensystems und wird einen Ball schlagen, der im Punkt $P(x_0, 0)$ vor ihm liegt. Sein Ziel ist es, den Ball über die Sandfläche zu schlagen, die sich in einer Entfernung von 5 bis 21 m vom Spieler erstreckt.

Die Flugbahn des Golfballes wird durch $f_a(x) = -\frac{1}{a}(x^2 - (a + 2)x + (a + 1))$, $a > 0$ beschrieben, wobei a von der Geschwindigkeit abhängt, mit welcher der Ball getroffen wird (1 LE = 1 m).

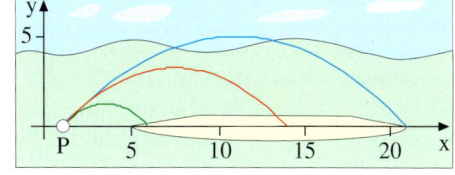

a) Zeigen Sie, dass der Abschlagpunkt P die Abszisse $x_0 = 1$ hat.

b) Sei a = 8. An welcher Stelle landet der Ball in diesem Fall? Welche maximale Höhe erreicht er im Flug? Wie groß ist der Abschlagwinkel?

c) Zeigen Sie, dass die Schar f_a den Hochpunkt $H\left(\frac{a + 2}{2}, \frac{a}{4}\right)$ besitzt.

d) Zeigen Sie, dass der Ball für jedes a unter einem Winkel von 45° abgeschlagen wird.

e) Zeigen Sie, dass die Funktion f_a die Nullstellen x = 1 und x = a + 1 besitzt.

f) Für welches a erreicht der Ball exakt das Ende des Sandbunkers?

11. Aktie

Eine Aktie hat einen Wert von 50 $. Ihr möglicher Kursverlauf wird beschrieben durch die Funktion $f_a(t) = -0,01\,a\,t^3 + 0,3\,a\,t^2 + 50$, $a \in \mathbb{R}$. t: Zeit in Monaten, f: Wert in $.

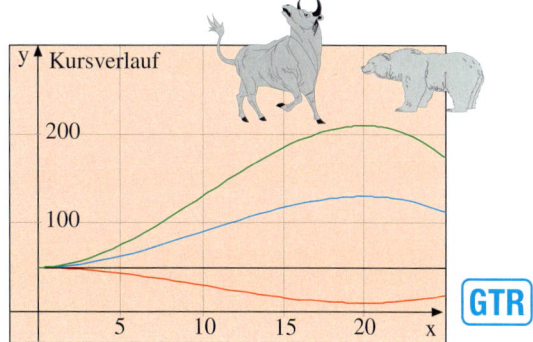

a) Untersuchen Sie den Kursverlauf für a = 2. Welcher maximale Kurs wird erreicht? Zu welchem Zeitpunkt setzt eine Trendwende ein? Mit welcher Geschwindigkeit (in $/Monat) steigt der Kurs zur Zeit der Trendwende?

b) Welcher ganzzahlige Wert von a entspricht der grünen Kurve? Begründen Sie stichhaltig.

c) Der Fall a = −1 entspricht dem roten Kursverlauf. Wann hat sich der Kurs halbiert? Lösen Sie dies angenähert.

GTR

12. Wellenmaschine

Eine Wellenmaschine erzeugt Wellen der Form $f_a(x) = -\frac{1}{a^2}x^3 + \frac{1}{a}x^2$ (s. Abb.).

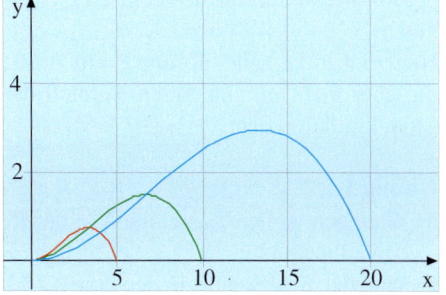

a) Wie lang und hoch ist die Welle a = 15? Skizzieren Sie den Graphen.

b) Welche Wellen sind dargestellt?

c) Wo ist die Welle a = 15 an ihrem linken Hang am steilsten?

d) Für welches a erhält man eine 4 m hohe Welle?

8. Funktionsuntersuchungen bei realen Prozessen

Reale Problemstellungen technischer und wirtschaftlicher Art können in vielen Fällen durch Funktionen erfasst werden. Man spricht dann von einer mathematischen Modellierung. Die Modellfunktion wird dabei mathematisch-theoretisch untersucht, wobei auch die Differentialrechnung eingesetzt wird. Die theoretischen Ergebnisse werden schließlich auf das reale Problem zurücktransformiert, welches auf diese Weise gelöst werden kann.

▶ **Beispiel: Das Entleeren einer Regentonne**
Eine 100 cm hohe und 60 cm breite Regentonne wird durch eine Ablassöffnung entleert. Die Höhe h des Wasserstandes kann durch die Funktion $h(t) = \frac{1}{16}t^2 - 5t + 100$ modelliert werden (t ist die Zeit in Minuten und h die Höhe in cm).
a) In welchem Bereich ist die Modellierung sinnvoll?
b) Nach welcher Zeit steht das Wasser nur noch 50 cm hoch, wann ist es ganz abgelaufen?

Lösung zu a:
Der Graph von h zeigt, dass die Modellierung nur für den Zeitraum $0 \leq t \leq 40$ sinnvoll ist, denn danach würde der Wasserstand entgegen der Realität wieder steigen.

Lösung zu b:
Man kann dem Graphen ziemlich genau entnehmen, dass die Tonne nach 40 Minuten leergelaufen ist. Nur ungenau ist zu entnehmen, wann der Wasserstand auf 50 cm gesunken ist.

Daher führen wir für diese Fragestellung eine Rechnung durch. Diese ist rechts dargestellt und liefert das Ergebnis: 11,7 Minuten.
Hierbei tritt die Scheinlösung t = 68,3 auf, die aber nicht im sinnvollen Bereich der
▶ Modellfunktion liegt.

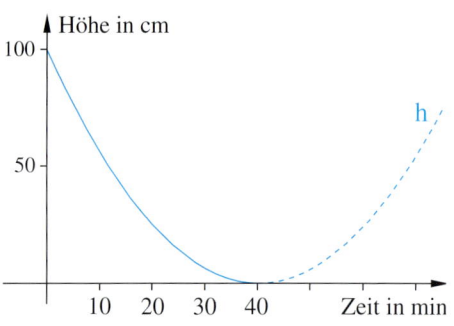

$$h(t) = 50 \text{ (Ansatz)}$$
$$\frac{1}{16}t^2 - 5t + 100 = 50$$
$$t^2 - 80t + 800 = 0$$
$$t = 40 \pm \sqrt{800}$$
$$t \approx 11,72 \text{ min}$$
$$t \approx 68,28 \text{ min (Scheinlsg.)}$$

Übung 1
a) Wie hoch ist der Wasserstand in der Regentonne aus dem obigen Beispiel 10 Minuten nach Ablaufbeginn?
b) Wie viel Wasser läuft in den ersten 10 Minuten ab, wie viel in den letzten 10 Minuten?
c) Wie lange muss das Wasser bei voller Tonne laufen, um einen 10-Liter-Eimer zu füllen?

Wir führen das Beispiel des Ablaufprozesses einer Regentonne fort, indem wir nun Fragen aufnehmen, welche die Differentialrechnung ansprechen, z. B. Änderungsraten.

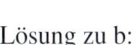

Beispiel: Änderungsraten beim Entleeren einer Regentonne
Untersucht werden soll die Geschwindigkeit, mit der sich der Wasserstand in der Regentonne ändert, d. h. die momentane Änderungsrate der Wasserstandshöhe $h(t) = \frac{1}{16}t^2 - 5t + 100$.
a) Welche Funktion beschreibt die momentane Änderungsrate der Wasserstandshöhe? Interpretieren Sie den Funktionsgraphen dieser Funktion.
b) Wie schnell ändert sich der Wasserstand zur Zeit t = 0 bzw. zur Zeit t = 10?

Lösung zu a:
Die momentane Änderungsrate der Funktion h kann mit der Ableitungsfunktion $h'(t) = \frac{1}{8}t - 5$ berechnet werden. Sie wird in der Einheit cm/min gemessen und gibt die *Geschwindigkeit* wieder, mit welcher sich der Wasserstand ändert.
Die Werte von h' sind im betrachteten Bereich negativ. Das bedeutet: Der Wasserstand h sinkt. Der absolute Zahlenwert von h' wird allerdings mit fortschreitender Zeit kleiner, der Wasserstand sinkt also immer langsamer.

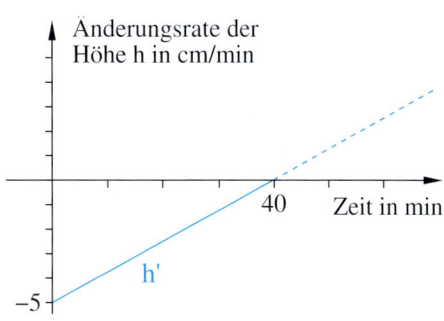

Lösung zu b:
Momentane Änderungsrate zur Zeit t = 0:

$$h'(0) = -5\,\text{cm/min}$$

Ganz zu Beginn des Ablaufprozesses erniedrigt sich der Wasserstand mit einer Geschwindigkeit von 5 cm pro Minute.

Momentane Änderungsrate zur Zeit t = 10:

$$h'(10) = -3{,}75\,\text{cm/min}$$

Der Wasserstand sinkt nun mit einer geringeren Rate, da der Wasserdruck auf die Ablassöffnung schon nachgelassen hat.

Übung 2
Der abgebildete Wasserbehälter wird mit Wasser gefüllt. Der Wasserstand steigt nach der Formel $h(t) = 20 \cdot t^{\frac{1}{3}}$ (t: Zeit in min, h: Wasserstandshöhe in cm; zur Kontrolle: $h'(t) = \frac{20}{3} \cdot t^{-\frac{2}{3}}$).
a) Wie hoch steht das Wasser 10 Minuten nach Füllbeginn?
b) Wann ist der Behälter voll?
c) Wie schnell steigt der Wasserstand 10 Minuten nach Füllbeginn?
d) Wann steigt das Wasser mit einer Geschwindigkeit von 1 cm/min?
e) Wie groß ist die mittlere Steiggeschwindigkeit des Wasserstands bezogen auf den gesamten Füllvorgang?

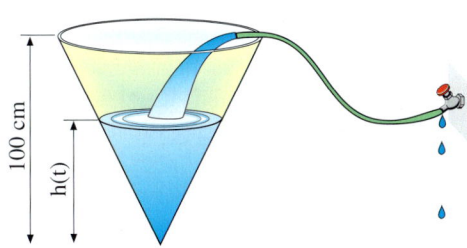

> **Beispiel: Umsatzfunktion, Kostenfunktion und Gewinnfunktion**
> Ein Unternehmen produziert Bohrhämmer, die zu einem Stückpreis von 120 € verkauft werden.
> x sei die Stückzahl der pro Tag hergestellten Maschinen. Der Tagesumsatz wird durch die
> Funktion U(x) = 120 x erfasst. Die täglichen Kosten können durch die Funktion K(x) angenä-
> hert beschrieben werden:
> K(x) = 0,0001 x³ − 0,15 x² + 105 x + 15 000 (0 ≤ x ≤ 1800).
> a) Skizzieren Sie die Graphen der Kosten-, der Umsatz- und der Gewinnfunktion in einem
>   gemeinsamen Koordinatensystem für 0 ≤ x ≤ 1800.
> b) In welchem Stückzahlbereich werden Gewinne gemacht? Für welche tägliche Stückzahl x
>   wird der Gewinn maximal? Wie groß ist der maximale Gewinn?

Lösung zu a:
Umsatzfunktion und Kostenfunktion sind
gegeben. Der Gewinn ist die Differenz von
Umsatz und Kosten. Daher ist die Gewinnfunktion G(x) = U(x) − K(x), d. h.:

$$G(x) = -0,0001\, x^3 + 0,15\, x^2 + 15\, x - 15\,000$$

Wir skizzieren die Graphen mit Hilfe einer
Wertetabelle mit der Schrittweite 200.

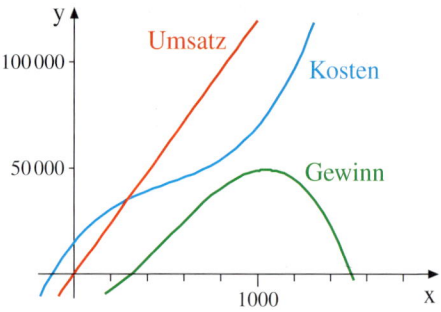

Lösung zu b:
Der Gewinnbereich:
Gewinn wird in dem Bereich gemacht, in
welchem die Umsatzfunktion U über der
Kostenfunktion K liegt bzw. in welchem die
Gewinnfunktion G positiv ist.
Durch Ablesen aus dem Graphen erhalten
▶ wir den Gewinnbereich 300 ≤ x ≤ 1500.

Der maximale Gewinn:
Der Gewinn wird für ca. 1050 Stück maximal. Er beträgt dann ca. 50 000 €.
Die Rechnung hierzu lautet:
G′(x) = −0,0003 x² + 0,3 x + 15 = 0
x² − 1000 x − 50 000 = 0
x ≈ 1047,72 (bzw. x ≈ −47,72)

Übung 3
Eine Abteilung produziert Fernseher. Die Kosten können durch die Funktion
K(x) = 0,01 x³ − 1,8 x² + 165 x beschrieben werden, wobei x die tägliche Stückzahl ist. Die Maximalkapazität beträgt 160 Geräte pro Tag. Verkauft wird das Produkt für 120 € pro Gerät.
a) Gesucht ist die Gleichung der Gewinn-
   funktion G.
b) Zeichnen Sie mithilfe einer Wertetabelle
   den Graphen von G (0 ≤ x ≤ 160, Schrittweite 20).
c) Wie viele Geräte müssen produziert werden, um einen Gewinn zu erzielen?
d) Welches Produktionsniveau maximiert
   den Gewinn?
e) Wie groß müsste der Verkaufspreis sein,
   damit bei Vollauslastung kein Verlust
   entsteht?

Übungen

4. Feinstaub

Die Feinstaubmessungen in zwei Städten ergaben an einem Sommertag eine Staubbelastung, welche durch die Funktionen f und g beschrieben wird.

(t: Zeit in Stunden seit 6 Uhr morgens, $f(t)$, $g(t)$: Staublast in $\mu g/m^3$).

a) Erläutern Sie an den Graphen den Belastungsverlauf in beiden Städten.

b) Wie hoch ist die Feinstaubbelastung um 10 Uhr bzw. um 17 Uhr?

c) Prüfen Sie, ob die zulässige Obergrenze von $50\,\mu g/m^3$ am betrachteten Tag überschritten wurde.

d) Zu welchen Zeitpunkten nahm die Feinstaubbelastung in den Städten am stärksten zu?

Stadt 1: $f(t) = 0{,}01(0{,}25t^4 - 10t^3 + 100t^2) + 20$
Stadt 2: $g(t) = 0{,}01(0{,}25t^4 - 11t^3 + 125t^2) + 10$

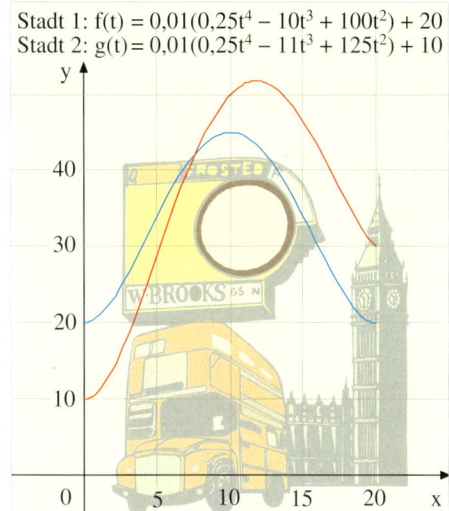

5. Verkehrsstau

Wegen einer Brückensanierung kommt es im Berufsverkehr ab 7 Uhr morgens ($t = 0$) regelmäßig zu einem Stau. Die Änderungsrate der Länge des Staus wird durch die ganzrationale Funktion $f(t) = \frac{1}{4}(t^3 - 9t^2 + 18t)$ beschrieben. (t in Stunden, $f(t)$ in km/h).

a) Zeichnen Sie den Graphen von f mithilfe einer Wertetabelle ($0 \le t \le 6$).

b) Berechnen Sie die Nullstellen von f und erläutern Sie, welche Bedeutung positive bzw. negative Funktionswerte von f haben.

c) Bestimmen Sie die Zeitpunkte, an denen die Staulänge am stärksten zu- bzw. abnimmt.

d) Weisen Sie nach, dass $F(t) = \frac{1}{16}t^4 - \frac{3}{4}t^3 + \frac{9}{4}t^2$ ($0 \le t \le 6$) die Länge des Staus zum Zeitpunkt t beschreibt. Hinweis: Zu zeigen ist, dass $F'(t) = f(t)$ gilt.

e) Wie stark wächst die Staulänge zwischen 8 Uhr und 9 Uhr? Zu welchem Zeitpunkt ist die Staulänge maximal? Wie lang ist der Stau dann? Wann hat sich der Stau aufgelöst?

6. Druckabfall

Aufgrund eines technischen Fehlers schwankt der Druck p in der Pilotenkanzel nach der angegebenen Formel.

t: Zeit in min, p: Druck in mbar.

$$p(t) = 40t^3 - 180t^2 + 1000, \quad 0 \le t \le 4{,}5$$

a) Zeichnen Sie den Graphen von f.

b) Wann ist der Druck am niedrigsten?

c) Wann fällt der Druck am schnellsten?

d) Liegt der Druck länger als eine Minute unter $750\,\text{mbar}$?

Wir untersuchen nun eine physikalische Bewegungsaufgabe. Diese wird durch Weg und Geschwindigkeit beschrieben, die beide von der Zeit abhängig sind. Da die Geschwindigkeit v die zeitliche Änderungsrate des Weges darstellt, ist die Geschwindigkeit-Zeit-Funktion v(t) eines Bewegungsprozesses die Ableitung der Weg-Zeit-Funktion s(t). Für die Lösung von Bewegungsaufgaben benötigt man daher die rechts aufgeführten Formeln:

> **Die mittlere Geschwindigkeit im Zeitintervall [a; b]:**
>
> $$\overline{v} = \frac{\Delta s}{\Delta x} = \frac{s(b) - s(a)}{b - a}$$
>
> **Die Momentangeschwindigkeit zum Zeitpunkt t_0:**
>
> $$v(t_0) = s'(t_0) = \lim_{t \to t_0} \frac{s(t) - s(t_0)}{t - t_0}$$

▶ **Beispiel: Der senkrechte Wurf**

Ein Pfeil wird mit einer Anfangsgeschwindigkeit $v_0 = 30\,\frac{m}{s}$ senkrecht abgeschossen. Unter dem Einfluss der Schwerkraft lässt sich die Flughöhe des Pfeils durch die Weg-Zeit-Funktion $s(t) = 30t - 5t^2$ beschreiben. Die Körpergröße des Schützen kann vernachlässigt werden.

a) Zeichnen Sie die Weg-Zeit-Funktion s und die Geschwindigkeit-Zeit-Funktion v.
b) Wie hoch ist der Pfeil nach einer Flugzeit von 4 s? Fällt er oder steigt er?
c) Wann hat er seine maximale Flughöhe erreicht? Wie groß ist diese?
d) Nach welcher Zeit und mit welcher Geschwindigkeit schlägt der Pfeil auf dem Boden auf?

Lösung:
a) Die Funktion $s(t) = 30t - 5t^2$ hat die Ableitung $v(t) = s'(t) = 30 - 10t$.
   Rechts sind beide Funktionen graphisch dargestellt.
   Man erkennt, dass die Flughöhe s zunächst ansteigt, dann ein Maximum erreicht und schließlich auf 0 fällt. Die Geschwindigkeit ist zunächst positiv, fällt dann und wird negativ.
   Das Modell ist nur gültig für $0 \le t \le 6$.

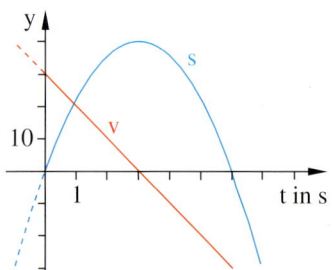

b) Höhe und Geschwindigkeit nach 4 s:
   $s(4) = 40\,m$, $v(4) = -10\,m/s$
   Am negativen Vorzeichen der Geschwindigkeit erkennt man, dass der Pfeil fällt.

c) Maximale Flughöhe:
   $v(t) = s'(t) = 0 \Rightarrow 30 - 10t = 0 \Rightarrow t = 3\,s$
   $s(3) = 45\,m$
   Nach 3 s Flugzeit ist die Maximalhöhe von
▶ 45 m erreicht.

d) Aufschlag am Boden:
   $s(t) = 0 \quad \Rightarrow 30t - 5t^2 = 0$
   $\Rightarrow t = 0$ bzw. $t = 6$
   Nach 6 s schlägt der Pfeil auf dem Boden auf.

   $v(6) = -30\,m/s$
   Die Aufschlaggeschwindigkeit beträgt $-30\,m/s$.

Übungen

7. Komet

Die Raumsonde Rosetta hat sich in einer Simulation dem Kometen 67P/Tschurjumow-Gerasimenko bis auf 11 000 m genähert, als eine letzte Zündung der Bremstriebwerke einsetzt. Der Abstand s zum Kometen wird durch die Funktion

$$s(t) = 0,12 t^2 - 72 t + 11 000$$

beschrieben (t: Sekunden; s(t): Meter).

a) Skizzieren Sie den Graphen von s für $0 \leq t \leq 600$. Legen Sie hierzu eine Wertetabelle an mit der Schrittweite 50.

b) Bestimmen Sie die Gleichung der Funktion v(t) für die Geschwindigkeit der Sonde.

c) Welche Geschwindigkeit hatte die Sonde zu Beginn des Bremsmanövers?

d) Wie groß sind Geschwindigkeit und Abstand nach vier Minuten?

e) Die Bremstriebwerke sollen im Augenblick der größten Annäherung abgestellt werden. Wann ist dies der Fall? Wie hoch steht die Sonde dann über dem Kometen?

8. Fahrradproduktion

Ein Hersteller produziert Fahrräder, welche zu einem Stückpreis von 120 € verkauft werden. Die täglichen Kosten können durch die Funktion $K(x) = 0,02 x^3 - 3 x^2 + 172 x + 2400$ beschrieben werden, wobei x die Anzahl der täglich produzierten Fahrräder ist. Pro Tag können maximal 130 Fahrräder hergestellt werden.

a) Die Funktion U(x) beschreibt den täglichen Umsatz, die Funktion G(x) beschreibt den täglichen Gewinn. Stellen Sie die Gleichungen der Umsatz- und Gewinnfunktion auf.

b) Skizzieren Sie den Graphen von G(x) mithilfe einer Wertetabelle für $0 \leq x \leq 140$. Wählen Sie für die Wertetabelle die Schrittweite 20.

c) Lesen Sie aus dem Graphen von G ab, welche Tagesstückzahlen zu Gewinnen führen.

d) Welche Zahl von Fahrrädern würde den Tagesgewinn maximieren?

e) Die volle Produktionskapazität von 130 Fahrrädern soll ausgeschöpft werden. Wie hoch ist der Verkaufspreis nun zu wählen, wenn kein Verlust entstehen soll?

9. Blutspiegel

Nach der Einnahme eines Schmerzmittels steigt die Wirkstoffkonzentration im Blut zunächst auf ein Maximum an und wird dann durch den Stoffwechsel wieder abgebaut. Der Prozess wird durch die Funktion $c(t) = t^3 - 18 t^2 + 81 t$ beschrieben (t: Zeit in h; c: Konzentration im Blut in µg/ml).

a) Zeichnen Sie den Graphen von c für $0 \leq t \leq 10$.

b) Wie hoch ist die Konzentration 45 Minuten nach der Einnahme?

c) Wann ist das Medikament völlig abgebaut?

d) Wann wird die maximale Konzentration erreicht? Wie hoch ist diese?

e) In welchem Zeitraum steigt die Konzentration an, wann fällt sie ab?

f) Zu welchem Zeitpunkt nimmt die Konzentration am schnellsten ab?

g) Der Schmerz ist bei Konzentrationen ab 80 µg/ml völlig ausgeschaltet. Bestimmen Sie *angenähert*, wie lange dieser Zustand anhält. Ist der Patient vier Stunden schmerzfrei?

10. Erdöl und Erdgas

Ein Barrel Erdöl bzw. eine äquivalente Menge Erdgas kostet ca. 70–100 $. In einem Zeitraum von 12 Monaten kann der Ölpreis durch eine quadratische Funktion $f(x) = ax^2 + bx + c$ und der Gaspreis durch die kubische Funktion $g(x) = 0{,}01 x^3 - 0{,}94 x + 90$ beschrieben werden.

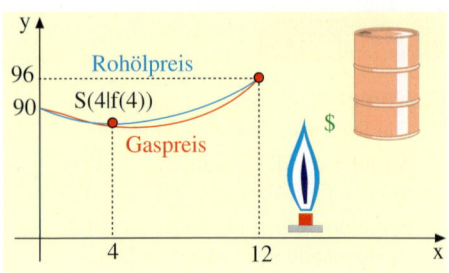

a) Bestimmen Sie den Funktionsterm des Erdölpreises aus den Angaben in der Skizze.
b) In welchem Monat überholt der Öl- den Gaspreis? In welchen Zeitintervallen fallen die Preise, wann steigen sie?
c) Wie hoch waren die minimalen Preise jeweils im Jahresvergleich?
d) Wie hoch war die mittlere jährliche Preissteigerungsrate jeweils?
e) Wann war die momentane Preissteigerungsrate beim Erdgas maximal, wie hoch war sie?
f) Zu welchem Zeitpunkt war die Preisdifferenz Öl/Gas am größten?

11. Stabhochsprung

Die Höhe des Schwerpunktes eines Stabhochspringers kann angenähert durch die Funktion $h(t) = -5t^2 + 9t + 1$ erfasst werden (t in Sekunden, h in Metern). Die Matte ist 50 cm hoch.

a) Wie lange dauert der Flug?
b) Der Schwerpunkt muss mindestens 30 cm über die Latte geliftet werden, um deren Reißen zu vermeiden. Wie geht der beschriebene Sprung aus, wenn die Latte in 5 m Höhe liegt?
c) Mit welcher Geschwindigkeit prallt der Springer auf die Matte?
d) Wie lange befindet sich der Schwerpunkt des Springers über der Latte?

12. Wasserstand

Der Wasserstand eines Stausees kann während einer 100-tägigen Trockenperiode durch die quadratische Funktion $h(t) = \frac{1}{120} t^2 - 2t + 120$ ($0 \le t \le 100$) beschrieben werden (t in Tagen, h in Metern).
a) Fertigen Sie die Skizze des Graphen an.
b) Mit welcher Geschwindigkeit ändert sich der Wasserstand im Tagesmittel?
c) Mit welcher Momentangeschwindigkeit ändert sich der Wasserstand zu Beginn bzw. in der Mitte der Trockenperiode?
d) Wann fällt der Wasserstand nur noch um 1 m/Tag?
e) Wann fällt der Wasserstand unter die kritische Marke von 7,5 m?
f) Wann würde der See bei anhaltender Trockenheit völlig leer sein?

Ein Stauproblem

Auf unseren Autobahnen kommt es regelmäßig, vor allem in der Urlaubszeit, zu kilometerlangen Staus. Diese Staus entstehen teils ohne ersichtlichen Grund, meist jedoch vor Engpässen, wie Baustellen, wenn der Verkehrsfluss von mehreren Fahrspuren auf zwei oder nur eine gelenkt werden muss. Um einen Stau zu vermeiden, wird von der Verkehrslenkstelle in manchen Fällen eine Richtgeschwindigkeit festgelegt, bei der möglichst viele Fahrzeuge pro Zeiteinheit die betroffene Stelle passieren können. Bei zu niedriger Richtgeschwindigkeit passieren natürlicherweise nur wenige Fahrzeuge pro Zeiteinheit die Engstelle. Bei zu hoher Richtgeschwindigkeit wird der vorgeschriebene Sicherheitsabstand zwischen den Fahrzeugen so groß, dass hierdurch nur wenige Fahrzeuge pro Zeiteinheit die Engstelle passieren können. Dazwischen liegt offenbar die optimale Geschwindigkeit. Im Folgenden wird diese Geschwindigkeit in einer vereinfachten Modellrechnung ermittelt.

Beispiel

Ein Fahrzeug soll zu einem vorausfahrenden Fahrzeug stets einen Sicherheitsabstand s_a einhalten, der nach der rechts aufgeführten Formel berechnet wird. Außerdem wird angenommen, dass ein Fahrzeug im Mittel $a = 5$ m lang ist.

t sei die Zeitspanne, die zwischen dem Eintreffen eines Fahrzeugs und des folgenden Fahrzeugs an der Engstelle verstreicht. Wie muss die Richtgeschwindigkeit v gewählt werden, damit t möglichst klein wird?

$$s_a = \left(\frac{v}{10}\right)^2$$

s_a: Sicherheitsabstand in m
v: Tachogeschwindigkeit in km/h

In der Zeit t zurückgelegte Fahrstrecke s:

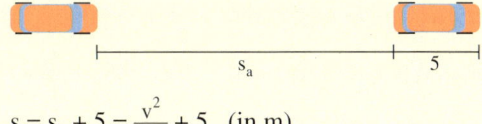

$$s = s_a + 5 = \frac{v^2}{100} + 5 \quad \text{(in m)}$$

$$s = 0{,}001 \cdot \left(\frac{v^2}{100} + 5\right) \quad \text{(in km)}$$

Zeit als Funktion von v:

$$t = \frac{s}{v}$$

$$t(v) = 0{,}001 \cdot \frac{\frac{v^2}{100} + 5}{v} = 0{,}001 \cdot \left(\frac{v}{100} + \frac{5}{v}\right)$$

Berechnung des Minimums von t:

$$t'(v) = 0{,}001 \cdot \left(\frac{1}{100} - \frac{5}{v^2}\right) = 0$$

$$v = \sqrt{500} \approx 22{,}36 \text{ km/h}$$

Lösung:

Befindet sich ein Fahrzeug am Beginn der Engstelle, so muss das folgende Fahrzeug noch den Sicherheitsabstand s_a und eine Fahrzeuglänge 5 zurücklegen, bis es an der gleichen Stelle eintrifft, also insgesamt den Weg $s = s_a + 5$. Setzt man dies und die oben angegebene Faustformel für s_a in die physikalische Formel $t = \frac{s}{v}$ ein, so erhält man wie rechts aufgeführt die Zeit t als Funktion von v. Eine einfache Extremaluntersuchung ergibt, dass t für ca. 22,36 $\frac{km}{h}$ minimal wird.

Dies wäre die optimale Richtgeschwindigkeit, wenn die vorgeschriebenen Sicherheitsabstände eingehalten würden, was aber in der Praxis aus unterschiedlichen Gründen nicht ganz realistisch wäre.

Überblick

Ableitungsregeln: u und v seien differenzierbare Funktionen.

Name der Regel	Kurzform der Regel
Summenregel	$(u + v)' = u' + v'$
Faktorregel	$(c \cdot u)' = c \cdot u'$ (c konstant)
Konstantenregel	$(c)' = 0$ (c konstant)
Potenzregel	$(x^n)' = n \cdot x^{n-1}$
allgemeine Potenzregel	$(x^r)' = r \cdot x^{r-1}$ (r rational)
Reziprokenregel	$\left(\frac{1}{x}\right)' = -\frac{1}{x^2}$ $(x \neq 0)$
Wurzelregel	$(\sqrt{x})' = \frac{1}{2\sqrt{x}}$ $(x > 0)$
Sinusregel	$(\sin x)' = \cos x$
Kosinusregel	$(\cos x)' = -\sin x$

Monotoniekriterium Die Funktion f sei auf dem Intervall I einmal differenzierbar. Dann besteht der folgende Zusammenhang zwischen der Steigung von f und dem Vorzeichen der ersten Ableitung f':

$f'(x) < 0$ ⇓ f ist streng monoton fallend	$f'(x) > 0$ ⇓ f ist streng monoton steigend	$f'(x) \leq 0$ ⇓ f ist monoton fallend	$f'(x) \geq 0$ ⇓ f ist monoton steigend

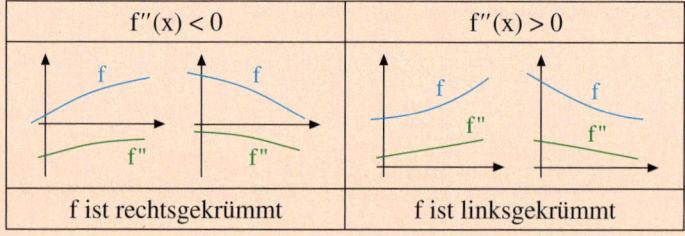

Krümmungskriterium Die Funktion f sei auf dem Intervall I zweimal differenzierbar. Dann besteht der folgende Zusammenhang zwischen der Krümmung von f und dem Vorzeichen der zweiten Ableitung f'':

$f''(x) < 0$	$f''(x) > 0$
f ist rechtsgekrümmt	f ist linksgekrümmt

Notwendige Bedingung für lokale Extrema	f sei an der Stelle x_E differenzierbar. Dann gilt: Ist x_E eine lokale Extremstelle von f, so gilt $f'(x_E) = 0$.
Hinreichendes Kriterium für lokale Extrema: f''-Kriterium	f sei in einer Umgebung von x_E zweimal differenzierbar. Dann gilt: Ist $f'(x_E) = 0$ und $f''(x_E) \neq 0$, so hat f bei x_E eine lokale Extremstelle.
	Genauer: $f'(x_E) = 0$ und $f''(x_E) < 0 \Rightarrow$ lokales Maximum bei x_E $\quad\quad\quad\quad\, f'(x_E) = 0$ und $f''(x_E) > 0 \Rightarrow$ lokales Minimum bei x_E
Hinreichendes Kriterium für lokale Extrema: Vorzeichenwechsel-Kriterium	f sei in einer Umgebung von x_E differenzierbar und $f'(x_E) = 0$. Wechselt f' bei x_E das Vorzeichen, so ist x_E lokale Extremstelle.
	Genauer: f' wechselt von + nach $-$ $\Rightarrow$ lokales Maximum bei x_E $\quad\quad\quad\quad\, f'$ wechselt von $-$ nach + $\Rightarrow$ lokales Minimum bei x_E

Notwendige Bedingung für Wendepunkte	f sei an der Stelle x_E zweimal differenzierbar. Dann gilt: Wenn x_W eine Wendestelle von f ist, so gilt $f''(x_W) = 0$.
Hinreichendes Kriterium für Wendepunkte: f'''-Kriterium	f sei in einer Umgebung von x_W dreimal differenzierbar. Dann gilt: Ist $f''(x_W) = 0$ und $f'''(x_W) \neq 0$, so hat f bei x_W eine Wendestelle.
	Genauer: $f''(x_W) = 0$ und $f'''(x_W) < 0 \Rightarrow$ Links-Rechts-WP $\quad\quad\quad\quad\, f''(x_W) = 0$ und $f'''(x_W) > 0 \Rightarrow$ Rechts-Links-WP
Hinreichendes Kriterium für Wendepunkte: Vorzeichenwechsel-Kriterium	f sei in einer Umgebung von x_W zweimal differenzierbar und es sei $f''(x_W) = 0$. Wechselt f'' bei x_W das Vorzeichen, so ist x_W eine Wendestelle.
	Genauer: f'' wechselt von + nach $-$ $\Rightarrow$ Links-Rechts-WP $\quad\quad\quad\quad\, f''$ wechselt von $-$ nach + $\Rightarrow$ Rechts-Links-WP

Gleichung der Sekante von f durch die Punkte $P(x_0\|f(x_0))$ und $Q(x_1\|f(x_1))$	$s(x) = \dfrac{f(x_1) - f(x_0)}{x_1 - x_0} \cdot (x - x_0) + f(x_0)$
Gleichung der Tangente an f im Punkt $P(x_0\|f(x_0))$	$t(x) = f'(x_0) \cdot (x - x_0) + f(x_0)$
Gleichung der Normalen an f im Punkt $P(x_0\|f(x_0))$	$n(x) = -\dfrac{1}{f'(x_0)} \cdot (x - x_0) + f(x_0)$

Test

Eigenschaften von Funktionen

1. Monotonie und Krümmungsverhalten

Gegeben ist die Funktion $f(x) = -x^3 + 3x^2$.

a) In welchen Bereichen ist f streng monoton steigend bzw. streng monoton fallend?

b) In welchem Bereich ist f linksgekrümmt?

2. Kriterien für Extrema

a) Wie lautet das notwendige Kriterium für die Existenz eines Hochpunktes?

b) Formulieren Sie ein hinreichendes Kriterium für die Existenz eines Hochpunktes.

3. Funktionsuntersuchung

Gegeben ist die Funktion $f(x) = \frac{1}{2}x^3 - 3x^2 + \frac{9}{2}x$.

a) Untersuchen Sie f auf Symmetrie, Nullstellen, Extrema und Wendepunkte. Zeichnen Sie auf der Basis dieser Ergebnisse den Graphen von f für $-0{,}5 \leq x \leq 4$.

b) Welche Steigung hat f an der Stelle $x = 0$. Wie groß ist der Schnittwinkel des Graphen von f mit der x-Achse an dieser Stelle?

4. Funktionsuntersuchung mit GTR

Gegeben ist die Funktion $f(x) = \frac{x}{2} + \frac{2}{x}$.

a) Zeichnen Sie den Graphen von f mithilfe des GTR für $-6 \leq x \leq 6$. Bestimmen Sie mit dem GTR die Extrempunkte von f.

b) Wie lautet die Gleichung der Tangente an den Graphen von f im Punkt $P(1|2{,}5)$? Wo schneidet diese Tangente die Koordinatenachsen?

5. Durchflussmenge

Die Durchflussmenge d eines Flusses wird in den ersten 16 Minuten nach Beginn eines Unwetters erfasst durch $d(t) = -\frac{2}{5}t^3 + 6t^2 + 200$ (t: Zeit in min; d(t): Durchfluss in m^3/min).

a) Skizzieren Sie den Graphen anhand einer Wertetabelle für $0 \leq t \leq 16$, Schrittweite 2.

b) Wann ist die Durchflussmenge maximal? Wie groß ist sie zu diesem Zeitpunkt?

c) Wann ändert sich die Durchflussmenge am stärksten?

d) Wann erreicht die Durchflussmenge die Alarmgröße $250\,m^3$/min? Wie lange dauert der Alarm? Zu welcher Zeit beginnt der Alarm? Lösen Sie dies angenähert mit dem GTR.

6. Parameteraufgabe

Gegeben ist die Funktionenschar $f(x) = \frac{1}{4}x^3 - \frac{3}{4}ax^2$, $a > 0$.

a) Untersuchen Sie f in Abhängigkeit von a auf Nullstellen, Extrema und Wendepunkte.

b) Für welchen Wert von a liegt der Tiefpunkt von f_a bei $x = 3$?

c) Für welches a hat f_a einen Wendepunkt mit dem y-Wert -4?

d) Skizzieren Sie die Graphen von $f_{0{,}5}$, f_1 und $f_{1{,}5}$, $-1 \leq x \leq 5$ (GTR ist erlaubt).

e) Alle Tiefpunkte von f_a liegen auf einer Kurve y. Wie lautet die Gleichung von y?

Lösungen: S. 480

II. Anwendungen der Differentialrechnung

1. Extremalprobleme

A. Einführungsbeispiele

Die phönizische Prinzessin Dido wurde auf der Flucht vor ihrem Bruder Pygmalion an die nord-
afrikanische Küste verschlagen. Ihr Wunsch nach einem Stück Land für sich und ihre Getreuen
wurde von den Einheimischen folgendermaßen beschieden: „Nur so viel Land, wie eine Ochsen-
haut umfasst!"

Aber Dido war listig, sie schnitt die Haut in
schmale Streifen, die sie zu einem etwa
achthundert Meter langen Band zusam-
menknotete, womit sie sodann ein großes
Stück Land abgrenzte.
So entstand die Festung Byrsa, aus der sich
später die mächtige phönizische Handels-
stadt Karthago entwickelte.

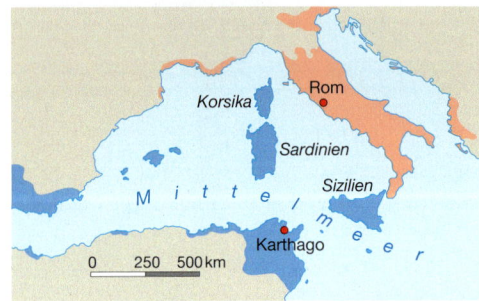

▶ **Beispiel:** Es ist nicht genau bekannt, welche Form Dido dem Landstück gab, das sie mit dem
ca. 800 m langen Ochsenhautband abgrenzte. Nehmen wir einmal an, dass sie die Form eines
Rechtecks am Meerufer wählte. Welche Länge und welche Breite hätte Dido dem Rechteck
wohl geben müssen, wenn sie dessen Flächeninhalt möglichst groß gestalten wollte?

Lösung:
Es handelt sich hier um ein Optimierungs-
oder *Extremalproblem*. Die Zielgröße –
der Flächeninhalt A des Rechtecks – soll
ein Optimum annehmen, d. h., diese Größe
soll maximal werden.

Bezeichnungen/Skizze:

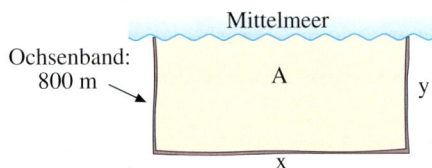

Unsere *Zielgröße* A hängt von zwei Variablen ab, von der Länge x und der Breite y
des Rechtecks: A = x · y.
Diese funktionale Darstellung der zu optimierenden Größe bezeichnet man als
Hauptbedingung des Extremalproblems.

Hauptbedingung:

A = Fläche des Rechtecks

(1) $A(x, y) = x \cdot y$

Die Variablen x und y sind nicht unabhängig voneinander. Sie stehen durch die Bedingung, dass die Gesamtlänge der drei
abgegrenzten Seiten 800 m beträgt, miteinander in Beziehung: x + 2y = 800.
Man bezeichnet diese Bedingungsglei-
chung als *Nebenbedingung* des Extremalproblems.

Nebenbedingung:

Länge des Bandes = 800 m

(2) $x + 2y = 800$

▼

Wir lösen nun die Nebenbedingung (2) nach einer der Variablen auf, z. B. nach y. Das Ergebnis $y = 400 - \frac{1}{2}x$ setzen wir in die Hauptbedingung (1) ein. Diese Kombination liefert uns eine Darstellung der zu optimierenden Zielgröße A in Abhängigkeit von nur noch einer verbleibenden Variablen (Gleichung (3)). Hier ist A eine Funktion von x.

Man bezeichnet diese Funktion auch als *Zielfunktion* des Extremalproblems.

Es kommt nun darauf an, das Maximum von A zu bestimmen. Dies könnte mithilfe einer Zeichnung des Funktionsgraphen von A bewerkstelligt werden oder aber durch eine Extremwertbestimmung mithilfe der Differentialrechnung.

Letztere Methode liefert uns ein Maximum von A an der Stelle x = 400.

Durch Einsetzen dieses Resultats in (2) erhalten wir y = 200.

Durch Einsetzen in (3) erhalten wir den Maximalwert der Fläche $A_{max} = 80\,000$.

Fazit: Dido wird ein rechteckiges Landstück mit den Maßen 400 m × 200 m abgegrenzt haben.

Zielfunktion:

Auflösen von (2) nach y:
$$y = 400 - \frac{1}{2}x$$

Einsetzen in (1):
$$A = x \cdot \left(400 - \frac{1}{2}x\right)$$

$$(3)\ A(x) = -\frac{1}{2}x^2 + 400x$$

Extremalrechnung:

Lage des Extremums:
$$A'(x) = -x + 400 = 0$$
$$x = 400$$

Art des Extremums:
$$A''(x) = -1$$
$$A''(400) = -1 < 0 \Rightarrow \text{Maximum}$$

Ergebnisse:

$$x = 400\,\text{m}$$
$$y = 200\,\text{m}$$
$$A_{max} = 80\,000\,\text{m}^2$$

Übung 1

Die Zahl 60 soll so in zwei Summanden a und b zerlegt werden, dass das Produkt aus dem ersten Summanden und dem Quadrat des zweiten Summanden maximal wird.

Übung 2

Der Eckpunkt $P(x|y)$ des abgebildeten achsenparallelen Rechtecks liegt auf der Geraden $f(x) = 3 - \frac{x}{2}$.
Wie muss x gewählt werden, damit die Rechtecksfläche maximal wird?

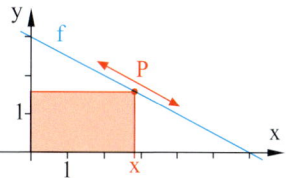

Übung 3

Ein Tunnel soll die Form eines Rechtecks mit aufgesetztem Halbkreis erhalten. Wie groß ist die Querschnittsfläche maximal, wenn der Umfang des Tunnels 20 m betragen soll?

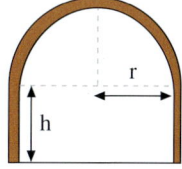

In innermathematischen Zusammenhängen kommen Extremalprobleme auch im Zusammenhang mit Funktionsgraphen vor. Die Funktionsgleichung ist dann die Nebenbedingung.

▶ **Beispiel: Das eingesperrte Rechteck**

Unter dem Graphen von $f(x) = 3 - x^2$ liegt wie abgebildet ein achsenparalleles Rechteck der Breite x und der Höhe y. Seine linke untere Ecke liegt im Ursprung, die rechte obere Ecke bewegt sich auf dem Funktionsgraphen. Wie muss P gewählt werden, wenn die Fläche des Rechtecks maximal werden soll?

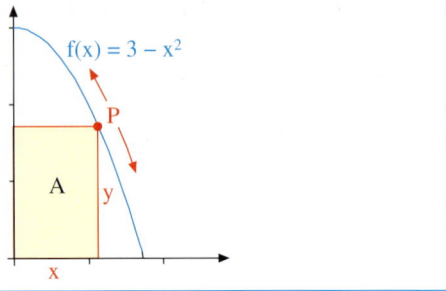

Lösung:
Wir stellen die Hauptbedingung für die gesuchte Größe auf, den Flächeninhalt A des Rechtecks. Sie lautet $A = x \cdot y$.

Die Variablen y und x in der Hauptbedingung sind über die Funktionsgleichung miteinander verbunden. Es gilt $y = f(x)$, d.h. $y = 3 - x^2$. Dieser Zusammenhang stellt die Nebenbedingung dar.

Setzen wir die Nebenbedingung in die Hauptbedingung ein, so erhalten wir die Zielfunktion $A(x) = -x^3 + 3x$.

Die rechts aufgeführte Extremalrechnung ergibt, dass A für $x = 1$ maximal wird.

Das eingesperrte Rechteck nimmt also den maximalen Flächeninhalt A an, wenn seine obere rechte Ecke der Punkt $P(1|2)$ ist. Es ▶ gilt $A_{max} = 2$.

Hauptbedingung:
A = Fläche des Rechtecks
A = Länge × Breite
$A(x, y) = x \cdot y$

Nebenbedingung:
$y = f(x)$
$y = 3 - x^2$

Zielfunktion:
$A = x \cdot f(x)$
$A = x \cdot (3 - x^2)$
$A(x) = -x^3 + 3x$

Extremalrechnung:
$A'(x) = -3x^2 + 3 = 0$
$3x^2 = 3$
$x^2 = 1$
$x = 1$ oder $x = -1$ (irrelevant)
$A''(x) = -6x$
$A''(1) = -6 < 0 \rightarrow$ Maximum

Übung 4

Zwischen Flugplatz, Wald und nördlichem Flussrand, der für $0 \leq x \leq 12$ durch die Funktion $f(x) = \frac{1}{12}x^2 - x + 5$ beschrieben wird, soll ein achsenparalleles, dreieckiges Gelände A für die Flughafenfeuerwehr angelegt werden.
Wie muß der Anschlusspunkt $P(x|f(x))$ am Fluss gewählt werden, damit der Platz A möglichst groß wird?

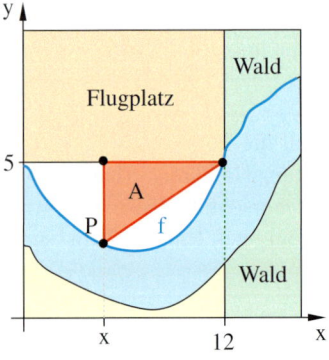

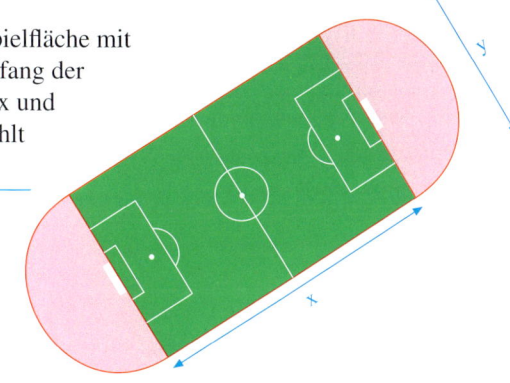

▶ **Beispiel: Fußballfeld**
Ein Sportplatz besteht aus der rechteckigen Spielfläche mit zwei angesetzten Halbkreisen. Der Gesamtumfang der Anlage beträgt 400 m. Wie müssen die Länge x und die Breite y des eigentlichen Spielfeldes gewählt werden, damit dessen Fläche maximal wird?

Lösung:
Das eigentliche Spielfeld ist ein Rechteck mit den Maßen x und y. Sein Flächeninhalt ist daher A = x · y (Hauptbedingung).

Der Umfang des gesamten Stadions besteht aus den beiden geradlinigen Laufstrecken (Länge 2 · x) sowie dem Umfang eines Kreises mit dem Durchmesser y (Länge π · y).
Da für den Umfang des Stadions 400 m vorgegeben sind, gilt $2x + \pi \cdot y = 400$ (Nebenbedingung).

Wir lösen die Nebenbedingung (2) nach x auf und setzen das Resultat in die Hauptbedingung (1) ein.
Auf diese Weise erhalten wir die Zielfunktion $A(y) = 200y - \frac{\pi}{2} \cdot y^2$. Sie stellt den Flächeninhalt des Spielfelds als Funktion dar.

Mithilfe der Differentialrechnung können wir errechnen, dass die Spielfeldfläche A bei einer Breite y ≈ 63,66 m ihr Maximum annimmt. Einsetzen in (2) liefert x = 100 m für die Länge des Spielfeldes.

Zum Vergleich: Die Normmaße eines Stadions betragen 68 m × 105 m bei einem
▶ Umfang von ca. 425 m.

Hauptbedingung:
Fläche des Spielfeldes = x · y
(1) $A(x, y) = x \cdot y$

Nebenbedingung:
Umfang des Stadions = 400
(2) $2x + \pi \cdot y = 400$

Zielfunktion:
Auflösen von (2) nach x:
$x = 200 - \frac{\pi}{2} \cdot y$

Einsetzen in (1):
(3) $A(y) = 200y - \frac{\pi}{2} \cdot y^2$

Extremalrechnung:
$A'(y) = 200 - \pi \cdot y = 0$
$y = \frac{200}{\pi} \approx 63,66$ m
$x = 100$
$A_{max} \approx 6366$ m^2

Übung 5 Rosen und Tulpen
Ein Gärtner besitzt Umrandungssteine für eine Strecke von 10 m. Er möchte damit ein kreisförmiges Rosen- und ein quadratisches Tulpenbeet abgrenzen.
Welche Maße r und x sollten diese Beete erhalten, wenn die Gesamtfläche – und damit der Pflanzenbedarf – möglichst klein ausfallen soll?

Bei Getränkedosen und anderen Verbrauchsgütern
haben die Verpackungskosten eine großen
Anteil am Artikelpreis. Die Hersteller
sind daher sehr bemüht, nicht nur das
Aussehen der Verpackungen zu op-
timieren, sondern auch den Materialverbrauch möglichst klein zu halten.

► Beispiel: Die optimale Dose

Ein Erfrischungsgetränk wird in zylindrischen Dosen aus Weißblech angeboten. Das Volumen
der Dose soll 330 ml betragen. Aus Kostengründen soll der Materialbedarf pro Dose durch
eine günstige Formgebung minimiert werden.
Berechnen Sie den Radius r und die Höhe h einer so optimierten Dose.

Lösung:

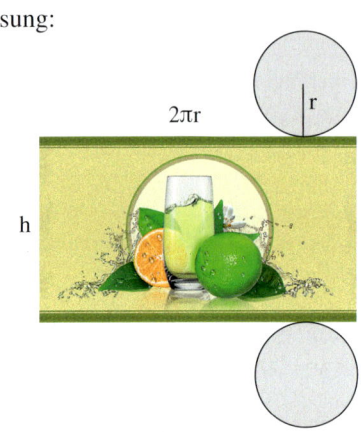

Aus dem Netz der Dose (Abb.) ergibt sich
für die Oberfläche der Dose die Hauptbedingung (1) $A(r, h) = 2\pi rh + 2\pi r^2$.

Aus der Volumenvorgabe $V = 330$ und der
Formel für das Zylindervolumen ergibt sich
die Nebenbedingung (2) $\pi r^2 h = 330$.

Durch Einsetzen von (2) in (1) erhalten wir
die Zielfunktion (3) $A(r) = 660 \cdot \frac{1}{r} + 2\pi r^2$.

Diese Funktion A hat ein Minimum bei
$r \approx 3{,}74$ und $h \approx 7{,}51$.

Die optimale Dose hat also einen quadratischen Querschnitt: Durchmesser und Höhe
sind gleich groß.

Herstellung einer Weißblechdose
Aus Eisenerz wird in einem sehr komplizierten Verfahren Stahl hergestellt, der
zu Feinblech gewalzt wird. Dieses wird
elektrolytisch verzinnt und dann lackiert.
Anschließend werden der Dosenmantel,
Boden und Deckel ausgestanzt, zur Dose
geformt und verpresst.

Zielfunktion:

(1) $A(r, h) = 2\pi rh + 2\pi r^2$ (HB)

(2) $\pi r^2 h = 330$ (NB)

         $h = \frac{330}{\pi r^2}$

(3) $A(r) = 660 \cdot \frac{1}{r} + 2\pi r^2$ (ZF)

Extremalrechnung:

     $A'(r) = -660 \cdot \frac{1}{r^2} + 4\pi r \overset{!}{=} 0$

Auflösen: $r = \sqrt[3]{\frac{660}{4\pi}} \approx 3{,}745$

Einsetzen: $h \approx 7{,}51$

Nachbetrachtung:

Nun kann man die Frage stellen, weshalb die legendäre Cola-Dose in der Praxis etwas schmaler (Radius ca. 3,3 cm) gebaut wird.

Betrachtet man den Graphen der Zielfunktion, so löst sich das Rätsel:

Die Kurve verläuft in der Nähe des optimalen Wertes r = 3,74 sehr flach.

Für r = 3,2 bzw. für r = 4,3 ist der Materialverbrauch gegenüber dem optimalen Verbrauch A_{min} = 264,36 cm² nur geringfügig erhöht, nämlich um ca. 2%.

Diese Tatsache eröffnet den Designern Spielraum, besonders handliche Dosen zu schaffen, ohne wesentlich vom Optimum ► abzuweichen.

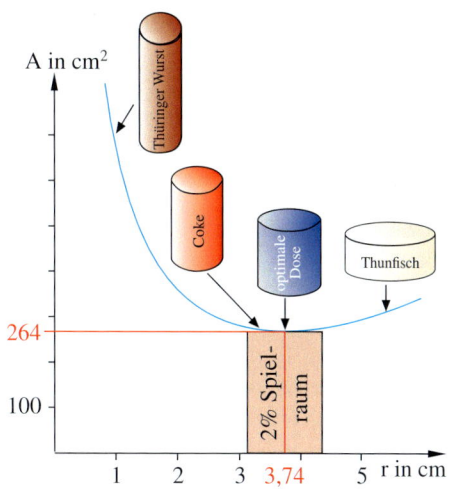

Übung 6

Aus drei Blechplatten soll eine 2 m lange Regenrinne geformt werden (Abb.).

Die Rinne soll eine Querschnittsfläche von 250 cm² besitzen.

Wie müssen Höhe h und Breite b gewählt werden, wenn der Materialverbrauch möglichst niedrig sein soll?

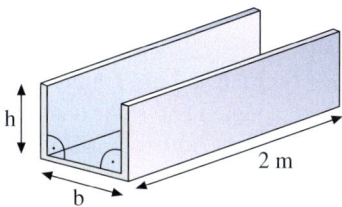

Übung 7

In einer Fabrikhalle soll ein in zwei Kammern unterteilter Lüftungskanal eingebaut werden. Der Gesamtquerschnitt soll 3 m² betragen.

Wie müssen die Maße x und y gewählt werden, wenn der Blechverbrauch minimiert werden soll?

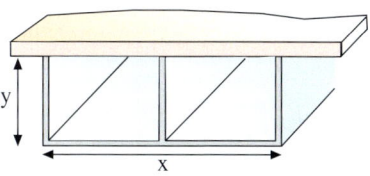

Übung 8

Ein zylindrischer Behälter für 1000 cm³ Schmierfett hat einen Mantel aus Pappe, während Deckel und Boden aus Metall sind. Das Metall ist pro cm² viermal so teuer wie die Pappe.

Welche Maße muss der Behälter erhalten, wenn die Materialkosten minimiert werden sollen?

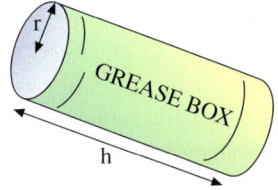

B. Geometrische Nebenbedingungen

Der wichtigste Schritt bei der Lösung eines Extremalproblems ist das Aufstellen des Lösungsansatzes, d. h. der beschreibenden Hauptbedingung. Aber auch das Erschließen der Nebenbedingung bereitet oft Mühe, da es kein allgemein gültiges Schema gibt.

▶ **Beispiel:** Aus einem Stamm mit nahezu kreisförmigem Querschnitt soll ein rechteckiger Balken geschnitten werden. Die Tragfähigkeit eines Balkens ist proportional zur Breite sowie zum Quadrat der Höhe des Balkens.
Die von der Holzart abhängige Proportionalitätskonstante sei C. Der Durchmesser des Stamms betrage 40 cm.
Welche Höhe h und welche Breite b muss der Balken erhalten, damit seine Tragfähigkeit maximal wird?

Lösung:
Optimiert werden soll die Tragfähigkeit T, deren Abhängigkeit von Höhe h und Breite b des Balkens laut Aufgabenstellung durch Formel (1) gegeben ist.

Hauptbedingung:

$$(1) \quad T(b, h) = C \cdot b \cdot h^2 \qquad \text{(HB)}$$

Die Nebenbedingung (2), der Zusammenhang zwischen b und h, ergibt sich aus dem gegebenen Durchmesser des Stammes von 40 cm nach dem Satz des Pythagoras mittels obiger Skizze.

Nebenbedingung:

$$(2) \quad h^2 + b^2 = 40^2 \qquad \text{(NB)}$$

Auflösen der Nebenbedingung (2) nach h^2 und Einsetzen des Ergebnisses
$$h^2 = 1600 - b^2$$
in (1) liefert die Zielfunktion (3).

Zielfunktion:

$$(3) \quad T(b) = -C \cdot b^3 + 1600\,C \cdot b \qquad \text{(ZF)}$$
$$0 \le b \le 40$$

Die Zielfunktion besitzt – wie die Extremalrechnung zeigt – zwei relative Extrema bei $b \approx -23{,}1$ (Min.) und bei $b \approx 23{,}1$ (Max.). Nur das Maximum liegt im zulässigen Bereich $0 \le b \le 40$. Die zugehörige Höhe ergibt sich durch Einsetzen in die Nebenbedingung: $h \approx 32{,}7$.

Extremalrechnung:

$$T'(b) = -3\,C \cdot b^2 + 1600\,C \overset{!}{=} 0$$
$$b = \pm \sqrt{\tfrac{1600}{3}} \approx \pm\, 23{,}1 \, \text{cm}$$
$$h = \pm \sqrt{1600 - b^2} \approx 32{,}7 \, \text{cm}$$

Die maximale Tragfähigkeit ergibt sich also unabhängig von der Holzart, wenn der rechteckige Balkenquerschnitt die Maße
▶ 23,1 cm × 32,7 cm erhält.

Resultat:

Balkenbreite: 23,1 cm
Balkenhöhe: 32,7 cm

Im letzten Beispiel wurde die Beziehung zwischen den unabhängigen Variablen, d. h. die Nebenbedingung, mithilfe des Satzes von Pythagoras gewonnen.
Oft kommen auch Formeln für das Volumen, für den Umfang, die Mantelfläche, die Oberfläche
von Figuren und Körpern oder weitere geometrische Sätze wie der Strahlensatz, der Höhensatz
usw. zur Anwendung.
Bei manchen Extremalproblemen benutzt man sogar mehrere dieser Formeln um Hauptbedingung
oder Nebenbedingungen aufstellen zu können.

Übung 9   (Oberflächenformel)
Eine Firma stellt oben offene Regentonnen
für Hobbygärtner her. Diese sollen bei ge-
gebenem Materialbedarf maximales Volumen besitzen.
a) Wie sind die Abmessungen zu wählen,
   wenn 2 m² Material je Regentonne zur
   Verfügung stehen?
b) Lösen Sie die Aufgabe allgemein.

Übung 10   (Umfangformel)
Daniela besitzt einen goldfarbenen Papp-
streifen, der 50 cm lang und 10 cm breit ist.
Sie möchte damit einen Geschenkkarton
basteln, der die abgebildete Gestalt hat.
Seine Querschnittsfläche stellt ein Rechteck mit aufgesetzten gleichschenklig-
rechtwinkligen Dreiecken dar.
Welche Maße muss sie wählen, wenn das
Volumen des Kartons ein Maximum annehmen soll?
Deckel und Boden können vernachlässigt
werden, da sie aus durchsichtigem Zello-
phanpapier gebildet werden.

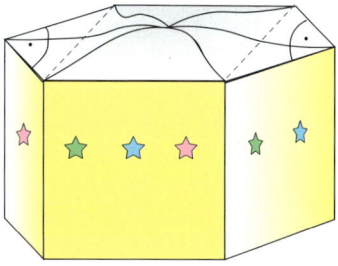

Übung 11   (Strahlensatz)
Ein Stück Spiegelglas hat die Form eines
rechtwinkligen Dreiecks, dessen Katheten
50 cm bzw. 80 cm lang sind. Durch zwei
Schnitte mit einem Glasschneider soll ein
rechteckiger Spiegel entstehen.
Wie lang sind die Schnittkanten x und y zu
wählen, damit die Spiegelfläche maximal
wird?
Hinweis: Die Beziehung zwischen x und y
(Nebenbedingung) erhält man mithilfe des
Strahlensatzes.

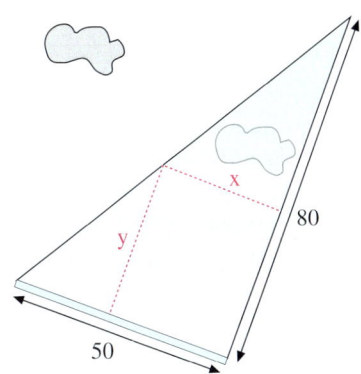

C. Randwerte

▶ **Beispiel:** Ein Farmer besitzt eine Rolle mit 100 m Maschendraht, mit dem er ein rechteckiges Areal abstecken will. Dabei will er eine vorhandene Mauer von 40 m Länge als Abgrenzung mit benutzen. Welche Abmessungen muss er wählen, damit die eingegrenzte Fläche maximal wird?

Lösung:
Für den Flächeninhalt des eingegrenzten Rechtecks erhalten wir die nebenstehende quadratische Funktion, wobei x die Verlängerung der vorhandenen Mauerbegrenzung darstellt.

Breite: 40 + x; Länge: l
$x + (40 + x) + 2\,l = 100 \Rightarrow l = 30 - x$

Zielfunktion:

$$A(x) = (40 + x) \cdot (30 - x)$$
$$= -x^2 - 10\,x + 1200$$

Die Extremalrechnung zeigt, dass A ein Maximum bei x = −5 besitzt.
Dieses Ergebnis bedeutet aber, dass die vorhandene Begrenzung um 5 m abgerissen und diese 5 m an einer anderen Stelle wieder aufgebaut werden müssten. Da es sich um eine feste Mauer handelt, ist dies nicht sinnvoll. Es gilt nun, diesem Optimum möglichst nahe zu kommen unter Berücksichtigung, dass x ≥ 0 sein muss. Am abgebildeten Graphen der Zielfunktion erkennt man, dass der Flächeninhalt nun für den *Randwert* x = 0 am größten ist. Der Farmer kann mit den Seitenlängen 40 m bzw. 30 m ein Areal mit dem Flächeninhalt
▶ A = 1200 m² eingrenzen.

Extremalrechnung:

$A'(x) = -2\,x - 10 = 0 \quad \Rightarrow \quad x = -5$
$A''(x) = -2 < 0 \quad \Rightarrow \quad$ Maximum

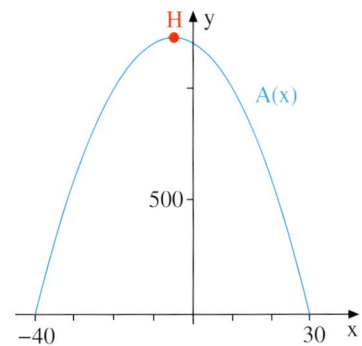

Übung 12

Ein Marktforschungsinstitut hat festgestellt, dass der oberste zu realisierende Eintrittspreis für ein Erlebnis-Schwimmbad bei 12 € liegt. Eine Preissenkung um jeweils 1 € würde (in gewissen Grenzen) zu einer Zunahme von jeweils 10 Besuchern pro Tag führen.
Ein Erlebnisbad-Besitzer, der derzeit durchschnittlich 100 Besucher bei 12 € pro Karte hat, denkt über eine Preissenkung nach.

a) Bei welchem Eintrittspreis wäre sein Umsatz am größten?

b) Bei welchem Eintrittspreis wäre sein Gewinn am größten, wenn sich die Kosten pro Tag aus einem festen Betrag von 300 € (z. B. für Miete) und den variablen Kosten von 4 € pro Karte (z. B. für Wasserverbrauch) zusammensetzen?
   Hinweis: Der Gewinn errechnet sich als Differenz aus Umsatz und Kosten.

D. Extremalprobleme mit dem GTR

Es kann vorkommen, dass wir die Zielfunktion aufgrund eines zu komplizierten Funktionstyps mit unseren bisherigen Mitteln noch nicht differenzieren können. Dann können wir die Extremalrechnung dennoch durchführen, nämlich mit dem GTR.

▶ **Beispiel: Fahrtroute**
Ein Schiff S bewegt sich längs der Kurve
$f(x) = \frac{1}{\sqrt{2} \cdot x^2}$ (s. Abb.).
An welcher Position ist der Abstand des Schiffes zum Leuchtturm, der im Ursprung des Radarkoordinatensystems steht, am geringsten?

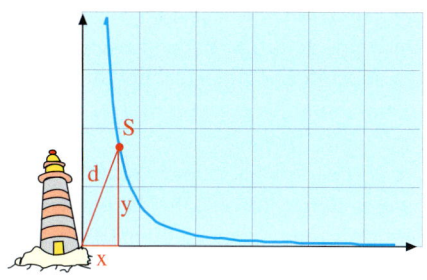

Lösung:

1. Hauptbedingung
x und y seien die Koordinaten des Schiffes. Nach dem Satz des Pythagoras gilt für den Abstand d die Formel:
$d = \sqrt{x^2 + y^2}$

Hauptbedingung:
(1) $d = d(x, y) = \sqrt{x^2 + y^2}$

2. Nebenbedingung
Der Zusammenhang zwischen den Variablen x und y liefert die Funktionsgleichung: y = f(x), d.h., es gilt die Formel $y = \frac{1}{\sqrt{2} \cdot x^2}$ bzw. $y^2 = \frac{1}{2x^4}$.

Nebenbedingung:
$$y = f(x)$$
$$y = \frac{1}{\sqrt{2} \cdot x^2}$$
(2) $y^2 = \frac{1}{2x^4}$

3. Zielfunktion
Einsetzen von (2) in (1) liefert die Zielfunktion $d(x) = \sqrt{x^2 + \frac{1}{2x^4}}$.

Zielfunktion:
$$d = \sqrt{x^2 + y^2}$$
(3) $d = \sqrt{x^2 + \frac{1}{2 \cdot x^4}}$

4. Extremalrechnung
Da wir den komplexen Wurzelterm der Zielfunktion mit unseren Mitteln nicht differenzieren können, ermitteln wir das Minimum der Zielfunktion mit dem GTR. Dazu zeichnen wir den Funktionsgraphen und bestimmen das Minimum von d:
G-Solv > MIN
Wir erhalten so ein Minimum bei x = 1.

Der Punkt $P\left(1 \Big| \frac{1}{\sqrt{2}}\right)$ hat den geringsten Abstand zum Ursprung.
▶ Er beträgt $d_{MIN} = \sqrt{1,5} \approx 1,22$.

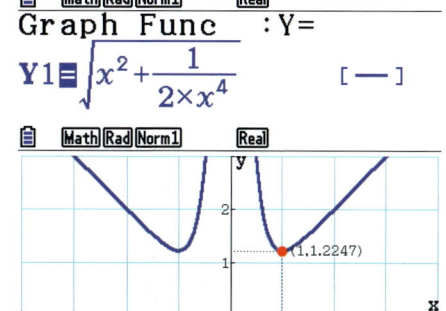

▶ **Beispiel: Die optimale Streichholzschachtel**

Eine neue Streichholzschachtel soll 5 cm lang werden und ein Volumen von 20 cm^3 besitzen. Breite x und Höhe y sollen so bestimmt werden, dass die Herstellungskosten minimal werden.

Die **Schachtel** wird aus einer rechteckigen Pappe gefertigt. In den Ecken werden quadratische Stücke abgeschnitten und als Abfall weggeworfen. Der Rest wird zur Schachtel gefaltet.

Die **Hülle** wird aus einer zweiten rechteckigen Pappe hergestellt. Die beiden Seitenflächen werden als Reibeflächen beschichtet, was die Materialkosten dieser Teile vervierfacht.

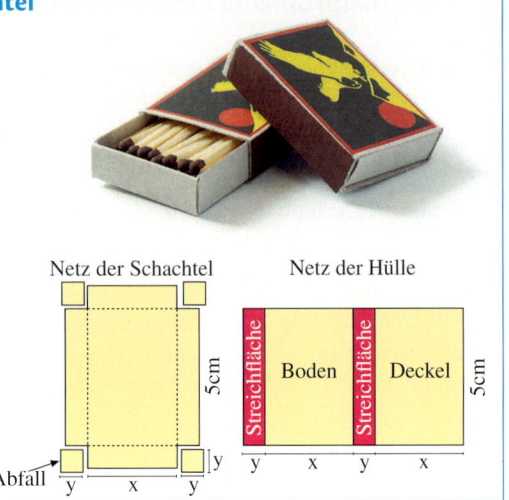

Netz der Schachtel   Netz der Hülle

Lösung:

Optimiert werden soll der Materialaufwand, also die Summe der Oberflächen von Schachtel (samt Abfall) und Hülle (mit um 4 gewichteten Reibeflächen).

Durch das geforderte Volumen ist die Nebenbedingung $V = 20\,\text{cm}^3$ gegeben, was einen Zusammenhang von x und y herstellt.

Einsetzen der Nebenbedingung in die Hauptbedingung ergibt als Zielfunktion:

$$M(x) = \frac{64}{x^2} + 8 + \frac{200}{x} + 15\,x$$

GTR Das Minimum vom M bestimmen wir wegen des komplexen Funktionsterms mit dem GTR. Wir geben die Gleichung von M ein, zeichnen den Graphen und berechnen das Minimum:

CASIO: G-Solv > MIN

Wir erhalten als Näherungsresultat den Wert x ≈ 3,94. Einsetzen in die Nebenbedingung liefert y ≈ 1,02.

Die optimale Schachtel hat also angenähert

▶ die Maße 5 cm × 4 cm × 1 cm.

1. Hauptbedingung

$$M = \underbrace{(x + 2\,y) \cdot (5 + 2\,y)}_{\text{Schachtel}} + \underbrace{(2\,x + 2\,y \cdot 4) \cdot 5}_{\text{Hülle}}$$

$$M = 4\,y^2 + 2\,x\,y + 50\,y + 15\,x$$

2. Nebenbedingung

$$V = 5 \cdot x \cdot y = 20 \Rightarrow y = \frac{4}{x}$$

3. Zielfunktion

$$M(x) = \frac{64}{x^2} + 8 + \frac{200}{x} + 15\,x$$

4. Extremalbestimmung mit dem GTR:

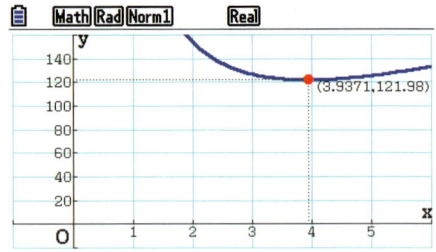

Übungen

Übung 13 Zelt

Ein Pfadfinder baut aus einer Zeltplane mit den Maßen 2 m × 2 m einen einfachen zeltartigen Wetterschutz auf, der auf der Vorder- und der Rückseite offen ist.
Wie hoch muss er das Zelt bauen, wenn dessen Volumen möglichst groß sein soll?

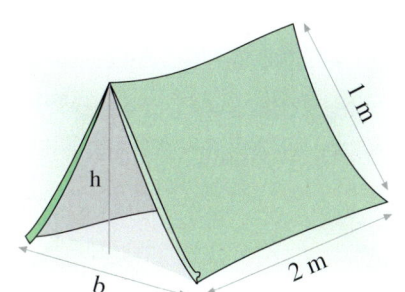

GTR

Übung 14 Rühraufsatz

Für eine Bohrmaschine soll ein Rühraufsatz entworfen werden, der aus einem rechteckigen Metallrahmen mit 30 cm Umfang besteht. Wie müssen Länge x und Breite y des Rechtecks gewählt werden, wenn beim Rühren ein maximales Volumen umschlossen werden soll?

Übung 15 Filter

Ein Filter soll die Form eines Zylinders mit aufgesetztem Kegel besitzen. Der Zylinder soll 2 cm hoch sein. Die Mantellinie des Kegels soll $\sqrt{5}$ cm betragen.
Der Zylinderradius r und die Kegelhöhe h können variiert werden. Wie müssen r und h gewählt werden, damit das Volumen des Filters maximal wird?

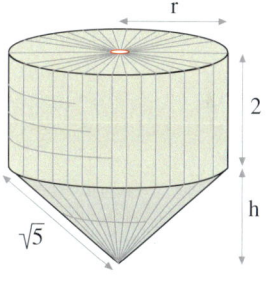

Übung 16 Rechteck im Kreis

In einen Kreis mit Radius R wird wie abgebildet ein Rechteck einbeschrieben.
Wie müssen Breite 2 r und Höhe h des Rechtecks gewählt werden, wenn sein Flächeninhalt maximal werden soll?
Lösen Sie auch die dreidimensionale Version der Aufgabe: In eine Kugel mit dem Radius R soll ein Zylinder mit maximaler Mantelfläche einbeschrieben werden. Welche Maße erhält der Zylinder (Radius r, Höhe h)?

GTR

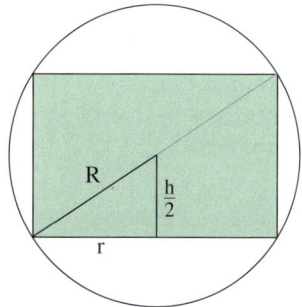

E. Zusammenfassung des Lösungsprinzips

Abschließend fassen wir die einzelnen Schritte beim Lösen eines Extremalproblems in einer Tabelle zusammen, wobei wir sie an einem Beispiel konkretisieren.

Arbeitsschritt	Beschreibung	Beispiel
1. Problemstellung	Verstehen der Problemstellung. Anfertigung einer Planskizze. Einführung von Bezeichnungen für die Variablen.	Mit einem 20 m langen Seil soll an einer bestehenden Mauer ein rechteckiges Areal mit maximaler Fläche abgegrenzt werden.
2. Aufstellen der Hauptbedingung	Die zu optimierende Größe A wird in Abhängigkeit von einer oder mehreren Variablen dargestellt. Meistens sind es zwei Variable, z. B. x und y: $A = A(x, y)$	*Hauptbedingung:* Fläche = Länge × Breite $A = A(x, y) = x \cdot y$
3. Aufstellen der Nebenbedingung	Zwischen den Variablen x und y, die in der Hauptbedingung vorkommen, wird eine Beziehung, d. h. eine Gleichung hergestellt. Hilfsmittel hierbei sind: Planskizzen, Flächenformeln, Volumenformeln, geometrische Sätze wie Pythagoras und Strahlensatz usw.	*Nebenbedingung:* Seillänge = 20 m $y + 2x = 20$
4. Aufstellen der Zielfunktion	Die Nebenbedingung wird nach einer der beiden Variablen x und y aufgelöst. Das Ergebnis wird in die Hauptbedingung eingesetzt. So erreicht man, dass die Zielgröße A als Funktion nur noch von einer Variablen abhängt, z. B. $A = A(x)$.	*Zielfunktion:* $y + 2x = 20$ $y = 20 - 2x$ $A = x \cdot (20 - 2x)$ $A = -2x^2 + 20x$
5. Bestimmen des Optimums der Zielfunktion	Nun errechnet man das Extremum von A durch Nullsetzen der ersten Ableitung $A'(x)$. Die Funktionswerte an den Randstellen des zulässigen Bereichs werden mit dem Extremum verglichen.	*Extremalrechnung:* $A'(x) = -4x + 20 = 0$ Auflösen: $x = 5$ Einsetzen: $y = 10$ Einsetzen: $A_{MAX} = 50$
6. Formulierung des Resultats	Die Ergebnisse werden zusammengefasst. x, y und A_{OPT} werden angegeben und interpretiert.	Das optimale Rechteck mit maximaler Fläche hat die Maße $x = 5$ m und $y = 10$ m. Sein Flächeninhalt ist $50\,\mathrm{m}^2$.

Übungen

Einfache Extremalprobleme

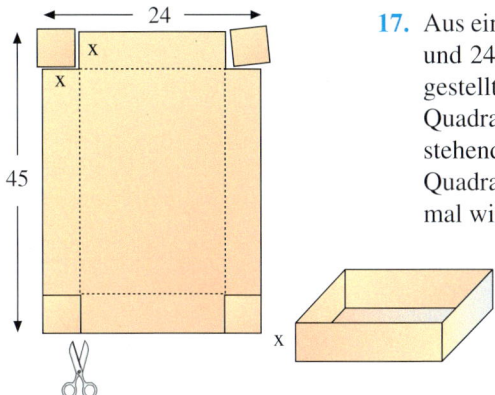

17. Aus einem rechteckigen Stück Pappe von 45 cm Länge und 24 cm Breite soll eine oben offene Schachtel hergestellt werden. Dazu wird an jeder der vier Ecken ein Quadrat abgeschnitten. Anschließend werden die überstehenden Streifen hochgeklappt. Wie groß müssen die Quadrate sein, damit das Volumen der Schachtel maximal wird?

18. Ein Gärtner plant den Bau eines Gewächshauses nach nebenstehendem Plan.

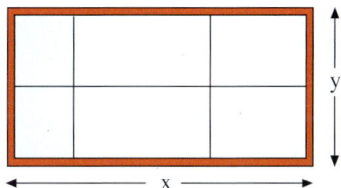

1 Meter Außenwand kostet 900 €, 1 Meter Innenwand dagegen nur 200 €. Der Gärtner hat 160 000 € für Wände zur Verfügung. Die Wandhöhe, die Wandstärke sowie das Dach bleiben unberücksichtigt. Welche Länge x und welche Breite y sollte das Gewächshaus erhalten, damit dessen Gesamtfläche maximal wird?

19. Die Summe zweier natürlicher Zahlen, deren Produkt 100 ist, soll so klein wie möglich sein. Wie heißen diese Zahlen?

$x \cdot y = 100$
$x + y \rightarrow \min$

20. Zwischen Autobahn, Stadtwald und Fluss soll, wie aus der Planungszeichnung ersichtlich, ein neues Gewerbegebiet erschlossen werden, dessen südwestliche Ecke exakt am Fluss $f(x) = \frac{1}{x}$ liegt und dessen Grundstücksgrenzen achsenparallel verlaufen.
Welche Maße erhält das Gebiet, wenn
a) die Grundstücksfläche maximal sein soll,
b) die südliche und östliche Begrenzung eine möglichst lange Werbefläche bilden soll?

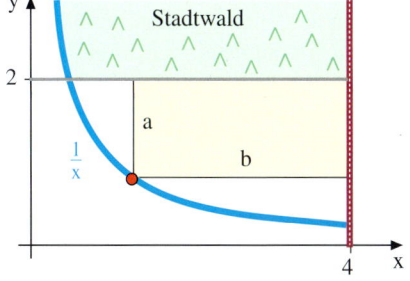

21. Aquarium

Zoodirektor Dr. Brinkmann plant ein neues Aquarium. Es soll doppelt so lang wie breit werden. Oben ist es offen. Das Glas für die Bodenplatte kostet 300 €/m², das Glas für die Seitenscheiben ist mit nur 250 €/m² etwas preiswerter. Das Aquarium soll ein Fassungsvermögen von 200 m³ erhalten. Welche Maße muss Dr. Brinkmann wählen, damit sein neues Aquarium möglichst billig wird? Wie hoch ist der Preis?

22. Medikamentenschachtel

Für ein Vitaminpräparat soll eine neue Schachtel entworfen werden. Sie soll für die bunten Vitaminperlen 48 cm³ Raum bereithalten. Ihre Breite sei x, ihre Tiefe y und ihre Höhe $\frac{x}{4}$.

Die Schachtel funktioniert wie eine Streichholzschachtel. Sie besteht aus einem oben offenen ausziehbaren Behälter und einer umgebenden Schiebehülle.

Das Netz dieser beiden Teile ist rechts abgebildet. Wie müssen die Maße der Schachtel gewählt werden, damit der Materialverbrauch minimal wird?

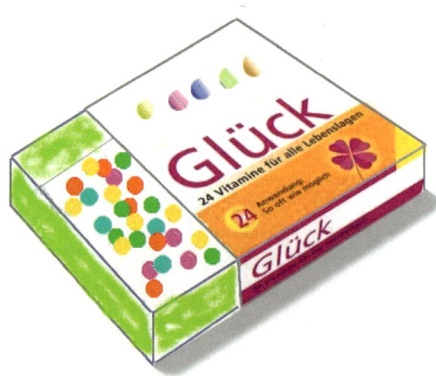

Netz der Schachtel　Netz der Hülle

23. Optimales Flugblatt

Ein Flugblatt soll eine bedruckte Fläche von 288 cm² besitzen.
Oben und unten sollen jeweils 2 cm Rand frei bleiben, rechts und links jeweils 1 cm. x und y seien die Maße der bedruckten Fläche.

Welche Maße muss das Flugblatt erhalten, wenn der Materialaufwand möglichst klein sein soll?

Wie verändern sich die Ergebnisse, wenn alle Ränder 1 cm breit sein sollen?

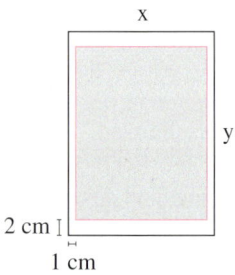

24. Pferdekoppel

Ein Farmer besitzt direkt am Fluss ein Landhaus. Durch einen dreiseitigen Zaun möchte er eine Pferdekoppel abgrenzen. Er hat 100 m Gitter zum Abzäunen erworben sowie ein 2 m breites Tor. Wie lang muss er die drei Zaunseiten wählen, um eine maximale Auslauffläche für sein Pferd zu erhalten?

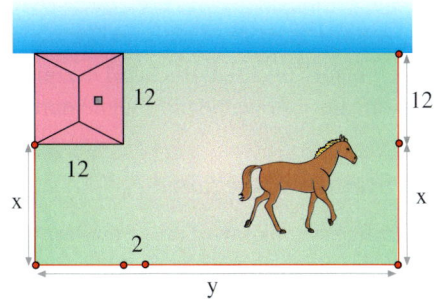

25. Optimaler Briefkasten

Fred möchte sich einen Zeitungskasten nach der abgebildeten Vorlage bauen. Er soll ein Volumen von 80 dm^3 erhalten und aus Aluminium hergestellt werden. Das Material für die Seitenwände kostet 1 €/dm^3. Die quadratische Rückwand ist aus dickerem Material und kostet 2 €/dm^3. Der vordere quadratische, aufklappbare Deckel verursacht Kosten in Höhe von 3 €/dm^3.

Welche Maße x und y sollten gewählt werden, um die Materialkosten zu minimieren?

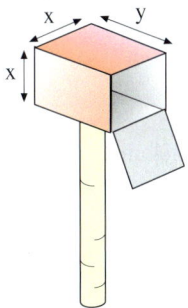

26. Quadrat im Quadrat

In ein Quadrat mit dem Maßen 20 × 20 soll wie abgebildet ein weiteres Quadrat eingepasst werden. Wie muss x gewählt werden, damit das innere Quadrat einen minimalen Flächeninhalt hat?

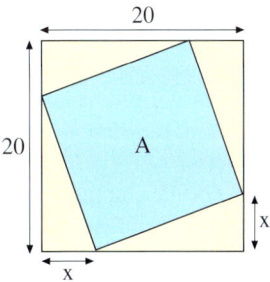

27. Parkplatz am Fluss

Vom Parkplatz an der Position $P\left(0\left|\frac{1}{2}\right.\right)$ soll ein möglichst kurzer Zugangsweg zum Flussufer gebaut werden (1 LE = 100 m). Der Fluss kann beschrieben werden durch die Funktion $f(x) = 2 - \frac{1}{2}x^2$.

Wie lang wird der Weg mindestens?

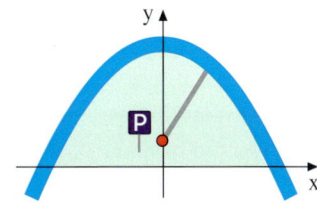

2. Rekonstruktionen von Funktionen

In den naturwissenschaftlichen Disziplinen und auch bei ökonomischen Fragestellungen strebt man an, die auftretenden Probleme durch berechenbare Funktionen zu erfassen.

A. Steckbriefaufgaben

Im einfachsten Fall wird eine Funktion gesucht, die durch einige vorgegebene Eigenschaften gekennzeichnet ist. Man spricht dann von einer Rekonstruktionsaufgabe oder von einer Steckbriefaufgabe. Rechts ist ein solcher „Steckbrief" abgebildet.

▶ **Beispiel: Rekonstruktion**
Bestimmen Sie die Gleichung der Funktion f, die rechts im „Steckbrief" beschrieben wird.

Lösung:
Es ist vorgegeben, dass es sich um eine Polynomfunktion zweiten Grades handelt: Wir verwenden daher die Ansatzgleichungen

$f(x) = a x^2 + b x + c$
$f'(x) = 2 a x + b$

Nun übertragen wir die bekannten Eigenschaften von f in die symbolische Funktionsschreibweise.
Wir erhalten ein Gleichungssystem mit drei Variablen, dessen Auflösung $a = \frac{1}{2}$, $b = -2$, $c = 0$ ergibt. Die Funktion lautet also $f(x) = \frac{1}{2}x^2 - 2x$.

Skizze:

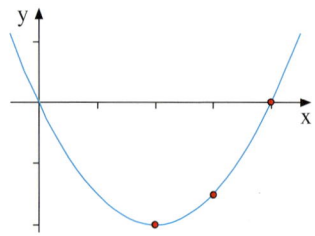

WANTED

Gesucht wird die Funktion f, ihres Zeichens eine quadratische Parabel, die leicht zu identifizieren ist anhand folgender unverwechselbarer Kennzeichen.

(1) Nullstelle bei x = 4
(2) Extremum bei x = 2
(3) Geht durch P(3|−1,5)

1. Ansatz für die Gleichung von f

$f(x) = a x^2 + b x + c$
$f'(x) = 2 a x + b$

2. Eigenschaften von f

(1) Nullstelle bei x = 4
(2) Extremum bei x = 2
(3) Geht durch P(3|−1,5)

3. Aufstellen eines Gleichungssystems

(1) $f(4) = 0$ ⇒ I $16a + 4b + c = 0$
(2) $f'(2) = 0$ ⇒ II $4a + b = 0$
(3) $f(3) = -1,5$ ⇒ III $9a + 3b + c = -1,5$

4. Lösung des Gleichungssystems
IV = I − III: $7a + b = 1,5$
V = II − IV: $-3a = -1,5$

aus V: $a = \frac{1}{2}$
in IV: $b = -2$
in I: $c = 0$

5. Resultat:

$f(x) = \frac{1}{2}x^2 - 2x$

▶ **Beispiel: Diagramm**
Ein wichtiges Diagramm wurde fotographisch gesichert. Leider stellt sich später heraus, dass das Foto beschädigt ist. Zum Glück sind charakteristische Teile der dargestellten Funktion noch erhalten. Auch der Typ des Funktionsterms ist noch erkennbar.
Wie lautet die Funktionsgleichung?

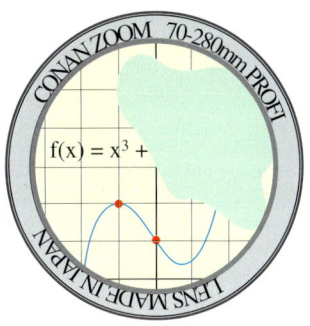

Lösung:
Es ist zu erkennen, dass es sich um eine Polynomfunktion dritten Grades handelt, deren Funktionsterm mit x^3 beginnt.
Wir verwenden daher für die Funktionsgleichung den Ansatz
$f(x) = a x^3 + b x^2 + c x + d$ mit $a = 1$.
Wir bestimmen zusätzlich f', um auch Steigungseigenschaften von f erfassen zu können.
Aus dem Diagramm können wir einige charakteristische Eigenschaften der Funktion f ablesen (vgl. rechts).

Diese Eigenschaften können wir mittels f und f' in Gleichungsform darstellen. So liefert der Graphenpunkt $P(-1|2)$ z. B. die Gleichung $f(-1) = 2$. Setzen wir dies in die Ansatzgleichung aus (1) ein, so erhalten wir ein lineares Gleichungssystem mit den Variablen b, c und d.

Lösen wir dieses System mit den üblichen Methoden oder mithilfe des GTR, so erhalten wir
$d = 1$, $c = -1$, $b = 1$.

Durch Einsetzen in den Ansatz ergibt sich als Resultat:
▶ $f(x) = x^3 + x^2 - x + 1$.

(1) Ansatz für die Funktionsgleichung

$f(x) = x^3 + b x^2 + c x + d$
$f'(x) = 3 x^2 + 2 b x + c$

(2) Eigenschaften der Funktion f

1. f hat ein Extremum bei $x = -1$.
2. $P(-1|2)$ liegt auf dem Graphen von f.
3. $P(0|1)$ liegt auf dem Graphen von f.

(3) Umsetzen der Eigenschaften in Gleichungen

1. $f'(-1) = 0$ $\Rightarrow$ $3 - 2b + c = 0$
2. $f(-1) = 2$ $\Rightarrow$ $-1 + b - c + d = 2$
3. $f(0) = 1$ $\Rightarrow$ $d = 1$

(4) Lösen des Gleichungssystems

$-2b + c = -3$ $\Rightarrow$ $b = 1$
$b - c = 2$ $\Rightarrow$ $c = -1$
$d = 1$ $\Rightarrow$ $d = 1$

(5) Resultat

$f(x) = x^3 + x^2 - x + 1$

Übung 1

a) Gesucht ist eine Polynomfunktion zweiten Grades, welche die y-Achse bei $y = -2,5$ schneidet und einen Hochpunkt bei $H(3|2)$ besitzt.
b) Gesucht ist eine ganzrationale Funktion dritten Grades mit dem Wendepunkt $W(-2|6)$, die an der Stelle $x = -4$ ein Maximum hat. Die Steigung der Wendetangente ist gleich -12.

Bevor wir weitere Beispiele rechnen, stellen wir oft auftretende Funktionseigenschaften in einer „Übersetzungstabelle" zusammen, die beim Lösen von Aufgaben hilft.

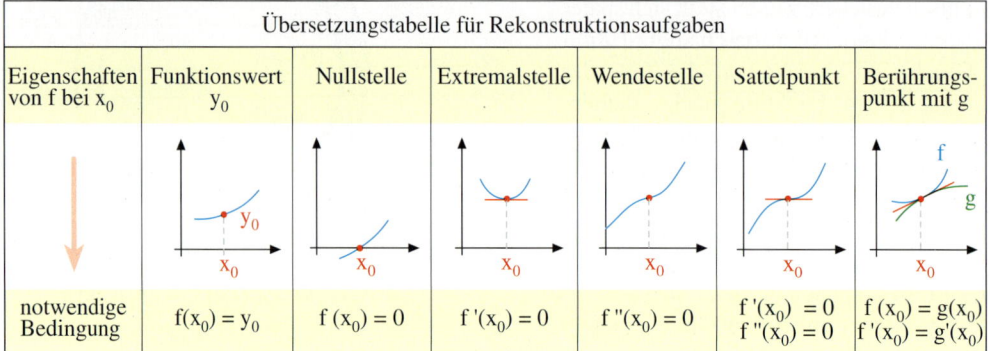

Übersetzungstabelle für Rekonstruktionsaufgaben						
Eigenschaften von f bei x_0	Funktionswert y_0	Nullstelle	Extremalstelle	Wendestelle	Sattelpunkt	Berührungspunkt mit g
notwendige Bedingung	$f(x_0) = y_0$	$f(x_0) = 0$	$f'(x_0) = 0$	$f''(x_0) = 0$	$f'(x_0) = 0$ $f''(x_0) = 0$	$f(x_0) = g(x_0)$ $f'(x_0) = g'(x_0)$

▶ **Beispiel:** Der Graph einer ganzrationalen Funktion dritten Grades berührt die Winkelhalbierende des ersten Quadranten bei x = 1 und ändert sein Krümmungsverhalten in P(0|0,5). Wie lautet die Funktionsgleichung?

Lösung:

(1) Ansatz für die Funktionsgleichung

Wir setzen die ganzrationale Funktion dritten Grades unter Verwendung der Parameter a, b, c und d allgemein an. Außerdem notieren wir die Funktionsterme von f′ und f″, da das Krümmungsverhalten mit im Spiel ist.

$$f(x) = ax^3 + bx^2 + cx + d$$
$$f'(x) = 3ax^2 + 2bx + c$$
$$f''(x) = 6ax + 2b$$

(2) Eigenschaften der Funktion f   *(3) Umsetzen der Eigenschaften in Gleichungen*

1. Wendepunkt W(0|0,5)   1. $f''(0) = 0$ $b = 0$
   (Wendestelle x = 0, Funktionswert y = 0,5) $f(0) = 0,5$ $d = 0,5$ ⇒
2. Punkt P(1|1)   2. $f(1) = 1$ $a + b + c + d = 1$
3. Steigung bei x = 1: 1   3. $f'(1) = 1$ $3a + 2b + c = 1$

(4) Lösen des Gleichungssystems

$a + c = 0,5$ $\Rightarrow c = 0,5 - a$ ⇒ $3a + 0,5 - a = 1$ ⇒ $2a = 0,5$ ⇒ $a = 1/4$
$3a + c = 1$ $c = 1/4$

(5) Resultat

$f(x) = \frac{1}{4}x^3 + \frac{1}{4}x + 0,5$ hat die geforderten Eigenschaften, was man leicht überprüfen kann.

▶

Übungen

2. Bestimmen Sie die Gleichung der abgebildeten Profilkurve.

Hinweis: Es handelt sich um eine ganzrationale Funktion dritten Grades.

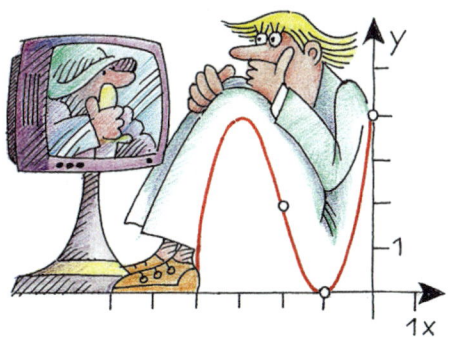

3. Eine ganzrationale Funktion 2. Grades $f(x) = ax^2 + bx + c$ hat ein Extremum bei $x = 1$ und schneidet die x-Achse bei $x = 4$ mit der Steigung 3. Wie lautet die Funktionsgleichung?

4. Der Graph einer ganzrationalen Funktion dritten Grades ist punktsymmetrisch zum Ursprung und schneidet den Graphen von $g(x) = \frac{1}{2}(4x^3 + x)$ im Ursprung senkrecht. Ein zweiter Schnittpunkt mit g liegt bei $x = 1$. Wie lautet die Funktionsgleichung?

5. Bestimmen Sie die Gleichung der Funktion f mit den beschriebenen Eigenschaften.
Der zur y-Achse symmetrische Graph einer ganzrationalen Funktion vierten Grades geht durch $P(0|2)$ und hat bei $x = 2$ ein Extremum. Er berührt dort die x-Achse.

6. Der Graph einer ganzrationalen Funktion dritten Grades hat im Ursprung und im Punkt $P(2|4)$ jeweils ein Extremum. Wie lautet die Funktionsgleichung?

7. Bestimmen Sie die ganzrationale Funktion f mit den angegebenen Eigenschaften.
a) Grad 2, Extremum bei $x = 1$, Achsenschnittpunkte bei $P(0|-3)$ und $Q(5|0)$
b) Grad 4, Sattelpunkt im Ursprung, Tiefpunkt $P(-2|-6)$

8. Gegeben ist der Graph einer ganzrationalen Funktion f. Bestimmen Sie eine mögliche Funktionsgleichung.

a)

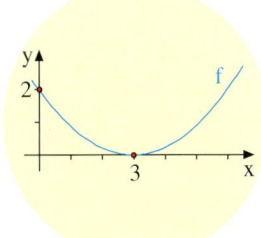

b)

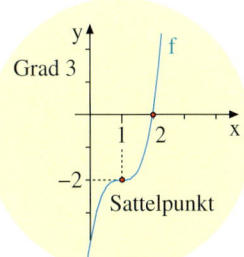

B. Modellierungsprobleme

Eine Modellierung liegt vor, wenn man einen realen *Prozess* mathematisch beschreibt, um ihn rechnerisch kontrollieren zu können, oder wenn man die *Form* eines realen Objektes durch eine mathematische Kurve erfasst wie im folgenden Beispiel.

> ### Beispiel: Modellierung einer Skaterbahn
> Aus Beton soll eine Skateboard-Bahn für den Park so gebaut werden, wie es die Abbildung zeigt. Die gebogenen Teile sollen ohne Knick an die geraden Teile anschließen. Ermitteln Sie für die Konstruktion die Gleichung einer zum Ursprung punktsymmetrischen Polynomfunktion, deren Graph dem gebogenen Teil nahe kommt. Entnehmen Sie die Maße der Skizze.

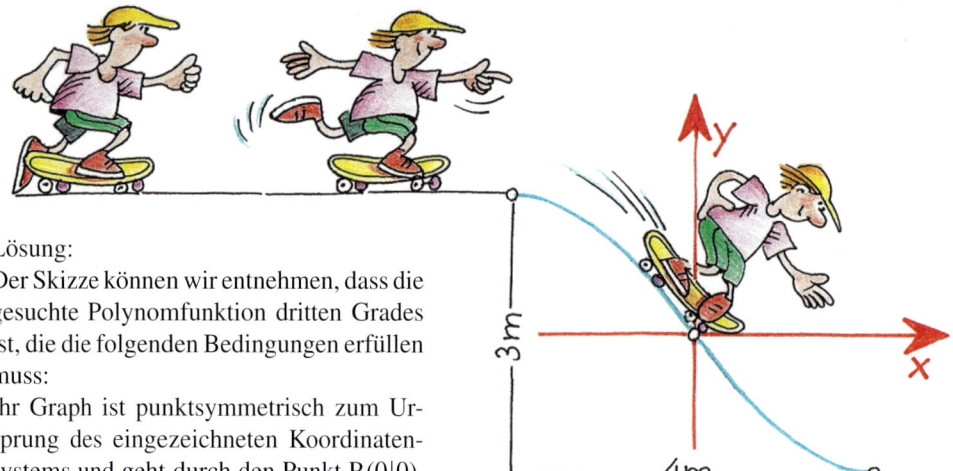

Lösung:
Der Skizze können wir entnehmen, dass die gesuchte Polynomfunktion dritten Grades ist, die die folgenden Bedingungen erfüllen muss:
Ihr Graph ist punktsymmetrisch zum Ursprung des eingezeichneten Koordinatensystems und geht durch den Punkt $P(0|0)$. Ein Tiefpunkt der Polynomfunktion liegt bei $T(2|-1{,}5)$. Somit ergibt sich folgende Rechnung:

Ansatz für f:	Eigenschaften von f:	Gleichungssystem:	Lösung:
$f(x) = ax^3 + bx^2 + cx + d$	(1) symmetrisch zu O	$b \qquad\qquad = 0$	$b = 0$
	(2) $f(0) = 0$	$\qquad\qquad d = 0$	$d = 0$
$f'(x) = 3ax^2 + 2bx + c$	(3) $f'(2) = 0$	$12a + 4b + \ c \quad = 0$	$a = 3/32$
	(4) $f(2) = -1{,}5$	$8a + 4b + 2c + d = -1{,}5$	$c = -9/8$

Resultat:
▶ Das Profil der Skateboard-Bahn wird durch die Funktion $f(x) = \frac{3}{32}x^3 - \frac{9}{8}x$ beschrieben.

Übung 9
a) Gesucht ist eine ganzrationale Funktion dritten Grades mit dem Tiefpunkt $P(1|-2)$, deren Wendepunkt im Koordinatenursprung liegt.
b) Der Graph einer ganzrationalen Funktion dritten Grades hat im Ursprung und im Punkt $P(2|4)$ jeweils ein Extremum.

> **Beispiel: Flugbahn beim Landeanflug**
> Ein Flugzeug nähert sich im horizontalen Flug dem Punkt $P(-4|1)$. Dort beginnt der Pilot mit dem Sinkflug, der auf der Landebahn an den Koordinaten $Q(0|0)$ endet (Angaben in km).
>
>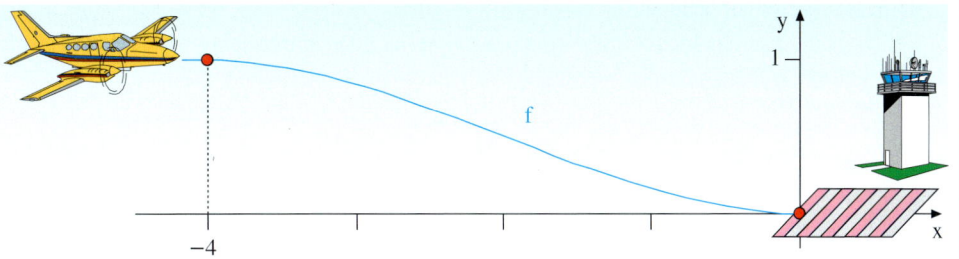
>
> Seine Horizontalgeschwindigkeit beträgt durchgehend konstant 50 m/s.
> a) Modellieren Sie die Sinkflugphase durch ein Polynom dritten Grades.
> b) An welcher Stelle fällt die Flugbahn am steilsten ab? Wie groß ist dort der Abstiegswinkel α? Wie groß ist dort die vertikale Sinkgeschwindigkeit?

Lösung zu a:

1. Ansatz für f

$f(x) = a x^3 + b x^2 + c x + d$,
$f'(x) = 3 a x^2 + 2 b x + c$,
$f''(x) = 6 a x + 2 b$

2. Eigenschaften von f
(1) $Q(0|0)$ liegt auf f
(2) Extremum bei $x = 0$
(3) $P(-4|1)$ liegt auf f
(4) Extremum bei $x = -4$

3. Gleichungssystem
(1) $f(0) = 0 \Rightarrow$ I $\quad d = 0$
(2) $f'(0) = 0 \Rightarrow$ II $\quad c = 0$
(3) $f(-4) = 1 \Rightarrow$ III $\quad -64 a + 16 b = 1$
(4) $f'(-4) = 0 \Rightarrow$ IV $\quad 48 a \ - \ 8 b = 0$

4. Lösung des Gleichungssystems und Gleichung von f

$a = \frac{1}{32}$, $b = \frac{6}{32}$, $c = 0$, $d = 0$

$f(x) = \frac{1}{32}(x^3 + 6 x^2)$

Lösung zu b:
Die Flugbahn fällt im Wendepunkt von f am steilsten ab. Dieser liegt nach der rechts aufgeführten Rechnung bei $W(-2|0,5)$. Dort beträgt die Steigung $f'(-2) = -0,375$. Also gilt $\tan \alpha = -0,375$, wir erhalten $\alpha = \arctan(-0,375) = -20,56°$.

Die vertikale Sinkgeschwindigkeit v_y ergibt sich (siehe Abb. unten) aus der Horizontalgeschwindigkeit $v_x = 50$ m/s durch Multiplikation mit der Steigung $f'(-2) = -0,375$. v_y beträgt 18,75 m/s.

Berechnung des Wendepunktes:

$f''(x) = \frac{1}{32}(6 x + 12) = 0$

$x = -2$, $y = 0,5$ $\quad W(-2|0,5)$

Berechnung des Abstiegswinkels:

$f'(x) = \frac{1}{32}(3 x^2 + 12 x)$

$f'(-2) = \frac{-12}{32} = -0,375$

$\alpha = \arctan(-0,375) \approx -20,56°$

Berechnung der Sinkgeschwindigkeit:

$\frac{v_y}{v_x} = \tan \alpha \Rightarrow v_y = v_x \cdot \tan \alpha$

$v_y = 50 \cdot (-0,375) = -18,75$ m/s
Das Minuszeichen gibt die Richtung an.

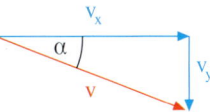

Übungen

10. Torschuss

Beim Hallenfußball schießt ein Stürmer auf das Tor.
Der Ball landet nach einem Parabelflug genau auf der 50 m entfernten Torlinie. Seine Gipfelhöhe beträgt 12,5 m.

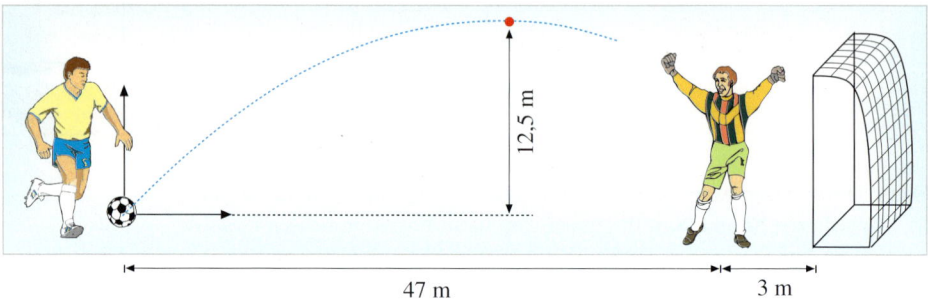

12,5 m

47 m   3 m

a) Wie lautet die Gleichung der Flugparabel?
b) Hat der 3 m vor dem Tor stehende Torwart eine Abwehrchance?
   Er kommt mit der Hand 2,70 m hoch.
c) Unter welchem Winkel α wurde der Ball abgeschossen?
d) Der Abschusswinkel soll vergrößert werden. Welches ist der maximal mögliche Wert für
   α? Der Ball soll wieder auf der Torlinie landen (Hallenhöhe 15 m).

11. Autobahnkurve

Die Autobahn E 52 wurde in zwei geraden Teilstücken bei Eichet an den Chiemsee herangeführt. Diese Teile sollen durch eine Kurve glatt miteinander verbunden werden.
Modellieren Sie das neue Teil durch eine
kubische Parabel.

a) Wo liegt der südlichste
   Kurvenpunkt?
b) Wäre auch die Verwendung einer
   quadratischen Parabel
   möglich?

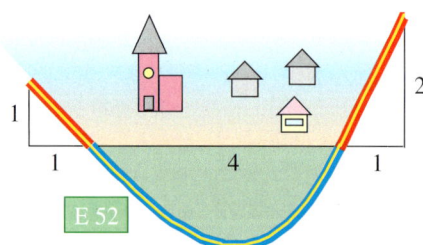

12. Berg- und Talbahn

Eine Berg- und Talbahn hat einen geradlinigen Anstieg von 50 % und einen geradlinigen Abstieg von −100 %. Dazwischen liegt ein parabelförmiges Verbindungsprofil $f(x) = a x^2 + b x + c$.

a) Bestimmen Sie a, b und c so, dass
   bei A und B glatte Übergänge entstehen.
b) Wie groß ist der Höhenunterschied
   zwischen A und B?
c) Wo liegt der höchste Punkt der
   Bahn? Wie hoch liegt er
   über dem Punkt A?

100 m

13. Benzinverbrauch

Der Benzinverbrauch B eines Autos hängt von der Fahrgeschwindigkeit v ab. Für ein Testfahrzeug wurden die in der Tabelle dargestellten Messdaten gewonnen.

v = Geschwindigkeit in km/h	10	30	100
B = Benzinverbrauch in Litern/100 km	9,1	7,9	10

a) Bestimmen Sie eine quadratische Funktion $B(v) = a v^2 + b v + c$, welche den Benzinverbrauch beschreibt.

b) Für welche Geschwindigkeit ist der Verbrauch minimal?

c) Ab welcher Geschwindigkeit steigt der Verbrauch auf 12,4 Liter an?

Kontrollergebnis: $B(v) = \frac{1}{1000} v^2 - \frac{1}{10} v + 10$

14. Abhänge

200 m über der Talsohle liegen sowohl im Westen als auch im Osten Hochebenen mit den Abhängen f und g. f ist eine kubische Funktion, die ohne Knick horizontal von der Hochebene abfällt und auch horizontal ins Tal ausläuft. g ist eine quadratische Parabel, die ebenfalls horizontal von der Hochebene abfällt.

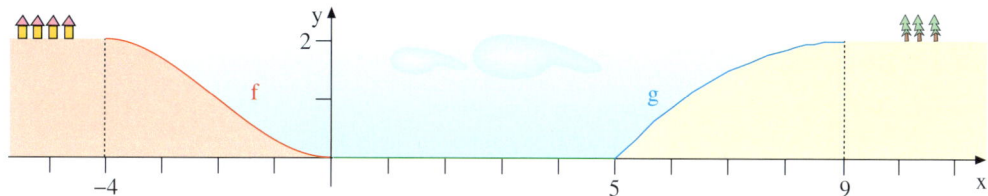

a) Stellen Sie die Gleichungen von f und g auf.

b) Wie steil ist der Abhang f maximal? Wo ist der Hang g am steilsten?

Kontrollergebnis: $f(x) = \frac{1}{16} x^3 + \frac{3}{8} x^2$, $g(x) = -\frac{1}{8} x^2 + \frac{18}{8} x - \frac{65}{8}$

15. Bambus

Das Höhenwachstum einer Bambuspflanze kann durch eine kubische Funktion der Form $h(t) = a t^3 + b t^2 + c t + d$ beschrieben werden (t: Zeit in Wochen, $h(t)$: Höhe in Metern). Die Tabelle enthält Messdaten zur Höhe h und zur Wachstumsgeschwindigkeit h′.

t = Zeit in Wochen	0	4
h = Höhe in m	0	2
h′ = Wachstumsgeschwindigkeit in m/Woche	0	0,75

a) Wie lautet die Gleichung von h? Skizzieren Sie den Graphen von h für $0 \le t \le 8$.

b) Wann erreicht die Pflanze ihre maximale Höhe?

c) Wann ist die Wachstumsgeschwindigkeit maximal?

Kontrollergebnis: $h(t) = \frac{1}{64} (-t^3 + 12 t^2)$

16. Konzerthalle

Die dargestellte Konzerthalle soll ein Dach erhalten, dessen Profilkurve durch eine kubische Funktion f und eine quadratische Funktion g modelliert werden kann. Die quadratische Funktion endet an der Dachspitze horizontal.

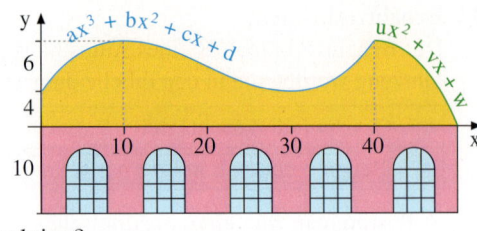

a) Wie lautet die Gleichung der kubischen Funktion?
b) Wie lautet die Gleichung der quadratischen Parabel?
c) Wie hoch ist der tiefste Punkt des Daches im Bereich der kubischen Dachhaut?
d) Wie steil ist das Dach am linken Rand, am rechten Rand und an der Dachspitze?
e) Ein Dach ist nur noch schwer begehbar, wenn der Neigungswinkel 40° oder mehr beträgt. Welche Bereiche des Daches sind schwer begehbar?

17. Brücke

Die Eisenbahnbrücke wird von einem Parabelbogen getragen, der auf Hängen mit 45° Neigung steht.

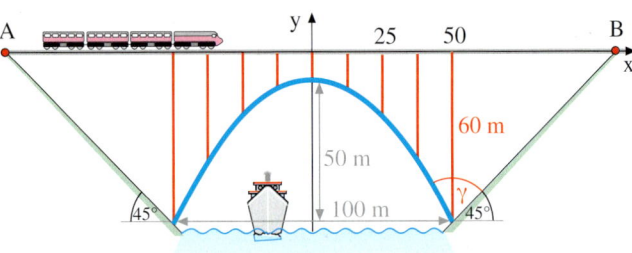

a) Wie lautet die Gleichung der quadratischen Parabel?
b) Wie hoch sind die Brückenpfeiler, welche die Fahrbahn tragen?
c) Wie lang ist die Fahrbahn zwischen A und B?
d) Unter welchem Winkel γ trifft der Brückenbogen die Böschungslinien?

18. Kugelstoßen

Einem Kugelstoßer gelang der dargestellte Wurf über 20 m. Der Abstoß erfolgte in 2 m Höhe. Das Maximum der Flugbahn lag bei $x = 9$ m. Die Flugbahn kann durch eine quadratische Parabel beschrieben werden.

a) Wie lautet die Gleichung der Parabel?
b) Wie groß war der Abwurfwinkel? Wie groß war der Aufschlagwinkel?
c) Bei seinem nächsten Versuch wirft der Athlet unter einem Winkel von 45° ab. Die Abwurfhöhe beträgt wieder 2 m, und das Maximum der Flugkurve liegt ebenfalls wieder bei $x = 9$ m.
Wie groß ist die Wurfweite nun?
Wie groß ist der Aufschlagwinkel?
Welche Maximalhöhe erreicht die Kugel?

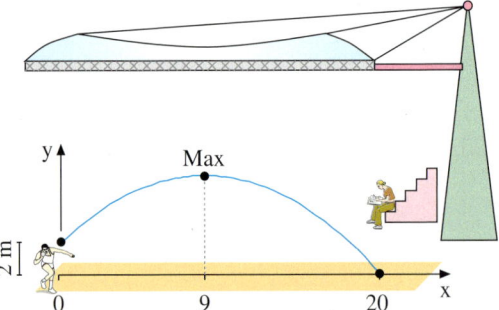

Überblick

Extremalprobleme Aufgabe: Eine Zielgöße A soll optimiert werden. Sie
soll maximal oder minimal werden.

1. Schritt: Hauptbedingung
Die Zielgröße wird durch eine Funktion A erfasst. $(1)\, A = A(x, y)$
Oft ist es eine Funktion von zwei Variablen x und y.

2. Schritt: Nebenbedingung
Es wird eine Beziehung zwischen den Variablen x und $(2)\, G(x, y) = 0$
y gesucht. Es handelt sich in der Regel um eine Glei-
chung.

3. Schritt: Zielfunktion
Die Nebenbedingung (2) wird nach x oder nach y auf- $(3)\, A = A(x)$
gelöst. Das Ergebnis wird in die Hauptbedingung (1)
eingesetzt. Dies führt auf eine Darstellung der Zielgröße A, die nur noch von einer Variablen abhängt, z. B.
von x. Man bezeichnet dann A als Zielfunktion.

4. Schritt: Extremalrechnung
Man bestimmt das lokale Extremum der Zielfunktion $(4)\, A'(x) = 0$
A mithilfe der Differentialrechnung, indem man die
Ableitung A' gleich null setzt. Die so gewonnene Lö-
sung wird evtl. noch mit den Funktionswerten am Rand
des Untersuchungsintervalls verglichen.

Rekonstruktion
Modellierungen   Aufgabe: Von einer gesuchten Funktion A sind lediglich einige Eigenschaften bekannt. Gesucht ist der Funktionsterm.

1. Allgemeiner Ansatz:
Die gesuchte Funktion wird in einer allgemeinen Form angesetzt, die noch
unbekannte Koeffizienten enthält.

2. Eigenschaften der Funktion
Die laut Aufgabenstellung geforderten Eigenschaften werden in Funktionsschreibweise mithilfe des allgemeinen Funktionsansatzes aus 1. dargestellt. Auf diese Weise ergibt sich ein Gleichungssystem für die Koeffizienten des Funktionsansatzes.

3. Lösen des Gleichungssystems
Das entstandene lineare Gleichungssystem wird gelöst. Seine Lösungen
sind die gesuchten Koeffizienten. Sie werden in den Funktionsansatz eingesetzt.

Angewandte Theorie

Die Wochenzeitung DIE ZEIT veröffentlichte 2004 einen Bericht über Holger Geschwindner, den Berater und Trainer von Dirk Nowitzki, Deutschlands bestem Basketballspieler. Es wird berichtet, wie Holger Geschwindner seine Mathematikkenntnisse einsetzte, um die Wurftechnik von Dirk Nowitzki zu verbessern. Und das scheint ihm ja zweifellos gelungen zu sein.

Vor acht Jahren startete der Mathematiker und ehemalige Basketballer Holger Geschwindner einen Feldversuch: Er wollte aus Dirk Nowitzki einen der besten Basketballer der Welt machen – das Ergebnis ist fast perfekt.

„Ich habe mir damals ein Stück Papier genommen und mich gefragt: Gibt es einen Schuss, bei dem ich Fehler machen darf und der Ball trotzdem durch den Ring fällt?", sagt Geschwindner.

„Und dann habe ich eine Skizze gezeichnet: Der Ball muss mindestens einen Einfallswinkel von 32 Grad haben, Dirk ist 2,13 m groß, seine Arme haben eine bestimmte Länge, und wenn man dann noch die Gesetze der Physik kennt, kommt man schnell zu einer Problemlösung."

©DIE ZEIT 15.01.2004 Nr.4

Deutschlands Basketball-Superstar Dirk Nowitzki wirft am Freitag (28.07.2006) in der Colorline-Arena in Hamburg bei einem Länderspiel gegen Kanada einen Freiwurf.

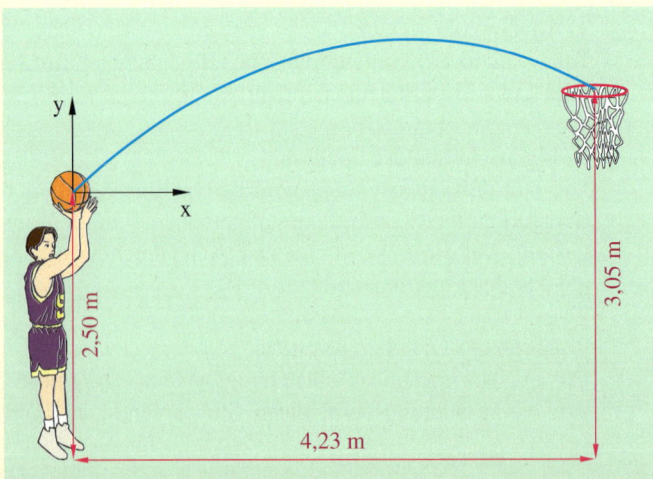

Wir benötigen zur Analyse einige Daten. Der Freiwurfpunkt ist 4,23 m Bodenlinie vom Korb entfernt. Die obere Korbmitte liegt in 3,05 m Höhe. Der Korb hat einen Durchmesser von 45 cm, der Ball von 24 cm. Dirk Nowitzki ist 2,13 m groß. Er wirft aus ca. 2,50 m Höhe ab.
Auf folgende Fragen fand Geschwindner auf der Basis dieser Daten die Antworten:

Wie groß ist der minimale Einschlagswinkel β des Balles am Korb?

Der Einflugkanal des Balles in den Korb muss mindestens so breit sein wie der Ball, also 24 cm. Rechts ist die Situation als Ganzes geometrisch dargestellt. Mithilfe der Sinus-definition erhalten wir im rechtwinkligen Dreieck das Resultat: β = 32,23°.

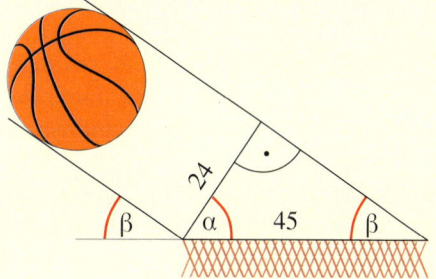

$$\sin \beta = \frac{GK}{HYP} = \frac{24}{45} \approx 0,5333$$
$$\beta \approx 32,23°$$

Wie lautet die niedrigste Flugbahn des Balles?

Wir besitzen drei Informationen:
I: Abwurf im Punkt $P(0|0)$
II: Korbmitte im Punkt $K(4,23|0,55)$
III: Mindestwinkel β = 32,23° bei x = 4,23.

Außerdem wissen wir, dass Flugbahnen quadratische Parabeln sind. Daher verwenden wir den Ansatz $f(x) = a x^2 + b x + c$.

Dies führt auf ein Gleichungssystem mit den Variablen a, b und c. Dieses lösen wir und erhalten $a \approx -0,1796$, $b \approx 0,8894$ und $c = 0$.
Die Flugbahn lautet also:
$f(x) = -0,1796 x^2 + 0,8894 x$

Ansatz:
$f(x) = a x^2 + b x + c$

Gleichungen:
I: $f(0) = 0$
II: $f(4,23) = 0,55$
III: $f'(4,23) = \tan(147,77°) = -0,63$

I: $c = 0$
II: $17,89 a + 4,23 b = 0,55$
III: $8,46 a + b = -0,63$

Lösung:
$a \approx -0,1796$, $b \approx 0,8894$, $c = 0$

Wie groß ist der kleinste mögliche Abwurfwinkel?

Den kleinsten Abwurfwinkel α erhalten wir aus der Steigung von f im Abwurfpunkt. Es gilt $\tan \alpha = f'(0)$, woraus α = 41° folgt. Flacher darf nicht abgeworfen werden, sonst prallt der Ball auf den vorderen oder hinteren Korbrand.

Minimaler Abwurfwinkel:
$\tan \alpha = f'(0)$
$\alpha = 0,869$
$\alpha = 41°$

Fazit:
Dirk Nowitzki sollte etwas steiler als 41° abwerfen. Dann wird der Korb auch bei kleinen Fehlern in der Abwurfgeschwindigkeit noch getroffen.

Test

Anwendungen der Differentialrechnung

1. Minimale Summe
x und y sind zwei natürliche Zahlen. Ihr Produkt soll 225 betragen. Wie müssen x und y gewählt werden, wenn ihre Summe möglichst klein sein soll?

2. Regal
Ein Möbelhersteller kalkuliert für das abgebildete Regal Materialkosten von insgesamt 30 Euro. Das Material für die beiden waagerechten Glaseinlegeböden kostet 40 Euro/m², das Holz für die vier Außenbretter kostet nur 20 Euro/m². Wie hoch und wie breit muss das Regal gestaltet werden, damit sein Volumen maximal wird? Die Stärke der Bretter wird bei der Lösung des Extremalproblems nicht berücksichtigt.

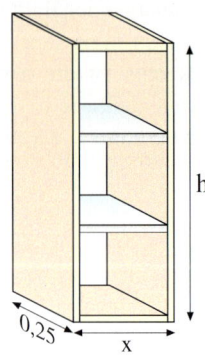

3. Eingesperrtes Rechteck
Unter dem Graphen von $f(x) = 4 - \frac{4}{3}x^2$ liegt ein achsenparalleles Rechteck. Wie muss dessen Eckpunkt P auf dem Graphen von f gewählt werden, damit sein Flächeninhalt maximal wird?

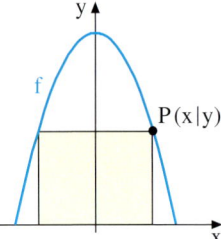

4. Brücke
Eine Brücke hat einen Tragebogen mit dem Profil einer quadratischen Funktion $f(x) = a x^2 + b x + c$.
In 10 m Entfernung vom Brückenanfang ist der Bogen 7,5 m hoch. Er verläuft dort

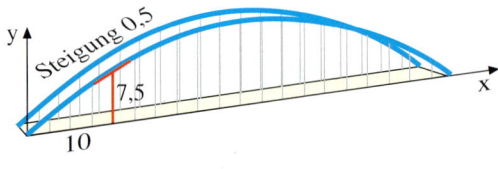

mit einem Winkel von ca. 26,6°, d. h. die Steigung ist dort 0,5.
a) Bestimmen Sie die Koeffizienten a, b und c, bezogen auf das eingezeichnete Koordinatensystem.
b) Wie hoch ist der Brückenbogen?
c) Unter welchem Winkel α trifft der Tragebogen auf den Erdboden?

5. Funktion dritten Grades
Eine ganzrationale Funktion dritten Grades hat folgende Eigenschaften:

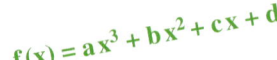

(1) Ein Extremum im Punkt P(1|6),
(2) Einen Wendepunkt bei x = 4,
(3) Den Funktionswert 2 an der Stelle x = −1.
a) Bestimmen Sie die Funktionsgleichung von f. Die Verwendung des GTR ist erlaubt.
b) Wie lautet die Gleichung der Tangente an den Graphen von f im Wendepunkt.

Lösungen: S. 481

III. Grundlagen der Integralrechnung

Ausblick

In diesem Kapitel werden die Fragestellungen der Differentialrechnung umgekehrt. Dadurch wird es unter anderem möglich, den Inhalt von Flächen zu berechnen, die von „krummen" Kurven berandet werden. Wir geben hier eine Vorschau auf die kommenden Fragestellungen.

Integration als Umkehrung der Differentiation

Ableitungsfunktion gesucht

Als *Differenzieren* bezeichnet man das Bestimmen der Ableitung einer Funktion. Die Funktion f ist dabei gegeben, die Ableitung f' ist gesucht.

Beispiel: $f(x) = x^3 \Rightarrow f'(x) = 3x^2$

Stammfunktion gesucht

Als *Integrieren* bezeichnet man die Umkehrung des Differenzierens.
Ausgehend von einer gegebenen Funktion f sucht man eine Stammfunktion F, deren Ableitung die gegebene Funktion f ist: F' = f.
Beispiel: $f(x) = x^3 \Rightarrow F(x) = \frac{1}{4}x^4$

Flächeninhalt krummlinig berandeter Flächen

Fläche unter einer Kurve

Gesucht ist der *Inhalt eines Flächenstücks* A, das zwischen der x-Achse und dem Graphen einer Funktion f liegt.

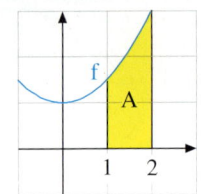

Fläche zwischen Kurven

Gesucht ist der Inhalt eines Flächenstücks A, das von zwei (oder mehr) Funktionsgraphen f und g umschlossen wird.

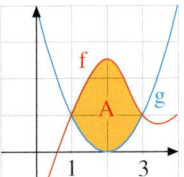

Bestandsrekonstruktionen

Geschwindigkeit v gegeben, Weg s gesucht

Die Geschwindigkeit v ist die Ableitung des Weges s nach der Zeit.
Kennt man den Verlauf der Geschwindigkeit während eines Zeitraumes genau, so kann man daraus die Länge des in diesem Zeitraum zurückgelegten Weges *rekonstruieren*, indem man den Inhalt der Fläche unter der Geschwindigkeitskurve bestimmt.

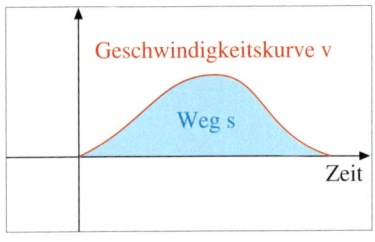

Weiteres **Beispiel**: Rekonstruktion der verrichteten Arbeit W aus der Kraftkurve F

1. Rekonstruktion einer Funktion aus ihren Änderungsraten

Pumpspeicherkraftwerke

Das **Koepchenwerk** in Herdecke am Ruhrstausee Hengstey ist eines der ersten Pumpspeicherkraftwerke in Deutschland.

Pumpspeicherkraftwerke verwenden überschüssige Elektroenergie, um Wasser mit einer Pumpe aus einem unteren Becken in ein höher liegendes oberes Becken zu befördern.

In Spitzenlastzeiten wird das Wasser vom oberen Becken über eine Turbine wieder in das untere Becken zurückgeleitet. Dabei gibt es die zuvor gespeicherte Energie in Form von Strom wieder frei, der in das Elektrizitätsnetz zurückgeleitet wird.

Pumpspeicherkraftwerke sind also Energiespeicher, die faktisch wie gigantische aufladbare Batterien funktionieren. In Zeiten zunehmender Erzeugung von Strom aus Wind- und Solarenergie haben sie eine wachsende Bedeutung für eine sichere Stromversorgung.

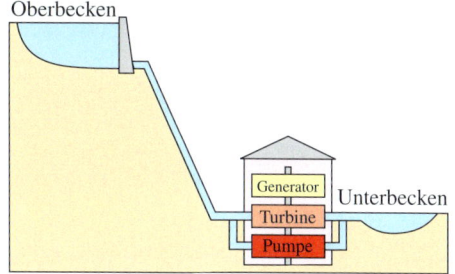

Oberbecken

Generator
Turbine
Pumpe

Unterbecken

Die Wasserdurchflussrate

Im Koepchenwerk beträgt die Wasserdurchflussrate Q im Turbinenbetrieb $110\,\text{m}^3/\text{s}$, d. h. etwa $400\,000\,\text{m}^3/\text{h}$. Im Pumpenbetrieb ist die Durchflussrate etwas geringer: Sie liegt bei $101{,}7\,\text{m}^3/\text{s}$. Das sind ca. $350\,000\,\text{m}^3/\text{h}$.

Rechts ist die Durchflussrate Q für den Fall aufgetragen, dass das Pumpspeicherkraftwerk 4 Stunden im Turbinenbetrieb Wasser von oben nach unten abfließen lässt und danach 4 Stunden im Pumpenbetrieb Wasser von unten nach oben gepumpt wird.

Wenn man diese Durchflussrate Q als Änderungsrate des Wasservolumens V im unteren Becken betrachtet, ist sie im Turbinenbetrieb positiv und im Pumpenbetrieb negativ. Dies führt auf die rechts dargestellte abschnittsweise definierte Funktionsgleichung von Q.

Die Durchflussrate Q:

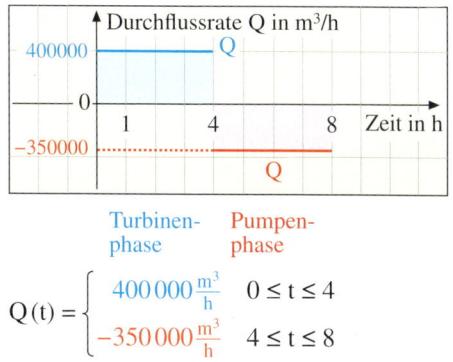

$$Q(t) = \begin{cases} 400\,000\,\tfrac{\text{m}^3}{\text{h}} & 0 \le t \le 4 \\[2mm] -350\,000\,\tfrac{\text{m}^3}{\text{h}} & 4 \le t \le 8 \end{cases}$$

Rekonstruktion des Bestandes

Wir suchen nun die Funktion, die den Wasserbestand im unteren Becken beschreibt, also das Volumen $V(t)$ des Wassers im unteren Becken zur Zeit t.

Wie betrachten zunächst die Turbinenphase. *Wir nehmen an*, dass das untere Becken am Anfang der Turbinenphase, also zur Zeit $t = 0$, völlig leer ist, d. h. $V(0) = 0$.

Wir kennen die Änderungsrate von $V(t)$. Das ist nämlich die Durchflussrate $Q(t)$, die wir oben graphisch und als Funktionsgleichung dargestellt haben: $Q(t) = 400\,000\,m^3/h$.
Nach einer Stunde ist das Volumen im Becken $V(1) = 400\,000\,\frac{m^3}{h} \cdot 1\,h = 400\,000\,m^3$
Nach zwei Stunden ist das Volumen gleich $V(2) = 400\,000\,\frac{m^3}{h} \cdot 2\,h = 800\,000\,m^3$ usw.
Nach t Stunden ist das Volumen daher gleich $V(t) = 400\,000 \cdot t$ für $0 \le t \le 4$.

Nun beginnt die Pumpenphase. Hier ist nun die Änderungsrate des Volumens negativ: $Q(t) = -350\,000\,m^3/h$.
Zur Zeit $t = 4$ gilt $V(4) = 1\,600\,000\,m^3$.
Eine Stunde später, also zur Zeit $t = 5$, sind $350\,000\,m^3$ nach oben gepumpt, und es gilt daher $V(5) = 1\,600\,000 - 350\,000 = 1\,250\,000\,m^3$.
Zur Zeit t $(4 \le t \le 8)$ beträgt das Volumen daher $V(t) = 1\,600\,000 - 350\,000 \cdot (t - 4)$.

So ergibt sich die rechts dargestellte Bestandsfunktion V für das Wasservolumen.

Es ist leicht zu sehen, dass die Ableitung des Volumens V *in den einzelnen Abschnitten* gleich der Änderungsrate Q ist: $V' = Q$.
Eine Funktion V mit dieser Eigenschaft bezeichnet man als **Stammfunktion** von Q.

Wir wissen nun, dass man eine Bestandsfunktion als Stammfunktion aus ihrer Änderungsrate *rekonstruieren* kann.
Stammfunktionen sind die Thematik des nächsten Abschnitts.

Wasservolumen im unteren Becken während der Turbinenphase:

zur Zeit $t = 0$:		$0\,m^3$
zur Zeit $t = 1$:		$400\,000\,m^3$
zur Zeit $t = 2$:		$800\,000\,m^3$
zur Zeit $t = 3$:		$1\,200\,000\,m^3$
zur Zeit $t = 4$:		$1\,600\,000\,m^3$
zur Zeit t:		$400\,000\,t$

Wasservolumen im unteren Becken während der Pumpenphase:

zur Zeit $t = 4$:	$1\,600\,000\,m^3$
zur Zeit $t = 5$:	$1\,250\,000\,m^3$
zur Zeit $t = 6$:	$900\,000\,m^3$
zur Zeit $t = 7$:	$550\,000\,m^3$
zur Zeit $t = 8$:	$200\,000\,m^3$
zur Zeit t:	$1\,600\,000 - 350\,000 \cdot (t - 4)$

Die Bestandsfunktion V für das Wasservolumen im unteren Becken:

$$V(t) = \begin{cases} 400\,000\,t & 0 \le t \le 4 \\ 1\,600\,000 - 350\,000\,(t - 4) & 4 < t \le 8 \end{cases}$$

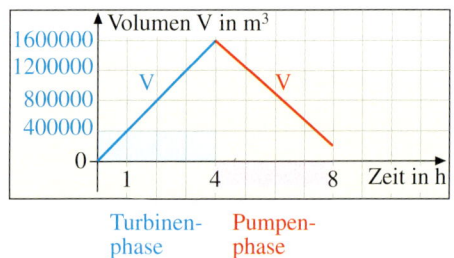

Turbinen-   Pumpen-
phase   phase

$$V'(t) = Q(t)$$
V ist Stammfunktion von Q

Änderungen des Bestandes

Im letzten Abschnitt suchten wir eine Funktion, die den *Bestand* V(t) im unteren Becken erfasste, also dessen Wasservolumen zur Zeit t. Nun untersuchen wir die *Bestandsänderung* ΔV in einem bestimmten Zeitraum [a;b].

Beispiel: Änderung des Wasserstands

Das Diagramm zeigt die Änderungsrate Q des Pumpspeicherwerks im Laufe von 24 Stunden an. Es gibt Pumpenphasen, Turbinenphasen und Leerlaufphasen. Wie ändert sich der Wasserbestand im unteren Becken zwischen 7 Uhr morgens und 18 Uhr abends?

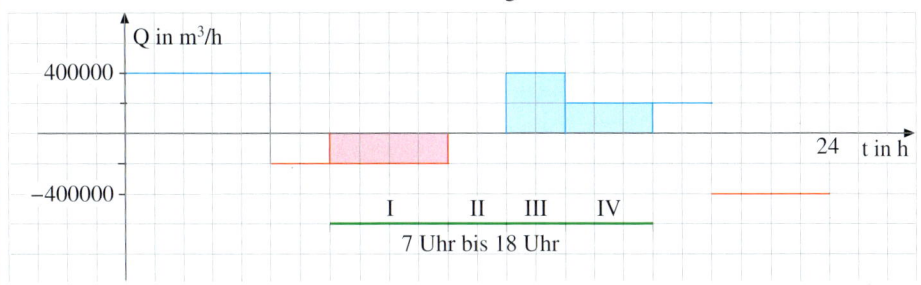

Lösung:
Wir erkennen vier relevante Phasen: Eine Pumpenphase mit halber Kraft von 7 bis 11 Uhr, eine Leerlaufphase von 11 bis 13 Uhr, eine Turbinenphase mit voller Kraft von 13 bis 15 Uhr und eine weitere Turbinenphase mit halber Kraft von 15 bis 18 Uhr.

Phase I: 7–11 Uhr (Pumpenphase)
Dauer der Phase: $\Delta t = 4\,h$

Änderungsrate des Volumens:
$Q(7) = -200\,000\,m^3/h$

Änderung des Volumens:
$\Delta V = Q(7) \cdot \Delta t = -800\,000\,m^3$

Dieses Produkt entspricht übrigens – bis auf das negative Vorzeichen – dem Inhalt des oben abgebildeten roten Rechtecks A.

Phase II: 11–13 Uhr (Leerlaufphase)
$\Delta V = Q(11) \cdot \Delta t = 0\,m^3$
Dies ist der Inhalt des schwarzen „Rechtecks" B mit der Höhe $Q(11) = 0\,m^3/h$.

Phase III: 13–15 Uhr (Turbinenphase)
$\Delta V = Q(13) \cdot \Delta t = 800\,000\,m^3$
Dies ist der Inhalt des blauen Quadrats C.

Phase IV: 15–18 Uhr (Turbinenphase)
$\Delta V = Q(15) \cdot \Delta t = 600\,000\,m^3$
Dies ist der Inhalt des blauen Rechtecks D.

Auf diese Weise ergibt sich insgesamt für die Änderung im unteren Becken die Produktsumme

$$\begin{aligned}\Delta V &= Q(7) \cdot 4\,h + Q(11) \cdot 2\,h + Q(13) \cdot 2\,h + Q(15) \cdot 3\,h \\ &= -800\,000\,m^3 + 0\,m^3 + 800\,000\,m^3 + 600\,000\,m^3 \\ &= 600\,000\,m^3.\end{aligned}$$

Die *Bestandsänderung* des Volumens entspricht also genau der *Flächenbilanz* der einzelnen Teilflächen unter dem Graphen der Änderungsrate Q(t) über dem betrachteten Intervall [7;18].

Diese Erkenntnis führt im übernächsten Abschnitt III.3 auf den Begriff des *bestimmten Integrals*, mit dem man solche Flächenbilanzen bequem errechnen kann.

2. Stammfunktion und unbestimmtes Integral

A. Der Begriff der Stammfunktion und des unbestimmten Integrals

Eine grundlegende Aufgabe der Differentialrechnung ist es, zu einer gegebenen Funktion f die Ableitungsfunktion f' zu bestimmen. Wir stellen uns nun die umgekehrte Aufgabe: Gegeben ist eine Funktion f. Gesucht ist diejenige Funktion F, deren Ableitung die gegebene Funktion f ist. Die *Integralrechnung* beschäftigt sich mit dieser Fragestellung.

▶ **Beispiel:** An der Tafel steht das Ergebnis einer Differentiation. Leider ist die Ausgangsfunktion F, die differenziert wurde, schon abgewischt. Kann man sie rekonstruieren?

Lösung:
Die gegebene Funktion $f(x) = 2x^2 + 1$ ist hier das Ergebnis eines Differentiationsprozesses. Gesucht ist eine sogenannte *Stammfunktion* F von f, für die gilt:
$F'(x) = f(x)$.
Da beim Differenzieren einer Potenz der Grad um 1 sinkt, vermuten wir, dass F eine Polynomfunktion dritten Grades ist. Wir finden nach kurzem Probieren, dass die Funktion $F(x) = \frac{2}{3}x^3 + x$ die Ableitung $f(x) = 2x^2 + 1$ hat, womit die Aufgabe fast gelöst wäre.
Wir können allerdings noch eine beliebige reelle Konstante C hinzuaddieren, da eine solche beim Differenzieren wegfällt. Die Menge alle Stammfunktionen von $f(x) = 2x^2 + 1$ ist daher die Funktionenschar $F(x) = \frac{2}{3}x^3 + x + C, C \in \mathbb{R}$.
Diese Menge aller Stammfunktionen von f wird auch als *unbestimmtes Integral von f* bezeichnet.
Hierfür wird die nebenstehend aufgeführte symbolische Schreibweise unter Verwendung des Integralzeichens ∫ eingeführt. Das Adjektiv „unbestimmt" drückt aus, dass das Ergebnis wegen des Auftretens einer Konstanten C, der sog. *Integrationskonstanten*, nicht eindeutig be-
▶ stimmt ist.

Gegebene Funktion f:

$f(x) = 2x^2 + 1$

Eine Stammfunktion F von f:

$F(x) = \frac{2}{3}x^3 + x$

Weitere Stammfunktionen von f:

$F(x) = \frac{2}{3}x^3 + x + 1$

$F(x) = \frac{2}{3}x^3 + x - 2{,}5$

$\vdots$

Menge aller Stammfunktionen von f:

$F(x) = \frac{2}{3}x^3 + x + C, C \in \mathbb{R}$

Integralschreibweise:

$$\int (2x^2 + 1)\,dx = \frac{2}{3}x^3 + x + C$$

unbestimmtes Integral   Integrationskonstante

Definition III.1: Stammfunktion
Jede differenzierbare Funktion F, für die
$F'(x) = f(x)$ gilt, wird als *Stammfunktion von f* bezeichnet.

Stammfunktion F

↑ integrieren

Funktion f

↓ differenzieren

Definition III.2: Unbestimmtes Integral
Die Menge aller Stammfunktionen einer Funktion f heißt *unbestimmtes Integral* von f.

Symbolische Schreibweise: $\int f(x)\,dx$

Ableitung f'

Den Vorgang des Bestimmens einer Stammfunktion bezeichnet man als Integrieren. Es handelt sich technisch um die Umkehrung des Differenzierens.

▶ **Beispiel:** Bestimmen Sie die Menge aller Stammfunktionen von f.
Gesucht ist also das unbestimmte Integral von f.
a) $f(x) = 2x^3$ b) $f(x) = 3x^4 - 6x + 8$ c) $f(x) = \frac{1}{x^3}$

Lösung:
a) Beim Differenzieren einer Potenz *verringert* sich der Exponent um 1. Außerdem muss man mit dem *alten* Exponenten *multiplizieren*.
Beim Integrieren einer Potenz ist es daher genau umgekehrt. Der Exponent *erhöht* sich um 1, und man muss durch den *neuen* Exponenten *dividieren*.

Der Teilterm x^3 hat die Stammfunktion $\frac{1}{4}x^4 + C$. Daher hat $f(x) = 2x^3$ die Stammfunktion $F(x) = \frac{1}{2}x^4 + C$.

$$\int 2x^3\,dx = \frac{1}{2}x^4 + C$$

b) Hier kehren wir die Summenregel der Differentiation um und erhalten dann $F(x) = \frac{3}{5}x^5 - 3x^2 + 8x + C$:

$$\int (3x^4 - 6x + 8)\,dx = \frac{3}{5}x^5 - 3x^2 + 8x + C$$

c) $f(x) = \frac{1}{x^3} = x^{-3}$ hat die Stammfunktion
$F(x) = \frac{x^{-2}}{-2} + C = -\frac{1}{2x^2} + C$.

$$\int \frac{1}{x^3}\,dx = -\frac{1}{2x^2} + C$$

Übung 1 Unbestimmtes Integral
Bestimmen Sie das unbestimmte Integral der Funktion f.
a) $f(x) = 10x^4$ b) $f(x) = x^2 - 6x + 4$ c) $f(x) = x + \sqrt{x}$ d) $f(x) = \frac{4}{x^2}$
e) $f(x) = \frac{2x^2 + 3}{x^2}$ f) $f(x) = 12x^3 + 4x^2$ g) $f(x) = \frac{2x^4 - 5}{x^2}$ h) $f(x) = 2x^3 - \frac{4}{\sqrt{x}}$

B. Rechenregeln für unbestimmte Integrale

Aus einigen Differentiationsregeln kann man durch sinngemäße Umkehrung Integrationsregeln gewinnen. Wir führen im Folgenden einige Beispiele in einer Gegenüberstellung auf.

Potenzregel der Differentialrechnung	Potenzregel der Integralrechnung
$(x^r)' = r \cdot x^{r-1} \quad (r \in \mathbb{R}, r \neq 0)$	$\int x^r \, dx = \frac{x^{r+1}}{r+1} + C \quad (r \in \mathbb{R}, r \neq -1)$
Summenregel der Differentialrechnung Man kann eine Summe gliedweise differenzieren: $(f(x) + g(x))' = f'(x) + g'(x)$	**Summenregel der Integralrechnung** Man kann eine Summe gliedweise integrieren: $\int (f(x) + g(x)) \, dx = \int f(x) \, dx + \int g(x) \, dx$ $= F(x) + G(x) + C$
Faktorregel der Differentialrechnung Ein konstanter Faktor bleibt beim Differenzieren erhalten: $(a \cdot f(x))' = a \cdot f'(x) \quad (a \in \mathbb{R})$	**Faktorregel der Integralrechnung** Ein konstanter Faktor bleibt beim Integrieren erhalten: $\int a \cdot f(x) \, dx = a \cdot \int f(x) \, dx \quad (a \in \mathbb{R})$ $= a \cdot F(x) + C$
Kettenregel der Differentialrechnung (lineare innere Funktion) Für a, b $\in \mathbb{R}$ gilt: $(f(ax + b))' = f'(ax + b) \cdot a$	**Lineare Substitutionsregel der Integralrechnung** Für a, b $\in \mathbb{R}$, a $\neq$ 0 gilt: $\int f(ax + b) \, dx = \frac{1}{a} \cdot F(ax + b) + C$
Sinus - und Kosinusregel (Differentiation) $(\sin x)' = \cos x$ $(\cos x)' = -\sin x$	**Sinus - und Kosinusregel (Integration)** $\int \sin x \, dx = -\cos x + C$ $\int \cos x \, dx = \sin x + C$

Wir beweisen die Integrationsregeln, indem wir die auf der rechten Seite stehende Stammfunktion differenzieren und zeigen, dass wir als Ergebnis den Integranden der linken Seite erhalten:

1. $\left(\frac{x^{r+1}}{r+1} + C \right)' = \frac{(r+1) \cdot x^r}{r+1} + 0 = x^r$

2. $(F(x) + G(x))' = F'(x) + G'(x) = f(x) + g(x)$

3. $(a \cdot F(x))' = a \cdot F'(x) = a \cdot f(x)$

4. $\left(\frac{1}{a} \cdot F(ax + b) \right)' = \frac{1}{a} \cdot F'(ax + b) \cdot a = F'(ax + b) = f(ax + b)$

5. $(-\cos x + C)' = -(-\sin x) + 0 = \sin x, \ (\sin x + C)' = \cos x + 0 = \cos x$

> **Beispiel: Unbestimmte Integrale**
> Berechnen Sie die folgenden unbestimmten Integrale.
>
> a) $\int\left(4x + \frac{1}{x^2}\right)dx$ b) $\int(\sqrt{x} + \sin x)\,dx$ c) $\int(5x + 1)^2\,dx$

Lösung:

a) $\int\left(4x + \frac{1}{x^2}\right)dx \underset{\text{Summenregel}}{=} \int(4x)\,dx + \int\frac{1}{x^2}\,dx \underset{\text{Faktorregel}}{=} 4\cdot\int x\,dx + \int x^{-2}\,dx$

$\underset{\text{Potenzregel}}{=} 4\cdot\frac{x^2}{2} + \frac{x^{-1}}{-1} + C = 2x^2 - \frac{1}{x} + C$

b) $\int(\sqrt{x} + \sin x)\,dx = \int x^{\frac{1}{2}}\,dx + \int \sin x\,dx = \frac{x^{\frac{3}{2}}}{\frac{3}{2}} - \cos x + C = \frac{2}{3}\sqrt{x^3} - \cos x + C$

$\underset{\text{Summenregel}}{} \qquad \underset{\substack{\text{Potenzregel}\\\text{Sinusregel}}}{}$

> c) $\int(5x + 1)^2\,dx \underset{\text{Substitutionsregel}}{=} \frac{1}{5}\cdot\frac{(5x+1)^3}{3} + C = \frac{1}{15}\cdot(5x+1)^3 + C$

C. Das Anfangswertproblem

Oft sucht man nicht alle Stammfunktionen F einer Funktion f, sondern nur eine ganz bestimmte, welche durch einen fest vorgegebenen Punkt $P(x_0|f(x_0))$ geht. Man spricht dann von einem *Anfangswertproblem*. Durch geeignete Wahl der Integrationskonstanten C kann es gelöst werden.

> **Beispiel: Anfangswertproblem**
> Gegeben ist $f(x) = x$. Gesucht ist diejenige Stammfunktion F von f, welche durch den Punkt
> $\left(1\left|\frac{3}{2}\right.\right)$ geht.

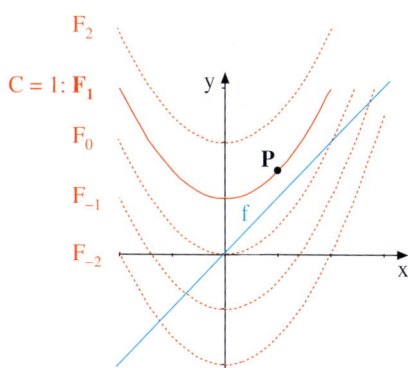

Lösung:
Wir bestimmen zunächst das unbestimmte Integral von f, also die Funktionenschar

$F_c(x) = \int x\,dx = \frac{1}{2}x^2 + C.$

$F_c(x)$ soll durch $P\left(1\left|\frac{3}{2}\right.\right)$ gehen, d.h.

$F_c(1) = \frac{3}{2}$

$\frac{1}{2} + C = \frac{3}{2}$

$\qquad C = 1.$

Damit ist $F_1(x) = \frac{1}{2}x^2 + 1$ die Stammfunk-
> tion, die das Anfangswertproblem löst.

Übung 2 Anfangswertproblem

a) Welche Stammfunktion von $f(x) = x^2$ geht durch den Punkt $P(1|1)$?
b) Welche Stammfunktion von $f(x) = 1 - x^2$ schneidet die y-Achse bei $y = 4$?
c) Welche Stammfunktion von $f(x) = 2 + x$ hat eine Nullstelle bei $x = 1$?

Übungen

3. Stammfunktionsnachweis
Weisen Sie durch Differenzieren nach, dass F eine Stammfunktion von f ist.

a) $f(x) = 2x^3$ b) $f(x) = 4 \cdot \sqrt{x}$ c) $f(x) = 2x - \frac{6}{x^2}$ d) $f(x) = 8x + 4$

    $F(x) = \frac{1}{2}x^4 + 2$ $F(x) = \frac{8}{3}x^{\frac{3}{2}} + C$ $F(x) = x^2 + \frac{6}{x} + 1$ $F(x) = (2x + 1)^2$

4. Berechnung unbestimmter Integrale

a) $\int x^6 \, dx$ b) $\int 6x^2 \, dx$ c) $\int n \cdot x^{2n-1} \, dx$ d) $\int (4x^2 + 2x) \, dx$

e) $\int (2x^3 - 4x + 1) \, dx$ f) $\int (ax^2 + 6x) \, dx$ g) $\int 3x^{-2} \, dx$ h) $\int \left(2x + \frac{1}{x}\right) \cdot x \, dx$

i) $\int \left(x + \frac{3}{x^2}\right) dx$ j) $\int 6 \cdot \sqrt{x} \, dx$ k) $\int \sqrt[3]{x} \, dx$ l) $\int 3ax^2 \, dx$

5. Berechnung unbestimmter Integrale
Verwenden Sie die lineare Substitutionsregel zur Berechnung der Integrale.

a) $\int (2x + 1)^2 \, dx$ b) $\int \left(\frac{1}{2}x + 1\right)^2 dx$ c) $\int \frac{1}{(3x + 2)^2} \, dx$ d) $\int 2\sqrt{2x + 1} \, dx$

6. Funktion und Stammfunktion
Ordnen Sie jeder Funktion f eine passende Stammfunktion F zu.

f   F

II $2x - 4$ C $2x^4 - 3x + 2$

I $8x^3 - 3$ A $x^3 - \frac{3}{2}x^4 - 2$

III $(x + 2)^2$ IV $3(x^2 - 2x^3)$ D $(x - 2)^2$ F $x^2 + \frac{1}{x} + C$

VI $\frac{x^2 - 9}{x - 3}$ V $2x - \frac{1}{x^2}$ E $2x^2 + 4x + \frac{1}{3}x^3 + C$ B $\frac{1}{2}x^2 + 3x$

7. Wo steckt der Fehler?
In den folgenden Rechnungen ist jeweils ein Fehler.

a) $\int \frac{6}{x^2} \, dx = \int 6 \cdot x^{-2} \, dx = 6 \cdot \int x^{-2} \, dx = 6 \cdot \frac{x^{-3}}{-3} + C = \frac{-2}{x^3} + C$

b) $\int (2x + 1)^2 \, dx = \frac{(2x + 1)^3}{3} + C$

c) $\int 4x^{\frac{3}{2}} \, dx = 4 \cdot x^{\frac{5}{2}} \cdot \frac{5}{2} + C = 10 \cdot x^{\frac{5}{2}} + C$

d) $\int (3x^2 + 2a) \, dx = x^3 + 2a + C$

3. Das bestimmte Integral

A. Der Begriff des bestimmten Integrals

Den Inhalt A des Flächenstücks zwischen dem Graphen einer stetigen Funktion f und der x-Achse über einem Intervall [a; b] kann man folgendermaßen ermitteln:

Schritt 1: Streifensumme

Man zerlegt das Intervall [a; b] in n Streifen gleicher Breite $\Delta x = \frac{b-a}{n}$.

x_i sei die Streifenmitte des i-ten Streifens. Man bildet die Streifensumme
$f(x_1) \cdot \Delta x + f(x_2) \cdot \Delta x + \dots + f(x_n) \cdot \Delta x$.

Für eine nichtnegative Funktion f kann man diese Streifensumme als Summe von Rechtecksinhalten ansehen, deren Wert den Inhalt A unter f approximiert.

Schritt 2: Grenzwert

Man bildet den Grenzwert der Streifensumme für $n \rightarrow \infty$.

Dabei wächst die Streifenzahl n über alle Grenzen und die Streifendicke Δx strebt gegen 0.

Die Streifensumme strebt gegen eine feste Zahl, welche für eine nichtnegative Funktion f mit dem Inhalt A unter f exakt übereinstimmt.

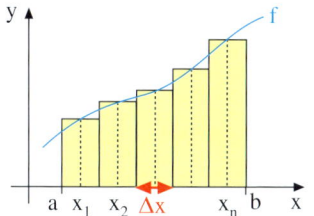

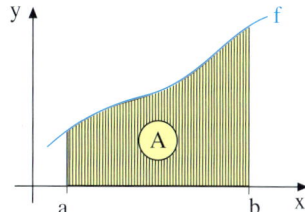

Es erweist sich als günstig, Streifensummen dieser Art nicht nur für positive, sondern auch für negative Funktionen und für solche mit wechselndem Vorzeichen zu bilden. Der Grenzwert einer solchen Streifensumme ist bei einer stetigen Funktion stets eine ganz bestimmte, feste Zahl und wird als *bestimmtes Integral* bezeichnet.

Definition III.3: Bestimmtes Integral

Ist die Funktion f auf dem Intervall [a; b] definiert, so bezeichnet man den Grenzwert einer Streifensumme über [a; b], d.h. den Ausdruck

$$\lim_{n \rightarrow \infty} (f(x_1) \cdot \Delta x + f(x_2) \cdot \Delta x + \dots + f(x_n) \cdot \Delta x)$$

als bestimmtes Integral von f in den Grenzen von a bis b.
Man verwendet hierfür die rechts dargestellte symbolische Schreibweise.

$$\int_a^b f(x)\,dx$$

Integrationsgrenzen   Integrand   Differential

Das Integral ist eine abgekürzte Schreibweise für eine Streifensumme. Das Zeichen $\int$ steht für das S von Summe, dx für die Streifenbreite Δx.

B. Bestimmung von Streifensummen mit dem GTR

Bei der praktischen Berechnung von Streifensummen bieten sich GTR (und CAS) geradezu an.

> **Beispiel: Berechnung einer Streifensumme mit dem GTR**
> Berechnen Sie die Streifensumme zu $f(x) = x^2$ über dem Intervall [a; b] mit n = 1 000 gleich-
> breiten Streifen. Wählen Sie speziell a = 0 und b = 1.

Lösung: Das Intervall [a;b] soll in n = 1 000 gleich breite Streifen aufgeteilt werden. Ein Streifen
hat also die Breite $\Delta x = d = \frac{b-a}{n}$. Die Funktionswerte $f(x_k)$ sollen jeweils die rechten Ränder der
Streifen bilden. Damit ist $x_1 = a + 1 \cdot d$, $x_2 = a + 2 \cdot d$, ..., $x_k = a + k \cdot d$, ..., $x_n = a + n \cdot d = b$ und
$s = f(a + 1 \cdot d) \cdot d + f(a + 2 \cdot d) \cdot d + ... + f(a + k \cdot d) \cdot d + ... f(a + n \cdot d) \cdot d$.

GTR verwenden für solche Summen die
Kurzform $s = \sum\limits_{k=1}^{n} f(a + k \cdot d) \cdot d$.

[TI] : Auf einer Notes-Seite können die einzelnen Elemente in Math-Boxen eingegeben und später auch geändert werden.
Man wählt für die Math-Box der Streifensumme s: Menu > Berechnungen > Analysis > Summe.

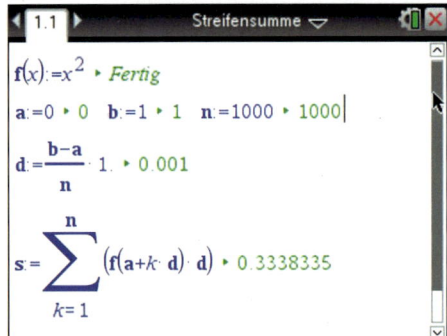

[CASIO] : Im Hauptmenü wählt man Run-
Matrix, dann mit F4: MATH und mit F6: ▷,
schließlich erhält man mit F2: Σ(die Eingabemaske für die Summe.

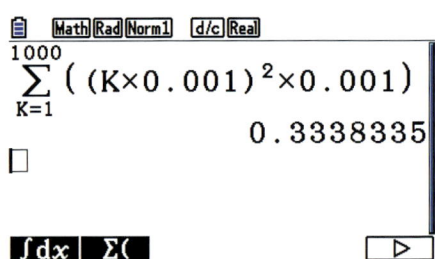

[Tabellenkalkulation] : Man erstellt eine Tabelle für die x-Werte und ihre Quadrate für die
Streifenbreite 0,001.

Mithilfe der Summenfunktion berechnet
man die Streifensumme.

[Dynamische Geometriesoftware] : Man zeichnet
den Graphen von f und nutzt den Befehl für
die Obersumme.

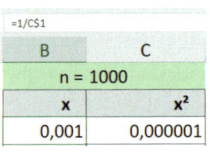

Man erhält bei allen drei digitalen Mathe-
matikwerkzeugen dasselbe Ergebnis:
> s = 0,3338335.

C. Das bestimmte Integral als Flächenbilanz

Ist f eine nichtnegative Funktion, so kann man sich das bestimmte Integral von f über [a, b] anschaulich als Summe der Flächeninhalte $f(x_i) \cdot \Delta x$ extrem schmaler Rechtecksstreifen vorstellen.
Es stellt also den Inhalt A der Fläche zwischen dem Graphen von f und der x-Achse über dem Intervall [a; b] dar.

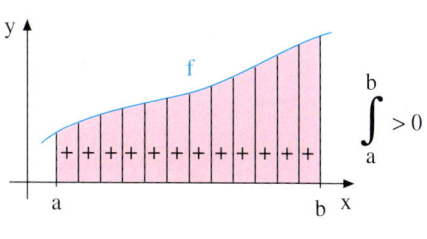

Ist f eine negative Funktion, so haben die Terme $f(x_i) \cdot \Delta x$ negative Werte. Es sind die negativen Gegenwerte der Streifeninhalte. Summiert man sie für alle Streifen, so erhält man den mit einem negativen Vorzeichen versehenen Flächeninhalt A der Fläche zwischen Graph und x-Achse.

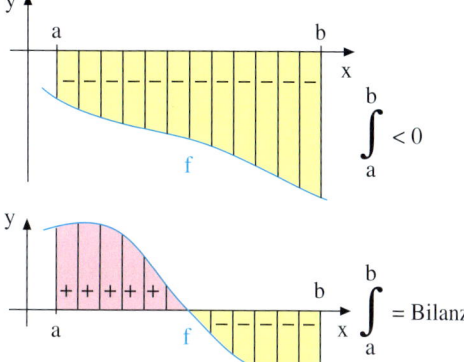

Besitzt f wechselnde Vorzeichen, so besitzen die Streifenterme $f(x_i) \cdot \Delta x$ sowohl negative als auch positive Werte. Summiert man sie, so erhält man eine Flächenbilanz. Unterhalb der x-Achse liegenden Flächenteile gehen negativ ein, die oberhalb der x-Achse liegenden werden positiv gezählt.

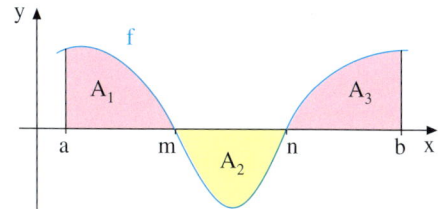

Satz III.1: Das **bestimmte Integral** einer Funktion f über dem Intervall [a, b] hat anschaulich die Bedeutung einer **Flächeninhaltsbilanz**. Die oberhalb der x-Achse liegenden Flächenstücke gehen positiv ein, die unterhalb der x-Achse liegenden Stücke gehen negativ ein.

In der Abbildung rechts ist eine Funktion f mit wechselndem Vorzeichen zu sehen.

Das bestimmte Integral von f von a bis b kann durch die abgebildeten Flächen A_1, A_2 und A_3 wie folgt dargestellt werden:

$$\int_a^b f(x)\,dx = A_1 - A_2 + A_3$$

Umgekehrt können die Flächen durch bestimmte Integrale erfasst werden:

$$A_1 = \int_a^m f(x)\,dx, \quad A_2 = -\int_m^n f(x)\,dx, \quad A_3 = \int_n^b f(x)\,dx$$

D. Der Hauptsatz der Differential- und Integralrechnung

Zwischen der Stammfunktion F einer Funktion f und dem bestimmten Integral besteht ein Zusammenhang: Interpretiert man das bestimmte Integral als Inhalt A der Fläche unter dem Graphen einer positiven Funktion f über dem Intervall [a; b], so kann dieser Flächeninhalt als Differenz **F(b) – F(a)** berechnet werden, wobei F eine beliebige Stammfunktion von f ist.

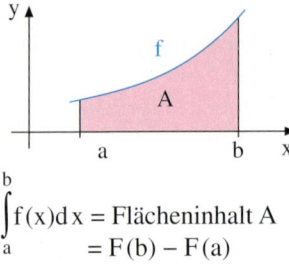

$$\int_a^b f(x)\,dx = \text{Flächeninhalt A}$$
$$= F(b) - F(a)$$

Dieser Zusammenhang gilt auch für negative Funktionen und solche mit wechselndem Vorzeichen. Er ist so bedeutsam, dass man ihn als **Hauptsatz der Differential- und Integralrechnung** bezeichnet. Er verbindet das bestimmte Integral (Streifensumme, Fläche) mit dem unbestimmten Integral (Stammfunktion) und zeigt, dass das Integrieren die Umkehrung des Differenzierens ist. Außerdem vereinfacht er die Berechnung bestimmter Integrale enorm.

Satz III.2: Der Hauptsatz der Differential- und Integralrechnung
Die Funktion f sei auf dem Intervall [a; b] definiert und F sei eine Stammfunktion von f. Dann lässt sich das bestimmte Integral von f in den Grenzen von a bis b als Differenz F(b) – F(a) berechnen.
$$\int_a^b f(x)\,dx = F(b) - F(a)$$

Wir zeigen nun an drei Beispielen, wie einfach bestimmte Integrale mit dem Hauptsatz berechnet werden können und wie das Ergebnis als Flächenbilanz interpretierbar ist.

▶ **Beispiel: Bestimmtes Integral einer positiven Funktion**
Berechnen Sie das bestimmte Integral und interpretieren Sie das Ergebnis.
$$\int_1^3 \frac{1}{4}x^2\,dx$$

Lösung:
Stammfunktion von f:

$F(x) = \frac{1}{12}x^3$

Bestimmtes Integral:

$$\int_1^3 \frac{1}{4}x^2\,dx = F(3) - F(1) = \frac{27}{12} - \frac{1}{12} = \frac{13}{6}$$

Interpretation:
Das bestimmte Integral zeigt in diesem Fall exakt den Inhalt der ganz oberhalb der
▶ x-Achse liegenden Fläche A an.

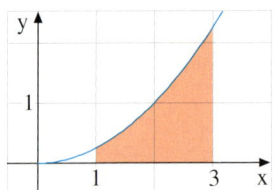

Das bestimmte Integral ist positiv, wenn die Funktion f oberhalb der x-Achse verläuft.
$$\int_a^b f(x)\,dx = A$$

▶ **Beispiel: Bestimmtes Integral einer negativen Funktion**
Berechnen und interpretieren Sie das bestimmte Integral. $\int\limits_{0}^{4}\left(\tfrac{1}{4}x^2 - 4\right)dx$

Lösung:
Stammfunktion von f:

$F(x) = \tfrac{1}{12}x^3 - 4x$

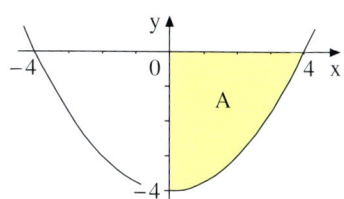

Bestimmtes Integral:

$\int\limits_{0}^{4}\left(\tfrac{1}{4}x^2 - 4\right)dx = F(4) - F(0) = -\tfrac{32}{3} - 0 = -\tfrac{32}{3}$

Interpretation:
Das bestimmte Integral zeigt in diesem Fall den „negativen" Inhalt der unterhalb der x-Achse liegenden Fläche A an.

Das bestimmte Integral ist negativ, wenn die Funktion f unterhalb der x-Achse verläuft. $\int\limits_{a}^{b} f(x)\,dx = -A$

▶
▶ **Beispiel: Bestimmtes Integral bei wechselndem Vorzeichen**
Berechnen und interpretieren Sie das bestimmte Integral. $\int\limits_{1}^{3}(x^2 - 2x)\,dx$

Lösung:
Stammfunktion von f:

$F(x) = \tfrac{1}{3}x^3 - 3x^2$

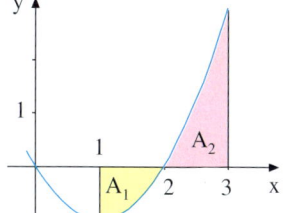

Bestimmtes Integral:
Wir berechnen analog zur Zeichnung drei bestimmte Integrale:

$\int\limits_{1}^{2}(x^2 - 2x)\,dx = \left(-\tfrac{4}{3}\right) - \left(-\tfrac{2}{3}\right) = -\tfrac{2}{3} \Rightarrow A_1 = \tfrac{2}{3}$

$\int\limits_{2}^{3}(x^2 - 2x)\,dx = (0) - \left(-\tfrac{4}{3}\right) = \tfrac{4}{3} \quad \Rightarrow A_2 = \tfrac{4}{3}$

$\int\limits_{1}^{3}(x^2 - 2x)\,dx = (0) - \left(-\tfrac{2}{3}\right) = \tfrac{2}{3}$

A_1 geht negativ ein
A_2 geht positiv ein

$\Rightarrow \int\limits_{1}^{3}(x^2 - 2x)\,dx = -A_1 + A_2$

Interpretation:
Die Funktion verläuft z.T. unterhalb und z.T. oberhalb der x-Achse. Die unterhalb der x-Achse liegende Teilfläche A_1 geht in das bestimmte Integral negativ ein, die oberhalb der x-Achse liegenden Teilfläche A_2 geht positiv ein. Das bestimmte Integral ist also
▶ die *Flächenbilanz*.

Das bestimmte Integral stellt eine Flächenbilanz dar, wenn die Funktion f teilweise unterhalb und teilweise oberhalb der x-Achse verläuft.

$\int\limits_{a}^{b} f(x)\,dx = -A_1 + A_2 = $ Flächenbilanz

Übung 1 Bestimmte Integrale/Interpretation

Berechnen Sie das bestimmte Integral und interpretieren Sie es. Zeichnen Sie dazu den Graphen des Integranden über dem Integrationsintervall.

a) $\displaystyle\int_{1}^{2}(x^2+1)\,dx$ b) $\displaystyle\int_{-1}^{2}(x-2)\,dx$ c) $\displaystyle\int_{0}^{3}\left(2-\tfrac{1}{2}x^2\right)dx$

Übung 2 Flächenberechnung

Berechnen Sie den Inhalt der rechts abgebildeten Fläche zwischen dem Graphen von $f(x) = -x^2 + 5x - 4$ und der x-Achse.

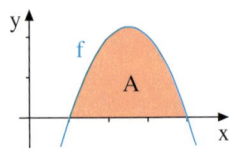

Die Klammerschreibweise $[F(x)]_a^b$

Die rechts aufgeführte Klammerschreibweise $[F(x)]_a^b$ für den Term $F(b) - F(a)$ bietet den Vorteil, dass man bei der Berechnung des bestimmten Integrals keine eigene Bezeichnung für die Stammfunktion mehr benötigt.

$$\int_a^b f(x)\,dx = F(b) - F(a)$$

$$\int_a^b f(x)\,dx = [F(x)]_a^b$$

▶ **Beispiel: Bestimmtes Integral und Klammerschreibweise**

Berechnen Sie das bestimmte Intergral.
Stellen Sie die Lösung in normaler Schreibweise und zum Vergleich in Klammerschreibweise dar.

$$\int_1^3 (4x^3 - 2x + 1)\,dx$$

Lösung:

Normale Schreibweise:

$f(x) = 4x^3 - 2x + 1$
$F(x) = x^4 - x^2 + x$

$$\int_1^3 (4x^3 - 2x + 1)\,dx = F(3) - F(1)$$
$$= 75 - 1 = 74$$

Klammerschreibweise:

$$\int_1^3 (4x^3 - 2x + 1)\,dx = [x^4 - x^2 + x]_1^3$$
$$= 75 - 1$$
$$= 74$$

Übung 3 Klammerschreibweise

Berechnen Sie das bestimmte Integral unter Verwendung der Klammerschreibweise und interpretieren Sie es. Zeichnen Sie dazu den Graphen des Integranden über dem Integrationsintervall.

a) $\displaystyle\int_{-1}^{4}(3x^2-4x+1)\,dx$ b) $\displaystyle\int_{2}^{5}\frac{1}{x^2}\,dx$ c) $\displaystyle\int_{0}^{1}(x+1)^2\,dx$

d) $\displaystyle\int_{a}^{2a}(2x+5)\,dx$ e) $\displaystyle\int_{0}^{\pi}\sin x\,dx$ f) $\displaystyle\int_{-1}^{1}(2a-ax)\,dx$

 GTR verfügen über Näherungsverfahren zur Berechnung bestimmter Integrale. Finden Sie heraus, wie mit Ihrem GTR die Berechnung erfolgen kann und überprüfen Sie Ihre Ergebnisse.

E. Rechenregeln für bestimmte Integrale

Mithilfe des Hauptsatzes lassen sich problemlos einige Regeln für das Rechnen mit bestimmten Integralen ableiten, deren Anwendung oft die Arbeit erleichtern kann. Wir zählen diese Regeln auf und beweisen eine Regel exemplarisch.

Satz III.3: Rechenregeln für bestimmte Integrale
f und g seien auf dem Intervall [a; b] stetige Funktionen. Dann gilt:

(1) $\displaystyle\int_a^a f(x)\,dx = 0$ — Stimmen obere und untere Grenze überein, so ist das Integral 0.

(2) $\displaystyle\int_a^b f(x)\,dx + \int_b^c f(x)\,dx = \int_a^c f(x)\,dx$ — Intervalladditivität

(3) $\displaystyle\int_b^a f(x)\,dx = -\int_a^b f(x)\,dx$ — Vertauschung der Grenzen ändert das Vorzeichen.

(4) $\displaystyle\int_a^b k\cdot f(x)\,dx = k\cdot\int_a^b f(x)\,dx$ — Faktorregel

(5) $\displaystyle\int_a^b (f(x)+g(x))\,dx = \int_a^b f(x)\,dx + \int_a^b g(x)\,dx$ — Summenregel

▶ **Beispiel: Beweis der Additivität**
Beweisen Sie Regel 2 (Intervalladditivität) mithilfe des Hauptsatzes.
Begründen Sie die Regel außerdem anhand einer Skizze mit Streifensummen.

Rechnerischer Nachweis:

$$\int_a^b f(x)\,dx + \int_b^c f(x)\,dx = [F(x)]_a^b + [F(x)]_b^c$$
$$= F(b) - F(a) + F(c) - F(b)$$
$$= F(c) - F(a) = \int_a^c f(x)\,dx$$

Anschauliche Begründung:

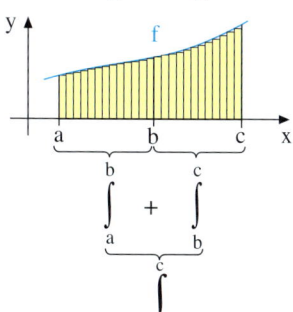

Übung 4
Beweisen Sie die Regel (1) und (3) mithilfe des Hauptsatzes.

Übung 5
Berechnen Sie möglichst einfach durch Anwendung der Rechenregeln.

a) $\displaystyle\int_{-2}^{3} (4x^2 - 3x + 5)\,dx + \int_{-2}^{3} (3x - 5)\,dx$

b) $\displaystyle\int_{-2}^{2} x^2\,dx + \int_{3}^{5} x^2\,dx + \int_{2}^{3} x^2\,dx$

Übungen

6. Bestimmtes Integral
Berechnen Sie das bestimmte Integral.

a) $\int\limits_{1}^{3}(x+1)\,dx$ b) $\int\limits_{-2}^{2}(4-x^2)\,dx$ c) $\int\limits_{-2}^{2}0{,}25\,x^3\,dx$ d) $\int\limits_{0}^{2}(x^2-2x+1)\,dx$

e) $\int\limits_{0}^{4}(4-x)\,dx$ f) $\int\limits_{1}^{3}(0{,}5x-1)^2\,dx$ g) $\int\limits_{0}^{2}(x-2)(x+2)\,dx$ h) $\int\limits_{0}^{2}(x-1)^3\,dx$

7. Anschauliche Bedeutung des bestimmten Integrals
Skizzieren Sie die Integranden aus Übung 1 (Seite 102) über dem Integrationsintervall.
Welche anschauliche Bedeutung hat das bestimmte Integral?

8. Bestimmtes Integral mit Parametern
Berechnen Sie das bestimmte Integral. a sei ein fester Parameter.

a) $\int\limits_{1}^{a}(2x+1)\,dx$ b) $\int\limits_{a}^{2a}(4-x^2)\,dx$ c) $\int\limits_{0}^{a^2}(3x^2-3)\,dx$ d) $\int\limits_{0}^{3a}(x^2-ax)\,dx$

9. Bestimmte Integrale nichtrationaler Funktionen
Berechnen Sie das bestimmte Integral. Verwenden Sie die (verallgemeinerte) Potenzregel der Integralrechnung sowie Sinusregel und Kosinusregel.

a) $\int\limits_{1}^{3}\dfrac{9}{x^2}\,dx$ b) $\int\limits_{4}^{9}2\sqrt{x}\,dx$ c) $\int\limits_{0}^{1}x^2\sqrt{x}\,dx$ d) $\int\limits_{0}^{\pi}2\sin x\,dx$

10. Anwendung der Rechenregeln für bestimmte Integrale
Vereinfachen Sie den Ausdruck mithilfe der Rechenregeln für bestimmte Integrale.

a) $\int\limits_{-2}^{4}-4x^3\,dx+3\cdot\int\limits_{-2}^{1}2x^3\,dx+4\cdot\int\limits_{1}^{4}x^3\,dx+2\int\limits_{1}^{-2}x^3\,dx$ b) $\int\limits_{2}^{3}6x^3\,dx+3\cdot\int\limits_{-2}^{2}(2x^3-1)\,dx-\int\limits_{2}^{3}3\,dx$

11. Bestimmte Integrale und Flächeninhalte
Berechnen Sie den Gesamtflächeninhalt des markierten Bereichs mittels bestimmter Integrale.

a)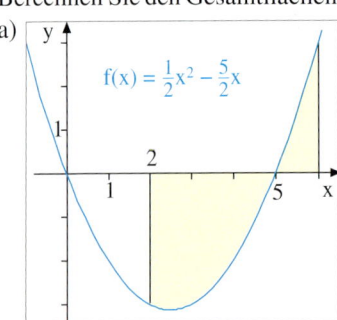

b)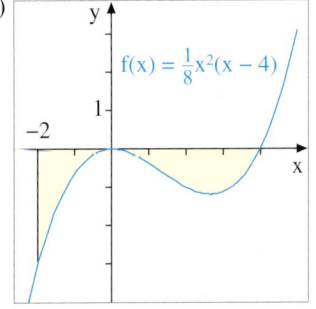

Überblick

Stammfunktion:	F heißt Stammfunktion von f, wenn $F'(x) = f(x)$ gilt.

Das unbestimmte Integral: $\int f(x)\,dx$; die Menge aller Stammfunktionen von f.

Ist F Stammfunktion von f, so gilt $\int f(x)\,dx = F(x) + C$.

Integrationsregeln:

allg. Potenzregel: $\int x^r dx = \frac{1}{r+1} \cdot x^{r+1} + C \quad (r \in \mathbb{R},\, r \neq -1)$

Summenregel: $\int (f(x) + g(x))\,dx = \int f(x)\,dx + \int g(x)\,dx$

Faktorregel: $\int a \cdot f(x)\,dx = a \cdot \int f(x)\,dx$

Lineare Substitutionsregel: $\int f(ax + b)\,dx = \frac{1}{a} \cdot F(ax + b) + C$

Integration von trigonometrischen Funktionen: $\int \sin x\,dx = -\cos x + C, \quad \int \cos x\,dx = \sin x + C$

Das bestimmte Integral: Das bestimmte Integral in den Grenzen von a bis b ist der Grenzwert $\lim\limits_{n \to \infty} (f(x_1) \cdot \Delta x + \dots + f(x_n) \cdot \Delta x)$ der Streifensumme. Anschaulich stellt es die Flächenbilanz über dem Intervall [a; b] dar.

$$\int_a^b f(x)\,dx$$

Hauptsatz der Differential- und Integralrechnung: F sei eine Stammfunktion von f. Dann gilt:

$$\int_a^b f(x)\,dx = F(b) - F(a)$$

Klammerschreibweise für Integrale:

$$\int_a^b f(x)\,dx = [F(x)]_a^b = F(b) - F(a)$$

Rechenregeln für bestimmte Integrale:

$$(1)\ \int_a^a f(x)\,dx = 0 \qquad (2)\ \int_a^b f(x)\,dx + \int_b^c f(x)\,dx = \int_a^c f(x)\,dx$$

$$(3)\ \int_b^a f(x)\,dx = -\int_a^b f(x)\,dx \qquad (4)\ \int_a^b k \cdot f(x)\,dx = k \cdot \int_a^b f(x)\,dx$$

$$(5)\ \int_a^b (f(x) + g(x))\,dx = \int_a^b f(x)\,dx + \int_a^b g(x)\,dx$$

Die Streifenmethode des Archimedes

Der bedeutendste Mathematiker der Antike war *Archimedes von Syrakus*, der 287 v. Chr. bis 212 v. Chr. lebte. Ihm gelang die exakte Bestimmung des Flächeninhalts eines Parabelsegments. Damit war er seiner Zeit um 2000 Jahre voraus, denn erst um 1630 wurden seine Theorien durch Cavalieri sowie später durch Newton und Leibniz fortgesetzt (um 1670) und weiterentwickelt, sodass Differential- und **Integralrechnung** entstanden, mathematische Grundpfeiler der modernen Naturwissenschaften.

Das Flächenberechnungsverfahren des Archimedes ist auch heute noch von zentraler Bedeutung für das Verständnis der Integralrechnung. Daher versuchen wir nun, die Grundidee des Archimedes nachzuvollziehen, die **Streifenmethode**.

Archimedes – Sohn des Astronomen Pheidias – lebte in Syrakus. Er bestimmte den Kreisumfang und die Kreiszahl Pi, berechnete Volumen und Oberfläche der Kugel, baute Brennspiegel, Wurfmaschinen und die archimedische Schraube und entdeckte die Gesetze des Hebels, des Schwerpunktes, des Auftriebes und der geneigten Ebene.

Im Zweiten Punischen Krieg wurde er von römischen Legionären getötet, die Syrakus eroberten. Seine letzten Worte sollen gelautet haben: „Noli turbare circulos meos!" (Störe meine Kreise nicht!)

Beispiel

Der Flächeninhalt A des abgebildeten Parabelsegments, welches zwischen dem Graphen der Funktion $f(x) = x^2$ und der x-Achse über dem Intervall [0; 1] liegt, soll näherungsweise bestimmt werden.

Wir unterteilen die Fläche in eine Anzahl von vertikalen Streifen. Die Fläche eines jeden solchen Streifens lässt sich durch zwei Rechtecke einschachteln.

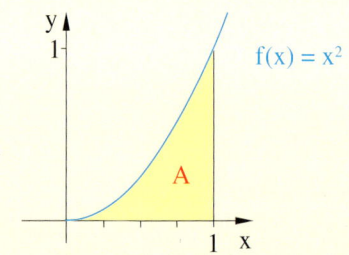

Einschachtelung durch Rechteckstreifen:

So ergibt sich z. B. bei einer Einteilung in 4 Streifen eine untere Abschätzung von A durch die Inhaltssumme der ganz unter der Kurve liegenden Rechtecke (*Untersumme* U_4) sowie eine obere Abschätzung durch die Summe der Inhalte der über die Kurve hinausragenden Rechtecke (*Obersumme* O_4).

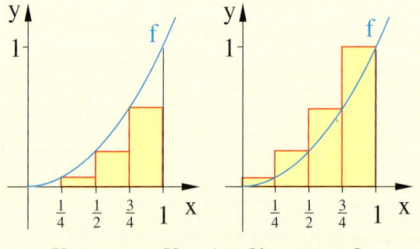

Untersumme $U_4 \leq A \leq$ Obersumme O_4

Alle Rechteckstreifen besitzen die Breite $\frac{1}{4}$, während ihre Höhen Funktionswerte der Funktion $f(x) = x^2$ an den Stellen $0, \frac{1}{4}, \frac{2}{4}, \frac{3}{4}, 1$ sind, also $0^2, \left(\frac{1}{4}\right)^2, \left(\frac{2}{4}\right)^2, \left(\frac{3}{4}\right)^2$ und 1^2.

Damit kann man U_4 und O_4 wie rechts dargestellt berechnen und erhält eine Einschachtelung des gesuchten Flächeninhalts A, die leider noch nicht sehr genau ist.

Um eine größere Genauigkeit zu erzielen, kann man die Anzahl der Streifen erhöhen. Geht man z. B. auf 8 Streifen, so erhält man die nebenstehende Figur (Untersumme U_8 kräftig gelb, Obersumme O_8 schwach gelb).

Die Berechnung der Rechtecksummen ergibt für den Flächeninhalt A die Abschätzung $0{,}27 \leq A \leq 0{,}40$, die schon genauer ist.

Weitere Rechnungen mit noch kleineren Streifenbreiten führen auf die nebenstehende Tabelle, aus der auch ersichtlich ist, dass die Differenz aus Obersumme und Untersumme mit zunehmender Streifenzahl kleiner wird, sodass der gesuchte Inhalt A immer genauer approximiert wird. Bei 256 Streifen erhält man $A \approx 0{,}33$ auf 2 Nachkommastellen genau. Allerdings ist der Rechenaufwand dann schon extrem hoch, sodass ein Computer eingesetzt werden muss.

Bei weiterer Verfeinerung durch noch kleinere Streifenbreiten nähern sich sowohl die Untersumme als auch die Obersumme immer mehr einem gemeinsamen Grenzwert an, nämlich der Zahl $A = \frac{1}{3}$.

$$U_4 = \frac{1}{4} \cdot \left[0^2 + \left(\tfrac{1}{4}\right)^2 + \left(\tfrac{2}{4}\right)^2 + \left(\tfrac{3}{4}\right)^2 \right] = \frac{14}{64}$$

$$O_4 = \frac{1}{4} \cdot \left[\left(\tfrac{1}{4}\right)^2 + \left(\tfrac{2}{4}\right)^2 + \left(\tfrac{3}{4}\right)^2 + 1^2 \right] = \frac{30}{64}$$

$$\frac{14}{64} \leq A \leq \frac{30}{64}$$

$$0{,}21 \leq A \leq 0{,}47$$

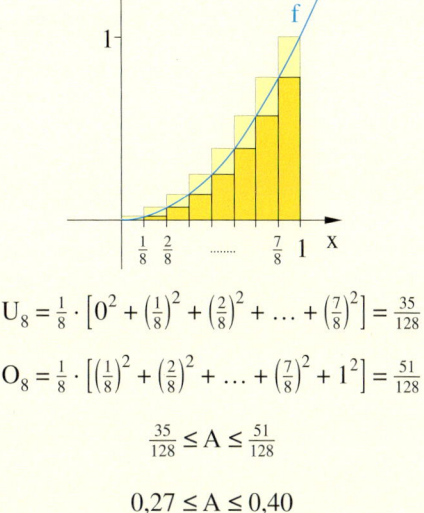

$$U_8 = \frac{1}{8} \cdot \left[0^2 + \left(\tfrac{1}{8}\right)^2 + \left(\tfrac{2}{8}\right)^2 + \ldots + \left(\tfrac{7}{8}\right)^2 \right] = \frac{35}{128}$$

$$O_8 = \frac{1}{8} \cdot \left[\left(\tfrac{1}{8}\right)^2 + \left(\tfrac{2}{8}\right)^2 + \ldots + \left(\tfrac{7}{8}\right)^2 + 1^2 \right] = \frac{51}{128}$$

$$\frac{35}{128} \leq A \leq \frac{51}{128}$$

$$0{,}27 \leq A \leq 0{,}40$$

n	U_n	O_n	$O_n - U_n$
4	0,21	0,47	0,25
8	0,27	0,40	0,13
16	0,30	0,37	0,07
32	0,32	0,35	0,03
64	0,325	0,341	0,016
128	0,329	0,337	0,008
256	0,331	0,335	0,004

$$A \approx 0{,}33$$

Durch diese grundlegende Idee der schrittweisen Annäherung durch immer feinere Unterteilungen konnte erstmals in der Geschichte der Flächeninhalt einer krummlinig*) begrenzten Fläche exakt berechnet werden. Dies gelang dem griechischen Mathematiker Archimedes im 3. Jahrhundert vor Christus. Er war damit seiner Zeit weit voraus.

---

*) abgesehen von kreisförmig begrenzten Flächen

Test

Grundlagen der Integralrechnung

1. Bestimmen Sie eine Stammfunktion von f.

a) $f(x) = x^4$ 　　　　　　b) $f(x) = \dfrac{3}{x^2}$ 　　　　　　c) $f(x) = 2x^3 - x + 3$

d) $f(x) = 8ax^3$ 　　　　　e) $f(x) = n^2 x^{n-1}, n \in \mathbb{N}^*$ 　　f) $f(x) = \sin x - \cos x$

2. Weisen Sie nach, dass $F(x)$ eine Stammfunktion von $f(x)$ ist.

a) $f(x) = 2(1{,}5x^2 + 2x - 1) + 3$ 　　b) $f(x) = (3x + 1)^2$ 　　　　c) $f(x) = 2\sin x$
　　$F(x) = x^3 + 2x^2 + x$ 　　　　　　　$F(x) = 3x^3 + 3x^2 + x + 1$ 　　　$F(x) = -2\cos x + 3$

d) $f(x) = (8 + 2a)x^3 + 4bx$ 　　　e) $f(x) = -2x^{-2}$ 　　　　　　　f) $f(x) = \dfrac{1}{\sqrt{2x}}$

　　$F(x) = 2x^4 + 2bx^2 + 0{,}5ax^4$ 　　　$F(x) = \dfrac{2}{x} + 1$ 　　　　　　$F(x) = \sqrt{2x}$

3. Bestimmen Sie diejenige Stammfunktion von $f(x) = 3x^2 - 2x$, deren Graph durch den Punkt $P(2|-1)$ verläuft. (Hinweis: Integrationskonstante C passend wählen.)

4. Errechnen Sie das unbestimmte bzw. das bestimmte Integral.

a) $\displaystyle\int (3 - x^2)\,dx$ 　　b) $\displaystyle\int_{2}^{4} (2x - x^2)\,dx$ 　　c) $\displaystyle\int_{1}^{2} (3x + 6x^3)\,dx$ 　　d) $\displaystyle\int_{0}^{a} (6ax^2 - a^2x)\,dx$

5. Berechnen Sie den Inhalt der abgebildeten Fläche A.

a)

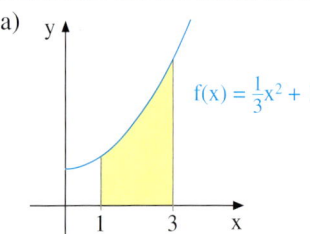

$f(x) = \dfrac{1}{3}x^2 + 1$

b)

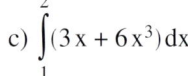

$f(x) = x^2 - 6x + 8$

6. Die Parabel $f(x) = ax^2 + bx + c$ begrenzt den abgebildeten Brückenbogen nach unten.
　a) Bestimmen Sie die Koeffizienten a, b und c.
　b) Welche Querschnittfläche hat die Durchfahrt unter der Brücke?

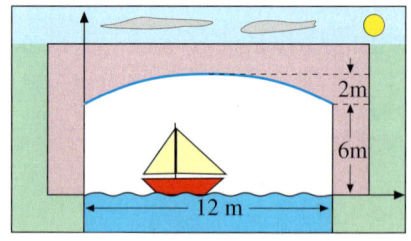

Lösungen: S. 482

IV. Anwendungen der Integralrechnung

1. Bestimmte Integrale und Flächeninhalte

A. Grundlagen

Im vorigen Abschnitt stellten wir fest, dass zwischen bestimmten Integralen und Flächeninhalten ein enger Zusammenhang besteht, nämlich folgender:

Bestimmtes Integral einer positiven Funktion
Für eine differenzierbare Funktion $f(x) \geq 0$ stellt das bestimmte Integral den Inhalt der Fläche zwischen dem Graphen von f und der x-Achse über dem Integrationsintervall [a; b] dar.

▶ **Beispiel:** Bestimmtes Integral von
$f(x) = 2x^3$ von 0 bis 1.
$$\int_0^1 2x^3\,dx = \left[\tfrac{1}{2}x^4\right]_0^1 = \left(\tfrac{1}{2}\right) - (0) = \tfrac{1}{2}$$
▶ $f(x) \geq 0$: **Integral = Flächeninhalt**

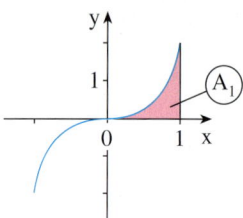

Bestimmtes Integral einer negativen Funktion
Für eine differenzierbare Funktion $f(x) \leq 0$ stellt das bestimmte Integral den mit einem negativen Vorzeichen versehenen Inhalt der Fläche zwischen dem Graphen von f und der x- Achse über dem Integrationsintervall [a; b] dar.

▶ **Beispiel:** Bestimmtes Integral von
$f(x) = 2x^3$ von -1 bis 0.
$$\int_{-1}^0 2x^3\,dx = \left[\tfrac{1}{2}x^4\right]_{-1}^0 = (0) - \left(\tfrac{1}{2}\right) = -\tfrac{1}{2}$$
▶ $f(x) \leq 0$: **Integral = −Flächeninhalt**

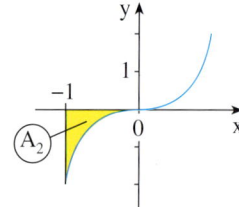

Bestimmtes Integral einer Funktion mit wechselndem Vorzeichen
Für eine differenzierbare Funktion $f(x)$ mit wechselndem Vorzeichen stellt das bestimmte Integral die Flächenbilanz über dem Integrationsintervall [a; b] dar.
Über der x-Achse liegende Flächenteile gehen positiv ein, unter der x-Achse liegende Flächenteile gehen negativ ein.

▶ **Beispiel:** Bestimmtes Integral von
$f(x) = 2x^3$ von -1 bis 1.
$$\int_{-1}^1 2x^3\,dx = \left[\tfrac{1}{2}x^4\right]_{-1}^1 = \left(\tfrac{1}{2}\right) - \left(\tfrac{1}{2}\right) = 0$$
▶ **Integral = Flächenbilanz**

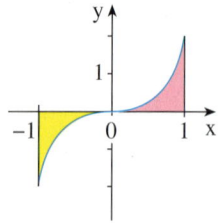

B. Flächenberechnung durch Intervallaufteilung

Im Folgenden werden wir häufig auf das Problem stoßen, den Inhalt A eines Flächenstückes zwischen dem Graphen einer Funktion und der x-Achse berechnen zu müssen, welches teilweise über und teilweise unter der x-Achse liegt.

Hierzu verwendet man bestimmte Integrale, muss aber Bilanzierungen, d. h. Aufhebungen vermeiden. Wir zeigen das richtige und das falsche Vorgehen an einem Beispiel.

▶ **Beispiel: Gesamtfläche**
In der Abbildung ist der Graph der Funktion $f(x) = 2 - \frac{1}{2}x^2$ dargestellt.
Er schließt über dem Intervall [0; 3] mit der x-Achse die markierte Fläche ein. Welchen Inhalt A besitzt sie?

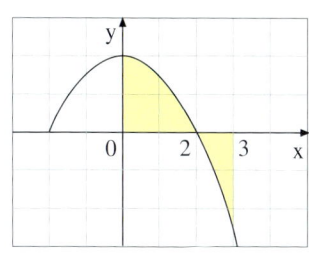

Richtige Lösung:
Wir verwenden zur Berechnung bestimmte Integrale, sichern aber durch geeignete Aufteilung des Intervalls [0; 3], dass es nicht zu Bilanzierungen kommt.
Im Intervall [0; 2] gilt $f(x) \geq 0$. Das bestimmte Integral ist positiv. Der Flächeninhalt A_1 ist gleich dem bestimmten Integral. Teilergebnis: $A_1 = \frac{8}{3}$

Berechnung der Teilfläche A_1:
$$\int_0^2 \left(2 - \frac{1}{2}x^2\right)dx = \left[2x - \frac{1}{6}x^3\right]_0^2$$
$$= \left(\frac{8}{3}\right) - (0) = \frac{8}{3} \Rightarrow A_1 = \frac{8}{3}$$

Im Intervall [2; 3] gilt $f(x) \leq 0$. Das bestimmte Integral ist negativ. Der Flächeninhalt A_2 ist gleich dem Betrag des bestimmten Integrals. Teilergebnis: $A_2 = \frac{7}{6}$

Berechnung der Teilfläche A_2:
$$\int_2^3 \left(2 - \frac{1}{2}x^2\right)dx = \left[2x - \frac{1}{6}x^3\right]_2^3$$
$$= \left(\frac{3}{2}\right) - \left(\frac{8}{3}\right) = -\frac{7}{6} \Rightarrow A_2 = \frac{7}{6}$$

Den Gesamtinhalt erhalten wir durch Addition: $A = A_1 + A_2 = \frac{23}{6} \approx 3{,}83$

Gesamtinhalt:
$A = A_1 + A_2 = \frac{8}{3} + \frac{7}{6} = \frac{23}{6} \approx 3{,}83$

Falsche Lösung:
Wir versuchen, den gesuchten Flächeninhalt in einem Zug ohne Intervallaufteilung zu errechnen. Das „Resultat" $A = \frac{3}{2}$ erhalten wir so viel schneller, aber es ist falsch. Es stellt nur die bei dieser Aufgabe
▶ unbrauchbare Flächenbilanz dar.

Falsche Lösung:
$$\int_0^3 \left(2 - \frac{1}{2}x^2\right)dx = \left[2x - \frac{1}{6}x^3\right]_0^3 = \left(\frac{3}{2}\right) - (0) = \frac{3}{2}$$
$$\Rightarrow A = \frac{3}{2} = 1{,}5 \quad \text{falsch!}$$

Übung 1
Gesucht ist der Inhalt der Fläche, welche vom Graphen von f und der x-Achse über dem Intervall [0; 4] eingeschlossen wird.

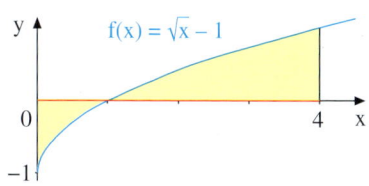

2. Flächen unter Funktionsgraphen

A. Elementare Aufgaben

Im Folgenden geht es um die Berechnung des Inhalts von Flächenstücken, die durch den Graphen einer Funktion begrenzt sind. Im letzten Abschnitt sahen wir, dass solche Flächeninhalte mithilfe bestimmter Integrale berechnet werden können. Bei Funktionen mit wechselndem Vorzeichen muss man zur Bestimmung des Inhalts der Fläche zwischen dem Graphen und der x-Achse das Intervall so aufteilen, dass in den Teilintervallen das Vorzeichen nicht wechselt.

> **Beispiel: Fläche im Positiven**
> Gegeben ist $f(x) = -x^2 + 4x - 3$.
> Gesucht ist der Inhalt A der Fläche zwischen dem Graphen von f und der x-Achse über dem Intervall [2; 3].
> Skizzieren Sie den Graphen von f zunächst für $0 \leq x \leq 4$.

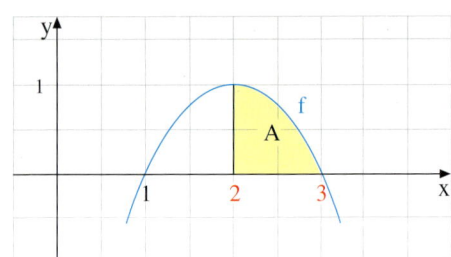

Lösung:
Die Skizze des Graphen von f zeigt, dass das Flächenstück A ganz oberhalb der x-Achse liegt. Also gibt das bestimmte Integral von f in den Grenzen von 2 bis 3 dessen Inhalt an.

▶ Resultat: $A = \frac{2}{3}$

$$\int_2^3 (-x^2 + 4x - 3)\, dx$$
$$= \left[-\frac{1}{3}x^3 + 2x^2 - 3x \right]_2^3 = 0 - \left(-\frac{2}{3} \right) = \frac{2}{3}$$
$$\Rightarrow A = \frac{2}{3}$$

> **Beispiel: Fläche im Negativen**
> Gesucht ist der Inhalt A der Fläche zwischen dem Graphen der Funktion $f(x) = x^3 - 1$ und den beiden Koordinatenachsen, die im 4. Quadranten liegt.
> Fertigen Sie zunächst eine Skizze an.

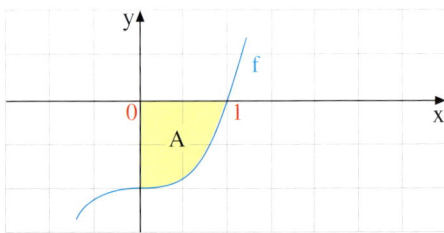

Lösung:
Die Funktion besitzt eine Nullstelle bei $x = 1$ und einen Schnittpunkt mit der y-Achse bei $y = -1$. Hierdurch wird die markierte Fläche begrenzt. Sie liegt ganz unterhalb der x-Achse. Das bestimmte Integral von 0 bis 1 gibt daher den Flächeninhalt an, nur mit negativem Vorzeichen versehen.

▶ Resultat: $A = \frac{3}{4}$

$$\int_0^1 (x^3 - 1)\, dx$$
$$= \left[\frac{1}{4}x^4 - x \right]_0^1 = \left(-\frac{3}{4} \right) - 0 = -\frac{3}{4}$$
$$\Rightarrow A = \frac{3}{4}$$

Wir kommen nun zu Flächen, die teilweise oberhalb und teilweise unterhalb der x-Achse liegen. In diesen Fällen muss man beim Integrieren die im Flächenbereich liegenden Nullstellen als Unterteilungsstellen verwenden, ansonsten würde man nur Flächenbilanzen erhalten.

▶ **Beispiel: Wechselndes Vorzeichen**
Gegeben ist $f(x) = \frac{1}{2}x^2 - \frac{5}{2}x + 2$. Gesucht ist der Gesamtinhalt der Fläche zwischen dem Graphen von f und der x-Achse über dem Intervall [0; 3].

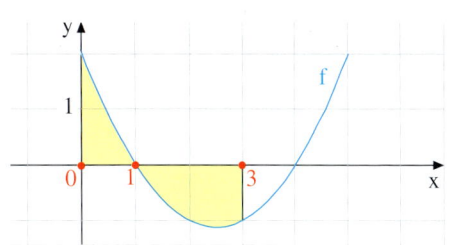

Lösung:
Wir errechnen zunächst die Nullstellen der Funktion, die bei x = 1 und x = 4 liegen, und skizzieren den Graphen.
Wir erkennen, dass die Fläche über [0; 3] aus zwei Teilstücken A_1 über [0; 1] und A_2 über [1; 3] besteht.

Die zugehörigen bestimmten Integrale haben die Werte $\frac{11}{12}$ (oberhalb der x-Achse) und $-\frac{5}{3}$ (unterhalb der x-Achse).

Der Gesamtinhalt von A ist somit gleich der Summe der Beträge dieser Werte:
$A = \frac{31}{12} \approx 2,58$.

Man darf nicht von 0 bis 3 „durchintegrieren", da man dann nur die Flächenbilanz $\frac{11}{12} - \frac{5}{3} = -\frac{3}{4}$ erhalten würde.

▶

1. Nullstellen

$\frac{1}{2}x^2 - \frac{5}{2}x + 2 = 0$

$x^2 - 5x + 4 = 0$

$x = 2,5 \pm \sqrt{2,25} \quad \Rightarrow \quad x = 1, x = 4$

2. Bestimmte Integrale

$\int_0^1 f(x)\,dx = \left[\frac{1}{6}x^3 - \frac{5}{4}x^2 + 2x\right]_0^1 = \frac{11}{12}$

$\int_1^3 f(x)\,dx = \left[\frac{1}{6}x^3 - \frac{5}{4}x^2 + 2x\right]_1^3 = -\frac{5}{3}$

3. Flächeninhalt

$A = A_1 + A_2 = \frac{11}{12} + \frac{5}{3} = \frac{31}{12} \approx 2,58$

Übung 1
Gesucht sind die Inhalte der im Folgenden beschriebenen oder markierten Flächenstücke.

a) $f(x) = x^2 - x + 1$

Fläche über dem Intervall [0; 2]

b) $f(x) = \frac{1}{x^2}$

Fläche über dem Intervall [1; 3]

c) $f(x) = x^3 - x$

von Kurve und x-Achse im 4. Quadranten eingeschlossene Fläche

d) $f(x) = x^3 - x$

Fläche zwischen Kurve und x-Achse über dem Intervall [0; 2]

e)  quadratische Parabel

f)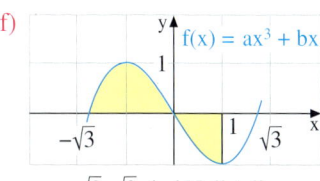

$f(x) = ax^3 + bx$

$-\sqrt{3}, \sqrt{3}$ sind Nullstellen

Die folgenden Beispiele betreffen Funktionen mit etwas komplizierteren Funktionstermen. Das Vorgehen bei Flächenbestimmungen ändert sich im Prinzip nicht, lediglich die nötige Bestimmung der Nullstellen der gegebenen Funktion ist aufwendiger.

▶ **Beispiel: Umschlossene Fläche**
Gegeben ist $f(x) = \frac{1}{4}x^3 + \frac{1}{2}x^2 - 2x$. Gesucht ist der Gesamtinhalt der Fläche, die vom Graphen von f und der x-Achse umschlossen wird.

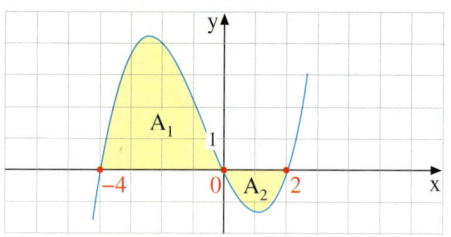

Lösung:
Wir bestimmen zunächst die Nullstellen von f durch Ausklammern von x und mithilfe der p-q-Formel. Diese liegen bei x = 0, x = 2 und x = −4.
Nun lässt sich der von unten links kommende und nach oben rechts gehende Graph von f gut skizzieren, evtl. benötigt man noch einige zusätzliche Funktionswerte.

Die Kurve und die x-Achse umschließen die gelb markierte Fläche. Sie besteht aus den Teilflächen A_1 und A_2. A_1 liegt oberhalb der x-Achse und ihr Inhalt lässt sich als bestimmtes Integral über [−4; 0] darstellen.
Ergebnis: $A_1 = \frac{32}{3}$.
Für A_2 liefert das zugehörige bestimmte Integral über [0; 2] den Inhalt $\frac{5}{3}$.

Insgesamt beträgt der Inhalt der gelben Flä-
▶ che dann ca. 12,33 FE.

1. Nullstellen
$$\frac{1}{4}x^3 + \frac{1}{2}x^2 - 2x = 0$$
$$x^3 + 2x^2 - 8x = 0$$
$$x(x^2 + 2x - 8) = 0$$
$$x = 0 \text{ oder } x^2 + 2x - 8 = 0$$
$$x = -1 \pm \sqrt{1 + 8}$$
$$x = 2, \ x = -4$$

2. Bestimmte Integrale
$$\int_{-4}^{0} f(x)\,dx = \left[\frac{1}{16}x^4 + \frac{1}{6}x^3 - x^2\right]_{-4}^{0} = \frac{32}{3}$$

$$\int_{0}^{2} f(x)\,dx = \left[\frac{1}{16}x^4 + \frac{1}{6}x^3 - x^2\right]_{0}^{2} = -\frac{5}{3}$$

3. Flächeninhalt
$$A = A_1 + A_2 = \frac{32}{3} + \frac{5}{3} = \frac{37}{3} = 12\frac{1}{3} \approx 12,33$$

Übung 2 Flächeninhalt
Gesucht ist der Gesamtinhalt der Fläche zwischen dem Graphen von f und der x-Achse über dem angegebenen Intervall I. Skizzieren sie zunächst den Graphen von f.

a) $f(x) = \frac{1}{6}x^3 - \frac{1}{2}x^2$ $I = [-1; 2]$

b) $f(x) = x^3 - 4x$ $I = [-3; 2]$

c) $f(x) = \frac{1}{4}(x + 3)(x - 1)(x - 2)$ $I = [-3; 2]$

d) $f(x) = \frac{2}{x^2}$ $I = [1; 3]$

Übung 3 Eingefärbte Fläche
Bestimmen Sie den Inhalt des abgebildeten eingefärbten Flächenstücks A.

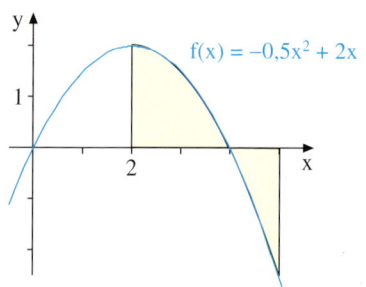

B. Exkurs: Flächenberechnungen bei nichtganzrationalen Funktionen

Im Folgenden sind Flächen zu bestimmen, die von nichtganzrationalen Funktionen berandet sind.

▶ **Beispiel: Sinusprofil**
Rollt man das abgebildete Blechteil zylindrisch auf, bis die roten Kanten zur Deckung kommen, so entsteht ein schräg angeschnittener Zylinder.
Wie viel Blech wird für das Gebilde benötigt (1 LE = 1 m)?

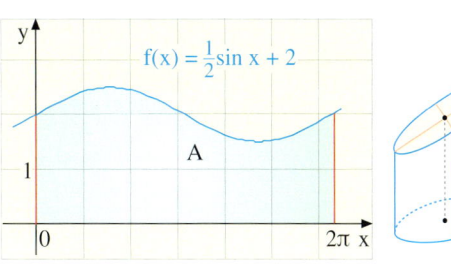

Lösung:
Zunächst bestimmen wir eine Stammfunktion von f. Wir erhalten $F(x) = -\frac{1}{2}\cos x + 2x$.

Nun berechnen wir das bestimmte Integral der Randkurve über dem Intervall $[0;\ 2\pi]$. Es hat den Wert $A = 4\pi \approx 12{,}57$. Benötigt
▶ werden also knapp 13 m² Blech.

Flächeninhalt:

$$A = \int_0^{2\pi} f(x)\,dx = \int_0^{2\pi} \left(\tfrac{1}{2}\sin x + 2\right)dx$$

$$= \left[-\tfrac{1}{2}\cos x + 2x\right]_0^{2\pi}$$

$$= \left(-\tfrac{1}{2} + 4\pi\right) - \left(-\tfrac{1}{2} + 0\right)$$

$$= 4\pi \approx 12{,}57$$

Gelegentlich treten Flächen auf, die sich *unendlich weit* ausdehnen. Man kann ihren Inhalt durch eine Integration in Verbindung mit einem *Grenzwertprozess* bestimmen.

▶ **Beispiel: Unbegrenzte Fläche**
Gesucht ist der Inhalt des nach rechts unbegrenzten Flächenstücks A, das im 1. Quadraten zwischen dem Graphen von $f(x) = \frac{3}{x^2}$ und der x-Achse liegt.

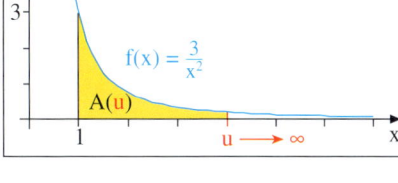

Lösung:
Wir berechnen zunächst den Inhalt der Fläche A(u) zwischen dem Graphen von f und der x-Achse über dem begrenzten Intervall $[1;\ u]$, $u > 1$ (siehe Abb.).
Resultat: $A(u) = 3 - \frac{3}{u}$
Der gesuchte Inhalt von A ergibt sich, indem wir die rechte Intervallgrenze u immer weiter nach rechts schieben.
Es wird also der Grenzwert von A(u) für
▶ $u \to \infty$ bestimmt: $A = \lim\limits_{u \to \infty} A(u) = 3$

Fläche A (u) über dem Intervall [1; u]:

$$A(u) = \int_1^u \frac{3}{x^2}\,dx = \left[-\tfrac{3}{x}\right]_1^u$$

$$= \left(-\tfrac{3}{u}\right) - (-3) = 3 - \tfrac{3}{u}$$

Fläche A über dem Intervall [1; ∞]:

$$A = \lim\limits_{u \to \infty} A(u) = \lim\limits_{u \to \infty}\left(3 - \tfrac{3}{u}\right) = 3 - 0 = 3$$

Übung 4
Gesucht ist der Inhalt der Fläche A, die vom Graphen von $f(x) = 2\sin x - 2$ und den beiden Koordinatenachsen im 4. Quadranten umschlossen wird.

C. Berechnung bestimmter Integrale mit dem GTR

Mit einem GTR können bestimmte Integrale und damit auch Flächeninhalte berechnet werden.

> ▶ **Beispiel: Flächenberechnung (GTR)**
> Berechnen Sie das bestimmte Integral.
> Interpretieren Sie das Resultat anhand der
> Skizze des Graphen von $f(x) = 0{,}5\,x^2 - x - 4$.
>
> $$\int_{-2}^{4} (0{,}5\,x^2 - x - 4)\,dx$$
>
>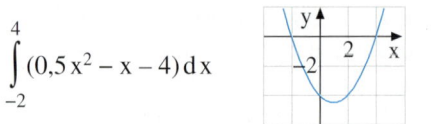

Lösung:
Wir rufen die Eingabemaske eines bestimmten Integrals auf durch diese Tastenfolge:

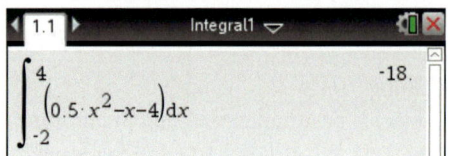

TI: Menu > Analysis > Integral
CASIO: MENU > 1 (Run Matrix) > F4
(MATH) > F6 (▷) > F1 ($\int dx$)

Wir tragen die untere Grenze −2, die obere
Grenze 4 und den Integranden $0{,}5\,x^2 - x - 4$
in die Maske ein *, drücken die Eingabetaste enter (TI) bzw. die Ausführungstaste
EXE (Casio) und erhalten das Ergebnis
−18.
Interpretation: Die Fläche zwischen Kurve
▶ und x-Achse über [0; 4] hat den Inhalt 18.

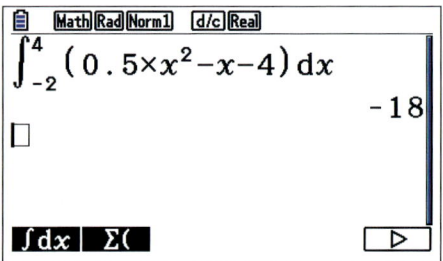

Komplexere Flächenberechnung mit dem GTR
Bei Funktionen mit *wechselndem Vorzeichen* muss zur Bestimmung des Flächeninhalts zwischen
dem Graphen und der x-Achse von „Nullstelle zu Nullstelle" integriert werden. Zuerst müssen
also die Nullstellen der Funktion bestimmt werden. Das kann gut mit dem GTR erledigt werden.

> ▶ **Beispiel: Flächenberechnung (GTR)**
> Bestimmen Sie den Inhalt der in der Ab
> bildung rechts rot markierten Fläche A.

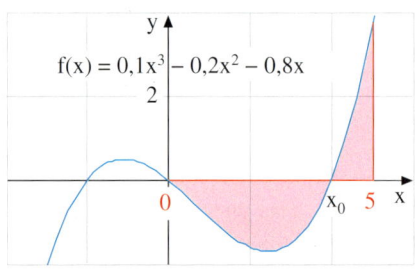

Lösung:
Wir geben die Gleichung von f im GTR ein
und zeichnen den Graphen. Wir erhalten ein
GTR- Bild, das dem Bild rechts entspricht.

Die Gesamtfläche A zerfällt in zwei Teile,
die in der Nullstelle x_0 von f aneinandersto
ßen, welche zwischen 0 und 5 liegt.
Wir bestimmen daher zunächst die Lage
der Nullstelle x_0 graphisch mit dem GTR
▼ (rechts). Sie liegt bei $x_0 = 4$.

Bestimmung von x_0 mit dem GTR:
TI: Menu > Graph analysieren > Nullstellen
Casio: MENU > 5 (Graph) > F6 (DRAW)
> F5 (G-Solv) > F1 (ROOT)

---

* Wurde der Funktionsterm unter f1 (TI) bzw. Y1 (Casio) bereits eingegeben, so kann hier diese Kurzform als
  Integrand verwendet werden. Beim Casio findet man das Symbol Y (Graph) im CATALOG.

Nun rufen wir wie im letzten Beispiel die Eingabemaske für bestimmte Integrale auf:

TI: Menu > Analysis > Integral
CASIO: MENU 1 (Run Matrix) > F4 (MATH) > F6 (▷) > F1 (∫ d x)

Wir tragen die untere Grenze 0, die obere Grenze 4 und den Integranden f1 (TI) bzw. Y1 (CASIO) in die Maske ein.
Rechts sind die beiden erforderlichen Berechnungen dargestellt.
▶ Resultat: A hat den Inhalt $A = A_1 + A_2 \approx 5{,}82$.

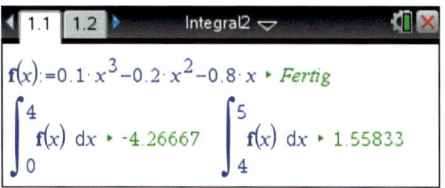

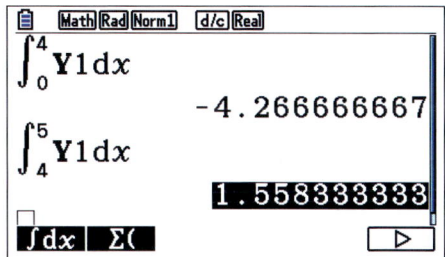

Vereinfachte Flächenberechnung mithilfe der Betragsfunktion

Man kann obiges Beispiel deutlich eleganter lösen, wenn man die **Betragsfunktion |x|** bzw. **abs** verwendet und mit ihr die negativen Teile des Integranden f ins Positive „umklappt", so das man vom Anfang bis zum Ende des Integrationsintervalls ohne Unterbrechung „durchintegrieren" kann.

TI-Lösung: Man wählt die Applikation Graphs und weist der Funktion f1 sofort unter Verwendung der abs-Funktion den Betrag des Funktionsterms von f zu. Es macht Sinn, die Fenstereinstellungen anzupassen. Mit menu > Graph analysieren > Integral erhält man die Möglichkeit, die untere und obere Schranke für die Integration festzulegen. Der Flächeninhalt 5,83 wird nun ausgegeben.

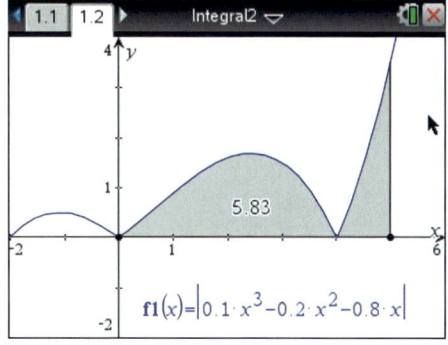

CASIO-Lösung: Man wählt die Graph-Anwendung und weist der Funktion Y1 sofort unter Auswahl der abs-Funktion aus dem CATALOG den Betrag des Funktionsterms von f zu. Mit F6 (DRAW) wird der Graph gezeichnet und mit F3 (V-Windows) wird das Fenster eingestellt. Dann wird unter F5 die Option gewählt (genauer: F5 (G-Solv) > F6 (▷) > F3 (∫ d x) > F1 (∫ d x)). Nun werden untere und obere Grenze eingegeben, worauf A = 5,82499999 erscheint.

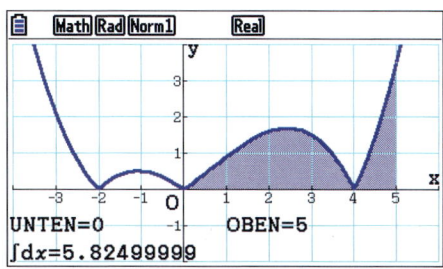

Übung 5 Bestimmte Integrale und Flächeninhalte

Berechnen Sie die Fläche zwischen dem Graphen f und der x-Achse über dem Intervall [a; b].
a) $f(x) = \frac{1}{5}(x^4 - 10x^2 + 9)$, $a = -1$, $b = 3$	b) $f(x) = x^4 + x^3 - 2x^2$, $a = -2$, $b = 1$

D. Parameteraufgaben

Die folgenden Beispiele erfordern die Verwendung von Parametern, wodurch der Schwierigkeitsgrad erhöht ist. Außerdem dienen die Aufgaben der Wiederholung von Elementen der Kurvenuntersuchung.

▶ **Beispiel: Parameterbestimmung**
Die Parabelschar $f_a(x) = ax^2 + 1$ sei gegeben. Wie muss $a > 0$ gewählt werden, damit die Fläche zwischen dem Graphen von f_a und der x-Achse über dem Intervall [0; 1] den Inhalt 2 hat?

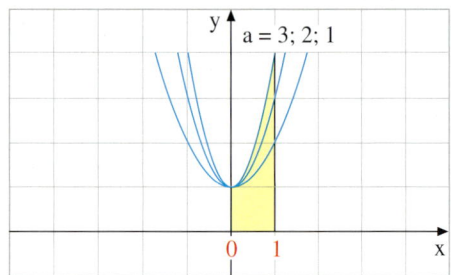

Lösung:
Wir berechnen das bestimmte Integral von f_a in den Grenzen von 0 bis 1. Den von a abhängigen Ergebnisterm setzen wir gleich 2. Auflösen der so entstandenen Bestimmungsgleichung liefert den gesuchten Pa-
▶ rameterwert a = 3.

$$\int_0^1 (ax^2 + 1)\,dx = \left[\frac{a}{3}x^3 + x\right]_0^1 = \frac{a}{3} + 1 \overset{!}{=} 2$$
$$\Rightarrow a = 3$$

▶ **Beispiel: Flächenteilung**
Gegeben ist die Parabel $f(x) = x^2$.
Gesucht ist derjenige Wert des Parameters a, für den die senkrechte Gerade x = a die Fläche unter f über dem Intervall [0; 2] halbiert.

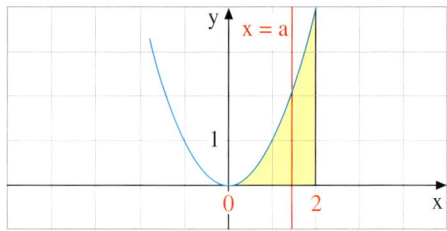

Lösung:
Wir errechnen den Inhalt A unter f über [0; 2]. Er beträgt $\frac{8}{3}$.
Der Inhalt A_1 unter f über dem Intervall [0; a] beträgt $\frac{a^3}{3}$.
Der Ansatz $A_1 = \frac{1}{2}A$ liefert daraus den Parameterwert $a = \sqrt[3]{4}$. $x = \sqrt[3]{4}$ ist die Gleichung
▶ der gesuchten Geraden.

$$A = \int_0^2 x^2\,dx = \left[\frac{x^3}{3}\right]_0^2 = \frac{8}{3}$$

$$A_1 = \int_0^a x^2\,dx = \left[\frac{x^3}{3}\right]_0^a = \frac{a^3}{3}$$

$$A_1 = \frac{1}{2}A \Rightarrow \frac{a^3}{3} = \frac{4}{3} \Rightarrow a = \sqrt[3]{4} \approx 1,59$$

Übung 6
Gegeben ist $f_a(x) = x^3 - a^2 x$, $a > 0$. Wie muss a gewählt werden, damit die beiden von f_a und der x-Achse eingeschlossenen Flächen jeweils den Inhalt 4 haben?

Übung 7
Die Fläche unter $f(x) = x^2$ über [0; 4] soll durch die senkrechte Gerade x = a im Verhältnis 1 : 7 geteilt werden.
Wie muss a gewählt werden?

E. Rekonstruktionsaufgaben

> **Beispiel: Rekonstruktion**
> Eine ganzrationale Funktion f dritten
> Grades hat die aufgeführten Eigen-
> schaften I, II und III.
> Um welche Funktion handelt es sich?
>
>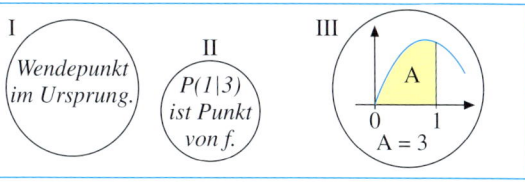
> I *Wendepunkt im Ursprung.*
> II *P(1|3) ist Punkt von f.*
> III A = 3

Lösung:
Ausgehend vom allgemeinen Ansatz für
eine ganzrationale Funktion dritten Grades
$f(x) = a x^3 + b x^2 + c x + d$ errechnen wir
zunächst die benötigten Ableitungen f′
und f″.

Anschließend stellen wir die Bedingungen
für f, f′ und f″ auf, die den geforderten Eigenschaften I bis III entsprechen.

Nachdem die Parameter $b = 0$ und $d = 0$
feststehen, ergibt sich ein Gleichungssystem mit den Variablen a und c, das wir mittels Additionsverfahren lösen.

▶ Das Resultat ist $f(x) = -6 x^3 + 9 x$.

Ansatz:
$$f(x) = a x^3 + b x^2 + c x + d$$
$$f'(x) = 3 a x^2 + 2 b x + c$$
$$f''(x) = 6 a x + 2 b$$

Bedingungen:
I. $f''(0) = 0 \qquad \Rightarrow b = 0$
$f(0) = 0 \qquad \Rightarrow d = 0$

Neuer Ansatz: $f(x) = a x^3 + c x$
II. $f(1) = 3 \qquad \Rightarrow a + c = 3$
III. $\displaystyle\int_0^1 f(x)\,dx = 3 \quad \Rightarrow \tfrac{1}{4}a + \tfrac{1}{2}c = 3$
$\qquad\qquad \Rightarrow a = -6,\ c = 9$

Resultat: $f(x) = -6 x^3 + 9 x$

Übung 8
Eine quadratische Funktion mit einer Nullstelle bei $x = 1$, deren Hochpunkt auf der y-Achse liegt,
schließt mit den Koordinatenachsen im 1. Quadranten eine Fläche mit dem Inhalt 1 ein. Um
welche Funktion handelt es sich?

Übung 9
Eine quadratische Parabel schneidet die
y-Achse bei −1 und nimmt ihr Minimum
bei $x = 4$ an. Im 4. Quadranten liegt unterhalb der x-Achse über dem Intervall [0; 1]
ein Flächenstück zwischen der Parabel und
der x-Achse, dessen Inhalt 12 beträgt.
Um welche Kurve handelt es sich?

Übung 10
Es handelt sich um eine nicht maßstäbliche
Skizze einer Parabel. Bestimmen Sie deren
Funktionsgleichung.

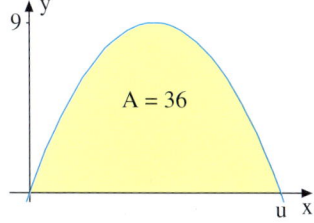
A = 36

Übungen

11. Einfache Flächenberechnungen
Gesucht ist der Inhalt A der markierten Fläche.

a)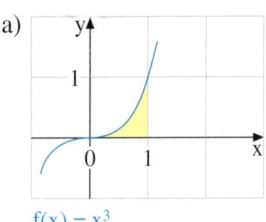
$f(x) = x^3$

b)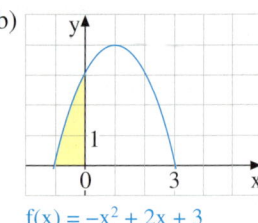
$f(x) = -x^2 + 2x + 3$

c)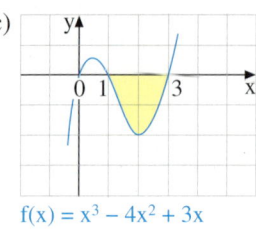
$f(x) = x^3 - 4x^2 + 3x$

 12. Komplexere Flächenberechnungen
Skizzieren Sie den Graphen von f. Berechnen Sie sodann den Inhalt der Fläche, die über dem Intervall I zwischen dem Graphen von f und der x-Achse liegt.

a) $f(x) = -\frac{1}{3}x^2 + \frac{4}{3}x + \frac{5}{3}$, $I = [-1; 6]$ b) $f(x) = 0,5x^2 - x - 1,5$, $I = [-2; 3]$

c) $f(x) = 2x^3 - 8x$, $I = [-1; 2]$ d) $f(x) = \frac{2}{x^2}$, $I = [1; 5]$

e) $f(x) = x^4 - 1$, $I = [0,5; 2]$ f) $f(x) = x^3 - 4x$, $I = [-1; 2,5]$

GTR **13. Flächenberechnungen mit dem GTR**
Zeichnen Sie den Graphen von f mit dem GTR. Ermitteln Sie die Nullstellen von f sowie den Inhalt der Fläche, die über dem Intervall I zwischen dem Graphen von f und der x-Achse liegt.

a) $f(x) = -\frac{1}{2}x^3 - \frac{1}{2}x^2 + 2x + 2$, $I = [-2; 2]$ b) $f(x) = \frac{1}{2}x^4 - \frac{5}{2}x^2 + 2$, $I = [-2; 1]$

c) $f(x) = \frac{1}{6}(x^5 - x^3 - 12x)$, $I = [-1; 2]$ d) $f(x) = -\frac{1}{2}x^3 + \frac{3}{2}x^2$, $I = [-1; 2]$

14. Nullstellen- und Flächenbestimmung
Gesucht ist der Gesamtinhalt der Fläche zwischen dem Graphen von f und der x-Achse über dem Intervall I. Bestimmen Sie zunächst die Nullstellen von f.

a) $f(x) = x^3 + 2x^2 - 3x$, $I = [-2; 2,5]$ b) $f(x) = (x + 2)(x - 1)^2$, $I = [-2; 2]$

c) $f(x) = (x - 1)(x + 2)(x - 3)$, $I = [-1; 2]$ d) $f(x) = x^4 + x^2 - 2$, $I = [-2; 3]$

15. Logo
Das abgebildete Logo soll durch die folgenden Randfunktionen grob modelliert werden:

$f(x) = \frac{1}{4}(1 - x)(x + 3)$

$g(x) = \frac{1}{4}(x + 1)(3 - x)$

$h(x) = \frac{1}{4}(x - 3)(x + 3)$

Wie groß ist die gefärbte Fläche (1 LE = 1 m)?

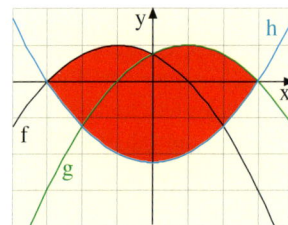

F. Modellierungsaufgaben mit Anwendungen

Wir schließen diesen Abschnitt mit zwei typischen Anwendungsbeispielen ab.

> **Beispiel: Luftvolumen einer Halle**
> Eine Bahnhofshalle wird über zwei Ventilatoren belüftet, deren Leistung jeweils ca. 80 Kubikmeter pro Minute beträgt.
> Welche Zeit wird für einen kompletten Luftaustausch benötigt?
> Das Dach der Halle ist eine parabelförmige Holzkonstruktion.

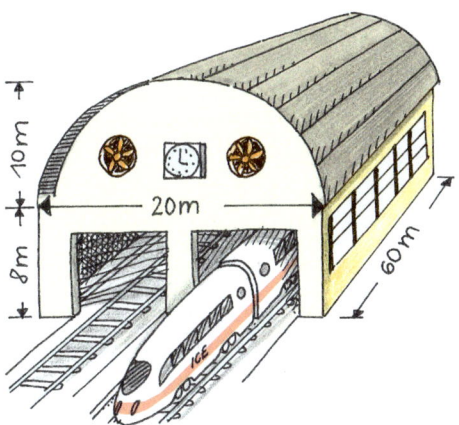

Lösung:
Wir errechnen zunächst die Parabelgleichung aus den gegebenen Bedingungen. In dem festgelegten Koordinatensystem lässt sich nach nebenstehender Rechnung das Dach der Halle durch die Gleichung $f(x) = -\frac{1}{10}x^2 + 10$ beschreiben.

Das Luftvolumen der Halle erhalten wir als Produkt aus dem Inhalt der Hallenquerschnittsfläche und der gegebenen Hallenlänge. Die Querschnittsfläche der Halle setzt sich aus zwei Teilflächen zusammen, einer Rechteckfläche und einer Parabelfläche.

Den Inhalt dieser Fläche zwischen der Parabel und der x-Achse errechnen wir nun durch Integration. Er beträgt $133,\overline{3}$ m². Die Vorderfront der Halle besitzt also einen Flächeninhalt von $293,\overline{3}$ m².

Multiplikation mit der Hallenlänge ergibt das Hallenvolumen von $17\,600$ m³.

Zum Luftaustausch der gesamten Halle benötigen die beiden Ventilatoren dann eine
▶ Stunde und 50 Minuten.

Gleichung der Parabel:

$f(x) = a\,x^2 + c$
$f(0) = 10$
$f(10) = 0$
$\Rightarrow c = 10,\ a = -\frac{1}{10}$
$f(x) = -\frac{1}{10}x^2 + 10$

Fläche unter der Parabel:

$$A_1 = 2 \cdot \int_0^{10} f(x)\,dx = 2 \cdot \left[-\frac{1}{30}x^3 + 10\,x\right]_0^{10}$$

$$= 2 \cdot \left(-\frac{1000}{30} + 100\right) = 133,\overline{3}$$

Gesamtfläche:

$$A = 8\,\frac{160}{20} + 133,\overline{3} = 293,\overline{3}$$

Gesamtvolumen:

$V = 293,\overline{3} \cdot 60 = 17\,600$

Zeit für Luftaustausch:

$t = \frac{V}{160} = \frac{17\,600}{160} = 110$

$110\,\text{min} = 1\,\text{h}\,50\,\text{min}$

▶ **Beispiel: Pflasterfläche**
Am Ufer führt ein Radweg entlang. Dieser soll auf 20 m Länge durch eine neue Trasse ersetzt werden, die einen Brunnen umgeht. Die Übergänge sollen fließend sein.
Welche ganzrationale Funktion wäre zur Linienführung geeignet?
Wie groß wäre dann die markierte neu zu pflasternde Fläche zwischen dem Ufer und der neuen Trasse?

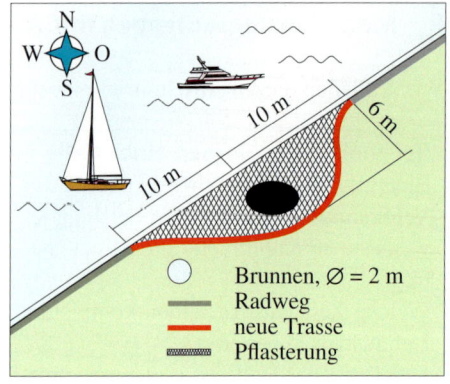

○ Brunnen, $\varnothing = 2$ m
— Radweg
— neue Trasse
▨▨▨ Pflasterung

Lösung:
Es handelt sich um eine Konstruktionsaufgabe mit einer zusätzlichen Inhaltsbestimmung.
Zunächst führen wir ein passend liegendes Koordinatensystem ein und überlegen, welche Kurvenart die geforderten Eigenschaften haben könnte. Eine ganzrationale Funktion 4. Grades erscheint prinzipiell geeignet. Sie sollte symmetrisch zur y-Achse sein, woraus sich der Ansatz $f(x) = a x^4 + b x^2 + c$ mit geraden Exponenten ergibt. Ihr Tiefpunkt sollte $T(0|-6)$ sein und ihr rechter Hochpunkt wegen des fließenden Übergangs in die x-Achse bei $H(10|0)$ liegen. Der linke Hochpunkt liegt symmetrisch. Hieraus erhalten wir die Bedingungen I bis IV für f und f', die auf 3 Bestimmungsgleichungen für a, b und c führen. Die Auflösung des Gleichungssystems ergibt das Resultat $f(x) = -0{,}0006 x^4 + 0{,}12 x^2 - 6$.

Zur Inhaltsberechnung der Pflasterfläche verwenden wir das bestimmte Integral von f von 0 bis 10, das uns, abgesehen vom negativen Vorzeichen, den halben Flächeninhalt liefert. Nach Verdopplung erhalten wir die Pflasterfläche, wovon evtl. noch $3{,}14 \, \text{m}^2$ für den Brunnen abgezogen werden müssen, sodass $60{,}86 \, \text{m}^2$ verbleiben.

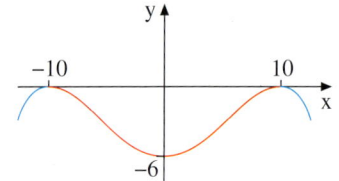

Ansatz für f:
$f(x) = a x^4 + b x^2 + c$
$f'(x) = 4 a x^3 + 2 b x$

Eigenschaften von f:
Tiefpunkt $T(0|-6)$
Hochpunkt $H(10|0)$
I: $f(0)$ $= -6$: $c = -6$
II: $f'(0)$ $= 0$: durch Symmetrie erfüllt
III: $f(10)$ $= 0$: $10\,000 a + 100 b - 6 = 0$
IV: $f'(10)$ $= 0$: $4000 a + 20 b = 0$

Auflösung des Gleichungssystems:
$c = -6$, $a = -0{,}0006$, $b = 0{,}12$
$f(x) = -0{,}0006 x^4 + 0{,}12 x^2 - 6$

Flächeninhalt:
$$\int_0^{10} f(x)\,dx = \int_0^{10} (-0{,}0006 x^4 + 0{,}12 x^2 - 6)\,dx$$
$$= \left[-0{,}00012 x^5 + 0{,}04 x^3 - 6 x \right]_0^{10} = -32$$
$$\Rightarrow A = 2 \cdot 32 = 64$$

Übungen

16. Kanalquerschnitt
Bestimmen Sie den Querschnitt des abgebildeten Kanals (Breite 20 m). Zwischen A und B verläuft die rechte Begrenzung des Kanalbettes gemäß
$f(x) = \frac{3}{100}\left(-\frac{1}{3}x^3 + 5x^2\right)$.

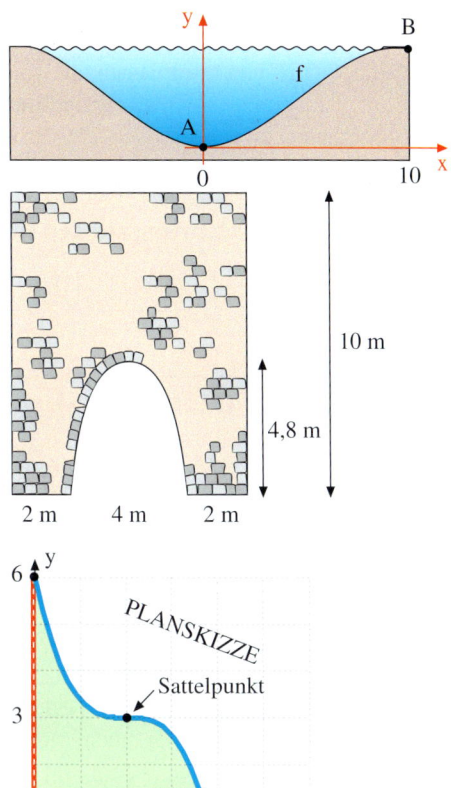

17. Fassadenanstrich
Der alte Stadtmauerturm soll einen
neuen Fassadenanstrich erhalten. Für
Angebote hat die Stadtverwaltung die
nebenstehende Planskizze an die orts-
ansässigen Maler verteilt.
Malermeister Husch will 25 Euro pro
m² kalkulieren. In welcher Höhe wird
sein Angebot liegen?

18. Grundstücksfläche
Ein Grundstück wird durch zwei Straßen und einen Fluss begrenzt.
a) Modellieren Sie den Fluss durch ein
   Polynom 3. Grades. Verwenden Sie
   die gesicherten Punkte aus der Plan-
   skizze. Im Punkt P(2|3) verläuft der
   Fluss exakt von Westen nach Osten.
b) Berechnen Sie die Grundstücksgröße. 1 LE = 1 km

19. Hängebrücke
Eine Hängebrücke wird von zwei Stahlseilen getragen, die parabelförmig zwischen den
Pylonen verlaufen. Acht Tragseile auf jeder Seite tragen die eigentliche Fahrbahn.

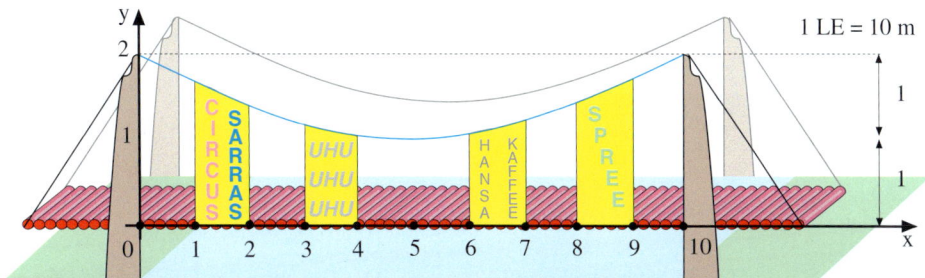

a) Stellen Sie das vordere Stahlseil durch eine quadratische Funktion dar.
b) Wie lang sind die acht Tragseile, die am vorderen Stahlseil hängen?
c) Welchen Flächeninhalt haben die vier Werbeverkleidungen zwischen den Tragseilen?

3. Flächen zwischen Funktionsgraphen

A. Grundlagen

Wir befassen uns nun mit Flächen, die von zwei oder mehr Kurven berandet sind. Wir erläutern das Prinzip am einfachsten Fall zweier Randkurven, die genau zwei Schnittpunkte haben. Es gibt im Wesentlichen zwei Methoden, die wir nun näher ausführen.

Methode 1: Zurückführung auf den Fall nur einer Randfunktion

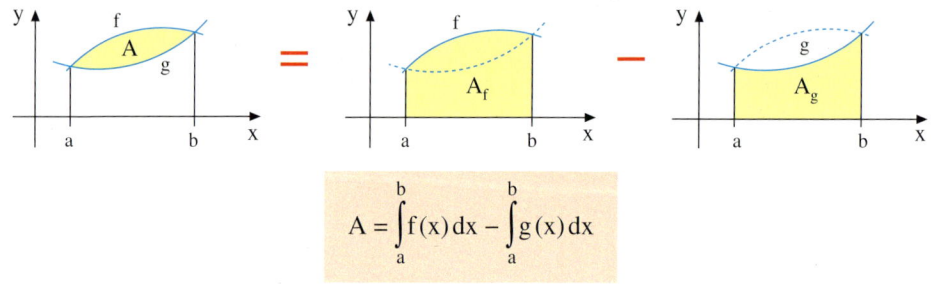

$$A = \int_a^b f(x)\,dx - \int_a^b g(x)\,dx$$

Inhalt A der Fläche **zwischen** f und g über dem Intervall [a; b] = Inhalt A_f der Fläche **unter** f über dem Intervall [a; b] − Inhalt A_g der Fläche **unter** g über dem Intervall [a; b]

▶ **Beispiel:** Gesucht ist der Inhalt A der Fläche zwischen den Graphen von $f(x) = \frac{1}{4}x^2 + 1$ und $g(x) = -\frac{1}{4}x^2 + x$ über dem Intervall [1; 2].

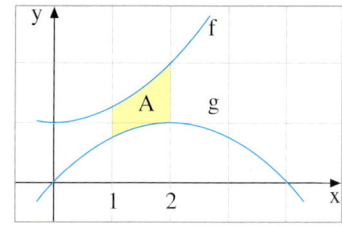

Lösung:

$$A_f = \int_1^2 f(x)\,dx = \int_1^2 \left(\frac{1}{4}x^2 + 1\right)dx = \left[\frac{1}{12}x^3 + x\right]_1^2 = \frac{32}{12} - \frac{13}{12} = \frac{19}{12}$$

$$A_g = \int_1^2 g(x)\,dx = \int_1^2 \left(-\frac{1}{4}x^2 + x\right)dx = \left[-\frac{1}{12}x^3 + \frac{1}{2}x^2\right]_1^2 = \frac{16}{12} - \frac{5}{12} = \frac{11}{12}$$

▶ $A = A_f - A_g = \frac{19}{12} - \frac{11}{12} = \frac{8}{12} = \frac{2}{3}$

Übung 1

Berechnen Sie den Inhalt A der Fläche zwischen den Graphen der Funktionen $f(x) = x^2 + 2$ und $g(x) = x + 1$ über dem Intervall [−1; 2]. Fertigen Sie zunächst eine Skizze an.

Übung 2

Die Graphen der Funktionen $f(x) = 1 - x^2$ und $g(x) = x^2 - 2x + 1$ schneiden sich. Zwischen den Schnittpunkten umschließen sie die Fläche A vollständig. Bestimmen Sie deren Inhalt.

Methode 2: Verwendung der Differenzfunktion

Man denkt sich die Fläche zwischen f und g aus unendlich vielen senkrechten Strecken zusammengesetzt. Die Länge der Strecke an der Stelle x ist die Differenz der Funktionswerte von $f(x)$ und $g(x)$. Senkt man alle Strecken auf die x-Achse ab, so entsteht dort eine neue Fläche mit dem gleichen Inhalt, deren obere Berandung die Differenzfunktion $h(x) = f(x) - g(x)$ ist. Der Inhalt dieser Fläche kann mit dem bestimmten Integral von h berechnet werden.

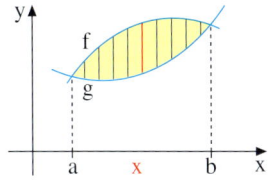
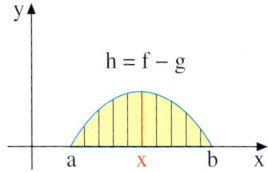

$$A = \int_a^b (f(x) - g(x))\,dx$$

Inhalt der Fläche
zwischen f und g   =   **unter der Differenzfunktion h = f – g**
über dem Intervall [a; b]   über dem Intervall [a; b]

▶ **Beispiel:** Berechnen Sie nun den Inhalt A der Fläche zwischen den Graphen $f(x) = \frac{1}{4}x^2 + 1$ und $g(x) = -\frac{1}{4}x^2 + x$ über dem Intervall [1; 2] mithilfe der Differenzfunktion h = f – g.

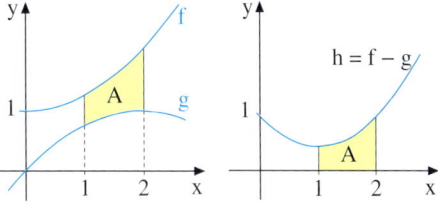

Lösung:
Die Differenzfunktion von f und g ist $h(x) = \frac{1}{2}x^2 - x + 1$. Das bestimmte Integral der Funktion h von 1 bis 2 hat den Wert $\frac{2}{3}$.
Die Fläche unter h bzw. zwischen f und g
▶ über [1; 2] hat also den Inhalt $\frac{2}{3}$.

$$A = \int_1^2 h(x)\,dx = \int_1^2 \left(\frac{1}{2}x^2 - x + 1\right)dx$$

$$= \left[\frac{1}{6}x^3 - \frac{1}{2}x^2 + x\right]_1^2 = \frac{2}{3}$$

Übung 3

Gesucht ist der Inhalt A der Fläche zwischen den Graphen von $f(x) = 4 - x^2$ und $g(x) = \frac{1}{2}x + 4$ über dem Intervall [1; 2].

Übung 4

Die Graphen von $f(x) = -x^2 + 2x$ und $g(x) = x^3$ umschließen im 1. Quadranten eine Fläche vollständig.
Wie groß ist der Inhalt dieser Fläche?

B. Standardaufgaben

Im Folgenden werden verschiedene Standardaufgaben zur Berechnung des Inhalts der von zwei sich schneidenden Funktionsgraphen eingeschlossenen Flächenstücke behandelt. Gibt es mehrere Schnittpunkte und demzufolge auch mehrere Flächenstücke, so berechnet man die Inhalte der Teilflächen einzeln. Das erste Beispiel behandelt den einfachsten Fall.

▶ **Beispiel: Schnittfläche**
Gesucht ist der Inhalt A der Fläche, die von den Graphen der Funktionen
$f(x) = -x^2 + \frac{3}{2}x + 4$ und $g(x) = \frac{1}{2}x^2 + 1$
eingeschlossen wird.

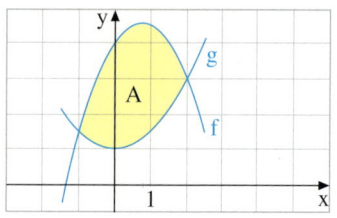

Lösung:
Zunächst fertigen wir eine Planungsskizze an. So können wir die Lage der betrachteten Fläche grob einschätzen.
Außerdem können wir sehen, dass f obere und g untere Randfunktion der Fläche ist. Die genaue Lage der Flächenbegrenzungen a und b müssen wir allerdings errechnen. Es sind die Schnittstellen von f und g. Wir erhalten a = −1 und b = 2.

Nun errechnen wir die Differenzfunktion $h(x) = f(x) - g(x)$ wie rechts dargestellt.

Der gesuchte Flächeninhalt ergibt sich dann als Wert des bestimmten Integrals der Funktion h in den Grenzen von −1 bis 2.

▶ Resultat: $A = \frac{27}{4} = 6{,}75$

1. Schnittstellen von f und g
$$f(x) = g(x)$$
$$-x^2 + \frac{3}{2}x + 4 = \frac{1}{2}x^2 + 1$$
$$-\frac{3}{2}x^2 + \frac{3}{2}x + 3 = 0$$
$$x^2 - x - 2 = 0 \Rightarrow x_1 = -1, x_2 = 2$$

2. Bestimmung der Differenzfunktion
$$h(x) = f(x) - g(x)$$
$$= \left(-x^2 + \frac{3}{2}x + 4\right) - \left(\frac{1}{2}x^2 + 1\right)$$
$$= -\frac{3}{2}x^2 + \frac{3}{2}x + 3$$

3. Flächeninhaltsbestimmung
$$A = \int_{-1}^{2} h(x)\,dx = \int_{-1}^{2} \left(-\frac{3}{2}x^2 + \frac{3}{2}x + 3\right)dx$$
$$= \left[-\frac{1}{2}x^3 + \frac{3}{4}x^2 + 3x\right]_{-1}^{2} = \frac{27}{4} = 6{,}75$$

Übung 5
Berechnen Sie den Inhalt der von den Graphen der Funktionen f und g begrenzten Fläche.

a) $f(x) = 2x$, $g(x) = x^2$ b) $f(x) = -x^2 + 8$, $g(x) = x^2$ c) $f(x) = \frac{1}{4}x^2$, $g(x) = (x-1)^2$

d) $f(x) = \sqrt{x}$, $g(x) = \frac{1}{2}x$ e) $f(x) = \frac{4}{x^2}$, $g(x) = -\frac{5}{4}x + \frac{21}{4}$ f) $f(x) = \sqrt{x}$, $g(x) = x^2$

Übung 6
Bestimmen Sie a > 0 so, dass die von den Graphen der Funktionen f und g eingeschlossene Fläche den angegebenen Inhalt A hat.

a) $f(x) = -x^2 + 2a^2$
   $g(x) = x^2$
   $A = 72$

b) $f(x) = x^2$
   $g(x) = ax$
   $A = \frac{4}{3}$

c) $f(x) = x^2 + 1$
   $g(x) = (a^2 + 1) \cdot x^2$
   $A = \frac{4}{3}$

Alle bisher betrachteten Beispiele hatten eines gemeinsam: Die zu betrachtende Fläche A lag oberhalb der x-Achse. Wir untersuchen nun, wie man vorgeht, wenn die Fläche A zwischen den Kurven von der x-Achse in zwei Teilflächen zerschnitten wird, von denen eine oberhalb und die andere unterhalb der x-Achse liegt.

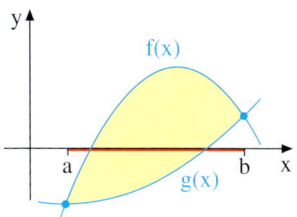 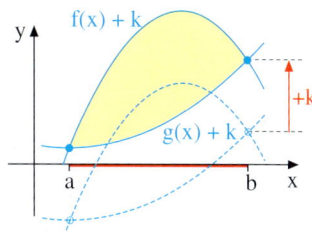

Man kann die Graphen von f und g wie abgebildet so weit nach oben verschieben, dass die Fläche A ganz oberhalb der x-Achse liegt. Nun lässt sich der Inhalt von A nach der Differenzfunktionsmethode berechnen:

$$A = \int_a^b ((f(x) + k) - (g(x) + k))\,dx = \int_a^b (f(x) - g(x))\,dx$$

Im Integranden fällt dann die Verschiebungsgröße k wieder heraus. Die Verschiebung muss also praktisch gar nicht ausgeführt werden.

Fazit: Der Inhalt der Fläche zwischen zwei Kurven f und g lässt sich – unabhängig von der Lage der Fläche – stets durch Integration der Differenzfunktion f – g bestimmen. Es muss jedoch gesichert sein, dass im Integrationsintervall kein Vorzeichenwechsel von h auftritt.

▶ **Beispiel: Schnittfläche**
Gesucht ist der Flächeninhalt A
zwischen
$f(x) = x + 1$
und $g(x) = x^2 + 2x - 1$.

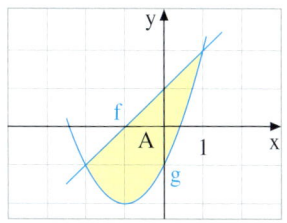

Lösung:
Die Kurven schneiden sich an den Stellen
$a = -2$ und $b = 1$. Daher gilt:

▶ $A = \int_{-2}^{1} (f(x) - g(x))\,dx = \int_{-2}^{1} (-x^2 - x + 2)\,dx = \left[-\frac{1}{3}x^3 - \frac{1}{2}x^2 + 2x \right]_{-2}^{1} = \frac{9}{2} = 4{,}5$

Übung 7
Gesucht ist der Inhalt A der Fläche, die von den Graphen von $f(x) = -x^3 + 1$ und $g(x) = 6x^2 - 7x + 1$ im ersten und vierten Quadranten umschlossen wird.

Übung 8
Gesucht ist der Inhalt A der rechts abgebildeten Fläche.

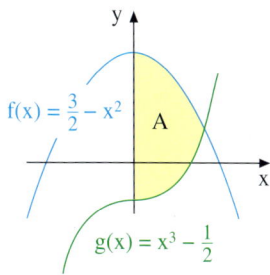

C. Flächenberechnung mit dem GTR

 Zerfällt die von zwei Kurven f_1 und f_2 eingeschlossene Fläche in mehrere, durch Schnittpunkte getrennte Teilflächen, so kann man die Inhalte der Teilflächen getrennt berechnen.

▶ **Beispiel: Flächensumme (GTR)**
Berechnen Sie den Inhalt der Fläche A, der von den Graphen der Funktionen
$f_1(x) = \frac{1}{3}x^3 - \frac{4}{3}x$ und $f_2(x) = \frac{1}{3}x^2 + \frac{2}{3}x$
eingeschlossen wird.

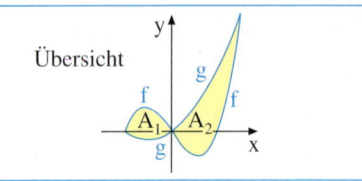

TI-Lösung:
Wir geben die Funktionen f1 und f2 ein und zeichnen sie. Es gibt drei Schnittpunkte, so dass die Fläche A in zwei Teile zerfällt.
Die Ermittlung der Schnittstellen ergibt mit Menu > Graph analysieren > Schnittpunkt $x_1 = -2$, $x_2 = 0$ und $x_3 = 3$.

1. Die Graphen von f und g:

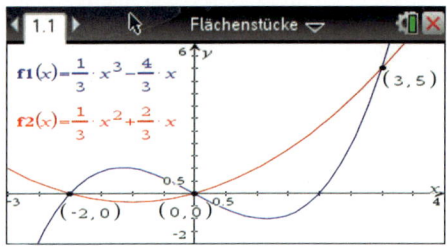

Nun berechnen wir die bestimmten Integrale der Differenzfunktion $f_1 - f_2$ von der ersten Schnittstelle -2 bis zur zweiten Schnittstelle 0 und von der zweiten Schnittstelle 0 bis zur dritten Schnittstelle 3.
Menu > Analysis > Numerisches Integral
Diese bestimmten Integrale haben angenähert die Werte 1,78 sowie $-5,25$.
Die Gesamtfläche ist $A \approx 1,78 + 5,25 = 7,03$.

2. Die bestimmten Integrale:

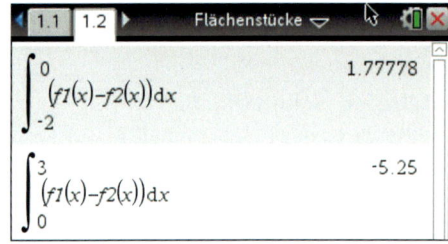

CASIO-Lösung:
Wir geben die Funktionen als Y1 und Y2 ein sowie Y3 = Y1 – Y2 als Differenzfunktion, zeichnen die Graphen und ermitteln mit MENU > 5 (Graph) > F6 (DRAW) > F5 (G–Solv) > F1 (INTSECT) die Schnittstellen von Y1 und Y2: $x_1 = -2$, $x_2 = 0$ und $x_3 = 3$. Die Fläche A zerfällt also in zwei Teilflächen.

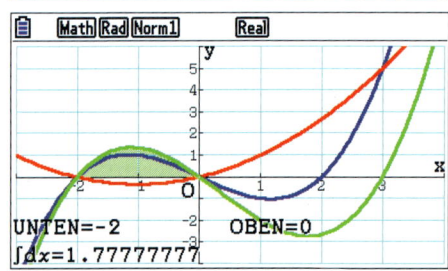

Wir gehen über die Tastenfolge
F5 (G–Solv) > F6 (▷) > F3 ($\int$ dx) > F1 ($\int$ dx) zur Wahl des Graphen Y3 und Eingabe der Grenzen -2 und 0 und erhalten als bestimmtes Integral der Differenzfunktion Y3 von -2 bis 0 den Wert 1,78.
Analog ergibt sich für das bestimmte Integral von 0 bis 3 der Wert $-5,25$. Die Gesamtfläche A hat den Inhalt 1,78 + 5,25 = 7,03.

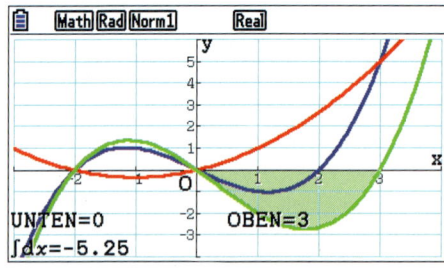

▶

Vereinfachte Flächenberechnung mithilfe der Betragsfunktion

Für das letzte Beispiel gibt es weitere und auch schnellere Lösungsmöglichkeiten, von denen wir jeweils ein Verfahren pro GTR hier kurz erläutern.

> **Beispiel: Flächenberechnung mit dem GTR**
> Bestimmen Sie den Inhalt A der Fläche, die von den Graphen der Funktionen $f_1(x) = \frac{1}{3}x^3 - \frac{4}{3}x$ und $f_2(x) = \frac{1}{3}x^2 + \frac{2}{3}x$ eingeschlossen wird.

[TI] Lösung:

Man wählt die Applikation Graphs und gibt die Funktionsterme $f_1(x)$ und $f_2(x)$ ein. Anschließend kann man die Schnittpunkte bestimmen (menu > Graph analysieren > Schnittpunkt) und die einzelnen Integrale berechnen (menu > Graph analysieren > Integral).

Der GTR bietet aber auch die Möglichkeit, sofort den Gesamtinhalt zu ermitteln:
menu > Graph analysieren
    > Begrenzter Bereich

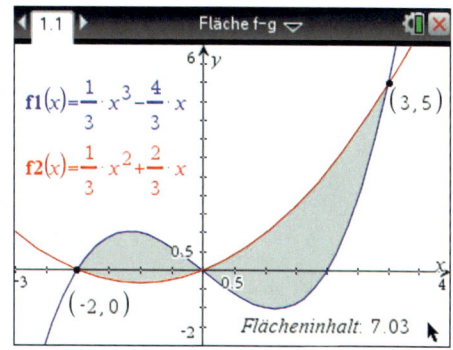

[CASIO] Lösung:

Man wählt die Graph-Anwendung, weist den Funktionen Y1 und Y2 die Terme $f_1(x)$ und $f_2(x)$ und unter Auswahl der Abs-Funktion aus dem CATALOG der Funktion Y3 den Betrag der Differenz Y1 − Y2 zu. Mit (F6) wird der Graph gezeichnet und mit (F3) das Fenster eingestellt. Unter G-solv (F5) [ROOT] können die Schnittstellen von $f_1(x)$ und $f_2(x)$ als Nullstellen von Y3 bestimmt werden. Schließlich wird (F5) [∫dx] gewählt, die untere Grenze −2 und die obere Grenze 3 eingegeben, worauf der Näherungswert 7,02777777 für den Inhalt A ausgegeben wird.

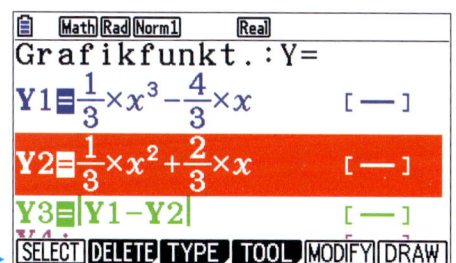
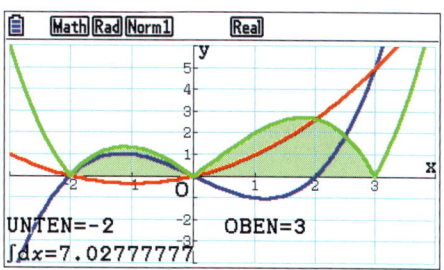

Übung 9 Flächenberechnung mit dem GTR

Berechnen Sie den Inhalt A der Fläche zwischen den Kurven f_1 und f_2 über dem Intervall I.

a) $f_1(x) = x^3 + x^2$

   $f_2(x) = x^2 + x$

   $I = [-2; 1]$

b) $f_1(x) = 3x$

   $f_2(x) = x^3 - x$

   $I = [-1; 2]$

c) $f_1(x) = \frac{1}{2}x^2$

   $f_2(x) = \frac{1}{2}(x^3 + x^2 - 4x)$

   $I = [-3; 2]$

Übungen

10. Die Graphen von f und g besitzen zwei Schnittpunkte. Bestimmen Sie diese und fertigen Sie eine Skizze an.
Zwischen den Schnittpunkten schließen f und g eine Fläche A ein. Berechnen Sie den Inhalt von A.

a) $f(x) = 0,5x^2 - 2$ b) $f(x) = -x^2 + 4x$
   $g(x) = -0,5x + 1$ $g(x) = -0,5x^2 - 2x$

c) $f(x) = x^3 + 4x^2$ d) $f(x) = \frac{1}{4}x^3 + \frac{5}{4}x^2$
   $g(x) = 2x^2$ $g(x) = \frac{3}{4}x^2$

11. Zwei bzw. drei Graphen begrenzen die abgebildete Fläche A.
Bestimmen Sie zunächst, über welchem Intervall die Fläche A liegt.
Berechnen Sie dann den Inhalt von A.

a)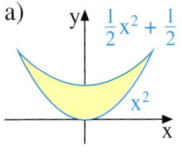

b)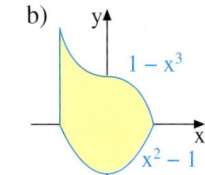

12. Gesucht ist jeweils der Inhalt der markierten Fläche A.
a) A wird durch zwei Geraden und eine Hyperbel mit gegebenen Gleichungen eingeschlossen.
b) A wird durch eine Gerade und zwei Kurven eingeschlossen. Im ersten Schritt müssen die Gleichungen dieser Funktionen bestimmt werden.

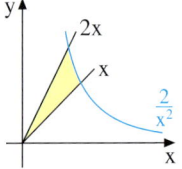

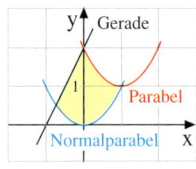

13. Bestimmen Sie, für welchen Wert des Parameters a > 0 die von f und g eingeschlossene Fläche A den angegebenen Inhalt hat.
Berechnen Sie zunächst die beiden Schnittpunkte von f und g in Abhängigkeit vom Parameter a.

a) $f(x) = ax^2$ b) $f(x) = x^2$
   $g(x) = x$ $g(x) = -ax + 2a^2$
   $A = \frac{2}{3}$ $A = 4,5$

c) $f(x) = x^2 - 2x + 2$ d) $f(x) = x^3$
   $g(x) = ax + 2$ $g(x) = a^2x$
   $A = 36$ $A = 8$

14. Wie muss a > 0 gewählt werden, damit die markierte Fläche den Inhalt $\frac{1}{8}$ hat?

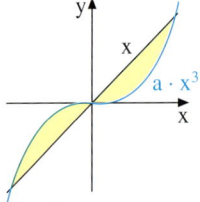

15. Wie muss a > 0 gewählt werden, wenn die beiden markierten Flächen gleichgroß sein sollen?

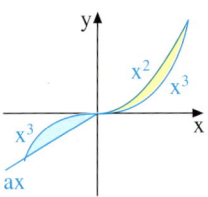

D. Modellierungsaufgaben

▶ **Beispiel:** Das Dach einer 20 m breiten und 60 m langen Tennishalle soll einen Parabelbogen spannen. Welchen Zuwachs erhält das Luftvolumen der Halle, wenn anstelle der ursprünglich geplanten Bauhöhe von 8 m eine Höhe von 10 m gewählt wird?

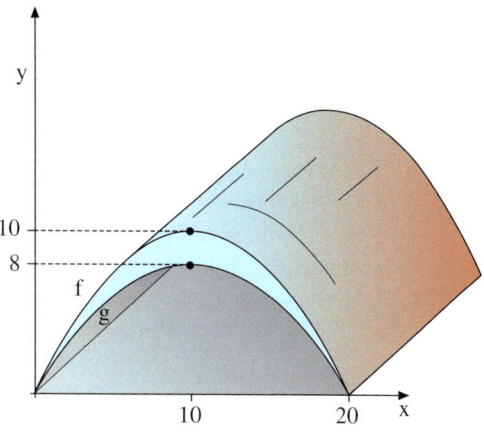

Lösung:
Die Skizze lässt uns erkennen, dass es genügt, den Inhalt A der Fläche zwischen dem aktuellen Dachprofil f und dem ursprünglich geplanten, niedrigeren Dachprofil g zu berechnen. Der Luftzuwachs ergibt sich durch Multiplikation von A mit der gegebenen Länge der Halle.

Wir modellieren nach Festlegung des Koordinatensystems f und g durch quadratische Parabeln der Form $ax^2 + bx + c$.
Aus den ablesbaren Informationen $f(0) = 0$, $f(10) = 10$, $f(20) = 0$ bzw. $g(0) = 0$, $g(10) = 8$, $g(20) = 0$ ergeben sich mittels linearer Gleichungssysteme die Funktionsgleichungen:
$f(x) = -\frac{1}{10}x^2 + 2x$, $g(x) = -\frac{2}{25}x^2 + \frac{8}{5}x$.

Anschließend bestimmen wir A, indem wir die Differenzfunktion $f - g$ von $a = 0$ bis $b = 20$ integrieren. Wir erhalten so den Flächeninhalt von $A = \frac{80}{3}m^2$.

Hieraus ergibt sich ein Volumenzuwachs
▶ von 1600 m³ Luft.

Ansatz: $f(x) = ax^2 + bx + c$

$$\left.\begin{array}{l} f(0) = 0 \\ f(10) = 10 \\ f(20) = 0 \end{array}\right\} \Rightarrow \begin{array}{l} c = 0 \\ 100a + 10b + c = 10 \\ 400a + 20b + c = 0 \end{array}$$

$$\Rightarrow a = -\frac{1}{10}, b = 2, c = 0$$

Also gilt: $f(x) = -\frac{1}{10}x^2 + 2x$

Analog: $g(x) = -\frac{2}{25}x^2 + \frac{8}{5}x$

$$A = \int_0^{20} (f(x) - g(x))\,dx = \int_0^{20}\left(-\frac{1}{50}x^2 + \frac{2}{5}x\right)dx$$

$$= \left[-\frac{1}{150}x^3 + \frac{1}{5}x^2\right]_0^{20} = \frac{80}{3}$$

$$V = \frac{80}{3}m^2 \cdot 60\,m = 1600\,m^3$$

Übung 16

Aus 16 mm dickem Plexiglas wird eine Bikonvexlinse ausgeschnitten. Ihre beiden Brechungsflächen sollen parabelförmiges Profil sowie die in der Zeichnung angegebenen Maße (in mm) besitzen. Wie groß ist der Materialverbrauch (in mm³)?

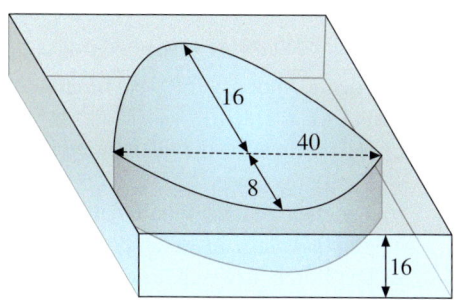

Übungen

17. Gebäudefront

Das Foto zeigt eine Gebäudefront, welche parabelförmig begrenzt ist. Die Front ist 12 m breit und 9 m hoch, wobei 5 m auf die untere und 4 m auf die obere Parabel entfallen.

a) Bestimmen Sie die Gleichungen der beiden Parabeln (Ursprung in der Mitte zwischen den Parabeln).

b) Welchen Querschnitt hat die Front?

18. Grundstücksgröße

Ein Grundstück wird wie abgebildet durch eine Straße f, einen Fluss g und zwei Parallelen durch $x = -10$ und $x = 10$ begrenzt. Der Fluss wird durch $g(x) = 0{,}005\,x^3 - 1{,}5\,x$ erfasst.

a) Bestimmen Sie die Gleichung der Straßengerade.

b) Bestimmen Sie die Größe des Grundstücks.

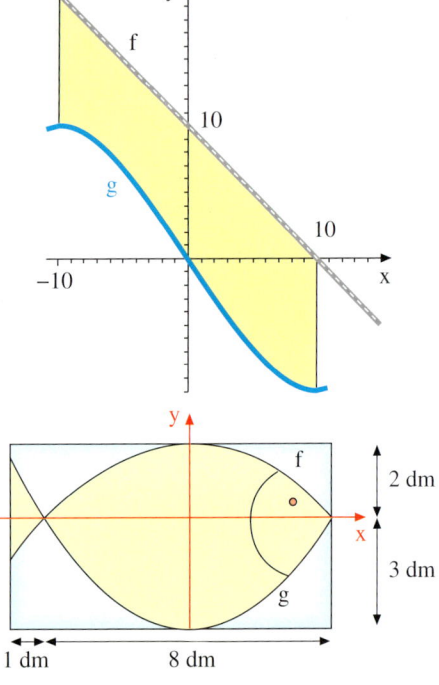

19. Fischlogo

Mac Fish plant als Firmenlogo für die Fenster ein transparentes Symbol. Ein Designer liefert den Entwurf rechts.

a) Bestimmen Sie die quadratischen Parabelgleichungen von f und g.

b) Welchen Inhalt A hat das Logo?

c) Das Logo lässt nur 50 % des Lichtes durch. Wie stark reduziert sich der Lichteinfall des gesamten Fensters?

d) In welchem Bereich ist das Logo mindestens 25 cm hoch?

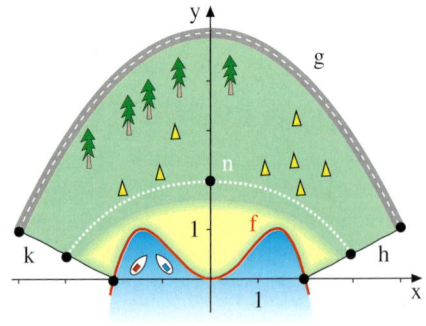

20. Campinganlage

Eine neue Campinganlage wird geplant. Sie soll von der Straße g, dem Küstenabschnitt $f(x) = -\frac{1}{4}x^4 + x^2$ sowie den Geraden h und k begrenzt werden (1 LE = 100 m).

a) Bestimmen Sie die Gleichungen der Parabel g sowie der Geraden h.

b) Welchen Flächeninhalt hat die geplante Anlage insgesamt?

c) Der Bereich zwischen der Straße g und der Parabel n durch A $(-3\,|\,0{,}5)$, B $(0\,|\,2)$ und C $(3\,|\,0{,}5)$ soll in je 100 m² große Parzellen geteilt werden. Wie viele Parzellen sind möglich?

21. Thermalbad

Ein Innenarchitekt plant für ein neues Thermalbad einen Whirlpool.

a) Wie lauten die Gleichungen der Randfunktionen f und g? g läuft bei $P(4|2)$ horizontal aus.

b) Wie viele Liter Wasser fasst das 1,5 m tiefe Becken?

c) Wie groß ist der Winkel α, unter dem die Kurven f und g sich im Punkt $P(4|2)$ treffen?

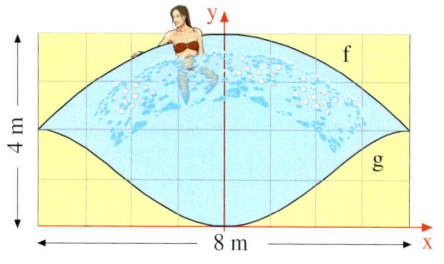

$$f(x) = ax^2 + b$$
$$g(x) = ux^4 + vx^2$$

22. Damm

Ein Hang, der 1000 m lang, 100 m breit und 40 m hoch ist, wird durch eine Aufschüttung neu gestaltet, um am oberen Hangende einen horizontalen Übergang zu schaffen.

a) Modellieren Sie die Randkurve f der Aufschüttung durch ein Polynom 2. Grades sowie die Randkurve g des alten Hanges durch eine Gerade.

b) Berechnen Sie das Volumen der Aufschüttung in m^3.

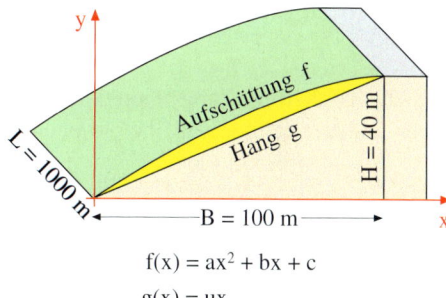

$$f(x) = ax^2 + bx + c$$
$$g(x) = ux$$

23. Wippe

Eine Wippe aus Kunststoff hat die abgebildete Form. Obere und untere Berandung können durch Polynome 4. Grades bzw. 2. Grades erfasst werden. Die Breite der Sitzfläche beträgt 30 cm.

a) Wie lauten die Gleichungen der Randkurven f und g?

b) Wie groß ist die Masse der Wippe? (Dichte Kunststoff: 0,7 g/cm³)

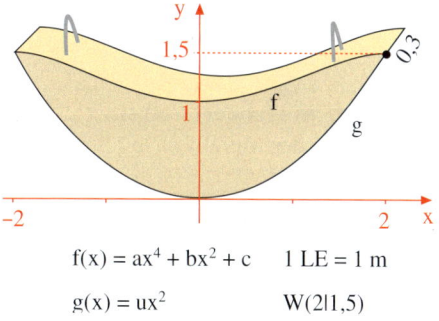

$$f(x) = ax^4 + bx^2 + c \qquad 1\,LE = 1\,m$$
$$g(x) = ux^2 \qquad\qquad W(2|1,5)$$

24. Vereinslogo

Der Marineclub erhält ein neues 5 m langes Vereinslogo in Form eines stilisierten Wals. Es soll beidseitig mit Zinkfarbe gestrichen werden, um es wetterfest zu machen. Der Anstrich soll mindestens 1 mm dick sein. Reichen 10 Liter Farbe aus?

Hinweis: Zeigen Sie zunächst, dass die Schwanzflosse des Logos 1 m lang ist.

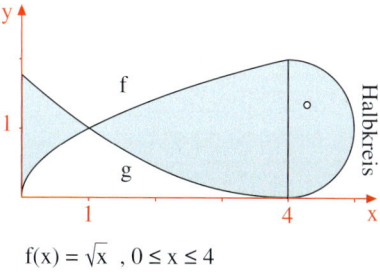

$$f(x) = \sqrt{x}\ ,\ 0 \le x \le 4$$
$$g(x) = \tfrac{1}{9}(x^2 - 8x + 16)\ ,\ 0 \le x \le 4$$

4. Der Mittelwert einer Funktion

Die Börsenseite einer Zeitung zeigt die Kurve des Deutschen Aktienindex (DAX) im Verlauf eines Jahres.

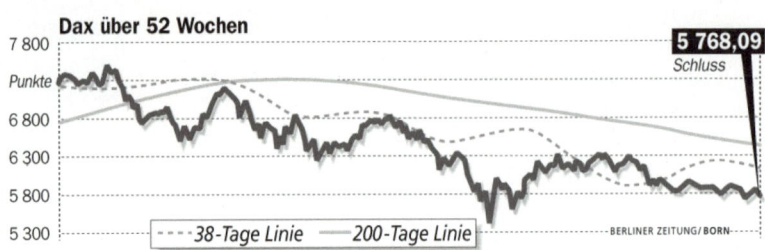

Dax über 52 Wochen

5 768,09 Schluss

----- 38-Tage Linie ----- 200-Tage Linie ----- BERLINER ZEITUNG/ BORN -----

Abgebildet sind auch die sogenannte 38-Tage-Linie sowie die 200-Tage-Linie, die den Mittelwert des DAX für die jeweils letzten 38 bzw. letzten 200 Börsentage wiedergeben.

Da die DAX-Kurve eine Funktion darstellt, wird hier also der *Mittelwert einer Funktion* über einem Zeitintervall beschrieben, der ganz analog zur Definition des Mittelwerts $\bar{x} = \frac{x_1 + x_2 + \ldots + x_n}{n} = \frac{1}{n} \cdot \sum_{i=1}^{n} x_i$ von Zahlen $x_1; x_2; \ldots; x_n$ mithilfe des Integrals festgelegt werden kann.

Definition IV.1: Mittelwert einer Funktion

Unter dem Mittelwert einer integrierbaren Funktion f im Intervall [a; b] versteht man die

Zahl $\bar{y} = \frac{1}{b-a} \cdot \int_a^b f(x)\, dx$.

▶ **Beispiel: Mittelwert von sin x**
Gesucht ist der Mittelwert der Sinusfunktion im Intervall $[0; \pi]$.

Lösung:
Es gilt:

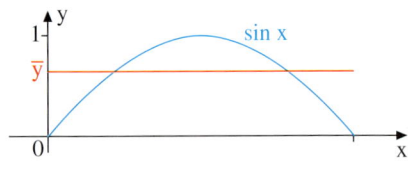

$$\bar{y} = \frac{1}{\pi - 0} \int_0^\pi \sin x\, dx = \frac{1}{\pi}\left[-\cos x\right]_0^\pi$$

$$= \frac{1}{\pi}(-\cos \pi + \cos 0) = \frac{1}{\pi}(-(-1) + 1)$$

$$= \frac{2}{\pi} \approx 0,63662$$

sin x

▶ Der Mittelwert beträgt $\frac{2}{\pi}$, also etwa 0,64.

Übung 1
Gegeben ist die Exponentialfunktion $f(x) = e^x$.
a) Berechnen Sie den Mittelwert $\bar{y}$ von der Funktion f im Intervall [0; 1].
b) Zeichnen Sie – wie im obigen Beispiel – den Graphen von f sowie den Mittelwert.

Übungen

2. Berechnen Sie den Mittelwert $\bar{y}$ der Funktion f im angegebenen Intervall [a; b].
Ermitteln Sie eine Zahl x_0 mit $a < x_0 < b$ und $\bar{y} = f(x_0)$.
a) $f(x) = x$;   [0; 2]   b) $f(x) = x$;   [0; 4]
c) $f(x) = x^2$;   [0; 2]   d) $f(x) = x^2$;   [0; 4]
e) $f(x) = x^3$;   [0; 2]   f) $f(x) = x^3$;   [0; 4]
g) $f(x) = \frac{1}{x}$;   [1; e]   h) $f(x) = \sin x$;   [0; $\frac{\pi}{2}$]

3. Vergleichen Sie in Aufgabe 2 die Ergebnisse von a) bis f). Für welche Funktionen sind die berechneten Mittelwerte proportional zur Länge des Intervalls?

4. Gegeben ist die Vorzeichenfunktion f mit

$$f(x) = \operatorname{sign} x = \begin{cases} -1 & \text{für } x < 0 \\ 0 & \text{für } x = 0 \\ 1 & \text{für } x > 0 \end{cases}$$

a) Berechnen Sie den Mittelwert $\bar{y}$ von f im Intervall [1; 2].
b) Warum existiert kein $x_0 \in [-1; 2]$ mit der Eigenschaft $\bar{y} = f(x_0)$?

5. An einer Tankstelle werden immer früh um 7:00 Uhr die Preise festgelegt. In der folgenden Tabelle sind die Preise in den ersten 14 Tagen eines Monats für eine bestimmte Kraftstoffsorte notiert. Berechnen Sie den Mittelwert der Treppenfunktion p(t) für die 14 Tage.

Zeit t	ab 1. Tag	ab 3. Tag	ab 7. Tag	ab 8. Tag	ab 12. Tag	ab 13. Tag
Preis p(t) in €	1,589	1,629	1,579	1,659	1,559	1,619

6. a) Gibt es Funktionen, bei denen der Mittelwert über einem Intervall [−a; a] gleich null ist?
b) Gibt es Funktionen, bei denen der Mittelwert über einem Intervall [−a; a] doppelt so groß ist wie der Mittelwert über [0; a]?

5. Rekonstruktion von Beständen

Bei zahlreichen Prozessen kennt man die Bestandsfunktion, die den Prozess beschreibt, nicht unmittelbar, sondern nur deren Änderungsrate. Dann ist es möglich, von der Änderungsrate auf den Bestand zurückzuschließen. Man bezeichnet dies als *Bestandsrekonstruktion*.
Dieses Verfahren soll nun an zwei typischen Beispielen verdeutlicht werden.

A. Rekonstruktion des Bestandes aus der Wachstumsrate

▶ **Beispiel: Insel des Todes**
Auf der Insel des Todes Quaimada vor der Küste Brasiliens lebt eine giftige Schlangenart, die Lanzenotter. Bei einer Expedition vor 20 Jahren wurde die Schlangenpopulation erfasst. Es lebten damals ca. 2000 Schlangen auf der Insel und die Wachstumsgeschwindigkeit der Population betrug $N'(t) = \frac{1}{30}(23 - 2t)$ (t: Zeit in Jahren; $N'(t)$: Wachstumsgeschwindigkeit zum Zeitpunkt t in Tausend Schlangen/Jahr).
a) Wie groß war der *Zuwachs* an Schlangen in den verflossenen 20 Jahren?
b) Wie lautet die *Bestandsfunktion* der Schlangen, wenn bei der ersten Expedition 2000 Schlangen gezählt wurden?
c) Wann existierten ca. 6000 Schlangen?

Lösung zu a:
Die Änderungsrate N′ ist gegeben. Den Zuwachs ΔN erhalten wir, indem wir die Änderungsrate über das Intervall [0; 20] integrieren, d. h. „aufsummieren".

Der Zuwachs ΔN entspricht nämlich der „orientierten" Fläche unter der Funktion der Änderungsrate N′ im Intervall [0; 20].

Wir erhalten ΔN = 2, d. h., es sind 2000 Schlangen hinzugekommen.

Lösung zu b:
Die Funktion der Änderungsrate N′ ist gegeben. Wir bestimmen N als Stammfunktion: $N(t) = \frac{1}{30}(23t - t^2) + C$.

Die Konstante C ergibt sich aus der *Anfangsbedingung* $N(0) = 2$, d. h. C = 2.

Damit lautet die endgültige Bestandsfunktion ▼ $N(t) = \frac{1}{30}(23t - t^2) + 2$.

Gleichung der Änderungsrate N′:
$$N'(t) = \frac{1}{30}(23 - 2t)$$

Anschauliche Bedeutung des Zuwachses ΔN als Flächeninhalt:

Bestimmung des Zuwachses ΔN:
$$\Delta N = \int_0^{20} N'(t)\,dt = \int_0^{20} \frac{1}{30}(23 - 2t)\,dt$$
$$= \left[\frac{1}{30}(23t - t^2) \right]_0^{20}$$
$$= (2) - (0) = 2$$

Bestimmung der Bestandsfunktion N:
$$N(t) = \int \frac{1}{30}(23 - 2t)\,dt = \frac{1}{30}(23t - t^2) + C$$
$$N(0) = 2 \Rightarrow C = 2$$
$$\Rightarrow N(t) = \frac{1}{30}(23t - t^2) + 2$$

Lösung zu c:
Wenn die Bestandsfunktion rekonstruiert ist, kann man leicht weitere Fragestellungen beantworten. Hier führt der Lösungsansatz $N(t) = 6$ (6000 Schlangen) zum Ziel. Nach 8 Jahren und dann noch einmal nach ▶ 15 Jahren war dieser Bestand erreicht.

Zeitbestimmung

$$N(t) = 6$$
$$\frac{1}{30}(23t - t^2) + 2 = 6$$
$$23t - t^2 = 120$$
$$t^2 - 23t + 120 = 0 \Rightarrow t = 8 \text{ oder } t = 15$$

B. Rekonstruktion des Weges aus der Geschwindigkeit

▶ **Beispiel: Fallschirmspringer**
Ein Fallschirmspringer springt ab und zählt im Sekundentakt bis 10. Dann zieht er die Reißleine und der Schirm öffnet sich. Seine Geschwindigkeit steigt dabei gemäß der Funktion $v(t) = 5t$ an.
a) Welche Strecke hat er bis zum Ziehen der Leine zurückgelegt ?
b) Wie lautet seine Weg-Zeit-Funktion $s(t)$?

Lösung zu a:
Die Geschwindigkeit v ist gegeben. Sie ist bekanntlich die Änderungsrate des Weges s nach der Zeit t. Also gilt $v = s'$.

Formel für die Änderungsrate:
$$v(t) = 5t$$
$$s'(t) = 5t$$

Den Wegzuwachs Δs erhalten wir, indem wir die Geschwindigkeit über das Intervall $[0; 10]$ integrieren, d.h. „aufsummieren".

Anschauliche Bedeutung des Wegzuwachses Δs als Flächeninhalt:

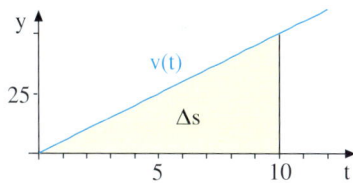

Der Zuwachs entspricht auch hier der „orientierten" Fläche unter der Geschwindigkeitsfunktion über dem Intervall $[0; 10]$.

Wir erhalten $\Delta s = 250$, d.h., der Springer legt 250 m im freien Fall zurück.

Bestimmung des Wegzuwachses:
$$\Delta s = \int_0^{10} s'(t)\,dt = \int_0^{10} v(t)\,dt = \int_0^{10} 5t\,dt$$
$$= [2{,}5t^2]_0^{10}$$
$$= (250) - (0) = 250$$

Lösung zu b:
Die Geschwindigkeitsfunktion v ist gegeben. Wir bestimmen s als Stammfunktion:
$s(t) = 2{,}5t^2 + C.$

Die Konstante C ergibt sich aus der Anfangsbedingung $s(0) = 0$, d.h. $C = 0$.

Damit lautet die endgültige Weg-Zeit-
▶ Funktion $s(t) = 2{,}5t^2$.

Bestimmung der Weg-Zeit-Funktion s:
$$s(t) = \int v(t)\,dt = \int s'(t)\,dt = \int 5t\,dt = 2{,}5t^2 + C$$
$$s(0) = 0 \Rightarrow C = 0$$
$$\Rightarrow s(t) = 2{,}5t^2$$

Wir fahren mit einem weiteren Beispiel zu einer Bewegung fort, diesmal ist es ein Abnahmeprozess in Form eines Bremsvorgangs.

▶ **Beispiel: Bremsweg**

Ein Schlitten wird gebremst. Während des Bremsens wird seine Geschwindigkeit durch die Funktion $v(t) = 40 - 8t$ beschrieben (t in s, v in m/s). Wie lautet die Funktion s für den Bremsweg? Wie lang ist der Bremsweg bis zum Stillstand des Schlittens?

Lösung:
Hier gilt wieder $s'(t) = v(t)$. Um den Weg s zu erhalten, bestimmen wir zunächst wieder das unbestimmte Integral von v.
Es lautet $s(t) = 40t - 4t^2 + C$.
Da $s(0) = 0$ gilt, folgt $C = 0$.
Also gilt $s(t) = 40t - 4t^2$.

Der Schlitten steht still, wenn $v(t) = 0$ ist, also zum Zeitpunkt $t = 5$.
▶ Der Bremsweg bis zum Stillstand ist das bestimmte Integral von v über dem Intervall $[0; 5]$. Es hat den Wert 100 m.

Gleichung der Funktion s:
Ansatz: $s'(t) = v(t) = 40 - 8t$

$$\Rightarrow s(t) = \int v(t)\,dt = \int (40 - 8t)\,dt$$
$$= 40t - 4t^2 + C$$

Anfangswert: $s(0) = 0 \Rightarrow C = 0$
$$\Rightarrow s(t) = 40t - 4t^2$$

Berechnung des Bremsweges:
$$\int_0^5 v(t)\,dt = [s(t)]_0^5 = s(5) - s(0) = 100 - 0 = 100$$

Übung 1 Großstadt

Eine Stadt hat zu Beginn eines Planungszeitraumes 2 Millionen Einwohner. Ein Prognoseinstitut geht davon aus, dass die Änderungsrate der Einwohnerzahl N in den nächsten 20 Jahren durch die lineare Funktion $N'(t) = 0{,}002\,x + 0{,}05$ modelliert werden kann. Wie lautet die Gleichung von N? Wie viele Einwohner gewinnt die Stadt in dem 20-Jahres-Zeitraum hinzu?

Übung 2 Testfahrt

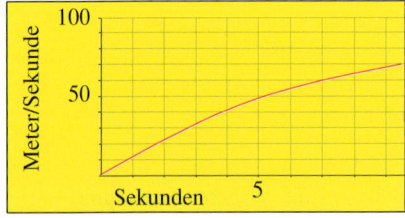

Der Fahrtenschreiber zeichnet bei der Testfahrt eines Sportwagens die Geschwindigkeit v auf. Sie kann durch die quadratische Funktion $v(t) = -\frac{1}{2}t^2 + 12t$ beschrieben werden.
(t in s, v in m/s)
a) Wie lautet die Weg-Zeit-Funktion des Fahrvorgangs?
b) Welche Strecke hat das Fahrzeug insgesamt, also bis zum abschließenden Stillstand, zurückgelegt?

C. Ein Prozess mir abschnittsweise definierter Änderungsrate

Im folgenden Beispiel tritt sowohl Zuwachs als auch Abnahme auf. Außerdem ist die Änderungsrate nur abschnittsweise definiert und zunächst nur graphisch erfasst.

Beispiel: Steigflug

Ein Heißluftballon ändert seine Steiggeschwindigkeit v gemäß dem abgebildeten Diagramm. Er startet in einer Höhe von 350 m über dem Meeresspiegel.

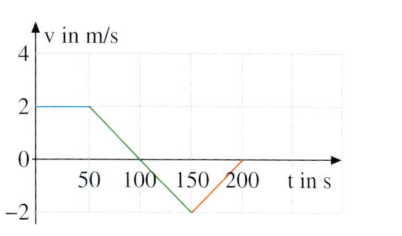

a) Stellen Sie die Steiggeschwindigkeit als zusammengesetzte Funktion dar.
b) Welcher Höhengewinn wird erzielt?

Lösung:
Wir bestimmen zunächst die drei Teilgeraden der Geschwindigkeitsfunktion v und ihre Definitionsmengen.

Geschwindigkeitsfunktion:

$$v(t) = \begin{cases} 2, & 0 \le t \le 50 \\ -0{,}04\,t + 4\,, & 50 \le t \le 150 \\ 0{,}04\,t - 8\,, & 150 \le t \le 200 \end{cases}$$

Anschließend berechnen wir das bestimmte Integral von v über dem Intervall [0; 200] in drei Schritten.
Es geht zunächst 100 m nach oben, dann weitere 50 m nach oben und gleich darauf wieder 50 m nach unten und schließlich noch einmal 50 m nach unten.
Der Höhengewinn beträgt also in der Bilanz nur 50 m. Der Ballon befindet sich 200 Sekunden nach Beobachtungsbeginn in 400 m Höhe über dem Meeresspiegel.

Berechnung des Höhengewinns:

$$\int_0^{50} 2\,dt = [2\,t]_0^{50} = 100\,\text{m}$$

$$\int_{50}^{150} (-0{,}04\,t + 4)\,dt = [-0{,}02\,t^2 + 4\,t]_{50}^{150} = 0\,\text{m}$$

$$\int_{150}^{200} (0{,}04\,t - 8)\,dt = [0{,}02\,t^2 - 8\,t]_{150}^{200} = -50\,\text{m}$$

D. Überblick über Prozesse zu Bestandsrekonstruktionen

Wir stellen nun im Überblick einige Anwendungsprozesse dar, bei denen es um Bestandsrekonstruktionen geht und die im Folgenden angesprochen werden.

Prozess	Bestandsfunktion f	Änderungsrate f′
Bevölkerungswachstum	Bevölkerung in Personen	Zuwachsrate in Personen/Jahr
Bewegungsvorgang	Zurückgelegter Weg in m	Geschwindigkeit in m/s
Ballonflug	Höhe des Ballons in m	Steiggeschwindigkeit in m/s
Fassentleerung	Wasserhöhe im Fass in cm	Abnahmerate in cm/min
Lernprozess	Anzahl gelernter Vokabeln in Stück	Lernrate in Stück/min
Festbesuch	Besucheranzahl in Personen	Zustrom/Abstrom in Pers./h
Heizvorgang	Heizkosten eines Jahres in Euro	Kostenrate in Euro/Tag
Staudammleck	Wasserverlust in m^3	Verlustrate in m^3/Tag
Arbeitsvorgang	Verrichtete Arbeit in Joule	Kraft in Joule/m bzw. Newton

E. Exkurs: Etwas Theorie zum Thema „Bestandsrekonstruktionen"

In den vorhergehenden Beispielen wurden im Prinzip jeweils zwei Probleme gelöst:

▶ **Problem I: Bestandsfunktion gesucht**
Die Änderungsrate f′ einer Funktion f ist gegeben. Die Bestandsfunktion f ist gesucht.

Hier muss weiter noch ein Punkt $P(x_0|y_0)$ des Funktionsgraphen als *Anfangswert* gegeben sein, damit das Problem eindeutig lösbar ist. Die Lösung besteht darin, das *unbestimmte Integral* von f′ zu bestimmen (blaue Graphen). Die Integrationskonstante C wird dann mithilfe des Anfangswertes
▶ bestimmt (blauer Graph durch P).

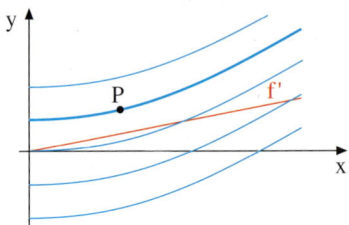

▶ **Problem II: Bestandsänderung Δf gesucht**
Die Änderungsrate f′ einer Funktion f ist gegeben. Die Bestandsänderung Δf über einem Intervall [a; b] ist gesucht.

Ist die Änderungsrate f′ konstant, so gilt $f'(x) = \frac{\Delta f}{\Delta x}$, woraus $\Delta f = f'(x) \cdot \Delta x$ folgt,
Dieses Produkt lässt sich als Flächeninhalt des Rechtecks mit der Breite Δx und der Höhe f′(x) interpretieren.
Δf ist daher der Inhalt der Fläche unter dem Graphen von f′ über [a; b] (Bild 1).

Zuwachs bei konstanter Änderungsrate:

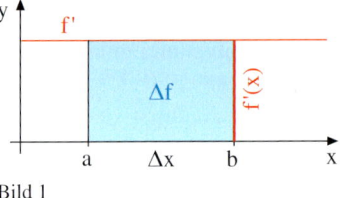

Bild 1

Ist die Änderungsrate f′ variabel wie in Bild 2, so teilt man das Intervall [a; b] in eine Vielzahl kleiner Streifen der gleichen Breite Δx ein. Über jedem dieser Teilintervalle verwendet man als Streifenhöhe die Änderungsrate $f'(x_i)$ in der Intervallmitte.
Wegen $f'(x_i) \approx \frac{\Delta f_i}{\Delta x}$ gilt $\Delta f_i \approx f'(x_i) \cdot \Delta x$.
Dieses Produkt kann als Flächeninhalt des i-ten Rechteckstreifens mit der Breite Δx und der Höhe $f'(x_i)$ gedeutet werden. Die gesamte Zuwachsrate entspricht der Summe dieser Rechtecksflächen.

Zuwachs bei variabler Änderungsrate:

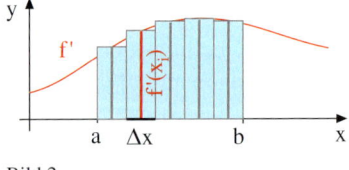

Bild 2

Vergrößert man die Streifenzahl zunehmend bei gleichzeitiger Verminderung der Streifenbreite, so wird klar, dass der Zuwachs Δf auch hier dem *Flächeninhalt* unter der Kurve f′ entspricht (Bild 3) und
▶ sich als *bestimmtes Integral* berechnen lässt.

Zuwachs Δf als orientierte Fläche:

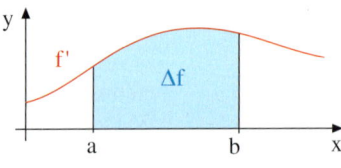

Bild 3

F. Die Berechnung des Wasserstands aus der Abflussrate

▶ **Beispiel: Wasserstand**

Ein zylindrischer Wasserspeicher ist 300 cm hoch und misst im Durchmesser 60 cm. Er ist bis oben mit Wasser gefüllt, als versehentlich der Abflusshahn geöffnet wird.

Der Wasserstand erniedrigt sich mit der Geschwindigkeit $h'(t) = \frac{1}{54}t - \frac{10}{3}$ (t in min, h' in cm/min).

a) Wie lautet die Gleichung von h?

b) Nach 1,5 Stunden wird der Schaden entdeckt. Welche Wassermenge ging verloren?

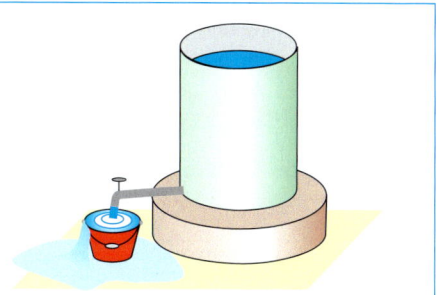

Lösung zu a):

Die Funktion h für den Wasserstand kann durch Integration ihrer Änderungsrate h' gewonnen werden:

$h(t) = \frac{1}{108}t^2 - \frac{10}{3}t + C.$

Der Anfangsstand $h(0) = 300$ ist bekannt. Damit kann die Integrationskonstante C ermittelt werden. Wir erhalten C = 300.

$h(t) = \frac{1}{108}t^2 - \frac{10}{3}t + 300$

Lösung zu b):

Nach 1,5 Stunden, d.h. nach 90 Minuten hat sich die Wasserstandshöhe um -225 cm verändert und beträgt nur noch 75 cm.

Der Wasserverlust entspricht einem Zylinder mit dem Radius r = 30 cm und der Höhe h = 225 cm.

▶ Das ergibt ca. 636 Liter.

Bestimmung der Gleichung von h:

$h'(t) = \frac{1}{54}t - \frac{10}{3}$

$h(t) = \int\left(\frac{1}{54}t - \frac{10}{3}\right)dt$

$h(t) = \frac{1}{108}t^2 - \frac{10}{3}t + C$

Aus $h(0) = 300$ folgt C = 300.

$h(t) = \frac{1}{108}t^2 - \frac{10}{3}t + 300$

Berechnung des Wasserverlustes:

Höhenabnahme:

$\Delta h = \int_{0}^{90} h'(t)\,dt = [h(t)]_0^{90} = h(90) - h(0)$

$= 75 - 300 = -225$

Wasserverlust:

$\Delta V = \pi \cdot r^2 h = \pi \cdot 30^2 \cdot (-225) = -636173$

$-636173\ cm^3 \approx -636$ Liter

Übung 3 Spiralblume

Die Wachstumsgeschwindigkeit v einer Spiralblume (flos helica) wurde in einer Graphik erfasst (t in Tage, v in cm/Tag).

a) Modellieren Sie v durch eine quadratische Funktion.

b) Zu Beginn der 3-tägigen Wachstumsperiode ist die Blume 1 m hoch. Wie hoch ist sie am Ende der Periode?

c) Wann ändert sich die Höhe nur noch um 1 cm/Tag? Wie hoch ist die Blume dann?

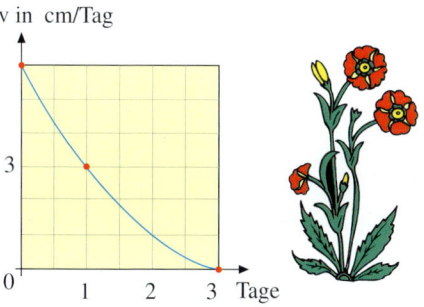

G. Die Berechnung der Arbeit W aus der Kraft F

Eine Maschine, die längs ihres Weges s die Kraft F aufbringt, verrichtet die Arbeit $W = F \cdot s$. Dies führt auf die Gleichung $F = \frac{\Delta W}{\Delta s}$ bzw. $F = W'$ (s. rechts).

Die Kraft ist die Ableitung der Arbeit nach dem Weg: $F = W'$.

$$\text{Arbeit} = \text{Kraft} \cdot \text{Weg}$$
$$\Delta W = F \cdot \Delta s$$
$$F = \frac{\Delta W}{\Delta s} \quad \Rightarrow \quad F = W'$$

▶ **Beispiel: Hubarbeit**
Ein Bagger hebt eine Ladung Kies aus dem Meer, um 9 m auf einen Kahn. Beim Heben fließt Wasser ab, so dass sich die benötigte Kraft stetig verringert, und zwar nach der Formel:
$F(s) = 50\,000 - 9000 \cdot \sqrt{s}$.
(s: Hubweg in m, F: Kraft in N)
Wie lautet die Arbeitsfunktion W? Welche Arbeit wird insgesamt verrichtet?

Lösung:
Die Kraft F ist die lokale Änderungsrate der Arbeit W bezüglich des Weges s.
Daher kann die Arbeitskurve durch Integration der Kraftkurve gewonnen werden:
$W(s) = -6000\,s^{3/2} + 50\,000\,s$.

Die Integrationskonstante ist 0, da zu Beginn des Prozesses noch keine Arbeit verrichtet wurde: $W(0) = 0$.

▶ Die Gesamtarbeit ist das bestimmte Integral der Kraftkurve über dem Wegintervall [0;9]. Sie beträgt 288000 Joule = 288 kJoule.

Gleichung der Arbeitsfunktion W:
$$W(s) = \int F(s)\,ds$$
$$= \int \left(50\,000 - 9000 \cdot s^{\frac{1}{2}}\right) ds$$
$$= -6000 \cdot s^{\frac{3}{2}} + 50\,000\,s + C$$
$$W(0) = 0 \quad \Rightarrow \quad C = 0$$
$$W(s) = -6000 \cdot s^{\frac{3}{2}} + 50\,000\,s$$

Berechnung der Gesamtarbeit:
$$\Delta W = \int_0^9 F(s)\,ds = [W(s)]_0^9$$
$$= W(9) - W(0) = 288\,000 - 0 = 288\,000$$

Übung 4 Bergtour
Bei einer Bergtour wird die Leistung des Fahrers durch $P(t) = -\frac{1}{3240}t^3 + \frac{1}{36}t^2$ erfasst.
(t in min, P in Watt)
Hinweis: Die Leistung P ist die momentane Änderungsrate der Arbeit W nach der Zeit t $\left(P = \frac{\Delta W}{\Delta t}, P = W'\right)$.
a) Wie lautet die Gleichung von W(t)?
b) Welche Arbeit wird bei der 90-minütigen Tour insgesamt erbracht?
c) Wann war die Leistung maximal?

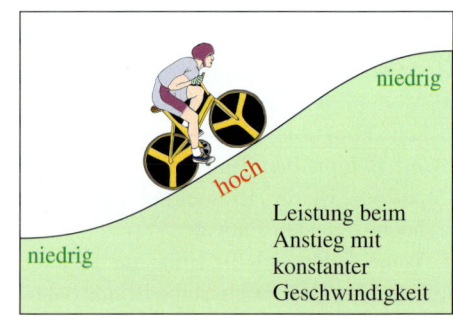

niedrig

hoch

niedrig

Leistung beim Anstieg mit konstanter Geschwindigkeit

H. Berechnung der Manntage aus der Beschäftigtenzahl

Bei großen Bauprojekten wird in Manntagen gerechnet. m = 50 Mann über t = 20 Tage bedeutet M = 1000 Manntage. Es gilt m = M'. Daher berechnet man die Manntage M durch Integration von m.

$$\text{Manntage} = \text{Mann} \cdot \text{Tage}$$
$$\Delta M = m \cdot \Delta t$$
$$m = \frac{\Delta M}{\Delta t} \quad \Rightarrow \quad m = M'$$

▶ **Beispiel: Staudammbau**

Beim Bau eines Staudamms kann die Anzahl der eingesetzten Männer durch die Funktion m(t) = 800 − 2t beschrieben werden (t in Tagen, m in Personen), 0 ≤ t ≤ 400. Pro Mann und Stunde entstehen Kosten von 30 Euro.

a) Wie lautet die Gleichung der Funktion M(t), welche die Anzahl der Manntage angibt, die bis zum Zeitpunkt t zustande kamen?

b) Wie viele Manntage erfordet der Dammbau insgesamt?

c) Die tägliche Arbeitszeit beträgt 8 Stunden. Welche Arbeitskosten erfordert das Projekt?

Lösung zu a):
Die Funktion m ist die Änderungsrate der Funktion M: m = M'.
Daher kann M durch Integration von m gewonnen werden. Unter Berücksichtigung von M(0) = 0 erhalten wir:
$$M(t) = -t^2 + 800\,t.$$

Lösung zu b):
Das gesamte Projekt dauert 400 Tage. Daher werden 160 000 Manntage eingesetzt.

Lösung zu c):
Pro Manntag entstehen 240 Euro Kosten. Insgesamt betragen die Arbeitskosten daher
▶ 38,4 Millionen Euro.

$$\text{Mann} = \frac{\text{Manntage}}{\text{Tage}} \Rightarrow m = \frac{\Delta M}{\Delta t} \Rightarrow m = M'$$

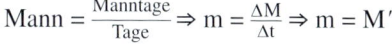

Bestimmung der Funktion M:

$$M(t) = \int m(t)\,dt = \int (800 - 2\,t)\,dt$$

$$M(t) = -t^2 + 800\,t + C$$
Aus M(0) = 0 folgt C = 0
$$M(t) = -t^2 + 800\,t$$

Berechnung der gesamten Manntage:

$$\Delta M = \int_{0}^{400} m(t)\,dt = [M(t)]_{0}^{400} = M(400) - M(0)$$
$$= 160\,000$$

Berechnung der Arbeitskosten:
Kosten = Manntage · Kosten pro Tag
$$= 160\,000 \cdot 8 \cdot 30 = 38\,400\,000$$

Übung 5 Hochhaus

Für den Bau eines Hochhauses werden 400 Tage eingeplant. Die Anzahl der eingesetzten Arbeiter wird durch die Funktion $a(t) = \frac{1}{450}(-t^2 + 200\,t + 80\,000)$ erfasst, t in Tagen, a in Mann. Die Männer arbeiten durchschnittlich sechs Stunden pro Tag. Berechnen Sie den Aufwand in Manntagen.

Übungen

6. Gezeitenkraftwerk

Der Wasserstand im Staubecken eines Gezeitenkraftwerkes verändert sich im Laufe eines Tages durch ein- und ausströmendes Wasser. Die Änderungsrate kann durch die Funktion

$h'(t) = \frac{1}{216}(5t^2 - 120t + 480)$ erfasst

werden (t in Stunden, h in m/Std., $0 \le t \le 24$). Zur Zeit $t = 0$ beträgt der Wasserstand 5 m.

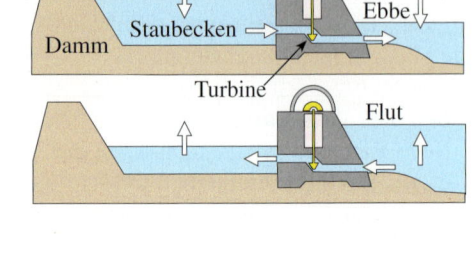

a) Wie lautet die Gleichung von h?

b) Wann war der Wasserstand am höchsten bzw. am niedrigsten?

c) Wann änderte sich der Wasserstand am schnellsten? Wie schnell änderte er sich?

7. Hubschrauberflug

Ein neues Hubschraubermodell wird auf einem Testflug erprobt, der eine Minute dauert. Durch außen angebrachte Staurohre kann die Fluggeschwindigkeit v permanent ermittelt werden.

Sie kann durch die Funktion $v(t) = -0,012t^2 + 7,2t$ erfasst werden (t in s, v in m/s). Welche Flugstrecke legt das Gerät zurück?

8. Besucherzahl

Auf einem Volksfest wird die Änderungsrate der Besucherzahl kontinuierlich festgestellt. Es zeigt sich, dass sie durch $B'(t) = 20t^3 - 300t^2 + 1000t$ erfasst wird.

(t in Std., $B'(t)$ in Besucher/Std.)

Nach einer Stunde sind 405 Besucher anwesend.

a) Wie lautet die Gleichung der Funktion $B(t)$, welche die Besucheranzahl zum Zeitpunkt t angibt?

b) Wie viele Besucher sind 3 Std. nach Eröffnung anwesend?

c) Wie groß ist die maximale Besucherzahl?

d) Wann steigt die Besucherzahl am schnellsten an?

e) In welchen Zeitgrenzen kann das Modell höchstens gelten?

9. Ballwurf

Ein Ball wird in 35 m Höhe senkrecht nach oben geworfen.

Die Abwurfgeschwindigkeit beträgt 30 m/s.

a) Wie lautet die Gleichung der Funktion h, welche die Höhe des Balles zur Zeit t beschreibt?

Hinweis: Die Geschwindigkeitsfunktion lautet: $v(t) = 30 - 10t$.

Dies ist eine zwangsläufige Folge des Gravitationsgesetzes.

b) Mit welcher Geschwindigkeit trifft der Ball auf dem Boden auf? Wie groß ist die Gipfelhöhe des Balles?

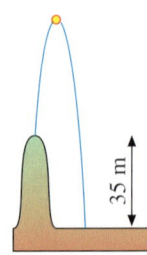

10. Anhalteweg

Ein LKW fährt mit einer Geschwindigkeit von 108 km/h, d. h. 30 m/s, als 100 m voraus plötzlich ein Reh auf die Fahrbahn springt. Der Fahrer reagiert eine Sekunde später mit einer Vollbremsung. Von diesem Zeitpunkt an verringert sich seine Geschwindigkeit nach der Formel $v(t) = 30 - 10t$ (t in s, v in m/s). s sei der Bremsweg.

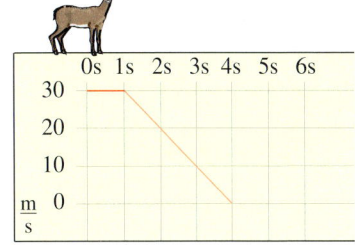

a) Wie lautet die Gleichung von s?

b) Wie lange dauert die Bremsung?

c) Wie groß ist der Anhalteweg (Bremsweg + Reaktionsweg)? Kommt es zu einem Unfall?

11. Ballonflug

Ein Heißluftballon ändert seine Flughöhe h (über Normalnull) mit der Geschwindigkeit $v(t) = -0{,}12t^2 + 1{,}2t$, er startet zur Zeit $t = 0$ in einer Höhe von 520 m. (t in min, v in m/min)

Fünf Minuten nach dem Start befindet sich der Ballon in einer Höhe von 530 m.

a) Wie lautet die Gleichung der Höhenfunktion?

b) Welche maximale Höhe erreicht der Ballon?

c) Wann befindet sich der Ballon wieder auf Starthöhe?

12. Pyramidenbau

Für den Bau einer Pyramide werden 100 Tage veranschlagt.

Die Anzahl der Arbeiter zur Zeit t wird durch $N(t) = 5 + 0{,}5 \cdot \sqrt{t} - 0{,}1t$ erfasst, $0 \leq t \leq 100$. Dabei ist t die Zeit in Tagen und N die Zahl der Arbeiter in Tausend.

a) Skizzieren Sie den Graphen von N.

b) Wann ist die Zahl der Arbeiter maximal?

c) Wann waren 3600 Arbeiter im Einsatz?

d) Wie viele Manntage waren insgesamt erforderlich?

13. Tomatenpflanze

Ein Tomatensetzling besitzt beim Einpflanzen eine Höhe von 5 cm.

Seine Höhe nimmt mit der Geschwindigkeit $v(t) = -0{,}1t^3 + t^2$ zu.

(t in Wochen, v in cm/Woche)

Rekonstruieren Sie die Funktion h, die die Höhe der Pflanze erfasst. Klären Sie folgende Fragen:

a) Wie lange dauert die Wachstumsphase?

b) Wie hoch wird die Pflanze maximal?

c) Wie hoch wird die Pflanze zum Zeitpunkt des schnellsten Wachstums sein?

14. Fahrtenschreiber

Der Fahrtenschreiber hat die Geschwindigkeit eines Busses zwischen zwei Haltestationen aufgezeichnet.

a) Stellen Sie die Geschwindigkeitsfunktion v als abschnittsweise definierte Funktion dar.

b) Wie weit liegen die Haltestellen voneinander entfernt?

c) Welche Durchschnittsgeschwindigkeit wird erzielt?

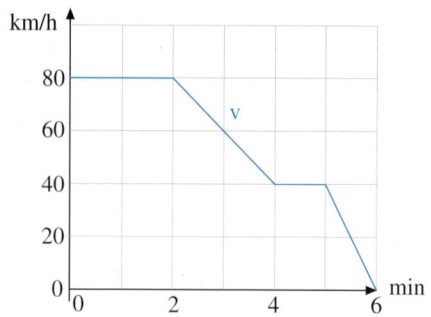

15. Trainingsprogramm

Eine Skaterin läuft ihr Trainingsprogramm ab, welches ihr die auf dem Smartphone dargestellte Geschwindigkeitskurve vorgibt. Diese Kurve besteht aus vier Teilfunktionen.

a) Bestimmen Sie die Gleichungen der drei linearen Teilfunktionen f_1, f_3 und f_4. Geben Sie jeweils auch deren Definitionsintervalle an.

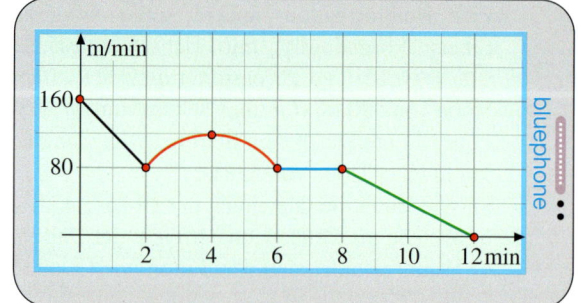

b) Die quadratische Teilfunktion f_2 hat die Gleichung $f_2(x) = -10x^2 + 80x - 40$. Bestätigen Sie dies.

c) Wie lang ist die gesamte Laufstrecke der Skaterin?

d) Wie groß ist ihre Durchschnittsgeschwindigkeit?

16. Volksfest

Bei einem Volksfest wird die Zustromrate durch die Funktion $z(t) = -24t^2 + 190t + 500$ und die Abstromrate durch die Funktion $a(t) = -7,8t^3 + 78t^2$ bestimmt.

(t: Zeit in Std. seit 12.00 Uhr; z, a: Zu- bzw. Abstromrate in Besucher/Std.)

a) Stellen Sie die Graphen von z und a für $0 \leq t \leq 10$ dar (GTR erlaubt).

b) Zu welchen Zeitpunkten sind die Raten maximal, wann sind sie gleich?

c) Wie viele Besucher hatte das Volksfest insgesamt?

d) Wie groß ist die maximale Zahl von Besuchern, die sich gleichzeitig auf dem Volksfest befanden?

e) Zeigen Sie, dass insgesamt alle Besucher das Fest wieder verließen.

Hinweis: Zustromrate und Abstromrate integrieren.

Überblick

Flächeninhalt unter einem Graphen	Fall 1: $f(x) \geq 0$	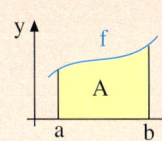	$A = \int\limits_a^b f(x)\,dx$
	Fall 2: $f(x) \leq 0$	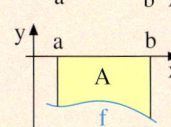	$A = -\int\limits_a^b f(x)\,dx$
	Fall 3: f wechselt das Vorzeichen	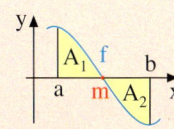	$A = \int\limits_a^m f(x)\,dx - \int\limits_m^b f(x)\,dx$
Flächeninhalt zwischen Graphen	Methode: Differenz-funktion	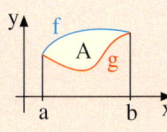	$A = \int\limits_a^b (f(x) - g(x))\,dx$ $= \int\limits_a^b f(x)\,dx - \int\limits_a^b g(x)\,dx$
Mittelwert einer Funktion	Mittelwert von f über [a; b]	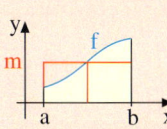	$m = \dfrac{1}{b-a}\int\limits_a^b f(x)\,dx$

Rekonstruktion der Bestandsfunktion f aus der Änderungsrate f′	Ist f′ gegeben sowie ein Funktionswert $f(x_0)$ von f, so kann man die Funktion f mithilfe des unbestimmten Integrals von f′ bestimmen. Der Funktionswert von f wird benötigt, um die Integrationskonstante C festzulegen. $$f(x) = \int f'(x)\,dx + C$$
Rekonstruktion der Bestandsänderung Δf aus der Änderungsrate f′	Ist die Änderungsrate f′ gegeben über dem Intervall [a; b], so kann man die Änderung Δf der Funktion f über dem Intervall mithilfe des bestimmten Integrals von f′ über [a; b] berechnen. $$\Delta f = \int\limits_a^b f'(x)\,dx = f(b) - f(a)$$

Das Volumen von Rotationskörpern

Flaschen, Vasen, Scheinwerfer und Kugeln sind rotationssymmetrische Körper, deren Form durch Rotation einer Randkurve um eine Achse erzeugt werden kann.
Mit der Integralrechnung kann das Volumen solcher Körper rechnerisch bestimmt werden.

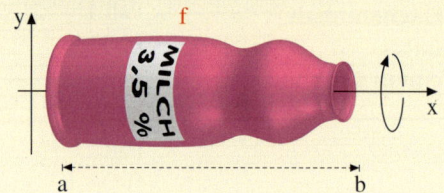

Die Grundidee stammt von Archimedes. Analog zur Einschachtelung von Flächen durch archimedische Rechteckstreifen kann man *Rotationskörper* durch Zylinderscheiben einschachteln. Die folgende Gegenüberstellung führt so zur *Rotationsformel*.

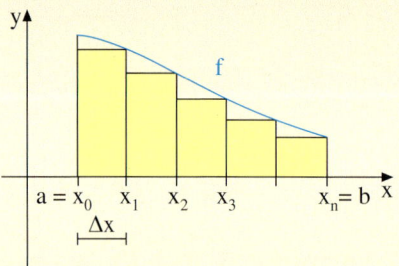

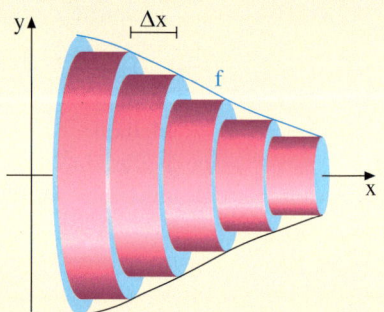

Die *Fläche* A unter dem Graphen von f über dem Intervall [a; b] wird nach Archimedes durch eine *Treppenfläche* aus n rechteckigen Streifen approximiert.

Der Inhalt dieser Treppenfläche ist eine Produktsumme der Gestalt

$$\sum f(x_i) \cdot \Delta x,$$

denn das Rechteck Nr. i besitzt den Inhalt $f(x_i) \cdot \Delta x$.
Lässt man die Anzahl n der Rechteckstreifen gegen unendlich und ihre Breiten Δx gegen null streben, so strebt die Produktsumme gegen das bestimmte Integral von $f(x)$ in den Grenzen von a bis b.
Daher gilt für den Flächeninhalt A:

Flächenformel

$$A = \int_a^b f(x)\, dx$$

Das *Volumen* V des durch Rotation des Graphen von f um die x-Achse über dem Intervall [a; b] entstehenden Körpers wird durch einen *Treppenkörper* aus n zylindrischen Scheiben approximiert.
Das Volumen dieses Treppenkörpers ist eine Produktsumme der Gestalt

$$\sum \pi \cdot f^2(x_i) \cdot \Delta x,$$

denn die Scheibe Nr. i besitzt das Volumen $\pi \cdot f^2(x_i) \cdot \Delta x$.
Lässt man die Anzahl n der Scheiben gegen unendlich und ihre Höhe Δx gegen null streben, so strebt die Produktsumme gegen das bestimmte Integral von $\pi \cdot f^2(x)$ in den Grenzen von a bis b.
Daher gilt für das Rotationsvolumen V:

Rotationsformel

$$V = \pi \cdot \int_a^b (f(x))^2\, dx$$

American Football

American Football ist eine Mannschaftssportart mit zwei Teams zu je 11 Spielern, die sich im 19. Jahrhundert aus dem englischen Rugby entwickelte.

Das Spielfeld ist ein Rechteck, 100 yards lang und 50 yards breit. Jede Mannschaft verteidigt eine 10 yards breite Endzone und versucht selbst, den Ball in die gegnerische Endzone zu tragen, zu passen oder zu treten.

Der Football ist ein eiförmiger Hohlball aus Leder mit einer luftgefüllten Gummiblase.
Sein Durchmesser beträgt an der Längsachse 28,58 cm, an der Querachse 17,94 cm. Er ist zwischen 395 und 425 g schwer.

Volumen des Footballs

Der Football soll durch eine rotierende Parabel modelliert werden. Mithilfe dieses Modells soll das Volumen des Balles theoretisch bestimmt werden.

Lösungsansatz:
Man legt ein Koordinatensystem in die Ballmitte. Für die Parabel wird der Ansatz $f(x) = u x^2 + v$ verwendet. Die Koeffizienten u und v bestimmt man aus den Maßen des Balles. Dann kommt die Rotationsformel zur Anwendung.

2 a sei der Längsdurchmesser des Balles und 2 b der Querdurchmesser.

Der Ansatz $f(x) = u x^2 + v$ führt dann wegen $f(0) = b$ und $f(a) = 0$ auf die Parabel $f(x) = -\dfrac{b}{a^2} x^2 + b$.

Die Berechnung des zugehörigen Rotationsvolumens lautet daher:

$$V = \pi \int_{-a}^{a} \left(-\frac{b}{a^2} x^2 + b \right)^2 dx = \pi \left[\frac{b^2}{a^4} \frac{x^5}{5} - \frac{2 b^2}{a^2} \frac{x^3}{3} + b^2 x \right]_{-a}^{a} = \frac{16}{15} \pi \cdot b^2 a$$

Setzen wir nun die Maße des Footballs ein, d. h. a = 14,29 und b = 8,97, so erhalten wir als Volumen des Balles V = 3853 cm².

Übung

Scheinwerfer
Bestimmen Sie angenähert das Innenvolumen des rechts abgebildeten Scheinwerfers. Dargestellt ist die Querschnittsfläche.
Modellieren Sie seine beiden Umrisse durch zwei Wurzelfunktionen der Form $f(x) = a \cdot \sqrt{x}$ und $g(x) = a \cdot \sqrt{b - x}$.

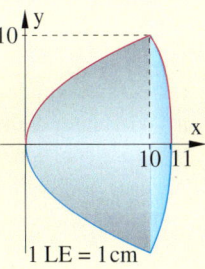

1 LE = 1 cm

Test

Anwendungen der Integralrechnung

1. Fläche unter Kurven
a) Gesucht ist der Inhalt des rechts abgebildeten markierten Flächenstücks A.
b) Wie groß ist der Inhalt der Fläche A, die vom Graphen der Funktion $f(x) = -x^2 + 4x - 3$ und der x-Achse umschlossen wird?

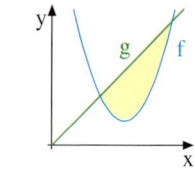

2. Flächen zwischen Kurven
Der Graph von $f(x) = x^2 - 6x + 10$ und die Gerade $g(x) = x$ beranden gemeinsam ein Flächenstück A. Bestimmen Sie die Schnittpunkte von f und g. Fertigen Sie dann eine Skizze an. Berechnen Sie anschließend den Inhalt von A.

3. Tunnel
Ein 10 m langer Fußgängertunnel aus Beton hat die eingezeichneten Maße. Die innere Berandungsparabel hat die Gleichung $g(x) = -\frac{10}{9}x^2 + \frac{5}{2}$.
a) Bestimmen Sie die Gleichung der äußeren Berandungsparabel f.
b) Wieviel m³ Beton werden für den Bau des Tunnels benötigt?

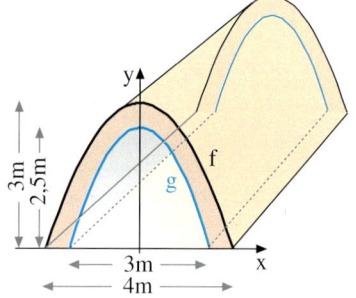

4. Wolfspopulation
Ein Rudel Wölfe hat sein Revier auf einer abgelegenen Halbinsel in Alaska gefunden. Die Wolfspopulation vermehrt sich nun mit der Wachstumsgeschwindigkeit $w'(t) = -0,024t^2 + 0,12t + 9,8$.
t: Zeit in Jahren; $w'(t)$: Wachstumsgeschwindigkeit der Population zur Zeit t in Wölfen/Jahr.
a) Wie viele Wölfe kommen in den ersten zehn Jahren hinzu?
b) Nach 20 Jahren besteht die Population aus 172 Wölfen. Wieviele Tiere waren es zu Beginn?

5. Rekonstruktion einer Bestandsfunktion
Ein Heißluftballon befindet sich in 2000 m Höhe, als der Pilot die Landung einleitet. Die Sinkgeschwindigkeit kann durch die Funktion $v(t) = 0,0015t^2 - 0,3t$ erfasst werden.
t: Zeit in Sekunden; $v(t)$: Geschwindigkeit in m/s.
a) Wie lautet die Gleichung der Funktion $h(t)$, welche die Höhe des Ballons beschreibt?
b) In welcher Höhe ist der Ballon nach zwei Minuten? Wie schnell sinkt er dann?
c) Die Landung erfolgt weich, d.h. die Sinkgeschwindigkeit ist dann gleich null. Nach welcher Zeit und in welcher Höhe erfolgt die Landung?

Lösungen: S. 483

V. Exponentielle Prozesse

1. Grundlagen/Wiederholung zu exponentiellem Wachstum

A. Wachstums- und Zerfallsprozesse

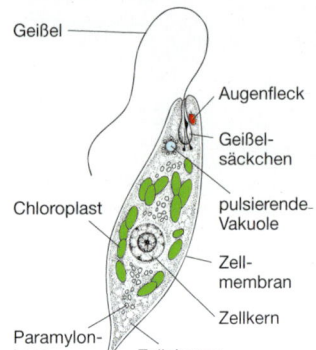

Euglena gracilis

In grün verfärbten Tümpeln lebt ein erstaunliches Wesen, nur 50 µm groß, halb Tier und halb Pflanze. Das sogenannte Augentierchen, lat. Euglena, ernährt sich von Bakterien, aber auch durch Fotosynthese. Mithilfe einer Geißel peitscht es sich nach dem Propellerprinzip voran, wobei es sich um seine Längsachse dreht. Obwohl es keinerlei Denkorgan besitzt, kann es fototaktisch reagieren. Es erkennt Lichteinfall mithilfe eines Fotorezeptors, der aus den lichtempfindlichen Zellen einer Geißelverdickung besteht, die im Geißelsäckchen liegt. Der rote Augenfleck – der der Mikrobe ihren Namen gab – verschattet den Fotorezeptor bei jeder Drehung, wodurch Euglena sich zum Licht hin orientieren kann.

Euglena ist ein Einzeller, der sich durch Teilung vermehrt. Wenn es eine gewisse Größe erreicht hat, schnüren Zellkern und Zelle sich ab. Zwei Tochterzellen entstehen auf diese Weise. Diese teilen sich nach etwa der gleichen Zeit wiederum, sodass ein starkes Populationswachstum entsteht, das erst endet, wenn Licht, Nahrung oder Raum ausgehen.

> ### Beispiel: Das Wachstum einer Euglena-Kolonie
> Im Labor wurde eine Euglena-Kolonie angelegt. Deren Populationswachstum wurde durch Auszählen unter dem Mikroskop über einen Zeitraum von 5 Tagen beobachtet und in einer Tabelle protokolliert. Modellieren Sie mit diesen Daten das Wachstum der Kolonie durch eine geeignete Funktion N. Skizzieren Sie den Graphen von N.
>
> | t: Zeit seit Beobachtungsbeginn in Tagen | 0 | 1 | 2 | 3 | 4 | 5 |
> |---|---|---|---|---|---|---|
> | N: Bestand der Augentierchen (Anzahl) | 300 | 388 | 510 | 670 | 870 | 1125 |

Lösung:

Es liegt exponentielles Wachstum vor. Dies erkennt man durch *Quotientenbildung*:

$\frac{N(1)}{N(0)} \approx 1{,}29$ $\frac{N(2)}{N(1)} \approx 1{,}31$ $\frac{N(3)}{N(2)} \approx 1{,}31$ usw.

Die Quotienten aufeinander folgender Funktionswerte bleiben relativ konstant gleich 1,3. Jeder Funktionswert entsteht daher aus dem Vorhergehenden durch Multiplikation mit dem Faktor 1,3.

Der Bestand N kann daher durch die Exponentialfunktion $N(t) = 300 \cdot 1{,}3^t$ erfasst werden.

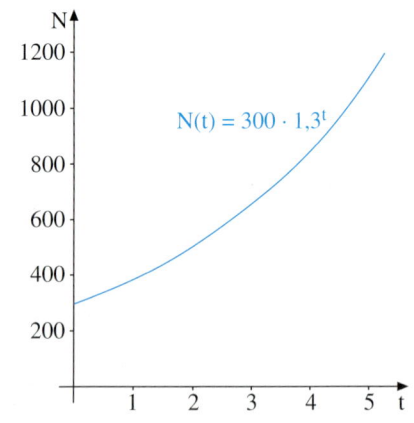

$N(t) = 300 \cdot 1{,}3^t$

Viele Wachstumsprozesse und Zerfallsprozesse besitzen die Eigenschaft, dass die *Quotienten aufeinander folgender Bestände konstant* sind. Man spricht dann von ***exponentiellem Wachstum*** bzw. ***Zerfall*** und kann eine ***Exponentialfunktion*** zur Modellierung des Prozesses verwenden.

Definition V.1: Exponentialfunktion zur Basis a	Wachstum	Zerfall
c und a seien reelle Zahlen. Es gelte $a > 0$.	$a > 1$	$a < 1$
Dann bezeichnet man die reelle Funktion		
$f(x) = c \cdot a^x$	Beispiele:	
als Exponentialfunktion zur Basis a.	$f(x) = 3 \cdot 2^x$	$f(x) = 4 \cdot 0{,}5^x$

▶ **Beispiel: Radioaktiver Zerfall**

In einem Experiment zerfallen minütlich 30 % der noch vorhandenen Stoffmenge eines radioaktiven Elementes. Zu Beobachtungsbeginn sind 2 mg des Stoffes vorhanden. Stellen Sie die noch nicht zerfallene Stoffmenge N als Funktion der Zeit t in Minuten dar.

Lösung:
Hier liegt ein Zerfalls- oder Abnahmeprozess vor. Der Wachstumsfaktor ist in diesem Fall 0,7, d. h. kleiner als 1, denn 100 % Bestand minus 30 % Verlust ergibt 70 %. Die Bestandsfunktion N hat also die Gestalt $N(t) = 2 \cdot 0{,}7^t$.

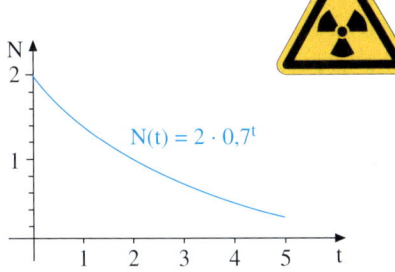

$N(t) = 2 \cdot 0{,}7^t$

Bei Wachstumsprozessen ist die sogenannte Verdoppelungszeit, bei Zerfallsprozessen die sogenannte Halbwertszeit eine charakteristische Größe.

Ist T die Halbwertszeit bei einem Zerfallsprozess, so muss allgemein $N(T) = 0{,}5 \cdot N_0$ gelten.
Dieser Ansatz führt nach nebenstehender Rechnung auf die allgemeine Formel für die Halbwertszeit.

Herleitung der Formel zur

Halbwertszeit	Verdoppelungszeit
$N(T) = 0{,}5 \cdot N_0$	$N(T) = 2 \cdot N_0$
$c \cdot a^T = 0{,}5 \cdot c$	$c \cdot a^T = 2 \cdot c$
$a^T = 0{,}5$	$a^T = 2$
$T = \dfrac{\log 0{,}5}{\log a}$	$T = \dfrac{\log 2}{\log a}$

Die Halbwertszeit

Die Formel für die Halbwertszeit eines **Zerfallsprozesses** mit der Bestandsfunktion $N(t) = c \cdot a^t$, $a < 1$ lautet:

$$T = \frac{\log 0{,}5}{\log a}$$

Die Verdoppelungszeit

Die Formel für die Verdoppelungszeit eines **Wachstumsprozesses** mit der Bestandsfunktion $N(t) = c \cdot a^t$, $a > 1$ lautet:

$$T = \frac{\log 2}{\log a}$$

Übung 1

In jeder Stunde zerfallen 13 % des radioaktiven Stoffes Plutonium 243. Zu Beobachtungsbeginn sind 20 g Plutonium vorhanden. Stellen Sie die Zerfallsfunktion auf und berechnen Sie die Halbwertszeit.

B. Grundlegende Techniken

Der praktische Umgang mit exponentiellen Prozessen erfordert einige lösungstechnische Fähigkeiten. Häufig kann man mithilfe von Logarithmen rechnerische Lösungen erzielen. Aber auch zeichnerische Lösungen und Probierlösungen mit dem Taschenrechner kommen infrage.

▶ **Beispiel: Berechnung von Umkehrwerten**

Zu Beobachtungsbeginn (t = 0) existieren 200 Mikroben, deren Wachstum durch die Wachstumsgleichung $N(t) = 200 \cdot 1,6^t$ beschrieben wird. Wie lange dauert es, bis dieser Anfangsbestand von 200 Mikroben auf ca. 1000 Tierchen angewachsen ist?

Lösen Sie die Aufgabe auf folgende Arten:
1. durch Probieren mithilfe des Taschenrechners,
2. durch zeichnerische Darstellung des Graphen,
3. rechnerisch mithilfe von Logarithmen.

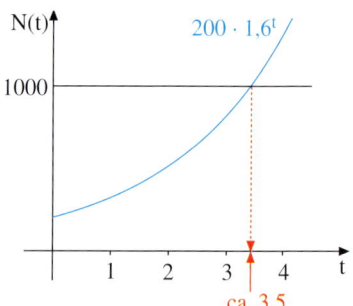

Lösung:

1. Probieren mit dem Taschenrechner

Wir berechnen die Funktionswerte für t = 2 (zu klein), für t = 3 (zu klein) und für t = 4 (zu groß). Nun gehen wir etwas zurück und erhalten für t = 3,5 ein ganz gutes Resultat. Das exakte Ergebnis dürfte noch etwas kleiner sein. Die Methode geht schnell und reicht für praktische Zwecke aus.

$$200 \cdot 1,6^2 \approx 512$$
$$200 \cdot 1,6^3 \approx 819$$
$$200 \cdot 1,6^4 \approx 1311$$
$$200 \cdot 1,6^{3,5} \approx 1036$$

Nach etwas weniger als 3,5 Tagen sind ca. 1000 Mikroben vorhanden.

2. Graphische Lösung

Mithilfe eine Wertetabelle zeichnen wir den Graphen von f sowie die horizontale Gerade y = 1000 ein.

Diese schneidet den Graphen der Bestandsfunktion etwa bei x = 3,5. Nach 3,5 Tagen beträgt die Population ca. 1000 Tierchen. Die Methode ist zeitaufwendig, aber sehr anschaulich.

3. Rechnerische Lösung

Die rechnerische Lösung beruht auf dem Ansatz $N(t) = 200 \cdot 1,6^t = 1000$ und dem Rechengesetz für das Logarithmieren einer Potenz und ist rechts dargestellt.

Das Ergebnis ist 3,42 Tage, d. h. also etwa 3 Tage 10 Stunden.

Die rechnerische Methode liefert ein ge-
▶ naueres Ergebnis.

Rechnung:

$$200 \cdot 1,6^t = 1000$$
$$1,6^t = 5$$
$$\log 1,6^t = \log 5$$
$$t \cdot \log 1,6 = \log 5$$
$$t = \frac{\log 5}{\log 1,6} \approx \frac{0,6990}{0,2041} \approx 3,42$$

Hinweis:
Auf Taschenrechnern erhält man den dekadischen Logarithmus mit der log-Taste.

▶ **Beispiel: Schnittpunkt von Exponentialfunktionen**
In einem Teich werden zwei Algenkolonien ausgesetzt. Zu Beginn bedeckt Kolonie Alpha
$300\,cm^2$ und Kolonie Beta $800\,cm^2$ der Wasseroberfläche. Alpha vermehrt sich Tag für Tag um
$60\,\%$. Beta wächst etwas langsamer, nämlich täglich um $20\,\%$.
a) Nach welcher Zeit sind die Bestände gleich stark?
b) Wie lange dauert es, bis der $100\,m^2$ große Teich völlig bedeckt ist? Welchen Prozentanteil
   des Teiches bedeckt dann die Kolonie Alpha? Verwenden Sie zur Lösung den GTR.

Lösung zu a):
Die beiden Wachstumsfunktionen sind hier
$N_1(t) = 300 \cdot 1,6^t$ und $N_2(t) = 800 \cdot 1,2^t$.
Der Bestand der Population Alpha ist zu
Beginn niedriger als der von Beta, holt je-
doch schnell auf.
Laut Zeichnung ist nach ca. $t = 3,5$ Tagen
Gleichstand erreicht.

Durch Gleichsetzen der Funktionsterme
lässt sich die Schnittstelle rechnerisch genauer bestimmen.
Wir erhalten $t \approx 3,41$ Tage, also theoretisch
3 Tage 9 Stunden 50 Minuten.
Prinzipiell reicht die zeichnerische Lösung
aus, da der reale Wachstumsprozess ohnehin Schwankungen aufweist.

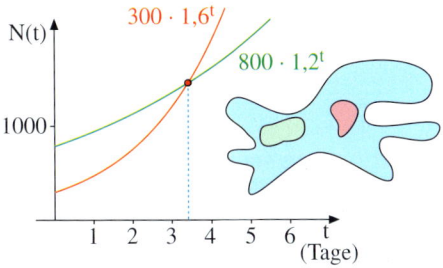

Rechnung:

$$300 \cdot 1,6^t = 800 \cdot 1,2^t$$
$$\frac{1,6^t}{1,2^t} = \frac{800}{300}$$
$$\left(\frac{4}{3}\right)^t = \frac{8}{3}$$
$$t \cdot \log\left(\frac{4}{3}\right) = \log\frac{8}{3}$$
$$t = \frac{\log\frac{8}{3}}{\log\frac{4}{3}} \approx 3,41\,\text{Tage}$$

Lösung zu b):
$100\,m^2$ sind $1\,000\,000\,cm^2$. Wir verwenden
daher den Ansatz $N_1(t) + N_2(t) = 1\,000\,000$.
Dies führt auf die Exponentialgleichung
$300 \cdot 1,6^t + 800 \cdot 1,2^t = 1\,000\,000$, die wir
mit dem GTR lösen.
Wir erhalten als Resultat: $t \approx 17,2$ Tage. Der
Anteil von Kolonie Alpha beträgt dann ca.
$300 \cdot 1,6^{17,2} \approx 972\,714\,cm^2$ von insgesamt
$991\,122\,cm^2$.
Das sind etwa $98\,\%$.

Ansatz:
$$N_1(t) + N_2(t) = 1\,000\,000$$
$$300 \cdot 1,6^t + 800 \cdot 1,2^t = 1\,000\,000$$

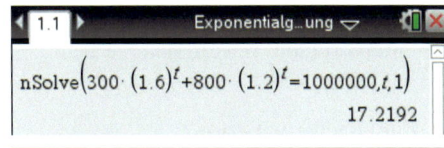

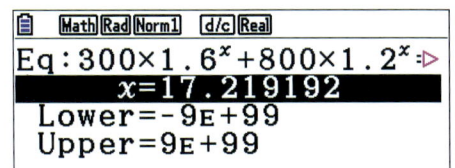

Übung 2

Müller und Dorn wollen ihr Kapital durch Sparen vermehren. Müller legt $10\,000\,€$ zu einem
jährlichen Zinssatz von $5\,\%$ an. Wie lange muss er warten, bis sein Kapitel auf $20\,000\,€$ angewachsen ist? Dorn hat nur $8\,000\,€$, kann diese aber zu $7\,\%$ anlegen. Wann ist sein Kapital ebenso
groß wie das von Müller? Nach welcher Zeit besitzen die beiden zusammen $30\,000\,€$?

Übungen

3. Auswertung von Tabellen

Führen Sie den Nachweis für exponentielles Wachstum bzw. exponentiellen Zerfall und stellen Sie die Wachstumsfunktion bzw. die Zerfallsfunktion auf.

t	0	1	2	3	4
N(t)	50	90	162	291	525

t	3	4	5	6	7
N(t)	2000	1200	720	432	259

t	0	2	4	6	8
N(t)	100	196	384	753	1476

t	0	2	4	6	10
N(t)	200	242	293	354	519

4. Auswertung von Graphen

Eine Hasenpopulation im Jahnpark wurde graphisch protokolliert.

a) Überprüfen Sie, ob der Prozess tatsächlich exponentiell verläuft.

b) Stellen Sie die Funktionsgleichung der Wachstumsfunktion auf.

c) Entnehmen Sie dem Graphen, in welcher Zeit sich der Bestand verdoppelt (Verdoppelungszeit).

d) Für welches t gilt N(t) = 10?

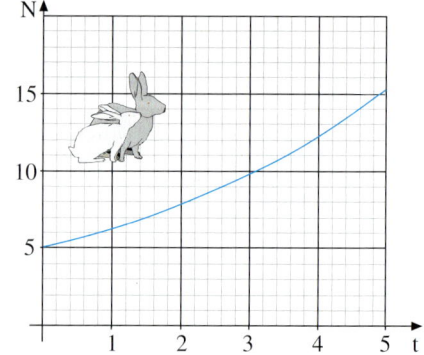

5. Elementare Rechentechniken für Exponentialfunktionen

Gegeben sind die Funktionen $f(x) = 0{,}5 \cdot 1{,}5^x$ und $g(x) = 3 \cdot 0{,}4^x$.

a) Skizzieren Sie die Graphen von f und g für $0 \le x \le 5$.

b) Für welchen Wert von x nimmt die Funktion f bzw. die Funktion g den Wert 10 an?

c) An welcher Stelle schneiden sich die Graphen von f und g?

d) Gesucht ist ein Intervall [a; b], in welchem sich die Werte von f und g höchstens um 1 unterscheiden. Bestimmen Sie a und b angenähert.

6. Bakterienwachstum

Das Bakterium *Salmonella enteritidis* löst schwere Magen-Darm-Erkrankungen aus. Die infektiöse Dosis beträgt ca. 1 Million Keime. Das Bakterium kommt bevorzugt in Eispeisen vor und vermehrt sich bei Temperaturen über 8 °C.

Die Tabelle zeigt die Vermehrung in einem infizierten Ei, das bei 25 °C gelagert wird.

a) Wie lautet die Wachstumsfunktion?

b) Wie groß ist die Verdoppelungszeit?

c) Wann wird die Infektionsdosis erreicht?

Uhrzeit	10^{00}	12^{00}	14^{00}	16^{00}
Keimzahl	1000	5500	30000	160000

d) Das Ei wird bis 18^{00} bei 25 °C gelagert und dann in ein Kühlfach mit 12 °C gelegt. Hierdurch vervierfacht sich die Verdoppelungszeit. Wann wird nun die Infektionsdosis erreicht?

2. Die natürliche Exponentialfunktion $f(x) = e^x$

A. Näherungsweise Differentiation von $f(x) = 2^x$

In diesem Abschnitt wenden wir uns zunächst der Aufgabe zu, die Ableitung der Exponentialfunktion $f(x) = a^x$ zu bestimmen, die wir später häufig benötigen.

> **Beispiel:** Gegeben sei die Exponentialfunktion $f(x) = 2^x$. Bestimmen Sie zeichnerisch und
> rechnerisch die Ableitung von f.

Lösung:
Graphisches Differenzieren:
Wir zeichnen den Graphen von f mittels
einer Wertetabelle und lesen näherungsweise die Steigungen des Graphen an einigen
Stellen ab, indem wir dort die Tangenten
einzeichnen.

x	−1	0	1	2
m	0,4	0,7	1,4	2,8

Auf dieser Grundlage skizzieren wir die
Ableitungsfunktion f′, deren Funktionswerte die Steigungen von f sind. Aufgrund
des Verlaufs der skizzierten Ableitungsfunktion f′ liegt die Vermutung nahe, dass
es sich ebenfalls um eine Exponentialfunktion handelt. Da die Ableitungsfunk-
tion nicht durch den Punkt $P(0|1)$ geht,
müssen wir den Ansatz $f'(x) = c \cdot a^x$ verwenden. Ablesen der Steigung von f an der
Stelle $x = 0$ ergibt die Näherung $c \approx 0{,}7$.

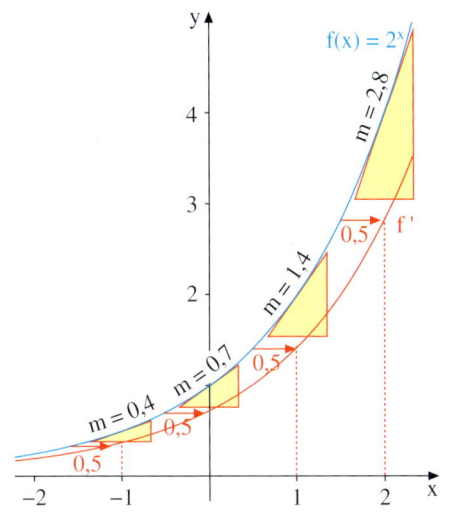

Vermutung: $f'(x) = c \cdot a^x$

$f'(0) \approx 0{,}7 \quad \Rightarrow \quad c \approx 0{,}7$

Offensichtlich kann man den Graphen von
f′ auch durch Verschiebung* von f in
x-Richtung erhalten (durch Pfeile angedeutet). Am Graphen lässt sich eine Verschiebung um ca. 0,5 in x-Richtung feststellen.
Die nebenstehende Anwendung eines Po-
tenzgesetzes führt auf die Näherungsfunktion $f'(x) \approx 0{,}7 \cdot 2^x$.
Vermutung: $(2^x)' \approx 0{,}7 \cdot 2^x$

Verschiebung des Graphen von f um ca. 0,5
in x-Richtung:

$f'(x) = 2^{x-0{,}5} = 2^x \cdot 2^{-0{,}5} \approx 0{,}7 \cdot 2^x$

---

* Diese Verschiebung lässt sich durch Verwendung zweier übereinander liegender OH-Folien gut zeigen.

Rechnerisches Differenzieren:

Um unsere Vermutung zu bestätigen und eine bessere Näherung zu erhalten, bestimmen wir die Ableitung von f rechnerisch mithilfe des Differentialquotienten.

Hierbei tritt der Grenzwert $\lim\limits_{h\to 0}\frac{2^h-1}{h}$ auf.

Diesen können wir allerdings mit unseren Mitteln nur näherungsweise ermitteln.*
Wir nähern uns dem Grenzwert mithilfe eines Taschenrechners. Dazu setzen wir für h kleine Testwerte ein, die wir an null heranrücken lassen.

$$f'(x) = \lim\limits_{h\to 0}\frac{f(x+h)-f(x)}{h}$$

$$= \lim\limits_{h\to 0}\frac{2^{x+h}-2^x}{h}$$

$$= \lim\limits_{h\to 0}\left(\frac{2^h-1}{h}\cdot 2^x\right)$$

$$= \left(\lim\limits_{h\to 0}\frac{2^h-1}{h}\right)\cdot 2^x$$

$$\approx 0{,}693\cdot 2^x$$

h	0,1	0,01	0,001	0,0001
$\frac{2^h-1}{h}$	0,718	0,696	0,6934	0,6932

Resultat:

$$(2^x)' \approx 0{,}693\cdot 2^x$$

Die nebenstehende Rechnung bestätigt die graphisch gewonnene Vermutung und liefert das Resultat: $(2^x)' \approx 0{,}693\cdot 2^x$.

 Übung 1

Gegeben sei die Funktion $f(x) = 3^x$.
a) Skizzieren Sie den Graphen von f über dem Intervall $[-1; 1]$.
b) Bestimmen Sie die Ableitungsfunktion f' näherungsweise graphisch.
c) Bestimmen Sie die Ableitungsfunktion f' näherungsweise rechnerisch.
d) Berechnen Sie f'(0,5) näherungsweise auf 3 Nachkommastellen.
e) Ermitteln Sie näherungsweise die Gleichung der Tangente an den Graphen von f bei $x = 1$.

 Übung 2

Gegeben sei die Funktion $f(x) = 1{,}5^x$.
a) Skizzieren Sie den Graphen von f über dem Intervall $[-3; 3]$.
b) Bestimmen Sie die Ableitungsfunktion f' näherungsweise graphisch.
c) Bestimmen Sie die Ableitungsfunktion f' näherungsweise rechnerisch.

Übung 3

Ermitteln Sie den Differentialquotienten der Funktion $f(x) = a^x$ in Abhängigkeit von a.
Gehen Sie dabei wie im obigen Beispiel für $f(x) = 2^x$ vor.

---

* Man kann zeigen, dass $\lim\limits_{h\to 0}\frac{2^h-1}{h} = \ln 2$ gilt ($\ln 2 \approx 0{,}693$).

B. Die natürliche Exponentialfunktion $f(x) = e^x$

Berechnen wir die Ableitung von $f(x) = a^x$ für verschiedene Basen a zwischen 1 und 3 näherungsweise, so lassen die nebenstehend aufgeführten Resultate die Vermutung plausibel erscheinen, dass es eine ganz bestimmte Basis e gibt, für die der

Grenzwert $\lim\limits_{h \to 0} \frac{e^h - 1}{h}$ den Wert 1 hat.

$$(1,5^x)' = \left(\lim_{h \to 0} \frac{1,5^h - 1}{h}\right) \cdot 1,5^x \approx 0,405 \cdot 1,5^x$$

$$(2^x)' = \left(\lim_{h \to 0} \frac{2^h - 1}{h}\right) \cdot 2^x \quad \approx 0,693 \cdot 2^x$$

$$(3^x)' = \left(\lim_{h \to 0} \frac{3^h - 1}{h}\right) \cdot 3^x \quad \approx 1,099 \cdot 3^x$$

$$(e^x)' = \left(\lim_{h \to 0} \frac{e^h - 1}{h}\right) \cdot e^x \quad = 1 \cdot e^x$$

Diese Zahl e existiert tatsächlich. Sie liegt offensichtlich zwischen 2 und 3 und man nennt sie die *Euler'sche Zahl*.

Der bedeutende Mathematiker Leonhard EULER (1707–1783) stellte in seinem Werk „Introductio in Analysin Infinitorum", das 1748 in lateinischer Sprache erschien, Exponentialgrößen und Logarithmen durch konvergente unendliche Reihen dar. Ebendort führte er die Abkürzung e für eine der von ihm untersuchten Reihen ein, die gegen den Zahlenwert e konvergiert.

Leonhard Euler hat die Bezeichnung e vermutlich nicht aufgrund seines Familiennamens, sondern möglicherweise für den Zusammenhang mit „Exponentialgrößen" gewählt.

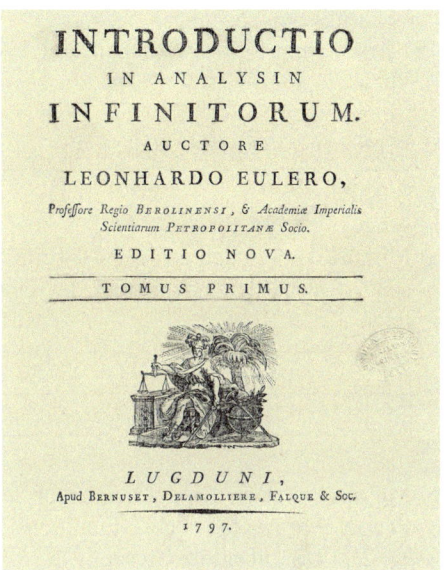

Die Zahl e ist deshalb so interessant, weil die Exponentialfunktion mit der Basis e nach den obigen Überlegungen bemerkenswerterweise zugleich ihre eigene Ableitung darstellt. Sie ist praktisch* die einzige Funktion mit dieser Eigenschaft. Die Exponentialfunktion zur Basis e wird auch *natürliche Exponentialfunktion* genannt.

Satz V.1: Es gibt eine reelle Zahl e, so dass gilt:
$$(e^x)' = e^x.$$

Die Zahl e ist definiert durch
$$\lim_{h \to 0} \left(\frac{e^h - 1}{h}\right) = 1.$$

Auf den Nachweis der Existenz dieses Grenzwertes verzichten wir und wenden uns nun der näherungsweisen Berechnung der Euler'schen Zahl e zu.

---

* Nur die Funktionen $f(x) = a \cdot e^x$ mit $a \in \mathbb{R}$ besitzen diese Eigenschaft.

Man kann die Euler'sche Zahl e wie rechts angegeben auch als Folgengrenzwert definieren. Wegen ihrer großen Bedeutung ist die Funktion $f(x) = e^x$ auf jedem Taschenrechner zu finden. Taste $\boxed{e^x}$.

> Die Euler'sche Zahl e ist als Folgengrenzwert darstellbar:
> $$e = \lim_{n \to \infty} \left(1 + \frac{1}{n}\right)^n.$$
> Es gilt: $e = 2{,}718\ldots$

▶ **Beispiel:** Gegeben ist die Funktion $f(x) = e^x$, $x \in \mathbb{R}$.

a) Zeichnen Sie den Graphen der Funktion f für $-2 \le x \le 2$ auf der Basis einer Wertetabelle mit der Schrittweite 0,5.

b) Beschreiben Sie das Verhalten der Funktion für $x \to \infty$ bzw. für $x \to -\infty$.

c) Bestimmen Sie die Gleichung der Tangente an den Graphen von f an der Stelle $x = 0$.

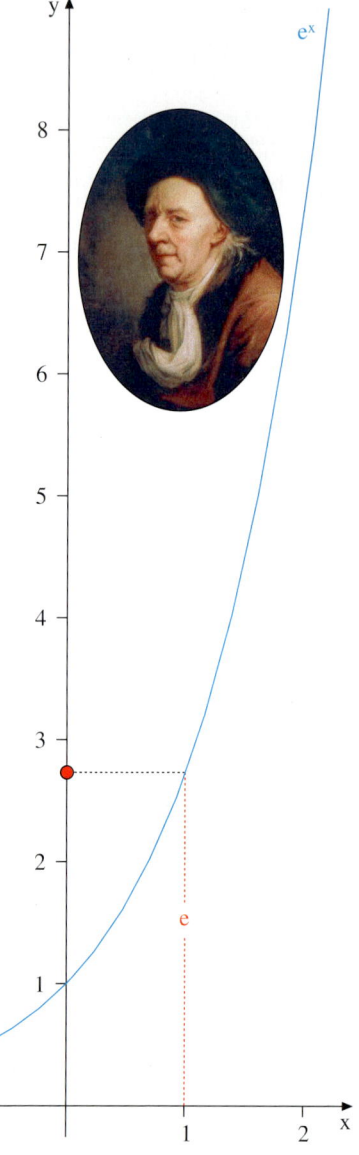

Lösung:

a) Mithilfe des Taschenrechners wird eine Wertetabelle erstellt, welche der Skizzierung des Graphen zugrunde liegt.

x	−2	−1,5	−1	−0,5	0	0,5	1	1,5	2
e^x	0,14	0,22	0,37	0,61	1	1,65	2,72	4,48	7,39

b) Mit wachsendem x steigt der Graph immer steiler an. Für $x \to \infty$ wächst der Funktionsterm e^x wegen $e \approx 2{,}718 > 1$ über alle Grenzen.
Für $x \to -\infty$ schmiegt sich der Graph immer dichter an die x-Achse, der Funktionsterm strebt dem Grenzwert 0 zu.

c) Wir wählen $y(x) = mx + n$ als Ansatz für die Tangentengleichung. Aus $f(x) = e^x$ und $f'(x) = e^x$ folgt $n = f(0) = 1$ und $m = f'(0) = 1$. Also ist $y(x) = x + 1$ die Gleichung der Tangente an den Graphen von f an der Stelle $x = 0$.

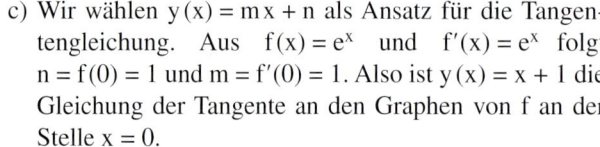

C. Die natürliche Logarithmusfunktion $f(x) = \ln x$

Die Funktion $f(x) = e^x$ ist streng monoton steigend, da $f'(x) = e^x > 0$ für alle $x \in \mathbb{R}$ gilt.

Aus dem Unterricht der Klasse 10 ist uns bekannt, dass die Umkehrfunktion einer Exponentialfunktion die Logarithmusfunktion zur gleichen Basis ist, deren Graphen man durch Spiegelung an der Winkelhalbierenden des 1. Quadranten erhält.

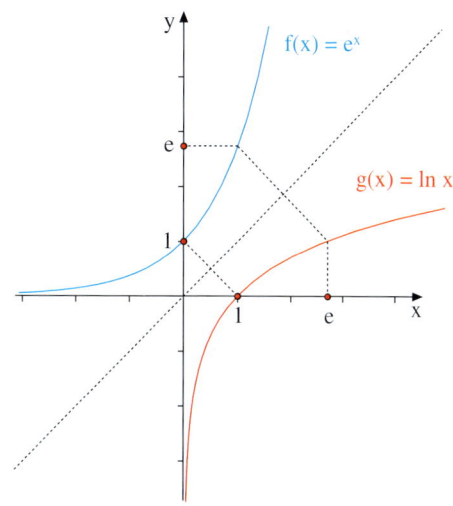

Die Funktion zu $f(x) = e^x$ hat also die Logarithmusfunktion zur Basis e als Umkehrfunktion. Diese wird als *natürliche Logarithmusfunktion* $g(x) = \ln x$ bezeichnet ($\ln x = \log_e x$, **l**ogarithmus **n**aturalis).

Wir können daher insbesondere die folgenden Rechengesetze verwenden:

$$\ln(e^x) = x, \quad e^{\ln x} = x.$$

Logarithmusfunktionen werden hier nicht näher untersucht. Wir verwenden sie lediglich zur Berechnung von Funktionswerten.*

> ▶ **Beispiel:** Gegeben sei die Funktion $f(x) = e^x$. Berechnen Sie, für welches x die Funktion f den Funktionswert 1,5 annimmt.

Lösung:
Wir lösen die Exponentialgleichung durch Logarithmieren, wobei wir hier den natürlichen Logarithmus verwenden.
Wenden wir die obigen Rechenregeln an,
▶ erhalten wir als Resultat $x = \ln 1{,}5 \approx 0{,}41$.

Ansatz: $\qquad\qquad e^x = 1{,}5$
Logarithmieren: $\ln(e^x) = \ln 1{,}5$
Resultat: $\qquad\quad x = \ln 1{,}5 \approx 0{,}41$

Übung 4

Gegeben sei die Funktion $f(x) = e^{-x}$.
a) Zeichnen Sie den Graphen von f für $-2 \leq x \leq 2$.
b) Zeichnen Sie den Graphen der Umkehrfunktion g durch Spiegelung des Graphen von f an der Winkelhalbierenden des 1. Quadranten.
c) Berechnen Sie, für welches x die Funktion f den Funktionswert 5 annimmt.

---

* Taschenrechner besitzen eine (LN)-Taste (oder man muss die Tastenkombination (INV) (e^x) betätigen).

3. Die Produktregel

Die Summenregel der Differentialrechnung lautet: Ist $f(x) = u(x) + v(x)$, so gilt für die Ableitung $f'(x) = u'(x) + v'(x)$. Summen können gliedweise differenziert werden.

Es stellt sich die Frage, ob in Analogie hierzu ein Produkt faktorweise differenziert werden kann, ob also $f(x) = u(x) \cdot v(x)$ die Ableitung $f'(x) = u'(x) \cdot v'(x)$ besitzt.

▶ **Beispiel:** Untersuchen Sie anhand der Funktion $f(x) = x^2 \cdot x^3 = u(x) \cdot v(x)$, ob die Ableitung von Produkten durch faktorweises Differenzieren gewonnen werden kann.

Lösung:
Faktorweises Differenzieren führt auf das Ergebnis $f'(x) = 2x \cdot 3x^2 = 6x^3$.
Dieses Resultat kann nicht richtig sein, denn $f(x) = x^2 \cdot x^3 = x^5$ besitzt nach der
▶ Potenzregel die Ableitung $f'(x) = 5x^4$.

▶ **Beispiel:** Gegeben sei wiederum die Funktion $f(x) = x^2 \cdot x^3 = u(x) \cdot v(x)$. Versuchen Sie nun, das richtige Ableitungsergebnis $f'(x) = 5x^4$ aus den Termen u, u', v und v' zu kombinieren. Stellen Sie eine Regel für das Ableiten von Produkten auf.

Lösung:
$f(x) = x^2 \cdot x^3 = x^5$ hat nach der Potenzregel die Ableitung $f'(x) = 5x^4$. Aus den Termen u, u', v und v' lassen sich Potenzen vierten Grades, die wir benötigen, nur durch Multiplikation erzielen. Die Produkte $u'v$ und uv' führen auf solche Potenzen. Man erkennt, dass die Addition dieser Terme den Zielterm $5x^4$ liefert. Dies legt die Regel
▶ $(u \cdot v)' = u' \cdot v + u \cdot v'$ nahe.

Gegebene Funktion f:
$f(x) = x^2 \cdot x^3 = u(x) \cdot v(x)$

Vermutete Regel:
$f'(x) = u'(x) \cdot v'(x)$
$f'(x) = 2x \cdot 3x^2 = 6x^3$

Kontrollrechnung mit der Potenzregel:
$f(x) = x^2 \cdot x^3 = x^5 \Rightarrow f'(x) = 5x^4$

Folgerung:
$f'(x) \neq u'(x) \cdot v'(x)$

Zielterm:
$f(x) = x^2 \cdot x^3 = x^5 \Rightarrow f'(x) = 5x^4$

Faktoren und ihre Ableitungen:
$u = x^2 \qquad v = x^3$
$u' = 2x \qquad v' = 3x^2$

Kombination zu Potenzen 4. Grades:
$u' \cdot v = 2x \cdot x^3 = 2x^4$
$u \cdot v' = x^2 \cdot 3x^2 = 3x^4$
_____
$u' \cdot v + u \cdot v' = 5x^4$

Regel:

$$(u \cdot v)' = u' \cdot v + u \cdot v'$$

Wir formulieren nun die oben vermutete *Produktregel* in mathematisch exakter Form:

Satz V.2: Die Produktregel

Die Funktion f sei das Produkt der beiden
differenzierbaren Faktoren u und v.

$$f(x) = u(x) \cdot v(x)$$

Dann ist auch die Funktion f differenzierbar
und für ihre Ableitung f′ gilt die Formel:

$$f'(x) = u'(x) \cdot v(x) + u(x) \cdot v'(x).$$

Produktregel
$$(u \cdot v)' = u' \cdot v + u \cdot v'$$

Beweis der Produktregel:

Wir versuchen, im Differenzenquotienten von f die Differenzenquotienten von u und v durch Umformungen zu erzeugen. Das gelingt durch die künstliche Hinzufügung geeigneter Terme, was aber im Gegenzug durch deren Gegenterme wieder ausgeglichen werden muss.

$$f'(x) = \lim_{h \to 0} \frac{f(x+h) - f(x)}{h} = \lim_{h \to 0} \frac{u(x+h) \cdot v(x+h) - u(x) \cdot v(x)}{h}$$

Definition der
Ableitung f′

$$= \lim_{h \to 0} \frac{u(x+h) \cdot v(x+h) - u(x) \cdot v(x+h) + u(x) \cdot v(x+h) - u(x) \cdot v(x)}{h}$$

Ergänzung von
Term und Gegenterm

$$= \lim_{h \to 0} \frac{[u(x+h) - u(x)] \cdot v(x+h) + u(x) \cdot [v(x+h) - v(x)]}{h}$$

Ausklammern,
Grenzwertsätze
für Funktionen

$$= \lim_{h \to 0} \underbrace{\frac{u(x+h) - u(x)}{h}}_{u'(x)} \cdot \underbrace{\lim_{h \to 0} v(x+h)}_{v(x)} + \underbrace{\lim_{h \to 0} u(x)}_{u(x)} \cdot \underbrace{\lim_{h \to 0} \frac{v(x+h) - v(x)}{h}}_{v'(x)}$$

Definitionen von
u′ und v′

$$= u'(x) \cdot v(x) + u(x) \cdot v'(x)$$

Hinweis: Die hier aufgeführten Beispiele und Übungen könnten durch Termzusammenfassungen auch ohne die Produktregel gelöst werden. Die Regel wird erst beim Auftreten von trigonometrischen Termen und Exponentialtermen unverzichtbar.

Übung 1

Berechnen Sie f′ mithilfe der Produktregel. Berechnen Sie anschließend f′ auf eine zweite Art ohne Anwendung der Produktregel. Formen Sie hierzu den Funktionsterm jeweils um.

a) $f(x) = x^4 \cdot x^5$ b) $f(x) = (2x^2) \cdot (3x^4)$ c) $f(x) = (x^3 + x^2) \cdot (x^2 + x)$

d) $f(x) = \sqrt{x} \cdot \sqrt{x}, x > 0$ e) $f(x) = x^3 \cdot \frac{1}{x}, x \neq 0$ f) $f(x) = (ax^3 + bx^2) \cdot \frac{1}{x^2}, x \neq 0$

Übung 2

Erklären Sie den Unterschied zwischen der Produktregel und der Faktorregel. Leiten Sie die Faktorregel durch Anwendung der Produktregel her.

Übung 3

Die Produktregel lässt sich auch auf Produkte aus drei und mehr Faktoren ausweiten.
Beispielsweise gilt bei drei Faktoren: $(u \cdot v \cdot w)' = u' \cdot v \cdot w + u \cdot v' \cdot w + u \cdot v \cdot w'$
Überprüfen Sie dies an der Funktion $f(x) = x^2 \cdot x^3 \cdot x^4$.

Wir wenden nun die Produktregel auf die bereits bekannten Funktionsklassen an.

> **Beispiel: Produktregel**
> Differenzieren Sie die Funktion f.   a) $f(x) = (x - 2) \cdot e^x$ b) $f(x) = x \cdot \sin x$

Lösung zu a):

$$f'(x) = (x - 2)' \, e^x + (x - 2) \, (e^x)'$$
$$= 1 \cdot e^x + (x - 2) \cdot e^x$$
$$= (x - 1) \cdot e^x$$

Lösung zu b):

$$f'(x) = (x)' \cdot \sin x + x \cdot (\sin x)'$$
$$= 1 \cdot \sin x + x \cdot \cos x$$
$$= \sin x + x \cdot \cos x$$

Übung 4   Produktregel

Differenzieren Sie die Funktion f mithilfe der Produktregel.

a) $f(x) = x \cdot e^x$ b) $f(x) = x \cdot \cos x$ c) $f(x) = x^2 \cdot e^x$ d) $f(x) = e^x \cdot \sin x$

e) $f(x) = x^2 \cdot \sqrt{x}$ f) $f(x) = (x + 3) \cdot \frac{1}{x}$ g) $f(x) = \sin^2 x$ h) $f(x) = \frac{1}{x^2} \cdot (x + 1)$

Übung 5   Paare bilden

Bilden Sie Paare aus Funktionsterm (A–F) und zugehörigem Ableitungsterm (I–VI).

A
$(x^3 + 2) \cdot x^3$

B
$(x + 3) \cdot \sqrt{x}$

I
$\cos^2 x - \sin^2 x$

II
$-2 \sin x \cos x$

C
$(2x + 1) \cdot e^x$

D
$\sin x \cdot \cos x$

III
$(2x + 3) \cdot e^x$

IV
$6x^2 \cdot (x^3 + 1)$

E
$\cos^2 x$

F
$e^x \cdot \sqrt{x}$

V
$e^x \cdot (\sqrt{x} + \frac{1}{2\sqrt{x}})$

VI
$1{,}5(\sqrt{x} + \frac{1}{\sqrt{x}})$

Übung 6   Steigung und Tangente

Welche Steigung hat die Funktion $f(x) = x \cdot \sin x$ an der Stelle $x_0 = \pi$? Wie lautet die Gleichung der Tangente an den Graphen von f an dieser Stelle?

Übung 7   Achtung, Fehler

Welcher Fehler wurde beim Differenzieren der Funktion f gemacht?

a) $f(x) = \sin x \cdot \cos x$

$f'(x) = \cos x \cdot \cos x + \sin x \cdot \sin x$
$= \cos^2 x + \sin^2 x$

b) $f(x) = x^2 \cdot e^x$

$f'(x) = 2x e^x + x^2 e$

c) $f(x) = e^x \cdot e^x$

$f'(x) = (e^x)' \cdot (e^x)' = e^x \cdot e^x$

4. Die Kettenregel

Das Problem auf der Tafel scheint eine einfache Lösung zu haben. Die Ableitung von $k(x) = (2x + 1)^{40}$ dürfte doch nach Potenzregel $k'(x) = 40(2x + 1)^{39}$ sein, oder? Darf man die Potenzregel wirklich auf eine Klammer anwenden? Um dies überprüfen zu können, betrachten wir zunächst die einfacheren Funktionen $k(x) = (2x + 1)^3$ und $k(x) = (5x + 1)^3$.

Hier liegen *verkettete Funktionen* vor. Beispielsweise lässt sich die betrachtete Funktion $k(x) = (2x + 1)^3$ als Verkettung der beiden einfacheren Funktionen $f(x) = x^3$ und $g(x) = 2x + 1$ darstellen.
Mit diesen Bezeichnungen gilt nämlich $k(x) = f(g(x))$. f heißt *äußere* Funktion und g *innere* Funktion der Verkettung k.

Die Verkettung von f und g

$f(x) = x^3$ *äußere Funktion*
$g(x) = 2x + 1$ *innere Funktion*

$$\begin{aligned} k(x) &= f(g(x)) \\ &= f(2x + 1) \\ &= (2x + 1)^3 \quad \textit{Verkettung} \end{aligned}$$

▶ **Beispiel:** Die Funktion $k(x) = (2x + 1)^3$ ist die Verkettung von $f(x) = x^3$ und $g(x) = 2x + 1$. Gesucht ist die Ableitung von k. Versuchen Sie, k auf zwei unterschiedliche Arten zu differenzieren. Wiederholen Sie anschließend das Vorgehen am Beispiel $k(x) = (5x + 1)^3$.

Lösung für $(2x + 1)^3$:

Weg 1:
Wir wenden die Potenzregel direkt an, denn der Funktionsterm ist die dritte Potenz einer Klammer.

$$k(x) = (2x + 1)^3$$
$$k'(x) = 3 \cdot (2x + 1)^2$$

Um den Vergleich zum Resultat von Weg 2 ziehen zu können, lösen wir die Klammern auf.

$$k'(x) = 3 \cdot (4x^2 + 4x + 1)$$
$$k'(x) = 12x^2 + 12x + 3$$

Weg 2:
Wir gehen strikt nach bereits bekannten Regeln vor. Da wir keine Regel für das Differenzieren einer Klammerpotenz kennen, lösen wir zunächst die Klammer auf.

$$\begin{aligned} k(x) &= (2x + 1)^3 \\ &= (2x)^3 + 3 \cdot (2x)^2 + 3 \cdot (2x) + 1 \\ &= 8x^3 + 12x^2 + 6x + 1 \end{aligned}$$

Nun differenzieren wir das Polynom und erhalten

$$k'(x) = 24x^2 + 24x + 6.$$

Lösung für $(5x + 1)^3$:

Weg 1:
$$k'(x) = 75x^2 + 30x + 3$$

Weg 2:
$$k'(x) = 375x^2 + 150x + 15$$

Für $k(x) = (2x + 1)^3$ erhalten wir zwei unterschiedliche Ergebnisse. Eines der beiden Ergebnisse muss falsch sein. Da wir uns bei Weg 2 strikt an bekannte Regeln gehalten haben, muss Weg 1 falsch sein. Er ist aber nicht völlig falsch, da das Ergebnis ja nur mit dem Faktor 2 multipliziert werden muss, um das korrekte Resultat zu ergeben.

Wiederholt man das Experiment mit $k(x) = (5x + 1)^3$, so fehlt der Faktor 5. Offenbar stellt der fehlende Faktor in beiden Fällen die Ableitung der linearen inneren Funktion g dar.

Die richtigen Ergebnisse liefert also das rechts dargestellte korrigierte Vorgehen:

$$k(x) = (2x + 1)^3 \Rightarrow k'(x) = 3 \cdot (2x + 1)^2 \cdot 2$$
$$k(x) = (5x + 1)^3 \Rightarrow k'(x) = 3 \cdot (5x + 1)^2 \cdot 5$$

Wir können also wie vermutet mit der Potenzregel vorgehen, müssen allerdings zusätzlich im Nachgang mit der Ableitung der inneren Funktion multiplizieren. Man bezeichnet das auch als *Nachdifferenzieren*.

Nun können wir auch unser Einstiegsproblem lösen. Ohne die neue Regel – also mithilfe von Weg 2 – wäre dies wahrlich ein mühseliger Prozess geworden, denn wer möchte schon $(2x + 1)^{40}$ freiwillig ausmultiplizieren?

$$k(x) = (2x + 1)^{40}$$

$$k'(x) = 40 \cdot (2x + 1)^{39} \cdot 2$$

Wir fassen nun die gefundene Regel in einem Satz zusammen:

Satz V.3: Die lineare Kettenregel
Ist f eine differenzierbare Funktion, so hat die Funktion $k(x) = f(ax + b)$ die Ableitung $k'(x) = f'(ax + b) \cdot a$

Lineare Kettenregel
$$[f(ax + b)]' = f'(ax + b) \cdot a$$

▶ **Beispiel: Lineare Kettenregel**
Differenzieren Sie die Funktion f.   a) $f(x) = e^{-2x + 1}$ b) $f(x) = \frac{1}{2x - 4}$

Lösung zu a):

$f'(x) = e^{-2x + 1} \cdot (-2)$

$\quad = -2e^{-2x + 1}$

Lösung zu b):

$f'(x) = -\frac{1}{(2x - 4)^2} \cdot 2$

$\quad = -\frac{2}{(2x - 4)^2}$

▶

Übung 1   Lineare Verkettung
Differenzieren Sie die verkettete Funktion f.
a) $f(x) = (3x + 1)^2$ b) $f(x) = 4 \cdot e^{1 - 0.5x}$ c) $f(x) = \sin(\pi x)$ d) $f(x) = \sqrt{\frac{1}{2}x - 1}$

e) $f(x) = (ax + b)^2$ f) $f(x) = e^{ax + b}$ g) $f(x) = a\sin(bx)$ h) $f(x) = a \cdot \sqrt{\frac{x}{b}}$

Die lineare Kettenregel lässt sich verallgemeinern, wenn man für die innere Funktion der Verkettung nicht nur lineare Terme, sondern beliebige Terme zulässt. Auf diese Weise erhält man die *allgemeine Kettenregel*, die in der Mathematik eine sehr wirkungsvolle Regel darstellt. Auf ihren exakten Beweis mit den Methoden der Differentialrechung müssen wir hier aber verzichten.

Satz V.4: Die Kettenregel

f und g seien differenzierbare Funktionen.
Dann ist auch ihre Verkettung $k(x) = f(g(x))$ differenzierbar.
Die Ableitung von k lautet:
$k'(x) = f'(g(x)) \cdot g'(x)$

Kettenregel
$$[f(g(x))]' = f'(g(x)) \cdot g'(x)$$

Ableitung der Verkettung k an der Stelle x	=	Ableitung der äußeren Funktion f an der Stelle g(x)	$\cdot$	Ableitung der inneren Funktion g an der Stelle x

> **Beispiel: Kettenregel**
> Differenzieren Sie die Funktion f: a) $f(x) = e^{x^2 + 1}$ b) $f(x) = \sin\left(\frac{1}{x}\right)$

Lösung zu a):

$f'(x) = \underbrace{(e^{x^2 + 1})}_{\substack{\text{äußere} \\ \text{Ableitung}}} \cdot \underbrace{2x}_{\substack{\text{innere} \\ \text{Ableitung}}} = 2x \cdot (e^{x^2 + 1})$

Lösung zu b):

$f'(x) = \underbrace{\cos\left(\frac{1}{x}\right)}_{\substack{\text{äußere} \\ \text{Ableitung}}} \cdot \underbrace{\left(-\frac{1}{x^2}\right)}_{\substack{\text{innere} \\ \text{Ableitung}}} = -\frac{1}{x^2}\cos\left(\frac{1}{x}\right)$

Übung 2 Ableitungsübungen
Bestimmen Sie die Ableitung der Funktion f mithilfe der allgemeinen Kettenregel.

a) $f(x) = (1 - 3x^4)^2$ b) $f(x) = e^{x^2}$ c) $f(x) = \cos(x^2)$ d) $f(x) = e^{\frac{1}{x}}$

e) $f(x) = \sqrt{x^2 + x}$ f) $f(x) = \frac{1}{x^2 + 1}$ g) $f(x) = e^{2x^2 + 3x}$ h) $f(x) = e^{e^x}$

Übung 3 Innermathematische Anwendungen

a) Welche Steigung hat die Funktion $f(x) = e^{-0,5x^2}$ an der Stelle $x_0 = 1$?

b) Wie lautet die Gleichung der Tangente von $f(x) = \sqrt{2x + 2}$ an der Stelle $x_0 = 1$?

Übungen

4. Produktregel
Differenzieren Sie die Funktion f durch Anwendung der Produktregel.

a) $f(x) = x^2 \cdot e^x$
b) $f(x) = \frac{1}{x}$
c) $f(x) = x \cdot \sqrt{x}$
d) $f(x) = \cos x \cdot e^{2x+1}$
e) $f(x) = \sqrt{x} \cdot e^x$
f) $f(x) = \sqrt{x} \cdot \cos x$

5. Kettenregel
Differenzieren Sie die Funktion f unter Verwendung der Kettenregel.

a) $f(x) = e^{2-3x}$
b) $f(x) = e^{-\frac{x^2}{2}}$
c) $f(x) = \sin(2x-1)$
d) $f(x) = e^{2\sqrt{x}}$
e) $f(x) = (e^x + 1)^2$
f) $f(x) = \frac{1}{e^x + 1}$

6. Produkt- und Kettenregel
Ermitteln Sie die Ableitung von f mit Hilfe von Produkt- *und* Kettenregel.

a) $f(x) = x \cdot e^{-4x}$
b) $f(x) = \frac{e^{2x-1}}{x}$
c) $f(x) = \sin(2x+1) \cdot e^{-x}$
d) $f(x) = x^2 - e^{x^2}$
e) $f(x) = x^2 \cdot e^{-2x}$
f) $f(x) = x \cdot e^{\sqrt{x}}$
g) $f(x) = \frac{1}{e^{2x}}$
h) $f(x) = \sqrt{e^x}$
i) $f(x) = (x^2 - e^{-2x})^2$

7. Fehlersuche
Suchen Sie den Fehler in den folgenden Rechnungen. Wie lauten die richtigen Resultate?

a) $[(x^2 + 2) \cdot e^{4x}]' = 2x \cdot e^{4x} + (x^2 + 2) \cdot e^{4x} = (x^2 + 2x + 2) \cdot e^{4x}$

b) $[(e^x - 1)^2]' = [(e^x)^2 - 2e^x + 1]' = 2e^x - 2e^x = 0$

c) $[(2e^x + 4)^2]' = 2(2e^{2x} + 4) = 4e^{2x} + 8$

8. Maximaler Inhalt
Ein Reststück Spiegelglas hat auf einer Seite eine krumme Berandung, die angenähert durch den Graphen der Funktion $f(x) = 2 \cdot e^{-x}$ erfasst werden kann.
Aus der Spiegelscherbe soll wie abgebildet ein rechteckiges Teil A ausgeschnitten werden.
Welche Breite x und welche Länge y muss dieses Teil erhalten, damit seine Fläche maximal wird?

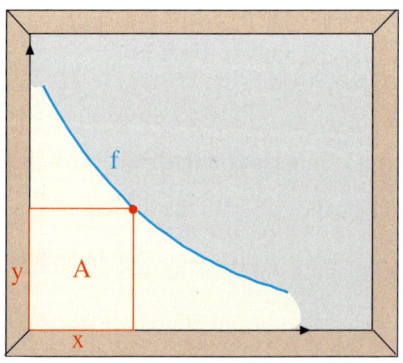

9. Zwei Lösungswege
Berechnen Sie die Ableitung der Funktion f auf zwei verschiedene Weisen.

a) $f(x) = (x + 2) \cdot (x^2 - x)$
b) $f(x) = (2x + 1)^2 + x$

10. Zuordnung

Die Funktion F hat die Ableitung f, d. h. $F' = f$. Ordnen Sie jeder Funktion F die zugehörige Funktion f zu.

a) $f(x) = x \cdot e^x + 6 e^{2x}$

b) $f(x) = 3x^2 + e^{2x}$

c) $f(x) = x^2 \cdot e^{2x}$

d) $f(x) = -2x \cdot e^{2x}$

I $F(x) = x^3 + \frac{1}{2} e^{2x} + 1$

II $F(x) = \left(\frac{1}{2} x^2 - \frac{1}{2} x + \frac{1}{4}\right) \cdot e^{2x} + 2$

III $F(x) = (0{,}5 - x) \cdot e^{2x}$

IV $F(x) = (x - 1 + 3 \cdot e^x) \cdot e^x$

11. Steigung und Steigungswinkel

Welche Steigung hat die Funktion f an der Stelle x_0? Wie groß ist der Steigungswinkel?

a) $f(x) = (x + 2) \cdot e^{-x}$, $x_0 = 0$ b) $f(x) = x \cdot \sin\left(\frac{x}{2}\right)$, $x_0 = \pi$

12. Tangente

Die Tangente von $f(x) = 4x \cdot e^{-x}$ an der Stelle $x_0 = 2$ schneidet die x-Achse in P und die y-Achse in Q. Welchen Flächeninhalt hat das Dreieck PQR, wenn R der Ursprung ist?

13. Stammfunktionsnachweis bei Exponentialfunktionen

Zeigen Sie, dass F eine Stammfunktion von f ist.

a) $f(x) = (x + 3) \cdot e^x$ b) $f(x) = (2x + 1) \cdot e^{2x}$ c) $f(x) = (2x - x^2) \cdot e^{-x}$

   $F(x) = (x + 2) \cdot e^x$ $F(x) = x \cdot e^{2x}$ $F(x) = x^2 \cdot e^{-x}$

14. Stammfunktionsbestimmung bei Exponentialfunktionen

Bestimmen Sie eine Stammfunktion F der Funktion f.
Orientieren Sie sich an der linearen Kettenregel.

a) $f(x) = 2e^{-x}$ b) $f(x) = e^{0{,}5x}$ c) $f(x) = e^{-0{,}5x}$

d) $f(x) = (x + 1) \cdot e^{-x}$ e) $f(x) = 4 \cdot e^{2x - 2}$ f) $f(x) = a \cdot e^{bx}$

15. Kurvenuntersuchung

Untersuchen Sie die Funktion $f(x) = (2x + 2) e^{-0{,}25x}$ bezüglich folgender Punkte.

a) Nullstellen   b) Extrema   c) Wendepunkte

16. Pulsmessung

Während des Trainings absolviert eine Sportlerin ein festes Laufprogramm. Dabei wird die Pulsfrequenz gemessen. Sie kann durch $p(t) = 80 + 120 t \cdot e^{-0{,}5t}$ beschrieben werden, wobei t die Zeit in Minuten ist.

a) Welchen Puls hat der Läufer nach einer Minute?

b) Wann erreicht der Puls seinen höchsten Wert?

c) Wie groß ist die Änderungsrate des Pulses zum Zeitpunkt $t = 3$?

d) Wann verringert sich der Puls am stärksten?

e) Wann sinkt der Puls wieder auf den Wert von 100 Schlägen/min? (GTR erforderlich)

5. Elementare Funktionsuntersuchungen

In diesem Abschnitt werden unterschiedliche Problemstellungen aus der Differential- und Integralrechnung der Exponentialfunktionen exemplarisch angesprochen, um Lösungsprinzipien zu wiederholen und zu sammeln, die später im Rahmen umfassender Kurvenuntersuchungen gezielt angewendet werden können.

A. Funktionswerte und Graphen

▶ **Beispiel:** Gegeben sei die Funktion $f(x) = 2 \cdot e^{-0,5x} + 1$.

a) Skizzieren Sie den Graphen von f für $-1 \leq x \leq 4$.

b) An welcher Stelle hat die Funktion den Wert 2?

c) Untersuchen Sie das Verhalten der Funktion für $x \rightarrow \infty$.

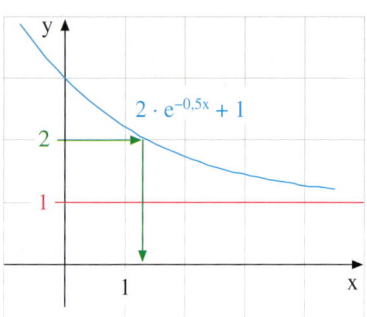

Lösung:

a) Den Graphen von f erstellen wir mithilfe einer Wertetabelle.

b) Der Funktionswert $y = 2$ wird etwa bei $x = 1,3$ angenommen, was wir der Zeichnung entnehmen können. Genauer ist das rechnerische Resultat, das sich aus dem Ansatz $f(x) = 2$ durch Logarithmieren ergibt: $x \approx 1,39$.

c) Mit zunehmendem x-Wert verläuft der Graph von f zusehends flacher. Er schmiegt sich der horizontalen Geraden $y = 1$ von oben immer dichter an. Dies liegt daran, dass sich der Exponentialterm $e^{-0,5x}$ mit wachsendem x dem
▶ Grenzwert 0 *asymptotisch* nähert.

Wertetabelle:

x	−1	0	1	2	3	4
y	4,30	3,00	2,21	1,74	1,45	1,27

Berechnung des x-Wertes zu f(x) = 2:
$$f(x) = 2$$
$$2 \cdot e^{-0,5x} + 1 = 2$$
$$e^{-0,5x} = 0,5$$
$$-0,5x = \ln 0,5$$
$$x = \frac{\ln 0,5}{-0,5} \approx 1,39$$

Berechnung des Grenzwertes für x → ∞:
$$\lim_{x \to \infty} (2 \cdot e^{-0,5x} + 1) = 1$$

 Übung 1

Gegeben ist die Funktion $f(x) = e^{2x} + 1$.
a) Skizzieren Sie den Graphen von f für $-3 \leq x \leq 0,5$.
b) Welche Wertemenge hat f? Untersuchen Sie das Verhalten der Funktion für $x \rightarrow -\infty$.
c) In welchem Bereich sind die Funktionswerte von f kleiner als 1,1?
d) Für welches x gilt $f(x) \approx 1000$?

B. Schnittpunkte von Graphen

▶ **Beispiel: Schnittpunkte von Graphen**
Gegeben seien die Funktionen $f(x) = e^x$
und $g(x) = 3 \cdot e^{-x}$.
In welchem Punkt schneiden sich die
Graphen von f und g?

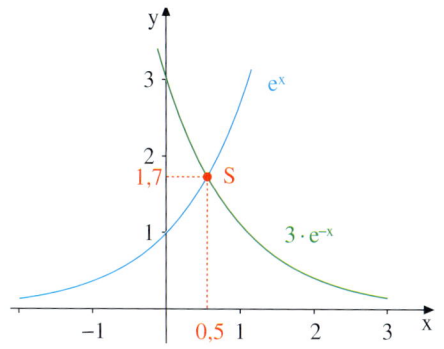

Zeichnerische Lösung:
Wir zeichnen die Funktionsgraphen und
lesen den Schnittpunkt S ab. Er liegt etwa
bei S (0,5 | 1,7).

Rechnerische Lösung:
Wir verwenden die Bestimmungsgleichung
$f(x) = g(x)$ für die Schnittstelle x.
Durch Umformung und Logarithmieren
können wir die Gleichung nach x auflösen.
Die Schnittstelle liegt bei $x \approx 0{,}55$.
▶ Der zugehörige y-Wert beträgt $y \approx 1{,}73$.

$$f(x) = g(x)$$
$$e^x = 3 \cdot e^{-x}$$
$$e^{2x} = 3$$
$$2x = \ln 3$$
$$x = \frac{\ln 3}{2} \approx \frac{1{,}099}{2} \approx 0{,}55$$
$$y = f(0{,}55) \approx 1{,}73$$

Der Schnittpunkt zweier Funktionen kann bei Beteiligung einer Exponentialfunktion leicht mit
dem GTR ermittelt werden.

▶ **Beispiel: Schnittpunkt mit dem GTR**
Ermitteln Sie den Schnittpunkt der beiden Funktionen $f(x) = e^x$ und $g(x) = 4 - x$.

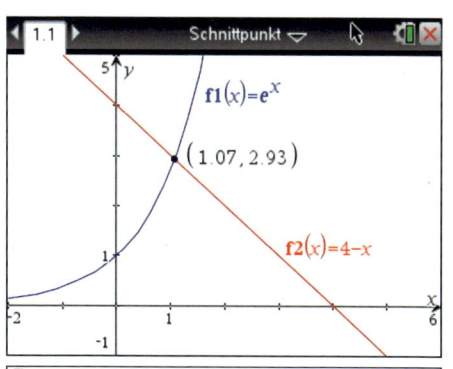

Lösung:
Die beiden Funktionen werden eingegeben
und im Graphikfenster dargestellt.
Nun kann der Schnittpunkt näherungsweise
bestimmt werden.

Resultat: Die Funktionen schneiden sich
▶ angenähert im Punkt S (1,07 | 2,93).

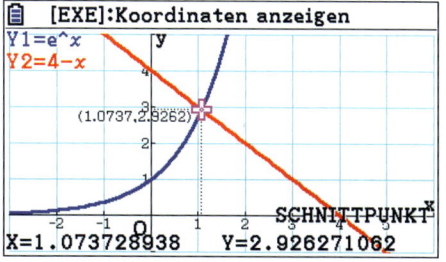

Übung 2
Gesucht ist der Schnittpunkt der Funktionen $f(x) = 2{,}5 \cdot e^x$ und $g(x) = e^{2x}$.

Übung 3
Bestimmen Sie die kleinste positive Schnittstelle von $f(x) = e^x$ und $g(x) = 2 \cdot x^2$.

C. Tangenten

In diesem Abschnitt werden Tangentenprobleme bei Exponentialfunktionen untersucht.

> ▶ **Beispiel: Holzproduktion**
> Der abgebildete Graph der Funktion
> $h(t) = \frac{1}{10}(50 - t) \cdot e^{\frac{1}{20}t}$ zeigt die Planung
> des monatlichen Holzeinschlags in einem
> Urwaldgebiet, $0 \leq t \leq 50$.
>
>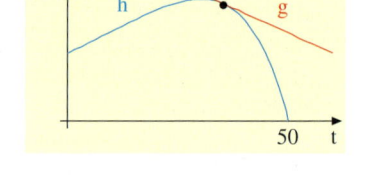
>
> t: Zeit in Monaten; h(t): Holzeinschlag in
> Kubikmeter pro Hektar.
> Nach 35 Monaten wird der Plan geändert: Der Holzeinschlag soll von nun an linear als Tangente von h zurückgeführt werden (Funktion g). Wie lange wird die Zeitdauer des Holzeinschlags durch diese Maßnahme verlängert?

Lösung:

Wir bestimmen durch Anwendung der Produktregel die Ableitung von h.

Ableitung der Funktion h:
$$h(t) = (5 - 0,1t) \cdot e^{0,05t}$$
$$h'(t) = (-0,1) \cdot e^{0,05t} + (5 - 0,1t) \cdot (0,05 \cdot e^{0,05t})$$
$$= (0,15 - 0,005t) \cdot e^{0,05t}$$

Anschließend ermitteln wir die Gleichung der Tangente g bei $t_0 = 35$.
Dazu wenden wir die allgemeine Formel für die Tangente an. Sie lautet:
$g(t) = h'(t_0) \cdot (t - t_0) + h(t_0)$.
Wir erhalten angenähert das Resultat:
$g(t) \approx -0,144t + 13,67$

Gleichung der Tangente g bei $t_0 = 35$:
$g(t) = h'(t_0) \cdot (t - t_0) + h(t_0)$ (Ansatz)
$g(t) = h'(35) \cdot (t - 35) + h(35)$

$g(t) \approx -0,144 \cdot (t - 35) + 8,632$
$g(t) \approx -0,144t + 13,67$

Nun bestimmen wir die Nullstelle dieser Tangente. Sie liegt angenähert an der Stelle $t = 95$.

Nullstelle der Tangente g:
$$g(t) = 0$$
$$-0,144t + 13,67 = 0$$
$$t \approx 95$$

Insgesamt wird also die Dauer des Holzeinschlags von 50 auf 95 Monate ausgeweitet, d. h. um 45 Monate verlängert.

Übung 4 Tangente

Bei einem Motorradrennen stürzt ein Fahrer unglücklich im Wendepunkt W der Kurve. Das Motorrad rutscht tangential weiter. Landet er in der Auffangbarriere aus Stroh, die zwischen den Positionen A (2|1) und B (2|2) aufgebaut ist?
Der Kurvenverlauf wird durch die Funktion $f(x) = (1 - x) \cdot e^x$ beschrieben.

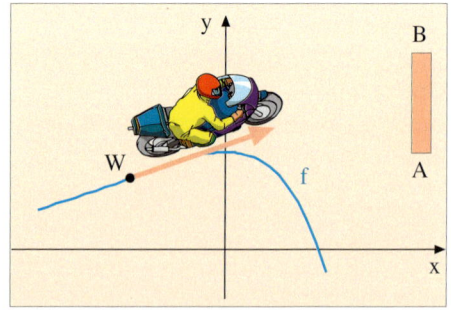

D. Extrema und Wendepunkte

Mithilfe der bekannten notwendigen und hinreichenden Bedingungen untersuchen wir nun exemplarisch einfache Exponentialfunktionen auf Extrema und Wendepunkte.

▶ **Beispiel:** Skizzieren Sie den Graphen der Funktion $f(x) = e^x - 2x$ und errechnen Sie anschließend die genaue Lage des Extremums der Funktion.

Lösung:
Der mit einer Wertetabelle oder durch Überlagerung von e^x und $-2x$ erstellte Graph zeigt ein Minimum bei $x \approx 0{,}5$.

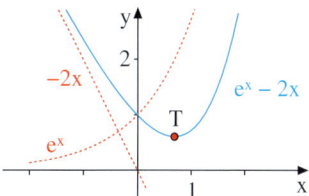

Notwendige Bedingung:
$f'(x) = 0$
$e^x - 2 = 0$
$\quad e^x = 2$
$\quad\quad x = \ln 2 \approx 0{,}69$

Zugehöriger Funktionswert:
$y = e^{\ln 2} - 2 \cdot \ln 2 \approx 0{,}61$

Überprüfung mit f":
$f''(\ln 2) = e^{\ln 2} = 2 > 0 \Rightarrow$ Minimum

Resultat:
▶ Tiefpunkt bei $T(0{,}69 | 0{,}61)$

▶ **Beispiel:** Skizzieren Sie den Graphen der Funktion $f(x) = x \cdot e^x$ für $-3 \leq x \leq 1$. Berechnen Sie die genaue Lage des Wendepunktes der Funktion.

Lösung:
Mit einer Wertetabelle erhalten wir den Graphen, der im 3. Quadranten einen Rechts-Links-Wendepunkt aufweist.

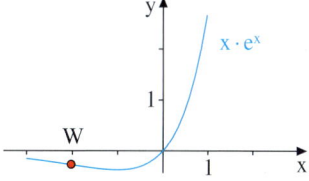

Notwendige Bedingung:
$\quad f''(x) = 0$
$(x + 2) \cdot e^x = 0$
$\quad (x + 2) = 0$, da $e^x > 0$
$\quad\quad x = -2$

Zugehöriger Funktionswert:
$\quad y = -2 \cdot e^{-2} \approx -0{,}27$

Überprüfung mit f"':
$f'''(-2) = 1 \cdot e^{-2} > 0 \Rightarrow$ Rechts-links-Wp

Resultat:
▶ Wendepunkt bei $W(-2 | -0{,}27)$

TR **Übung 5**
Untersuchen Sie die Funktion f auf lokale Extrempunkte und stellen Sie mit dem GTR den Graphen dar.
a) $f(x) = x - 2 + e^{-x}$
b) $f(x) = x^2 \cdot e^{x+1}$

Übung 6
Untersuchen Sie die Funktion f auf Wendepunkte und stellen Sie mit dem GTR den Graphen dar.
a) $f(x) = 2 \cdot e^x - e^{-x}$
b) $f(x) = (x^2 - 1) \cdot e^{-0{,}5x}$

E.　Extremalprobleme

▶ **Beispiel:　Wachstum von Obstbäumen**

Das Höhenwachstum eines Kirschbaumes wird durch die
Funktion $f_1(x) = 200 - 160\,e^{-0,2x}$ erfasst. Das Wachstum eines Apfelbaumes wird modellhaft durch $f_2(x) = 60 + 10x$
erfasst. (x: Zeit in Jahren; f_1, f_2: Höhe in cm)
a) Wann haben beide Bäume die gleiche Höhe?
b) Zu welchem Zeitpunkt ist der Höhenunterschied maximal?
　　Lösen Sie die Aufgabe graphisch mit dem GTR und alter-
　　nativ auf rechnerischem Weg.

Lösung zu a:

Die Funktionsgleichungen werden eingegeben und mit dem GTR gezeichnet.
Nun können die beiden Schnittpunkte der
Graphen näherungsweise bestimmt werden.
Resultat: $S_1(1,06\,|\,70,6)$ und $S_2(12,8\,|\,188)$.

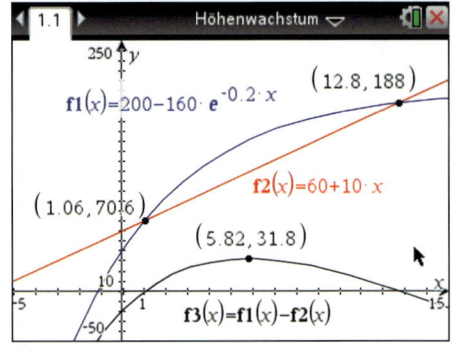

Graphische Lösung zu b:

Wir lösen das Problem, indem wir die Differenzfunktion $f_3(x) = f_1(x) - f_2(x)$ bilden,
diese im Graphikfenster des GTR zeichnen
und dort ihr Maximum bestimmen.
Das Maximum liegt ca. bei $M(5,82\,|\,31,8)$.

Rechnerische Lösung zu b:

Differenzfunktion $f_3 = f_1 - f_2$:
$$f_3(x) = f_1(x) - f_2(x)$$
$$= 140 - 160\,e^{-0,2x} - 10x$$

Rechnerische Lösung zu b:

Die Ableitung der Differenzfunktion $f_3(x)$
lautet $f_3'(x) = 32\,e^{-0,2x} - 10$.
Wir bestimmen die Nullstelle von f_3 mit
Hilfe einer logarithmischen Rechnung.
Sie liegt bei $x = 5 \cdot \ln 3,2 \approx 5,82$.
Der maximale Höhenunterschied beträgt
▶ daher $f_3(5,82) \approx 31,8$ cm.

Ableitungen von f_3:
$$f_3'(x) = 32\,e^{-0,2x} - 10$$
$$f_3''(x) = -6,4\,e^{-0,2x}$$

Bestimmung des Maximums von f_3:
$$f_3'(x) = 32\,e^{-0,2x} - 10 = 0$$
$$e^{0,2x} = 3,2$$
$$x = 5 \cdot \ln 3,2 \approx 5,82$$
$$y = f_3(5,82) \approx 31,8$$

 Übung 7　Extremalproblem

a) Für welchen Wert von x wird die Differenz der Funktionswerte von $f(x) = e^{-x}$
und $g(x) = -e^{x-1}$ minimal?
b) Im Berghang liegt eine Eislinse, die
senkrecht durchbohrt werden soll. An
welcher Stelle ist der Bohrweg durch die
Linse am längsten?

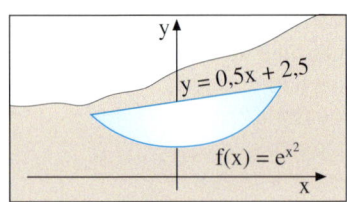

Übungen

8. Tangente

Gegeben ist die Funktion $f(x) = (x - 1) \cdot e^{-0,5x}$.

a) Wie lautet die Gleichung der Tangente g von f in der Nullstelle x_0 der Funktion?

b) Zeigen Sie, dass die Tangente h_b an den Graphen von f bei $x_1 = -1$ eine Ursprungsgerade ist.

c) An welcher weiteren Stelle x_2 ist die Tangente h_c an f ebenfalls eine Ursprungsgerade?

d) Zeichnen Sie die Graphen von f, g, h_b und h_c mit dem GTR für $-1 \leq x \leq 6$.

9. Extrema

Zeichnen Sie den Graphen von f mithilfe eines GTR. Untersuchen Sie f anschließend rechnerisch auf lokale Extrema.

a) $f(x) = 2x - 3 + e^{-x}$ b) $f(x) = (x + 1) \cdot e^{-0,5x}$ c) $f(x) = (x^2 - 1) \cdot e^{-x}$

10. Wendepunkte

Untersuchen Sie die Funktion f auf Wendepunkte.

a) $f(x) = 0,5\,e^x - e^{-x}$ b) $f(x) = (x^2 - x) \cdot e^{-0,5x}$ c) $f(x) = e^x - x^2 - 2$

11. Eingesperrtes Rechteck

Zwischen den beiden Straßen und dem Fluss soll eine achsenparallele rechteckige Sandfläche so angeordnet werden, dass eine ihrer Ecken im Ursprung und die diagonal gegenüberliegende Ecke P auf dem südlichen Flussufer $f(x) = 4 \cdot e^{-x}$ liegt. Wo muss der Punkt P liegen, damit der Inhalt A des Rechtecks maximal wird?

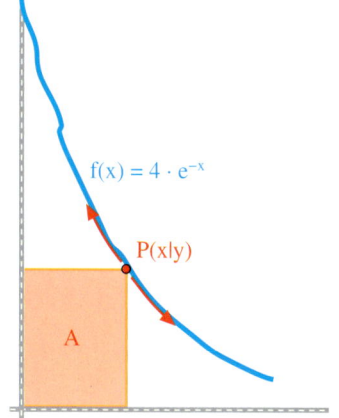

12. Eingesperrtes Rechteck

Das in der vorigen Übung beschriebene Rechteck soll einen minimalen Umfang erhalten. Wo muss der Punkt P nun liegen?

13. Anwendungsproblem

Ein Waldgebiet wird im Norden durch die Randkurve $f(x) = x \cdot e^{-0,5x}$ begrenzt.

a) Bestimmen Sie f' und f''.

b) Welche Koordinaten hat der am weitesten nördlich liegende Ort des Waldes?

c) Ein Wanderweg trifft im Wendepunkt W orthogonal auf die nördliche Randkurve des Waldes. Wie lautet die Geradengleichung des Wanderweges?

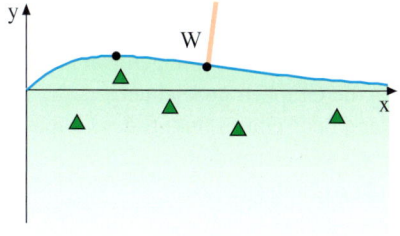

F. Flächenberechnungen mit einfachen Exponentialfunktionen

Jeder Ableitungsregel für Exponentialfunktionen entspricht eine Integrationsregel.

Ableitungsregel:	**Integrationsregel:**
$(e^x)' = e^x$	$\int e^x dx = e^x + C$
$(e^{-x})' = -e^{-x}$	$\int e^{-x} dx = -e^{-x} + C$
$(e^{ax+b})' = a \cdot e^{ax+b}$	$\int e^{ax+b} = \frac{1}{a} e^{ax+b} + C$

Diese Integrationsregeln ermöglichen die Berechnung des Inhalts von Flächenstücken, die durch einfache Exponentialfunktionen begrenzt sind.

▶ **Beispiel: Fläche unter Graphen**
Gegeben ist die Funktion $f(x) = \frac{1}{2} \cdot e^{-x}$.
Wie groß ist der Inhalt des abgebildeten Flächenstücks?

Lösung:
Wir bestimmen zunächst eine Stammfunktion F von f: $F(x) = -\frac{1}{2} \cdot e^{-x}$.
Nun berechnen wir das bestimmte Integral von f in den Grenzen von -1 bis 2 und erhalten so den gesuchten Flächeninhalt.
▶ Er lautet $A \approx 1{,}29$.

$$A = \int_{-1}^{2} \frac{1}{2} \cdot e^{-x} dx = \left[-\frac{1}{2} \cdot e^{-x} \right]_{-1}^{2}$$

$$= -\frac{1}{2} \cdot e^{-2} + \frac{1}{2} \cdot e^1 \approx 1{,}29$$

▶ **Beispiel: Fläche zwischen Graphen**
Gesucht ist der Inhalt der Fläche A, die von den Graphen der Funktionen $f(x) = 2 \cdot e^{\frac{1}{4}x}$ und $g(x) = e^{\frac{5}{4}x - 1}$ sowie der y-Achse begrenzt wird.

Lösung:
Nach Eingabe der Gleichungen von f und g werden die Graphen gezeichnet.
Nun kann der Schnittpunkt S der Graphen näherungsweise ermittelt werden.
Resultat: $S(1{,}69 | 3{,}05)$.

Anschließend wird – wieder mit dem GTR – näherungsweise das bestimmte Integral der Differenzfunktion f − g über dem Intervall [0; 1,69] berechnet.
▶ Resultat: $A \approx 2{,}07$

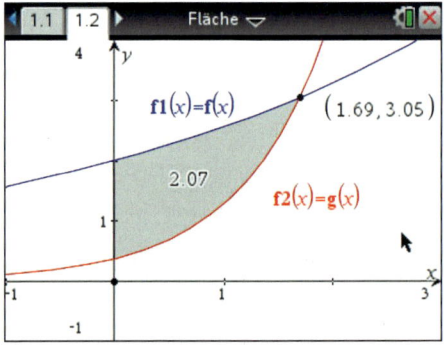

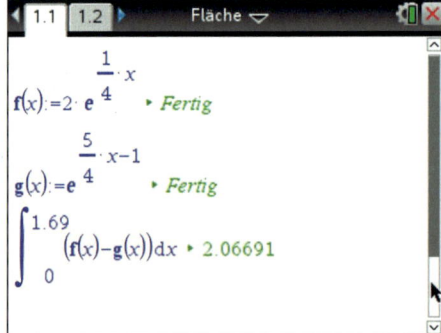

Das folgende Beispiel zeigt, dass auch ein unendlich langes Flächenstück einen endlichen Flächeninhalt besitzen kann.

▶ **Beispiel: Unbegrenzte Fläche**
Gesucht ist der Inhalt des nach rechts unbegrenzten Flächenstückes, das im 1. Quadranten zwischen dem Graphen von $f(x) = e^{-x}$ und der x-Achse liegt.

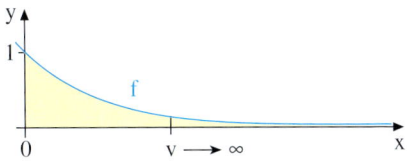

Lösung:
Wir berechnen zunächst den Inhalt der Fläche unter f über dem endlichen Intervall $[0; v]$. Er ist $A(v) = 1 - e^{-v}$.
Nun schieben wir v immer weiter nach rechts, d. h. wir betrachten den Grenzwert für $v \to \infty$.

▶ Wir erhalten $A = \lim\limits_{v \to \infty} (1 - e^{-v}) = 1$.

1. Fläche unter f über [0; v]:
$$A(v) = \int_0^v e^{-x}dx = (-e^{-x})_0^v = 1 - e^{-v}$$

2. Fläche unter f über [0; ∞):
$$A = \lim\limits_{v \to \infty} A(v) = \lim\limits_{v \to \infty} (1 - e^{-v}) = 1$$

▶ **Beispiel: Anwendung**
Welches Luftvolumen hat das abgebildete Festzelt?
$f(x) = 20 \cdot e^{-\frac{1}{40}x}$ und $g(x) = 20 \cdot e^{\frac{1}{40}x}$
sind die Randfunktionen des Zeltdaches.

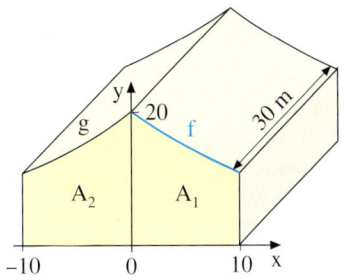

Lösung:
Wir berechnen die Querschnittsfläche A des Zeltes. Sie beträgt ca. 353,92 m². Diese multiplizieren wir mit der Tiefe des Zeltes, die 30 m beträgt.

▶ Das Volumen beträgt ca. 10 618 m².

Querschnittsfläche:
$$A_1 = \int_0^{10} 20 \cdot e^{-\frac{1}{40}x}dx = \left[-800 \cdot e^{-\frac{1}{40}x}\right]_0^{10}$$
$$\approx 176,96$$
$$A = A_1 + A_2 = 2A_1 \approx 353,92$$
Luftvolumen:
$$V = A \cdot 30 \approx 10617,6$$

Übung 14
Gegeben sind die Funktionen $f(x) = e^x$ und $g(x) = e^{1-x}$. Diese begrenzen gemeinsam mit der x-Achse und den beiden senkrechten Geraden $x = -1$ und $x = 1$ ein Flächenstück. Skizzieren Sie dieses und berechnen Sie seinen Flächeninhalt.

Übung 15
Gesucht ist der Inhalt derjenigen Fläche A, die von den Graphen der Funktionen f und g sowie der y-Achse begrenzt wird. Fertigen Sie zunächst eine Grobskizze an.
a) $f(x) = \frac{1}{4}(e^x - 1), g(x) = 2 - e^x$ b) $f(x) = \frac{1}{2}e^{\frac{1}{2}x}, g(x) = e^{1 - \frac{1}{4}x}$

Übung 16
Gesucht ist der Inhalt des im 1. Quadranten liegenden Flächenstückes zwischen den Graphen von $f(x) = e^{-x}$ und $g(x) = e^{-2x}$, das nach rechts unbegrenzt ist.

6. Wachstums- und Zerfallsprozesse

A. Unbegrenztes Wachstum und ungestörter Zerfall

Im Idealfall verläuft ein Wachstumsprozess völlig ungestört. Es gibt weder Mangel an Platz und Raum noch an Nahrung, Energie und Zeit. Dann ist meistens eine Wachstumsfunktion der Form $N(t) = c \cdot e^{kt}$ zur Beschreibung des Prozesses gut geeignet.

Man spricht in diesem Fall von einem *unbegrenzten Wachstum*. Die Größe c ist der Anfangsbestand zur Zeit $t = 0$. Der Faktor k im Exponenten beeinflusst die Wachstumsgeschwindigkeit.

Man kann die Eignung der Funktionsgleichung $N(t) = c \cdot e^{kt}$ gut begründen:
Es ist klar, dass eine Verdoppelung des Bestandes N auch zur Verdopplung der Wachstumsrate N' führt. Die Wachstumsrate N' ist also proportional zum Bestand N. Es gilt daher $N'(t) = k \cdot N(t)$.
Diese Wachstumsgleichung wird – wie man leicht durch Einsetzen von N und N' überprüfen kann – durch die Wachstumsfunktion $N(t) = c \cdot e^{kt}$ erfüllt.

Typisch für einen unbegrenzten Wachstumsprozess ist die *Verdopplungszeit*.
In einer festen Zeitspanne $T_2 = \frac{\ln 2}{k}$ verdoppelt sich der Bestand N jeweils.

Ganz analog verhalten sich ungestörte exponentielle *Zerfalls-* oder *Abnahmeprozesse* wie der radioaktive Zerfall oder die Abnahme einer Medikamentenkonzentration im Blut.
Sie beruhen auf der „negativen" Proportionalität $N'(t) = -k \cdot N(t)$ und werden durch $N(t) = c \cdot e^{-kt}$ beschrieben.
Vom Anfangsbestand $N(0) = c$ ausgehend fällt der Bestand und nähert sich asymptotisch dem Wert null.

Zerfallsprozesse besitzen eine typische *Halbwertszeit* $T_{1/2} = \frac{\ln 0{,}5}{-k}$, in welcher die Bestandsfunktion N sich halbiert.

Modell des ungestörten Wachstums

Unbegrenztes Wachstum wird durch folgende Wachstumsfunktion erfasst:

$$N(t) = c \cdot e^{kt}, \ k > 0.$$

c ist der Anfangsbestand zur Zeit $t = 0$.

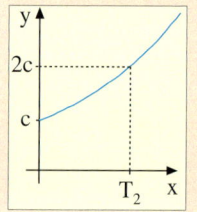

Verdopplungszeit
$$T_2 = \frac{\ln 2}{k}$$

Modell des ungestörten Zerfalls

Ein ungestörter Zerfalls- oder Abnahmeprozess wird durch folgende Bestandsfunktion erfasst:

$$N(t) = c \cdot e^{-kt}, \ k > 0.$$

c ist der Anfangsbestand zur Zeit $t = 0$.

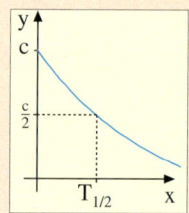

Halbwertszeit
$$T_{1/2} = \frac{\ln 0{,}5}{-k}$$

B. Beispiele zum unbegrenzten Wachstum und Zerfall

▶ **Beispiel: Bevölkerungswachstum der USA**
Die Tabelle gibt die Bevölkerungsentwicklung
der Vereinigten Staaten von Nordamerika in der
ersten Hälfte des 19. Jahrhunderts wieder. Damals
lag nahezu unbegrenztes Wachstum vor.
a) Stellen Sie die Wachstumsfunktion auf.
b) In welcher Zeitspanne verdoppelte sich die
   Bevölkerung?
c) Wie groß war die momentane Wachstumsrate
   1790 bzw. 1850?
   Wie groß war die mittlere Wachstumsrate?

Jahr	1790	1800	1810	1820	1830	1840	1850
Mio.	3,9	5,3	7,2	9,6	12,9	17,1	23,4

Lösung zu a):
Wir verwenden den Ansatz des unbegrenz-
ten Wachstums $N(t) = N_0 \cdot e^{kt}$. Dabei ist t
die Zeit in Jahren seit 1790.
$N_0 = N(0) = 3,9$ ist der Anfangsbestand.
Um k zu berechnen, verwenden wir eine
zweite Information aus der Tabelle, z. B.
$N(60) = 23,4$. Dies führt auf $k \approx 0,03$.
Resultat: $N(t) = 3,9 \cdot e^{0,03t}$

Bestimmung von N_0:
$N_0 = N(0) = 3,9\,\text{Mio.}$

Bestimmung von k:
Ansatz: $N(60) = 23,4$
$$3,9 \cdot e^{60k} = 23,4$$
$$e^{60k} = 6$$
$$60k = \ln 6$$
$$k \approx 0,03$$

Lösung zu b):
Wir verwenden den Ansatz $N(t) = 2N_0$,
d. h. $N(t) = 7,8$. Dies führt auf eine Verdoppelungszeit von 23,1 Jahren.
Alle 23,1 Jahre verdoppelte sich die amerikanische Bevölkerung.

Verdopplungszeit:
Ansatz: $N(t) = 2N_0$
$$3,9 \cdot e^{0,03t} = 7,8$$
$$e^{0,03t} = 2$$
$$0,03t = \ln 2$$
$$t \approx 23,1$$

Lösung zu c):
Die momentanen Wachstumsgeschwindigkeiten (Zuwachsraten) berechnen wir mithilfe der Ableitung N'.
Die Dynamik ist deutlich zu erkennen.

Die mittlere Zuwachsrate berechnen wir
mit dem Differenzenquotienten $\frac{\Delta N}{\Delta t}$.

Sie beträgt ca. 325 000 Personen/Jahr,
das sind 27 083 Pers./Monat
bzw. 890 Pers./Tag.
▶ Das ist also eine Kleinstadt pro Monat.

Momentane Wachstumsraten:
$$N'(t) = 0,117 \cdot e^{0,03t}$$
$$N'(0) = 0,117\,\text{Mio./Jahr} = 321\,\text{Pers./Tag}$$
$$N'(60) = 0,708\,\text{Mio./Jahr} = 1939\,\text{Pers./Tag}$$

Mittlere Zuwachsrate von 1790–1850:
$$\frac{\Delta N}{\Delta t} = \frac{N(60) - N(0)}{60 - 0} = \frac{23,4 - 3,9}{60}$$
$$= 0,325\,\text{Mio./Jahr} = 890\,\text{Pers./Tag}$$

► **Beispiel: Radioaktiver Zerfall**

Beim Reaktorunfall von Fukushima im
März des Jahres 2011 in Japan wurden
zahlreiche radioaktive Isotope freigesetzt,
unter anderem das Cäsiumisotop 137 Cs,
durch das Pflanzen und Tiere und über die
Nahrungskette auch der Mensch kontami-
niert wurden.

Eine Probe mit 100 Mikrogramm des radioaktiven Isotops Cäsium, das eine Halbwertszeit von ca. 30 Jahren hat, soll untersucht werden.

a) Wie lautet die Zerfallsfunktion?
b) Wann ist die Aktivität auf 1 % des Ausgangswertes abgesunken?

Lösung zu a):
Für die Zerfallsfunktion verwenden wir den
Ansatz $N(t) = N_0 \cdot e^{-kt}$, $k > 0$.
$N_0 = 100\,\mu g$ ist vorgegeben.
k errechnen wir anhand der bekannten
Halbwertszeit von 30 Jahren: $k \approx 0,0231$.
Resultat: $N(t) = 100 \cdot e^{-0,0231 \cdot t}$

Zerfallsfunktion:
$$N(0) = 100 \Rightarrow N_0 = 100\,\mu g$$
$$N(30) = \tfrac{1}{2} N_0 = 50$$
$$100 \cdot e^{-30k} = 50$$
$$e^{-30k} = 0,5$$
$$-30k = \ln 0,5$$
$$k \approx 0,0231$$
$$\Rightarrow N(t) = 100 \cdot e^{-0,0231 \cdot t}$$

Lösung zu b):
Der Ansatz $N(t) = \frac{1}{100} \cdot N_0$ führt auf eine
Abklingzeit von knapp 200 Jahren. Nach
dieser Zeit beträgt die Strahlung nur noch
1 % des Anfangswertes. In der Praxis sinkt
die Aktivität durch Verdunstungs- und Aus-
► schwemmprozesse aber stärker.

Abklingen (1 %):
$$N(t) = 0,01 \cdot N_0$$
$$100 \cdot e^{-0,0231 \cdot t} = 1$$
$$e^{-0,0231 \cdot t} = 0,01$$
$$-0,0231 \cdot t = \ln 0,01$$
$$t \approx 199,36 \text{ Jahre}$$

Übung 1   Abnahmeprozess
Während einer Konjunkturflaute sinkt der
Absatz eines Autoherstellers im Verlauf von
6 Monaten von 27 000 Autos pro Monat auf
20 000 Autos pro Monat.

a) Wie lautet die Abnahmefunktion, wenn
   der Rückgang dem exponentiellen Modell $f(t) = a \cdot e^{-kt}$ folgt?
   (t: Zeit in Monaten; f(t): Anzahl der
   monatlich abgesetzten Autos).
b) Wann hat sich der Absatz halbiert?
c) Um wie viele Autos sinkt der Absatz im
   Verlauf des 6. Monats?

Übungen

2. Ameisenkolonie

Eine Ameisenkolonie von 10 000 Tieren wächst jährlich um 10 %. Wie lautet die Wachstumsfunktion? Wann ist eine Bevölkerung von 1 Million erreicht?

3. Radioaktivität

Eine Probe des radioaktiven Isotops Actinium 225 zerfällt gemäß dem Gesetz
$N(t) = 1000 \cdot e^{-0,069 t}$ (t: Zeit in Tagen; N(t): Rad. Substanz in mg).
a) Wie groß ist der Anfangsbestand? Wie groß ist der Bestand nach einem Tag? Welcher prozentuale Anteil der Probe zerfällt täglich?
b) Wie groß ist die Halbwertszeit? Eine Probe wird als ausgebrannt betrachtet, wenn die Strahlung auf 1 % des Ausgangswerts gefallen ist. Schätzen Sie die Zeit hierfür mithilfe der Halbwertszeit ab.

4. Städte

Die Einwohnerzahl einer Stadt wird modellhaft beschrieben durch $N_1(t) = 30\,000 \cdot e^{-0,0513 t}$.
Dabei ist t die Zeit in Jahren und $N_1(t)$ die Einwohnerzahl zum Zeitpunkt t.
a) Welche Einwohnerzahl liegt nach fünf Jahren vor?
b) Wann fällt die Einwohnerzahl auf 20 000 Einwohner?
c) Wie groß ist die momentane Abnahmerate zu Beginn des Prozesses bzw. nach 10 Jahren?
d) Die Einwohnerzahl einer anderen Stadt wird beschrieben durch $N_2(t) = 10000 \cdot e^{0,09531 t}$.
Wann sind beide Städte gleich groß? Wie groß sind sie dann?
e) Wann ist die Summe der Einwohnerzahlen beider Städte minimal?

5. Blutalkohol

Ein Zecher hat sich um 24^{00} Uhr einen Alkoholspiegel von 1,8 Promille angetrunken. Nach einer linearen Faustformel werden stündlich 0,2 Promille abgebaut. Ein anderes exponentielles Modell geht davon aus, dass stündlich ca. 20 % des aktuellen Gehaltes abgebaut werden.
a) Stellen Sie für das lineare Modell eine Abnahmefunktion a(t) auf.
b) Weisen Sie nach, dass das zweite exponentielle Modell durch die Funktion
$b(t) = 1,8 \cdot e^{-0,2231 t}$ erfasst wird. Zeichnen Sie beide Graphen in ein System.
c) Welchen Alkoholspiegel hat der Mann morgens um 6.00 Uhr nach dem linearen Modell? Darf er nun wieder fahren (Die erlaubte Grenze beträgt 0,5 Promille)?
d) Wann wird die Grenze von 0,5 Promille nach dem exponentiellen Modell erreicht?
e) Zu welchem Zeitpunkt ist der Unterschied zwischen den Modellen maximal?
f) Bestimmen Sie näherungsweise, z. B. mittels GTR, zu welchem Zeitpunkt beide Modelle den gleichen Alkoholspiegel anzeigen.

6. Luftdruck

Auf Meereshöhe beträgt der Luftdruck p 1013 mbar. Die Funktion p erfüllt die Gleichung
$p'(h) = -0,000\,13 \cdot p(h)$. h: Höhe in m, p: Luftdruck in mbar.
a) Begründen Sie, dass $p(h) = 1013\,e^{-0,000\,13 h}$ die Abnahmefunktion ist.
b) Wie groß ist der Luftdruck in 2000 m Höhe bzw. auf dem Mount Everest?
c) Untrainierte Menschen benötigen ab 500 mbar Luftdruck eine Sauerstoffzufuhr per Maske. Ab welcher Höhe ist dies erforderlich?

C. Begrenztes exponentielles Wachstum

Reales Wachstum ist meistens begrenzt. Es gibt eine Obergrenze, die nicht überschritten werden kann. Eine Bevölkerung kann nicht endlos wachsen, ein Baum kann nur eine bestimmte Höhe erreichen, und eine Epidemie ist spätestens zu Ende, wenn alle Einwohner erfasst sind.

Rechts ist der typische Verlauf des sog. *begrenzten Wachstums* dargestellt. Ausgehend von einem gewissen Anfangsbestand zur Zeit t = 0 steigt der Bestand N an, wobei sich die Wachstumsgeschwindigkeit N′ zunehmend verkleinert. Schließlich nähert sich die Wachstumsfunktion einer Obergrenze a, die man als *Grenzbestand* oder auch als *Sättigungsgrenze* bezeichnet.

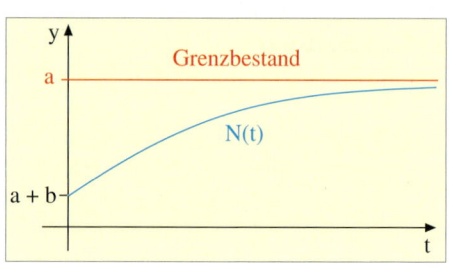

Das begrenzte Wachstum wird durch eine Bestandsfunktion der Gestalt $N(t) = a + b \cdot e^{-kt}$ beschrieben, wobei a positiv und b negativ ist.

a stellt dabei den Grenzbestand oder auch die Sättigungsgrenze dar.

Der Anfangsbestand ist $N(0) = a + b$.

Modell des begrenzten Wachstums
Begrenztes Wachstum kann durch folgende Funktion beschrieben werden.

Wachstumsfunktion:
$$N(t) = a + b \cdot e^{-kt}, \, k > 0$$

Dabei ist a die Sättigungsgrenze und $N(0) = a + b$ der Anfangsbestand.

► **Beispiel: Die Höhe eines Kaktus**
Ein kleiner Kaktus wird gepflanzt. Seine Höhe wird durch die Wachstumsfunktion $h(t) = 9{,}90 - 9{,}85 \cdot e^{0{,}01\,t}$ beschrieben (t: Zeit in Jahren; h: Höhe in m).
Wie groß war die Pflanzhöhe des Kaktus? Welche Größe kann er maximal erreichen? Nach welcher Zeit wird der Kaktus 2 m hoch sein?

Lösung:
Die Anfangshöhe ist:
$h(0) = 9{,}90\,\text{m} - 9{,}85\,\text{m} = 0{,}05\,\text{m}$.

Die Grenzhöhe ergibt sich, wenn t immer weiter vergrößert wird und schließlich gegen unendlich strebt. Dabei strebt der Teilterm $e^{-0{,}01\,t}$ gegen 0. Die Funktion h strebt gegen die Grenzhöhe 9,90 m.

Der Kaktus erreicht ca. 22 Jahre nach der Pflanzung die Höhe von 2 Metern, wie die
► Rechnung rechts zeigt.

Anfangshöhe:
$h(0) = 9{,}90 - 9{,}85 \cdot e^{0} = 9{,}90 - 9{,}85 = 0{,}05$

Grenzhöhe:
$\lim\limits_{t \to \infty} h(t) = \lim\limits_{t \to \infty} (9{,}90 - 9{,}85 \cdot e^{-0{,}01\,t}) = 9{,}90$

Berechnung der Zeit:
$$h(t) = 2$$
$$9{,}90 - 9{,}85 \cdot e^{-0{,}01\,t} = 2$$
$$e^{-0{,}01\,t} = \frac{7{,}90}{9{,}85} \approx 0{,}802$$
$$-0{,}01\,t = \ln 0{,}802$$
$$t \approx 22{,}06$$

▶ **Beispiel: Tropfinfusion**
Ein Medikament wird dem Patienten per Tropfinfusion zugeführt. Die Konzentration im Blut steigt gemäß der Funktion $k(t) = a - ae^{-0,04t}$ (t: Zeit in min; $k(t)$: Konzentration zur Zeit t in µg/ml).
Nach 23 Minuten beträgt die Konzentration 30,07 µg/ml.

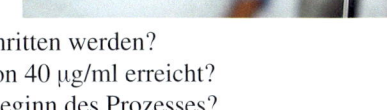

a) Wie lautet die Wachstumsfunktion?
b) Welche Grenzkonzentration kann nicht überschritten werden?
c) Wann wird die therapeutische Wirkschranke von 40 µg/ml erreicht?
d) Wie groß ist die Anstiegsgeschwindigkeit zu Beginn des Prozesses?

Lösung zu a):
Hier muss a bestimmt werden. Die Information $k(23) = 30,07$ führt nach nebenstehender Rechnung auf $a \approx 50$.
Die Gleichung der Wachstumsfunktion lautet daher $k(t) = 50 - 50\,e^{-0,04t}$.

Gleichung der Wachstumsfunktion:
$$k(23) = 30,07$$
$$a - a \cdot e^{-0,04 \cdot 23} = 30,07$$
$$a(1 - e^{-0,92}) = 30,07$$
$$a = \frac{30,07}{1 - e^{-0,92}} \approx 49,99$$
$$a \approx 50$$

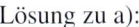

Lösung zu b):
Die Konzentration nähert sich langfristig, d. h. für $t \to \infty$, einer oberen Grenze an. Da der exponentielle Teilterm $e^{-0,04t}$ dabei gegen null strebt, nähert sich die Wachstumsfunktion k der Grenze 50 an.

Grenzkonzentration:
$$\lim_{t \to \infty} k(t) = \lim_{t \to \infty} (50 - 50\,e^{-0,04t}) = 50$$

Lösung zu c):
Die Schranke, ab der die gewünschte therapeutische Wirkung einsetzt, liegt bei 40 mg/ml. Der Ansatz $k(t) = 40$ führt nach einer logarithmischen Rechnung auf die Zeit $t \approx 40,24$ Minuten.

Therapeutische Schranke:
$$k(t) = 40$$
$$50 - 50 \cdot e^{-0,04 \cdot t} = 40$$
$$50 \cdot e^{-0,04 \cdot t} = 10$$
$$e^{-0,04 \cdot t} = 0,2$$
$$-0,04\,t = \ln 0,2$$
$$t = \frac{\ln 0,2}{-0,04} \approx 40,24$$

Lösung zu d):
Die Wachstumsgeschwindigkeit der Konzentration k ist deren Ableitung k'.
Mit der Kettenregel folgt $k'(t) = 2 \cdot e^{-0,04t}$.
▶ Hieraus ergibt sich $k'(0) = 2$ µg/ml.

Anstiegsgeschwindigkeit zu Beginn:
$$k'(t) = (50 - 50 \cdot e^{-0,04 \cdot t})'$$
$$= 0 - (50 \cdot e^{-0,04 \cdot t}) \cdot (-0,04)$$
$$= 2 \cdot e^{-0,04 \cdot t}$$
$$k'(0) = 2$$

Übung 7 Wachstum von Pilzen
Die Masse eines Pilzes wächst nach der Formel $m(t) = 40 - 25\,e^{-kt}$ (t: Tage, m: Gramm), wobei k vom Nährboden abhängt (Boden A: k = 0,10; Boden B: k = 0,20).
Skizzieren Sie beide Graphen im gleichen Koordinatensystem. Wann werden 30 Gramm erreicht?
Vergleichen Sie die Wachstumsgeschwindigkeiten zur Zeit t = 0 und t = 10.

Das Newtonsche Abkühlungsgesetz

Heiße Körper geben Wärme an die kältere Umgebung ab und kühlen so im Laufe der Zeit auf die Umgebungstemperatur ab. Der berühmte Physiker Isaac Newton (1643–1727) stellte auch ein Gesetz auf, das die exponentielle Abnahme der Temperatur bei Abkühlungsvorgängen erfasst.

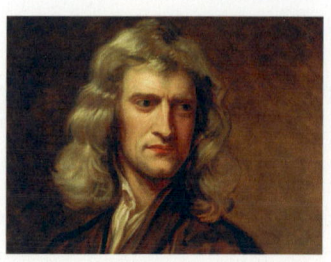

$T(t)$ sei die Temperatur eines sich abkühlenden Körpers zur Zeit t. Die Temperatur kann nicht niedriger werden als die Umgebungstemperatur.

Daher liegt auch hier das Modell der begrenzten Abnahme vor. Es kann also der Ansatz $T(0) = a + be^{-kt}$ verwendet werden.

Dabei ist $T(0) = a + b$ die Anfangstemperatur des Körpers zu Beginn des Abkühlungsprozesses.

Weiter strebt $T(t)$ mit zunehmender Zeitdauer, also für $t \to \infty$, offensichtlich gegen den Wert a. Also muss a die Umgebungstemperatur sein.

So erhalten wir das rechts dargestellte Newtonsche Abkühlungsmodell.

Modell des Abkühlungsprozesses

Ein Abkühlungsprozess kann durch die folgende *Abkühlungsfunktion* beschrieben werden.

$$T(t) = a + b \cdot e^{-kt}, \, k > 0$$

Dabei gelten zwei Zusammenhänge:

a + b ist die Anfangstemperatur $T(0)$.

a ist die Umgebungstemperatur, der sich T langfristig annähert.

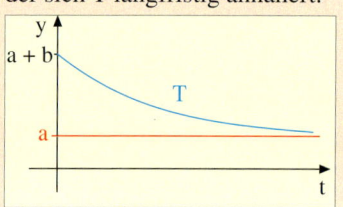

► Beispiel: Teatime

Mathelehrer Peter Pim hat 15 Minuten Pause. Die Temperatur in seiner Teekanne fällt in den ersten beiden Minuten von 98 °C auf 88 °C. Schnell errechnet Peter, wie heiß der Tee in der Kanne am Ende seiner Pause noch ist. Übrigens, im Raum ist es 20 °C warm.

Lösung:

Zunächst muss die Abkühlungsfunktion $T(t) = a + be^{-kt}$ bestimmt werden.

a ist die Umgebungstemperatur, also gilt a = 20. Wegen $T(0) = a + b = 98$ folgt damit b = 78.

Nun muss noch k bestimmt werden.

Der Ansatz $T(2) = 88$ führt laut der rechts aufgeführten logarithmischen Rechnung auf den Wert k = 0,069. Damit ist die Abkühlungsfunktion komplett:

▼ $T(t) = 20 + 78 \cdot e^{-0,069t}$

Ansatz: $T(t) = a + be^{-kt}$

a = Umgebungstemperatur = 20

a + b = Anfangstemperatur = 98 ⇒ b = 78

Zwischenergebnis:

$$T(2) = 88 \Rightarrow 20 + 78e^{-2k} = 88$$
$$e^{-2k} = 0,5$$
$$-2k = \ln 0,8718$$
$$k \approx 0,069$$

Endergebnis: $T(t) = 20 + 78 \cdot e^{-0,069t}$

Nun können wir die Temperatur nach 15 Minuten bestimmen. Sie beträgt ca. 48°.
▶ Der Tee ist also gut zu genießen.

Temperatur nach 15 Minuten:
$$T(15) = 20 + 78 \cdot e^{-0,069 \cdot 15} \approx 47,71\,°C$$

Übungen

8. Population

Der Bestand einer Population wird durch die Funktion $N(t) = 10 - 8 \cdot e^{-0,2t}$ erfasst. Dabei gibt t die Zeit in Stunden seit Beobachtungsbeginn an und $N(t)$ die Anzahl der Individuen in Tausend.
a) Zeichnen Sie den Graphen von N mithilfe einer Wertetabelle ($0 \le t \le 20$, Schrittweite 5).
b) Bestimmen Sie den Anfangsbestand und den Grenzbestand der Population.
c) Welcher Bestand liegt zur Zeit $t = 3$ vor?
d) Nach welcher Zeit hat sich der Anfangsbestand vervierfacht?
e) Wie groß ist die Wachstumsgeschwindigkeit (gemessen in Tausend Individuen pro Stunde) zu Beginn des Wachstumsprozesses bzw. nach 10 Stunden?

9. Stausee

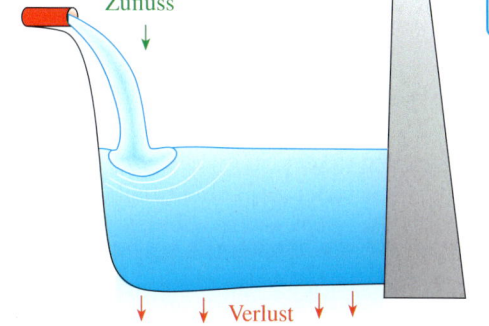

Ein neuer natürlicher Stausee wird angelegt. Er wird durch einen konstanten Zufluss gefüllt, verliert aber mit zunehmender Füllung aufgrund des steigenden Wasserdrucks wieder Wasser durch den undichten Seeboden.
Berechnungen ergaben, dass die Erstbefüllung durch die Funktion W erfasst werden kann:
$$W(t) = 1\,000\,000 \cdot (1 - e^{-0,025\,t})$$
(t: Zeit in Std., W: Wasservolumen in m³)

a) Fertigen Sie eine Wertetabelle für die Funktion W an ($0 \le t \le 100$, Schrittweite 20). Skizzieren Sie den Graphen von W.
b) Wie groß wird das Wasservolumen nach 50 bzw. nach 200 Stunden sein? Welches Wasservolumen wäre maximal erreichbar?
c) Der See hat ein Leervolumen von $1\,200\,000$ m³. Kann er völlig gefüllt werden? Nach welcher Zeit ist er zur Hälfte gefüllt?
d) Mit welcher Geschwindigkeit (in m³/h) füllt sich der See zur Zeit $t = 20$? Wie stark ist der konstante Zufluss?

10. Eisenschmelze

Eisen schmilzt bei 1538 °C. Eine glühende Eisenschmelze kühlt sich bei einer Umgebungstemperatur von 20 °C innerhalb von 10 Minuten von 2000 °C auf 1800 °C ab.
a) Wie lautet die Abkühlungsfunktion?
b) Wie lange dauert es bis zur Erstarrung des Eisens?
c) Wie groß ist die Abkühlungsrate zu Beginn des Prozesses?

11. Chinesisch

Anja möchte China besuchen. Daher nimmt sie an einem Chinesisch-Kurs teil. Erfahrungsgemäß beginnen die Teilnehmer ohne Vorkenntnisse und besitzen eine maximale Lernkapazität von 500 Vokabeln. Ein durchschnittlicher Teilnehmer beherrscht nach einer Stunde 40 Vokabeln.

a) Wie lautet die Lernkurve eines durchschnittlichen Teilnehmers?
(t: Stunden, L(t): Anzahl der Vokabeln)

b) Wie lange benötigt ein Teilnehmer für die Hälfte der maximalen Kapazität?

c) Anja beherrscht nach einer Stunde schon 50 Vokabeln, nach zwei Stunden sind es sogar 98 Vokabeln.
Wie lautet ihre persönliche Lernkurve? Wo liegt ihre Kapazitätsgrenze?

d) Wann sinkt die Lernrate eines durchschnittlichen Teilnehmers auf 10 Vokabeln/Stunde? Welche Lernrate hat Anja zur Zeit t = 10?

12. Wölfe

In einem Waldgebiet ist Revierplatz vorhanden für maximal 800 Wölfe. Zu Beobachtungsbeginn werden 500 Wölfe gezählt. Nach drei Jahren sind es schon 700 Tiere.

a) Wie lautet die Bestandsfunktion N(t)?

b) Wie viele Wölfe gibt es nach fünf Jahren?

c) Zeichnen Sie den Graphen von N.

d) Durch intensivere Beforstung beginnt die Wolfspopulation seit Beginn des zehnten Jahres um 10% pro Jahr zu sinken.
Wann unterschreitet sie 100 Tiere?

13. Fanmeile

Die Fanmeile zur Fußball-WM wurde 60 Minuten vor Spielbeginn geöffnet. Nach 5 Minuten wurden bereits 32 135 Personen eingelassen. Es wird angenommen, dass die Anzahl der eingelassenen Personen durch $P(t) = 300\,000\,(1 - e^{-kt})$ beschrieben werden kann (t: Zeit in Minuten, P(t): Personenzahl).

a) Bestimmen Sie den Koeffizienten k.

b) Wie viele Personen sind nach 30 Minuten auf der Fanmeile?

c) Wie groß ist die Maximalkapazität der Meile? Wann erreicht die Auslastung 90%?

d) Wie groß ist die Einlassgeschwindigkeit zu Beginn bzw. nach 30 Minuten?

D. Modellierung mit exponentiellen Termen

GTR

▶ **Beispiel: Wachstum von Kletterbohnen**
Das Höhenwachstum zweier Kletterbohnensorten I, II wird durch folgende Funktionen erfasst:
$h_1(t) = 180 - 150\,e^{-0,05\,t}$, $h_2(t) = 10\,e^{0,1\,t}$ (t in Tagen, h in cm)

a) Wann ist eine Bohne der Sorte I 1 m hoch? Bestimmen Sie einen Näherungswert für den Zeitpunkt, an dem beide Sorten gleich hoch gewachsen sind.

b) Sorte I wächst zur Zeit t = 0 mit einer Geschwindigkeit von 7,5 cm/Tag. Wann erreicht Sorte II diese Geschwindigkeit?

c) Zu welchem Zeitpunkt sind die Wachstumsgeschwindigkeiten beider Sorten gleich?

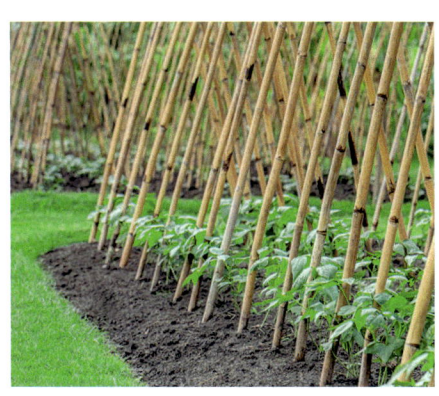

Lösung zu a):
Der Ansatz $h_1(t) = 100$ führt nach nebenstehender Rechnung auf eine Zeit von ca. 12,57 Tagen.

Zeit für 1 m Höhe bei Sorte I:
$h_1(t) = 180 - 150\,e^{-0,05\,t} = 100$
$e^{-0,05\,t} \approx 0,5333$
$\quad\quad t \approx 12,57$ Tage

Die Lösungen der Gleichung $h_1(t) = h_2(t)$ können nicht durch Umformungen bestimmt werden. Man legt eine Wertetabelle mit dem GTR an. Beide Sorten sind am 27. Tag gleich hoch. Genauer Wert: 26,38 Tage

Zeit für gleiche Höhe beider Sorten:

t	25	26	27
$h_1(t)$	137,02	139,12	141,11
$h_2(t)$	121,82	134,67	148,80

Lösung zu b):
Gesucht sind die Lösungen der Gleichung $h_2'(t) = 7,5$, d.h. $e^{0,1\,t} = 7,5$.
Nach ca. 20 Tagen wächst die Sorte II mit der Geschwindigkeit 7,5 cm/Tag.

Zeit für Geschwindigkeit 7,5 cm/Tag:
$h_2'(t) = e^{0,1\,t} = 7,5$
$\quad 0,1\,t = \ln 7,5$
$\quad\quad t \approx 20,15$ Tage

Lösung zu c):
Die Ansatzgleichung $h_1'(t) = h_2'(t)$ hat die Lösung $t \approx 13,43$ Tage. Zu diesem Zeit-
▶ punkt wachsen beide Sorten gleich schnell.

Zeitpunkt gleicher Geschwindigkeit:
$\quad\quad h_1'(t) = h_2'(t)$
$7,5\,e^{-0,05\,t} = e^{0,1\,t}$
$\quad\quad e^{0,15\,t} = 7,5$
$\quad\quad\quad t \approx 13,43$ Tage

Übung 14
Die Masse einer Hefekultur wird erfasst durch $m(t) = 20 - 18\,e^{-0,12\,t}$ (t in Stunden, m in mg)
a) Nach welchem Zeitpunkt werden 15 mg Masse erreicht?
b) Wie groß ist die Wachstumsgeschwindigkeit zum Zeitpunkt t = 0 bzw. t = 24?

▶ **Beispiel: Aufstellen der Wachstumsfunktion**
Die Höhe eines Kirschbaumes wird angenähert
durch die Funktion $h(t) = 4 - a e^{-kt}$ modelliert, wobei t die Zeit in Jahren seit der Pflanzung und $h(t)$
die Baumhöhe in Metern angibt.
5 Jahre nach der Pflanzung war der Baum 1,8 m
hoch, nach weiteren 5 Jahren hatte er eine Höhe von
2,6 m.

a) Bestimmen Sie die Parameter a und k sowie die Gleichung der Funktion h.
b) Wie hoch war der Baum zum Zeitpunkt der Pflanzung? Wann erreicht er die Höhe 3 m?
c) Welches durchschnittliche Höhenwachstum hatte der Baum während der ersten 5 Jahre?
   Welches momentane Höhenwachstum hat er zu Beginn des 6. Jahres?

Lösung zu a):
Aus den beiden Bedingungen $h(5) = 1,8$
und $h(10) = 2,6$ erhalten wir ein Gleichungssystem mit den Variablen a und k.

Das Gleichungssystem wird, wie nebenstehend angegeben, gelöst. Die Lösungen sind
$a \approx 3,46$ und $k \approx 0,0904$. Die Gleichung für
die Funktion h lautet:
$h(t) = 4 - 3,46 e^{-0,0904t}$.

Lösung zu b):
Für $t = 0$ erhalten wir die Höhe $h(0) = 0,54$.
Der Baum war zu Beginn 0,54 m hoch.

Aus dem Ansatz $h(t) = 3$ erhalten wir, dass
der Baum nach ca. 13,73 Jahren eine Höhe
von 3 m erreicht.

Lösung zu c):
Zu berechnen ist die mittlere Änderungsrate im Zeitintervall [0; 5] sowie die Ableitung von h zur Zeit $t = 5$, d. h. $h'(5)$.

Die mittlere Höhenwachstumsgeschwin-
digkeit beträgt etwa 0,25 m/Jahr.
Die momentane Wachstumsgeschwindig-
▶ keit zur Zeit $t = 5$ beträgt nur $0,20 \frac{m}{Jahr}$.

Bestimmung der Parameter k und a:
$h(5) = 1,8$:   I: $4 - a e^{-5k} = 1,8$
$h(10) = 2,6$:   II: $4 - a e^{-10k} = 2,6$
II nach a auflösen: III: $a = 1,4 e^{10k}$
III in I einsetzen: $4 - 1,4 e^{5k} = 1,8$
$$e^{5k} = \frac{11}{7}$$
$$k \approx 0,0904$$
Rückeinsetzen von $k = 0,0904$ in (I):
$4 - a e^{-0,452} = 1,8 \Rightarrow a \approx 3,46$

Baumhöhe zur Zeit t = 0:
$t = 0$: $h(0) = 4 - 3,46 = 0,54$ m

Bestimmung von t mit h(t) = 3:
$h(t) = 4 - 3,46 e^{-0,0904t} = 3$
$e^{-0,0904t} \approx 0,289$
$t \approx 13,73$ Jahre

Mittlere Wachstumsgeschwindigkeit:
$$\frac{\Delta h}{\Delta t} = \frac{h(5) - h(0)}{5 - 0} \approx \frac{1,80 - 0,54}{5 - 0} \approx 0,25 \, m/Jahr$$

Momentane Wachstumsgeschwindigkeit:
$h'(t) = 0,31 e^{-0,0904t}$
$h'(5) \approx 0,20 \, m/Jahr$

Übung 15

Die Flughöhe eines Flugzeugs in einer Flugphase ist in der
nebenstehenden Tabelle erfasst. Beschreiben Sie die Flughöhe durch eine Funktion $h(t) = 4 + a e^{-kt}$. Wie groß sind
die durchschnittliche sowie die maximale Sinkgeschwindigkeit während der 10-minütigen Flugphase?

t (in min)	2	5
h (in km)	4,69	4,47

Übungen

16. Höhenwachstum einer Pfingstrose

Das Höhenwachstum einer Pfingstrose wurde in einer Messreihe erfasst.

t (in Tage)	0	4	8	12	16
h(t) (cm)	2,0	3,5	6,13	10,73	18,79

a) Zeichnen Sie den Graphen der Funktion h.

b) Weisen Sie nach, dass unbegrenztes exponentielles Wachstum vorliegt.

c) Wie groß ist die mittlere Wachstumsgeschwindigkeit in den ersten 10 Tagen und die momentane zu Beginn des 10. Tages?

d) Wann erreicht die Pflanze eine Höhe von 40 cm?

17. Desinfektion

Durch Zugabe eines Desinfektionsmittels soll die Anzahl der Keime (in Mio. pro ml) in einem Erlebnisbad verringert werden. Die danach vorhandene Keimanzahl wird nach Ansicht eines Experten beschrieben durch $h_1(t) = 5 + 10\,e^{-0,02t}$ (t in Stunden). Ein zweiter Experte vertritt die Meinung, dass die Funktion $h_2(t) = 15 - 0,12\,t$ die Anzahl der Keime zutreffend angibt.

a) Welche Anzahl von Keimen enthält 1 ml Wasser in beiden Modellen 10 Stunden nach der Desinfektion?

b) Wann ist in beiden Modellen die Keimzahl auf die Hälfte des Anfangsstandes gefallen?

c) Für welchen Zeitpunkt ist der Unterschied beider Prognosen am größten?

18. Wachstum von Krokodilen

Ein Zoologe stellt fest, dass das Längenwachstum eines Krokodils durch $L(t) = 3 - a\,e^{-kt}$ ($0 < t < 12$, t in Monaten, L in Metern) erfasst wird. Zu Beginn (t = 0) war das Krokodil 1,8 m lang, ein Jahr später wurde seine Länge mit 2,48 m gemessen.

a) Stellen Sie das Wachstumsgesetz auf.

b) Welche maximale Länge erreicht das Krokodil?

c) Wann hat es 75 % seiner maximalen Länge erreicht? Wie groß ist zu diesem Zeitpunkt seine momentane Wachstumsgeschwindigkeit?

d) Das Längenwachstum eines zweiten Krokodils wird modelliert durch die Funktion $L_2(t) = 2,5 - 2\,e^{-0,2t}$. Zeichnen Sie beide Graphen in ein gemeinsames Koordinatensystem. Wann ist die Größendifferenz beider Krokodile am geringsten?

19. Drosophila, das Haustier der Genforscher

Im Labor wurde eine kleine Population der Fruchtfliege Drosophila angelegt, deren Bestand angenähert durch $N(t) = 40t^2 \cdot e^{1 - 0,4t}$ beschrieben wird (t in Tagen, t > 0).

a) Bestimmen Sie für die Bestandsfunktion die Nullstellen, Extrema und Wendepunkte. Zeichnen Sie den Graphen für $0 < t < 20$.

b) Zu welchem Zeitpunkt ist die Population am stärksten? Wie groß ist sie dann?

c) Zu welchem Zeitpunkt wächst bzw. verringert sich der Bestand besonders stark?

Das Wachstumsmodell von Verhulst

Im Jahre 1845 gelang es dem belgischen Mathematiker P. F. Verhulst, die Entwicklung der
Bevölkerungszahl der Vereinigten Staaten von
Amerika mit erstaunlicher Genauigkeit vorherzusagen. Seine Prognose war so gut, dass
selbst 1930, also 85 Jahre nach Prognosestellung, die Abweichung von der tatsäch-
lichen Bevölkerungsentwicklung weniger als
1 % betrug.

Verhulst entwickelte ein verfeinertes exponentielles Modell, welches berücksichtigte,
dass sich jedes natürliche Wachstum im Laufe
der Zeit abschwächt, das so genannte **logis-
tische Modell** mit einer nun S-förmigen Kurve. Als weitere Grundlage seiner Vorhersage
verwendete er die Ergebnisse der seit 1790 in
Amerika im Abstand von 10 Jahren durchgeführten allgemeinen Volkszählungen.

Jahr	Tatsächliche Entwicklung	Prognose von Verhulst (1845)
1790	3,9 Mio.	3,9 Mio
1800	5,3	5,3
1810	7,2	7,2
1820	9,6	9,7
1830	12,9	13,1
1840	17,1	17,5
1850	23,2	23,1
1860	31,4	30,4
1870	38,6	39,3
1880	50,2	50,2
1890	62,9	62,8
1900	76,0	76,9
1910	92,0	92,0
1920	106,5	107,5
1930	123,2	122,5

Zeitpunkt der Prognosestellung

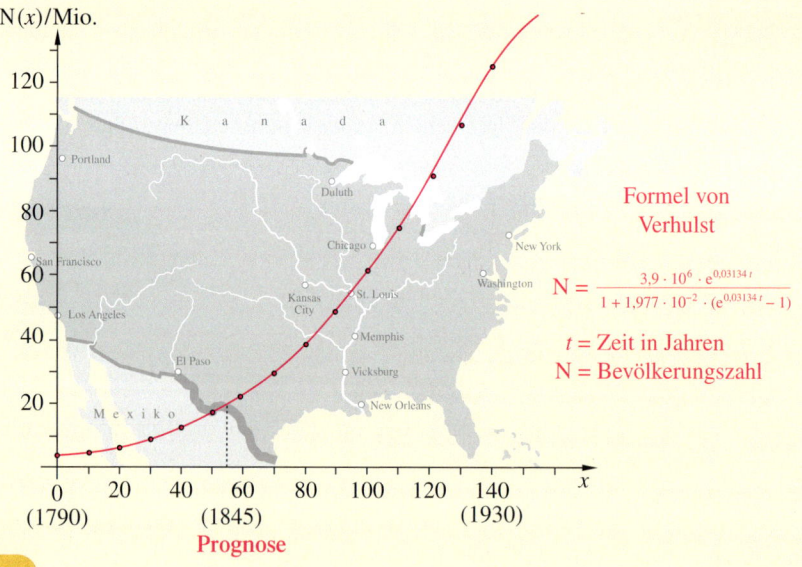

$N(x)/$Mio.

Formel von
Verhulst

$$N = \frac{3{,}9 \cdot 10^6 \cdot e^{0{,}03134\,t}}{1 + 1{,}977 \cdot 10^{-2} \cdot (e^{0{,}03134\,t} - 1)}$$

$t =$ Zeit in Jahren
$N =$ Bevölkerungszahl

0   20   40   60   80   100   120   140 x
(1790)   (1845)   (1930)
            Prognose

Übung

a) Überprüfen Sie durch Quotientenbildung $\frac{N(t+10)}{N(t)}$, dass das exponentielle Bevölkerungswachstum der amerikanischen Bevölkerung sich im Laufe der Zeit tatsächlich abschwächte.
b) Legen Sie nun nur die Daten von 1790 (3,9 Mio.) und 1830 (12,9 Mio.) zugrunde. Stellen Sie
   hieraus die rein exponentielle Wachstumsfunktion auf (Ansatz: $N(t) = N_0 \cdot e^{kt}$). In welchen
   zeitlichen Grenzen gilt dieses Modell in guter Näherung?
c) Welche Bevölkerungszahl für 1930 ergibt sich mit dem Modell aus b)?

Überblick

Natürliche Exponentialfunktion	Die Funktion $f(x) = e^x$ wird als natürliche Exponentialfunktion bezeichnet. Ihre Basis ist die Euler'sche Zahl $e \approx 2{,}72$.

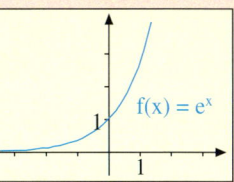

Natürliche Logarithmusfunktion	Die Umkehrfunktion zu $f(x) = e^x$ ist $g(x) = \ln x$. Sie heißt natürliche Logarithmusfunktion.

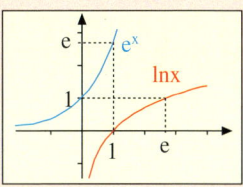

Ableitungsregeln

Name der Regel	Kurzform der Regel
Exponentialregel	$(e^x)' = e^x$
Produktregel	$(u \cdot v)' = u' \cdot v + u \cdot v'$
Kettenregel	$f(g(x))' = f'(g(x) \cdot g'(x))$
Lineare Kettenregel	$(f(ax + b))' = a \cdot f'(ax + b)$

Unbegrenztes Wachstum

Wachstumsgleichung:	$N'(t) = k \cdot N(t),\ k > 0$
Wachstumsfunktion:	$N(t) = c \cdot e^{kt}$
Verdopplungszeit:	$T_2 = \frac{\ln 2}{k}$
Graph: c: Anfangsbestand	

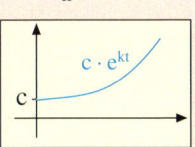

Ungestörter Zerfall

Zerfallsgleichung:	$N'(t) = -k \cdot N(t),\ k > 0$
Zerfallsfunktion:	$N(t) = c \cdot e^{-kt}$
Halbwertszeit:	$T_{\frac{1}{2}} = \frac{\ln 0{,}5}{-k} = \frac{\ln 2}{k}$
Graph: c: Anfangsbestand	

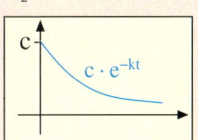

Begrenztes Wachstum

Wachstumsfunktion:	$N(t) = a + b \cdot e^{-kt},$ $k > 0,\ b < 0$
Graph: a + b: Anfangsbestand a: Grenzbestand Sättigungsgrenze	

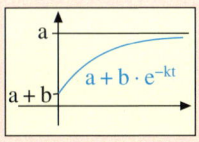

Newton'scher Abkühlungsprozess

Abkühlungsfunktion:	$N(t) = a + b \cdot e^{-kt},$ $k > 0,\ b > 0$
Graph: a + b: Anfangstemperatur a: Umgebungstemperatur	

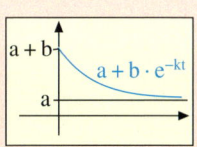

Test

Exponentielle Prozesse

1. Ableitungen

Bestimmen Sie die Ableitungsfunktion von f.

a) $f(x) = e^{-2x}$ b) $f(x) = (1 - x) \cdot e^x$ c) $f(x) = x^2 \cdot e^{-4x}$

2. Funktionsuntersuchung

Gegeben ist die Funktion $f(x) = 2x \cdot e^{-x}$.

a) Untersuchen Sie die Funktion auf Nullstellen, Extrema und Wendepunkte.

b) Stellen Sie den Graphen von f für $-0,5 < x < 3$ mit dem GTR dar.

c) Bestimmen Sie die Gleichung der Kurventangente im Ursprung.

3. Lineares und exponentielles Wachstum

Zu Beobachtungsbeginn ist ein Kaktus 90 cm hoch, ein Jahr später hat er eine Höhe von 150 cm erreicht.

Die Zeiteinheit sei 1 Monat.

a) Angenommen, es liegt lineares Wachstum vor. Wie lautet das Wachstumsgesetz?

b) Angenommen, es liegt unbegrenztes exponentielles Wachstum vor. Wie lautet das Wachstumsgesetz?

c) Wann im Verlauf des Jahres ist der Höhenunterschied zwischen den Modellen am größten?

4. Unbegrenzte Wachstumsprozesse

Eine Salmonellenkultur A wächst bei 20° C nach der Formel $N_A(t) = 300\,e^{0,22t}$.

Eine zweite Kultur B befindet sich im Kühlschrank. Sie vermehrt sich nach der Formel $N_B(t) = 900\,e^{0,15t}$. (t in Stunden, N in mg)

a) Wie lauten die Verdopplungszeiten der beiden Kulturen?

b) Stellen Sie die Graphen der beiden Funktionen ($0 < t < 20$) mit dem GTR dar.

c) Wann haben die Kulturen einen Bestand von 2000 mg erreicht?

d) Wann sind beide Kulturen gleich groß?

e) Welche Wachstumsgeschwindigkeit hat Kultur B zur Zeit $t = 0$ (in mg/Stunde)? Wann erreicht Kultur A diese Wachstumsgeschwindigkeit?

5. Wachstumsprozesse

Bei einer Tropfinfusion kann die zur Zeit t im Blut vorhandene Wirkstoffmenge durch die Funktion $N(t) = 50 - 50\,e^{-0,04t}$ beschrieben werden (t in Minuten, N(t) in mg).

a) Wie groß ist die Wirkstoffmenge nach 10 Minuten? Nach welcher Zeit wird eine Wirkstoffmenge von 30 mg erreicht? Welche Wirkstoffmenge kann maximal erreicht werden?

b) Mit welcher Geschwindigkeit wächst die Wirkstoffmenge zum Zeitpunkt $t = 0$? Wann beträgt die Wachstumsgeschwindigkeit 1 mg pro Minute?

c) Nach einer Stunde wird die Infusion abgebrochen. Nun kann die Wirkstoffmenge durch $N(t) = N_1\,e^{-0,04t}$ neu erfasst werden. Wie groß ist N_1? Wie lange dauert es, bis die Wirkstoffmenge auf 5 mg abgesunken ist?

Lösungen: S. 483

VI. Zusammengesetzte Funktionen

1. Zusammensetzung von Funktionen

In der Einführungsphase und in den vorhergehenden Abschnitten wurden mehrere Funktionsklassen untersucht, z. B. lineare und quadratische Funktionen, Polynome, einige nicht-rationale Funktionen wie Hyperbel und Wurzelfunktion, die trigonometrischen Funktionen $\sin x$ und $\cos x$, elementare Exponentialfunktionen der Form $c \cdot a^x$, die Eulersche Exponentialfunktion e^x und die natürliche Logarithmusfunktion $\ln x$. Vereinzelt wurden auch schon einfache Funktionen angesprochen, die sich aus diesen Grundfunktionen zusammensetzen wie z. B. e^{2x} oder $x + \sqrt{x}$.
Im Folgenden sollen zusammengesetzte Funktionen in verstärktem Maße untersucht werden.

A. Arten der Zusammensetzung

Die einfachsten Zusammensetzungen bestehen aus **Summen** und **Differenzen bzw. aus Produkten und Quotienten** elementarer Funktionen.
Zur Untersuchung solcher Funktionen wendet man daher die Summenregel und die Produktregel der Differentialrechnung an und entsprechende Regeln der Integralrechnung. Rechts sind einige Beispiele für solch einfache Zusammensetzungen aufgeführt.

Additive Zusammensetzungen
Polynome: $\qquad\qquad\qquad f(x) = x^2 + 2x$
Exponentialfunktionen: $f(x) = e^x + 2e^{-x}$
Trigonom. Funktionen: $f(x) = \sin x + \cos x$

Multiplikative Zusammensetzungen
Polynom/Polynom: $\ f(x) = (x - 1)(x^2 + 1)$
Polynom/Expo-Fkt. $\ f(x) = (x + 1) \cdot e^x$
Expo-Fkt/Expo-Fkt: $f(x) = (e^x - 2) \cdot e^x$

Eine weitere Zusammensetzung wird durch die sogenannte Verkettung von Funktionen erreicht. Hierbei wird im Funktionsterm einer Funktion f die Variable x durch einen Funktionsterm $g(x)$ ersetzt. Man erhält so eine neue Funktion h mit der Funktionsgleichung $h(x) = f(g(x))$.
h heißt *Verkettung* von f und g.
f wird als *äußere Funktion* und g als *innere Funktion* der Verkettung bezeichnet.

Verkettung von Funktionen:
Beispiel 1: $\qquad\qquad h(x) = e^{0,5x}$
Äußere Funktion: $\quad f(x) = e^x$
Innere Funktion: $\quad g(x) = 0,5x$
Verkettung: $\ h(x) = f(g(x)) = e^{g(x)} = e^{0,5x}$

Beispiel 2: $\qquad\qquad h(x) = (e^x)^2$
Äußere Funktion: $\quad f(x) = x^2$
Innere Funktion: $\quad g(x) = e^x$
Verkettung: $\ h(x) = f(g(x)) = (g(x))^2 = (e^x)^2$

Durch Kombination aller Zusammensetzungsarten kann man beliebig komplexe Funktionen aufbauen, mit denen man viele Anwendungsprozesse modellieren kann.

Komplexere Zusammensetzungen:
$h(x) = x \cdot e^{-0,5x} - \sqrt{x}$
$h(x) = 0,5 \cdot \sin(2x + 1) + 1$

Übung 1 Verkettete Funktion
Verketten Sie die Funktionen f und g auf zwei Arten: $f(g(x))$ und $g(f(x))$
a) $f(x) = e^{-x}$, $g(x) = -2x + 1$
b) $f(x) = \sqrt{x + 1}$, $g(x) = x^2$

Übung 2 Äußere und innere Funktion
Gegeben ist die verkettete Funktion h.
Wie lauten äußere und innere Funktion?
a) $h(x) = 3\,e^{2x} + 1$
b) $h(x) = (\sin x)^2 - 2$

B. Die Ableitung zusammengesetzter Funktionen

Bei der Untersuchung des Verlaufs zusammengesetzter Funktionen benötigt man deren Ableitung. Diese wird mithilfe der Summenregel, der Produktregel und der Kettenregel bestimmt.

▶ **Beispiel: Differenzieren eines Produktes**
  Bestimmen Sie die Ableitung von f.

$$f(x) = x \cdot \sin x$$

Lösung:
Die Funktion f ist ein reines Produkt zweier elementarer Funktionen. Es liegt keine Verkettung vor. Deshalb reicht die Produktregel $(u \cdot v)' = u' \cdot v + u \cdot v'$ aus. Wir erhalten als Resultat die Ableitungs-
▶ funktion $f'(x) = \sin x + x \cos x$.

Ableitung von f mit der Produktregel:

$$f(x) = \underbrace{x}_{u(x)} \cdot \underbrace{\sin x}_{v(x)}$$

$$f'(x) = \underbrace{(1)}_{u'(x)} \cdot \underbrace{\sin x}_{v(x)} + \underbrace{(x)}_{u(x)} \cdot \underbrace{\cos x}_{v'(x)}$$

$$= \sin x + x \cos x$$

▶ **Beispiel: Differenzieren bei Verkettung**
  Bestimmen Sie die Ableitung von f.

$$h(x) = (x^2 - 4) \cdot e^{-0,5\,x}$$

Lösung:
Die Funktion f ist ein Produkt aus einem Polynom und einer Exponentialfunktion, so dass die Produktregel angewendet werden muss: $(u \cdot v)' = u' \cdot v + u \cdot v'$

Die Exponentialfunktion $v(x) = e^{-0,5\,x}$ ist verkettet mit der äußeren Funktion $f(x) = e^x$ und der inneren Funktion $g(x) = -0,5\,x$.

Ihre Ableitung erfordert die Anwendung der Kettenregel $(f(g(x))' = f'(g(x)) \cdot g'(x)$:
▶ $(e^{-0,5\,x})' = (e^{-0,5\,x}) \cdot (-0,5)$

Ableitung von h mit der Produktregel:

$$h(x) = \underbrace{(x^2 - 4)}_{u(x)} \cdot \underbrace{e^{-0,5\,x}}_{v(x)}$$

$$h'(x) = \underbrace{(2\,x)}_{u'(x)} \cdot \underbrace{e^{-0,5\,x}}_{v(x)} + \underbrace{(x^2 - 4)}_{u(x)} \cdot \underbrace{(-0,5) \cdot e^{-0,5\,x}}_{v'(x)}$$

$$= (-0,5\,x^2 + 2\,x + 2) \cdot e^{-0,5\,x}$$

Dabei wurde die Kettenregel verwendet:
$v(x) = e^{-0,5\,x}$
$v'(x) = (e^{-0,5\,x}) \cdot (-0,5) = -0,5 \cdot e^{-0,5\,x}$

Übung 3 Produktregel
Bestimmen Sie die erste Ableitung von f.

a) $f(x) = x^2 \cdot (1 - x)$

b) $f(x) = x^2 \cdot e^x$

c) $f(x) = e^x \cdot (e^x - 2)$

d) $f(x) = \sin x \cdot \cos x$

e) $f(x) = \sqrt{x} \cdot x$

f) $f(x) = \dfrac{e^x}{x}$

Übung 4 Kettenregel
Bestimmen Sie die erste Ableitung von f.

a) $f(x) = (2\,x + 1)^3$

b) $f(x) = e^{-2x}$

c) $f(x) = \sin(2\,x + 1)$

d) $f(x) = 2\sqrt{3\,x - 3}$

e) $f(x) = (2\,x - 4) \cdot e^{-0,5\,x}$

f) $f(x) = x^2 \cdot e^{2x-1}$

C. Die Integration zusammengesetzter Funktionen

Bei den folgenden Kurvenuntersuchungen werden Flächen berechnet, welche die Anwendung von Integrationsregeln erfordern. Wichtig sind neben den Grundregeln die folgenden Regeln.

Exponentialregeln	Verallgemeinerte Potenzregel	Sinus- und Kosinusregel
$\int e^x \, dx = e^x + C$	$\int x^r \, dx = \frac{x^{r+1}}{r+1} + C, \; r \neq -1$	$\int \sin x \, dx = -\cos x + C$
$\int e^{-x} \, dx = -e^{-x} + C$	**Linear verketteter Integrand**	$\int \cos x \, dx = \sin x + C$
$\int e^{ax+b} \, dx = \frac{1}{a} e^{ax+b} + C$	$\int f(ax+b) \, dx = \frac{1}{a} F(ax+b) + C$	

▶ **Beispiel: Integration eines Exponentialterms**
Berechnen Sie das unbestimmte Integral.

$$3 \cdot \int e^{-0,5x+1} \, dx$$

Lösung:
Der Exponent des Exponentialterms ist eine lineare Funktion. Wir wenden also die Regel für die lineare Verkettung an.

Bestimmung der Stammfunktion:

$$\int e^{ax+b} \, dx = \frac{1}{a} e^{ax+b} + C$$

Resultat: $3 \int e^{-0,5x+1} \, dx = -6 e^{-0,5x+1} + C$

$$\Rightarrow 3 \cdot \int e^{-0,5x+1} \, dx = 3 \cdot \frac{1}{-0,5} e^{-0,5x+1} + C$$

$$= -6 e^{-0,5x+1} + C$$

▶

Manchmal reichen die hier entwickelten Integrationsregeln nicht aus. Dann kann die Aufgabe durch *Vorgabe einer Stammfunktion F* erleichtert werden. In diesem Fall führt man den Nachweis, dass die Vorgabe F tatsächlich eine Stammfunktion darstellt, durch Differenzieren von F.

▶ **Beispiel: Stammfunktionsnachweis**
Zeigen Sie, dass $F(x) = (2x+1) \cdot e^{0,5x}$ eine Stammfunktion von $f(x) = (x+2,5) \cdot e^{0,5x}$ ist.

Lösung:
Wir differenzieren F nach der Produktregel und der Kettenregel. Das Resultat ist f. Das ist der Nachweis, das F eine Stammfunktion von f ist.

Nachweis durch Differenzieren:

$$F'(x) = (\underbrace{(2x+1)}_{u} \cdot \underbrace{e^{0,5x}}_{v})'$$

$$= \underbrace{2}_{u'} \cdot \underbrace{e^{0,5x}}_{v} + \underbrace{(2x+1)}_{u} \cdot \underbrace{0,5\,e^{0,5x}}_{v'}$$

$$= (x+2,5) \cdot e^{0,5x} = f(x)$$

▶

Übung 5 Integration
Bestimmen Sie eine Stammfunktion von f.
a) $f(x) = 2 \cdot e^{-x} + 1$ b) $f(x) = 0,5 \cdot e^{2x-1}$ c) $f(x) = 2 \cdot \sin x + 1$ d) $f(x) = \sqrt{x-2}$

Übung 6 Stammfunktionsnachweis
Zeigen Sie durch Differenzieren von F, dass $F(x)$ eine Stammfunktion von $f(x)$ ist.
a) $F(x) = x^2 \cdot e^{-x}, \; f(x) = (2x - x^2) \cdot e^{-x}$ b) $F(x) = (4-4x) \cdot e^{-0,5x}, \; f(x) = (2x-6) \cdot e^{-0,5x}$

2. Kurvendiskussionen

Im Folgenden werden Kurven untersucht, deren Funktionsgleichungen Exponentialterme enthalten, die aber etwas komplizierter aufgebaut sind als die bisherigen elementaren Beispiele. Zu den Routineuntersuchungspunkten – Ableitungen, Nullstellen, Extrema, Wendepunkte, Verhalten für $x \to \infty$, Graph – werden zusätzlich individuelle Aufgabenstellungen angeboten, deren Lösungen Transferleistungen erfordern.

Das erste Beispiel dient als Musteraufgabe ohne Verwendung von Hilfsmitteln. Daher werden hier mehrere Zusatzaufgaben angeboten.

A. Kurvenuntersuchungen

▶ **Beispiel: Kurvendiskussion**
  Gegeben ist die Funktion $f(x) = x \cdot e^{1-x}$. Untersuchen Sie f auf Nullstellen, Extrema und Wendepunkte. Prüfen Sie, wie sich die Funktionswerte für $x \to \infty$ bzw. $x \to -\infty$ verhalten. Zeichnen Sie den Graphen von f für $-1 \leq x \leq 3$.

Lösung:

1. Ableitungen:
Wir bestimmen die ersten drei Ableitungen, die wir zur Untersuchung auf Nullstellen, Extrema und Wendepunkte benötigen. Dabei wenden wir die Produktregel und die Kettenregel an.

Ableitungen:
$$f(x) = x \cdot e^{1-x}$$
$$f'(x) = 1 \cdot e^{1-x} - x \cdot e^{1-x} = (1-x) \cdot e^{1-x}$$
$$f''(x) = -1 \cdot e^{1-x} + (1-x) \cdot (-e^{1-x})$$
$$= (x-2) \cdot e^{1-x}$$
$$f'''(x) = 1 \cdot e^{1-x} + (x-2) \cdot (-e^{1-x})$$
$$= (3-x) \cdot e^{1-x}$$

2. Nullstellen:
Die notwendige und hinreichende Bedingung für Nullstellen lautet $f(x) = 0$.
Wir finden die Nullstelle bei $x = 0$.

Nullstellen:
$$f(x) = 0$$
$$x \cdot e^{1-x} = 0$$
$$x = 0, \text{ da } e^{1-x} > 0$$

3. Extrema:
Die notwendige Bedingung lautet $f'(x) = 0$.
Dies führt auf ein mögliches Extremum bei $x = 1$ mit dem y-Wert $y = 1$.
Die Überprüfung mithilfe der zweiten Ableitung zeigt, dass es sich um ein Maximum handelt: Hochpunkt $H(1|1)$.

Extrema:
$$f'(x) = 0$$
$$(1-x) \cdot e^{1-x} = 0$$
$$1 - x = 0, \text{ da } e^{1-x} > 0$$
$$x = 1, y = 1$$
Überprüfung mit f'':
$$f''(1) = -1 < 0 \Rightarrow \text{Maximum}$$

4. Wendepunkte:
Die notwendige Bedingung lautet $f''(x) = 0$.
Damit ergibt sich ein möglicher Wendepunkt bei $x = 2$, $y = \frac{2}{e}$.
Die Überprüfung mithilfe der dritten Ableitung ergibt, dass es sich um einen Rechts-Links-Wendepunkt handelt: $W\left(2 \left| \frac{2}{e}\right.\right)$.

Wendepunkte:
$$f''(x) = 0$$
$$(x-2) \cdot e^{1-x} = 0$$
$$x - 2 = 0, \text{ da } e^{1-x} > 0$$
$$x = 2, y = \frac{2}{e} \approx 0{,}74$$
$$f'''(2) = \frac{1}{e} > 0 \Rightarrow \text{R-L-Wendepunkt}$$

5. Verhalten für x → ±∞:
Wir verwenden Wertetabellen, um das Verhalten von f für x → ∞ bzw. x → −∞ zu untersuchen. Wir erhalten folgende Resultate:
$$\lim_{x \to \infty} x \cdot e^{1-x} = 0$$
$$\lim_{x \to -\infty} x \cdot e^{1-x} = -\infty$$

Verhalten für x → ∞:

x	1	5	10	→ ∞
f(x)	1	0,09	0,0012	→ 0

Verhalten für x → −∞:

x	−1	−5	−10	→ −∞
f(x)	−7,39	$-2 \cdot 10^3$	$-6 \cdot 10^5$	→ −∞

6. Graph von f:
Der Graph von f verläuft rechtsgekrümmt durch den Ursprung bis zum Hochpunkt H(1|1). Dann fällt er weiterhin rechtsgekrümmt bis zum Wendepunkt W(2|0,74). Anschließend fällt er linksgekrümmt weiter und schmiegt sich dabei von oben an die
▶ x-Achse, der er beliebig nahe kommt.

Graph:

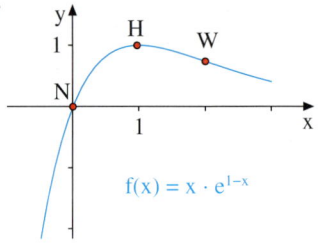

$f(x) = x \cdot e^{1-x}$

Zusatzaufgaben zum vorhergehenden Beispiel

Wir untersuchen nun einige Zusatzprobleme zum vorhergehenden Beispiel, die auch bei zukünftigen Aufgabenstellungen von Interesse sind, wie Tangenten, Flächeninhalte etc.

▶ **Beispiel: Tangente**
Die Funktion $f(x) = x \cdot e^{1-x}$ stellt eine Straße dar. Im Punkt $P\left(2 \Big| \frac{2}{e}\right)$ soll tangential eine gerade Ausfahrt abgehen.
Wie lautet die Gleichung der Ausfahrt?
Wo überquert die Ausfahrt den Fluss?

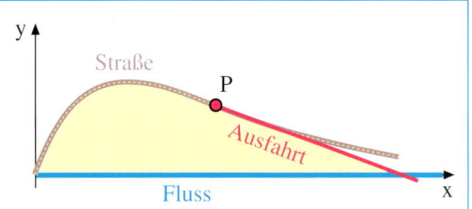

Lösung:
Wir verwenden als Ansatz die allgemeine Gleichung der Tangente von f im Punkt $P(x_0|f(x_0))$.
Wir kennen $x_0 = 2$ und $f(x_0) = f(2) = \frac{2}{e}$.
Mithilfe der Produkt- und der Kettenregel berechnen wir $f'(x) = (1-x) \cdot e^{1-x}$.
Daher gilt $f'(x_0) = f'(2) = -\frac{1}{e}$.
Durch Einsetzen dieser Daten in die allgemeine Tangentengleichung erhalten wir die Gleichung der Tangente (Ausfahrt).
$t(x) = -\frac{1}{e}x + \frac{4}{e}$.
Sie schneidet die x-Achse, d. h. den Fluss
▶ an der Stelle x = 4.

Allgemeine Tangentengleichung:
$$t(x) = f'(x_0) \cdot (x - x_0) + f(x_0)$$

Steigung der Tangente:
$$f(x) = x \cdot e^{1-x}$$
$$f'(x) = (1-x) \cdot e^{1-x}$$
$$f'(2) = -\frac{1}{e}$$

Gleichung der Tangente:
$$t(x) = -\frac{1}{e}(x-2) + \frac{2}{e}$$
$$t(x) = -\frac{1}{e}x + \frac{4}{e}$$

Schnittpunkt mit der x-Achse:
$$t(x) = -\frac{1}{e}x + \frac{4}{e} = 0, \; x = 4$$

▶ **Beispiel: Flächeninhalt**

Die Straße $f(x) = x \cdot e^{1-x}$, der Fluss längs der x-Achse und der vertikale Verbindungsweg vom Punkt P zum Fluss begrenzen ein Grundstück, das mit Obstbäumen bepflanzt werden soll (1 LE = 100 m). Ein Obstbaum benötigt 20 m². Wie viele Bäume können gepflanzt werden? Zeigen Sie zunächst, dass $F(x) = (-1-x) \cdot e^{1-x}$ eine Stammfunktion von f ist.

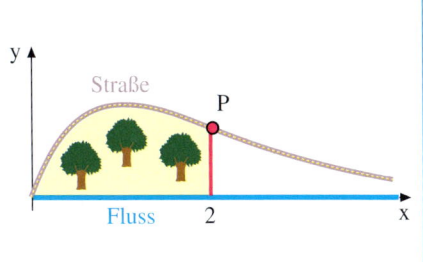

Lösung:

Durch Ableiten von F mithilfe der Produkt- und der Kettenregel wird nachgewiesen, dass F eine Stammfunktion von f ist.

Stammfunktionsnachweis:

$$F(x) = (-1-x) \cdot e^{1-x}$$
$$F'(x) = (-1) \cdot e^{1-x} + (-1-x) \cdot (-e^{1-x})$$
$$= x \cdot e^{1-x} = f(x)$$

Anschließend berechnen wir den Inhalt der Fläche A unter f über [0; 2].
Resultat: $A \approx 1{,}61$
Das entspricht $16\,100\,m^2$.

Flächeninhalt:

$$A = \int_0^2 f(x)\,dx = \int_0^2 x \cdot e^{1-x}\,dx$$
$$= [(-1-x) \cdot e^{1-x}]_0^2 = -\frac{3}{e} + e \approx 1{,}61$$

Diese Fläche reicht bei 20 m² pro Baum für ca. 805 Bäume.

Zahl der Bäume:

$$B = \frac{16\,100}{20} = 805$$

▶ **Beispiel: Extremalproblem**

Der Punkt $P(x|y)$ mit $x > 0$ liegt im ersten Quadranten auf dem Graphen von $f(x) = x \cdot e^{1-x}$ und ist die rechte obere Ecke eines achsenparallelen Rechtecks, dessen linke untere Ecke der Ursprung ist. Wie muss die Punktabszisse x gewählt werden, wenn der Flächeninhalt A des Rechtecks maximal werden soll?

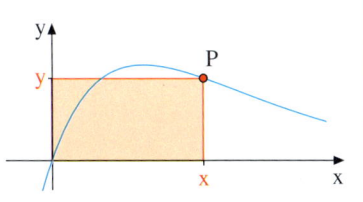

Lösung:

Wir stellen zunächst den Inhalt A als Funktion von x dar: $A(x) = x^2 \cdot e^{1-x}$.
Dann bilden wir die Ableitung A' von A und setzen diese null. Wir erhalten zwei Nullstellen von A' bei $x = 0$ und $x = 2$. Die erste kommt nicht in Frage, die zweite ist die gesuchte Maximalstelle, was man durch Überprüfen mittels A'' bestätigen könnte.

Resultat: Der Punkt $P\left(2\Big|\frac{2}{e}\right)$ führt zum

▶ Rechteck mit der Maximalfläche $\frac{4}{e} \approx 1{,}47$.

$$A = x \cdot y = x \cdot f(x) = x \cdot x e^{1-x} = x^2 \cdot e^{1-x}$$

$$A'(x) = 2x e^{1-x} + x^2 \cdot (-e^{1-x})$$
$$= (2x - x^2) \cdot e^{1-x}$$

$$A' = 0: \quad (2x - x^2) \cdot e^{1-x} = 0$$
$$2x - x^2 = 0$$
$$x = 0 \text{ (Min)}, \quad x = 2 \text{ (Max)}$$

$$y = f(2) = \frac{2}{e} \approx 0{,}74$$

$$A_{Max} = \frac{4}{e} \approx 1{,}47$$

Exkurs: Schwierige Zusatzaufgaben

▶ **Beispiel: Näherungsrechnung**
Die Funktion $f(x) = x \cdot e^{1-x}$ besitzt an zwei Stellen x_1 und x_2 den Funktionswert 0,5. Bestimmen Sie die Stellen x_1 und x_2 angenähert mit dem GTR.

Lösung:
Wir müssen die Geichung $x \cdot e^{1-x} = 0,5$ lösen. Eine exakte Lösung durch Auflösen nach x ist nicht möglich. Mit einer Wertetabelle könnte man sich herantasten. Mit dem GTR ist es sehr einfach:

Man gibt die Gleichung der Funktion f und die Gleichung der waagerechten Geraden $y(x) = 0,5$ ein, zeichnet ihre Graphen und bestimmt danach die Schnittpunkte.

Die Näherungsresultate lauten:
▶ $x_1 = 0,23$, $x_2 = 2,68$.

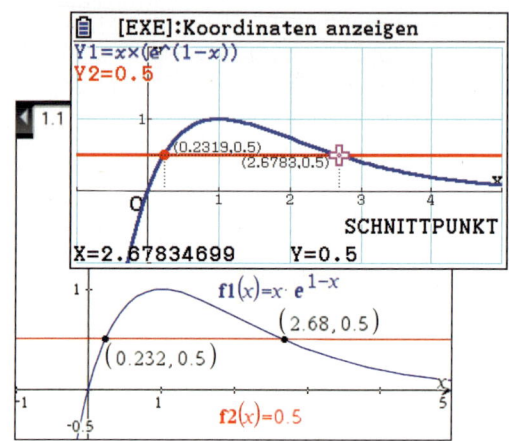

▶ **Beispiel: Approximation durch eine Parabel**
Der Graph von $f(x) = x \cdot e^{1-x}$ soll im Intervall [0; 1] durch eine quadratische Parabel der Gestalt $g(x) = a x^2 + b x + c$ angenähert dargestellt werden. An den Intervallendpunkten soll exakte Übereinstimmung bestehen. Außerdem soll die Parabel durch den Punkt C (2|0) gehen.

Lösung:
Die Ansatzparabel $g(x) = a x^2 + b x + c$ geht durch die Punkte A (0|0), B (1|1) und C (2|0).
Es gelten drei Gleichungen:
$g(0) = 0$, $g(1) = 1$ und $g(2) = 0$.
Hieraus ergibt sich ein lineares Gleichungssystem. Manuell oder mit dem GTR errechnen wir dessen Lösungen $a = -1$, $b = 2$ und $c = 0$. Resultat für g: $g(x) = -x^2 + 2x$.

Ansatz für die Parabel:
$g(x) = a x^2 + b x + c$

Aufstellen eines Gleichungssystems:
A (0|0) auf g $\Rightarrow$ g (0) = 0 $\Rightarrow$ c = 0
B (1|1) auf g $\Rightarrow$ g (1) = 1 $\Rightarrow$ a + b + c = 1
C (2|0) auf g $\Rightarrow$ g (2) = 0 $\Rightarrow$ 4a + 2b + c = 0

Lösen des Gleichungssystems:
$a = -1$, $b = 2$, $c = 0$

Resultat:
$g(x) = -x^2 + 2x$

Interpretation:
Die Zeichnung links zeigt, dass die Parabel g innerhalb des Intervalls [0; 1] eine gute Näherung der Funktion f darstellt.

Zeichnung mit dem GTR:

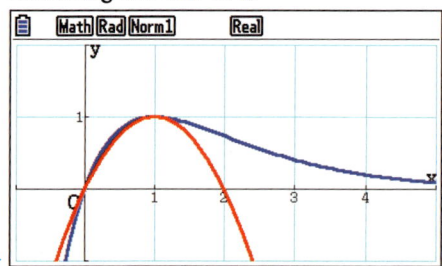

Übungen

1. Kurvendiskussion

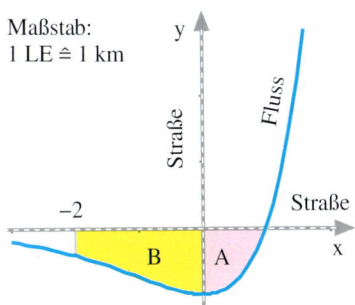

Maßstab:
1 LE $\widehat{=}$ 1 km

Gegeben ist die Funktion $f(x) = (x - 1) \cdot e^x$.

a) Bestimmen Sie die Ableitungen f', f'' und f'''.

b) Untersuchen Sie die Funktion f auf Nullstellen.

c) Die Funktion f besitzt ein Extremum und einen Wendepunkt. Wo liegen diese Punkte?

d) Untersuchen Sie das Verhalten von f für $x \to -\infty$ bzw. $x \to \infty$ mit einer Tabelle.

e) Skizzieren Sie den Graphen von $f(-3 \le x \le 2)$.

2. Flächeninhalt

Die Funktion $f(x) = (x - 1) \cdot e^x$ (s. Bild oben) beschreibt den Verlauf eines Flusses, der von zwei Straßen überbrückt wird, die längs der Koordinatenachsen laufen. (1 LE = 1 km)
Die beiden Straßen und der Fluss schließen im 4. Quadranten ein Grundstück A ein, welches für 80 € pro m² zum Kauf angeboten wird.

a) Zeigen Sie, dass $F(x) = (x - 2) \cdot e^x$ eine Stammfunktion von f ist.

b) Berechnen Sie den Verkaufspreis für das Grundstück A.

c) Wie groß ist das im 3. Quadranten liegende Grundstück B, welches durch die Straßen, den Fluss und den Fußweg bei $x = -2$ begrenzt wird?

3. Tangenten

Gegeben ist die Funktion $f(x) = e^x - x$. Sie beschreibt den Verlauf einer Autobahn. (1 LE = 1 km)

a) Besitzt f Extrem- und Wendepunkte?

b) Schließen Sie aus den Ergebnissen, dass f keine Nullstellen besitzt.

c) Vom Bahnhof $B(0|0)$ führt ein Zubringer zum Punkt $P(1|f(1))$ der Autobahn. Zeigen Sie, dass dieser Zubringer tangential in die Autobahn mündet.
Wie lange benötigt ein 30 km/h schneller Transporter vom Bahnhof bis zur Autobahn?

d) Wie viel Hektar Fläche hat das Grundstück zwischen Straße, Zubringer und Bahnlinie?
(1 Hektar = 10 000 m²)

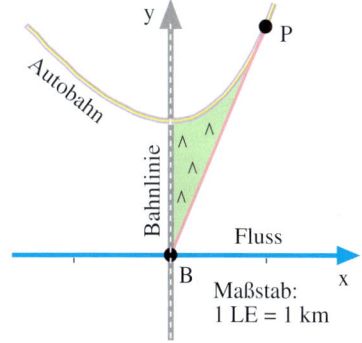

4. Kurvenuntersuchung

Gegeben ist die Funktion $f(x) = x \cdot e^{x + 1}$.

a) Untersuchen Sie f auf Nullstellen, Extrem- und Wendepunkte.

b) Zeichnen Sie den Graphen von f für $-3 \le x \le 0{,}5$.

c) Der Ursprung wird mit dem Punkt $P(-1|f(-1))$ durch eine Strecke s verbunden.
Wie groß ist das Flächenstück zwischen Kurve f und Strecke s?
(*Hinweis:* $F(x) = (x - 1) \cdot e^{x + 1}$ ist eine Stammfunktion von f)
Wie lang ist die Strecke s?

Im Folgenden führen wir exemplarisch eine Kurvendiskussion mithilfe des GTR durch.

> **Beispiel: Kurvendiskussion mit dem GTR**
> Gegeben ist die Funktion $f(x) = 4e^x \cdot (e^x - 1)$. Zeichnen Sie den Graphen von f für $-4 \le x \le 0,5$.
> Ermitteln Sie die Nullstellen, Extrema und Wendepunkte von f. Gesucht ist der Inhalt der
> Fläche zwischen dem Graphen von f, der x-Achse und der senkrechten Geraden $x = -2$.

Lösung:
Die Funktionsgleichung von f wird in den GTR eingegeben und der Graph von f in einem geeigneten Fenster dargestellt.

Nun können wie üblich die Nullstelle und das Extremum von f graphisch angenähert ermittelt werden.

Die Nullstelle von f liegt im Ursprung, der Tiefpunkt von f ist der Punkt $T(-0,69|-1)$.

Graph, Nullstelle und Extremum

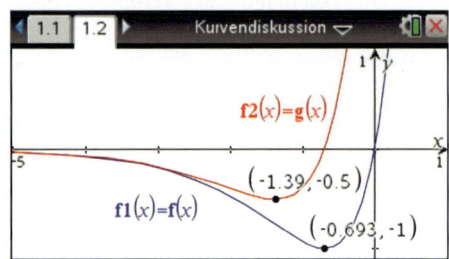

Wendepunkte können mithilfe des GTR nicht direkt ermittelt werden. Wir berechnen daher die zweite Ableitung f'' durch Anwendung der Produktregel manuell.
Nach Zeichnung des Graphen von f'' kann die Wendestelle x_W als Nullstelle von f'' bestimmt werden: $x_W \approx -1,39$.
Den y-Wert des Wendepunktes erhalten wir durch Einsetzen von x_W in die Funktionsgleichung von f. Ergebnis: $W(-1,39|-0,75)$.

Alternativ könnte der Wendepunkt als Minimum/Maximum der Ableitung f' mit dem GTR bestimmt werden. Dann spart man die manuelle Berechnung von f''.
(Siehe Bilder oben mit Graphen von f')

Der gesuchte Flächeninhalt A wird mit dem
> GTR angenähert ermittelt: $A \approx 1,50$.

Manuelle Bestimmung von f'':
$$f'(x) = 4e^x(e^x - 1) + 4e^x \cdot e^x$$
$$= 4e^x(2e^x - 1)$$

$$f''(x) = 4e^x(2e^x - 1) + 4e^x \cdot 2e^x$$
$$= 4e^x(4e^x - 1)$$

Bestimmtes Integral:

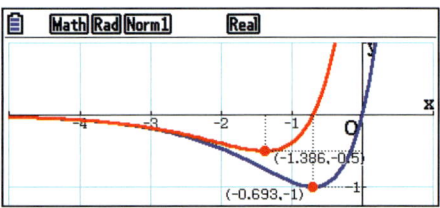

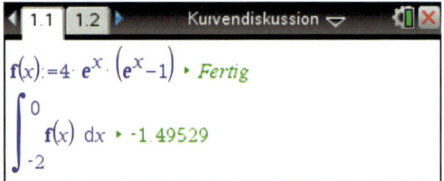

Übung 5 Kurvendiskussion
Ermitteln Sie die Nullstellen, Extrema und Wendepunkte der Funktion $f(x) = (x^2 + 2x) \cdot e^{-x}$.
Welchen Inhalt hat die von f und der x-Achse umschlossene Fläche im 3. Quadranten?

▶ **Beispiel: Kurvendiskussion** Untersuchen Sie die Funktion $f(x) = (x^2 - 2x) \cdot e^{0,5x}$ auf Nullstellen, Extrema und Wendepunkte. Wie verhält sich die Funktion für $x \to \infty$ bzw. $x \to -\infty$? Zeichnen Sie den Graphen von f für $-7 \leq x \leq 2,5$.

Lösung:

1. Ableitungen:

Die Ableitungen werden mit der Produktregel und der Kettenregel bestimmt.

$$f'(x) = \left[(x^2 - 2x) \cdot e^{0,5x}\right]'$$
$$= (2x - 2) \cdot e^{0,5x} + (x^2 - 2x) \cdot (0,5e^{0,5x})$$
$$= \left(\tfrac{1}{2}x^2 + x - 2\right) \cdot e^{0,5x}$$
$$f''(x) = \left(\tfrac{1}{4}x^2 + \tfrac{3}{2}x\right) \cdot e^{0,5x}$$
$$f'''(x) = \left(\tfrac{1}{8}x^2 + \tfrac{5}{4}x + \tfrac{3}{2}\right) \cdot e^{0,5x}$$

6. Graph:

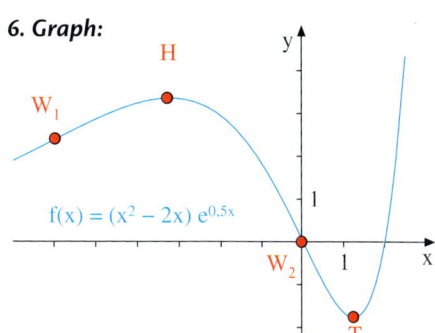

$f(x) = (x^2 - 2x)\, e^{0,5x}$

2. Nullstellen:

Die Funktion besitzt zwei Nullstellen, nämlich bei $x = 0$ und $x = 2$.

$f(x) = 0$:
$$(x^2 - 2x) \cdot e^{0,5x} = 0$$
$$x^2 - 2x = 0$$
$$x(x - 2) = 0$$
$$\mathbf{x = 0;\ x = 2}$$

3. Extrema:

Die Ableitung f' hat zwei Nullstellen, bei $x = -1 - \sqrt{5} \approx -3,24$ und $x = -1 + \sqrt{5} \approx 1,24$. Die Überprüfung mittels f'' ergibt ein Maximum im ersten Fall und ein Minimum im zweiten Fall. Nach Berechnung der zugehörigen y-Werte erhalten wir einen Hochpunkt $H(-3,24|3,36)$ sowie einen Tiefpunkt $T(1,24|-1,75)$.

$f'(x) = 0$:
$$\left(\tfrac{1}{2}x^2 + x - 2\right) \cdot e^{0,5x} = 0$$
$$\tfrac{1}{2}x^2 + x - 2 = 0$$
$$x^2 + 2x - 4 = 0$$
$$x = -1 \pm \sqrt{5} \approx -1 \pm 2,24$$

$\mathbf{x \approx -3,24}$	$\mathbf{x \approx 1,24}$
$y \approx 3,36$	$y \approx -1,75$
$f''(-3,24) < 0$	$f''(1,24) > 0$
Maximum	Minimum

4. Wendepunkte:

Die Nullstellen von f'' liegen bei $x = 0$ und $x = -6$. Nach Überprüfung mithilfe von f''' und nach Berechnung der zugehörigen y-Werte erhalten wir einen Links-Rechts-Wendepunkt $W_1(-6|2,39)$ und einen Rechts-Links-Wendepunkt $W_2(0|0)$.

$f''(x) = 0$:
$$\left(\tfrac{1}{4}x^2 + \tfrac{3}{2}x\right) \cdot e^{0,5x} = 0$$
$$\tfrac{1}{4}x^2 + \tfrac{3}{2}x = 0$$
$$x\left(\tfrac{1}{4}x + \tfrac{3}{2}\right) = 0$$

$\mathbf{x = 0}$	$\mathbf{x = -6}$
$y = 0$	$y \approx 2,39$
$f'''(0) > 0$	$f'''(-6) < 0$
R-L-WP	L-R-WP

5. Verhalten für $x \to \pm\infty$:

Wir überprüfen das Grenzverhalten von f durch Testeinsetzungen. Ergebnis:

Für $x \to -\infty$ streben die Funktionswerte gegen 0. Der Graph von f schmiegt sich von oben an die negative x-Achse.

▶ Für $x \to \infty$ steigt der Graph von f steil an und wächst über alle Grenzen.

x	-1	-5	-10	$\to -\infty$
f(x)	1,82	2,9	0,81	$\to 0$

x	1	5	10	$\to \infty$
f(x)	$-1,65$	182,7	$1,2 \cdot 10^4$	$\to \infty$

Übungen

6. Kurvendiskussionen

Führen Sie eine Kurvendiskussion durch. Überprüfen Sie hierzu f auf Nullstellen, Extrema und Wendepunkte. Untersuchen Sie, wie f sich für $x \to \pm \infty$ verhält. Skizzieren Sie den Graphen von f in einem sinnvollen Bereich. Überprüfen Sie Ihre Skizze mit dem GTR.

a) $f(x) = (2x + 2) \cdot e^{-0,5x}$ b) $f(x) = (1 - x) \cdot e^{2-x}$ c) $f(x) = e^x - 2e^{-x}$

7. Graph und Funktionsterm

Ordnen Sie jedem Funktionsterm den passenden Graphen zu. Begründen Sie.

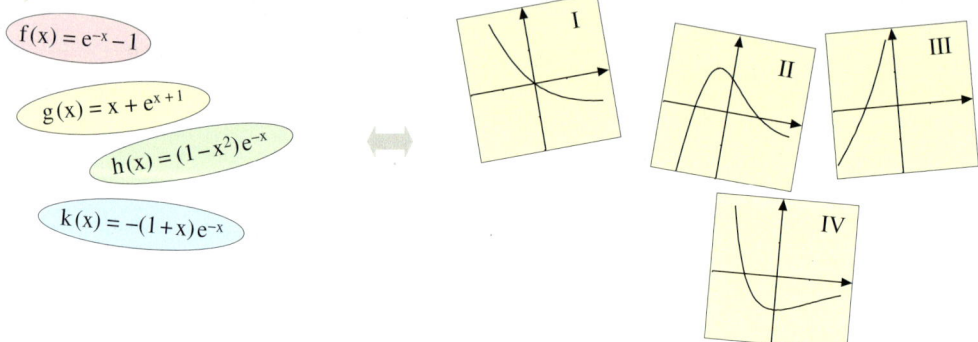

$f(x) = e^{-x} - 1$

$g(x) = x + e^{x+1}$

$h(x) = (1 - x^2)e^{-x}$

$k(x) = -(1 + x)e^{-x}$

I   II   III   IV

8. Funktion und Stammfunktion

Ordnen Sie jeder Funktion die passende Stammfunktion zu. Führen Sie den Nachweis.

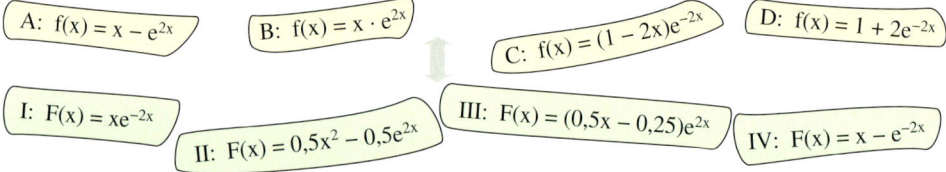

A: $f(x) = x - e^{2x}$ B: $f(x) = x \cdot e^{2x}$ C: $f(x) = (1 - 2x)e^{-2x}$ D: $f(x) = 1 + 2e^{-2x}$

I: $F(x) = xe^{-2x}$ II: $F(x) = 0,5x^2 - 0,5e^{2x}$ III: $F(x) = (0,5x - 0,25)e^{2x}$ IV: $F(x) = x - e^{-2x}$

9. Kanalprofil

Das Querschnittsprofil eines 400 m langen Kanals kann durch die Funktion $f(x) = 2x\, e^{-0,25x^2}$ modelliert werden. ($0 \leq x \leq 5$, 1 LE = 1 m)

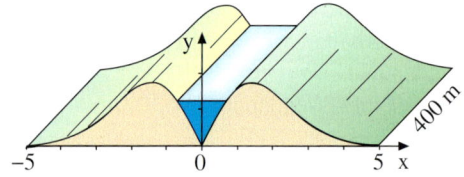

a) Wie hoch ist die Dammkrone? Wie breit ist die Wasserrinne?

b) Zeigen Sie durch Ableiten, dass $F(x) = -4\,e^{-0,25x^2}$ eine Stammfunktion von f ist. Verwenden Sie die allgemeine Kettenregel S. 167.

c) Berechnen Sie das maximale Fassungsvermögen des Kanals.

d) Der städtische Hangrasenmäher hat eine maximale Steigfähigkeit von 40°. Kann der Hang des Dammes damit bis zur Dammkrone befahren werden?

> **Beispiel: Kurvenschar**
> Gegeben ist die Kurvenschar $f_a(x) = e^{2x} - a \cdot e^x$, $a > 0$.
> Untersuchen Sie f_a auf Nullstellen, Extrema, Wendepunkte, Verhalten für $x \to \pm\infty$.
> Zeichnen Sie die Graphen f_2 und f_3 für $-3 \leq x \leq 1{,}2$.

Lösung:

1. Ableitungen:
Die Ableitungen sind mit der linearen Kettenregel zu gewinnen.
Es ist günstig, jeweils den Faktor e^x auszuklammern.

Ableitungen:
$$f_a(x) = e^{2x} - a \cdot e^x = e^x \cdot (e^x - a)$$
$$f_a'(x) = 2e^{2x} - a \cdot e^x = e^x \cdot (2e^x - a)$$
$$f_a''(x) = 4e^{2x} - a \cdot e^x = e^x \cdot (4e^x - a)$$
$$f_a'''(x) = 8e^{2x} - a \cdot e^x = e^x \cdot (8e^x - a)$$

2. Nullstellen:
Die Funktion f_a hat genau eine Nullstelle bei $x = \ln a$.

Nullstellen: $\quad f_a(x) = e^x \cdot (e^x - a) = 0$
$$e^x - a = 0$$
$$x = \ln a$$

3. Extrema:
Bei $x = \ln \frac{a}{2}$ liegt eine Nullstelle von f', d. h. eine Stelle mit waagerechter Tangente.

Der y-Wert beträgt $y = -\frac{a^2}{4}$. Die Überprüfung mittels f_a'' ergibt ein Minimum.

Resultat: Tiefpunkt $T\left(\ln\frac{a}{2} \middle| -\frac{a^2}{4}\right)$

Extrema: $\quad f_a'(x) = e^x \cdot (2e^x - a) = 0$
$$2e^x - a = 0$$
$$x = \ln\frac{a}{2}$$
$$y = f\left(\ln\frac{a}{2}\right) = e^{\ln\frac{a}{2}} \cdot \left(e^{\ln\frac{a}{2}} - a\right) = \frac{a}{2}\left(\frac{a}{2} - a\right)$$
$$= -\frac{a^2}{4}$$
$$f''\left(\ln\frac{a}{2}\right) \quad = \frac{a^2}{2} > 0 \quad \Rightarrow \quad \text{Minimum}$$

4. Wendepunkte:
Mithilfe der notwendigen Bedingung für Wendepunkte $f'' = 0$ errechnen wir einen Wendepunkt mit Rechts-links-Krümmung.

Resultat: $W\left(\ln\frac{a}{4} \middle| -\frac{3}{16}a^2\right)$

Wendepunkte: $\quad f_a''(x) = e^x(4e^x - a) = 0$
$$x = \ln\frac{a}{4}$$
$$y = -\frac{3}{16}a^2$$
$$f_a'''\left(\ln\frac{a}{4}\right) = \frac{a^2}{4} > 0 \quad \Rightarrow \quad \text{R-L-Wendepunkt}$$

5. Verhalten für $x \to \pm\infty$:
Für $x \to \infty$ überwiegt der Teilterm e^{2x}.
Er strebt gegen unendlich und damit auch der Gesamtterm von f_a.
Für $x \to -\infty$ streben beide Teilterme e^{2x} und e^x gegen null und damit auch die Funktion f_a.
Der Graph von $f_a(x) = e^x(e^x - a)$ schmiegt sich also für $x \to -\infty$ an die x-Achse.

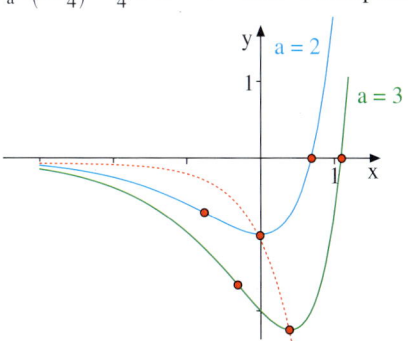

Übung 10

Gegeben ist die Schar $f_a(x) = e^{2x} - a \cdot e^x$ aus dem obigen Beispiel.
a) Für welchen Wert von a liegt der Extremwert von f_a bei $x = 2$?
b) Für welches a liegt der Wendepunkt von f auf der y-Achse?
c) Bestimmen Sie eine Stammfunktion von f_a.
d) Für welchen Wert von a umschließen der Graph von f_a und die beiden Koordinatenachsen im vierten Quadranten eine Fläche mit dem Inhalt 2?

Übungen

11. Kurvendiskussion

Gegeben ist die Funktion $f(x) = 4x \cdot e^{-0,5x}$.

a) Untersuchen Sie f auf Nullstellen. Wie verhält sich f für $x \to \pm\infty$?

b) Bestimmen Sie den Extremalpunkt und den Wendepunkt von f. Beschreiben Sie das Monotonieverhalten und das Krümmungsverhalten von f.

c) Bestimmen Sie die Gleichung der Wendetangente t von f. $\left(\text{Kontrolle: } t(x) = -\frac{4}{e^2}x + \frac{32}{e^2}\right)$

d) Zeichnen Sie die Graphen von f und t für $-1 \le x \le 8$.

12. Kurvenuntersuchung

Gegeben sind die Funktionen $f(x) = e^{0,5x}$ und $g(x) = e^{1,5 - 0,25x}$.

a) Skizzieren Sie die Graphen von f und g in einem Koordinatensystem für $-2 \le x \le 4$.

b) Bestimmen Sie die Ableitungen f′ und g′.

c) Wo schneiden sich die Graphen von f und g? Wie groß ist ihr Schnittwinkel?

d) Eine Ursprungsgerade h berührt den Graphen von f als Tangente. Wo liegt der Berührpunkt von f und h? Wie lautet die Gleichung von h?

e) Wie groß ist die Fläche A, welche von f und g und der y-Achse umschlossen wird?

13. Flächeninhalt

Die Abbildung rechts zeigt den Graphen von $f(x) = 4x e^{-0,5x}$.

Die Normale n im Wendepunkt $W\left(4\left|\frac{16}{e^2}\right.\right)$ hat die Gleichung $n(x) = \frac{e^2}{4}x - e^2 + \frac{16}{e^2}$.

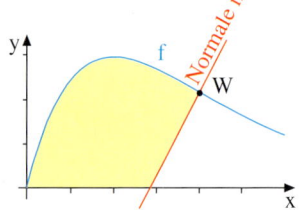

a) Zeigen Sie, dass $F(x) = (-8x - 16)e^{-0,5x}$ eine Stammfunktion von f ist.

b) Berechnen Sie den Inhalt der markierten Fläche.

14. Extremalproblem

Auf dem Graphen von $f(x) = 4x \cdot e^{-0,5x}$ wandert der Punkt $P(u\,|\,f(u))$, $u > 0$.

Wie muss u gewählt werden, damit der Inhalt des markierten achsenparallelen Rechtecks maximal wird? Was passiert, wenn u gegen ∞ strebt?

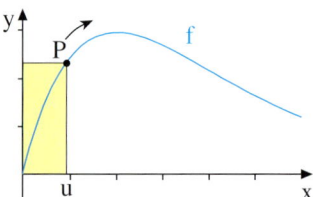

15. Fledermausgaube

Die Abbildung zeigt eine Fledermausgaube, die 4 m breit ist. Das obere Randprofil wird durch die Funktion $f(x) = 2e^{-\frac{1}{8}x^2}$ für $-2 \le x \le 2$ modelliert.

a) Wie hoch ist die Gaube an ihrer höchsten Stelle?

b) An welchen Stellen ist das Profil am steilsten? Wie groß ist dort der Steigungswinkel?

c) Die Gaube besitzt ein parabelförmiges Fenster. Es ist 3 m breit und 1,5 m hoch. Wie lautet die Gleichung der Fensterparabel? Wie groß ist die Glasfläche?

d) Am Gaubenrand soll eine Antenne (im Bild rot) von 1 m Höhe stehen. Sie soll die Gaubenspitze nicht überragen. In welchem Bereich kann sie aufgestellt werden?

16. Kurvenuntersuchung

Gegeben ist die Funktion $f(x) = (2x + 2)e^{-\frac{x}{2}}$.
Der Graph von f ist rechts dargestellt.

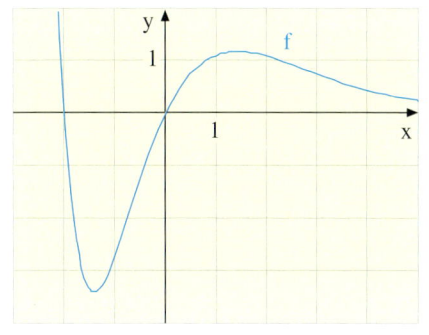

a) Ermitteln Sie, in welchen Bereichen die Funktion f monoton steigt bzw. fällt. Bestimmen Sie den Extrempunkt von f.

b) Begründen Sie, dass g die Ableitungsfunktion von f ist.

c) Berechnen Sie den Schnittpunkt und den Schnittwinkel von f und f′.

d) Die Graphen von f und f′ schneiden aus jeder Parallelen x = u zur y-Achse (u > 0) eine Strecke heraus. Berechnen Sie u so, dass die Länge dieser Strecke maximal wird.

e) Weisen Sie nach, dass $F(x) = -4(x + 3)e^{-\frac{x}{2}}$ eine Stammfunktion von f ist. Berechnen Sie den Inhalt des Flächenstücks A(u) unter f über dem Intervall [0; u], u > 0. Geben Sie A(4) an. Untersuchen Sie die Entwicklung von A(u) für u → ∞.

17. Kurvenuntersuchung mit Anwendungsteil

Gegeben ist die Funktion f mit der Gleichung $f(x) = (x^2 + 2x) \cdot e^{-x}$.
Der Graph von f ist rechts dargestellt.

a) Geben Sie die Schnittpunkte von f mit den Koordinatenachsen an.

b) Ermitteln Sie die Extrempunkte und die Wendepunkte von f.

c) F sei eine Stammfunktion von f. Begründen Sie, dass F streng monoton steigt für x > 0.

d) Weisen Sie rechnerisch nach, dass $F(x) = 4 - (x^2 + 4x + 4) \cdot e^{-x}$ eine Stammfunktion von f ist. Wie lauten die Extrempunkte von F? Begründen Sie, dass F(x) ≤ 4 für alle x ∈ ℝ gilt.

e) Die Funktion f beschreibt für x > 0 modellhaft die **Zunahmerate** einer Bakterienpopulation (x: Zeit in Stunden, f(x): Zunahmerate in Mio./Std). Man spricht von einer „starken Infektion", wenn der **Bestand** an Bakterien pro ml innerhalb von 4 Stunden von 0 auf über 3 Mio. ansteigt. Prüfen Sie, ob eine starke Infektion vorliegt.

18. Fuchspopulation

Die Funktion $f(t) = 4 + 5e^{-t} - 4e^{-0,1t}$ zeigt die Entwicklung einer Fuchspopulation in einem Naturschutzgebiet, nachdem dort ein Nahrungskonkurrent eingewandert ist. t: Zeit in Jahren; f(t): Fuchsbestand zur Zeit t in Hundert.

a) Wie groß ist der Anfangsbestand ? Wie entwickelt sich der Bestand? Zeichnen Sie den Graphen von f für 0 ≤ t ≤ 10.

b) Berechnen Sie den Extrem- und den Wendepunkt von f. Welche Bedeutung haben deren Werte für den Tierbestand?

c) Welchen Inhalt hat die Fläche A unter dem Graphen von f über dem Intervall [0; 10]?

d) Welche Bedeutung hat der Term $\frac{1}{10}\int_{0}^{10} f(t)\,dt$?

3. Exkurs: Anwendungen

Die Kettenlinie

Eine an zwei Aufhängepunkten befestigte Kette nimmt unter der Last ihres eigenen Gewichts eine ganz bestimmte Form an.
Diese Kurvenform wird als **Kettenlinie** *bezeichnet. Kettenlinien können bei geeigneter Wahl eines Koordinatensystems durch eine Funktionsgleichung der Form*

$$f_a(x) = \frac{a}{2} \cdot \left(e^{\frac{x}{a}} + e^{-\frac{x}{a}}\right), \ a > 0,$$

dargestellt werden. Der Parameter a hängt nur von der Lage der Aufhängepunkte und von der Kettenlänge ab.

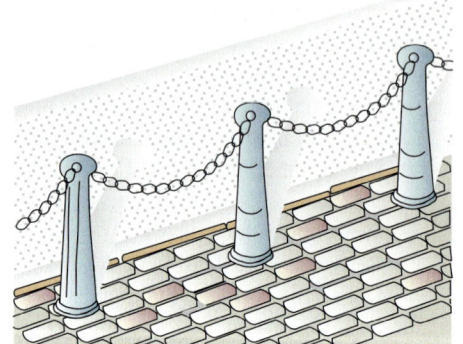

> ▶ **Beispiel: Eine Kettenlinie**
> Diskutieren Sie die Kettenlinienfunktion $f(x) = \frac{1}{2} \cdot (e^x + e^{-x})$. Zeichnen Sie den Graphen der Funktion für $-2 \le x \le 2$.

Lösung:
Die Funktion f ist achsensymmetrisch zur y-Achse. Sie hat keine Nullstellen, da die Teilterme e^x und e^{-x} beide positiv sind.
Die Ableitungen lauten:

$$f'(x) = \frac{1}{2} \cdot (e^x - e^{-x})$$

$$f''(x) = \frac{1}{2} \cdot (e^x + e^{-x})$$

f′ hat eine Nullstelle bei $x = 0$. Dort liegt ein Extremum. Der Punkt $P(0|1)$ ist ein Tiefpunkt. f″ hat keine Nullstellen. Daher gibt
▶ es keine Wendepunkte.

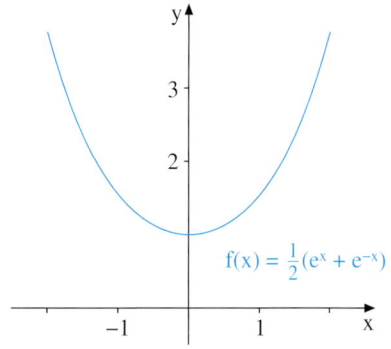

$$f(x) = \frac{1}{2}(e^x + e^{-x})$$

Übung 1
Gegeben sei die Funktion $f(x) = \frac{1}{4}e^x + 2e^{-x}$.

a) Diskutieren Sie die Funktion (Nullstellen, Extrema, Wendepunkte, Graph für $-0{,}5 \le x \le 2{,}5$).
b) Bestimmen Sie eine Stammfunktion von f.
c) Gesucht ist der Inhalt der Fläche A zwischen dem Graphen von f und der x-Achse über dem Intervall $[0; 1]$.
d) Wie muss a gewählt werden, wenn das relative Extremum von $f_a(x) = \frac{1}{4}e^x + a\,e^{-x}$ an der Stelle $x = 0{,}5$ liegen soll?

> **Beispiel: Gleichung einer Kettenlinie**
> Eine Kette hat – bezogen auf ein bestimmtes Koordinatensystem – folgende Koordinatenpunkte.

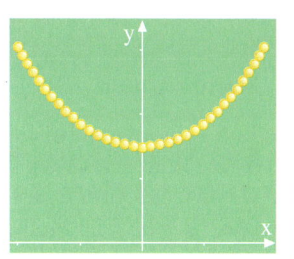

x	−2	−1	0	1	2
y	3,04	1,85	1,5	1,85	3,04

> Bestimmen Sie die Gleichung der Kettenlinie.
> Verwenden Sie den Ansatz $f_a(x) = \frac{a}{2} \cdot \left(e^{\frac{x}{a}} + e^{-\frac{x}{a}}\right)$.
> Überprüfen Sie die Tabellenwerte.

Lösung:
Zur Bestimmung von a verwenden wir den Messwert bei x = 0, der 1,5 beträgt. Also gilt $f_a(0) = 1,5$.

Daraus folgt a = 1,5, d. h. $f_{1,5}(x) = \frac{3}{4}\left(e^{\frac{x}{1,5}} + e^{-\frac{x}{1,5}}\right)$.

$f_a(0) = 1,5$

$\frac{a}{2} \cdot (e^0 + e^{-0}) = 1,5$

$a = 1,5$

$f_{1,5}(x) = \frac{3}{4} \cdot \left(e^{\frac{x}{1,5}} + e^{-\frac{x}{1,5}}\right)$

> Dann gilt $f_{1,5}(0) = 1,5$, $f_{1,5}(\pm 1) \approx 1,85$, $f_{1,5}(\pm 2) \approx 3,04$

Übung 2
Die Einfahrt zu einer Autowaschstraße ist mit einer Spritzschutzschürze aus Kunststoff versehen, die wiederum an einer Kette befestigt ist. Die Kettenlinie sei gegeben durch $f(x) = e^{\frac{x}{2}} + e^{-\frac{x}{2}}$.

a) Wie hoch ist die Türöffnung?
b) Wie groß ist der Durchhang d der Kette?
c) Unter welchem Winkel α gegen die Horizontale hängt die Kette?
d) Welchen Flächeninhalt A hat die Schürze?

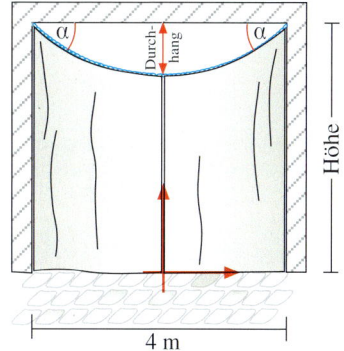

Übung 3
In St. Louis steht der Gateway-Arch. Er hat die Gestalt einer umgekehrten Kettenlinie, die den stabilsten aller Tragebögen darstellt. Die äußere Randkurve ist 180 m hoch und an der Basis 180 m breit. Die innere Randkurve ist 175 m hoch und an der Basis 150 m breit. Die Gleichungen der Randkurven können jeweils in der Form

$f(x) = b - \frac{a}{2} \cdot \left(e^{\frac{x}{a}} + e^{-\frac{x}{a}}\right)$ modelliert werden:

Äußere Kurve: a = 36,5 und b = 216,5
Innere Kurve: a = 28,14 und b = 203,14

a) In welcher Höhe beträgt der Abstand der beiden inneren Bogenseiten 100 m?
b) Unter welchem Winkel trifft der äußere Bogen auf den Boden?
c) Der Winddruck auf den Bogen wird durch die Fläche zwischen den Randkurven bestimmt. Wie groß ist der Inhalt dieser Fläche?

4. Modellierung mit Exponentialfunktionen

A. Randkurven

Die Form eines Grundstücks, der Querschnitt eines Gegenstands, der Verlauf einer Straße und das Höhenprofil eines Berges haben eines gemeinsam: Sie können durch **Randkurven** beschrieben werden. Der Vorteil besteht darin, dass diverse Eigenschaften der so erfassten realen Objekte rechnerisch mit den Methoden der Differential- und Integralrechnung untersucht werden können. Exemplarisch verdeutlichen wir am Beispiel des folgenden Inselproblems, was gemeint ist.

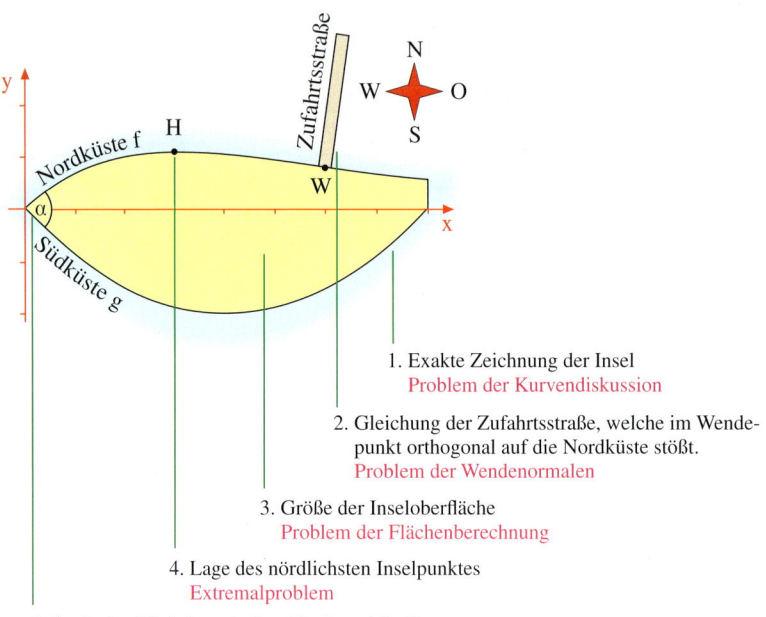

1. Exakte Zeichnung der Insel
   Problem der Kurvendiskussion

2. Gleichung der Zufahrtsstraße, welche im Wendepunkt orthogonal auf die Nordküste stößt.
   Problem der Wendenormalen

3. Größe der Inseloberfläche
   Problem der Flächenberechnung

4. Lage des nördlichsten Inselpunktes
   Extremalproblem

5. Größe des Winkels zwischen Nord- und Südküste
   Schnittwinkelproblem

▶ **Beispiel: Inselproblem**

Wie groß ist die abgebildete Insel, wenn die Nordküste durch die Randkurve $f(x) = x \cdot e^{-\frac{1}{3}x}$ und die Südküste durch die Randkurve $g(x) = \frac{1}{8}x^2 - x$ erfasst wird (1 LE = 1 km)?

Hinweis: Verwenden Sie, dass $F(x) = (-3x - 9) \cdot e^{-\frac{1}{3}x}$ eine Stammfunktion von f ist.

Lösung:
Die Stammfunktion F der Nordküste ist gegeben. Die Südküste $g(x) = \frac{1}{8}x^2 - x$ hat die Stammfunktion $G(x) = \frac{1}{24}x^3 - \frac{1}{2}x^2$.

Nun können wir durch Integration den Inhalt des nördlichen Inselteils und den Inhalt des südlichen Teils bestimmen (6,71 km² bzw. 10,67 km²).

Die Insel hat also eine Gesamtfläche von
▶ $A = 17{,}38$ km².

$$\int_0^8 f(x)\,dx = [F(x)]_0^8 = F(8) - F(0)$$
$$= \left(-33\,e^{-\frac{8}{3}}\right) - (-9) \approx 6{,}71$$

$$\int_0^8 g(x)\,dx = [G(x)]_0^8 = G(8) - G(0)$$
$$= \left(-\frac{32}{3}\right) - (0) \approx -10{,}67$$

$$A = 6{,}71 + 10{,}67 = 17{,}38$$

Wir erweitern nun das Inselproblem um einige typische Untersuchungspunkte.

▶ **Beispiel: Inselproblem, Teil 2**
Eine Insel wird nach Norden durch die Randkurve $f(x) = x \cdot e^{-\frac{1}{3}x}$ und
nach Süden durch $g(x) = \frac{1}{8}x^2 - x$ begrenzt ($0 \leq x \leq 8$, 1 LE = 1 km).
a) Bestimmen Sie f' und f''.
b) Wo liegt der nördlichste Inselpunkt?
c) Eine vom Festland kommende Zufahrtsbrücke trifft im Wendepunkt
W auf die Nordküste. Wie lautet die Geradengleichung der Brücke?

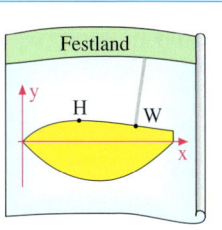

Lösung zu a:
Wir bestimmen f' mit Produkt- und Ketten-regel, ausgehend von
$f(x) = u \cdot v = x \cdot e^{-\frac{1}{3}x}$.
$f'(x) = u' \cdot v + u \cdot v' = 1 \cdot e^{-\frac{1}{3}x} + x \cdot \left(-\frac{1}{3} e^{-\frac{1}{3}x}\right)$
$f'(x) = \left(1 - \frac{1}{3}x\right) e^{-\frac{1}{3}x}$

Lösung zu b:
Der nördlichste Inselpunkt ist der Hoch-punkt der Randkurve f. Diesen bestimmen wir mithilfe der notwendigen Bedingung $f'(x) = 0$. Er liegt bei $H(3\,|\,1{,}10)$.
Die Überprüfung mit der hinreichenden Bedingung $f'(x) = 0$, $f''(x) < 0$ ergibt, dass es sich tatsächlich um ein Maximum han-delt.

Lösung zu c:
Die Brücke schneidet die Kurve im Wende-punkt orthogonal. Also handelt es sich um die Wendenormale von f.
Wir berechnen zunächst den Wendepunkt von f. Er liegt bei $W(6\,|\,0{,}81)$. Als nächstes wird die Steigung von f an der Wendestelle bestimmt: $f'(6) = -e^{-2} \approx -0{,}135$.
Nun werden diese Ergebnisse in die allge-meine Normalengleichung eingesetzt.
▶ Resultat: $n(x) \approx 7{,}39x - 43{,}52$

1. Ableitungen:
$f'(x) = \left(1 - \frac{1}{3}x\right) \cdot e^{-\frac{1}{3}x}$
$f''(x) = \left(\frac{1}{9}x - \frac{2}{3}\right) \cdot e^{-\frac{1}{3}x}$

2. Hochpunkt von f:
$f'(x) = 0$
$\left(1 - \frac{1}{3}x\right) \cdot e^{-\frac{1}{3}x} = 0$
$\qquad 1 - \frac{1}{3}x = 0$
$\qquad\qquad x = 3,\ y = 3 \cdot e^{-1} \approx 1{,}10$
Hochpunkt $H(3\,|\,1{,}10)$

3. Wendepunkt von f:
$f''(x) = 0$
$\frac{1}{9}x - \frac{2}{3} = 0$
$\qquad\qquad x = 6,\ y = 6e^{-2} \approx 0{,}81$
Wendepunkt $W(6\,|\,0{,}81)$

4. Wendenormale:
$n(x) = -\frac{1}{f'(x_0)}(x - x_0) + f(x_0)$
$n(x) = e^2(x - 6) + 6e^{-2}$
$n(x) \approx 7{,}39x - 43{,}52$

Übung 1 Zoo
Ein Tiergehege wird durch einen Zaun $f(x) = (4 - x) \cdot e^{\frac{x}{2}}$, einen Wassergraben und eine Mauer
bei $x = -4$ wie abgebildet begrenzt (1 LE = 100 m).
a) Wie groß ist die maximale Nord-Süd-Ausdehnung des Geheges? Wie lang ist die Begrenzungsmauer?
b) Bestimmen Sie den Parameter a so, dass
$F(x) = (a - 2x) \cdot e^{\frac{x}{2}}$ eine Stammfunk-tion von f ist. Welchen Flächeninhalt hat das Gehege?

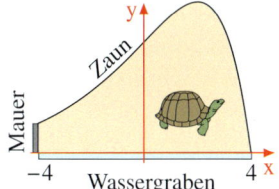

► **Beispiel: Pagode**
Eine Pagode hat ein achsensymmetrisches Dach
mit dem Profil $f(x) = 6 \cdot e^{-0,5x} + 1$, $0 \le x \le 6$.
Das parabelförmige Tor ist 4 m breit und 3 m
hoch.
Die Fenstermaße sind jeweils 1 m × 0,5 m.
Die Vorderfront auf der Giebelseite soll mit
Blattgold 0,1 mm stark vergoldet werden. Wie
viel cm³ Blattgold werden benötigt?

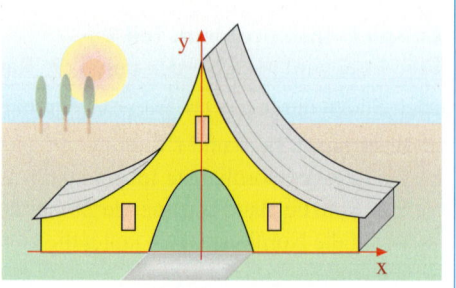

Lösung:
Zu bestimmen ist die Fläche der Giebel-
seite abzüglich der Flächen von Tor und
Fenstern.
Der Inhalt der Giebelwand beträgt laut
nebenstehender Integration 34,81 m².

Die Gleichung des Tores wird mit dem
Parabelansatz $g(x) = ax^2 + b$ bestimmt.
Resultat: $g(x) = -\frac{3}{4}x^2 + 3$

Das Tor hat einen Flächeninhalt von 8 m²,
wie die Integration rechts zeigt.

Da die drei Fenster jeweils einen Inhalt von
0,5 m² besitzen, ergibt sich für die zu vergoldende Fläche ein Inhalt von 25,31 m².

Multiplizieren wir diesen Wert mit der Dicke der Blattgoldschicht, wobei wir vorher
alle Einheiten in cm umwandeln, so erhalten wir für das gesuchte Volumen 2531 cm³,
► also etwas über 2,5 Liter.

Flächeninhalt der Giebelseite:

$$A_1 = 2 \cdot \int_0^6 (6 \cdot e^{-0,5x} + 1)\,dx$$

$$= 2 \cdot [-12 \cdot e^{-0,5x} + x]_0^6 = 34,81$$

Gleichung des Tores:
Ansatz: $g(x) = ax^2 + b$
$g(0) = 3 \Rightarrow b = 3$
$g(2) = 0 \Rightarrow 4a + 3 = 0 \Rightarrow a = -\frac{3}{4}$
$g(x) = -\frac{3}{4}x^2 + 3$

Flächeninhalt des Tores:

$$A_2 = 2 \cdot \int_0^2 \left(-\frac{3}{4}x^2 + 3\right)dx$$

$$= 2 \cdot \left[-\frac{1}{4}x^3 + 3x\right]_0^2 = 8$$

Zu vergoldende Fläche und Goldvolumen
A = Giebel − Tor − drei Fenster
  = 34,81 − 8 − 1,5 = 25,31

V = Fläche · Dicke = 25,31 m² · 0,1 mm
  = 253 100 cm² · 0,01 cm = 2531 cm³

Übung 2 Lampenprofil
Die Abbildung zeigt das Querschnittsprofil
einer Lampe.
Das Exponentialprofil des Schirmes ist un-
ten 20 cm breit, oben dagegen nur 4 cm. Der
Schirm ist 20 cm hoch. Berechnen Sie den
Flächeninhalt des Schirmquerschnittes.

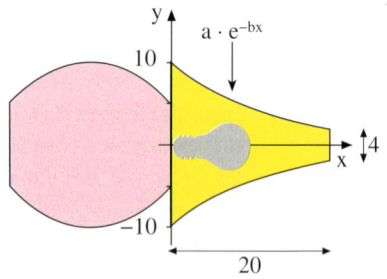

Übungen

3. Historisches Stadttor

Für eine Theateraufführung in der Schule wird ein historisches Stadttor aus Sperrholzplatten benötigt.
Der Regisseur hat den Wunsch, dass die Toröffnung in der Mitte ca. 2 m hoch und unten 2 m breit ist.
Die Randkurve des Torbogens soll modelliert werden durch die Funktion
$f(x) = 2,4 - 0,2\,(e^{2,5x} + e^{-2,5x})$.

a) Werden die Vorgaben des Regisseurs in etwa eingehalten?
b) In welchem Winkel muss die Säge beim Ausschneiden des Torbogens angesetzt werden?
c) Der Aufbau wird nach dem Ausschneiden des Tors gestrichen. Wie groß ist die zu streichende Fläche?

4. Inseln

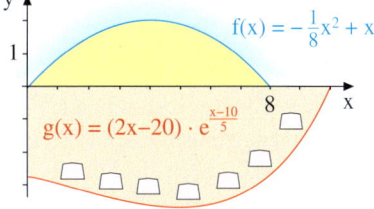

In Dubai werden im Meer künstliche Inseln aufgeschüttet. Die Küsten einer Insel werden wie abgebildet durch die Funktionen f (Strand) und g (Wohnen) beschrieben.
(1 LE = 100 m)

a) Zeigen Sie, dass $G(x) = (10x - 150) \cdot e^{\frac{x-10}{5}}$ eine Stammfunktion von g ist.
   Berechnen Sie den Flächeninhalt der Insel.
b) Welche maximale Nord-Süd-Ausdehnung hat der untere Teil der Insel, d. h. das Wohngebiet?

5. Schwimmbad

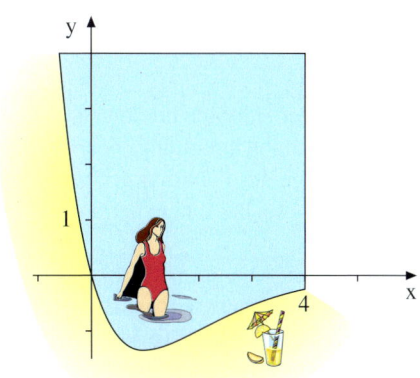

Ein Wasserbecken wird durch die beiden Geraden $x = 4$ und $y = 4$ sowie die Funktion $f(x) = -10x \cdot e^{-x-1}$ begrenzt (1 LE = 10 m).

a) Wie lang ist der rechte Beckenrand?
   Zeigen Sie, dass der obere Beckenrand ca. 46 m lang ist.
b) An welcher Stelle ist die vertikale Ausdehnung des Beckens am größten?
c) Wie viele Quadratmeter Fliesen werden für den Beckenboden benötigt?
   Zeigen Sie zunächst, dass die Funktion $F(x) = 10(x + 1)e^{-x-1}$ Stammfunktion von f ist.

B   Exkurs: Modellierung

Im Folgenden werden Anwendungsprobleme durch Funktionsterme modelliert, von denen man zunächst nur den Typ kennt. Die unbekannten Parameter müssen wie bei Steckbriefaufgaben berechnet werden.

Beispiel: Halfpipe

Eine Halfpipe soll gebaut werden. Ihre Profilkurve setzt sich aus einem Exponentialterm und einer linearen Funktion zusammen, wie auf der nichtmaßstäblichen Skizze rechts dargestellt. Der Übergang an der Stelle $x = 3$ soll glatt verlaufen, d.h. ohne Knick.

a) Bestimmen Sie a und k.
b) Wie hoch und wie lang wird die Halfpipe?
c) Wo ist die Halfpipe am steilsten?
   Wie groß ist dort der Steigungswinkel?

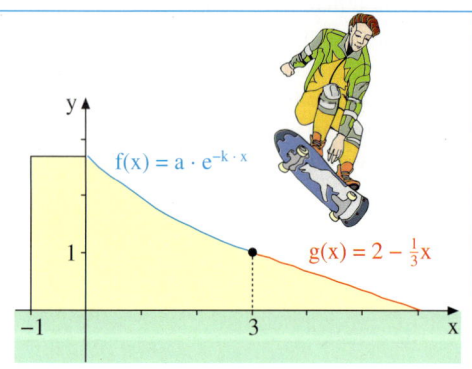

$f(x) = a \cdot e^{-k \cdot x}$

$g(x) = 2 - \frac{1}{3}x$

Lösung zu a:

Die beiden beteiligten Randfunktionen $f(x) = a \cdot e^{-kx}$ und $g(x) = 2 - \frac{1}{3}x$ müssen an der Stelle $x = 3$ übereinstimmende Funktionswerte und übereinstimmende Steigungen haben, damit weder ein Sprung noch ein Knick entsteht.

Dies führt auf die Gleichungen I und II.

Mit dem Einsetzungsverfahren können wir das so entstandene nichtlineare Gleichungssystem lösen. Wir erhalten $a = e$ und $k = \frac{1}{3}$.
Daher gilt: $f(x) = e \cdot e^{-\frac{1}{3}x} = e^{1 - \frac{1}{3}x}$.

Bestimmung von a und k:

$f(3) = g(3) \Rightarrow$ I: $a \cdot e^{-3k} = 1$
$f'(3) = g'(3) \Rightarrow$ II: $-k \cdot a \cdot e^{-3k} = -\frac{1}{3}$

Aus I: $a = e^{3k}$
In II: $-k = -\frac{1}{3} \Rightarrow k = \frac{1}{3}$
In I: $a = e$

$\Rightarrow f(x) = e \cdot e^{-\frac{1}{3}x} = e^{1 - \frac{1}{3}x}$

Lösung zu b:

Die Höhe der Halfpipe beträgt ca. $2{,}72\,m$. Zur Bestimmung ihrer Länge benötigen wir die Nullstelle der Funktion g. Sie liegt bei $x = 6$. Die gesuchte Länge beträgt $7\,m$.

Höhe der Halfpipe:
Höhe $= f(0) = e \approx 2{,}72\,m$

Länge der Halfpipe:
$g(x) = 0 \Rightarrow 2 - \frac{1}{3}x = 0 \Rightarrow x = 6$
$\Rightarrow$ Länge $= 1 + 6 = 7$

Lösung zu c:

Die Halfpipe ist bei $x = 0$ am steilsten. Ihre Steigung dort beträgt $f'(0) \approx -0{,}9061$. Daraus ergibt sich mithilfe der Arcustangensfunktion des Taschenrechners ein Steigungswinkel von $-42{,}18°$.

Steigungswinkel:
$f'(x) = -\frac{1}{3}e^{1 - \frac{1}{3}x}$

$f'(0) = -\frac{1}{3}e \approx -0{,}9061$
$\alpha \approx \arctan(-0{,}9061) \approx -42{,}18°$

▶ Beispiel: Rutsche

Im Stadtbad soll eine neue Wasserrutsche gebaut werden. Sie ist 5 m lang und kann nach beiden Seiten benutzt werden. Die Vorsichtigen rutschen nach links, wo $f(x) = e^x$ den Rand bildet. Die Mutigen rutschen nach rechts, wo $g(x) = ax^2 + bx + c$ einen höheren und steileren Hang bildet. Bei $x = 0$ gehen die Kurven knickfrei ineinander über.

a) Bestimmen Sie a, b und c.

b) Die beiden Seitenwände der Rutsche sind mit Kunststoff verkleidet. Wie viele m² Kunststoff werden benötigt?

c) An welcher Stelle weist die Rutsche eine Neigung von 45° auf?

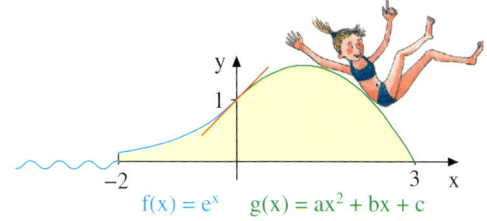

$f(x) = e^x$ $g(x) = ax^2 + bx + c$

Lösung zu a:
Bei $x = 0$ müssen Funktionswerte und Ableitungswerte von f und g übereinstimmen, damit kein Sprung und kein Knick entsteht. Bei $x = 3$ muss g eine Nullstelle besitzen. Diese Bedingungen führen auf das rechts dargestellte lineare Gleichungssystem mit der Lösung $a = -\frac{4}{9}$, $b = 1$ und $c = 1$.
Daher gilt $g(x) = -\frac{4}{9}x^2 + x + 1$.

Bestimmung von a, b und c:

$g(0) = f(0) \Rightarrow$ I: $c = 1$
$g'(0) = f'(0) \Rightarrow$ II: $b \quad = 1$
$g(3) = 0 \quad \Rightarrow$ III: $9a + 3b + c = 0$

I und II in III: $\Rightarrow a = -\frac{4}{9}$

$\Rightarrow g(x) = -\frac{4}{9}x^2 + x + 1$

Lösung zu b:
Um den gesuchten Flächeninhalt zu bestimmen, integrieren wir f über dem Intervall $[-2; 0]$ und g über dem Intervall $[0; 3]$. Wie erhalten $0{,}86\,\text{m}^2$ bzw. $3{,}50\,\text{m}^2$. Insgesamt werden daher zweimal $4{,}36\,\text{m}^2$, also $8{,}72\,\text{m}^2$ Kunststoff benötigt.

Flächeninhalt über dem Intervall $[-2; 3]$:

$$A_f = \int_{-2}^{0} e^x\, dx = [e^x]_{-2}^{0} = (1) - (e^{-2}) \approx 0{,}86$$

$$A_g = \int_{0}^{3}\left(-\frac{4}{9}x^2 + x + 1\right) dx$$

$$= \left[-\frac{4}{27}x^3 + \frac{1}{2}x^2 + x\right]_{0}^{3}$$

$$= 3{,}5 - 0 = 3{,}5$$

Lösung zu c:
Eine Neigung von 45° bedeutet eine Steigung von 1 *oder* von -1.
Der Ansatz $f'(x) = 1$ führt auf $x = 0$.
Wegen $f'(x) > 0$ entfällt der Ansatz $f'(x) = -1$.
Der Ansatz $g'(x) = 1$ führt auch auf $x = 0$.
▶ Der Ansatz $g'(x) = -1$ führt auf $x = 2{,}25$.

Neigung von 45°

$f'(x) = 1 \Rightarrow \qquad e^x = 1 \Rightarrow x = 0$

$g'(x) = 1 \Rightarrow -\frac{8}{9}x + 1 = 1 \Rightarrow x = 0$

$g'(x) = -1 \Rightarrow -\frac{8}{9}x + 1 = -1 \Rightarrow x = \frac{9}{4} = 2{,}25$

Übung 6 Straße

Ein Fluss verläuft längs der x-Achse. Der Verlauf einer Straße wird beschrieben durch die Funktion $f(x) = x \cdot e^{2-x}$ $(0 \leq x \leq 2)$ sowie eine quadratische Funktion g, die an f im Punkt $P(2|2)$ ohne Knick anschließt und auf den Fluss im Punkt $Q(6|0)$ trifft. Ermitteln Sie die Funktionsgleichung von g. Weisen Sie nach, dass $F(x) = -(x + 1) \cdot e^{2-x}$ eine Stammfunktion von f ist. Wie groß ist die von Fluss und Straße eingeschlossene Fläche (LE: 1 km)?

Übung 7 Seeufer

Das nördliche Ufer eines Sees kann durch die Funktion $f(x) = 2x \cdot e^{-0,5x}$, $0 \leq x \leq 6$, beschrieben werden, während sein südliches Ufer durch die lineare Funktion $g(x) = ax + b$, $0 \leq x \leq 6$, erfasst wird. Alle Längen sind in Kilometern angegeben, Rechnungen sollen auf zwei Nachkommastellen genau sein.

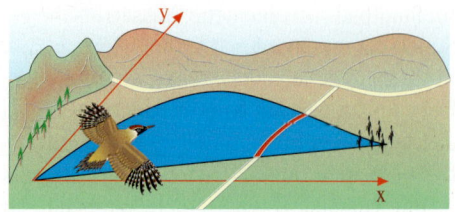

a) Die beiden Randkurven sollen sich an den Stellen $x = 0$ und $x = 6$ treffen. Bestimmen Sie die Parameter a und b.

b) Die Funktion f hat einen Hochpunkt H und einen Wendepunkt W. Bestimmen Sie die Koordinaten von H und W.

c) Skizzieren Sie die Umrisse des Sees in einem geeigneten Koordinatensystem.

d) Zeigen Sie, dass $F(x) = (-4x - 8) \cdot e^{-0,5x}$ eine Stammfunktion von f ist.

e) Wie groß ist die Oberfläche des Sees?

f) Vom Wendepunkt W ausgehend soll eine geradlinige Brücke über den See geführt werden. Sie soll in W senkrecht das Nordufer verlassen. Zeichnen Sie die Brücke in die Graphik ein. Wo trifft die Brücke auf das Südufer? Wie lang ist sie?

   Hinweis: Normale von f in Punkt $P(x_0 | f(x_0))$: $n(x) = -\frac{1}{f'(x_0)}(x - x_0) + f(x_0)$.

g) Die Brücke teilt den See in zwei Gebiete, ein westliches und ein östliches Gebiet. Stimmt es, dass das westliche Gebiet mehr als viermal so groß ist wie das östliche Gebiet?

Übung 8 Heckflosse eines Rennboots

Ein Rennboot trägt zur Stabilisierung eine senkrecht stehende, 2 m hohe und 6 m lange Heckflosse, deren Rand durch drei Funktionen modelliert werden kann: Der ansteigende erste Teil wird durch die Funktion $f(x) = 2,5 (1 - e^{-0,7x})$ beschrieben. Als zweiter Teil schließt ein gerader, horizontal verlaufender Rand g an. Den dritten Teil bildet der linke Ast einer Parabel mit einer Gleichung der Form $h(x) = \frac{1}{2}x^2 + bx + c$ (s. Abbildung). Alle Rechnungen sollen auf zwei Nachkommastellen genau sein.

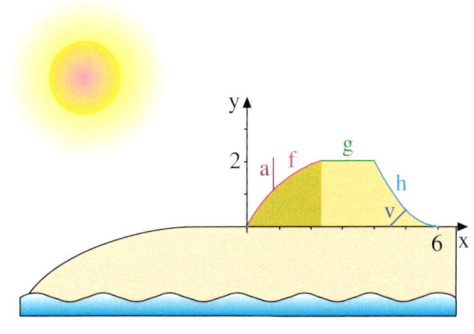

a) Stellen Sie die Gleichung von g und h auf und geben Sie an, in welchen Bereichen der x-Achse die Funktionen f, g und h die Heckflosse modellieren.

b) Der vordere, erste Teil der Heckflosse wird aus einem Material hergestellt, welches 800 € pro Quadratmeter kostet. Wie teuer ist dieser Teil der Heckflosse?

c) Auf dem vorderen Teil der Heckflosse soll eine 1 m hohe Antenne a befestigt werden. Sie wird dort angebracht, wo die Heckflosse eine Steigung von 45° aufweist. Ragt die Antenne über die Oberkante der Heckflosse hinaus?

d) Zur Stabilisierung wird im Punkt $P(5 | h(5))$ eine Verstrebung v angebracht, die senkrecht auf der Berandung der Heckflosse steht und zum Bootsrumpf führt (siehe Abbildung). Wie lang ist die Verstrebung?

C. Beschreibung von Prozessen

Im Folgenden werden Prozesse untersucht, deren zeitlicher Ablauf durch Exponentialfunktionen erfasst werden kann. Beispiele sind das Höhenwachstum einer Pflanze, der Temperaturverlauf bei einem Aufheizvorgang oder auch die Populationsentwicklung einer Tierart. Mit Hilfe der Differentialrechnung können dann Aussagen über diverse Aspekte des beobachteten Prozesses gewonnen werden. Exemplarisch verdeutlichen wir am Beispiel des folgenden Wildschweinproblems, was gemeint ist.

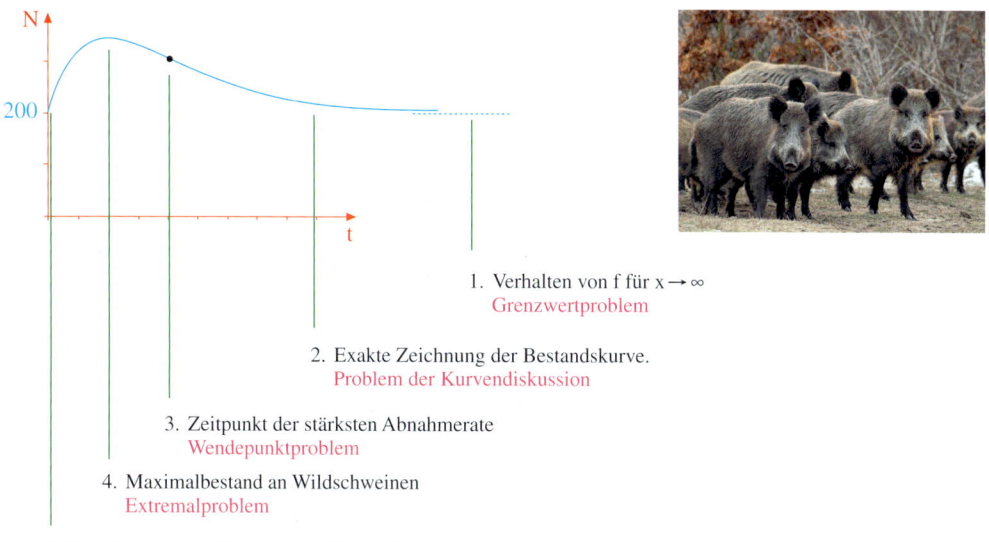

1. Verhalten von f für x → ∞
   Grenzwertproblem

2. Exakte Zeichnung der Bestandskurve.
   Problem der Kurvendiskussion

3. Zeitpunkt der stärksten Abnahmerate
   Wendepunktproblem

4. Maximalbestand an Wildschweinen
   Extremalproblem

5. Zunahmerate des Bestandes zu Beobachtungsbeginn
   Problem der momentanen Änderungsrate

▶ **Beispiel: Wildschweinplage**

Im Stadtgebiet breiten sich die Wildschweine aus. Durch ein Wildpflegeprogramm hofft man, der Plage Herr zu werden. Der Bestand soll sich damit kontrolliert gemäß der Funktion $N(t) = 200 + 200t \cdot e^{-0,5t}$ entwickeln (t: Jahre; N(t): Anzahl der Schweine).
Zu welchem Zeitpunkt nimmt der Bestand am stärksten ab? Wie groß ist die momentane Änderungsrate zu diesem Zeitpunkt?

Lösung:

Im Wendepunkt der Bestandsfunktion ist die Abnahmerate am größten. Wir bestimmen diesen Punkt, indem wir N'' gleich null setzen (notwendige Bedingung).

Dies führt auf die Wendestelle t = 4.

Die momentane Änderungsrate an dieser Stelle erhalten wir durch Berechnen von N'(4): Sie beträgt −27,07 Tiere/Jahr, was
▶ gleichbedeutend ist mit −2,26 Tiere/Monat.

Ableitungen von N:
$N'(t) = (200 - 100t) \cdot e^{-0,5t}$
$N''(t) = (50t - 200) \cdot e^{-0,5t}$

Wendepunkt von N:
$N''(t) = 0$
$(50t - 200) \cdot e^{-0,5t} = 0$
$50t - 200 = 0$
$t = 4$
$N'(4) = -27,07 \frac{\text{Tiere}}{\text{Jahr}} = -2,26 \frac{\text{Tiere}}{\text{Monat}}$

▶ **Beispiel: Wildschweinplage (Teil 2)**
Ein Wildschweinbestand entwickelt sich gemäß
der Bestandsfunktion $N(t) = 200 + 200t \cdot e^{-0,5t}$.
t: Zeit in Jahren; $N(t)$: Bestand in Schweinen

a) Mit welcher Geschwindigkeit wächst der Bestand zu Beobachtungsbeginn?
   Wie groß ist die mittlere Zuwachsrate in den ersten beiden Jahren?
b) Welcher Maximalbestand wird erreicht?
c) Welchem Grenzbestand nähert sich die Population langfristig?

Lösung zu a:
Die momentane Änderungsrate zur Zeit $t = 0$ errechnen wir mit der Ableitungsfunktion N'. Resultat: Zu Beginn wächst die Population um ca. 17 Tiere pro Monat.

Die mittlere Zuwachsrate in den ersten zwei Jahren errechnen wir mit dem Differenzenquotienten. Sie beträgt 6 Tiere pro Monat.

Momentane Wachstumsrate zur Zeit T = 0:
$$N'(t) = (200 - 100t) \cdot e^{-0,5t}$$
$$N'(0) = 200 \frac{\text{Tiere}}{\text{Jahr}} \approx 16,67 \frac{\text{Tiere}}{\text{Monat}}$$

Mittlere Wachstumsrate in 2 Jahren:
$$\frac{N(2) - N(0)}{2 - 0} \approx \frac{347,15 - 200}{2} \approx 73,58 \frac{\text{Tiere}}{\text{Jahr}}$$
$$\approx 6,13 \frac{\text{Tiere}}{\text{Monat}}$$

Lösung zu b:
Mithilfe der notwendigen Bedingung für Extrema ($N'(t) = 0$) bestimmen wir die Lage des Maximums von N. Es liegt bei $t = 2$. Die Anzahl der Schweine beträgt maximal 347.

Maximaler Bestand:
$$N'(t) = (200 - 100t) \cdot e^{-0,5t}$$
$$N'(t) = 0$$
$$200 - 100t = 0, \ t = 2$$
$$N(2) = 347,15 \text{ Schweine}$$

Lösung zu c:
Wir erkennen anhand einer Tabelle, dass die Bestandsfunktion $N(t)$ sich mit wachsendem t dem Wert 200 nähert. Dies ist der
▶ langfristige Grenzbestand.

Grenzbestand $t \to \infty$:

t	0	1	10	20	$\to \infty$
$N(t)$	200	321,3	213,5	200,2	$\to 200$

$$\lim_{t \to \infty} N(t) = 200$$

Übung 9
Ein Handwerker hat versehentlich aus einer Flasche mit einer giftigen Flüssigkeit getrunken. Eine erste Untersuchung ergibt eine Konzentration von $2\,\mu g/dl$ im Blut. Bei einer Kontrolluntersuchung eine Stunde später sind es sogar $3\,\mu g/dl$.
Man weiß, dass es ab $6\,\mu g/dl$ gefährlich wird. Außerdem ist bekannt, dass die Konzentration sich nach dem Gesetz $h(t) = (at + b) \cdot e^{-0,1t}$ entwickelt (t in Stunden, h in $\mu g/dl$).
a) Bestimmen Sie a und b.
b) Berechnen Sie die Maximalkonzentration. Kommt der Handwerker in die Gefahrenzone?
c) Wann fällt die Konzentration am stärksten ab?
d) Nach welcher Zeit ist die Ausgangskonzentration wieder erreicht? (Näherung)

Eine weitere Untersuchungsmöglichkeit besteht darin, zwei ähnliche Prozesse miteinander zu vergleichen, z. B. um herauszufinden, welcher Prozess sich günstiger verhält.

> **Beispiel: Labortemperatur**
> In einem Forschungsinstitut wird der Einfluss der Umgebungstemperatur auf das Wachstum von Pflanzen untersucht.
>
>
>
> In Labor 1 ändert sich die Temperatur gemäß der Funktion $f(t) = 6t \cdot e^{\frac{1}{2}(2-t)}$, in Labor 2 gemäß $g(t) = 12 \cdot e^{\frac{1}{2}(2-t)}$.
> (t: Zeit in Tagen; $f(t)$, $g(t)$: Temp. in °C)
> a) Zeichnen Sie die Graphen von f und g mit dem GTR für $0 \le t \le 10$.
> b) Bestimmen Sie, wann die Labore die größte Temperaturdifferenz aufweisen.

Lösung zu a:
Wir zeichnen die Graphen für $0 \le t \le 10$. Man sieht, dass die Temperatur in Labor 1 von 0 °C ausgehend bis auf ein Maximum steigt, um dann zunächst schnell und später eher langsam abzusinken. In Labor 2 sinkt die Temperatur kontinuierlich und auch zunehmend langsamer ab.

Lösung zu b:
Zu Beginn des Prozesses beträgt die Temperaturdifferenz maximal 32,62 °C zugunsten von Labor 2.
Für $t \ge 2$ ist es jedoch in Labor 1 wärmer. Die Differenz ist am größten, wenn die Differenzfunktion $d(t) = f(t) - g(t)$ ihr Maximum annimmt. Dies ist für $t = 4$ der Fall.
> Die Differenz beträgt dann 4,41 °C.

Maximale Temperaturdifferenz:
Differenzfunktion:
$$d(t) = f(t) - g(t)$$
$$d(t) = (6t - 12) \cdot e^{\frac{1}{2}(2-t)}$$
Relatives Maximum:
$$d'(t) = (-3t + 12) \cdot e^{\frac{1}{2}(2-t)} = 0$$
$$-3t + 12 = 0, \; t = 4$$
Maximale Differenz: $d(4) \approx 4,41\,°C$

Übung 10 Höhenwachstum

Eine Großgärtnerei vergleicht das Höhenwachstum zweier Kaiserkronensorten während der Blütezeit. Blume 1 wächst nach dem Gesetz $h_1(t) = 10 \cdot e^{0,1t}$, Blume 2 nach dem Gesetz $h_2(t) = 50 - 40 \cdot e^{-0,1t}$ (t in Tagen, h in cm, $0 \le t \le 20$).
a) Zeichnen Sie die Graphen von h_1 und h_2.
b) Wann erreichen die Blumen 20 cm Höhe?
c) Wann wächst Blume 2 mit der Rate 1 cm/Tag?
d) Wann ist die Höhendifferenz während der ersten 10 Tage maximal?
e) Wann sind die Blumen gleich hoch?

Übungen

11. Kapitalanlage

Franz hat sein gesamtes Sparguthaben bei der Sparkasse abgehoben und in einige Hasen investiert, die nun bei ihm zuhause leben. Die Hasen vermehren sich schnell, aber es kommt auch zunehmend zu Fluchtvorgängen. Insgesamt verändert sich die Population nach der Formel $h(t) = (240 + 20t) \cdot e^{-0,05t}$ (t: Monate; $h(t)$: Anzahl der Hasen zur Zeit t).

a) Wie viele Hasen hat Franz gekauft? Wie viele sind es nach einem Jahr?
b) Mit welcher Rate wächst die Hasenpopulation zu Beginn (in Hasen/Monat)?
c) Wann erreicht die Population ihr Maximum?
d) Zu welchem Zeitpunkt verringert sich die Population am stärksten?

12. Grippeepidemie

Die jährliche Grippeepidemie hat gerade begonnen. Aus den ersten eingehenden Meldungen modellieren die Epidemiologen des Robert-Koch-Instituts eine Prognosefunktion für die Entwicklung der Erkranktenzahlen: $N(t) = (6t - t^2) \cdot e^{t-6}$ (t ≥ 0).
Ihr Graph ist rechts grob skizziert.

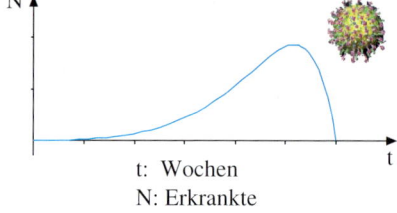

t: Wochen
N: Erkrankte

a) Wie lange wird die Epidemie dauern?
b) Wann ist das Maximum erreicht? Wie groß ist die maximale Erkranktenzahl?
c) Wann nimmt die Anzahl der Erkrankten am schnellsten zu? Wie groß ist sie zu diesem Zeitpunkt? Wie groß ist zu diesem Zeitpunkt die momentane Zunahmerate?

13. Segelflug

Ein Segelflugzeug wird in 100 m Höhe ausgeklinkt. Seine vertikale Steig- bzw. Sinkgeschwindigkeit in den ersten zehn Minuten nach dem Ausklinken wird durch die Funktion $v(t) = 100 - 100t \cdot e^{-0,5(t-1)}$ beschrieben (t: Zeit in Minuten, $v(t)$: Steiggeschwindigkeit in Meter/min).

a) Begründen Sie, dass das Flugzeug in der ersten Minute steigt, in den anschließenden 2,51 Minuten sinkt und danach wieder steigt.
b) Wann ist die Sinkgeschwindigkeit am größten? Zeichnen Sie den Graphen von v.
c) Weisen Sie nach, dass $V(t) = (2t + 4)e^{-0,5(t-1)}$ eine Stammfunktion von $v(t) = -te^{-0,5(t-1)}$ ist.
Leiten Sie hieraus die Funktion $h(t)$ her, welche angibt, in welcher Höhe sich das Flugzeug zum Zeitpunkt t nach dem Ausklinken befindet (0 ≤ t ≤ 10).
Welche Höhe erreicht es vor dem Absinken? Welches ist seine geringste Höhe nach der Sinkphase? In welcher Höhe fliegt es 10 Minuten nach dem Ausklinken?

D. Rekonstruktion von Beständen

Bei manchen Prozessen kennt man die Bestandsfunktion f des Prozesses nicht unmittelbar, wohl aber deren Änderungsrate bzw. Ableitung f′.
Beispielsweise ist bei einem fahrenden Schiff der zurückgelegte Weg s nicht so leicht zu ermitteln wie dessen Änderungsrate v, die Momentangeschwindigkeit.
In solchen Fällen kann man die Bestandsfunktion f jedoch durch Integration von f′ rekonstruieren, wenn man einen Funktionswert von f kennt, den sogenannten Anfangswert.

▶ **Beispiel: Großtanker**

Ein großes Öltankschiff führt eine Bremsung durch. Die Geschwindigkeit v wird dabei gemäß der Formel $v(t) = 8 \cdot e^{-0,005\,t} - 1$ bis zum Stillstand erniedrigt (t in s, v in m/s).

a) Wie lange dauert der Bremsvorgang?
b) Wie lautet die Weg-Zeit-Funktion des Schiffes?
c) Wie groß ist der Bremsweg?

Lösung zu a:
Das Schiff steht, wenn die Geschwindigkeit auf 0 gesunken ist. Der Ansatz $v(t) = 0$ führt auf die Bremszeit $t = 415,89\,\text{s}$.
Der Bremsvorgang dauert ca. 7 Minuten.

1. Bremszeit:
$v(t) = 0$
$8 \cdot e^{-0,005\,t} - 1 = 0$
$$e^{-0,005\,t} = 0,125$$
$$t \approx 415,89$$

Lösung zu b:
Durch Integration der Geschwindigkeit-Zeit-Funktion v erhalten wir die Weg-Zeit-Funktion s.
Sie lautet hier
$s(t) = -1600\,e^{-0,005\,t} - t + C$.
C ist zunächst unbekannt. Da aber $s(0) = 0$ gilt (Anfangswert), folgt $C = 1600$.

2. Weg-Zeit-Funktion:
$$s(t) = \int v(t)\,dt = \int (8 \cdot e^{-0,005\,t} - 1)\,dt$$
$$= -1600\,e^{-0,005\,t} - t + C$$
$$s(0) = 0 \Rightarrow -1600 + C = 0 \Rightarrow C = 1600$$
$$s(t) = -1600\,e^{-0,005\,t} - t + 1600$$

Lösung zu c:
Die Länge des Bremsweges des Schiffes
▶ beträgt $s(415,89) = 984,11$ d. h. ca. 1 km.

3. Bremsweg:
$s(415,89) \approx 984,11\,\text{m} \approx 1\,\text{km}$

Übung 14 Schnellstart

Ein Sportwagen erhöht seine Geschwindigkeit bei einem Test aus dem Stand nach der Formel $v(t) = 20t \cdot e^{-0,1\,t}$ $(0 \le t \le 30$, t in s, v in m/s).

a) Wie groß ist seine Maximalgeschwindigkeit?
b) Zeigen Sie: Die Weg-Zeit-Funktion lautet:
   $s(t) = (-200t - 2000) \cdot e^{-0,1\,t} + 2000$.
c) Welche Strecke legt das Auto in den ersten 30 Sekunden zurück?

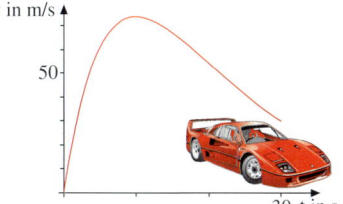

▶ **Beispiel: Rekonstruktion der Bestandsfunktion aus deren Änderungsrate**

Ein Sammelbehälter für Regenwasser enthält $20\,m^3$ Wasser. Während eines siebenstündigen Unwetters wird die Zuflussrate durch die Formel $z(t) = 4 - \frac{t}{2} - 4 \cdot e^{-t}$ beschrieben, wobei t die Zeit in Stunden seit Beginn des Unwetters ist und $z(t)$ die Zuflussrate in m^3/h.

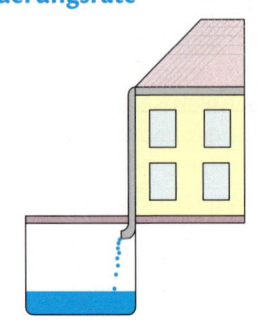

a) Wie lautet die Bestandsfunktion $V(t)$ für das Wasservolumen?

b) Wie viel Wasser läuft insgesamt in den sieben Stunden in den Behälter ein?

Lösung zu a:
Die Zuflussrate $z(t)$ ist die Änderungsrate des Volumens $V(t)$. Es gilt also $V'(t) = z(t)$. Daher kann $V(t)$ durch Integration von $z(t)$ gewonnen werden.

Wir erhalten durch unbestimmte Integration $V(t) = 4t - \frac{t^2}{4} + 4 \cdot e^{-t} + C$.

C ist die Integrationskonstante. Aus der Anfangsbedingung $V(0) = 20$ folgt $C = 16$. Daher gilt $V(t) = 4t - \frac{t^2}{4} + 4 \cdot e^{-t} + 16$.

Bestandsfunktion:

$$V(t) = \int z(t)\,dt$$

$$= \int \left(4 - \frac{t}{2} - 4 \cdot e^{-t}\right) dt$$

$$= 4t - \frac{t^2}{4} + 4 \cdot e^{-t} + C$$

$$V(0) = 20 \Rightarrow 4 + C = 20$$

$$\Rightarrow C = 16$$

$$V(t) = 4t - \frac{t^2}{4} + 4 \cdot e^{-t} + 16$$

Lösung zu b:
Die zugelaufene Wassermenge ergibt sich als Differenz aus Endbestand und Anfangs-
▶ bestand. Das sind ca. $11,75\,m^3$.

Zugelaufene Wassermenge:

$$\Delta V = V(7) - V(0)$$

$$\approx 31,75 - 20$$

$$= 11,75$$

Übung 15 Ein Umweltproblem

Am Ufer eines Flusses wird eine giftige Lauge ausgelassen. Sie sickert mit abnehmender Geschwindigkeit über den Boden in den Fluss. Die Sickerrate wird beschrieben durch die Funktion $s(t) = 3 \cdot e^{-0,5t}$ ($0 \leq t \leq 12$, t in Stunden, s in Gramm pro Stunde).

a) Wie lautet die Funktion $G(t)$, welche die Menge der Giftlauge in Gramm beschreibt, die zur Zeit t in den Fluss geflossen ist?

b) Wie viel Gift fließt in der ersten Stunde in den Fluss? Wie viel Gift ist es in der zweiten Stunde?

c) Wie groß ist die gesamte Giftmenge?

d) Welcher Ausdruck beschreibt die mittlere Sickerrate während der ersten fünf Stunden? Wie groß ist dieser Wert?

Übungen

16. Ölförderung

Ein Erdölproduzent besitzt eine Ölquelle, die langsam versiegt. Die Fördergeschwindigkeit lässt sich durch die Funktion $m'(t) = 1 + 10 \cdot e^{-0,01t}$ beschreiben (t: Tage, $m'(t)$: Tonnen/ Tag). Gesucht ist die Funktion $m(t)$, welche die Ölmenge beschreibt, die bis zum Zeitpunkt t gefördert wird, beginnend zur Zeit $t = 0$.

a) Bestimmen Sie $m(t)$ als Stammfunktion von $m'(t)$ mit $m(0) = 0$.

b) Die Ölquelle wird stillgelegt, wenn die Fördergeschwindigkeit auf 3 Tonnen/Tag absinkt. Wann ist dies der Fall? Wie viel Öl wird bis zu diesem Zeitpunkt gefördert?

17. Keine Geldsorgen

In Dagoberts Geldspeicher (30 m hoch) liegen die Taler 20 m hoch. Die Zuwachsrate der Höhenfunktion h beträgt $h'(t) = e^{-0,05t}$ (t: Tage, $h'(t)$: m/Tag):

a) Wie lautet die Gleichung der Höhenfunktion?

b) Wann läuft Dagoberts Geldspeicher über?

18. Gletscherlänge

Ein Gletscher, der zur Zeit 30 km lang ist, verkürzt sich mit der Zeit. Die Änderungsrate seiner Länge L ist $L'(t) = -0,4 \cdot e^{-0,02t}$.

(t: Jahre, $L'(t)$: km/Jahr)

a) Wie lautet die Funktion $L(t)$, welche die Länge des Gletschers beschreibt?

b) Wann ist der Gletscher nur noch 15 km lang?

19. Kernbrennstab

Mit einem Messinstrument wird die Zerfallsrate $z(t)$ eines Kernbrennstabes gemessen. Die Messwerte sind in der Tabelle protokolliert. (t in Stunden, $z(t)$ in mg pro Stunde)

a) Stellen Sie eine Funktion auf, welche die Zerfallsrate beschreibt. Verwenden Sie den Ansatz $z(t) = c \cdot e^{-kt}$.

t	0	1	2	3	4
z(t)	20,00	18,09	16,37	14,82	13,41

b) Wann hat sich die Zerfallsrate halbiert?

c) Zu Beginn sind es 1 000 mg. Bestimmen Sie die Bestandsfunktion $M(t)$ für die Masse der seit Beobachtungsbeginn zerfallenen Substanz.

d) Wie viel Masse ist nach 24 Stunden insgesamt zerfallen?

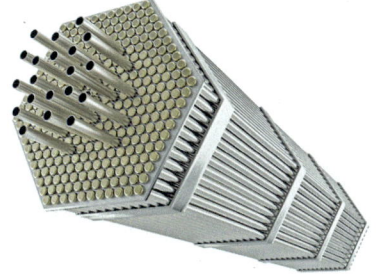

20. Elefantenbestand

In einem großen afrikanischen Nationalpark wird der Elefantenbestand kontrolliert und geschützt. Dadurch wächst die Population, die zum Zeitpunkt $t = 0$ bei $2\,500$ Elefanten liegt, mit einer Wachstumsrate, welche durch die Funktion $f(t) = 0,5\,t \cdot e^{-0,25\,t}$ beschrieben wird.

($t \geq 0$: Zeit in Jahren, $f(t)$: Zuwachsrate in Tausend/Jahr)

a) Ermitteln Sie den Funktionswert von f an der Stelle $t = 10$. Erläutern Sie das Ergebnis.

b) Beschreiben Sie anhand des rechts dargestellten Graphen von f, wie sich die Elefantenpopulation entwickelt.

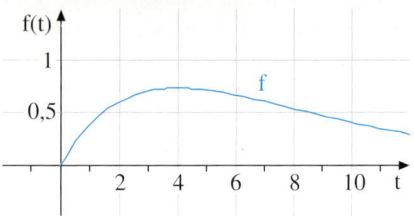

c) Wann wächst die Elefantenpopulation am stärksten?

d) Weisen Sie nach, dass die Funktion $F(t) = -2\,e^{-0,25\,t}\,(t + 4)$ eine Stammfunktion von f ist.

e) Welche Funktion $G(t)$ beschreibt den Bestand der Elefantenpopulation zum Zeitpunkt t?

f) Welche Maximalpopulation kann erreicht werden?

21. Fernsehshow

In einer Fernsehshow werden die Zuschauer dazu animiert, eine eingeblendete Telefonnummer anzurufen. Unter allen Anrufern wird ein Luxuswagen verlost.

Die Anrufrate der Zuschauer wird modellhaft durch $f(t) = 500\,t \cdot e^{-0,1\,t}$ beschrieben. ($t \geq 0$: Minuten, $f(t)$: Anrufe/min)

Der Graph von f ist rechts dargestellt.

a) Bestimmen und interpretieren Sie $f(5)$.

b) Ermitteln Sie die maximale Anrufrate.

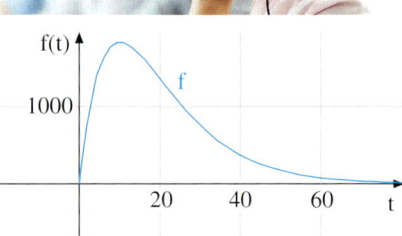

c) Um die nach einiger Zeit fallende Anrufrate wieder zu steigern, wird erwogen, die Zuschauer erneut zum Anrufen aufzufordern, wenn die Anrufrate auf die Hälfte ihres Maximalwertes gefallen ist. Ermitteln Sie näherungsweise, wann das der Fall ist.

d) Alternativ wird erwogen, die Zuschauer erneut zum Anrufen aufzufordern, wenn die Anrufrate am stärksten fällt. Ermitteln Sie den geeigneten Zeitpunkt.

e) Weisen Sie nach, dass $F(t) = -5\,000 \cdot e^{-0,1\,t}\,(t + 10)$ eine Stammfunktion von f ist. Ermitteln Sie die Gesamtzahl der eingehenden Anrufe in der ersten Stunde nach der Aufforderung zum Anrufen.

E. Exkurs: Beispiele für weitere zusammengesetzte Funktionen

Im Folgenden werden Funktionen betrachtet, deren Gleichungen Wurzelterme, Bruchterme, logarithmische oder trigonometrische Terme enthalten. Der GTR wird verstärkt eingesetzt.

▶ **Beispiel: Wurzelterme**
Gegeben ist die Funktion $h(x) = \sqrt{2x - 4}$.
a) Wie lautet die maximale Definitionsmenge von f?
b) Zeichnen Sie mit dem GTR den Graphen von h für $-1 \leq x \leq 8$.
c) Bestimmen Sie die Ableitung h′.
d) Wie lautet die Gleichung der Tangente von h an der Stelle $x = 4$?
e) Welchen Inhalt hat die Fläche A zwischen dem Graphen von h, der x-Achse und der Geraden $x = 8$?

Lösung:

a) Der Funktionsterm von h ist definiert, wenn $2x - 4 \geq 0$ gilt, also für $x \geq 2$.

b) Der Graph wird nach Eingabe der Gleichung von h mit dem GTR gezeichnet.

Graph von h:

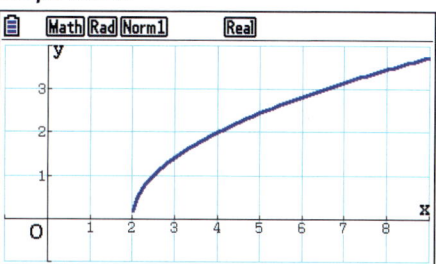

c) Die Ableitung von h wird mit der Kettenregel bestimmt. Für h gilt die Verkettung $h(x) = f(g(x))$ mit $f(x) = \sqrt{x}$ und $g(x) = 2x - 4$. Die Ableitungen sind $f'(x) = \frac{1}{2\sqrt{x}}$ und $g'(x) = 2$. Damit folgt:

$h'(x) = f'(g(x)) \cdot g'(x) = \frac{1}{2\sqrt{2x-4}} \cdot 2$

Endresultat: $h'(x) = \frac{1}{\sqrt{2x-4}}$

d) Die gesuchte Tangente bestimmen wir mithilfe der allgemeinen Tangentengleichung, wie rechts dargestellt.

Gleichung der Tangente von h bei x = 4:

$$t(x) = h'(x_0) \cdot (x - x_0) + h(x_0)$$
$$= h'(4) \cdot (x - 4) + h(4)$$
$$= \frac{1}{2} \cdot (x - 4) + 2$$
$$= \frac{1}{2}x$$

e) Den Inhalt der Fläche A berechnen wir mit dem GTR als bestimmtes Integral von h in den Grenzen $a = 2$ und $b = 8$. Dazu rufen wir die Option zur Berechnung eines bestimmten Integrals auf und setzen Grenzen und Integrand ein:

▶ Resultat: $A = 8\sqrt{3} \approx 13,86$

Flächeninhalt:

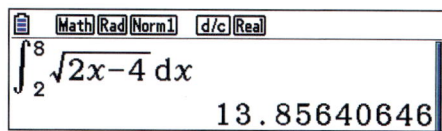

Übung 22 Wurzelfunktion
Gegeben sei $f(x) = \sqrt{x} + \frac{4}{x}$, $x > 0$. Bestimmen Sie f′ und f″. Zeichnen Sie mit dem GTR den Graphen von f für $0 \leq x \leq 12$. Wo liegen Extrema und Wendepunkte von f?

Übung 23 Wurzelfunktion
Gegeben sei $f(x) = (x - 4) \cdot \sqrt{x}$, $0 \leq x \leq 6$. Bestimmen Sie Nullstellen und Extrema und erstellen Sie den Graphen. Wie groß ist die Fläche zwischen Kurve und x-Achse?

Übungen

24. Quotient

Untersucht wird $f(x) = \frac{e^x}{x}$, $x \neq 0$.

a) Stellen Sie f als Produkt dar und bestimmen Sie f' mit der Produktregel.

b) f hat ein Extremum. Bestimmen Sie dessen Lage.

c) Zeichnen Sie den Graphen von f mit dem GTR für $0 \leq x \leq 4$. Beschreiben Sie, wie sich der Graph von f bei rechtsseitiger Annäherung an die Stelle $x = 0$ verhält.

d) Bestimmen Sie mit dem GTR den Inhalt der Fläche A zwischen dem Graphen von f und der horizontalen Geraden $y(x) = 4$.

25. Gebrochen-rationale Funktion

Gegeben ist $f(x) = \frac{x^3 + 1}{x^2}$, $x \neq 0$.

a) Zeigen Sie: $f(x) = x + \frac{1}{x^2}$. Ist f symmetrisch?

b) Bestimmen Sie die Ableitungen f' und f''.

c) Untersuchen Sie f auf Nullstellen und Extrema.

d) Zeichnen Sie den Graphen von f mit dem GTR für $-2 \leq x \leq 4$.

e) Welche Steigung hat f in der Nullstelle bei $x = -1$? Unter welchem Winkel α schneidet der Graph von f die x-Achse? Wie lautet die Gleichung der Nullstellentangente?

f) Bestimmen Sie eine Stammfunktion von f. Wie groß ist die Fläche unter f über [1; 4]?

g) Der mittlere Funktionswert einer Funktion f über dem Intervall [a; b] wird mit der Formel

$$m = \frac{1}{b-a} \cdot \int_a^b f(x)\,dx$$

berechnet. Wie groß ist der mittlere Funktionswert von f auf [1, 4].

26. Logarithmusfunktion

Gegeben ist die natürliche Logarithmusfunktion $f(x) = \ln x$, $x > 0$ (s. S. 161).

a) Es gilt $f'(x) = \frac{1}{x}$. Zeigen Sie, dass $F(x) = x \cdot \ln x - x$ eine Stammfunktion von f ist.

b) Bestimmen Sie die zweite Ableitung f''. Zeigen Sie, dass f weder Extrem- noch Wendepunkte besitzt.

c) Zeichnen Sie den Graphen von f mit dem GTR für $0 \leq x \leq 6$.

d) An welchen Stellen hat f den Funktionswert 0 bzw. 1 bzw. 2?

e) Wie groß ist der Inhalt der Fläche unter dem Graphen von f über dem Intervall [1, e]?

27. Anwendung

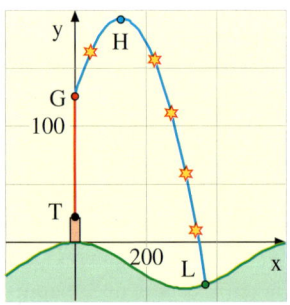

Von dem 20 m hohen Turm auf dem Hügel, der im Koordinatenursprung steht, wird eine Sylvesterrakete abgeschossen. Sie steigt mit der Geschwindigkeit $v(t) = 6t$ für $t = 6$ Sekunden nach oben. Dann explodiert sie im Punkt G. In welcher Höhe ist sie nun? Eine bei der Explosion erzeugte Leuchtkugel beschreibt die Bahn $y(x) = -\frac{5}{1296}x^2 + x + 128$, erreicht den Gipfelpunkt H und schlägt im Punkt L auf dem Boden auf. Das Profil der Hügellandschaft wird durch $f(x) = 20\cos(0{,}01\,x) - 20$ beschrieben. Verwenden Sie den GTR bei der Berechnung des Gipfelpunktes H und des Aufschlagpunktes L.

Überblick

Zusammengesetzte Funktionen	Man kann elementare Funktionen durch Addition, Subtraktion, Multiplikation, Division und Verkettung zu komplexeren Funktionen zusammensetzen.

Verkettung von Funktionen

$f(x)$ und $g(x)$ seien zwei Funktionen, für die $\mathbf{D_f = W_g}$ gilt.
Ersetzt man im Funktionsterm von f die Variable x durch den Term $g(x)$, so erhält man eine Funktion $h(x) = f(g(x))$, die man als ***Verkettung von f mit g*** bezeichnet. f wird als äußere Funktion und g als innere Funktion der Verkettung bezeichnet.

Die Kettenregel

Die Ableitung der verketteten Funktion h wird mit der Kettenregel bestimmt.

$$h'(x) = [f(g(x))]' = f'(g(x)) \cdot g'(x)$$

Exponentielle Differentiation und Integration

$(e^x)' = e^x$
$(e^{-x})' = -e^{-x}$
$(e^{ax+b})' = a \cdot e^{ax+b}$
$(e^{f(x)})' = f'(x) \cdot e^{f(x)}$

$\int e^x \, dx = e^x + C$

$\int e^{-x} \, dx = -e^{-x} + C$

$\int e^{ax+b} \, dx = \frac{1}{a} e^{ax+b} + C$

Trigonometrische Differentiation und Integration

$(\sin x)' = \cos x$
$(\cos x)' = -\sin x$
$(\sin(ax+b))' = a \cdot \cos(ax+b)$
$(\cos(ax+b))' = -a \cdot \sin(ax+b)$

$\int \sin x \, dx = -\cos x + C$

$\int \cos x \, dx = \sin x + C$

$\int \sin(ax+b) \, dx = -\frac{1}{a}\cos(ax+b) + C$

$\int \cos(ax+b) \, dx = \frac{1}{a}\sin(ax+b) + C$

Verallgemeinerte Potenzregel der Differentialrechnung und der Integralrechnung

$(x^r)' = r \cdot x^{r-1} \quad (r \in \mathbb{R}, r \neq 0)$
Sonderfälle:

$r = -1\colon \left(\frac{1}{x}\right)' = -\frac{1}{x^2}$

$r = \frac{1}{2}\colon \ (\sqrt{x})' = \frac{1}{2\sqrt{x}}$

$\int (x^r) \, dx = \frac{1}{r+1} \cdot x^{r+1} \quad (r \neq -1)$

Sonderfall:

$\int \frac{1}{x} \, dx = \ln|x| + C$

Tangentengleichung und Normalengleichung

Gleichung der Tangente von f an der Stelle x_0:
$t(x) = f'(x_0) \cdot (x - x_0) + f(x_0)$

Gleichung der Normale von f an der Stelle x_0:
$n(x) = -\frac{1}{f'(x_0)} \cdot (x - x_0) + f(x_0)$

Die Radiokarbonmethode zur radioaktiven Altersbestimmung

Der amerikanische Chemiker Willard Frank Libby (1908–1980) entwickelte 1947 die sogenannte C-14-Methode zur radioaktiven Altersbestimmung prähistorischer organischer Überreste. Hierfür erhielt er 1960 den Nobelpreis für Chemie. Mit der C-14-Methode sind archäologische, anthropologische und geologische Datierungen möglich, die bis zu ca. 50 000 Jahre in die Vergangenheit zurückreichen.

Im Kohlendioxid der Luft und in den Körpern von Organismen kommt Kohlenstoff als *Isotopengemisch* vor. Das Gemisch besteht zu ca. 98,89 % aus dem stabilen Isotop $^{12}_{6}C$, zu 1,11 % aus dem stabilen Isotop $^{13}_{6}C$ und zu ca. $3 \cdot 10^{-11}$ % aus dem radioaktiven Isotop $^{14}_{6}C$ (Radiokarbon).

Das ^{14}C entsteht in den oberen Schichten der Atmosphäre ständig neu. Durch Neutronenbeschuss aus der kosmischen Strahlung wird Luftstickstoff ^{14}N in ^{14}C umgewandelt:

$$^{14}_{7}N + ^{1}_{0}n \rightarrow ^{14}_{6}C + ^{1}_{1}p.$$

Das so entstandene ^{14}C verbindet sich mit dem Luftsauerstoff O_2 zu Kohlenstoffdioxid CO_2, welches sich sodann in der Atmosphäre verteilt, in der sich im Laufe der Zeiten durch Neubildung und Zerfall ein stabiles Gleichgewicht der Isotope im oben angegebenen Mischungsverhältnis herausbildet.

Das Kohlendioxid kommt schließlich über die Atmung in die Körper von Pflanzen und über die Nahrung und das Wasser auch in die Körper von Tieren und Menschen.

In den Organismen kommt Kohlenstoff daher im exakt gleichen Isotopenmischungsverhältnis vor wie in der Atmosphäre bzw. im Meer.

Allerdings gilt dies nur, solange der Organismus lebt. Nach dem Tode des Organismus wird das radioaktiv zerfallende ^{14}C nicht mehr von außen ersetzt, sodass sein Anteil im Laufe der Zeit im Vergleich zu den Anteilen der stabilen Isotope ^{12}C und ^{13}C schrumpft.

Da die Zerfallsrate des ^{14}C bekannt ist (Halbwertszeit 5730 Jahre), ist es möglich, das Alter eines fossilen Organismus aus dem ^{14}C-Anteil, der in seinen Überresten feststellbar ist, zu errechnen.

Diese Art der Altersbestimmung wird als *Radiokarbonmethode* oder als *C-14-Uhr* bezeichnet.

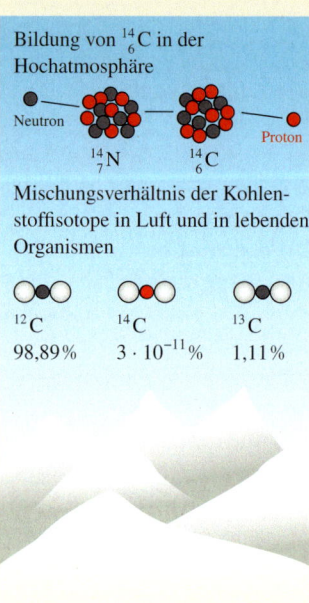

Bildung von $^{14}_{6}C$ in der Hochatmosphäre

Neutron   Proton

$^{14}_{7}N$ $^{14}_{6}C$

Mischungsverhältnis der Kohlenstoffisotope in Luft und in lebenden Organismen

^{12}C ^{14}C ^{13}C
98,89 % $3 \cdot 10^{-11}$ %   1,11 %

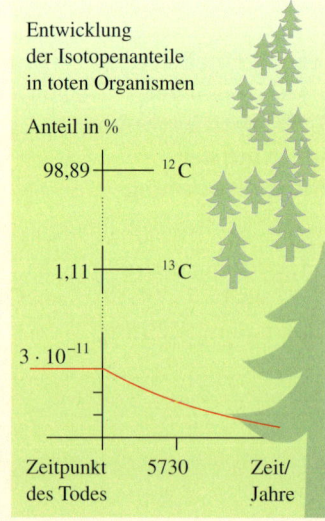

Entwicklung der Isotopenanteile in toten Organismen

Anteil in %

98,89 — ^{12}C

1,11 — ^{13}C

$3 \cdot 10^{-11}$

Zeitpunkt   5730   Zeit/
des Todes   Jahre

Die fehlerfreie Verwendung der Radiokarbonmethode zur Altersbestimmung in der Archäologie und der Paläontologie setzt allerdings voraus, dass sowohl die kosmische Höhenstrahlung als auch der Stickstoffgehalt der hohen atmosphärischen Schichten über extrem lange Zeiträume nahezu gleich geblieben sind. Schwankungen* können die Zuverlässigkeit beeinträchtigen. Da ^{14}C ohnehin recht schnell zerfällt, wächst die Unsicherheit der Methode mit dem Alter der untersuchten Probe.

Beispiel: Das radioaktive Isotop ^{14}C des Kohlenstoffs zerfällt unter β-Strahlung mit einer Halbwertszeit von ca. 5730 Jahren. Stellen Sie das exponentielle Zerfallsgesetz auf.

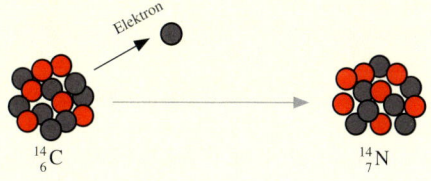

Lösung:
Mit der Formel für die Halbwertszeit bestimmen wir die Zerfallskonstante k. Es ergibt sich k ≈ 0,00012.

Der Ansatz $N(t) = N_0 \cdot e^{-kt}$ liefert dann das nebenstehende Zerfallsgesetz.

$$k = \frac{\ln 2}{T_{1/2}} \approx \frac{0,6931}{5730} \approx 0,00012.$$

$$N(t) = N_0 \cdot e^{-0,00012\,t} \text{ (t in Jahren)}$$

Beispiel: Im Moor wird beim Abstich von Torf ein Tierskelett gefunden. Die Überprüfung des Kohlenstoffgehalts ergibt, dass der Anteil des radioaktiven Isotops ^{14}C am Gesamtkohlenstoff im Laufe der Zeit auf $0,2 \cdot 10^{-11}\%$ abgesunken ist. Wie alt ist das Fundstück?

Lösung:
Der ^{14}C-Gehalt ist von $3 \cdot 10^{-11}\%$ auf $0,2 \cdot 10^{-11}\%$ gesunken, also auf $\frac{1}{15}$ des Ausgangswertes.
Die Berechnung von $T_{1/15}$ ergibt ein Alter von etwa 22 600 Jahren.

$$T_{1/15} = \frac{\ln 15}{k} \approx \frac{2,7081}{0,00012} \approx 22\,567 \text{ Jahre}$$

Ein Kunsthändler preist das Bild eines alten Meisters an, der vor 600 Jahren gewirkt hat. Ein Kunde möchte die Echtheit des Gemäldes mit der Radiokarbonmethode prüfen lassen. Welcher prozentuale ^{14}C-Anteil am Gesamtkohlenstoff müsste sich bei der Untersuchung des in der Leinwand enthaltenen Kohlenstoffes ergeben, wenn das Bild keine Fälschung ist?

* Fehlerquellen bei der Radiokarbonmethode: **1.** Schwankungen des Radiokarbonspiegels in früheren Jahrhunderten. Diese sind anhand von Baumringen feststellbar und eichbar. **2.** Seit 1952 ist durch atmosphärische Atomtests der ^{14}C-Gehalt angestiegen. Der Vorgang ist ebenfalls bekannt und eichbar. **3.** Wird ein Skelett von Flüssigkeit durchsickert, so setzt sich Kalziumkarbonat fest, das den schon abgesunkenen ^{14}C-Gehalt wieder erhöht. Solche Prozesse und labortechnische Verunreinigungen stellen das größte Problem dar.

Zusammengesetzte Funktionen

1. Kurvenuntersuchung

Gegeben ist die Funktion $f(x) = (2x - 4) \cdot e^{1 - 0,5x}$.

a) Bestimmen Sie die Ableitung f'.

b) Untersuchen Sie f auf Nullstellen, Extrema und Wendepunkte.
   Die Ableitungen $f''(x) = (0,5x - 3) \cdot e^{1 - 0,5x}$ und $f'''(x) = (-0,25x + 2) \cdot e^{1 - 0,5x}$ können ohne Herleitung verwendet werden.

c) Skizzieren Sie den Graphen von f für $0 \le x \le 8$.

d) Wie lautet die Gleichung der Tangente von f an der Stelle $x = 6$?

e) Zeigen Sie, dass $F(x) = -4x \cdot e^{1 - 0,5x}$ eine Stammfunktion von F ist.
   Wie groß ist der Inhalt des Flächenstücks A, das vom Graphen von f, der x-Achse und der senkrechten Geraden $x = 10$ im 1. Quadranten eingeschlossen wird?

2. Randkurvenproblem

Ein Waldstück wird nach Norden durch einen Fluss begrenzt, dessen Verlauf die Funktion
$f(x) = 4x \cdot e^{-\frac{1}{2}x}$ beschreibt. Im Westen bildet eine in Nord-Süd-Richtung verlaufende Autobahn die Grenze, im Süden und Osten die abgebildeten Fußwege (1 LE = 1 km).

a) Bestimmen Sie die Lage des nördlichsten Punktes des Waldes.

b) Zeigen Sie, dass $F(x) = (-8x - 16) \cdot e^{-\frac{1}{2}x}$ eine Stammfunktion von f ist.

c) Berechnen Sie die Waldfläche.

d) Unter welchem Winkel überbrückt die Autobahn den Fluss?

e) Im Wendepunkt des Flusses befindet sich eine Anlegestelle. Von dort verläuft senkrecht zum Fluss ein Forstweg.
   Wo trifft dieser auf den Fußweg?

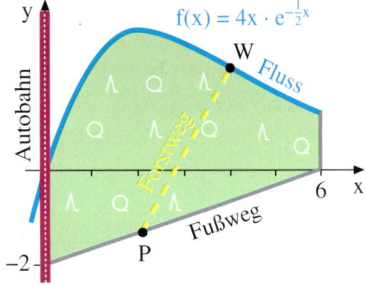

3. Expedition

Ein Expeditionsteam erkundet ein Wüstenareal in der Sahara. Der mitgeführte Wasservorrat w beträgt zu Beginn 600 Liter. Er verringert sich mit der Abnahmerate $w'(t) = -16 \cdot e^{-0,02t} - 1$. Dabei ist t die Zeit in Tagen und $w'(t)$ die Abnahmerate in Liter/Tag zum Zeitpunkt t.

a) Wie groß ist die Abnahmerate ganz zu Beginn der Expedition? Wann ist sie aufgrund notwendiger Einsparungen auf nur noch -10 Liter/Tag abgesunken?

b) Bestimmen Sie die Gleichung der Funktion w, welche den Wasservorrat zur Zeit t angibt (Kontrollergebnis: $w(t) = -200 + 800 \cdot e^{-0,02t} - t$)?

c) Wie groß ist der Wasservorrat w nach einer Woche?

d) Wie groß ist der mittlere tägliche Wasserverbrauch in der ersten Expeditionswoche?

e) In welcher Expeditionswoche geht der Wasservorrat w zu Ende?

Lösung: S. 484

VII. Lineare Gleichungssysteme

1. Grundlagen

A. Der Begriff des linearen Gleichungssystems

Lineare Gleichungssysteme besitzen in vielen Bereichen der Mathematik und bei der Lösung naturwissenschaftlicher, technischer und wirtschaftlicher Problemstellungen eine große Bedeutung.
Das wichtigste Lösungsverfahren für lineare Gleichungssysteme ist sehr systematisch aufgebaut, so dass es mit Hilfe von Computern und Taschenrechnern automatisiert werden kann.

In diesem ersten Abschnitt wiederholen wir die bereits bekannten Grundlagen beim Lösen linearer Gleichungssysteme, wobei die Beispiele auf den folgenden Seiten sich auf zwei Gleichungen mit zwei Variablen beschränken.

Ein lineares Gleichungssystem (*LGS*) besteht aus einer Anzahl linearer Gleichungen. Nebenstehend ist ein lineares Gleichungssystem mit vier Gleichungen und drei Variablen x, y, z dargestellt. Man spricht hier von einem (4; 3)-LGS.
Die Darstellung ist in der sogenannten *Normalform* gegeben: Die variablen Terme stehen auf der linken Seite, die konstanten Terme bilden die rechte Seite.

Rechts ist die Normalform eines allgemeinen (m; n) - LGS dargestellt.
Die n Variablen lauten $x_1, x_2, \ldots, x_n$.
Die konstanten Terme auf der rechten Seite der Gleichungen lauten $b_1, b_2, \ldots, b_m$.
a_{ij} bezeichnet den Koeffizienten auf der linken Seite des LGS, der in der i-ten Gleichung als Faktor vor der Variablen x_j steht.
Eine Lösung des LGS gibt man oft als geordnete Kombination an, d. h. als *n-Tupel* $(x_1; x_2; \ldots; x_n)$ (vgl. Beispiel unten).

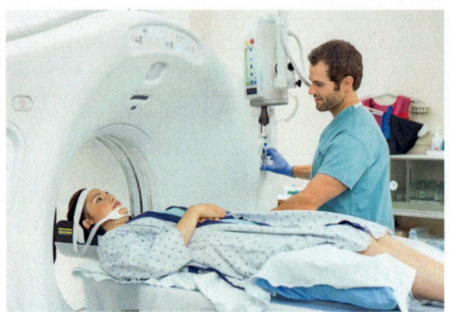

Computertomographie

Im Computertomographen wird die Abschwächung von Röntgenstrahlen beim Durchdringen des Körpers gemessen.
Daraus gewinnt man lineare Gleichungssysteme, deren Lösungen die Gewebedichten im Körperinnern liefern. Aus diesen lässt sich ein dreidimensionales Bild des Körperinnern errechnen und darstellen.

Ein (4; 3)-LGS in Normalform:

$$
\begin{array}{rcrcrcr}
3x & + & 2y & - & 2z & = & 1 \\
2x & + & 3y & + & 2z & = & 14 \\
4x & - & 2y & + & 3z & = & -9 \\
5x & + & 4y & - & 4z & = & 1
\end{array}
$$

Koeffizienten   Koeffizienten
der linken Seite   der rechten Seite

Die Normalform eines (m; n)-LGS:

$$
\begin{array}{rcrcccrcr}
a_{11}x_1 & + & a_{12}x_2 & + & \ldots & + & a_{1n}x_n & = & b_1 \\
a_{21}x_1 & + & a_{22}x_2 & + & \ldots & + & a_{2n}x_n & = & b_2 \\
\cdot & & & & & & \cdot & & \\
\cdot & & & & & & \cdot & & \\
\cdot & & & & & & \cdot & & \\
a_{m1}x_1 & + & a_{m2}x_2 & + & \ldots & + & a_{mn}x_n & = & b_m
\end{array}
$$

B. Das Additionsverfahren bei Gleichungssystemen mit zwei Variablen

Zunächst bringen wir uns ein elementares Verfahren zur Lösung linearer Gleichungssysteme anhand eines einfachen Beispiels (2 Gleichungen, 2 Variable) in Erinnerung.

▶ **Beispiel:** Lösen Sie das nebenstehende lineare Gleichungssystem.

I	$2x - 4y = 2$	
II	$5x + 3y = 18$	

Lösung:
Wir verwenden das sogenannte Additionsverfahren. Zunächst multiplizieren wir Gleichung I mit −5 und Gleichung II mit 2, sodass die Koeffizienten der Variablen x den gleichen Betrag, aber verschiedene Vorzeichen erhalten.

I	$2x - 4y = 2$	$\rightarrow (-5) \cdot$ I
II	$5x + 3y = 18$	$\rightarrow 2 \cdot$ II

So entsteht ein neues Gleichungssystem. Es ist zum Ursprungssystem äquivalent, d.h. lösungsgleich.

I	$-10x + 20y = -10$	
II	$10x + 6y = 36$	$\rightarrow$ I + II

Nun addieren wir Gleichung I zu Gleichung II. Bei diesem Additionsvorgang wird die Variable x eliminiert. Das entstehende Gleichungssystem ist wiederum äquivalent zum vorhergehenden.

I	$-10x + 20y = -10$	
II	$26y = 26$	

Gleichung II enthält nun nur noch eine Variable, nämlich y. Auflösen der Gleichung nach y liefert y = 1 als Lösungswert.

Aus II folgt $y = 1$.

Setzen wir dieses Teilresultat in Gleichung ▶ I ein, so folgt x = 3.

Einsetzen in I liefert: $x = 3$
Lösungsmenge: $L = \{(3;1)\}$

Die Lösungsverfahren für lineare Gleichungssysteme beruhen darauf, dass die Anzahl der Variablen pro Gleichung durch Umformungen schrittweise reduziert wird, bis nur noch eine Variable übrig bleibt.
Die verwendeten Umformungen dürfen die Lösungsmenge des Gleichungssystems nicht verändern. Umformungen mit dieser Eigenschaft werden als *Äquivalenzumformungen* bezeichnet.
Die drei wesentlichen Äquivalenzumformungen sind nebenstehend aufgeführt.

Äquivalenzumformungen eines Gleichungssystems

Die Lösungsmenge eines linearen Gleichungssystems ändert sich nicht, wenn

(1) 2 Gleichungen vertauscht werden,

(2) eine Gleichung mit einer reellen Zahl $k \neq 0$ multipliziert wird,

(3) eine Gleichung zu einer anderen Gleichung addiert wird.

Zur Pfeilschreibweise: A ⟶ B bedeutet: A wird durch B ersetzt.

Übung 1

Lösen Sie die linearen Gleichungssysteme rechnerisch.

a) $2x - 3y = 5$
$3x + 4y = 16$

b) $6x - 4y = -2$
$4x + 3y = 10$

c) $\frac{1}{2}x - 2y = 1$
$3x + 4y = 14$

d) $5x = y - 3$
$2y = 7 + 9x$

Übung 2

Lösen Sie die linearen Gleichungssysteme zeichnerisch.

a) $3x + 2y = 12$
$4x - 2y = 2$

b) $2x - 3y = -9$
$4x + 6y = -6$

C. Die Anzahl der Lösungen eines Gleichungssystems mit zwei Variablen

Die Gesamtheit der Lösungen (x; y) jeder einzelnen Gleichung eines (2; 2)-LGS bildet eine Gerade im $\mathbb{R}^2$. Damit kann die Frage nach der Anzahl der Lösungen eines (2; 2)-LGS in sehr anschaulicher Weise beantwortet werden.

Die Lösungen eines solchen Gleichungssystems sind die Koordinaten der gemeinsamen Punkte der den Gleichungen zugeordneten Geraden. Geraden haben entweder keine gemeinsamen Punkte oder sie haben genau einen gemeinsamen Punkt oder sie haben unendlich viele gemeinsame Punkte.

Entsprechend ist ein lineares Gleichungssystem entweder *unlösbar* oder es ist *eindeutig lösbar* oder es hat *unendlich viele Lösungen*, ist also *nicht eindeutig lösbar*.

Dies gilt nicht nur für Gleichungssysteme mit zwei Variablen, sondern für alle linearen Gleichungssysteme.

I $2x - 2y = -2$ II $-3x + 3y = 6$	I $2x - y = 2$ II $3x + 3y = 12$	I $8x + 4y = 16$ II $-6x - 3y = -12$
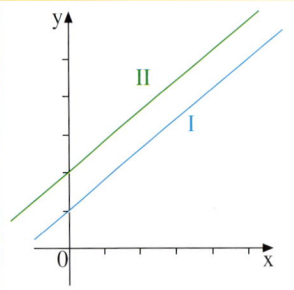	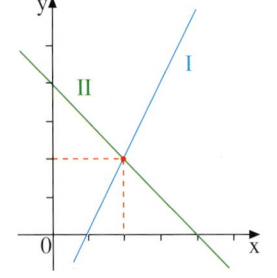	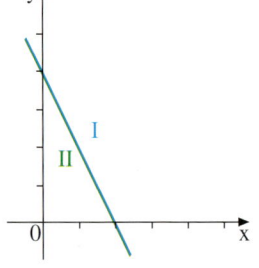
Die Geraden sind parallel. Sie haben keine gemeinsamen Punkte.	Die Geraden schneiden sich in einem Punkt.	Die Geraden sind identisch. Sie haben unendlich viele gemeinsame Punkte.
Das Gleichungssystem ist unlösbar.	**Das Gleichungssystem hat genau eine Lösung.**	**Das Gleichungssystem hat unendlich viele Lösungen.**

Auch mithilfe des Additionsverfahrens kann man erkennen, welcher der drei bezüglich der Lösbarkeit möglichen Fälle vorliegt. Den Fall der eindeutigen Lösbarkeit haben wir bereits geübt (vgl. Seite 233). Die restlichen Fälle behandeln wir nun exemplarisch.

> **Beispiel:** Untersuchen Sie die Gleichungssysteme mithilfe des Additionsverfahrens auf Lösbarkeit.
>
> a) $2x - 2y = -3$ b) $8x + 4y = 16$
> $-3x + 3y = 9$ $-6x - 3y = -12$

Lösung zu a:

I $2x - 2y = -3$ $\to 3 \cdot$ I
II $-3x + 3y = 9$ $\to 2 \cdot$ II

I $6x - 6y = -9$
II $-6x + 6y = 18$ $\to$ I + II

I $6x - 6y = -9$
II $0x + 0y = 9$

Die Äquivalenzumformungen führen auf ein Gleichungssystem, dessen Gleichung II für kein Paar x, y lösbar ist, da sie $0 = 9$ lautet.
Sie stellt einen Widerspruch in sich dar.

Da eine Gleichung des Systems keine Lösung besitzt, hat das Gleichungssystem als Ganzes erst recht keine Lösungen.
Man spricht von einem unlösbaren Gleichungssystem. Die Lösungsmenge des Systems ist die leere Menge:
$L = \{ \}$.

Lösung zu b:

I $8x + 4y = 16$ $\to 3 \cdot$ I
II $-6x - 3y = -12$ $\to 4 \cdot$ II

I $24x + 12y = 48$
II $-24x - 12y = -48$ $\to$ I + II

I $24x + 12y = 48$
II $0x + 0y = 0$

Die Umformungen führen auf ein äquivalentes System, dessen Gleichung II für alle Paare x, y trivialerweise erfüllt ist, da sie $0 = 0$ lautet. Sie kann also auch weggelassen werden.

In der verbleibenden Gleichung I kann eine der Variablen frei gewählt werden. Sei etwa $x = c$ ($c \in \mathbb{R}$).
Dann folgt $y = -2c + 4$. Für jeden Wert des Parameters c ergibt sich eine Lösung. Man spricht von einer einparametrigen unendlichen Lösungsmenge:
$L = \{(c; -2c + 4); c \in \mathbb{R}\}$.

Übung 3

Untersuchen Sie das Gleichungssystem auf Lösbarkeit. Geben Sie die Lösungsmenge an.

a) $8x - 3y = 11$ b) $3x + 2y = 13$ c) $8x - 6y = 2$ d) $-4x + 14y = 6$
   $5x + 2y = 34$ $2x - 5y = -4$ $2x + 3y = 2$ $6x - 21y = 8$

e) $12x + 16y = 28$ f) $3x - 4y = 14$ g) $4x - 2y = 8$ h) $3x - 6y = 9$
   $15x + 20y = 35$ $2x + 3y = -2$ $3x + y = 11$ $-2x + 4y = -6$
                          $x + 10y = -18$ $6x - 8y = 1$ $x - 2y = 3$

Übung 4

Für welche Werte des Parameters $a \in \mathbb{R}$ liegt eindeutige Lösbarkeit vor?

a) $2x - 5y = 9$ b) $3x + 4y = 7$ c) $ax + 2y = 5$ d) $ax - 2y = a$
   $4x + ay = 5$ $2x - 6y = a + 12$ $8x + ay = 10$ $2x - ay = 2$

Übungen

5. Lösen Sie das lineare Gleichungssystem mithilfe des Additionsverfahrens.

a) $2x - 3y = 5$
   $3x + 2y = 1$

b) $-3x + 4y = -1$
   $4x - 2y = 8$

c) $1,2x - 0,5y = 5$
   $3,4x - 1,5y = 14$

d) $2 - 2x = 2y - 4$
   $6x - 4 = 6y + 2$

e) $y - 3x - 3 = 2y$
   $4 - 4x + y = 8 - 3y$

f) $13 - x + 4y = 0$
   $24 - 2(x - y) = 10$

6. Untersuchen Sie das LGS auf Lösbarkeit. Bestimmen Sie die Lösungsmenge.

a) $x - \frac{1}{3}y = 3$
   $x + 2y = -4$

b) $2x + 4y = -4$
   $-0,5x - y = 1$

c) $-6x + 3y = 3$
   $4x - 2y = 2$

d) $-2x + 6y = -2$
   $x - 3y = 1$

e) $3x - 3y = 0$
   $6x + 3y = 18$
   $-2x + 4y = 4$

f) $-2x + y = -1$
   $4x + 2y = -10$
   $-6x + 3y = -2$

7. Für welche Werte des Parameters $a \in \mathbb{R}$ liegt eindeutige Lösbarkeit vor?

a) $3x - 5y = 4$
   $ax + 10y = 5$

b) $4x - 2y = a$
   $3x + 4y = 7$

c) $ax + 3y = 8$
   $3x + ay = 4$

8. Eine zweistellige Zahl ist siebenmal so groß wie ihre Quersumme. Vertauscht man die beiden Ziffern, so erhält man eine um 27 kleinere Zahl. Wie heißt diese zweistellige Zahl?

9. Aus 6 Liter blauer Farbe und 10 Liter gelber Farbe sollen zwei grüne Farbmischungen hergestellt werden. Die Mischung „Hellgrün" besteht zu 30% aus blauer und zu 70% aus gelber Farbe, während die Mischung „Dunkelgrün" zu 60% aus blauer und zu 40% aus gelber Farbe besteht. Wie groß sind die Mengen hellgrüner bzw. dunkelgrüner Farbe, die sich aufgrund dieser Mischungsverhältnisse ergeben?

10. Wie alt sind Max und Moritz jetzt?

2. Das Lösungsverfahren von Gauß

Carl Friedrich Gauß (1777–1855) war ein deutscher Mathematiker und Astronom, der sich bereits in frühester Jugend durch überragende Intelligenz auszeichnete. Fast 50 Jahre lang war er als Mathematikprofessor an der Uni Göttingen tätig. Neben der Mathematik beschäftigte er sich vor allem mit der Astronomie. Durch eine neue Berechnung der Umlaufbahnen von Himmelskörpern konnte der 1801 entdeckte und gleich wieder aus dem Blick verlorene Planet Ceres wieder aufgefunden werden. Hierbei entwickelte er auch das nach ihm benannte Lösungsverfahren für Gleichungssysteme, das er 1809 in seinem Buch „Theoria motus corporum coelestium" (Theorie der Bewegung der Himmelskörper) veröffentlichte.

A. Dreieckssysteme

> **Beispiel:** Das gegebene Gleichungssystem hat eine besondere Gestalt, denn die von null verschiedenen Koeffizienten sind in Gestalt eines Dreiecks angeordnet.
> Lösen Sie dieses Dreieckssystem.
>
> Ein Dreieckssystem
>
> I $3x - 2y + 4z = 11$
> II $4y + 2z = 14$
> III $5z = 15$

Lösung:
Dreieckssysteme sind wegen ihrer besonderen Gestalt sehr einfach zu lösen:

1. Wir lösen Gleichung III nach z auf und erhalten z = 3.

2. Dieses Ergebnis setzen wir in Gleichung II ein, die sodann nach y aufgelöst werden kann. Wir erhalten y = 2.

3. Nun setzen wir z = 3 und y = 2 in Gleichung I ein, die anschließend nach x aufgelöst werden kann: x = 1.

Resultat: Das gegebene Dreieckssystem ist *eindeutig lösbar*.
▶ Die Lösung ist (1; 2; 3).

Lösen eines Dreieckssystems durch *Rückeinsetzung*:

| Auflösen von III nach z: | $5z = 15$ |
| | $z = 3$ |

Einsetzen in II:	$4y + 2z = 14$
Auflösen nach y:	$4y + 6 = 14$
	$4y = 8$
	$y = 2$

Einsetzen in I:	$3x - 2y + 4z = 11$
Auflösen	$3x - 4 + 12 = 11$
nach x:	$3x = 3$
	$x = 1$

Lösungsmenge: L = {(1;2;3)}

B. Der Gauß'sche Algorithmus

Im Folgenden zeigen wir das besonders systematische Verfahren zur Lösung linearer Gleichungssysteme von Gauß, das als Gauß'scher Algorithmus oder als Gauß'sches Eliminationsverfahren bezeichnet wird. Wegen seiner algorithmischen Struktur ist es hervorragend für die numerische Bearbeitung mittels Computer geeignet.

Die Grundidee von Gauß war sehr einfach: Mithilfe von Äquivalenzumformungen (vgl. S. 233) wird das lineare Gleichungssystem in ein Dreieckssystem umgewandelt. Dieses wird anschließend durch „Rückeinsetzung" gelöst.

▶ **Beispiel:** Formen Sie das lineare Gleichungssystem (LGS) in ein Dreieckssystem um und lösen Sie dieses.

$$\begin{array}{rl} I & 3x + 3y + 2z = 5 \\ II & 2x + 4y + 3z = 4 \\ III & -5x + 2y + 4z = -9 \end{array}$$

Lösung:
Die außerhalb des blauen Dreiecks stehenden Terme stören auf dem Weg zum Dreieckssystem. Sie sollen durch Äquivalenzumformungen schrittweise eliminiert werden.
Als Darstellungsmittel verwenden wir den Umformungspfeil, der angibt, wodurch die Gleichung ersetzt wird, von welcher dieser Pfeil ausgeht.

1. Wir eliminieren die Variable x aus den Gleichungen II und III.
   Wir erreichen dies, indem wir zu geeigneten Vielfachen dieser Gleichung geeignete Vielfache von Gleichung I addieren oder subtrahieren.

2. Wir eliminieren die Variable y aus der Gleichung III des neu entstandenen Systems in entsprechender Weise.

3. Es ist nun wieder ein Dreieckssystem entstanden, das wir leicht durch „Rückeinsetzung" lösen können.

▶ Resultat: $L = \{(1; 2; -2)\}$

Umformen des LGS:

1. Elimination von x

$$\begin{array}{rll} I & 3x + 3y + 2z = 5 & \\ II & 2x + 4y + 3z = 4 & \to 3 \cdot II - 2 \cdot I \\ III & -5x + 2y + 4z = -9 & \to 3 \cdot III + 5 \cdot I \end{array}$$

2. Elimination von y

$$\begin{array}{rll} I & 3x + 3y + 2z = 5 & \\ II & 6y + 5z = 2 & \\ III & 21y + 22z = -2 & \to 2 \cdot III - 7 \cdot II \end{array}$$

Dreieckssystem

$$\begin{array}{rl} I & 3x + 3y + 2z = 5 \\ II & 6y + 5z = 2 \\ III & 9z = -18 \end{array}$$

Auflösen von III nach z: 3. Lösen durch Rückeinsetzung

$$\begin{array}{rl} 9z &= -18 \\ z &= -2 \end{array}$$

Einsetzen in II, Auflösen nach y:

$$\begin{array}{rl} 6y + 5z &= 2 \\ 6y - 10 &= 2 \\ y &= 2 \end{array}$$

Einsetzen in I, Auflösen nach x:

$$\begin{array}{rl} 3x + 3y + 2z &= 5 \\ 3x + 6 - 4 &= 5 \\ x &= 1 \end{array}$$

In entsprechender Weise lassen sich auch lineare Gleichungssysteme mit größerer Anzahl von Gleichungen und Variablen lösen. Es kommt darauf an, die störenden Terme in systematischer Weise, z. B. spaltenweise, zu eliminieren, sodass eine *Dreiecksform* bzw. *Stufenform* entsteht.

Übungen

1. Lösen Sie das LGS. Formen Sie das LGS ggf. zunächst in ein Dreieckssystem um.

a) $2x + 4y - z = -13$
$ 2y - 2z = -12$
$ 3z = 9$

b) $2x + 4y - 3z = 3$
$ -6y + 5z = 7$
$ 2z = 4$

c) $3x - 2y + 2z = 6$
$2x - z = 2$
$-3x = -6$

d) $x - 3y + 5z = -2$
$ y + 2z = 8$
$ y + z = 6$

e) $x + y + 4z = 10$
$ 2y - 5z = -14$
$ y + 3z = 4$

f) $2x + 2y - z = 8$
$-2x + y + 2z = 3$
$ 4z = 8$

2. Lösen Sie das LGS mithilfe des Gauß'schen Algorithmus.

a) $4x - 2y + 2z = 2$
$-2x + 3y - 2z = 0$
$3x - 5y + z = -7$

b) $x + 2y - 2z = -4$
$2x + y + z = 3$
$3x + 2y + z = 4$

c) $2x + 2y - 3z = -7$
$-x - 2y - 2z = 3$
$4x + y - 2z = -1$

d) $2x + y - z = 6$
$5x - 5y + 2z = 6$
$3x + 2y - 3z = 0$

e) $x - 2y + z = 0$
$ 3y + z = 9$
$2x + y = 4$

f) $2x + 2y + 3z = -2$
$x + z = -1$
$ y + 2z = -3$

3. Lösen Sie das LGS mithilfe des Gauß'schen Algorithmus. Bringen Sie das LGS zunächst auf Normalform. (Erzeugen Sie zweckmäßigerweise auch ganzzahlige Koeffizienten.)

a) $2y = 4 - z$
$3z = x - 10$
$9 + z = x + y$

b) $2y - 5 = z + 2x$
$-2z = x - 2y$
$4x = y - 10$

c) $3z = 2y + 7$
$x - 4 = y + z$
$2x + 2y = x - 1$

d) $\frac{1}{4}x - \frac{1}{2}y + \frac{3}{4}z = 4$
$\frac{3}{2}x - \frac{2}{3}y - \frac{1}{2}z = -2$
$\phantom{\frac{3}{2}x - } y - \frac{1}{2}z = 2$

e) $-0{,}2x + 1{,}5y + 0{,}4z = -9$
$1{,}1x \phantom{+ 1{,}5y} + 2{,}2z = 8{,}8$
$0{,}8x - 0{,}2y = 4{,}4$

f) $\frac{1}{2}x + \frac{1}{5}y + \frac{2}{3}z = 7$
$\frac{3}{8}x + \frac{1}{10}y + \frac{1}{12}z = \frac{5}{2}$
$4{,}5x - 0{,}5y + \frac{1}{3}z = 17{,}5$

4. Eine dreistellige natürliche Zahl hat die Quersumme 14. Liest man die Zahl von hinten nach vorn und subtrahiert 22, so erhält man eine doppelt so große Zahl. Die mittlere Ziffer ist die Summe der beiden äußeren Ziffern. Wie heißt die Zahl?

5. Eine Parabel zweiten Grades besitzt bei $x = 1$ eine Nullstelle und im Punkt $P(2|6)$ die Steigung 8. Bestimmen Sie die Gleichung der Parabel.

6. Neben den linearen Gleichungssystemen gibt es auch nichtlineare Gleichungssysteme. Bei solchen Systemen funktioniert der Gauß'sche Algorithmus nicht. Man verwendet das Einsetzungsverfahren oder Näherungsverfahren. Lösen Sie das nichtlineare System.

a) $2x + 3y = 16$
$x^2 + y^2 = 29$

b) $x^2 + y^2 + z^2 = 14$
$x + y = 3$
$x^2 + z^2 = 10$

3. Lösbarkeitsuntersuchungen

A. Unlösbare und nicht eindeutig lösbare LGS

Wir untersuchen nun mit dem Gauß'schen Algorithmus lineare Gleichungssysteme, die keine Lösung besitzen bzw. die unendlich viele Lösungen haben.

> **Beispiel:** Untersuchen Sie das LGS mithilfe des Gauß'schen Algorithmus auf Lösbarkeit.
>
> a) $\quad x + 2y - z = 3$
> $\quad\quad 2x - y + 2z = 8$
> $\quad\quad 3x + 11y - 7z = 6$
>
> b) $\quad 2x + y - 4z = 1$
> $\quad\quad 3x + 2y - 7z = 1$
> $\quad\quad 4x - 3y + 2z = 7$

Lösung zu a:

$$\begin{array}{ll} \text{I} & x + 2y - z = 3 \\ \text{II} & 2x - y + 2z = 8 \qquad \rightarrow \text{II} - 2 \cdot \text{I} \\ \text{III} & 3x + 11y - 7z = 6 \qquad \rightarrow \text{III} - 3 \cdot \text{I} \end{array}$$

$$\begin{array}{ll} \text{I} & x + 2y - z = 3 \\ \text{II} & -5y + 4z = 2 \\ \text{III} & 5y - 4z = -3 \qquad \rightarrow \text{III} + \text{II} \end{array}$$

$$\begin{array}{ll} \text{I} & x + 2y - z = 3 \\ \text{II} & 5y - 4z = -2 \\ \text{III} & 0 = -1 \end{array}$$

↑ Widerspruchszeile

Gleichung III des Dreieckssystems wird als *Widerspruchszeile* bezeichnet. Sie ist unlösbar ($0x + 0y + 0z = -1$ ist für **kein** Tripel $(x; y; z)$ erfüllt).

Damit ist das Dreieckssystem als Ganzes unlösbar.
Es folgt: Das ursprüngliche LGS ist ebenfalls *unlösbar*, die Lösungsmenge ist daher leer: $L = \{ \}$.

Die Unlösbarkeit eines LGS wird nach Anwendung des Gauß'schen Algorithmus stets auf diese Weise offenbar:

Wenigstens in einer Gleichung des resultierenden Dreieckssystems tritt ein offensichtlicher Widerspruch auf.

Lösung zu b:

$$\begin{array}{ll} \text{I} & 2x + y - 4z = 1 \\ \text{II} & 3x + 2y - 7z = 1 \qquad \rightarrow 2 \cdot \text{II} - 3 \cdot \text{I} \\ \text{III} & 4x - 3y + 2z = 7 \qquad \rightarrow \text{III} - 2 \cdot \text{I} \end{array}$$

$$\begin{array}{ll} \text{I} & 2x + y - 4z = 1 \\ \text{II} & y - 2z = -1 \\ \text{III} & -5y + 10z = 5 \qquad \rightarrow \text{III} + 5 \cdot \text{II} \end{array}$$

$$\begin{array}{ll} \text{I} & 2x + y - 4z = 1 \\ \text{II} & y - 2z = -1 \\ \text{III} & 0 = 0 \end{array}$$

↑ Nullzeile

Gleichung III des Gleichungssystems wird als *Nullzeile* bezeichnet. Sie ist für jedes Tripel $(x; y; z)$ erfüllt, stellt keine Einschränkung dar und könnte daher auch weggelassen werden.

Es verbleiben 2 Gleichungen mit 3 Variablen, von denen daher eine Variable frei wählbar ist. Wir setzen für diese „überzählige" Variable einen Parameter ein.

Wählen wir $\quad z = c \quad (c \in \mathbb{R})$,
so folgt aus II $\quad y = 2c - 1$
und dann aus I $\quad x = c + 1$.

Wir erhalten für jeden Wert des freien Parameters c genau ein Lösungstripel $(x; y; z)$. Das Gleichungssystem hat eine *einparametrige unendliche Lösungsmenge*:
$L = \{(c + 1; 2c - 1; c); c \in \mathbb{R}\}$.

Übung 1

Untersuchen Sie das LGS auf Lösbarkeit. Bestimmen Sie die Lösungsmenge.

a) $2x + 2y + 2z = 6$ b) $3x + 5y - 2z = 10$ c) $4x - 3y - 5z = 9$

   $2x + y - z = 2$ $2x + 8y - 5z = 6$ $2x + 5y - 9z = 11$

   $4x + 3y + z = 8$ $4x + 2y + z = 8$ $6x - 11y - z = 7$

B. Unter- und überbestimmte LGS

Alle bisher durchgeführten Überlegungen zur Lösbarkeit bezogen sich auf den Sonderfall, dass die Anzahl der Gleichungen mit der Anzahl der Variablen übereinstimmt. Im Folgenden zeigen wir exemplarisch, dass sie jedoch sinngemäß für jedes beliebige LGS gelten.

Enthält ein LGS weniger Gleichungen als Variablen, so reichen die Informationen für eine eindeutige Lösung nicht aus, d.h., es ist *unterbestimmt*. Enthält ein LGS hingegen mehr Gleichungen als Variablen, so würden für eine eindeutige Lösung bereits weniger Gleichungen genügen. In diesem Fall ist das LGS *überbestimmt*. Wir zeigen die Vorgehensweisen bei derartigen LGS an zwei Beispielen.

▸ **Beispiel:** Untersuchen Sie das LGS auf Lösbarkeit.

a) $x + y = 1$ b) $x - 2y + z + t = 1$

   $2x - y = 8$ $-2x + 5y - 4z + 2t = -2$

   $x - 2y = 5$

Lösung zu a:

$$\begin{array}{lll} \text{I} & x + y = 1 & \\ \text{II} & 2x - y = 8 & \rightarrow (-2) \cdot \text{I} + \text{II} \\ \text{III} & x - 2y = 5 & \rightarrow \text{I} - \text{III} \\ \hline \text{I} & x + y = 1 & \\ \text{II} & -3y = 6 & \\ \text{III} & 3y = -4 & \rightarrow \text{II} + \text{III} \\ \hline \text{I} & x + y = 1 & \\ \text{II} & -3y = 6 & \\ \text{III} & 0 = 2 & \color{orange}{\text{Widerspruch}} \\ \hline \end{array}$$

Wendet man den Gauß'schen Algorithmus an, erhält man die obige *Stufenform*. Da die Gleichung III einen Widerspruch enthält, ist das gesamte LGS unlösbar, obwohl das Teilsystem aus den ersten beiden Gleichungen eine eindeutige Lösung ($x = 3$; $y = -2$) besitzt. Diese erfüllt jedoch die Gleichung III nicht. Somit erhalten wir als Resultat:

▸ $L = \{ \ \}$.

Lösung zu b:

$$\begin{array}{lll} \text{I} & x - 2y + z + t = 1 & \\ \text{II} & -2x + 5y - 4z + 2t = -2 & \rightarrow 2 \cdot \text{I} + \text{II} \\ \hline \text{I} & x - 2y + z + t = 1 & \\ \text{II} & y - 2z + 4t = 0 & \\ \hline \end{array}$$

Das LGS ist *unterbestimmt*. Da die Anwendung des Gauß'schen Algorithmus auf keinen Widerspruch führt, besitzt das LGS unendlich viele Lösungen. Da das LGS in *Stufenform* nur 2 Gleichungen, aber 4 Variablen enthält, ersetzen wir die „überzähligen" Variablen durch Parameter. Hier können sogar 2 Variablen frei gewählt werden.

Wählen wir $z = c$ und $t = d$ ($c, d \in \mathbb{R}$), so folgt aus II $y = 2c - 4d$ und dann aus I $x = 1 + 3c - 9d$.

Das Gleichungssystem hat eine *zweiparametrige unendliche Lösungsmenge*:

$L = \{(1 + 3c - 9d; 2c - 4d; c; d); c, d \in \mathbb{R}\}$.

Übung 2

Untersuchen Sie das LGS auf Lösbarkeit. Bestimmen Sie die Lösungsmenge.

a)
$$3x - 3y = 0$$
$$6x + 3y = 18$$
$$-2x + 4y = 4$$

b)
$$-2x + y = -1$$
$$4x + 2y = -10$$
$$-6x + 3y = -2$$

c)
$$2x - 2y = 14$$
$$3x + 6y = 3$$
$$4x - 12y = 44$$

d)
$$3x - 4y + z = 5$$
$$2x - y - z = 0$$
$$4x - 2y - z = 12$$
$$x - y + z = 10$$

e)
$$x + z = -1$$
$$y + z = 4$$
$$x + y = 5$$
$$x + y + z = 4$$

f)
$$4x + y - 2z + t = 1$$
$$2x + y + 3z - 2t = 3$$

g)
$$3x + 2y + z = 5$$
$$-6x - 4y - 2z = 8$$

h)
$$2x + 3z + 2t = 4$$
$$y + 3z + 2t = 4$$

i)
$$2x - 4y + 2z = 6$$
$$x - 8y + 4z = 12$$
$$-x + 2y - z = -3$$

Die Lösbarkeitsuntersuchungen haben gezeigt, dass Nullzeilen (triviale Zeilen) noch nichts über die Lösbarkeit des gesamten LGS aussagen, während aus einer Widerspruchszeile sofort die Unlösbarkeit des gesamten LGS folgt. Wir können zusammenfassend folgendes Lösungsschema zum Gauß'schen Algorithmus angeben:

1.	LGS in die **Normalform** überführen, **ganzzahlige** Koeffizienten erzeugen, sofern möglich.		
2.	**Gauß'schen Algorithmus** auf das LGS anwenden. Es entsteht eine **Dreiecks-** bzw. **Stufenform**.		
3.	Prüfen, welche der folgenden Eigenschaften das aus 2. resultierende LGS besitzt.		
	Widerspruch	Es existiert **kein Widerspruch.**	
	Wenigstens eine Gleichung stellt einen offensichtlichen **Widerspruch** dar.	Die **Anzahl der Variablen ist gleich der Anzahl der nichttrivialen Zeilen.**	Es gibt **mehr Variable als nichttriviale Zeilen.**
4.	⬇	⬇	⬇
	Das LGS ist **unlösbar.**	Das LGS ist **eindeutig lösbar.**	Das LGS hat **unendlich viele Lösungen.**
		Die einzige Lösung wird durch „**Rückeinsetzung**" **aus dem Stufenform-LGS bestimmt.**	Die freien Parameter werden festgelegt. Die Parameterdarstellung der Lösungsmenge wird bestimmt.

Übungen

3. Lösen Sie das LGS. Geben Sie die Lösungsmenge an.

a)
$$2x - y + 6z = 5$$
$$2y - 3z = 10$$
$$4z = 8$$

b)
$$3x + y + 7z = 2$$
$$y + 2z = 1$$
$$3y + 5z = 4$$

c)
$$3x - y + z = 3$$
$$2y - 2z = 0$$
$$-5x + z = -2$$

d)
$$x + 2y - z = -3$$
$$2x + 4y - 2z = -1$$
$$3x + y + 5z = 6$$

e)
$$-2x + 2y - 4z = -2$$
$$x + 3z = 0$$
$$x - y + 2z = 1$$

f)
$$x + y + z = 5$$
$$x - y + z = 1$$
$$-2x - 3z = -3$$

4. Untersuchen Sie das LGS auf Lösbarkeit. Bestimmen Sie die Lösungsmenge.

a)
$$3x - 8y - 5z = 0$$
$$2x - 2y + z = -1$$
$$x + 4y + 7z = 2$$

b)
$$2x - 2y - 3z = -1$$
$$-2y + z = -3$$
$$-x + y - 3z = -4$$

c)
$$4x - y + 2z = 6$$
$$x + 2y - z = 6$$
$$6x + 3y = 18$$

d)
$$2x - 3y - 8z = 8$$
$$6y + 4z = -8$$
$$6x + 8y - 8z = 6$$

e)
$$3x - y + 2z = 4$$
$$4x - 6y + 4z = 10$$
$$-x - 2y = 1$$

f)
$$3x - 4y + z = 5$$
$$2x - y - z = 0$$
$$4x - 2y - 2z = 12$$

5. Untersuchen Sie das LGS auf Lösbarkeit. Bestimmen Sie die Lösungsmenge.

a)
$$x_1 + x_4 = 2$$
$$x_2 + x_3 = -3$$
$$x_4 - x_1 = x_3$$
$$x_4 - x_2 = 1$$

b)
$$x_1 + x_3 = 1$$
$$x_2 - x_3 = 0$$
$$x_1 + x_2 + x_3 - x_4 = 1$$
$$x_2 - x_4 = 0$$

c)
$$x_1 + x_3 = x_2$$
$$x_2 + x_5 = x_4$$
$$x_5 - x_3 = 0$$
$$x_4 - x_2 = x_3$$
$$x_4 - x_1 = x_3 + x_5$$

6. Robert, Alfons und Edel finden einen Sack voller Münzen. Es sind 3 große, 16 mittlere und 40 kleine Münzen im Gesamtwert von 30 €. Die Münzen werden gerecht aufgeteilt. Robert erhält 2 große und 30 kleine Münzen, Alfons erhält 8 mittlere und 10 kleine Münzen. Den Rest erhält Edel. Wie groß sind die einzelnen Münzwerte?

7. Im Garten sitzen Schnecken, Raben und Katzen. Großvater zählt die Köpfe und die Füße der Tiere. Er kommt auf insgesamt 39 Köpfe und 57 Füße. Die Raben haben zusammen 6 Füße mehr als die Katzen. Wie viele Katzen sind es?

4. Lineare Gleichungssysteme mit dem GTR untersuchen

A. Die direkte Methode mit dem TI-GTR

Bei linearen Gleichungssystemen mit bis zu drei Gleichungen und Unbekannten ist die manuelle Lösung mit dem Gaußschen Algorithmus angemessen, auch um die Prinzipien zu verinnerlichen. Bei Systemen mit drei oder mehr Gleichungen spart der Einsatz des GTR Zeit. Der TI-GTR erlaubt die direkte Eingabe mit folgender Tastenfolge:

menu 3 : Algebra > 2 : System linearer Gleichungen lösen …. .

▶ **Beispiel: (4; 4)-LGS**

Lösen Sie das nebenstehende lineare Gleichungssystem mit dem GTR.

$$
\begin{aligned}
x - 2y + z + 2t &= 8 \\
2x + 3y - 2z + 3t &= 14 \\
4x - y + 3z - t &= 7 \\
3x + 2y - 4z + 5t &= 15
\end{aligned}
$$

Lösung:

Man wählt im Calculator-Fenster die oben beschriebenen Optionen. Danach setzt man die Anzahl der Gleichungen auf 4 und gibt als Variablen x, y, z und t ein.
Anschließend werden die vier Gleichungen eingegeben. Die Lösung wird danach direkt
▶ angezeigt: $x = 1$, $y = 2$, $z = 3$, $t = 4$.

▶ **Beispiel: Lösbarkeitsuntersuchung**

Untersuchen Sie die linearen Gleichungssysteme mit dem GTR auf Lösbarkeit.

$$
\begin{aligned}
x + y + z &= 4 \\
3x + 2y + z &= 9 \\
x - y - 3z &= -2
\end{aligned}
\qquad
\begin{aligned}
2x + y + z &= 4 \\
x - y + 2z &= 8 \\
7x + 5y + 2z &= 6
\end{aligned}
$$

Lösung:

Die Gleichungssysteme werden wie im obigen Beispiel eingegeben. In beiden Fällen muss die Lösung aber interpretiert werden.

Beim linken System hat der Rechner die Variable z frei gewählt und $z = c_1$ gesetzt. In Abhängigkeit von c_1 sind dann auch die weiteren Variablen $x = c_1 + 1$ und $y = 3 - 2c_1$ eindeutig bestimmt. Das LGS hat eine einparametrige unendliche Lösungsmenge:
$L = \{(c_1 + 1; 3 - 2c_1; c_1); c_1 \in \mathbb{R}\}$.

Beim rechten System bedeutet die Ausgabe „Keine Lösung gefunden", dass sich die Gleichungen des LGS widersprechen und
▶ es daher unlösbar ist.

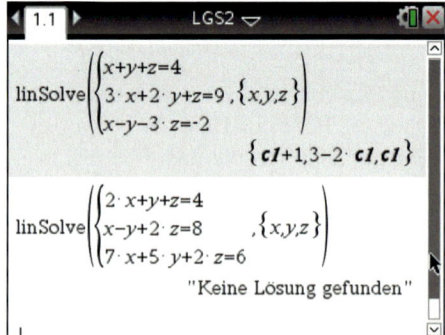

Übung 1 Lösung eines LGS mit dem GTR.

Prüfen Sie das LGS mithilfe des GTR auf Lösbarkeit. Geben Sie die Lösungsmenge an.

a) $\begin{aligned} 3x + 2y - 2z &= 0 \\ 2x - y + z &= 7 \\ x - 3y + 2z &= 6 \end{aligned}$

b) $\begin{aligned} x - 2y - z &= 2 \\ 2x - 2y + 2z &= 2 \\ 4x - 6y &= 6 \end{aligned}$

c) $\begin{aligned} x - 2y + 5z &= 9 \\ 3x + y + z &= 13 \\ 2x + 3y - 4z &= 6 \end{aligned}$

d) $\begin{aligned} 2x - y + z &= -4 \\ 3x - 2y + 3z &= 1 \\ x + 2y - 2z &= -7 \end{aligned}$

e) $\begin{aligned} -2x + y - z &= 2 \\ -3x - 3y + 2z &= 1 \\ 5x + 2y - z &= -4 \end{aligned}$

f) $\begin{aligned} 2x - y + z &= -5 \\ 3x - 2y + 2z &= -11 \\ -3x + y - z &= 4 \end{aligned}$

Auch unterbestimmte LGS (mehr Variable als Gleichungen bzw. überbestimmte LGS (mehr Gleichungen als Variable) lassen sich mit der direkten Methode lösen.

▶ **Beispiel: Ein unterbestimmtes und ein überbestimmtes LGS**

Lösen Sie das lineare Gleichungssystem mit dem GTR.

a) $\begin{aligned} x + 2y + z &= 6 \\ 2x - y + 2z &= 7 \end{aligned}$

b) $\begin{aligned} x + 2y - z &= 8 \\ 2x - y + 2z &= 0 \\ 2x + 2y - 3z &= 7 \\ x - 2y + z &= -6 \end{aligned}$

Lösung zu a)

Das System ist unterbestimmt, da es weniger Gleichungen als Variablen hat. Mit dem TI-GTR lässt sich ein solches LGS ohne weitere Umschweife genauso lösen wie in den weiter oben behandelten „Normalfällen". Wir erhalten als Resultat die unendliche Lösungsmenge

$L = \{(-c_1 + 4;\ 1;\ c_1),\ c_1 \in \mathbb{R}\}$.

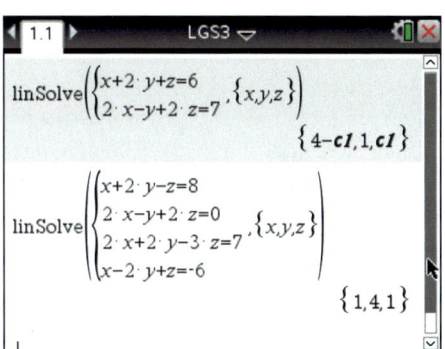

Lösung zu b)

Auch dieses überbestimmte LGS läßt sich problemlos behandeln.

Es besitzt eine eindeutige Lösung

▶ $L = \{(1;\ 4;\ 1)\}$.

Übung 2 Unter- und überbestimmte LGS

Lösen Sie die linearen Gleichungssysteme mit dem GTR.

a) $\begin{aligned} 2x + y - z &= 2 \\ 3x + 2y - 2z &= 2 \end{aligned}$

b) $\begin{aligned} x + 2y + z &= 6 \\ 2x + 3y - 3z &= 5 \end{aligned}$

c) $\begin{aligned} x - y - z &= 6 \\ 2x - 2y &= 2z + 5 \end{aligned}$

d) $\begin{aligned} x - 2y + z &= 0 \\ -x + y - 2z &= -1 \\ y + z &= 1 \\ x - 3y &= -1 \end{aligned}$

e) $\begin{aligned} x - y + 3z &= 2 \\ 3x - 2y - z &= -1 \\ x + 4y &= 14 \\ 2x - y + z &= 8 \end{aligned}$

f) $\begin{aligned} x - 2y + z &= 8 \\ 2x + 2y - z &= 1 \\ 3y - 2z &= -8 \end{aligned}$

B. Die direkte Methode mit dem CASIO-GTR

Mit dem CASIO-GTR lassen sich lineare Gleichungssysteme mit $n = 2$ bis $n = 6$ Variablen und genauso vielen Gleichungen direkt lösen. Dazu öffnet man im Hauptmenü mit der Tastenfolge [ALPHA] > [XθT] (A) > [F1] (SIMUL) die Anwendung zum Lösen linearer Gleichungssysteme.

▶ **Beispiel: (3; 3)-LGS**
Lösen Sie das nebenstehende lineare Gleichungssystem mit dem GTR.

$$x + y + 2z = 1$$
$$3x - 2y + z = 3$$
$$x + 3y + z = 7$$

Lösung:
Man erreicht im Hauptmenü mit der oben beschriebenen Tastenfolge die Anwendung zum Lösen linearer Gleichungssysteme. Zunächst kann man die Anzahl n der Unbekannten eingeben ($2 \leq n \leq 6$). Mit der Taste [F2] wählen wir $n = 3$ Unbekannte. Nun erscheint ein rechteckiges Schema, in das wir die Koeffizienten des LGS eingeben können, am besten zeilenweise. Anschließend wird die Operation SOLVE durch Drücken der Taste [F1] gestartet. Die Lösung wird nun direkt angezeigt. Sie
▶ lautet: $x = 3$, $y = 2$, $z = -2$.

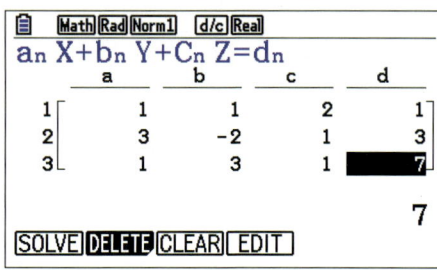

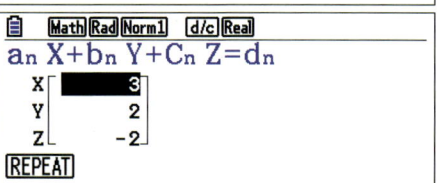

▶ **Beispiel: Lösbarkeitsuntersuchung**
Untersuchen Sie die linearen Gleichungssysteme mit dem GTR auf Lösbarkeit.

$$x + y + 2z = 1 \qquad\qquad x + y + 2z = 1$$
$$3x - 2y + z = 3 \qquad\qquad 3x - 2y + z = 3$$
$$2x - 3y - z = 2 \qquad\qquad x - 4y - 3z = 2$$

Lösung:
Die Gleichungssysteme werden wie im obigen Beispiel eingegeben. In beiden Fällen muss die Lösung aber interpretiert werden.

Beim linken System hat der Rechner die Variable z frei gewählt und $z = z$ gesetzt. In Abhängigkeit von z werden $x = 1 - z$ und $y = -z$ angezeigt. Das LGS hat also eine einparametrige unendliche Lösungsmenge: $L = \{(1 - z; -z; z),\ z \in \mathbb{R}\}$.

Beim rechten System lautet die Ausgabe "Keine Lösung". Die Gleichungen des LGS
▶ widersprechen sich. Es ist daher unlösbar.

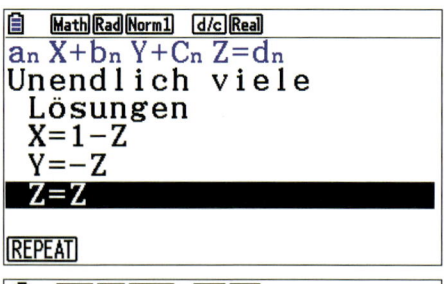

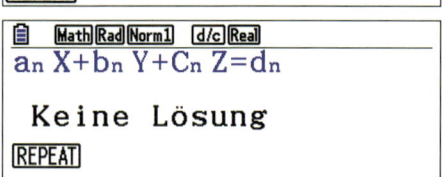

Übung 3 Lösung eines LGS mit dem GTR.

Prüfen Sie das LGS mithilfe des GTR auf Lösbarkeit. Geben Sie die Lösungsmenge an.

a)
$$x + 2y - 3z = 4$$
$$2x - 2y + 2z = 4$$
$$3x - 2y + z = 6$$

b)
$$x + 2y - z = 2$$
$$2x - 2y + 4z = -2$$
$$4x + 2y + 2z = 2$$

c)
$$x + y - z = 1$$
$$2x + y - 2z = 2$$
$$4x + 3y - 4z = 2$$

Der CASIO-GTR setzt bei der direkten Methode stets voraus, dass das zu lösende LGS genauso viele Gleichungen wie Variablen hat. Dennoch kann man unterbestimmte LGS (mehr Variable als Gleichungen bzw. überbestimmte LGS (mehr Gleichungen als Variable) mit dem Rechner lösen. Der Trick: Man fügt dem LGS *Nullzeilen* bzw. *Nullspalten* hinzu, um die Bedingung zu erfüllen.

> ▶ **Beispiel: Ein unterbestimmtes und ein überbestimmtes LGS**
> Lösen Sie das lineare Gleichungssystem mit dem GTR.
>
> a)
> $$x + 2y + z = 6$$
> $$2x - y + 2z = 7$$
>
> b)
> $$x + 2y - z = 8$$
> $$2x - y + 2z = 0$$
> $$2x + 2y - 3z = 7$$
> $$x - 2y + z = -6$$

Lösung zu a)
Das System ist unterbestimmt, da es weniger Gleichungen als Variable hat. Wir fügen eine dritte Zeile (Gleichung) hinzu, die als Koeffizienten lauter Nullen enthält, also die Zeile $0x + 0y + 0z = 0$. Nun „schluckt" der CASIO-GTR das System und liefert die unendliche Lösungsmenge $L = \{(4 - z;\ 1;\ z)\}$.

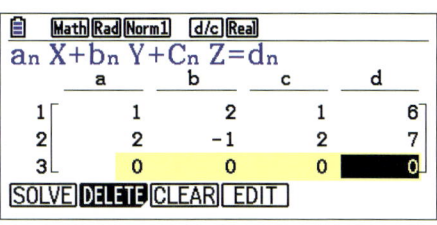

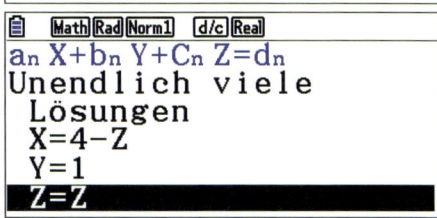

Lösung zu b)
Auf die gleiche Weise gehen wir an das überbestimmte Gleichungssystem heran. Wir fügen auf der linken Seite eine vierte Koeffizientenspalte mit der Variablen t hinzu, deren Koeffizienten aber alle Null sind.

Der GTR liefert folgende Lösungsanzeige: „Unendlich viele Lösungen", x = 1, y = 4, z = 1, t = t". Da die Angabe „unendlich viele Lösungen" nur durch die hinzugefügte Trickvariable t zustande kommt, müssen wir korrigieren: Es gibt eine eindeutige
▶ Lösung x = 1, y = 4, z = 1.

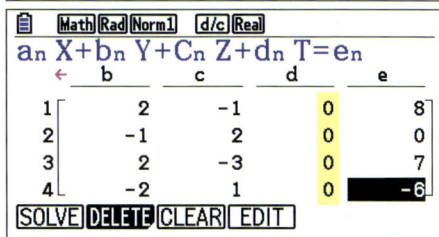

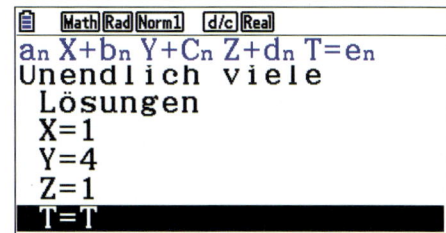

Übung 4

Lösen Sie die linearen Gleichungssysteme aus der Übung 2 von Seite 245.

C. EXKURS: Die Koeffizientenmatrix und die erweiterte Koeffizientenmatrix

Die manuelle Lösung eines LGS erfolgt mithilfe von Äquivalenzumformungen, welche nur auf die Koeffizienten des Gleichungssystems wirken. Daher reicht es aus, sich auf die Koeffizienten des Systems zu beschränken und die Variablen wegzulassen.

Das zweidimensionale Zahlenschema der Koeffizienten der linken Seite eines LGS bezeichnet man als *Koeffizientenmatrix* A.

Nimmt man noch die rechte Seite des LGS hinzu, so spricht man von der *erweiterten Koeffizientenmatrix* A_e.

Lineares Gleichungssystem:

$$\begin{aligned} x + y + z &= 1 \\ 2x - y - z &= 5 \\ 4x + 2y + 3z &= 4 \end{aligned}$$

Zugehörige Koeffizientenmatrix:

$$A = \begin{pmatrix} 1 & 1 & 1 \\ 2 & -1 & -1 \\ 4 & 2 & 3 \end{pmatrix}$$

Erweiterte Koeffizientenmatrix:

$$A_e = \begin{pmatrix} 1 & 1 & 1 & 1 \\ 2 & -1 & -1 & 5 \\ 4 & 2 & 3 & 4 \end{pmatrix}$$

▶ **Beispiel: Die erweiterte Koeffizientenmatrix**
Lösen Sie das obige LGS durch Äquivalenzumformungen der erweiterten Koeffizientenmatrix.

Lösung:
Mit den in Pfeilschreibweise dargestellten Äquivalenzumformungen wird die erweiterte Koeffizientenmatrix in zwei Schritten analog zum Gaußschen Algorithmus auf Dreiecksgestalt (obere Dreiecksform) gebracht.

Nun kann die Lösung des LGS durch *Rückeinsetzung* erfolgen, wieder wie beim Gaußschen Algorithmus.
In der dritten Spalte stehen die Koeffizienten der Variablen z. Daher lautet die dritte Zeile in ausführlicher Darstellung $3z = -6$, woraus $z = -2$ folgt.

Einsetzen dieses Ergebnisses in die zweite Zeile liefert $y = 1$.

Eine letzte Rückeinsetzung in die erste Zeile liefert schließlich $x = 2$.
▶ Resultat: $L = \{(2; 1; -2)\}$.

Erzeugen der oberen Dreiecksform:

$$A_e = \begin{pmatrix} 1 & 1 & 1 & 1 \\ 2 & -1 & -1 & 5 \\ 4 & 2 & 3 & 4 \end{pmatrix} \quad \begin{array}{l} \to 2 \cdot I - II \\ \to 4 \cdot I - III \end{array}$$

$$A_e = \begin{pmatrix} 1 & 1 & 1 & 1 \\ 0 & 3 & 3 & -3 \\ 0 & 2 & 1 & 0 \end{pmatrix} \quad \to 2 \cdot II - 3 \cdot III$$

$$A_e = \begin{pmatrix} 1 & 1 & 1 & 1 \\ 0 & 3 & 3 & -3 \\ 0 & 0 & 3 & -6 \end{pmatrix}$$

Lösung durch Rückeinsetzung:

3. Zeile: $3z = -6 \;\Rightarrow\; z = -2$

2. Zeile: $3y + 3z = -3$
                $3y - 6 = -3 \;\Rightarrow\; y = 1$

1. Zeile: $x + y + z = 1$
                $x + 1 - 2 = 1 \;\Rightarrow\; x = 2$

Übung 5 Koeffizientenmatrix
Lösen Sie das rechts aufgeführte LGS mit Hilfe der erweiterten Koeffizientenmatrix.

$$\begin{aligned} x + y + z &= 5 \\ 2x - y + z &= 8 \\ 2x - 3y - 2z &= -5 \end{aligned}$$

D. Die Diagonalform der erweiterten Koeffizientenmatrix

Man kann die erweiterte Koeffizientenmatrix mit erlaubten Gaußschen Äquivalenzumformungen bearbeiten, bis eine sog. *Diagonalform* entstanden ist, aus der die Lösungen direkt ablesbar sind. Wir führen das Verfahren zwecks besseren Verständnisses zunächst manuell durch. Anschließend verwenden wir einen GTR-Befehl, der alles automatisiert.

▶ **Beispiel: Diagonalform der erweiterten Koeffizientenmatrix**

Lösen Sie das LGS, indem Sie die erweiterte Koeffizientenmatrix in eine möglichst einfache diagonale Gestalt überführen.

$$x + 2y - z = -3$$
$$2x + 5y = 4$$
$$-2x - 2y + 7z = 30$$

Lösung:

In ersten Schritt notieren wir die erweiterte Koeffizientenmatrix und bringen die Koeffizientenmatrix selbst wie bisher in zwei Schritten mit den dargestellten Gauß-Umformungen in die *obere Dreiecksform*.

Im zweiten Schritt gehen wir anders als bisher vor. Wir setzen die unteren Zeilen in die weiter oben liegenden Zeilen ein. Dadurch kann die Koeffizientenmatrix so vereinfacht werden, dass *nur noch in ihrer Diagonalen* von Null verschiedene Zahlen stehen.

Nach der letzten Umformung lautet das LGS in ausführlicher Diagonalform:

$$1 \cdot x + 0 \cdot y + 0 \cdot z = -3$$
$$0 \cdot x + 1 \cdot y + 0 \cdot z = 2$$
$$0 \cdot x + 0 \cdot y + 1 \cdot z = 4$$

Seine Lösung $x = -3$, $y = 2$, $z = 4$ ist nun praktisch direkt ablesbar: $L = \{(-3; 2; 4)\}$

Erzeugung der oberen Dreiecksform:

$$A_e = \begin{pmatrix} 1 & 2 & -1 & -3 \\ 2 & 5 & 0 & 4 \\ -2 & -2 & 7 & 30 \end{pmatrix} \quad \begin{matrix} \to \text{II} - 2 \cdot \text{I} \\ \to \text{III} + 2 \cdot \text{I} \end{matrix}$$

$$A_e = \begin{pmatrix} 1 & 2 & -1 & -3 \\ 0 & 1 & 2 & 10 \\ 0 & 2 & 5 & 24 \end{pmatrix} \quad \to \text{III} - 2 \cdot \text{II}$$

$$A_e = \begin{pmatrix} 1 & 2 & -1 & -3 \\ 0 & 1 & 2 & 10 \\ 0 & 0 & 1 & 4 \end{pmatrix} \quad \to \text{II} - 2 \cdot \text{III}$$

Erzeugung der Diagonalform:

$$A_e = \begin{pmatrix} 1 & 2 & -1 & -3 \\ 0 & 1 & 0 & 2 \\ 0 & 0 & 1 & 4 \end{pmatrix} \quad \to \text{I} + \text{III}$$

$$A_e = \begin{pmatrix} 1 & 2 & 0 & 1 \\ 0 & 1 & 0 & 2 \\ 0 & 0 & 1 & 4 \end{pmatrix} \quad \to \text{I} - 2 \cdot \text{II}$$

$$A_e = \begin{pmatrix} 1 & 0 & 0 & -3 \\ 0 & 1 & 0 & 2 \\ 0 & 0 & 1 & 4 \end{pmatrix} \quad \Rightarrow \begin{matrix} x = -3 \\ y = 2 \\ z = 4 \end{matrix}$$

Automatisierung auf dem TI-GTR:

Auf dem TI-GTR wird die reduzierte Diagonalform mit dem Befehl *rref* erzeugt.* Nach Eingabe des rref-Befehls werden die Zahlen der erweiterten Koeffizientenmatrix zeilenweise eingegeben. Dabei werden die Zahlen einer Zeile durch Kommata getrennt und die Zeilen selbst durch ein Semikolon. Rechts ist dies dargestellt. Dies führt zur ablesbaren Lösung $L = \{(-3; 2; 4)\}$.

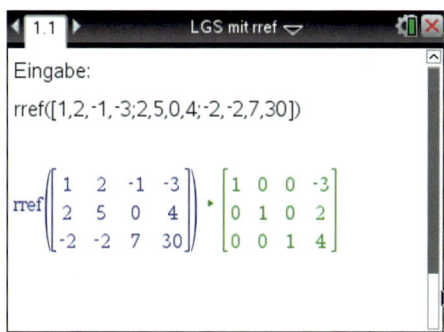

---

rref: reduced row echelon form, reduzierte Zeilenstufenform

Automatisierung auf dem CASIO-GTR:

Auf dem CASIO-GTR wird die reduzierte Diagonalform ebenfalls mit dem Befehl *Rref* erzeugt. Aber das Vorgehen ist im Detail doch etwas umständlicher als auf dem TI-GTR.

1. Eingabe der erw. Koeffizientenmatrix
Man gibt zunächst die erweiterte Koeffizientenmatrix des LGS ein.
Dazu schalten wir mit MENU > 1 in die Run-Matrix-Anwendung, wo wir mit F3 die Option Mat/Vct aufrufen.
Mit nochmals F3 stellen wir nun die Dimension der Matrix ein. Wir wählen m = 3 Zeilen und n = 4 Spalten.
Nach Drücken der EXE-Taste erscheint ein Rechteckschema, in das wir die Koeffizienten der erweiterten Koeffizientenmatrix am besten zeilenweise eingeben.

2. Erzeugung der Diagonalform mit Rref
Durch EXIT > EXIT wechseln wir zur Hauptebene der Run-Matrix-Anwendung.
Mit OPTN > F2 (MAT/VCT) > F6 (▷) > F5 (Rref) rufen wir den Rref-Befehl auf.
Mit OPTN > F2 > F1 > Mat > ALPHA > A > EXE wenden wir ihn auf die erweiterte Koeffizientenmatrix A an und erhalten als Resultat die reduzierte Diagonalform, aus der die Lösungen unmittelbar ablesbar sind.

▶ Resultat: $x = -3$, $y = 2$, $z = 4$.

Eingabe der Dimension:

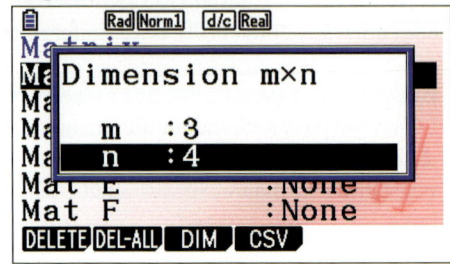

Eingabe der Koeffizienten:

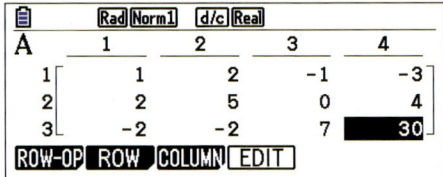

Erzeugung der Diagonalform:

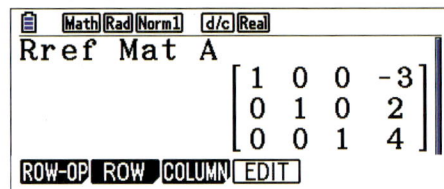

Übung 6 Manuelle Lösung

Lösen Sie das LGS manuell, indem Sie seine erweiterte Koeffizientenmatrix aufstellen und diese durch Äquivalenzumformungen in die reduzierte Diagonalform überführen.

a) $\begin{aligned} 2x + 2y &= 2 \\ 4x - y &= -6 \end{aligned}$

b) $\begin{aligned} x + y - z &= 5 \\ -3x + 2y + 3z &= -5 \\ 2x - 2y + z &= 2 \end{aligned}$

c) $\begin{aligned} x \qquad + z &= 9 \\ -x + y \qquad &= -1 \\ y - z &= -2 \end{aligned}$

Übung 7 GTR–Lösung

Lösen Sie das LGS, indem Sie den Rref–Befehl auf die erweiterte Koeffizientenmatrix anwenden.

a) $\begin{aligned} -5x + y &= -2 \\ 4x - 2y &= -8 \end{aligned}$

b) $\begin{aligned} 2x + 4y - z &= 11 \\ 3x - 3y + 2z &= 2 \\ 4x + y + z &= 11 \end{aligned}$

c) $\begin{aligned} x - 2y + 5z + 2t &= 3 \\ 3x + y + z - 3t &= 7 \\ 2x + 5y - 2z + 2t &= 19 \\ -2x - y + 3z + t &= -3 \end{aligned}$

Oft hat ein lineares Gleichungssystem keine eindeutige Lösung. Dann muss das vom rref-Befehl ausgegebene Ergebnis interpretiert werden.

> **Beispiel: Interpretation der GTR-Lösung eines LGS**
> Ermitteln Sie die Lösung der linearen Gleichungssysteme mit dem rref-Befehl und interpretieren Sie die angezeigte Lösung.
>
> I. $\quad x + 2y + z = 8$
> $\quad 2x + y - 4z = -11$
> $\quad 5x + 6y - 3z = 4$
> $\quad 8x + 9y - 6z = 1$
>
> II. $\quad 3x + 4y - 2z = 5$
> $\quad 2x + 3y + z = 7$
> $\quad 2x + 2y - 6z = -2$
>
> III. $\quad x + y + z = 6$
> $\quad 3x + 4y + 2z = 30$

Lösung:
Zunächst wird für jedes LGS die erweiterte Koeffizientenmatrix unter Verwendung des rref-Befehls eingegeben. Wir erhalten maximal reduzierte sog. *Zeilenstufenformen* als Ergebnis.

Im Ergebnis zum ersten überbestimmten LGS werden als 4. Zeile und 3. Zeile zwei Nullzeilen angezeigt.
Die 2. Zeile lautet $y + 2z = 9$, also $y = 9 - 2z$. Die 1. Zeile ist $x - 3z = -10$, d.h. $x = 3z - 10$.
Das LGS besitzt eine einparametrige unendliche Lösungsmenge L.
Setzen wir nämlich $z = c$, dann folgt $L = \{(3c - 10; 9 - 2c; c); c \in \mathbb{R}\}$.

Lösung von LGS I mit TI-GTR:

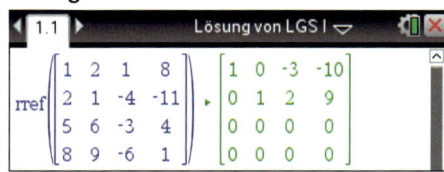

Im zweiten LGS erhalten wir einen Widerspruch, denn die dritte Zeile lautet ausführlich dargestellt $0 \cdot x + 0 \cdot y + 0 \cdot z = 1$, das heißt $0 = 1$. Das LGS ist unlösbar.

Lösung von LGS II mit CASIO-GTR:

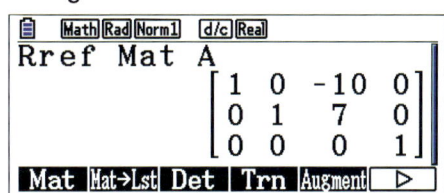

Im dritten unterbestimmten LGS lautet die 2. Zeile in Gleichungsform $y - z = 12$ oder $y = z + 12$.
Die 1. Zeile lautet in Gleichungsform dargestellt: $x + 2z = -6$, d.h. $x = -2z - 6$.
Mit $z = c$ erhalten wir als Lösungsmenge
> $L = \{(-2c - 6; c + 12; c); c \in \mathbb{R}\}$.

Lösung von LGS III mit TI-GTR:

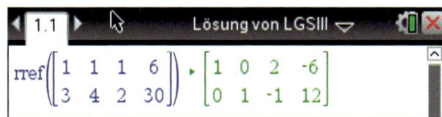

Übung 8 LGS mit dem rref- Befehl lösen

Ermitteln Sie die Lösung der linearen Gleichungssysteme mit dem rref-Befehl und interpretieren Sie die angezeigte Lösung.

a) $3x + 2y - 2z = 3$
$\quad 5x + y + 3z = 4$
$\quad 2x - 2y + 5z = 6$

b) $x + y + 2z = 6$
$\quad 2x - y + z = 3$
$\quad 3x + 3z = 9$

c) $3x + 2y + z = 10$
$\quad -6x - 3y + 2z = -6$
$\quad 2x + 5y - 3z = 3$
$\quad 4x - y + 5z = 17$

d) $3x + 2y + z = 10$
$\quad -6x - 3y + 2z = -6$
$\quad 2x + 5y - 3z = 3$
$\quad 4x - y + 5z = 16$

Übungen

9. GTR: Die direkte Methode

Untersuchen Sie das LGS mithilfe des direkten Verfahrens ihres GTR zum Lösen von linearen Gleichungssystemen. Geben Sie die Lösungsmenge an.

a)
$$x + y + 2z = 7$$
$$2x - 3y - z = 4$$
$$4x + 3y + z = 2$$

b)
$$x + y + z = 3$$
$$3x + 2y + z = 8$$
$$5x + 4y + 3z = 14$$

c)
$$x + 2y + 5z = 3$$
$$3x - y - z = 6$$
$$5x - 2y + 2z = 1$$
$$x + y + 2z = 4$$

d)
$$x + y - 4z = -1$$
$$-2x + 4y + 2z = -10$$

e)
$$2x + y - 3z = 5$$
$$3x + 2y - 2z = 4$$
$$5x + 4y = 1$$

f)
$$x + y + z + t = 5$$
$$-x + y + 2z + t = 2$$
$$2x - y - 3z + 2t = 14$$
$$3x + 4y + z + t = 0$$

10. Dreiecksgestalt der erweiterten Koeffizientenmatrix

Gegeben ist die rechts stehende erweiterte Koeffizientenmatrix.

$$A = \begin{pmatrix} 1 & 2 & -4 & 8 \\ 2 & -1 & 2 & -4 \\ 3 & -3 & -6 & 24 \end{pmatrix}$$

a) Wie lautet das zugehörige lineare Gleichungssystem?

b) Lösen Sie das Gleichungssystem, indem Sie die erweiterte Koeffizientenmatrix zunächst in Dreiecksgestalt überführen und dann Rückeinsetzungen verwenden.

11. Diagonalform der erweiterten Koeffizientenmatrix

Lösen Sie das lineare Gleichungssystem, indem Sie die erweiterte Koeffizientenmatrix aufstellen, diese auf Diagonalform bringen und daraus die Lösungen gewinnen.

$$x + 2y - 3z = 1$$
$$2x + 5y - 4z = 10$$
$$3x + 6y - 8z = 6$$

12. Lösung von LGS mit dem rref–Befehl

Lösen Sie das lineare Gleichungssystem mithilfe des rref–Befehls des GTR.

a)
$$2x + 2y + 3z = 5$$
$$-x + y + 2z = 9$$
$$3x + 4y + z = 8$$

b)
$$3x + y + z = 15$$
$$x + y - z = 7$$
$$-2x + 2y - 6z = -2$$

c)
$$x + 2y - z = 2$$
$$2x - 2y + z = 1$$
$$4x - 4y + 2z = 10$$

d)
$$x + y + z = 7$$
$$2x + 3y + 5z = 18$$
$$3x + y - 3z = 13$$
$$4x - 2y - 14z = 4$$

13. Textaufgabe

Eine dreistellige natürliche Zahl hat die Quersumme 16. Die Summe der ersten beiden Ziffern ist um 2 größer als die letzte Ziffer. Addiert man zum Doppelten der mittleren Ziffer die erste Ziffer, so erhält man das Doppelte der letzten Ziffer. Wie heißt die gesuchte Zahl?

Überblick

Darstellung eines LGS: Ein (m; n)-LGS besteht aus m linearen Gleichungen mit n Variablen. Es kann direkt in Form der einzelnen Gleichungen oder in Form der erweiterten Koeffizientenmatrix A_e dargestellt werden:

Direkte Darstellung: **Erweiterte Koeffizientenmatrix:**

I: $x + 2y + z = 8$
II: $2x + y - 2z = -2$
III: $3x - 2y + 3z = 8$

$$A_e = \begin{pmatrix} 1 & 2 & 1 & 8 \\ 2 & 1 & -2 & -2 \\ 3 & -2 & 3 & 8 \end{pmatrix}$$

Lösungsmenge eines LGS: Die Lösungsmenge eines (m; n)-LGS wird mit Hilfe eines n-Tupels dargestellt: $L = \{(x_1; x_2; \ldots, x_n)\}$. Beispiel: $L = \{(1; 2; 3)\}$

Äquivalenzumformungen eines LGS Umformungen eines LGS, welche die Lösungsmenge nicht ändern, werden als **Äquivalenzumformungen** bezeichnet. Dies sind:
(1) Vertauschung von zwei Gleichungen.
(2) Multiplikation einer Gleichung mit einer reellen Zahl $k \neq 0$.
(3) Addition einer Gleichung zu einer anderen Gleichung.

Anzahl der Lösungen eines LGS: Es gibt drei Lösbarkeitsfälle:
1. Das LGS hat **keine** Lösung. Es ist unlösbar.
2. Das LGS hat **genau** eine Lösung. Es ist eindeutig lösbar.
3. Das LGS hat **unendlich viele** Lösungen.

Der Gauß'sche Algorithmus Man bringt das LGS mit Äquivalenzumformungen auf *Dreiecksform* oder in eine *Reihenstufenform*. Dann löst man es durch eine Rückwärtseinsetzung.

Fall 1: Die Dreiecksform enthält *mindestens eine* Widerspruchszeile. Dann ist das LGS **unlösbar**.

Fall 2: Die Dreiecksform enthält *keine Widerspruchszeile*. Die Anzahl der Variablen ist gleich der Anzahl der nichttrivialen Zeilen, die keine Allgemeingültigkeit darstellen. Dann ist das LGS **eindeutig lösbar**.

Fall 3: Die Dreiecksform enthält *keine Widerspruchszeile*. Die Anzahl der Variablen ist größer als die Anzahl der nichttrivialen Zeilen. Dann hat das LGS **unendlich viele Lösungen**.

Unterbestimmtes LGS: Das LGS hat weniger Gleichungen als Variable (m < n).
Überbestimmtes LGS: Das LGS hat mehr Gleichungen als Variable   (m > n).

Koeffizientenmatrix und erweiterte Koeffizientenmatrix Die Koeffizientenmatrix A eines LGS ist ein Rechtecksschema mit den Koeffizienten der linken Seite des LGS.
Die erweiterte Koeffizientenmatrix A_e enthält als weitere Spalte die Koeffizienten der rechten Seite des LGS.

Lösung eines LGS mit dem GTR Methode 1: Direkte Methode mit rechnerspezifischem Verfahren
Methode 2: Reduktion der erweiterten Koeffizientenmatrix mit dem Befehl **Rref** auf die reduzierte Diagonalform

Chemische Reaktionsgleichungen

Dem italienischen Chemiker SOBRERO gelang
im Jahre 1846 die Herstellung der hochex-
plosiven Flüssigkeit *Nitroglycerin* ($C_3H_5N_3O_9$).
Schon durch kleine mechanische Erschütte-
rungen wurde die Explosion ausgelöst, was
die praktische Anwendbarkeit als Sprengstoff
stark einschränkte.

Alfred NOBEL (1833–1896) hatte die Idee,
dieses Sprengöl in porösem Kieselgut aufzu-
saugen, sodass ein erschütterungsfester, trans-
portabler, kontrolliert zündbarer Sprengstoff
entstand, der den Namen *Dynamit* erhielt.

$$H_2C - O - NO_2$$
$$HC - O - NO_2$$
$$H_2C - O - NO_2$$

Nitroglycerin

Chemische Reaktionen lassen sich durch *Reaktionsgleichungen* beschreiben. Dabei muss
berücksichtigt werden, dass bei allen chemischen Reaktionen die Gesamtmasse aller Stoffe unverändert bleibt. Vor und nach der Reaktion müssen also gleich viele Atome desselben Elements
vorhanden sein. Beim Aufstellen chemischer Reaktionsgleichungen müssen die Koeffizienten
vor den an der Reaktion beteiligten Stoffen (Molekülen) bestimmt werden. Wir zeigen dies im
folgenden Beispiel.

Bestimmung einer chemischen Reaktionsgleichung

Bei der Explosion von *Nitroglycerin* ($C_3H_5N_3O_9$) entstehen unter Hitzeentwicklung die Gase
Kohlendioxid (CO_2), Wasserdampf (H_2O), Stickstoff (N_2) und Sauerstoff (O_2). Bestimmen Sie
die chemische Reaktionsgleichung für den Explosionsvorgang.

Lösung:
Wir verwenden den nebenstehenden Ansatz
für die Reaktionsgleichung. Die Koeffizienten
$x_1, \ldots, x_5$ geben die Anzahl der Moleküle an.
Man verwendet in der chemischen Reaktionsgleichung möglichst kleine natürliche Zahlen
$x_1, \ldots, x_5$, für die die chemische Reaktion
möglich ist.
Da vor und nach der Reaktion von jedem
Element gleich viele Atome vorhanden sein
müssen, erhalten wir für jedes Element eine
Gleichung.

Ansatz:

$$x_1 \cdot C_3H_5N_3O_9 \rightarrow$$
$$x_2 \cdot CO_2 + x_3 \cdot H_2O + x_4 \cdot N_2 + x_5 \cdot O_2$$

Für C: $3x_1 = x_2$

Für H: $5x_1 = 2x_3$

Für N: $3x_1 = 2x_4$

Für O: $9x_1 = 2x_2 + x_3 + 2x_5$

Somit ergibt sich ein LGS aus 4 Gleichungen mit 5 Variablen, das wir zunächst in Normalform umstellen und dann mithilfe des Gauß'schen Algorithmus auf Stufenform bringen.

$$\begin{array}{llll} \text{I} & 3x_1 - x_2 & & = 0 \\ \text{II} & 5x_1 - 2x_3 & & = 0 \\ \text{III} & 3x_1 - 2x_4 & & = 0 \\ \text{IV} & 9x_1 - 2x_2 - x_3 - 2x_5 & & = 0 \end{array}$$

$$\begin{array}{llll} \text{I} & 3x_1 - x_2 & & = 0 \\ \text{II} & 5x_2 - 6x_3 & & = 0 \\ \text{III} & -6x_3 + 10x_4 & & = 0 \\ \text{IV} & -2x_4 + 12x_5 = 0 \end{array}$$

Das LGS besitzt unendlich viele Lösungen, eine Variable ist frei wählbar.

Wir wählen $x_5 = c \in \mathbb{R}$.
Nun bestimmen wir durch Rückeinsetzung die Lösungsmenge.

$$L = \{(4c;\ 12c;\ 10c;\ 6c;\ c);\ c \in \mathbb{R}\}$$

Für die chemische Reaktionsgleichung ist nun die kleinste positive Zahl c gesucht, für die sich eine Lösung ergibt, die nur aus natürlichen Zahlen besteht. Diese erhalten wir in diesem Fall für c = 1.

Für c = 1: (4; 12; 10; 6; 1)

Reaktionsgleichung:
$$4\,C_3H_5N_3O_9 \rightarrow 12\,CO_2 + 10\,H_2O + 6\,N_2 + O_2$$

Übungen

Übung 1
Ermitteln Sie für die folgenden chemischen Reaktionen die Koeffizienten.

a) $x_1\,CuO + x_2\,C \rightarrow x_3\,Cu + x_4\,CO_2$ (Gewinnung von Kupfer aus Kupferoxid)

b) $x_1\,FeS_2 + x_2\,O_2 \rightarrow x_3\,SO_2 + x_4\,Fe_2O_3$ (Entstehung von Schwefeldioxid aus Pyrit)

c) $x_1\,P_4O_{10} + x_2\,H_2O \rightarrow x_3\,H_3PO_4$ (Entstehung von Phosphorsäure)

d) $x_1\,C_6H_{12}O_6 \rightarrow x_2\,C_2H_5OH + x_3\,CO_2$ (alkoholische Gärung)

e) $x_1\,KMnO_4 + x_2\,HCl \rightarrow x_3\,MnCl_2 + x_4\,Cl_2 + x_5\,H_2O + x_6\,KCl$ (Herstellung von Chlorgas)

Übung 2
Die Bildung von *Tropfsteinhöhlen* lässt sich im Wesentlichen auf folgende chemische Reaktionen zurückführen:
Wasser (H_2O) und Kohlendioxid (CO_2) haben im Verlaufe von Jahrtausenden den Kalkstein ($CaCO_3$ Calciumcarbonat) gelöst. Bei der chemischen Reaktion entstehen zunächst Ca- und HCO_3-Ionen, die sich dann zu wasserlöslichem Calciumhydrogencarbonat ($Ca(HCO_3)_2$) verbinden. Die Rückreaktion (Entzug von CO_2) führt wieder zu unlöslichem $CaCO_3$ und damit zur Tropfsteinbildung.
Bestimmen Sie die Reaktionsgleichung für die Anfangsreaktion.

Test

Lineare Gleichungssysteme

1. Manuelle Lösung eines 2 x 2-LGS

Lösen Sie das Gleichungssystem manuell:

$$4x - 5y = -4$$
$$5x + 3y = 32$$

2. Manuelle Lösung eines 3 x 3-LGS

Lösen Sie die linearen Gleichungssysteme manuell mit Hilfe des Gaußschen Algorithmus.

a)
$$x + \ y - \ z = 2$$
$$2x - 2y + 2z = 0$$
$$4x - 4y + 6z = 4$$

b)
$$\tfrac{1}{2}x - \tfrac{3}{2}y + \ z = -2$$
$$\tfrac{1}{2}x + \tfrac{1}{3}y - 2z = -3$$
$$\tfrac{1}{3}x - \ y + \ z = \ 0$$

3. Lösung eines LGS mit dem GTR

Lösen Sie die linearen Gleichungssysteme mit dem GTR

a)
$$3x - \ y + 2z = \ 1$$
$$-x + 2y - 3z = -7$$
$$2x - 3y + 4z = \ 7$$

b)
$$x + \ y + 2z = \ 5$$
$$3x - 2y + \ z = \ 0$$
$$x + 6y + 7z = 18$$

4. Textaufgabe

Die Schwestern Maria, Emma und Julia sind zusammen 30 Jahre alt.
Vor vier Jahren war Maria so alt wie Emma und Julia zusammen.
Damals war Julia doppelt so alt wie Emma.
Wie alt sind die Schwestern heute?

5. Modellierung einer kubischen Funktion

Eine kubische Funktion der Form $f(x) = ax^3 + bx^2 + 16$
ist gesucht, die einen Wendepunkt bei $W(2|0)$ besitzt.

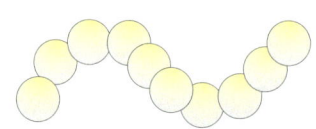

6. Lösungsvielfalt

Geben Sie ein lineares Gleichungssystem mit drei Gleichungen und drei Variablen an, das
a) genau eine Lösung hat.   b) keine Lösung hat.   c) unendlich viele Lösungen hat.

7. Ein LGS mit Parametern

Gesucht ist derjenige Wert des Parameters a,
für den das lineare Gleichungssystem keine Lösung hat.

$$x - 2y = 1$$
$$2x - ay = a - 1$$

Lösungen: S. 485

1. Geraden im Raum

Im dreidimensionalen Anschauungsraum können Geraden besonders einfach mithilfe von Vektoren dargestellt werden. Diese Darstellung ist auch in der zweidimensionalen Zeichenebene möglich, jedoch lassen sich Geraden in der Ebene auch z.B. durch die bekannte lineare Funktionsgleichung erfassen.

A. Ortsvektoren

Die Lage eines beliebigen Punktes in einem ebenen oder räumlichen Koordinatensystem kann eindeutig durch denjenigen Pfeil $\overrightarrow{OP}$ erfasst werden, der im Ursprung O des Koordinatensystems beginnt und im Punkt P endet.

Der Pfeil $\overrightarrow{OP}$ heißt *Ortspfeil* von P und der zugehörige Vektor $\vec{p} = \overrightarrow{OP}$ wird als der *Ortsvektor* von P bezeichnet.

Der Punkt $P(p_1|p_2|p_3)$ besitzt den Ortsvektor $\vec{p} = \overrightarrow{OP} = \begin{pmatrix} p_1 \\ p_2 \\ p_3 \end{pmatrix}$.

Entsprechendes gilt für Punkte in einem ebenen Koordinatensystem.

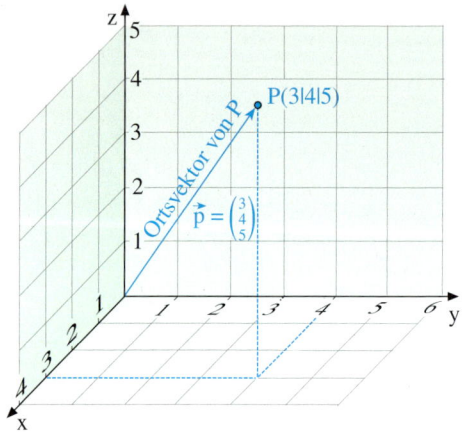

B. Die vektorielle Parametergleichung einer Geraden

Die Lage einer Geraden in der zweidimensionalen Zeichenebene oder im dreidimensionalen Anschauungsraum kann durch die Angabe eines Geradenpunktes A sowie der Richtung der Geraden eindeutig erfasst werden.

Die Lage des Punktes A kann durch seinen Ortsvektor $\vec{a} = \overrightarrow{OA}$ festgelegt werden, den man als *Stützvektor* der Geraden bezeichnet.
Die Richtung der Geraden lässt sich durch einen zur Geraden parallelen Vektor $\vec{m}$ erfassen, den man als *Richtungsvektor* der Geraden bezeichnet.

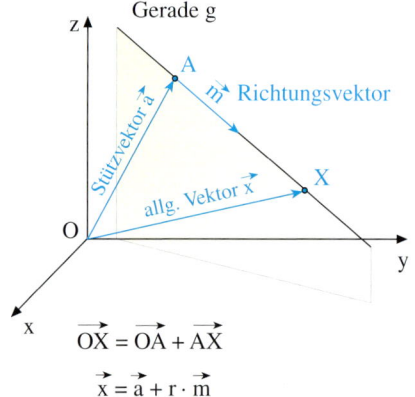

$$\overrightarrow{OX} = \overrightarrow{OA} + \overrightarrow{AX}$$

$$\vec{x} = \vec{a} + r \cdot \vec{m}$$

Jeder beliebige Geradenpunkt X lässt sich mithilfe des Stützvektors $\vec{a}$ und des Richtungsvektors $\vec{m}$ erfassen.

Für den Ortsvektor $\vec{x}$ von X gilt nämlich:

$$\begin{aligned} \vec{x} &= \overrightarrow{OX} \\ &= \overrightarrow{OA} + \overrightarrow{AX} \\ &= \vec{a} + r \cdot \vec{m} \quad (r \in \mathbb{R}), \end{aligned}$$

denn $\overrightarrow{AX}$ ist ein reelles Vielfaches von $\vec{m}$. Jedem Geradenpunkt X entspricht eindeutig ein Parameterwert r.

Die vektorielle Parametergleichung einer Geraden

Eine Gerade mit dem Stützvektor $\vec{a}$ und dem Richtungsvektor $\vec{m} \neq \vec{0}$ hat die Gleichung

$$g: \vec{x} = \vec{a} + r \cdot \vec{m} \quad (r \in \mathbb{R}).$$

r heißt *Geradenparameter*.

Mithilfe der Parametergleichung einer Geraden kann man zahlreiche Problemstellungen relativ einfach lösen.

▶ **Beispiel: Schrägbild**

Gegeben ist die Gerade $g: \vec{x} = \begin{pmatrix} 1 \\ 2 \\ 3 \end{pmatrix} + r \begin{pmatrix} 2 \\ 3 \\ -1 \end{pmatrix}$.

Zeichnen Sie die Gerade als Schrägbild. Stellen Sie fest, welche Geradenpunkte den Parameterwerten r = 0, r = −0,5 und r = 1 entsprechen.

Lösung:
Wir zeichnen den Stützpunkt A (1|2|3) oder den Stützvektor $\vec{a}$ ein. Im Stützpunkt legen wir den Richtungsvektor $\vec{m}$ an.

Für r = 0 erhalten wir den Stützpunkt A (1|2|3). Für r = −0,5 erhalten wir den Geradenpunkt B (0|0,5|3,5), der „vor" dem Stützpunkt liegt. Für r = 1 erhalten wir den Punkt C (3|5|2), der am Ende des eingezeichneten Richtungspfeils liegt.

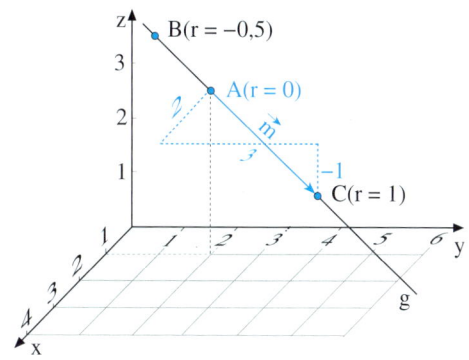

▶ **Beispiel: Geradenparameter**

Gegeben ist die Gerade $g: \vec{x} = \begin{pmatrix} 1 \\ 2 \\ 3 \end{pmatrix} + r \begin{pmatrix} 2 \\ 3 \\ -1 \end{pmatrix}$.

a) Welche Werte des Parameters r gehören zu den Geradenpunkten P (2|3,5|2,5) und Q (5|8|1)?
b) Begründen Sie, weshalb der Punkt R (3|5|1) nicht auf der Geraden liegt.

Lösung zu a:
Für r = 0,5 ergibt sich der Geradenpunkt P (2|3,5|2,5).
Für r = 2 ergibt sich der Geradenpunkt Q (5|8|1).

Lösung zu b:
Die x-Koordinate des Punktes R erfordert r = 1, ebenso die y-Koordinate.
Die z-Koordinate erfordert r = 2. Beides ist nicht vereinbar. Der Punkt R liegt nicht auf der Geraden g.

▶

Übung 1

Zeichnen Sie die Gerade g: $\vec{x} = \begin{pmatrix} -2 \\ 3 \\ 1 \end{pmatrix} + r \begin{pmatrix} 3 \\ 3 \\ 1 \end{pmatrix}$ im Schrägbild.

Überprüfen Sie, ob die Punkte $P(4|9|3)$, $Q(1|6|4)$ und $R(-5|0|0)$ auf der Geraden g liegen. Beschreiben Sie ggf. ihre Lage auf der Geraden anschaulich.

Übung 2

Zeichnen und beschreiben Sie die Lage der Geraden.

a) $g_1: \vec{x} = \begin{pmatrix} 1 \\ 1 \\ 2 \end{pmatrix} + r \begin{pmatrix} 0 \\ 1 \\ 0 \end{pmatrix}$ b) $g_2: \vec{x} = \begin{pmatrix} 0 \\ 2 \\ 0 \end{pmatrix} + r \begin{pmatrix} 0 \\ 0 \\ 1 \end{pmatrix}$ c) $g_3: \vec{x} = \begin{pmatrix} 0 \\ 0 \\ 0 \end{pmatrix} + r \begin{pmatrix} 1 \\ 1 \\ 1 \end{pmatrix}$ d) $g_4: \vec{x} = \begin{pmatrix} 3 \\ 0 \\ 0 \end{pmatrix} + r \begin{pmatrix} -1 \\ 0 \\ 0 \end{pmatrix}$

C. Die Zweipunktegleichung einer Geraden

In der Praxis ist eine Gerade meistens durch zwei feste Punkte A und B gegeben, deren Ortsvektoren $\vec{a}$ bzw. $\vec{b}$ sind.

In diesem Fall kann man die vektorielle Geradengleichung sehr einfach aufstellen. Als Stützvektor verwendet man den Ortsvektor eines der beiden Punkte, also z. B. $\vec{a}$. Der Verbindungsvektor $\vec{m} = \overrightarrow{AB}$ der beiden Punkte dient als Richtungsvektor.

Da $\vec{m} = \overrightarrow{AB}$ sich als Differenz $\vec{b} - \vec{a}$ der beiden Ortsvektoren von B und A darstellen lässt, erhält man die rechts aufgeführte vektorielle *Zweipunktegleichung* der Geraden.

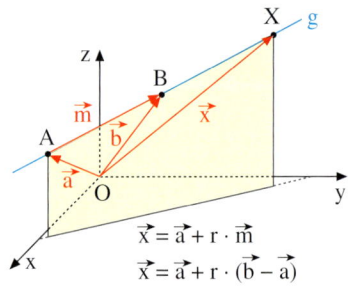

$$\vec{x} = \vec{a} + r \cdot \vec{m}$$
$$\vec{x} = \vec{a} + r \cdot (\vec{b} - \vec{a})$$

Die Zweipunktegleichung

Die Gerade g durch die Punkte A und B mit den Ortsvektoren $\vec{a}$ und $\vec{b}$ hat die Gleichung

g: $\vec{x} = \vec{a} + r \cdot (\vec{b} - \vec{a})$ $(r \in \mathbb{R})$.

Beispielsweise hat die Gerade g durch die Punkte $A(1|2|1)$ und $B(3|4|3)$ die Zweipunktegleichung g: $\vec{x} = \begin{pmatrix} 1 \\ 2 \\ 1 \end{pmatrix} + r \left(\begin{pmatrix} 3 \\ 4 \\ 3 \end{pmatrix} - \begin{pmatrix} 1 \\ 2 \\ 1 \end{pmatrix} \right)$, die zur Parametergleichung g: $\vec{x} = \begin{pmatrix} 1 \\ 2 \\ 1 \end{pmatrix} + r \begin{pmatrix} 2 \\ 2 \\ 2 \end{pmatrix}$ vereinfacht werden kann.

Übung 3

Bestimmen Sie die Gleichung der Geraden g durch die Punkte A und B.

a) $A(3|3)$, $B(2|1)$ b) $A(-3|1|0)$, $B(4|0|2)$ c) $A(-3|2|1)$, $B(4|1|7)$

Übung 4

a) Bestimmen Sie die Gleichung der Parallelen zur y-Achse durch den Punkt $P(3|2|0)$.

b) Bestimmen Sie die Gleichung einer Ursprungsgeraden durch den Punkt $P(a|2a|-a)$.

Übungen

5. Zeichnen Sie die Gerade g durch den Punkt A(2|6|4) mit dem Richtungsvektor $\vec{m} = \begin{pmatrix} 3 \\ -2 \\ 2 \end{pmatrix}$ in ein räumliches Koordinatensystem ein.

6. Gesucht ist eine vektorielle Gleichung der Geraden durch die Punkte A und B.

   a) A(1|2|0)   b) A(−3|2|1)   c) A(3|3|−4)   d) A($a_1|a_2|a_3$)

     B(3|−4|0)   B(3|1|2)   B(2|1|3)   B($b_1|b_2|b_3$)

7. Untersuchen Sie, ob der Punkt P auf der Geraden liegt, die durch A und B geht.

   a) A(3|2|0)   b) A(2|7|0)   c) A(1|4|3)   d) A(1|1|1)

     B(−1|4|0)   B(5|4|0)   B(3|2|4)   B(3|4|1)

     P(1|3|0)   P(8|3|0)   P(7|−2|6)   P(0|0|0)

8. Ordnen Sie den abgebildeten Geraden die zugehörigen vektoriellen Gleichungen zu.

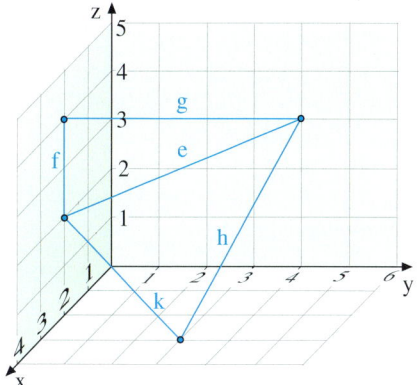 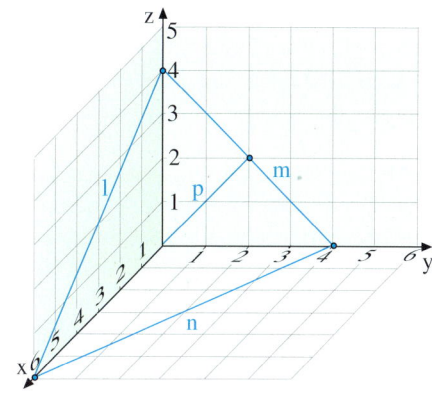

I: $\quad \vec{x} = \begin{pmatrix} 0 \\ 0 \\ 4 \end{pmatrix} + r \begin{pmatrix} 6 \\ 0 \\ -4 \end{pmatrix}$ II: $\quad \vec{x} = \begin{pmatrix} 2 \\ 0 \\ 2 \end{pmatrix} + r \begin{pmatrix} 1 \\ 3 \\ -2 \end{pmatrix}$ III: $\quad \vec{x} = \begin{pmatrix} 6 \\ 0 \\ 0 \end{pmatrix} + r \begin{pmatrix} -6 \\ 4 \\ 0 \end{pmatrix}$

IV: $\quad \vec{x} = \begin{pmatrix} 2 \\ 0 \\ 4 \end{pmatrix} + r \begin{pmatrix} -2 \\ 4 \\ -1 \end{pmatrix}$ V: $\quad \vec{x} = \begin{pmatrix} 0 \\ 0 \\ 0 \end{pmatrix} + r \begin{pmatrix} 0 \\ 1 \\ 1 \end{pmatrix}$ VI: $\quad \vec{x} = \begin{pmatrix} 3 \\ 3 \\ 0 \end{pmatrix} + r \begin{pmatrix} -3 \\ 1 \\ 3 \end{pmatrix}$

VII: $\quad \vec{x} = \begin{pmatrix} 2 \\ 0 \\ 2 \end{pmatrix} + r \begin{pmatrix} 0 \\ 0 \\ 2 \end{pmatrix}$ VIII: $\vec{x} = \begin{pmatrix} 2 \\ 0 \\ 2 \end{pmatrix} + r \begin{pmatrix} -2 \\ 4 \\ 1 \end{pmatrix}$ IX: $\quad \vec{x} = \begin{pmatrix} 0 \\ 4 \\ 0 \end{pmatrix} + r \begin{pmatrix} 0 \\ -4 \\ 4 \end{pmatrix}$

9. a) Gesucht ist die Gleichung einer zur y-Achse parallelen Geraden g, die durch den Punkt A(3|2|0) geht.

   b) Gesucht ist die Gleichung einer Ursprungsgeraden durch den Punkt P(2|4|−2).

   c) Gesucht ist die vektorielle Gleichung der Winkelhalbierenden der x-z-Ebene.

2. Lagebeziehungen

A. Gegenseitige Lage Punkt/Gerade und Punkt/Strecke

Mithilfe der Parametergleichung einer Geraden lässt sich einfach überprüfen, ob ein gegebener Punkt auf der Geraden liegt und an welcher Stelle der Geraden er gegebenenfalls liegt.

> **Beispiel:** Gegeben sei die Gerade g durch A (3|2|3) und B (1|6|5). Weisen Sie nach, dass der Punkt P (2|4|4) auf der Geraden g liegt.
>
> Prüfen Sie außerdem, ob der Punkt P auf der Strecke $\overline{AB}$ liegt.

Lösung:

Mit der Zweipunkteform erhalten wir die Parametergleichung von g.

Wir führen die Punktprobe für den Punkt P durch, indem wir seinen Ortsvektor in die Geradengleichung einsetzen.
Sie ist erfüllt für den Parameterwert r = 0,5.
Also liegt der Punkt P auf der Geraden g.

Nun führen wir einen Parametervergleich durch. Die Streckenendpunkte A und B besitzen die Parameterwerte r = 0 und r = 1. Der Parameterwert von P (r = 0,5) liegt zwischen diesen Werten. Also liegt der Punkt P auf der Strecke $\overline{AB}$, und zwar genau
▶ auf der Mitte der Strecke.

Parametergleichung von g:

$$g: \vec{x} = \begin{pmatrix} 3 \\ 2 \\ 3 \end{pmatrix} + r \begin{pmatrix} -2 \\ 4 \\ 2 \end{pmatrix}, \ r \in \mathbb{R}$$

Punktprobe für P:

$$\begin{pmatrix} 2 \\ 4 \\ 4 \end{pmatrix} = \begin{pmatrix} 3 \\ 2 \\ 3 \end{pmatrix} + r \begin{pmatrix} -2 \\ 4 \\ 2 \end{pmatrix} \text{ gilt für } r = 0,5$$

$\Rightarrow$ P liegt auf g.

Parametervergleich:
A: r = 0
B: r = 1
P: r = 0,5

$\Rightarrow$ P liegt auf $\overline{AB}$.

Rechts sind die Ergebnisse zeichnerisch dargestellt.
Das Bild macht deutlich, dass durch den Geradenparameter auf der Geraden ein *internes Koordinatensystem* festgelegt wird, anhand dessen man sich orientieren kann.

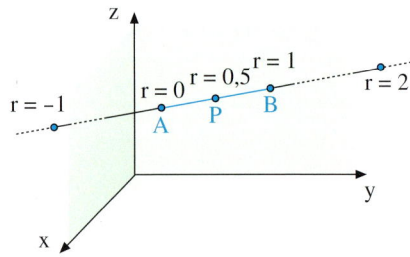

Übung 1

a) Prüfen Sie, ob die Punkte P (0|0|6), Q (3|3|3), R (3|4|3) auf der Geraden g durch A (2|2|4) und B (4|4|2) oder sogar auf der Strecke $\overline{AB}$ liegen.

b) Für welchen Wert von t liegt P (4+t|5t|t) auf der Geraden g durch A (2|2|4) und B (4|4|2)?

B.   Gegenseitige Lage von zwei Geraden im Raum

Zwischen zwei Geraden im Raum sind drei charakteristische Lagebeziehungen möglich. Sie können parallel sein (Unterfälle echt parallel bzw. identisch), sie können sich in einem Punkt schneiden oder sie sind windschief. Als *windschief* bezeichnet man zwei Geraden, die weder parallel sind noch sich schneiden.

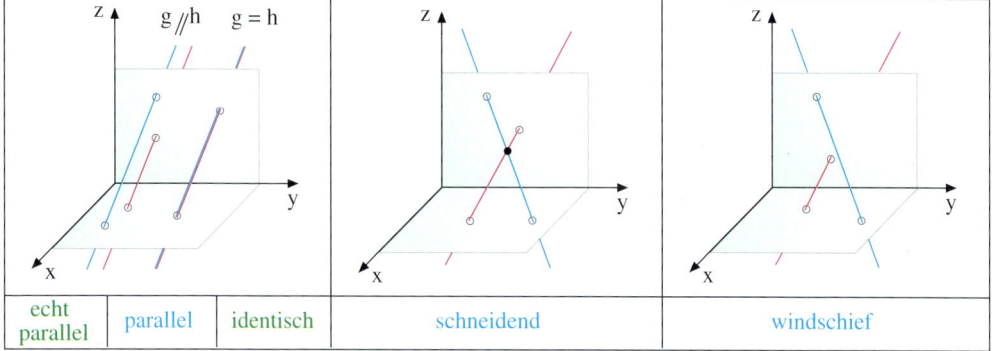

| echt parallel | parallel | identisch | schneidend | windschief |

Zeichnerisch lässt sich die gegenseitige Lage von zwei Geraden im Raum oft nur schwer einschätzen, aber mithilfe der Geradengleichungen ist die rechnerische Überprüfung möglich.

Untersuchungsschema für die Lage von zwei Raumgeraden:

g: $\vec{x}_g = \vec{a} + r \cdot \vec{m}_g$ und h: $\vec{x}_h = \vec{b} + s \cdot \vec{m}_h$ seien die Gleichungen von zwei Raumgeraden. Anhand der beiden Richtungsvektoren kann man überprüfen, ob g und h parallel sind. Dann sind ihre Richtungsvektoren nämlich kollinear. Ist dies nicht der Fall, dann setzt man die beiden Geradenvektoren $\vec{x}_g$ und $\vec{x}_h$ gleich. Ist das zugehörige Gleichungssystem eindeutig lösbar, schneiden sich g und h in einem Punkt S. Andernfalls sind g und h windschief.

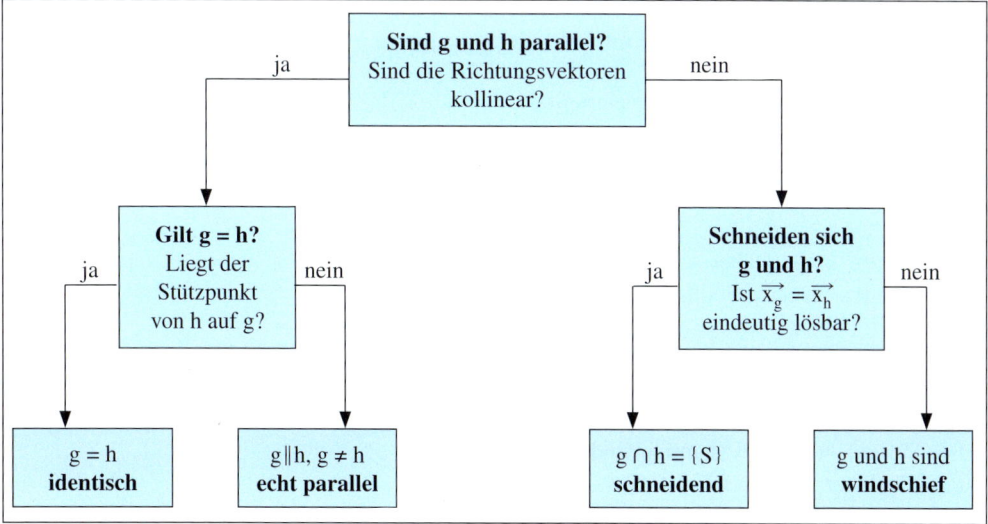

▶ **Beispiel: Parallele Geraden**

Gegeben sind die Geraden g: $\vec{x} = \begin{pmatrix} 3 \\ 0 \\ 1 \end{pmatrix} + r \begin{pmatrix} -3 \\ 6 \\ 3 \end{pmatrix}$ und h: $\vec{x} = \begin{pmatrix} 0 \\ 12 \\ 4 \end{pmatrix} + s \begin{pmatrix} 4 \\ -8 \\ -4 \end{pmatrix}$.

Welche relative Lage zueinander nehmen die Geraden g und h ein?

Lösung:
Die Richtungsvektoren $\vec{m}_g$ und $\vec{m}_h$ der Geraden sind kollinear. $\vec{m}_h$ ist ein Vielfaches von $\vec{m}_g$. Es gilt nämlich $\vec{m}_h = -\frac{4}{3} \cdot \vec{m}_g$. Die Geraden sind also parallel.
Eine Punktprobe zeigt, dass der Stützpunkt P(0|12|4) von h nicht auf g liegt. Also sind die Geraden nicht identisch, sondern echt
▶ parallel.

Parallelitätsuntersuchung:

$$\vec{m}_h = \begin{pmatrix} 4 \\ -8 \\ -4 \end{pmatrix} = -\frac{4}{3} \cdot \begin{pmatrix} -3 \\ 6 \\ 3 \end{pmatrix} = -\frac{4}{3} \cdot \vec{m}_g$$

Punktprobe:

$$\begin{aligned} 0 &= 3 - 3r & r &= 1 \\ 12 &= 0 + 6r &\Rightarrow r &= 2 \Rightarrow \text{Wid.} \\ 4 &= 1 + 3r & r &= 1 \end{aligned}$$

▶ **Beispiel: Schneidende Geraden**

Die Gerade g geht durch die Punkte P(0|0|6) und Q(8|12|2). Die Gerade h geht durch A(4|0|2) und B(4|12|6). Untersuchen Sie die relative Lage von g und h. Skizzieren Sie die Situation.

Lösung:
Wir stellen zunächst die vektoriellen Parametergleichungen von g und h auf, indem wir die Zweipunkteform anwenden.

Nun betrachten wir die Richtungsvektoren. Man erkennt auf den ersten Blick ohne Rechnung, dass sie nicht kollinear sind. Daher sind g und h weder parallel noch identisch.

Wir setzen nun die allgemeinen Geradenvektoren von g und h gleich, d.h. $\vec{x}_g = \vec{x}_h$. Daraus ergibt sich ein Gleichungssystem mit drei Gleichungen und zwei Variablen r und s.

Das Gleichungssystem hat die eindeutige Lösung $r = \frac{1}{2}$, $s = \frac{1}{2}$. Daher schneiden sich die Geraden. Der Schnittpunkt lautet S(4|6|4).

Durch die Verwendung von stützenden Ebenen für die Geraden wird deren graphischer Verlauf besonders deutlich und die räumliche Übersicht erhöht.

▶

1. Winkel:

$$g: \vec{x}_g = \begin{pmatrix} 0 \\ 0 \\ 6 \end{pmatrix} + r \begin{pmatrix} 8 \\ 12 \\ -4 \end{pmatrix}$$

$$h: \vec{x}_h = \begin{pmatrix} 4 \\ 0 \\ 2 \end{pmatrix} + s \begin{pmatrix} 0 \\ 12 \\ 4 \end{pmatrix}$$

Schnittuntersuchung:

$$\begin{pmatrix} 0 \\ 0 \\ 6 \end{pmatrix} + r \begin{pmatrix} 8 \\ 12 \\ -4 \end{pmatrix} = \begin{pmatrix} 4 \\ 0 \\ 2 \end{pmatrix} + s \begin{pmatrix} 0 \\ 12 \\ 4 \end{pmatrix}$$

$$\begin{array}{lll} \text{I} & 8r & = 4 \\ \text{II} & 12r & = 12s \\ \text{III} & 6 - 4r & = 2 + 4s \end{array}$$

aus I: $r = \frac{1}{2}$

in II: $s = \frac{1}{2}$ $\Rightarrow$ S(4|6|4)

in III: $4 = 4$

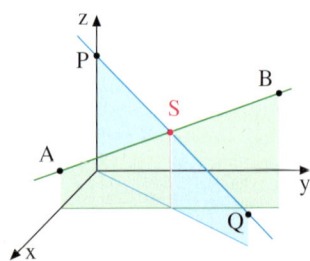

> **Beispiel: Windschiefe Geraden**
> Untersuchen Sie die relative Lage von g: $\vec{x} = \begin{pmatrix} 2 \\ 0 \\ 0 \end{pmatrix} + r \begin{pmatrix} 1 \\ 1 \\ -2 \end{pmatrix}$ und h: $\vec{x} = \begin{pmatrix} 1 \\ 0 \\ 0 \end{pmatrix} + s \begin{pmatrix} 2 \\ 2 \\ -3 \end{pmatrix}$.

Lösung:
g und h sind nicht parallel, da ihre Richtungsvektoren nicht kollinear sind, was man durch einfaches Hinsehen erkennen kann.

Wir führen durch Gleichsetzen der rechten Seiten der beiden Geradengleichungen eine Schnittuntersuchung durch, die auf einen Widerspruch führt. Das zugeordnete Gleichungssystem ist unlösbar. Die Geraden schneiden sich also nicht, es verbleibt nur noch eine Möglichkeit:
▶ Die Geraden g und h sind windschief.

Schnittuntersuchung:

$$\begin{pmatrix} 2 \\ 0 \\ 0 \end{pmatrix} + r \begin{pmatrix} 1 \\ 1 \\ -2 \end{pmatrix} = \begin{pmatrix} 1 \\ 0 \\ 0 \end{pmatrix} + s \begin{pmatrix} 2 \\ 2 \\ -3 \end{pmatrix}$$

I $2 + r = 1 + 2s$
II $r = 2s$
III $-2r = -3s$

I–II: $2 = 1$ Widerspruch

$\Rightarrow$ g und h sind windschief

Übung 2
Gesucht ist die relative Lage von g und h.

a) g: $\vec{x} = \begin{pmatrix} 0 \\ 1 \\ 2 \end{pmatrix} + r \begin{pmatrix} 2 \\ 1 \\ -3 \end{pmatrix}$, h: $\vec{x} = \begin{pmatrix} -2 \\ -2 \\ 7 \end{pmatrix} + s \begin{pmatrix} -2 \\ 1 \\ 1 \end{pmatrix}$

b) g: $\vec{x} = \begin{pmatrix} 1 \\ 1 \\ 2 \end{pmatrix} + r \begin{pmatrix} 1 \\ -2 \\ 2 \end{pmatrix}$, h: $\vec{x} = \begin{pmatrix} -1 \\ 2 \\ 1 \end{pmatrix} + s \begin{pmatrix} -2 \\ 4 \\ -4 \end{pmatrix}$

c) g: $\vec{x} = \begin{pmatrix} 3 \\ 0 \\ 1 \end{pmatrix} + r \begin{pmatrix} 1 \\ 1 \\ -2 \end{pmatrix}$, h: $\vec{x} = \begin{pmatrix} 0 \\ 2 \\ 0 \end{pmatrix} + s \begin{pmatrix} 2 \\ 1 \\ 1 \end{pmatrix}$

d) g: $\vec{x} = \begin{pmatrix} 2 \\ 0 \\ 1 \end{pmatrix} + r \begin{pmatrix} 2 \\ 1 \\ -1 \end{pmatrix}$, h: $\vec{x} = \begin{pmatrix} 0 \\ 2 \\ -4 \end{pmatrix} + s \begin{pmatrix} 2 \\ 0 \\ 1 \end{pmatrix}$

Übung 3   **Parallele Geraden**
Welche der Geraden sind parallel, welche schneiden sich?

g: $\vec{x} = \begin{pmatrix} 1 \\ 0 \\ 2 \end{pmatrix} + r \begin{pmatrix} 2 \\ -1 \\ 1 \end{pmatrix}$

h: $\vec{x} = \begin{pmatrix} 5 \\ -3 \\ 2 \end{pmatrix} + s \begin{pmatrix} -2 \\ 3 \\ 3 \end{pmatrix}$

Gerade u durch C $(2|-2|3)$ und D $(-2|0|1)$,

Gerade v durch E $(2|0|0)$ und F $(0|3|3)$.

Übung 4
Ein Raum ist 8 m tief, 6 m breit und 4 m hoch.
a) Wie lauten die vektoriellen Geradengleichungen der Raumdiagonalen g_{AG} und g_{BH}?
b) Untersuchen Sie, welche relative Lage g_{AG} und g_{BH} zueinander einnehmen.
c) M ist der Mittelpunkt der rechten Wand BCGF.
   Welche Lage nehmen die Geraden h_{AM} und g_{BH} zueinander ein?

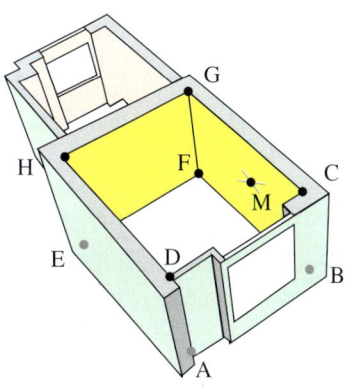

Übungen

5. Bogenschießen

Ein Bogenschütze zielt vom Punkt P$(0|0|15)$ in Richtung des Vektors $\vec{v}$, um eine der drei im Bergland aufgestellten Scheiben zu treffen.
1 LE = 1 dm

a) Welche Scheibe trifft er? Wie lang ist die Flugbahn? Welche Geschwindigkeit hat der Pfeil, wenn der Flug eine Sekunde dauert?

b) In welche Richtung $\vec{w}$ muss der Schütze zielen, um die Elchscheibe zu treffen?

Bär$(-155|465|85)$
Wolf$(-155|465|92{,}5)$ $\vec{v} = \begin{pmatrix} -1 \\ 3 \\ 0{,}5 \end{pmatrix}$
Elch$(-160|640|95)$

6. Motorradstunt

Ein Drahtseilartist plant, mit einem Motorrad vom Startpunkt A$(20|20|0)$ auf den Turm der Stadtkirche zum Punkt B$(220|420|80)$ zu fahren (1 LE = 1 m). Das Fahrseil soll durch drei senkrechte Masten mit den Spitzen S$_1(70|120|20)$, S$_2(120|220|30)$ und S$_3(170|300|60)$ gestützt werden.

a) Sind die Masten als Stützen geeignet? Können Sie ggf. durch Kürzen oder Verlängern passend gemacht werden?

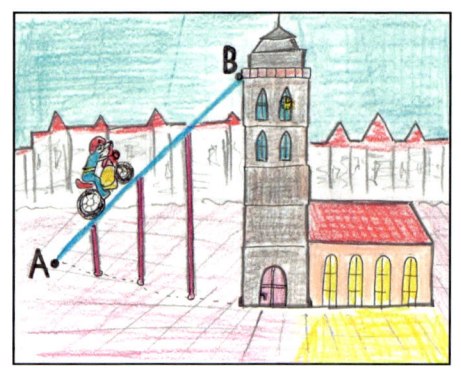

b) Wie lange dauert der Stunt, wenn das Motorrad mit 20 km/h fährt?

c) Unter welchem Winkel steigt das Fahrseil an?

7. Wasserspeicher

An den Positionen M und N befinden sich zwei Wasserspeicher. Ein Überlaufkanal k führt von M nach A. Vom Oberflächenpunkt T wird eine Belüftungsbohrung b in Richtung des Vektors $\vec{v}$ vorgetrieben. Außerdem ist eine Versorgungsleitung g vom Oberflächenpunkt E, der senkrecht über M liegt, zum Speicher N geplant.
1 LE = 100 m

M$(8|12|-6)$, N$(14|2|-10)$
A$(11|0|-9)$, T$(8|2|0)$ $\vec{v} = \begin{pmatrix} 1 \\ 1 \\ -4 \end{pmatrix}$

Trifft die Belüftungsbohrung b den Überlaufkanal k? Wie lang muss der Bohrer sein? Zeigen Sie, dass die Versorgungsleitung g weder k noch b trifft. Wie lange dauert das Bohren von g bei einem Vortrieb von 20 cm/min?

C. Untersuchung von Lagebeziehungen mit dem GTR

Die Untersuchung der Lagebeziehung von Punkten, Geraden und Strecken führt auf einfache Gleichungssysteme, die leicht manuell gelöst werden können. Bei Verwendung des GTR ist der Eingabeaufwand meistens größer als die Zeitersparnis beim Rechnen. Es lohnt sich nur, wenn es um die relative Lage von zwei nichtparallelen Geraden geht. Hierzu rechnen wir ein Beispiel.

> **Beispiel: Untersuchung der Lagebeziehung von Geraden mit dem GTR**
> Untersuchen Sie welche relative Lage die Geraden g und h zueinander einnehmen. Bestimmen Sie ggf. den Schnittpunkt.
> $$g : \vec{x} = \begin{pmatrix} 4 \\ 2 \\ 1 \end{pmatrix} + r \cdot \begin{pmatrix} -2 \\ 2 \\ 1 \end{pmatrix} \qquad h : \vec{x} = \begin{pmatrix} 1 \\ 2 \\ 3 \end{pmatrix} + s \cdot \begin{pmatrix} 1 \\ 2 \\ -1 \end{pmatrix}$$

Lösung:
Die Geraden sind offensichtlich nicht parallel oder identisch, da ihre Richtungsvektoren nicht kollinear sind.

Wir setzen also die rechten Seiten der Geradengleichungen gleich und formen das entstandene LGS in die Normalform um.

Nun geben wir es in den GTR ein, wobei wir die *direkte Methode* verwenden (s. S. 244 ff.*).

Der **TI-GTR** gibt uns die eindeutige Lösung unmittelbar aus. Sie lautet r = 1 und s = 1. Die Geraden schneiden sich also. Der manuell durch Einsetzung errechnete Schnittpunkt lautet S (2 | 4 | 2).

Der **CASIO-GTR** erfordert wegen der Überbestimmung des LGS (drei Gleichungen, aber nur zwei Variable) die Anwendung eines Tricks. Wir führen eine dritte Scheinvariable z ein, welche die dritte Spalte des LGS bildet, wobei die Koeffizienten von z alle 0 sind. So entsteht künstlich ein LGS mit drei Gleichungen und drei Variablen.
Nun kann die *direkte Methode* des CASIO-GTR angewandt werden (s. S. 246 f.). Sie liefert die Lösung x = 1, y = 1 und z = z. Die Scheinvariable z bleibt natürlich unberücksichtigt. So erhalten wir r = 1, s = 1 mit schneidenden Geraden und dem Schnittpunkt S (2 | 4 | 2).

Gleichsetzen der rechten Seiten:
$$4 - 2r = 1 + s$$
$$2 + 2r = 2 + 2s$$
$$1 + r = 3 - s$$

LGS in Normalform:
$$-2r - s = -3$$
$$2r - 2s = 0$$
$$r + s = 2$$

Lösung mit dem TI-GTR:

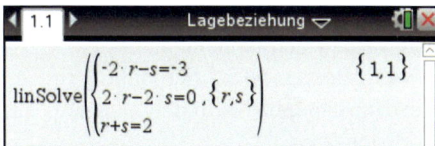

Lösung mit dem CASIO-GTR:

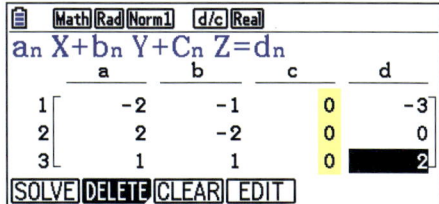

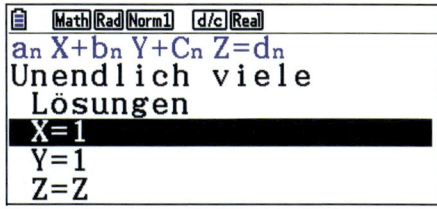

---

* *Hinweis:* Man kann die Gleichungssysteme auch mit der Rref-Methode lösen (s. S. 249 ff.)

Mithilfe der Lagebeziehungsuntersuchung für Geraden im Raum können einfache Anwendungsprobleme modellhaft gelöst werden, z. B. Flugbahnprobleme.

▶ **Beispiel: Flugbahnen**

Der Rettungshubschrauber Alpha startet um 10:00 Uhr vom Stützpunkt Adlerhorst A $(10|6|0)$. Er fliegt geradlinig mit einer Geschwindigkeit von $300\,km/h$ zum Gipfel des Mount Devil D $(4|-3|3)$, wo sich der Unfall ereignet hat. Die Koordinaten sind in Kilometern angegeben. Zeitgleich hebt der Hubschrauber Beta von der Spitze des Tempelbergs T $(7|-8|3)$ ab, um Touristen nach B $(4|16|0)$ zurückzubringen. Seine Geschwindigkeit beträgt $350\,km/h$.

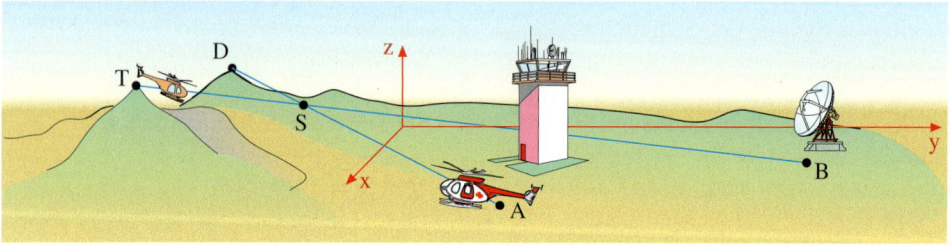

a) Zeigen Sie, dass die beiden Hubschrauber sich auf Kollisionskurs befinden.
b) Untersuchen Sie, ob die Hubschrauber tatsächlich kollidieren.

Lösung zu a:
Wir stellen die Flugbahngleichungen mithilfe der Zweipunkteform auf.
Anschließend untersuchen wir, ob die beiden Bahnen sich schneiden.
Wir erhalten einen Schnittpunkt S $(6|0|2)$.
Die Hubschrauber befinden sich also auf Kollisionskurs.

Lösung zu b:
Wir errechnen zunächst die Länge der Flugstrecken der Hubschrauber bis zum Schnittpunkt, d. h. die Beträge der beiden Vektoren $\overrightarrow{AS}$ und $\overrightarrow{TS}$.
Dividieren wir diese Strecken durch die zugehörigen Hubschraubergeschwindigkeiten, so erhalten wir die Flugzeiten bis zum Schnittpunkt in Stunden, die wir in Minuten umrechnen.
Hubschrauber Alpha ist 0,11 Minuten später am möglichen Kollisionspunkt als Hubschrauber Beta. Dieser ist dann schon ca. 640 m weitergeflogen. Es kommt daher nicht zu einer Kollision.

Gleichungen der Flugbahnen:

$$\alpha: \vec{x} = \begin{pmatrix} 10 \\ 6 \\ 0 \end{pmatrix} + r \begin{pmatrix} -6 \\ -9 \\ 3 \end{pmatrix}$$

$$\beta: \vec{x} = \begin{pmatrix} 7 \\ -8 \\ 3 \end{pmatrix} + s \begin{pmatrix} -3 \\ 24 \\ -3 \end{pmatrix}$$

Schnittpunkt der Flugbahnen:
Für $r = \frac{2}{3}$ und $s = \frac{1}{3}$ ergibt sich der Schnittpunkt S $(6|0|2)$.

Flugstrecken bis zum Schnittpunkt:

$$|\overrightarrow{AS}| = \left| \begin{pmatrix} -4 \\ -6 \\ 2 \end{pmatrix} \right| = \sqrt{56} \approx 7,48\,km$$

$$|\overrightarrow{TS}| = \left| \begin{pmatrix} -1 \\ 8 \\ -1 \end{pmatrix} \right| = \sqrt{66} \approx 8,12\,km$$

Flugzeiten bis zum Schnittpunkt:

$$t_{Alpha} = \frac{7,48}{300}\,h \approx 0,025\,h \approx 1,50\,min$$

$$t_{Beta} = \frac{8,12}{350}\,h \approx 0,023\,h \approx 1,39\,min$$

D. Exkurs: Geradenscharen

Enthält die Geradengleichung innerhalb des Stützvektors oder des Richtungsvektors eine Variable, so beschreibt die Gleichung eine ganze Schar von Geraden.

Beispiel: Parallele Geraden

Die Gleichung g_a: $\vec{x} = \begin{pmatrix} 2 \\ a \\ 0 \end{pmatrix} + r \begin{pmatrix} -1 \\ 0 \\ 2 \end{pmatrix}$
beschreibt eine Schar paralleler Geraden, denn alle Geraden g_a haben den gleichen Richtungsvektor. Sie unterscheiden sich nur in der y-Koordinate ihres Stützpunktes.

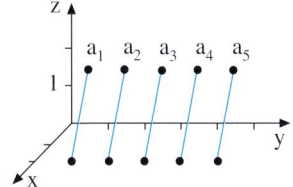

Beispiel: Gemeinsamer Stützpunkt

Die Gleichung g_a: $\vec{x} = \begin{pmatrix} 2 \\ 4 \\ 3 \end{pmatrix} + r \begin{pmatrix} -1 \\ 1 \\ 2+a \end{pmatrix}$
beschreibt eine Schar von Geraden, die alle den gleichen Stützpunkt $P(2|4|3)$ haben, um den sie sich aufgrund der veränderlichen z-Koordinate ihres Richtungsvektors drehen.

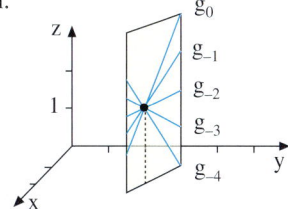

► ### Beispiel: Kollisionskurs

Die Flugbahnen einer Formation von Sportflugzeugen können durch die Geradenschar g_a (a = 1, 2, ..., 8) beschrieben werden. Ist eines der Flugzeuge auf direktem Kollisionskurs mit dem Segelflugzeug h?

g_a: $\vec{x} = \begin{pmatrix} 9 \\ 2+a \\ 6 \end{pmatrix} + r \begin{pmatrix} -1 \\ 1 \\ 1 \end{pmatrix}$ h: $\vec{x} = \begin{pmatrix} 1 \\ 3 \\ 11 \end{pmatrix} + s \begin{pmatrix} 2 \\ 1 \\ -1 \end{pmatrix}$

Lösung:
Wir führen eine Schnittuntersuchung durch. Dazu setzen wir die Koordinaten von g_a und h gleich. Wir erhalten ein Gleichungssystem (drei Gleichungen, drei Variablen). Die Lösung lautet: r = 2, s = 3, a = 2. Das bedeutet: Der Flieger auf g_2 droht mit dem Flieger auf h im Punkt $S(7|6|8)$ zu kollidie-
► ren.

Schnittuntersuchung:
I   9 − r = 1 + 2s
II   2 + a + r = 3 + s
III   6 + r = 11 − s
aus I und III: r = 2, s = 3
aus II: a = 2
⇒ g_2 schneidet h in $S(7|6|8)$.

8. **Gerade mit Parameter**
Gegeben sind die Geraden g_a und h.

g_a: $\vec{x} = \begin{pmatrix} 1 \\ 3 \\ 2 \end{pmatrix} + r \begin{pmatrix} -a \\ a \\ 2 \end{pmatrix}$ h: $\vec{x} = \begin{pmatrix} 0 \\ 10 \\ 6 \end{pmatrix} + s \begin{pmatrix} 1 \\ 2 \\ -1 \end{pmatrix}$.

a) Für welchen Wert von a liegt der Punkt $P(-1|5|4)$ auf g_a? Liegt $Q(11|-6|4)$ auf g_a?
b) Für welchen Wert von a schneiden sich g_a und h? Wo liegt der Schnittpunkt?
c) Für welchen Wert von a liegt g_a parallel zur z-Achse?
d) Für welchen Wert von a schneidet g_a die x-Achse? Wo liegt der Schnittpunkt?

Übungen

9. Prüfen Sie, ob die Punkte P und Q auf der Geraden g durch A und B liegen.

a) A (0|0|5)   P (3|6|2)   b) A (6|3|0)   P (2|5|4)

    B (1|2|4)   Q (4|8|0)   B (0|6|6)   Q (4|2|4)

10. Das Schrägbild zeigt eine Gerade g durch die Punkte A und B sowie zwei weitere Punkte P und Q, die auf g zu liegen scheinen. Ist dies tatsächlich der Fall?

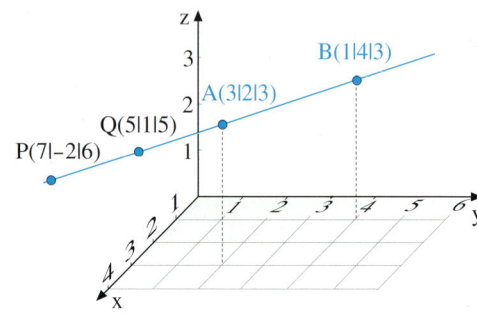

11. Untersuchen Sie, ob der Punkt P auf der Strecke $\overline{AB}$ liegt.

a) A (2|1|4)   b) A (−2|4|5)   c) A (3|0|7)   d) A (2|1|3)

    B (5|7|1)   B (2|8|9)   B (4|1|6)   B (6|7|1)

    P (3|3|3)   P (0|6|7)   P (7|4|3)   P (4|3|1)

12. Gegeben sei ein Dreieck ABC mit den Eckpunkten A (0|6|6), B (0|6|3) und C (3|3|0) sowie die Punkte P (2|2|2), Q (2|4|1) und R (2|5,5|4,5).

Fertigen Sie ein Schrägbild an und überprüfen Sie rechnerisch, welche der Punkte P, Q und R auf den Seiten des Dreiecks liegen.

13. Welche der folgenden sechs Geraden sind parallel zueinander, welche sind sogar identisch?

$$g: \vec{x} = \begin{pmatrix} 1 \\ 2 \\ -4 \end{pmatrix} + r \begin{pmatrix} 8 \\ -4 \\ 2 \end{pmatrix} \qquad h: \vec{x} = \begin{pmatrix} 1 \\ 2 \\ -4 \end{pmatrix} + r \begin{pmatrix} 2 \\ -1 \\ 1 \end{pmatrix} \qquad k: \vec{x} = \begin{pmatrix} 5 \\ 0 \\ -5 \end{pmatrix} + r \begin{pmatrix} 4 \\ -2 \\ 1 \end{pmatrix}$$

u: Gerade durch A (1|2|−6) $v: \vec{x} = \begin{pmatrix} -3 \\ 4 \\ -5 \end{pmatrix} + r \begin{pmatrix} -2 \\ 1 \\ -0,5 \end{pmatrix}$ w: Gerade durch A (6|−1|−1)

    und B (9|−2|−4)   und B (2|1|−3)

14. Gegeben sind die Gerade g durch A und B sowie die Gerade h durch C und D.
Zeigen Sie, dass die Geraden sich schneiden, und berechnen Sie den Schnittpunkt S.

a) A (3|1|2), B (5|3|4)   b) A (1|0|0), B (1|1|1)   c) A (4|1|5), B (6|0|6)

    C (2|1|1), D (3|3|2)   C (2|4|5), D (3|6|8)   C (1|2|3), D (−2|5|3)

15. Zeigen Sie, dass die Geraden g und h windschief sind.

a) $g: \vec{x} = \begin{pmatrix} 1 \\ 0 \\ 1 \end{pmatrix} + r \begin{pmatrix} 1 \\ -1 \\ 0 \end{pmatrix}$ b) $g: \vec{x} = \begin{pmatrix} 1 \\ 1 \\ -1 \end{pmatrix} + r \begin{pmatrix} 1 \\ 2 \\ 1 \end{pmatrix}$ c) $g: \vec{x} = \begin{pmatrix} 1 \\ -1 \\ 2 \end{pmatrix} + r \begin{pmatrix} 2 \\ 2 \\ 1 \end{pmatrix}$

    $h: \vec{x} = \begin{pmatrix} 0 \\ 1 \\ 0 \end{pmatrix} + s \begin{pmatrix} 0 \\ 1 \\ 1 \end{pmatrix}$ $h: \vec{x} = \begin{pmatrix} 0 \\ 1 \\ 1 \end{pmatrix} + s \begin{pmatrix} 1 \\ 1 \\ 1 \end{pmatrix}$ $h: \vec{x} = \begin{pmatrix} 3 \\ -3 \\ 0 \end{pmatrix} + s \begin{pmatrix} 0 \\ 3 \\ 1 \end{pmatrix}$

16. Die Geraden g, h und k schneiden sich in den Eckpunkten eines Dreiecks ABC.
Bestimmen Sie die Eckpunkte A, B und C.

$$g: \vec{x} = \begin{pmatrix} 0 \\ -3 \\ 3 \end{pmatrix} + r \begin{pmatrix} 1 \\ 3 \\ -1 \end{pmatrix} \qquad h: \vec{x} = \begin{pmatrix} -1 \\ 6 \\ 10 \end{pmatrix} + s \begin{pmatrix} -1 \\ 3 \\ 4 \end{pmatrix} \qquad k: \vec{x} = \begin{pmatrix} 3 \\ 6 \\ 0 \end{pmatrix} + t \begin{pmatrix} 1 \\ 1 \\ -2 \end{pmatrix}$$

17. Untersuchen Sie, welche Lagebeziehung zwischen der Geraden g durch A und B und der Geraden h durch C und D besteht. Berechnen Sie gegebenenfalls den Schnittpunkt.

a) A(−1|1|1), B(1|1|−1)   b) A(4|2|1), B(0|4|3)   c) A(2|0|4), B(4|2|3)
C(1|1|1), D(0|1|2)   C(1|2|1), D(3|4|3)   C(6|4|2), D(10|8|0)

18. Überprüfen Sie, ob die eingezeichneten Geraden sich schneiden, und berechnen Sie gegebenenfalls den Schnittpunkt.

a)

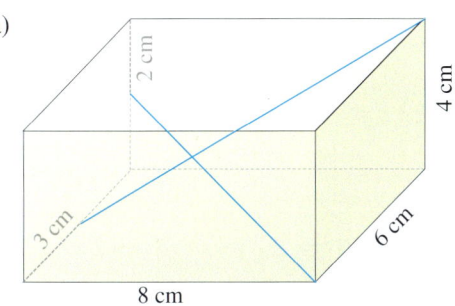

b)

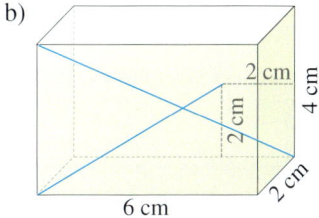

19. Vier Punkte bilden ein Viereck, wenn die Diagonalen AC und BD sich schneiden. Prüfen Sie, ob die Punkte A, B, C, D ein Viereck bilden.

a) A(3|1|2), B(6|2|2), C(5|9|4), D(1|4|3)
b) A(4|0|0), B(4|3|1), C(0|3|4), D(4|0|3)
c) A(5|2|0), B(1|2|6), C(1|6|0), D(6|7|−2)

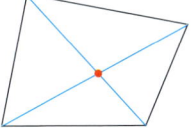

Die Diagonalen schneiden sich.

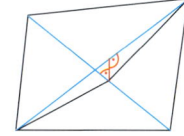

Die Diagonalen schneiden sich nicht.

20. Gegeben ist eine 6 m hohe gerade quadratische Pyramide, deren Grundflächenseiten 6 m lang sind.
Der Punkt M liegt in der Mitte der Seite $\overline{SC}$. Die Strecke $\overline{SA}$ ist dreimal so lang wie die Strecke $\overline{SN}$.
Wo schneiden sich die eingezeichneten Geraden?

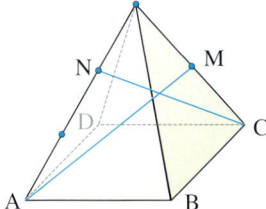

3. Exkurs: Spurpunkte mit Anwendungen

In diesem Abschnitt werden als exemplarische Anwendungsbeispiele für Geraden Spurpunkt-probleme behandelt.

Die Schnittpunkte einer Geraden mit den Koordinatenebenen bezeichnet man als *Spurpunkte* der Geraden.

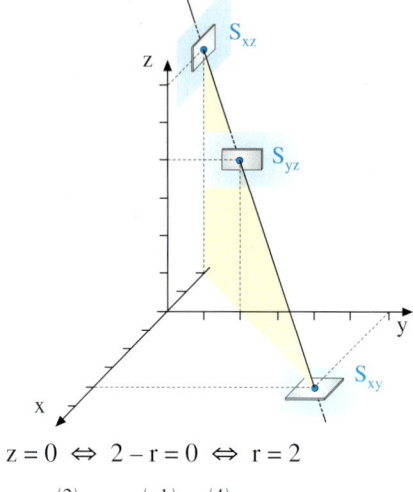

Beispiel: Spurpunkte

Gegeben sei g: $\vec{x} = \begin{pmatrix} 2 \\ 4 \\ 2 \end{pmatrix} + r \begin{pmatrix} 1 \\ 1 \\ -1 \end{pmatrix}$.

Bestimmen Sie die Spurpunkte der Geraden und fertigen Sie eine Skizze an.

Lösung:
Der Schnittpunkt der Geraden mit der x-y-Ebene wird als Spurpunkt S_{xy} bezeichnet.
Er hat die z-Koordinate $z = 0$.
Die z-Koordinate des allgemeinen Geradenpunktes beträgt $z = 2 - r$.
Setzen wir diese 0, so erhalten wir $r = 2$, was auf den Spurpunkt $S_{xy}(4|6|0)$ führt.

$z = 0 \Leftrightarrow 2 - r = 0 \Leftrightarrow r = 2$

$\vec{x} = \begin{pmatrix} 2 \\ 4 \\ 2 \end{pmatrix} + 2 \cdot \begin{pmatrix} 1 \\ 1 \\ -1 \end{pmatrix} = \begin{pmatrix} 4 \\ 6 \\ 0 \end{pmatrix}$

$S_{xy}(4|6|0)$

Analog errechnen wir die weiteren Spurpunkte, indem wir die x-Koordinate bzw. die y-Koordinate des allgemeinen Geradenpunktes null setzen.
▶ Ergebnisse: $S_{yz}(0|2|4)$, $S_{xz}(-2|0|6)$

Übung 1
Berechnen Sie die Spurpunkte der Geraden g durch A und B. Fertigen Sie eine Skizze an.
a) $A(10|6|-1)$, $B(4|2|1)$ b) $A(-2|4|9)$, $B(4|-2|3)$
c) $A(4|1|1)$, $B(-2|1|7)$ d) $A(2|4|-2)$, $B(-1|-2|4)$

Übung 2
Geben Sie die Gleichung einer Geraden g an, die nur zwei Spurpunkte bzw. nur einen Spurpunkt besitzt.

Übung 3
In welchen Punkten durchdringen die Kanten der skizzierten Pyramide den 2 m hohen Wasserspiegel?

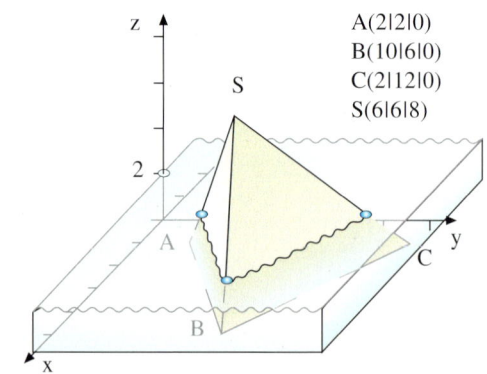

A(2|2|0)
B(10|6|0)
C(2|12|0)
S(6|6|8)

Im Folgenden werden Spurpunktberechnungen zur Lösung von Anwendungsaufgaben zur Lichtreflexion und zum Schattenwurf eingesetzt.

▶ **Beispiel: Lichtreflexion**
Der Verlauf eines Lichtstrahls soll verfolgt werden. Der Strahl geht vom Punkt $A(0|6|6)$ aus und läuft in Richtung des Vektors $\begin{pmatrix} 1 \\ -1 \\ -2 \end{pmatrix}$ auf die x-y-Ebene zu, an der er reflektiert wird.
Wo trifft der Strahl auf die x-y-Ebene? Wie lautet die Geradengleichung des dort reflektierten Strahles und wo trifft dieser auf die x-z-Ebene?

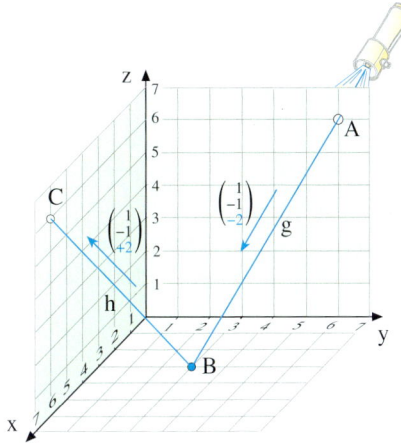

Lösung:
Wir bestimmen zunächst die Geradengleichung des von A ausgehenden Strahls g. Dessen Schnittpunkt B mit der x-y-Ebene erhalten wir durch Nullsetzen der z-Koordinate des allgemeinen Geradenpunktes von g.
Der reflektierte Strahl h geht von diesem Punkt $B(3|3|0)$ aus. Bei der Reflexion ändert sich nur diejenige Koordinate des Richtungsvektors, die senkrecht auf der Reflexionsebene steht. Diese Koordinate wechselt ihr Vorzeichen, hier also die z-Koordinate. Der Richtungsvektor von h ist daher $\begin{pmatrix} 1 \\ -1 \\ +2 \end{pmatrix}$. Nun können wir die Geradengleichung des reflektierten Strahls h aufstellen und dessen Schnittpunkt mit der x-z-Ebene berechnen. Es ist der Punkt
▶ $C(6|0|6)$.

Gleichung des Strahls g:

$$g: x = \begin{pmatrix} 0 \\ 6 \\ 6 \end{pmatrix} + r \begin{pmatrix} 1 \\ -1 \\ -2 \end{pmatrix}$$

Schnittpunkt mit der x-y-Ebene:

$$z = 0 \Leftrightarrow 6 - 2r = 0 \Leftrightarrow r = 3 \Rightarrow B(3|3|0)$$

Gleichung des reflektierten Strahls h:

$$h: \vec{x} = \begin{pmatrix} 3 \\ 3 \\ 0 \end{pmatrix} + s \begin{pmatrix} 1 \\ -1 \\ +2 \end{pmatrix}$$

Schnittpunkt mit der x-z-Ebene:

$$y = 0 \Leftrightarrow 3 - s = 0 \Leftrightarrow s = 3 \Rightarrow C(6|0|6)$$

Übung 4 Billard

Auch beim Billardspiel kommt es zu Reflexionen der Kugel an der Bande. Auf dem abgebildeten Tisch liegt die Kugel in der Position $P(6|4)$. Sie wird geradlinig in Richtung des Vektors $\begin{pmatrix} 2 \\ 3 \end{pmatrix}$ gestoßen.
Trifft sie das Loch bei $L(14|0)$?
Lösen Sie die Aufgabe zeichnerisch und rechnerisch.

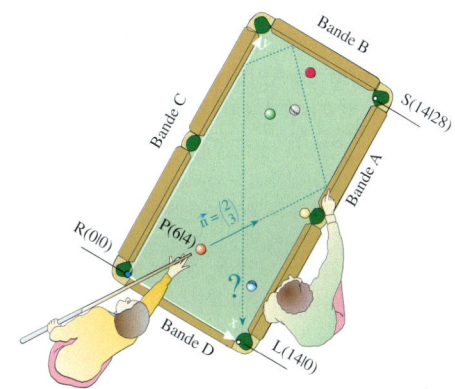

Spurpunktberechnungen können auch zur Konstruktion der Schattenbilder von Gegenständen im Raum auf die Koordinatenebenen verwendet werden.

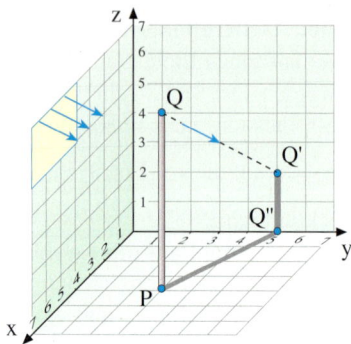

▶ **Beispiel: Schattenwurf**

Im 1. Oktanden des Koordinatensystems steht die senkrechte Strecke $\overline{PQ}$ mit $P(4|3|0)$ und $Q(4|3|6)$.

In Richtung des Vektors $\begin{pmatrix} -2 \\ 1 \\ -2 \end{pmatrix}$ fällt paralleles Licht auf die Strecke.
Konstruieren Sie rechnerisch ein Schattenbild der Strecke auf den Randflächen des 1. Oktanden.

Lösung:
Das Ergebnis ist rechts abgebildet, ein abknickender Schatten. Es wurde durch Verfolgung desjenigen Lichtstrahls g konstruiert, der durch den Punkt Q führt.

Nach dem Aufstellen der Geradengleichung von g errechnen wir den Spurpunkt Q' von g in der y-z-Ebene, denn wir vermuten, dass der Strahl g diese Ebene zuerst trifft.

Gleichung des Strahls g durch Q:

$$g: \vec{x} = \begin{pmatrix} 4 \\ 3 \\ 6 \end{pmatrix} + r \begin{pmatrix} -2 \\ 1 \\ -2 \end{pmatrix}$$

Durch Nullsetzen der x-Koordinate des allgemeinen Geradenpunktes erhalten wir $r = 2$, d. h. $Q'(0|5|2)$.

Schnittpunkt von g mit der y-z-Ebene:

$x = 0 \Leftrightarrow 4 - 2r = 0 \Leftrightarrow r = 2 \Rightarrow Q'(0|5|2)$

Der Fußpunkt des senkrechten Lotes von Q' auf die y-Achse ist $Q''(0|5|0)$.

Fußpunkt des Lotes von Q' auf die y-Achse:

$Q''(0|5|0)$

Der Schatten der Strecke $\overline{PQ}$ ist der Streckenzug $PQ''Q'$, wie oben eingezeichnet. Es handelt
▶ sich um einen abknickenden Schatten.

Übung 5 Schatten

Im mathematischen Klassenraum steht ein Schrank für die Aufbewahrung von Punkten, Strecken und Flächen. Er hat die Höhe 4 und die Breite 2. Für seine Tiefe reicht bekanntlich 0 aus.
In Richtung des Vektors $\begin{pmatrix} -1 \\ 1 \\ -1 \end{pmatrix}$ fällt paralleles Licht auf den Schrank.
Konstruieren Sie das Schattenbild des Schrankes auf dem Boden und den Wänden rechnerisch und zeichnen Sie es auf.

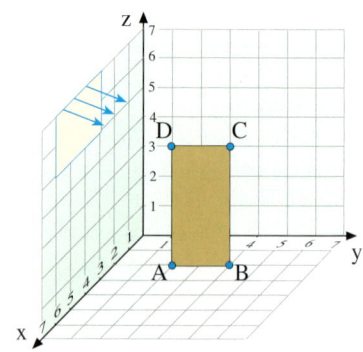

Übungen

6. Gegeben sind die Geraden g durch A (1|3|6) und B (2|4|3) sowie h: $\vec{x} = \begin{pmatrix} -1 \\ 4 \\ 6 \end{pmatrix} + s \begin{pmatrix} 2 \\ -2 \\ -2 \end{pmatrix}$

Bestimmen Sie die Spurpunkte der Geraden und zeichnen Sie ein Schrägbild.

7. Geraden können 1, 2, 3 oder unendlich viele unterschiedliche Spurpunkte besitzen. Erläutern Sie diese Tatsache und überprüfen Sie, welcher Fall bei den folgenden Geraden jeweils eintritt.

a) g: $\vec{x} = \begin{pmatrix} 3 \\ 2 \\ 2 \end{pmatrix} + r \begin{pmatrix} -1 \\ 0 \\ 2 \end{pmatrix}$ b) g: $\vec{x} = \begin{pmatrix} 1 \\ 1 \\ 4 \end{pmatrix} + r \begin{pmatrix} -1 \\ 1 \\ 2 \end{pmatrix}$ c) g: $\vec{x} = \begin{pmatrix} -3 \\ -2 \\ 2 \end{pmatrix} + r \begin{pmatrix} 1 \\ 2 \\ -2 \end{pmatrix}$

d) g: $\vec{x} = \begin{pmatrix} 2 \\ 0 \\ 1 \end{pmatrix} + r \begin{pmatrix} 1 \\ 0 \\ 2 \end{pmatrix}$ e) g: $\vec{x} = \begin{pmatrix} 2 \\ 2 \\ 3 \end{pmatrix} + r \begin{pmatrix} 0 \\ 0 \\ 2 \end{pmatrix}$ f) g: $\vec{x} = r \begin{pmatrix} 2 \\ 2 \\ 3 \end{pmatrix}$

8. In welchem Punkt trifft die vom Punkt P(2|4) in Richtung des Vektors $\begin{pmatrix} 3 \\ -1 \end{pmatrix}$ geradlinig gestoßene Billardkugel die Bande C erstmals?
Lösen Sie zeichnerisch und rechnerisch.

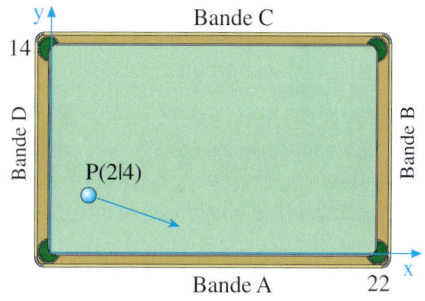

9. In Richtung des Vektors $\begin{pmatrix} -1 \\ -3 \\ 1 \end{pmatrix}$ fällt paralleles Licht.

a) Im 1. Oktanden des Koordinatensystems steht die zur x-y-Ebene senkrechte Strecke $\overline{PQ}$ mit P(4|6|0) und Q(4|6|3). Konstruieren Sie das Schattenbild der Strecke in der x-y-Ebene (zeichnerisch und rechnerisch).

b) Gegeben ist ein Rechteck ABCD mit A(4|3|0), B(2|3|0), C(2|3|3), D(4|3|3). Konstruieren Sie das Schattenbild des Rechtecks auf dem Boden und den Randflächen des 1. Oktanden (zeichnerisch und rechnerisch).

10. Im Koordinatenraum steht ein schräg nach oben geneigtes Dreieck ABC mit A(3|2|0), B(3|6|0), C(2|3|4). In Richtung des Vektors $\begin{pmatrix} -1 \\ -3 \\ -1 \end{pmatrix}$ fällt paralleles Licht auf dieses Dreieck.
Zeichnen Sie das Schattenbild des Dreiecks, wobei Sie sich an der (nicht maßstäblichen) Skizze orientieren. Berechnen Sie dann die Eckpunkte des Dreiecksschattens auf dem Boden und den Wänden des Raums.

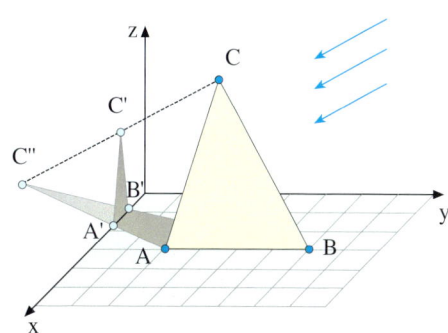

11. Flugbahnen

Flugzeug Alpha fliegt geradlinig durch die Punkte A $(-8|3|2)$ und B $(-4|-1|4)$. Eine Einheit im Koordinatensystem entspricht einem Kilometer. Der Flughafen F befindet sich in der x-y-Ebene.

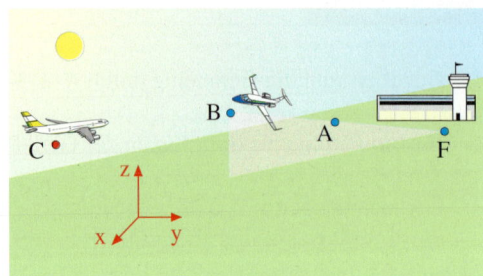

a) In welchem Punkt F ist das Flugzeug gestartet? In welchem Punkt T erreicht es seine Reiseflughöhe von 10 000 m?

b) Flugzeug Beta steuert Punkt C $(10|-10|5)$ aus Richtung $\vec{v} = \begin{pmatrix} -2 \\ 2 \\ -1 \end{pmatrix}$ an. Zeigen Sie, dass die beiden Flugzeuge keinesfalls kollidieren können.

c) In dem Moment, an dem Flugzeug Alpha den Punkt B passiert, erreicht Flugzeug Beta den Punkt C. Wie groß ist die Entfernung der Flugzeuge zu diesem Zeitpunkt?

d) Beim Passieren von Punkt C wird Flugzeug Beta vom Tower aufgefordert, in Richtung $\vec{v} = \begin{pmatrix} -5 \\ 4 \\ -1 \end{pmatrix}$ weiterzufliegen. In 1000 m Höhe soll eine weitere Kursänderung erfolgen, die Flugzeug Beta zum Flughafen F bringt. In welche Richtung muss diese letzte Korrektur das Flugzeug führen?

12. Flugbahn und Fluggeschwindigkeit

Ein Sportflugzeug Gamma passiert um 10 Uhr den Punkt A $(10|1|0,8)$ und 2 Minuten später den Punkt B $(15|7|1)$. Eine Einheit im Koordinatensystem entspricht einem Kilometer. Das Flugzeug fliegt mit konstanter Geschwindigkeit.

a) Stellen Sie die Gleichung der Geraden g auf, auf der das Flugzeug Gamma fliegt. Erläutern Sie für Ihre Geradengleichung den Zusammenhang zwischen dem Geradenparameter und dem zugehörigen Zeitintervall.

b) Wo befindet sich das Flugzeug Gamma um 10:10 Uhr? Mit welcher Geschwindigkeit fliegt es? Wann erreicht das Flugzeug die Höhe von 4000 m?

c) Ein zweites Flugzeug Delta passiert um 10 Uhr den Punkt P $(100|130|3,7)$ und eine Minute später den Punkt Q $(95|121|3,6)$. Prüfen Sie, ob sich die beiden Flugbahnen schneiden, und untersuchen Sie, ob tatsächlich die Gefahr einer Kollision besteht.

13. Tauchfahrt

Ein U-Boot beginnt eine Tauchfahrt in P $(100|200|0)$ mit 11,1 Knoten in Richtung des Peilziels Z $(500|600|-80)$, bis es eine Tiefe von 80 m erreicht hat.

$$\left(1 \text{ Knoten} = 1 \, \frac{\text{Seemeile}}{\text{Stunde}} \approx 1{,}852 \, \frac{\text{km}}{\text{h}} \right)$$

Anschließend wechselt es ohne Kursveränderung in eine horizontale Schleichfahrt von 11 Knoten.

Könnte es zu einer Kollision mit der Tauchkugel T kommen, die zeitgleich vom Forschungsschiff S $(700|800|0)$ mit einer Geschwindigkeit von 0,5 m/s senkrecht sinkt?

14. Bergwerksstollen

Vom Punkt A$(-7|-3|-8)$ ausgehend soll durch den Punkt B$(-2|0|-9)$ ein geradliniger Stollen namens Kuckucksloch in einen Berg getrieben werden. Ebenso soll ein Stollen namens Morgenstern von Punkt C$(4|-6|-6)$ ausgehend über den Punkt D$(7|-1|-8)$ geradlinig gebaut werden. Eine Einheit entspricht 100 m. Die Erdoberfläche liegt in der x-y-Ebene.

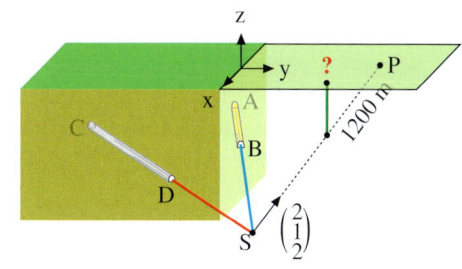

a) Prüfen Sie, ob die Ingenieure richtig gerechnet haben und die Stollen sich wie geplant in einem Punkt S treffen.

b) Im Stollen Kuckucksloch kann die Bohrung um 5 m pro Tag vorangetrieben werden. Wie hoch muss die Bohrleistung im Stollen Morgenstern durch C und D sein, damit beide Stollen am selben Tag den Vereinigungspunkt S erreichen?

c) Von Punkt S aus wird der Stollen Kuckucksloch weiter in Richtung $\begin{pmatrix} 2 \\ 1 \\ 2 \end{pmatrix}$ fortgesetzt. In welchem Punkt P erreicht der Stollen die Erdoberfläche?

d) In 1 200 m Entfernung von Punkt P auf der Strecke $\overline{SP}$ soll ein senkrechter Notausstieg gebohrt werden. An welchem Punkt der Erdoberfläche muss die Bohrung beginnen? Wie tief wird die Bohrung sein?

15. Pyramide

Gegeben sei eine gerade quadratische Pyramide, die 100 m breit und 50 m hoch ist.

a) Bestimmen Sie die Gleichungen der Geraden, in denen die vier Pyramidenkanten verlaufen.

b) Forscher vermuten, dass das Baumaterial über riesige Rampen, die sich längs der eingezeichneten blauen Strecken an die Pyramide lehnten, transportiert wurde.

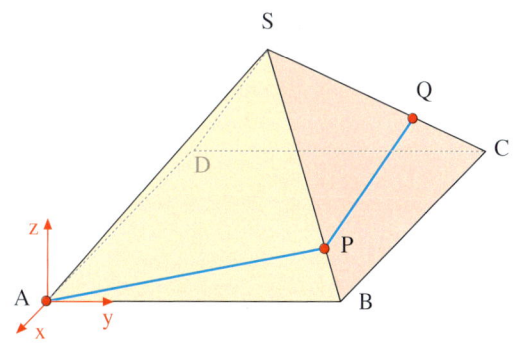

Die erste Rampe hat im Punkt P 10 m Höhen erreicht. Bestimmen Sie P.

c) Die anschließende Rampe soll den gleichen Steigungswinkel besitzen. Bestimmen Sie die Gleichung der entsprechenden Geraden. In welchem Punkt Q endet diese Rampe? In welchem Punkt erreicht die Rampe die Höhe von 15 m?

d) In welchen Punkten durchstoßen die Pyramidenkanten eine Höhe von 20 m? In welcher Höhe beträgt der horizontale Querschnitt der Pyramide 25 m²?

Vom Punkt T$(50|-50|100)$ fällt Licht in Richtung $\begin{pmatrix} -1-a \\ 3-a \\ a-2 \end{pmatrix}$.

e) Zeigen Sie, dass vom Punkt T je ein Lichtstrahl auf die Punkte B und S fällt.

f) Zeigen Sie: Jeder Punkt der Kante $\overline{BS}$ wird angestrahlt.

g) Bestimmen Sie den Schattenwurf der Kante $\overline{BS}$ in der x-y-Ebene.

16. Kletterturm

Ein Kletterturm ist in der Form eines Pyramidenstumpfes geplant. Hierbei bilden die Ecken
A (0|0|0), B (4|6|0), C (0|12|0) und D (−8|0|0)
das Grundflächenviereck, während E (2|0|12),
F (4|3|12), G (2|6|12) und H (−2|0|12) das Deck-
flächenviereck bilden.

a) Zeichnen Sie ein Schrägbild des Pyramidenstumpfes.
b) Zeichnen Sie die Grundfläche in der x-y-Ebene. Tragen Sie hierin auch die Projektion der
   Oberfläche ein. Klassifizieren Sie nun die vier
   Kletterflächen nach ihrem Schwierigkeitsgrad.
c) Zeigen Sie, dass es sich tatsächlich um eine
   Pyramide handelt. Überprüfen Sie hierzu die
   Pyramidenspitze S. Treffen sich die vier Kanten in S?
d) Bestimmen Sie zunächst das Volumen der Pyramide und dann das des Stumpfes.
e) Welche Koordinaten hat das Querschnittsviereck in halber Höhe des Stumpfes?
f) Zeigen Sie: Die Geradenschar durch S in Richtung $\begin{pmatrix} -2-2a \\ 3a \\ 12 \end{pmatrix}$ enthält die Geraden durch die
   Kanten $\overline{BF}$ und $\overline{CG}$.
g) Begründen Sie, dass die Richtungsvektoren der Schar aus f komplanar sind.

17. Pyramidenzelt

Ein Zelt hat die Form einer geraden quadratischen Pyramide
mit 8 m Breite und 3 m Höhe. Den Eingang bildet
das Trapez EFGH mit |EF| = 4 m und G bzw. H
als Mitten der Strecken $\overline{ES}$ bzw. $\overline{FS}$.

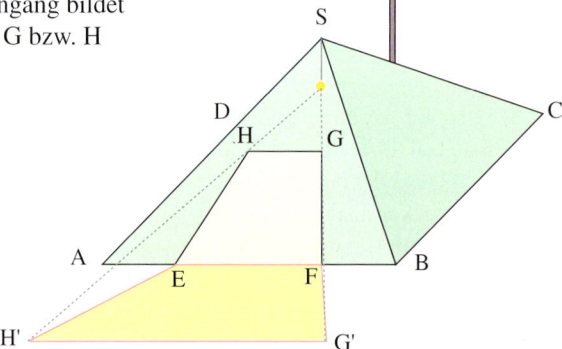

a) Wie groß ist der Eingang EFGH?
b) Ein Meter unter der Zeltspitze S
   befindet sich eine Lichtquelle.
   Durch den Eingang fällt Licht
   nach außen und begrenzt so
   eine beleuchtete Fläche.
   Wie groß ist sie?

c) Wie ändert sich die beleuchtete Fläche, wenn die Lichtquelle weiter nach oben bzw. weiter nach unten gebracht wird?
   Welche Grenzflächen ergeben sich, wenn sich die Lichtquelle in S bzw. in 1,5 m Höhe
   befindet?
d) In der Mitte der hinteren Zeltkante $\overline{CD}$ ist auf einer senkrechten Stange eine Kamera angebracht. In welcher Höhe muss sie sich befinden, wenn sie die gesamte beleuchtete Fläche
   überwachen soll?

Überblick

Koordinaten im Raum

Das dreidimensionale Koordinaten-system gestattet die Darstellung im räumlichen Schrägbild.
y-Achse und z-Achse werden recht-winklig zueinander dargestellt. Die x-Achse wird im Winkel von 135 ° zur y- und z-Achse dargestellt.
Auf der x-Achse werden die Einhei-ten verkürzt dargestellt.
Der Verkürzungsfaktor beträgt $\frac{1}{\sqrt{2}}$.

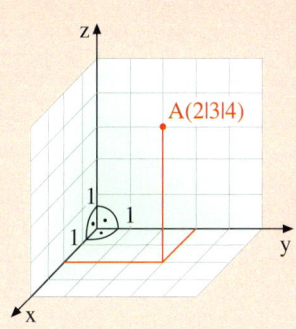

Abstand von Punkten im Raum

Der Abstand von zwei Punkten $A(a_1|a_2|a_3)$ und $B(b_1|b_2|b_3)$ im Raum kann nach der folgenden Ab-standsformel berechnet werden.

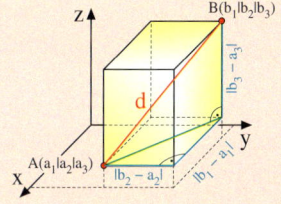

Die Punktabstandsformel im Raum

$$d(A; B) = \sqrt{(b_1 - a_1)^2 + (b_2 - a_2)^2 + (b_3 - a_3)^2}$$

Vektoren als Pfeilklassen

Ein Vektor kann als die Menge aller Pfeile gleicher Richtung und gleicher Länge verstanden werden.

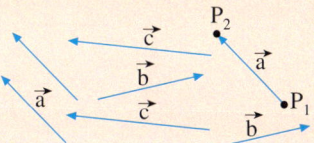

Addition und Subtraktion von Vektoren mittels Parallelogramm

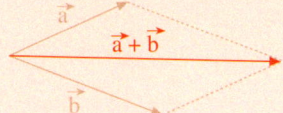

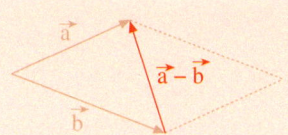

Rechnen mit Vektoren

Vektoren in der Ebene

$$\vec{v} = \begin{pmatrix} v_1 \\ v_2 \end{pmatrix}$$

Vektoren im Raum

$$v = \begin{pmatrix} v_1 \\ v_2 \\ v_3 \end{pmatrix}$$

v_1 und v_2 bzw. v_1, v_2 und v_3 heißen Koordinaten von $\vec{v}$.
Sie stellen die Verschiebungsanteile des Vektors $\vec{v}$ in Richtung der Koordinatenachsen dar.

Rechnen mit Vektoren

Für Vektoren gibt es zwei Rechenoperationen:

Addition/Subtraktion

$$\begin{pmatrix} a_1 \\ a_2 \\ a_3 \end{pmatrix} \pm \begin{pmatrix} b_1 \\ b_2 \\ b_3 \end{pmatrix} = \begin{pmatrix} a_1 \pm b_1 \\ a_2 \pm b_2 \\ a_3 \pm b_3 \end{pmatrix}$$

Multiplikation mit einem Skalar

$$r \cdot \begin{pmatrix} a_1 \\ a_2 \\ a_3 \end{pmatrix} = \begin{pmatrix} r \cdot a_1 \\ r \cdot a_2 \\ r \cdot a_3 \end{pmatrix}, \ r \in \mathbb{R}$$

Ortsvektor eines Punktes

Der Ortsvektor $\vec{p} = \overrightarrow{OP}$ des Punktes $P\,(p_1|p_2|p_3)$ zeigt vom Ursprung O des Koordinatensystems zum Punkt P.
Seine Koordinaten entsprechen exakt den Punktkoordinaten.

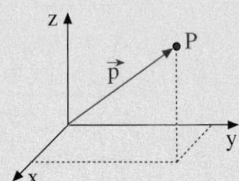

$$\vec{p} = \overrightarrow{OP} = \begin{pmatrix} p_1 \\ p_2 \\ p_3 \end{pmatrix}$$

Verbindungsvektor $\overrightarrow{PQ}$

$P\,(p_1|p_2|p_3)$ und $Q\,(q_1|q_2|q_3)$ seien zwei Punkte. $\overrightarrow{PQ}$ sei der Vektor, der den Punkt P in den Punkt Q verschiebt.
Es ist der Verbindungsvektor von P und Q. Es gilt:

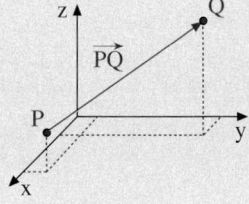

$$\overrightarrow{PQ} = \begin{pmatrix} q_1 \\ q_2 \\ q_3 \end{pmatrix} - \begin{pmatrix} p_1 \\ p_2 \\ p_3 \end{pmatrix} = \begin{pmatrix} q_1 - p_1 \\ q_2 - p_2 \\ q_3 - p_3 \end{pmatrix}$$

Betrag eines Vektors

Der Betrag $|\vec{v}|$ eines Vektors $\vec{v}$ entspricht der Länge seines Pfeiles.

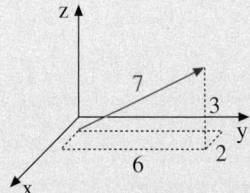

Betrag eines Vektors im Raum:

$$\vec{a} = \begin{pmatrix} a_1 \\ a_2 \\ a_3 \end{pmatrix} \Rightarrow |\vec{a}| = \sqrt{a_1^2 + a_2^2 + a_3^2}$$

Betrag eines Vektors in der Ebene:

$$\vec{a} = \begin{pmatrix} a_1 \\ a_2 \end{pmatrix} \Rightarrow |\vec{a}| = \sqrt{a_1^2 + a_2^2}$$

Parametergleichung einer Geraden:

g: $\vec{x} = \vec{a} + r \cdot \vec{m}$ $(r \in \mathbb{R})$

Stütz-   Richtungs-
vektor   vektor

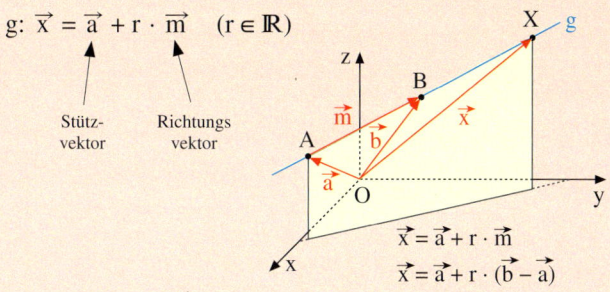

$\vec{x} = \vec{a} + r \cdot \vec{m}$
$\vec{x} = \vec{a} + r \cdot (\vec{b} - \vec{a})$

Zweipunktegleichung:

g: $\vec{x} = \vec{a} + r \cdot (\vec{b} - \vec{a})$ $(r \in \mathbb{R})$
$\vec{a}$, $\vec{b}$ sind die Ortsvektoren zweier Geradenpunkte A und B.

Lagebeziehung von zwei Geraden im Raum:

Die Geraden sind entweder parallel (oder sogar identisch) oder sie schneiden sich in genau einem Punkt oder sie sind windschief.

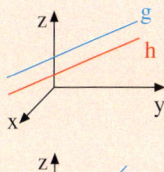

1. Fall: parallel (im Sonderfall: identisch)
Die Richtungsvektoren beider Geraden sind kollinear.
Liegt der Stützpunkt einer Geraden auch auf der anderen Geraden, sind die Geraden sogar identisch.

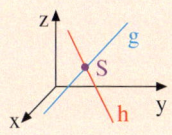

2. Fall: schneidend
Die Richtungsvektoren der Geraden sind nicht kollinear.
Man setzt die rechten Seiten der Parametergleichungen gleich und löst das entstehende eindeutig lösbare LGS.
Die Geraden schneiden sich in genau einem Punkt.

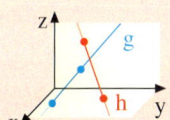

3. Fall: windschief
Die Richtungsvektoren der Geraden sind nicht kollinear.
Man setzt die rechten Seiten der Parametergleichungen gleich.
Das entstehende LGS ist unlösbar.

Spurpunkte einer Geraden:

Schnittpunkte der Geraden mit den Koordinatenebenen.
Bedingungen:
S_{xy}: $z = 0$
S_{xz}: $y = 0$
S_{yz}: $x = 0$

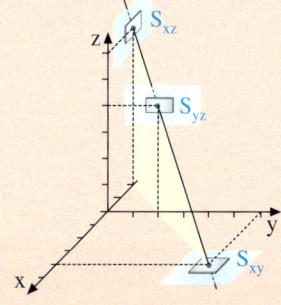

Test

Geraden

1. Geradengleichung, Punkt und Strecke

Gegeben sind die Punkte $P(1|4|3)$, $A(3|0|1)$ und $B(0|6|4)$.

a) Stellen Sie eine Parametergleichung der Geraden g durch A und B auf.

b) Überprüfen Sie, ob der Punkt P auf der Strecke $\overline{AB}$ liegt.

2. Geraden am Quader

Der dargestellte Quader wird von vier Geraden durchdrungen. Stellen Sie die vektoriellen Geradengleichungen auf, bezogen auf das eingezeichnete Koordinatensystem.

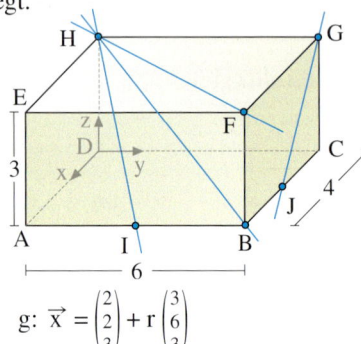

3. Relative Lage von Geraden, Spurpunkte

Gegeben sind die Geraden g und h.

a) Bestimmen Sie den Schnittpunkt der beiden Geraden.

b) Stellen Sie die Geraden räumlich dar.

c) Gesucht sind diejenigen Punkte, in denen die Gerade h die drei Grundebenen des Koordinatensystems durchdringt (Spurpunkte von h).

$$g: \vec{x} = \begin{pmatrix} 2 \\ 2 \\ 3 \end{pmatrix} + r \begin{pmatrix} 3 \\ 6 \\ 3 \end{pmatrix}$$

$$h: \vec{x} = \begin{pmatrix} 1 \\ 2 \\ 6 \end{pmatrix} + s \begin{pmatrix} -1 \\ -1 \\ 1 \end{pmatrix}$$

4. Flugbahnen

Ein Flugzeug befindet sich mit konstanter Geschwindigkeit im Anflug auf die Landebahn. Um 16.00 Uhr hat es die Position $A(4|0|6)$ erreicht, eine Minute später ist es an der Position $B(5|3|4,5)$ angelangt. (Längen- und Positionsangaben in der Einheit km).

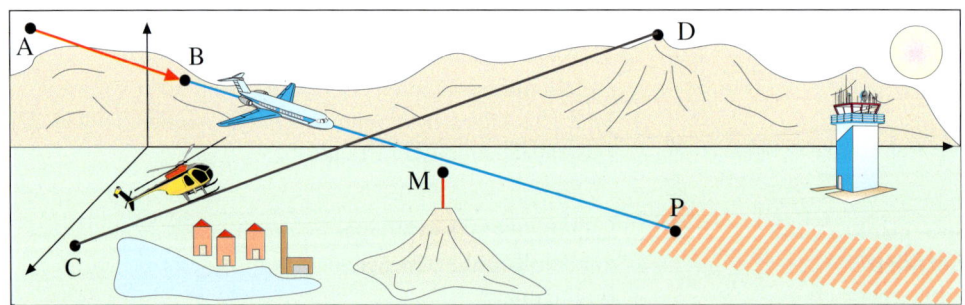

a) Wo liegt der theoretische Aufsetzpunkt P auf der Landebahn, die sich in Meereshöhe $z = 0$ befindet? Wie lange dauert der gesamte Anflug des Flugzeugs?

b) Das Flugzeug überfliegt den im Anflugbereich schwebenden Fesselballon mit dem Mittelpunkt $M(6|6|2,9)$ und dem Durchmesser 20 m. Wieviel Sicherheitsabstand nach unten ist beim Überflug der Ballonposition noch vorhanden?

c) Zeitgleich mit dem Beginn des Landeanflugs in A startet ein Hubschrauber von der Ölplattform $C(12|0|0)$ in Richtung der Bergstation $D(-2|14|7)$. Für diesen Flug ist eine Flugzeit von exakt 5 Minuten vorgesehen. Befindet sich der Hubschrauber auf Kollisionskurs zur Bahn des Flugzeugs? Kommt es tatsächlich zur Kollision?

Lösungen: S. 486

IX. Skalarprodukt

1. Das Skalarprodukt

A. Definition des Skalarproduktes

Ein Wagen wird gleichmäßig von einem Pferd über einen Sandweg gezogen. Dabei wird eine Kraft in Richtung der Deichsel aufgebracht, die sich durch den Kraftvektor $\vec{F}$ darstellen lässt.
Der zurückgelegte Weg lässt sich ebenfalls vektoriell durch den Wegvektor $\vec{s}$ darstellen. Beide seien im Winkel γ gegeneinander geneigt.

Die hierbei verrichtete Arbeit W errechnet sich als Produkt aus Kraft und Weg, genauer gesagt als Produkt aus Kraft in Wegrichtung F_s und Weglänge s.
F_s lässt sich im rechtwinkligen Dreieck mithilfe des Kosinus darstellen als $|\vec{F}| \cdot \cos\gamma$, und s lässt sich darstellen als Betrag des Vektors $\vec{s}$, d. h. als $|\vec{s}|$. Dies führt auf die Formel $W = |\vec{F}| \cdot |\vec{s}| \cdot \cos\gamma$, deren rechte Seite eine gewisse Art von Produkt der Vektoren $\vec{F}$ und $\vec{s}$ darstellt.

„Arbeit = Kraft · Weg"

$$\text{Arbeit} = \underset{\text{Wegrichtung}}{\text{Kraft in}} \cdot \text{Weglänge}$$

$$W = F_s \cdot s$$

$$W = |\vec{F}| \cdot \cos\gamma \cdot |\vec{s}|$$

$$W = |\vec{F}| \cdot |\vec{s}| \cdot \cos\gamma$$

Das Ergebnis dieses Produktes ist die Arbeit W, die kein Vektor, sondern eine reine Zahlengröße ist. In der Physik bezeichnet man eine Zahlengröße auch als Skalar und deshalb nennt man das Produkt $|\vec{F}| \cdot |\vec{s}| \cdot \cos\gamma$ auch *Skalarprodukt* der Vektoren $\vec{F}$ und $\vec{s}$. Man verwendet für den Term $|\vec{F}| \cdot |\vec{s}| \cdot \cos\gamma$ die symbolische Produktschreibweise $\vec{F} \cdot \vec{s}$.

Das Skalarprodukt (Kosinusform)

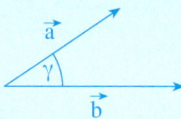

$\vec{a}$ und $\vec{b}$ seien zwei Vektoren und γ der Winkel zwischen diesen Vektoren ($0° \leq \gamma \leq 180°$).
Dann bezeichnet man den Ausdruck

$$\vec{a} \cdot \vec{b} = |\vec{a}| \cdot |\vec{b}| \cdot \cos\gamma$$

als *Skalarprodukt* von $\vec{a}$ und $\vec{b}$.

Übung 1
Bestimmen Sie das Skalarprodukt der Vektoren $\vec{a}$ und $\vec{b}$. Messen Sie die benötigten Längen und Winkel aus oder errechnen Sie diese mithilfe der Definition.

a)

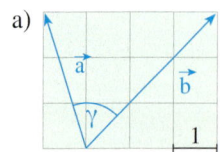

b)

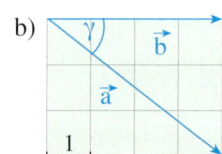

c) $\vec{a} = \begin{pmatrix} -3 \\ 5 \end{pmatrix}$, $\vec{b} = \begin{pmatrix} 5 \\ 6 \end{pmatrix}$

d) $\vec{a} = \begin{pmatrix} 4 \\ 2 \end{pmatrix}$, $\vec{b} = \begin{pmatrix} 4 \\ 6 \end{pmatrix}$

Ziel der folgenden Überlegungen ist die Gewinnung einer vektor- und winkelfreien Darstellung des Skalarproduktes von Spaltenvektoren.

Wir betrachten zwei Vektoren $\vec{a}$ und $\vec{b}$, die ein Dreieck aufspannen, wie abgebildet. In einem allgemeinen Dreieck gilt der Kosinussatz der Trigonometrie, von dem unsere Rechnung ausgeht:

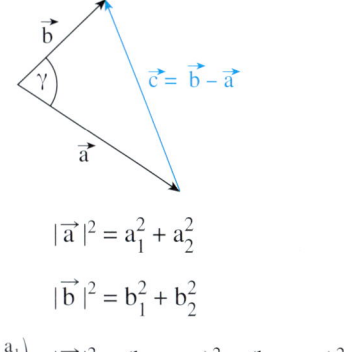

$c^2 = a^2 + b^2 - 2 \cdot a \cdot b \cdot \cos\gamma$ Kosinussatz

$|\vec{c}|^2 = |\vec{a}|^2 + |\vec{b}|^2 - 2 \cdot |\vec{a}| \cdot |\vec{b}| \cdot \cos\gamma$

$|\vec{c}|^2 = |\vec{a}|^2 + |\vec{b}|^2 - 2 \cdot \vec{a} \cdot \vec{b}$ Def. des Skalar-

$2 \cdot \vec{a} \cdot \vec{b} = |\vec{a}|^2 + |\vec{b}|^2 - |\vec{c}|^2$ produktes

Umformung

$\vec{a} = \binom{a_1}{a_2}$ $|\vec{a}|^2 = a_1^2 + a_2^2$

$\vec{b} = \binom{b_1}{b_2}$ $|\vec{b}|^2 = b_1^2 + b_2^2$

$\vec{c} = \binom{b_1 - a_1}{b_2 - a_2}$ $|\vec{c}|^2 = (b_1 - a_1)^2 + (b_2 - a_2)^2$

Durch Einsetzen der rechts aufgeführten Darstellungen für die Beträge der Spaltenvektoren $\vec{a}$, $\vec{b}$ und $\vec{c}$ folgt:

$2 \cdot \vec{a} \cdot \vec{b} = a_1^2 + a_2^2 + b_1^2 + b_2^2 - (b_1 - a_1)^2 - (b_2 - a_2)^2$

$2 \cdot \vec{a} \cdot \vec{b} = 2a_1 b_1 + 2a_2 b_2$

$\vec{a} \cdot \vec{b} = a_1 b_1 + a_2 b_2$

Analog ergibt sich für dreidimensionale Spaltenvektoren die Formel

$\vec{a} \cdot \vec{b} = a_1 b_1 + a_2 b_2 + a_3 b_3$.

Das Skalarprodukt von Spaltenvektoren lässt sich also als Produktsumme von Koordinaten darstellen.

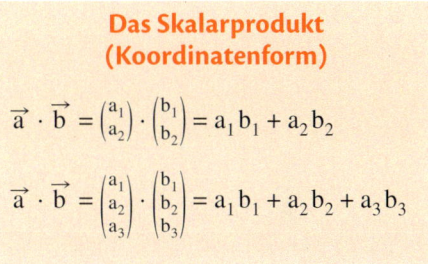

Das Skalarprodukt (Koordinatenform)

$$\vec{a} \cdot \vec{b} = \binom{a_1}{a_2} \cdot \binom{b_1}{b_2} = a_1 b_1 + a_2 b_2$$

$$\vec{a} \cdot \vec{b} = \begin{pmatrix} a_1 \\ a_2 \\ a_3 \end{pmatrix} \cdot \begin{pmatrix} b_1 \\ b_2 \\ b_3 \end{pmatrix} = a_1 b_1 + a_2 b_2 + a_3 b_3$$

Beispiele:

$\binom{1}{2} \cdot \binom{3}{2} = 1 \cdot 3 + 2 \cdot 2 = 7$

$\begin{pmatrix} 1 \\ 2 \\ 1 \end{pmatrix} \cdot \begin{pmatrix} 2 \\ 3 \\ -4 \end{pmatrix} = 1 \cdot 2 + 2 \cdot 3 + 1 \cdot (-4) = 4$

$\begin{pmatrix} 2 \\ -1 \\ 4 \end{pmatrix} \cdot \begin{pmatrix} 3 \\ -2 \\ -2 \end{pmatrix} = 2 \cdot 3 + (-1) \cdot (-2) + 4 \cdot (-2) = 0$

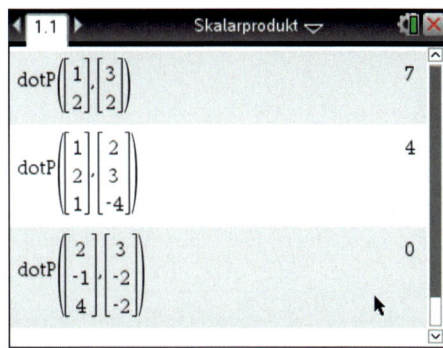

Im Folgenden werden wir sehen, dass viele Probleme durch Anwendung des Skalarproduktes vereinfacht gelöst werden können. Oft benötigt man dabei beide Darstellungen des Skalarproduktes, die winkelbezogene Form $\vec{a} \cdot \vec{b} = |\vec{a}| \cdot |\vec{b}| \cdot \cos\gamma$ sowie die koordinatenbezogenen Formen $\vec{a} \cdot \vec{b} = a_1 b_1 + a_2 b_2$ bzw. $\vec{a} \cdot \vec{b} = a_1 b_1 + a_2 b_2 + a_3 b_3$.

Übungen

2. Berechnen Sie in den abgebildeten Figuren das Skalarprodukt $\vec{a} \cdot \vec{b}$.
  a) Verwenden Sie die Kosinusform des Skalarproduktes. Die benötigten Längen und Winkel können mit dem Geodreieck gemessen werden.
  b) Verwenden Sie die Koordinatenform des Skalarproduktes.

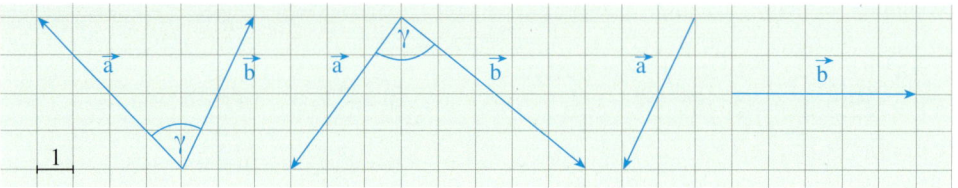

3. Berechnen Sie die angegebenen Skalarprodukte.

a)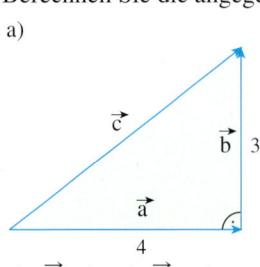

$\vec{a} \cdot \vec{b}, \vec{a} \cdot \vec{c}, \vec{b} \cdot \vec{c}$

b)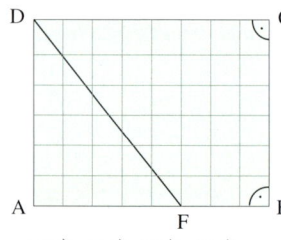

$\overrightarrow{DA} \cdot \overrightarrow{DF}, \overrightarrow{FB} \cdot \overrightarrow{FD},$
$\overrightarrow{AF} \cdot \overrightarrow{AD}, \overrightarrow{DC} \cdot \overrightarrow{DF}$

c)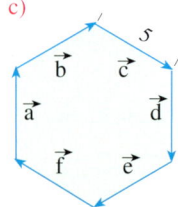

$\vec{a} \cdot \vec{b}, \vec{a} \cdot \vec{c}, \vec{a} \cdot \vec{d},$
$(\vec{a} + \vec{b}) \cdot \vec{c},$
$(\vec{a} + \vec{b} + \vec{c}) \cdot (\vec{d} + \vec{e} + \vec{f})$

4. Errechnen Sie die folgenden Skalarprodukte.

  a) $\begin{pmatrix} 8 \\ -1 \\ 2 \end{pmatrix} \cdot \begin{pmatrix} 0 \\ 4 \\ 1 \end{pmatrix}$
  b) $\begin{pmatrix} 2a \\ a \\ 1 \end{pmatrix} \cdot \begin{pmatrix} a \\ -a \\ a \end{pmatrix}$
  c) $\begin{pmatrix} a \\ b \\ a \end{pmatrix} \cdot \begin{pmatrix} b \\ -a \\ 0 \end{pmatrix}$
  d) $\begin{pmatrix} 4 \\ 2 \\ 1 \end{pmatrix} \cdot \begin{pmatrix} 8 \\ 3a \\ 3 \end{pmatrix} + \begin{pmatrix} 12 \\ -a \\ 2a \end{pmatrix} \cdot \begin{pmatrix} -3 \\ 2 \\ -2 \end{pmatrix}$

5. Wie muss a gewählt werden, wenn die folgenden Gleichungen gelten sollen?

  a) $\begin{pmatrix} a \\ 2 \\ 4 \end{pmatrix} \cdot \begin{pmatrix} 2a \\ 1 \\ a \end{pmatrix} = 0$
  b) $\begin{pmatrix} 1 \\ 2 \\ 1 \end{pmatrix} \cdot \begin{pmatrix} a \\ 2a \\ a \end{pmatrix} = 1$
  c) $\begin{pmatrix} a-1 \\ 1 \\ 2 \end{pmatrix} \cdot \left(\begin{pmatrix} 1 \\ 1 \\ 2 \end{pmatrix} + \begin{pmatrix} 1 \\ 2 \\ a \end{pmatrix} \right) = 6$

6. Die Abbildung zeigt eine gerade quadratische Pyramide mit den Seitenlängen $|\overrightarrow{AB}| = 6$, $|\overrightarrow{BC}| = 6$ sowie der Höhe h = 3.
  a) Berechnen Sie die Skalarprodukte $\overrightarrow{SB} \cdot \overrightarrow{SC}$, $\overrightarrow{AD} \cdot \overrightarrow{DC}$, $\overrightarrow{AC} \cdot \overrightarrow{BD}$, $\overrightarrow{BA} \cdot \overrightarrow{BS}$.
  b) Errechnen Sie das Skalarprodukt $\overrightarrow{SA} \cdot \overrightarrow{SB}$. Errechnen Sie die Längen $|\overrightarrow{SA}|$ und $|\overrightarrow{SB}|$. Können Sie nun den Winkel $\alpha = \sphericalangle ASB$ bestimmen?

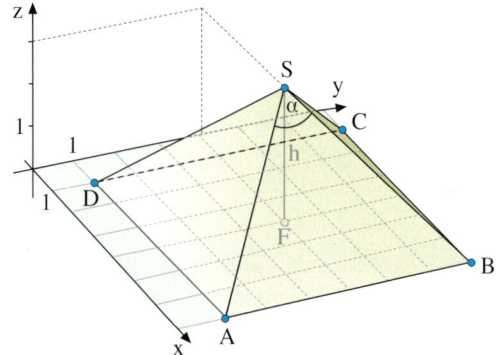

2. Winkel- und Flächenberechnungen

A. Der Winkel zwischen zwei Vektoren

Mithilfe des Skalarproduktes zweier Vektoren können sowohl *Längen* als auch *Winkel* auf vektorieller Basis gemessen werden. Die Grundlage bilden hierbei die beiden folgenden Sätze.

Bildet man das Skalarprodukt eines Vektors mit sich selbst, so erhält man das Quadrat des Betrages des Vektors:

$$\vec{a} \cdot \vec{a} = |\vec{a}| \cdot |\vec{a}| \cdot \cos 0° = |\vec{a}|^2.$$

> **Der Betrag eines Vektors**
>
> Für den Betrag (die Länge) eines Vektors $\vec{a}$ gilt die Formel
>
> $$|\vec{a}|^2 = \vec{a} \cdot \vec{a} \text{ bzw. } |\vec{a}| = \sqrt{\vec{a} \cdot \vec{a}}.$$

Beispielsweise hat der Vektor $\vec{a} = \begin{pmatrix} 2 \\ 6 \\ -3 \end{pmatrix}$ die Länge 7, denn es gilt:

$$|\vec{a}|^2 = \vec{a} \cdot \vec{a} = \begin{pmatrix} 2 \\ 6 \\ -3 \end{pmatrix} \cdot \begin{pmatrix} 2 \\ 6 \\ -3 \end{pmatrix} = 4 + 36 + 9 = 49 \Rightarrow |\vec{a}| = \sqrt{49} = 7.$$

Zwei Vektoren $\vec{a}$ und $\vec{b}$ bilden stets zwei Winkel. Der kleinere der beiden Winkel wird als *Winkel zwischen den Vektoren* bezeichnet. Er kann mittels Skalarprodukt berechnet werden. Löst man die Skalarproduktgleichung $\vec{a} \cdot \vec{b} = |\vec{a}| \cdot |\vec{b}| \cdot \cos\gamma$ nach $\cos\gamma$ auf, so erhält man die sogenannte *Kosinusformel*, die zur Winkelberechnung verwendet wird.

> **Die Kosinusformel**
>
> $\vec{a}$ und $\vec{b}$ seien vom Nullvektor verschiedene Vektoren und γ sei der Winkel zwischen ihnen. Dann gilt:
>
> $$\cos\gamma = \frac{\vec{a} \cdot \vec{b}}{|\vec{a}| \cdot |\vec{b}|}.$$
>
>

> ▶ **Beispiel: Winkel zwischen zwei Vektoren**
>
> Errechnen Sie den Winkel zwischen den Vektoren $\vec{a} = \begin{pmatrix} 4 \\ 5 \\ 3 \end{pmatrix}$ und $\vec{b} = \begin{pmatrix} 7 \\ 5 \\ 1 \end{pmatrix}$.

Lösung:
Wir errechnen zunächst die Beträge von $\vec{a}$ und $\vec{b}$: $|\vec{a}| = \sqrt{\vec{a} \cdot \vec{a}} = \sqrt{50}$, $|\vec{b}| = \sqrt{75}$.

Nun wenden wir die Kosinusformel an:

$\cos\gamma = \frac{\vec{a} \cdot \vec{b}}{|\vec{a}| \cdot |\vec{b}|} = \frac{56}{\sqrt{50} \cdot \sqrt{75}} \approx 0{,}9145.$

Mit dem Taschenrechner ($\cos^{-1}$-Taste) folgt
▶ $\gamma \approx 23{,}87°.$

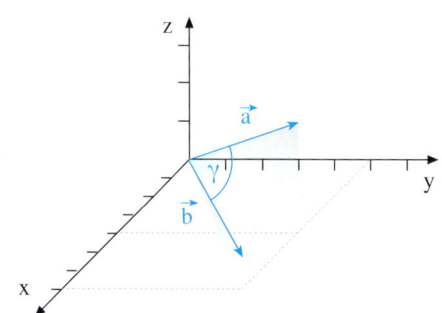

▶ **Beispiel: Winkel im Dreieck**
Gegeben sei das Dreieck mit den Ecken
P$(5|5|1)$, Q$(6|1|2)$, R$(1|0|4)$. Bestim-
men Sie die Größe des Innenwinkels γ
am Punkt R des Dreiecks.

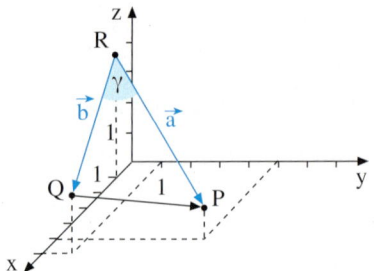

Lösung:
Wir stellen die beiden Dreiecksseiten, die
am Winkel γ anliegen, zunächst durch die
Vektoren $\vec{a} = \overrightarrow{RP}$ und $\vec{b} = \overrightarrow{RQ}$ dar.

$$\vec{a} = \overrightarrow{RP} = \overrightarrow{OP} - \overrightarrow{OR} = \begin{pmatrix} 5 \\ 5 \\ 1 \end{pmatrix} - \begin{pmatrix} 1 \\ 0 \\ 4 \end{pmatrix} = \begin{pmatrix} 4 \\ 5 \\ -3 \end{pmatrix}$$

γ lässt sich als Winkel zwischen diesen Vektoren $\vec{a}$ und $\vec{b}$ auffassen.
Nun können wir mithilfe der Kosinusformel den Kosinus des Winkels γ bestimmen.
Wir erhalten $\cos γ ≈ 0{,}8004$.

$$\vec{b} = \overrightarrow{RQ} = \overrightarrow{OQ} - \overrightarrow{OR} = \begin{pmatrix} 6 \\ 1 \\ 2 \end{pmatrix} - \begin{pmatrix} 1 \\ 0 \\ 4 \end{pmatrix} = \begin{pmatrix} 5 \\ 1 \\ -2 \end{pmatrix}$$

$$\cos γ = \frac{\vec{a} \cdot \vec{b}}{|\vec{a}| \cdot |\vec{b}|} = \frac{20 + 5 + 6}{\sqrt{50} \cdot \sqrt{30}} ≈ 0{,}8004$$

▶ Hieraus folgt unmittelbar $γ ≈ 36{,}83°$.

$$γ ≈ 36{,}83°$$

Übung 1
Bestimmen Sie die Größe des Winkels zwischen den Vektoren $\vec{a}$ und $\vec{b}$.

a) $\vec{a} = \begin{pmatrix} 3 \\ 1 \end{pmatrix}$, $\vec{b} = \begin{pmatrix} 3 \\ -3 \end{pmatrix}$ b) $\vec{a} = \begin{pmatrix} 1 \\ 2 \\ -3 \end{pmatrix}$, $\vec{b} = \begin{pmatrix} -2 \\ -4 \\ 0 \end{pmatrix}$ c) $\vec{a} = \begin{pmatrix} 4 \\ 3 \\ 4 \end{pmatrix}$, $\vec{b} = \begin{pmatrix} 2 \\ -4 \\ 1 \end{pmatrix}$

Übung 2
Bestimmen Sie die Größe des Winkels α mithilfe von Vektoren.

a)
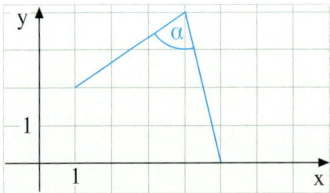

b)
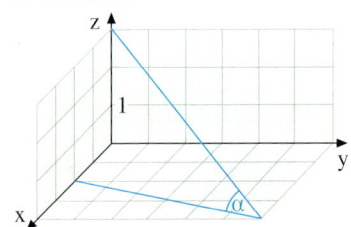

Übung 3
Bestimmen Sie alle Winkel im Dreieck PQR.
a) P$(3|4)$, Q$(6|3)$, R$(3|0)$ b) P$(3|4|1)$, Q$(6|3|2)$, R$(3|0|3)$
c) P$(6|3|8)$, Q$(7|4|3)$, R$(4|4|2)$ d) P$(1|2|2)$, Q$(3|4|2)$, R$(2|3|2 + \sqrt{3})$

Übung 4
Gegeben sind die Vektoren $\vec{a} = \begin{pmatrix} 4 \\ 4 \\ 2 \end{pmatrix}$ und $\vec{b} = \begin{pmatrix} 6 \\ 0 \\ z \end{pmatrix}$. Wie muss die Koordinate z gewählt werden,

damit der Winkel zwischen $\vec{a}$ und $\vec{b}$ eine Größe von 45° hat?

B. Orthogonale Vektoren

Zwei Vektoren $\vec{a}$ und $\vec{b}$ ($\vec{a}$, $\vec{b} \neq 0$) werden als zueinander *orthogonale Vektoren* bezeichnet, wenn sie senkrecht aufeinander stehen. Man verwendet hierfür die symbolische Schreibweise $\vec{a} \perp \vec{b}$.

Mithilfe des Skalarproduktes kann man besonders einfach überprüfen, ob zwei Vektoren orthogonal sind. Das Skalarprodukt der Vektoren ist dann nämlich gleich null, weil für $\gamma = 90°$ gilt:

$$\vec{a} \cdot \vec{b} = |\vec{a}| \cdot |\vec{b}| \cdot \cos 90°$$
$$= |\vec{a}| \cdot |\vec{b}| \cdot 0 = 0.$$

Orthogonalitätskriterium

Zwei Vektoren $\vec{a}$ und $\vec{b}$ ($\vec{a}$, $\vec{b} \neq \vec{0}$) sind genau dann orthogonal (senkrecht), wenn ihr Skalarprodukt null ist.

$$\vec{a} \perp \vec{b} \Leftrightarrow \vec{a} \cdot \vec{b} = 0$$

Beispiel: Orthogonale Vektoren
Prüfen Sie, ob zwei der drei Vektoren orthogonal sind.

$$\vec{a} = \begin{pmatrix} 1 \\ 2 \\ 4 \end{pmatrix}, \vec{b} = \begin{pmatrix} 1 \\ 2 \\ -1 \end{pmatrix}, \vec{c} = \begin{pmatrix} 8 \\ 2 \\ -3 \end{pmatrix}$$

Lösung:
$\vec{a} \cdot \vec{b} = 1 \Rightarrow \vec{a}$, $\vec{b}$ sind nicht orthogonal.
$\vec{a} \cdot \vec{c} = 0 \Rightarrow \vec{a}$, $\vec{c}$ sind orthogonal.
$\vec{b} \cdot \vec{c} = 15 \Rightarrow \vec{b}$, $\vec{c}$ sind nicht orthogonal.

Beispiel: Rechtwinkliges Dreieck
Prüfen Sie, ob das Dreieck mit den Eckpunkten A (0|0|4), B (2|2|2), C (0|3|1) rechtwinklig ist (Schrägbild anfertigen).

Lösung:
Im Schrägbild ist die Rechtwinkligkeit des Dreiecks nicht erkennbar.
Bilden wir jedoch rechnerisch die Seitenvektoren und berechnen dann deren Skalarprodukte, so stellt sich heraus, dass das Dreieck bei B rechtwinklig ist.

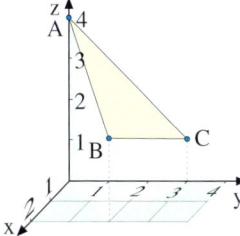

$$\overrightarrow{AB} = \begin{pmatrix} 2 \\ 2 \\ -2 \end{pmatrix}, \overrightarrow{AC} = \begin{pmatrix} 0 \\ 3 \\ -3 \end{pmatrix}, \overrightarrow{BC} = \begin{pmatrix} -2 \\ 1 \\ -1 \end{pmatrix}$$

$$\overrightarrow{AB} \cdot \overrightarrow{AC} = 12, \quad \overrightarrow{BA} \cdot \overrightarrow{BC} = 0, \quad \overrightarrow{CB} \cdot \overrightarrow{CA} = 6$$

Übung 5 Orthogonale Vektoren
Suchen Sie unter den gegebenen Vektoren alle Paare orthogonaler Vektoren.

$$\vec{a} = \begin{pmatrix} 3 \\ 2 \\ 0 \end{pmatrix} \vec{b} = \begin{pmatrix} 0 \\ 4 \\ 2 \end{pmatrix} \vec{c} = \begin{pmatrix} 2 \\ -3 \\ 6 \end{pmatrix} \vec{d} = \begin{pmatrix} 4 \\ 1 \\ 1 \end{pmatrix} \vec{e} = \begin{pmatrix} 1 \\ a \\ 1 \end{pmatrix} \vec{f} = \begin{pmatrix} -a \\ 2a \\ 0 \end{pmatrix}$$

Übung 6 Rechtwinklige Dreiecke
Untersuchen Sie, ob das Dreieck ABC rechtwinklig ist.

a) A (2|2|0), B (1|4|2), C (3|2|5)
b) A (3|−1|2), B (4|2|1), C (−3|2|5)
c) A (2|5|3), B (6|7|−1), C (3|7|5)

C. Der Flächeninhalt eines Dreiecks

Flächeninhalt eines Dreiecks

Spannen die Vektoren $\vec{a}$ und $\vec{b}$ im Anschauungsraum ein Dreieck auf, so gilt für dessen Flächeninhalt A die Formel:

$$A = \tfrac{1}{2}\sqrt{\vec{a}^{\,2} \cdot \vec{b}^{\,2} - (\vec{a} \cdot \vec{b})^2}\,.$$

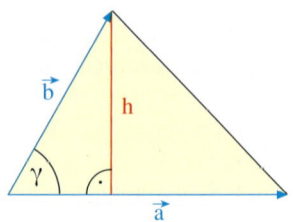

Beweis:

Ausgehend von der Standardformel für den Dreiecksinhalt

$$A = \tfrac{1}{2}\, g \cdot h = \tfrac{1}{2}\,|\vec{a}| \cdot h$$

ergibt sich die obige Formel nach nebenstehender Rechnung.

Dabei kommen die trigonometrische Beziehung $\sin\gamma = \dfrac{h}{|\vec{b}|}$ und die Kosinusformel

$\vec{a} \cdot \vec{b} = |\vec{a}| \cdot |\vec{b}| \cdot \cos\gamma$ zur Anwendung.

Rechnung:

$$\begin{aligned}
A &= \tfrac{1}{2}\,|\vec{a}| \cdot h = \tfrac{1}{2}\,|\vec{a}| \cdot |\vec{b}| \cdot \sin\gamma \\[4pt]
&= \tfrac{1}{2}\sqrt{|\vec{a}|^2 \cdot |\vec{b}|^2 \cdot \sin^2\gamma} \\[4pt]
&= \tfrac{1}{2}\sqrt{|\vec{a}|^2 \cdot |\vec{b}|^2 \cdot (1 - \cos^2\gamma)} \\[4pt]
&= \tfrac{1}{2}\sqrt{|\vec{a}|^2 \cdot |\vec{b}|^2 - |\vec{a}|^2 \cdot |\vec{b}|^2 \cdot \cos^2\gamma} \\[4pt]
&= \tfrac{1}{2}\sqrt{\vec{a}^{\,2} \cdot \vec{b}^{\,2} - (\vec{a} \cdot \vec{b})^2}
\end{aligned}$$

▶ **Beispiel:** Bestimmen Sie den Inhalt des Dreiecks mit den Eckpunkten $A(1|2|5)$, $B(4|5|1)$, $C(-2|6|2)$.

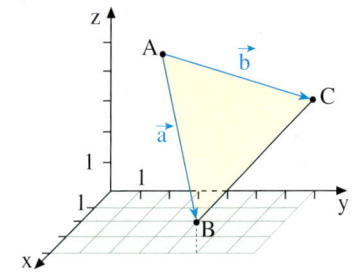

Lösung:

Das Dreieck wird von den beiden Vektoren

$$\vec{a} = \overrightarrow{AB} = \begin{pmatrix} 3 \\ 3 \\ -4 \end{pmatrix} \text{ und } \vec{b} = \overrightarrow{AC} = \begin{pmatrix} -3 \\ 4 \\ -3 \end{pmatrix}$$

aufgespannt. Der Flächeninhalt des von $\vec{a}$ und $\vec{b}$ aufgespannten Dreiecks wird mit der oben aufgeführten Formel berechnet.

▶ Resultat: $A_{\text{Dreieck}} \approx 15{,}26$.

$$\begin{aligned}
A_{\text{Dreieck}} &= \tfrac{1}{2} \cdot \sqrt{\vec{a}^{\,2} \cdot \vec{b}^{\,2} - (\vec{a} \cdot \vec{b})^2} \\[4pt]
&= \tfrac{1}{2} \cdot \sqrt{34 \cdot 34 - 15^2} \approx 15{,}26
\end{aligned}$$

Übung 7

Bestimmen Sie den Oberflächeninhalt der Pyramide

a) mit den Eckpunkten $A(3|3|0)$,
$\quad$ $B(1|1|4)$, $C(6|0|2)$, $D(4|4|3)$;

b) aus nebenstehendem Bild.

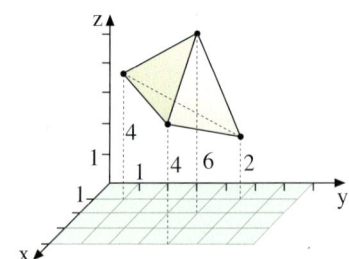

Übung 8

Wie muss z gewählt werden, damit das Dreieck ABC den Inhalt 15 besitzt?
$A(1|1|2)$, $B(1|-2|z)$, $C(7|-2|6)$

Übungen

9. Gegeben ist das Dreieck ABC mit A(6|1|2), B(5|5|1) und C(1|0|4).
   a) Fertigen Sie ein Schrägbild des Dreiecks an und berechnen Sie seine Innenwinkel.
   b) Welchen Flächeninhalt hat das Dreieck ABC?

10. Bestimmen Sie mithilfe des Skalarproduktes die Innenwinkel ε und φ im abgebildeten Parallelogramm. Berechnen
   Sie den Flächeninhalt des Parallelo-
   gramms konventionell und mittels
   Skalarprodukt (Hinweis: doppeltes
   Dreieck).

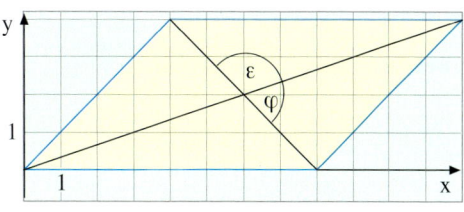

11. Bestimmen Sie einen Punkt C so, dass $\overrightarrow{AB}$ und $\overrightarrow{AC}$ orthogonal zueinander sind.
   a) A(2|−1|1), B(0|2|−3)   b) A(−5|3|4), B(7|−3|6)   c) A(7|−4|1), B(9|−1|13)

12. Bestimmen Sie die Koordinaten eines Punktes C so, dass das Dreieck ABC mit A(1|1) und
   B(4|5) rechtwinklig und gleichschenklig ist.

13. Winkel im Quader
   Ein Quader hat die Grundflächenmaße
   4×3. Wie muss seine Höhe h gewählt
   werden, wenn seine Raumdiagonalen
   sich senkrecht schneiden sollen?

14. Doppelpyramide
   Ein Edelstein hat die Form einer quadratischen Doppelpyramide mit den in der
   Zeichnung angegebenen Maßen (Ab-
   stände gegenüberliegender Ecken).
   a) Welche Innenwinkel hat ein Seiten-
      dreieck der Pyramide?
   b) Wie groß sind die Winkel ∢ASC
      bzw. ∢SBT?
   c) Wie groß ist die Oberfläche des Kör-
      pers?

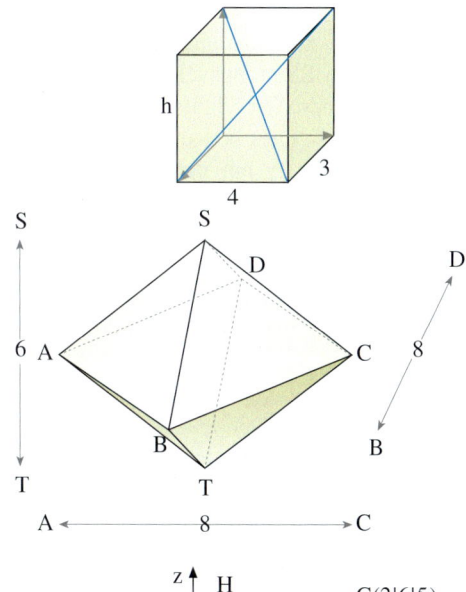

15. Pyramidenstumpf
   Betrachtet wird ein regelmäßiger qua-
   dratischer Pyramidenstumpf.
   a) Bestimmen Sie alle Eckpunktkoor-
      dinaten.
   b) Errechnen Sie den Winkel ∢ABF.
   c) Berechnen sie den Schnittpunkt der
      Diagonalen $\overline{BH}$ und $\overline{DF}$. Berechnen
      Sie gegebenenfalls den Schnittwinkel.
   d) Welchen Oberflächeninhalt hat der
      Pyramidenstumpf?

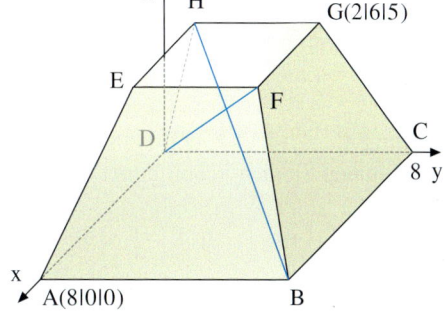

3. Der Winkel zwischen Geraden

Schneiden sich zwei Geraden in einem Punkt S, so bilden sie dort zwei Paare von Scheitelwinkeln. Einer der beiden Winkel überschreitet 90° nicht. Diesen Winkel bezeichnet man als *Schnittwinkel der Geraden*. Man kann ihn mithilfe der Kosinusformel (s. S. 287) berechnen.

▶ **Beispiel:** Die Geraden g: $\vec{x} = \begin{pmatrix} -2 \\ 7 \\ 6 \end{pmatrix} + r \begin{pmatrix} -3 \\ 4 \\ 4 \end{pmatrix}$ und h: $\vec{x} = \begin{pmatrix} 1 \\ -4 \\ 5 \end{pmatrix} + s \begin{pmatrix} 0 \\ -7 \\ 3 \end{pmatrix}$ schneiden sich im Punkt

S(1|3|2). Bestimmen Sie den Schnittwinkel γ der Geraden.

Lösung:
Denken wir uns die Richtungsvektoren der beiden Geraden im Schnittpunkt S angesetzt, so schließen sie entweder den Schnittwinkel γ der Geraden oder dessen Ergänzungswinkel γ' = 180° − γ ein.

Es reicht also zunächst aus, den Winkel δ zwischen den Richtungsvektoren $\vec{m}_1$ und $\vec{m}_2$ zu berechnen. Wir erhalten für den Winkel δ ≈ 109,15°. Dies bedeutet, dass wir γ' bestimmt haben. γ hat daher die Größe
▶ 70,85°.

1. Winkel zwischen $\vec{m}_1$ und $\vec{m}_2$:

$$\vec{m}_1 = \begin{pmatrix} -3 \\ 4 \\ 4 \end{pmatrix}, \ \vec{m}_2 = \begin{pmatrix} 0 \\ -7 \\ 3 \end{pmatrix}$$

$$\cos\delta = \frac{\vec{m}_1 \cdot \vec{m}_2}{|\vec{m}_1| \cdot |\vec{m}_2|} = \frac{-16}{\sqrt{41} \cdot \sqrt{58}} \approx -0,3281$$

$$\delta \approx 109,15°$$

2. Schnittwinkel γ von g und h:
γ = 180° − 109,15° = 70,85°

Noch einfacher ist es, die Kosinusformel leicht zu verändern durch Betragsbildung im Zähler. Dann erhält man sofort den Schnittwinkel γ. (Begründen Sie dies!)

Schnittwinkel von Geraden

g und h seien zwei Geraden mit den Richtungsvektoren $\vec{m}_1$ und $\vec{m}_2$. Dann gilt für ihren Schnittwinkel γ:

$$\cos\gamma = \frac{|\vec{m}_1 \cdot \vec{m}_2|}{|\vec{m}_1| \cdot |\vec{m}_2|}.$$

Es gilt 0° ≤ γ ≤ 90°.

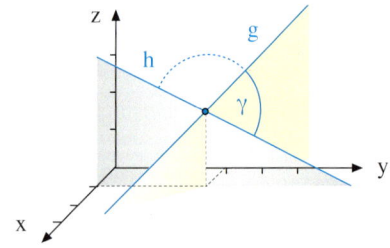

Übung 1

Bestimmen Sie den Schnittpunkt und den Schnittwinkel der Geraden g und h.

a) g: $\vec{x} = \begin{pmatrix} 0 \\ 2 \\ 1 \end{pmatrix} + r \cdot \begin{pmatrix} 1 \\ 1 \\ 2 \end{pmatrix}$, h: $\vec{x} = \begin{pmatrix} 0 \\ 1 \\ -4 \end{pmatrix} + s \cdot \begin{pmatrix} 2 \\ 1 \\ -1 \end{pmatrix}$ b) g: $\vec{x} = \begin{pmatrix} 1 \\ -2 \end{pmatrix} + r \cdot \begin{pmatrix} 1 \\ 2 \end{pmatrix}$, h: $\vec{x} = \begin{pmatrix} 0 \\ 4 \end{pmatrix} + s \cdot \begin{pmatrix} -1 \\ 2 \end{pmatrix}$

Stehen zwei Geraden orthogonal zueinander, so lässt sich dieses sofort anhand der Orthogonalität der Richtungsvektoren feststellen. Es gilt folgende *Orthogonalitätsbedingung*:

Orthogonalitätsbedingung
Zwei Geraden, die sich schneiden, stehen senkrecht aufeinander, wenn ihre Richtungsvektoren orthogonal sind (d.h., wenn das Skalarprodukt der Richtungsvektoren null ergibt).

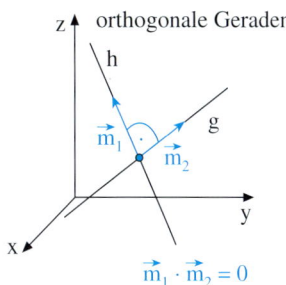

orthogonale Geraden

$\vec{m_1} \cdot \vec{m_2} = 0$

Übung 2
Überprüfen Sie, ob g und h senkrecht stehen oder ob sie für einen Wert von a senkrecht stehen können.

a) g: $\vec{x} = \begin{pmatrix} 2 \\ 3 \end{pmatrix} + r \begin{pmatrix} 1 \\ 1 \end{pmatrix}$, h: $\vec{x} = \begin{pmatrix} 2 \\ 9 \end{pmatrix} + s \begin{pmatrix} 2 \\ 1 \end{pmatrix}$ b) g: $\vec{x} = \begin{pmatrix} 1 \\ 1 \\ 2 \end{pmatrix} + r \begin{pmatrix} 3 \\ -2 \\ 1 \end{pmatrix}$, h: $\vec{x} = \begin{pmatrix} 4 \\ -1 \\ 2 \end{pmatrix} + s \begin{pmatrix} 2 \\ 1 \\ -4 \end{pmatrix}$

c) g: $\vec{x} = \begin{pmatrix} 3 \\ 3 \end{pmatrix} + r \begin{pmatrix} 3 \\ -1 \end{pmatrix}$, h: $\vec{x} = \begin{pmatrix} 4 \\ 6 \end{pmatrix} + s \begin{pmatrix} -1 \\ a \end{pmatrix}$ d) g: $\vec{x} = \begin{pmatrix} 3 \\ 0 \\ 1 \end{pmatrix} + r \begin{pmatrix} 2 \\ 1 \\ -4 \end{pmatrix}$, h: $\vec{x} = \begin{pmatrix} 1 \\ 2 \\ -3 \end{pmatrix} + s \begin{pmatrix} a \\ 2 \\ -1 \end{pmatrix}$

Übung 3
Bestimmen Sie den Schnittpunkt und den Schnittwinkel der Geraden g und h.

a) g: $\vec{x} = \begin{pmatrix} 1 \\ 2 \end{pmatrix} + r \begin{pmatrix} 3 \\ 1 \end{pmatrix}$, h: $\vec{x} = \begin{pmatrix} 4 \\ 1 \end{pmatrix} + s \begin{pmatrix} 1 \\ 1 \end{pmatrix}$ b) g: $\vec{x} = \begin{pmatrix} 3 \\ 1 \\ 4 \end{pmatrix} + r \begin{pmatrix} 2 \\ 2 \\ -2 \end{pmatrix}$, h: $\vec{x} = \begin{pmatrix} 2 \\ 3 \\ -1 \end{pmatrix} + s \begin{pmatrix} 1 \\ 2 \\ -3 \end{pmatrix}$

c) g durch A(2|1) und B(3|2),   d) g durch A(3|2|5) und B(5|6|3),
   h durch C(2|7) und D(4|5)   h durch C(4|3|7) und D(−2|−6|4)

Übung 4
Unter welchen Winkeln schneidet die Ursprungsgerade g: $\vec{x} = r \begin{pmatrix} 1 \\ 2 \\ 4 \end{pmatrix}$ die Koordinatenachsen?

Übung 5
Bestimmen Sie t so, dass die Gerade durch P(6|4|t) die x-Achse bei x = 3 unter 60° schneidet.

Übung 6 Die Mittelsenkrechte auf einer Strecke im $\mathbb{R}^2$
Gegeben ist das Dreieck ABC mit A(1|2), B(9|0) und C(5|6).
a) Bestimmen Sie den Mittelpunkt M der Strecke $\overline{AB}$.
b) Bestimmen Sie einen Vektor $\vec{n} = \begin{pmatrix} x \\ y \end{pmatrix}$, der senkrecht auf dem Streckenvektor $\overrightarrow{AB}$ steht.
c) Stellen Sie die Gleichung der Mittelsenkrechten g_{AB} der Strecke $\overline{AB}$ auf.
d) Wo schneiden sich die Mittelsenkrechten von $\overline{AB}$ und $\overline{AC}$?

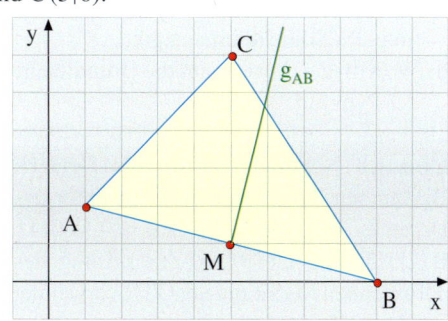

Exkurs: Normalenvektoren

Als *Normalenvektor* bezeichnet man einen Vektor $\vec{n}$, welcher auf einer gegebenen Fläche A bzw. auf zwei in dieser Fläche liegenden linear unabhängigen Vektoren $\vec{a}$ und $\vec{b}$ senkrecht steht.

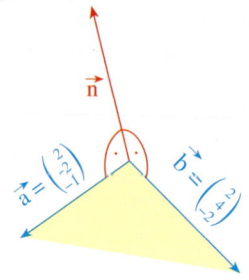

> ### ▶ Beispiel: Normalenvektor
> Gegeben sind die abgebildeten Vektoren $\vec{a}$ und $\vec{b}$.
> Gesucht ist ein Vektor $\vec{n}$, der sowohl auf $\vec{a}$ als auch auf $\vec{b}$ senkrecht steht.

Lösung:
Wir verwenden den Ansatz $\vec{n} = \begin{pmatrix} x \\ y \\ z \end{pmatrix}$.

Da $\vec{a}$ und $\vec{b}$ orthogonal zu $\vec{n}$ sein sollen, müssen die Bedingungen $\vec{a} \cdot \vec{n} = 0$ und $\vec{b} \cdot \vec{n} = 0$ gelten.
Durch Einsetzen der Vektoren $\vec{a}$, $\vec{b}$ und $\vec{n}$ erhalten wir ein lineares Gleichungssystem mit zwei Gleichungen und drei Variablen. Der Wert einer Variablen kann also frei gewählt werden. Wir wählen z. B. $y = 1$.
Daraus folgt durch Rückeinsetzung $z = 6$ und weiter $x = 4$.
Resultat: Ein Normalenvektor ist $\vec{n} = \begin{pmatrix} 4 \\ 1 \\ 6 \end{pmatrix}$

Orthogonalitätsbedingungen:

$\vec{a} \cdot \vec{n} = 0$: $\begin{pmatrix} 2 \\ -2 \\ -1 \end{pmatrix} \cdot \begin{pmatrix} x \\ y \\ z \end{pmatrix} = 0$

$\vec{b} \cdot \vec{n} = 0$: $\begin{pmatrix} 2 \\ 4 \\ -2 \end{pmatrix} \cdot \begin{pmatrix} x \\ y \\ z \end{pmatrix} = 0$

lineares Gleichungssystem:
I: $2x - 2y - z = 0$
II: $2x + 4y - 2z = 0$

Lösung des Gleichungssystems:
III = II − I: $6y - z = 0$
$y = 1$ (frei gewählt)
$z = 6$ (durch Rückeinsetzung in III)
$x = 4$ (durch Rückeinsetzung in I)

Übung 7 Pyramide
Eine Seitenfläche einer Pyramide hat die Eckpunkte A$(100|{-}100|0)$, B$(100|100|0)$ und S$(0|0|250)$. Die Sonne fällt zu einer bestimmten Tageszeit exakt in einen Schacht, der vom Punkt P$(80|{-}60|50)$ aus senkrecht zur Seitenfläche der Pyramide in das Innere führt.
a) Gesucht ist der Vektor $\vec{n}$, der die Richtung des Sonnenlichts angibt.
b) Wo trifft der Schacht auf die Grundfläche der Pyramide?

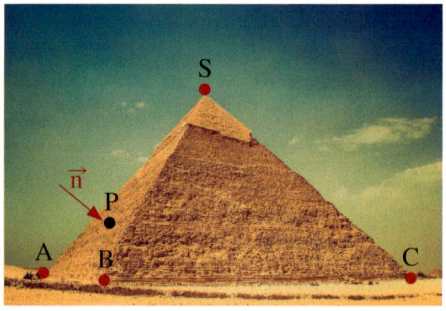

Übung 8 Normalenvektor beim Dreieck
Bestimmen Sie einen Normalenvektor des Dreiecks ABC mit den Ecken A$(4|2|4)$, B$(2|3|5)$ und C$(4|0|6)$. Zur Lösung des auftretenden LGS kann der GTR verwendet werden.

Übung 9 Mittelsenkrechte einer Strecke
Bestimmen Sie die Gleichung einer Geraden g, welche durch die Mitte M der Strecke $\overline{AB}$ mit den Endpunkten A$(1|1)$ und B$(5|3)$ geht und senkrecht zur Strecke $\overline{AB}$ steht.

Überblick

Skalarprodukt:

Kosinusform: $\vec{a} \cdot \vec{b} = |\vec{a}| \cdot |\vec{b}| \cdot \cos\gamma \ (0° \leq \gamma \leq 180°)$

Koordinatenform: $\vec{a} \cdot \vec{b} = \begin{pmatrix} a_1 \\ a_2 \end{pmatrix} \cdot \begin{pmatrix} b_1 \\ b_2 \end{pmatrix} = a_1 b_1 + a_2 b_2$

$\vec{a} \cdot \vec{b} = \begin{pmatrix} a_1 \\ a_2 \\ a_3 \end{pmatrix} \cdot \begin{pmatrix} b_1 \\ b_2 \\ b_3 \end{pmatrix} = a_1 b_1 + a_2 b_2 + a_3 b_3$

Betrag eines Vektors:

$|\vec{a}| = \sqrt{\vec{a}^2} = \sqrt{\vec{a} \cdot \vec{a}}$

Winkel zwischen Vektoren:

Kosinusformel: $\cos\gamma = \dfrac{\vec{a} \cdot \vec{b}}{|\vec{a}| \cdot |\vec{b}|}$

Orthogonale Vektoren:

$\vec{a} \perp \vec{b} \ \Leftrightarrow \ \vec{a} \cdot \vec{b} = 0$

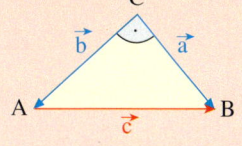

Rechtwinkliges Dreieck:

Das Dreieck ABC ist genau dann bei C rechtwinklig, wenn eine der folgenden Bedingungen gilt:

(1) $c^2 = a^2 + b^2$

(2) $\vec{a} \cdot \vec{b} = 0$.

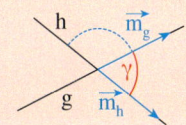

Winkel zwischen Geraden:

Der **Schnittwinkel** γ von zwei Geraden g und h wird mit folgender Formel berechnet:

$\cos\gamma = \dfrac{|\vec{m}_g \cdot \vec{m}_h|}{|\vec{m}_g| \cdot |\vec{m}_h|}.$

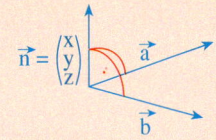

Normalenvektor:

Ein Normalenvektor $\vec{n}$ steht senkrecht auf zwei gegebenen Vektoren $\vec{a}$ und $\vec{b}$.
Man errechnet seine Koordinaten x, y und z als Lösungen des linearen Gleichungssystems

I $a_1 x + a_2 y + a_3 z = 0$

II $b_1 x + b_2 y + b_3 z = 0$.

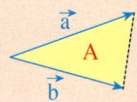

Flächeninhalt eines Dreiecks:

Das von $\vec{a}$ und $\vec{b}$ aufgespannte Dreieck hat den Flächeninhalt

$A = \dfrac{1}{2} \sqrt{\vec{a}^2 \cdot \vec{b}^2 - (\vec{a} \cdot \vec{b})^2}.$

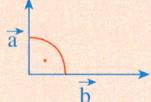

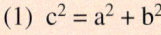

Das Skalarprodukt in der Wirtschaft

Das Skalarprodukt wurde in diesem Buch aus einer physikalischen Anwendung als Produkt aus den Beträgen zweier Vektoren und dem Kosinus des eingeschlossenen Winkels entwickelt. Es konnte gezeigt werden (vgl. Seite 285), dass dieses Produkt gleich der Summe der Produkte der Koordinaten der beiden Vektoren ist. Solche Produktsummen spielen auch in der Wirtschaftsmathematik eine Rolle.

Bereits das einfache Beispiel eines Einkaufszettels führt auf ein Skalarprodukt. Sollen beispielsweise zwei Flaschen Apfelsaft zu 1,99 €, drei Stück Butter zu 1,19 € und eine Tüte Chips zu 2,40 € gekauft werden, so ergibt sich der Gesamtpreis in € durch die Rechnung

$$2 \cdot 1,99 + 3 \cdot 1,19 + 1 \cdot 2,40 = 9,95.$$

Dies ist das Skalarprodukt zweier Vektoren:

$$\begin{pmatrix} 2 \\ 3 \\ 1 \end{pmatrix} \cdot \begin{pmatrix} 1,99 \\ 1,19 \\ 2,40 \end{pmatrix} = 9,95.$$

Im Folgenden wird anhand eines etwas komplexeren ökonomischen Problems eine Anwendung des Skalarprodukts in der Wirtschaft aufgezeigt.

Teilebedarfsrechnung

In einem zweistufigen Produktionsprozess werden in der ersten Stufe aus den Rohstoffen R_1 und R_2 die Zwischenprodukte Z_1, Z_2 und Z_3 erzeugt. In der zweiten Produktionsstufe werden die Zwischenprodukte zu den Endprodukten E_1 und E_2 weiterverarbeitet. Der nebenstehende Graph beschreibt die Materialverflechtung. Er gibt an, welcher Materialbedarf für ein Zwischenprodukt oder für ein Endprodukt anfällt.

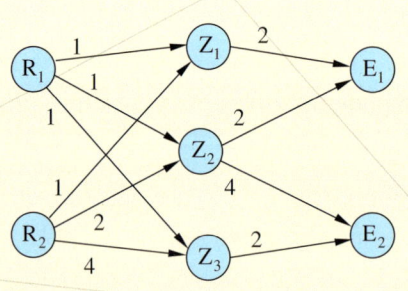

Es soll der Rohstoffbedarf der Endprodukte berechnet werden.

Für ein Teil E_1 benötigt man:
Zwei Teile Z_1 mit jeweils einem Teil R_1,
zwei Teile Z_2 mit jeweils einem Teil R_1,
null Teile Z_3 mit jeweils einem Teil R_1.

Bedarf an R_1 für ein Teil E_1:

$$1 \cdot 2 + 1 \cdot 2 + 1 \cdot 0 = \begin{pmatrix} 1 \\ 1 \\ 1 \end{pmatrix} \cdot \begin{pmatrix} 2 \\ 2 \\ 0 \end{pmatrix} = 4$$

Der Bedarf an R_1 für ein Teil E_1 ist also gerade das Skalarprodukt aus dem Vektor $\begin{pmatrix} 1 \\ 1 \\ 1 \end{pmatrix}$ des Bedarfs

an dem Rohstoffs R_1 für die Zwischenprodukte Z_1, Z_2, Z_3 und dem Vektor $\begin{pmatrix} 2 \\ 2 \\ 0 \end{pmatrix}$ des Bedarfs des

Endprodukts E_1 an den Zwischenprodukten Z_1, Z_2 und Z_3.

Entsprechend ergibt sich

– der Bedarf an R_2 für ein Teil E_1: $1 \cdot 2 + 2 \cdot 2 + 4 \cdot 0 = \begin{pmatrix} 1 \\ 2 \\ 4 \end{pmatrix} \cdot \begin{pmatrix} 2 \\ 2 \\ 0 \end{pmatrix} = 6,$

– der Bedarf an R_1 für ein Teil E_2: $1 \cdot 0 + 1 \cdot 4 + 1 \cdot 2 = \begin{pmatrix} 1 \\ 1 \\ 1 \end{pmatrix} \cdot \begin{pmatrix} 0 \\ 4 \\ 2 \end{pmatrix} = 6,$

– der Bedarf an R_2 für ein Teil E_2: $1 \cdot 0 + 2 \cdot 4 + 4 \cdot 2 = \begin{pmatrix} 1 \\ 2 \\ 4 \end{pmatrix} \cdot \begin{pmatrix} 0 \\ 4 \\ 2 \end{pmatrix} = 16.$

Die rechts dargestellte Tabelle gibt den Rohstoffbedarf der Endprodukte wieder.

Jedes Element dieser Tabelle ergibt sich als Skalarprodukt von Vektoren, deren Koordinaten man direkt vom Graphen der Materialverflechtung ablesen kann.

	E_1	E_2
R_1	$\begin{pmatrix} 1 \\ 1 \\ 1 \end{pmatrix} \cdot \begin{pmatrix} 2 \\ 2 \\ 0 \end{pmatrix} = 4$	$\begin{pmatrix} 1 \\ 1 \\ 1 \end{pmatrix} \cdot \begin{pmatrix} 0 \\ 4 \\ 2 \end{pmatrix} = 6$
R_2	$\begin{pmatrix} 1 \\ 2 \\ 4 \end{pmatrix} \cdot \begin{pmatrix} 2 \\ 2 \\ 0 \end{pmatrix} = 6$	$\begin{pmatrix} 1 \\ 2 \\ 4 \end{pmatrix} \cdot \begin{pmatrix} 0 \\ 4 \\ 2 \end{pmatrix} = 16$

Ausblick: Das Schema $\begin{pmatrix} 4 & 6 \\ 6 & 16 \end{pmatrix}$, das den Zusammenhang zwischen den Rohstoffen und den Endprodukten beschreibt, nennt man Rohstoffmatrix. Auch den Zusammenhang zwischen den Rohstoffen und den Zwischenprodukten kann man durch ein rechteckiges Zahlenschemata – eine sogenannte *Matrix* – beschreiben, ebenso den Zusammenhang zwischen den Zwischenprodukten und den Endprodukten. Durch eine spezielle Verknüpfung der Matrizen – die Matrizenmultiplikation – kann direkt die obige Rohstoffmatrix erzeugt werden. Man kann sich denken, dass bei dieser Verknüpfung die Bildung von Skalarprodukten eine besondere Rolle spielt.

Übung

Der abgebildete Graph beschreibt einen zweistufigen Produktionsprozess zur Herstellung von Plastikspielzeug, eines Regenbogenfisches (E_1) und eines Stachelfisches (E_2). Die Rohstoffe sind Chemikalien, die Zwischenprodukte daraus hergestellte Kunststoffe. Welcher Rohstoffbedarf besteht für die Produktion jeweils eines der beiden Fische?

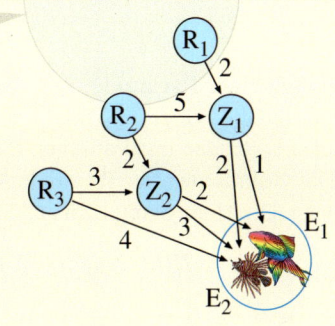

Test

Skalarprodukt

1. Skalarprodukt
Berechnen Sie das Skalarprodukt von $\vec{a}$ und $\vec{b}$.

a)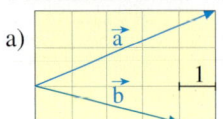
b) $\vec{a} = \begin{pmatrix} 1 \\ 2 \\ -2 \end{pmatrix}$; $\vec{b} = \begin{pmatrix} 3 \\ 3 \\ 4 \end{pmatrix}$
c) $\vec{a} = \begin{pmatrix} 1 \\ a \\ 2 \end{pmatrix}$; $\vec{b} = \begin{pmatrix} 2a \\ -3 \\ a \end{pmatrix}$

2. Winkel zwischen Vektoren
Wie lauten die Koordinaten der beiden abgebildeten Vektoren $\vec{a}$ und $\vec{b}$? Wie groß ist der Winkel zwischen den beiden Vektoren?

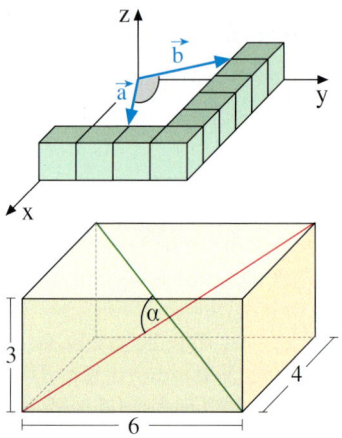

3. Winkel im Quader
Unter welchem Winkel α schneiden sich die Raumdiagonalen eines Quaders mit den Maßen 4 x 6 x 3?

4. Innenwinkel und Flächeninhalt eines Dreiecks
Von einem Quader (Länge 8, Breite 4, Höhe 4) wurde ein Eckteil abgetrennt.
a) Gesucht sind die Innenwinkel und der Inhalt der Schnittfläche ABC.
b) Welches Volumen hat das abgetrennte Eckteil?

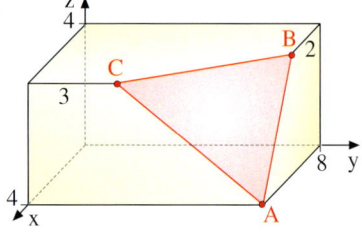

5. Rechte Winkel
Gegeben ist ein Dreieck ABC mit den Ecken A(3|0|0), B(5|4|1) und C(0|6|3). Untersuchen Sie, ob das Dreieck rechtwinklig ist.

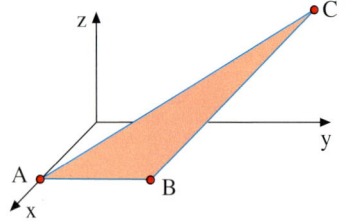

6. Winkel in einer Pyramide
Wie groß sind die Winkel α, β und γ an der abgebildeten geraden quadratischen Pyramide. Die Grundseiten der Pyramide sind 200 m lang. Die Höhe beträgt 250 m.

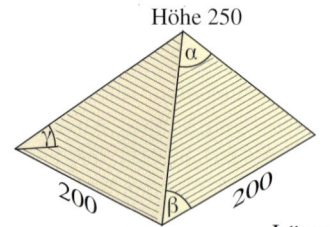

Höhe 250

Lösungen: S. 486

X. Ebenen

1. Ebenengleichungen

A. Die vektorielle Parametergleichung einer Ebene

Ähnlich wie Geraden lassen sich auch Ebenen im Raum durch Vektoren rechnerisch erfassen und bearbeiten. Eine Ebene wird durch einen Punkt und zwei linear unabhängige Vektoren eindeutig festgelegt.

Ist A ein bekannter Punkt der Ebene, ein sogenannter *Stützpunkt*, und sind $\vec{u}$ und $\vec{v}$ zwei linear unabhängige Vektoren, soge- nannte *Richtungsvektoren*, so lässt sich der Ortsvektor $\vec{x} = \overrightarrow{OX}$ eines beliebigen Ebe- nenpunktes als Summe aus dem Stütz- vektor $\vec{a} = \overrightarrow{OA}$ und einer Linearkombi- nation der beiden Richtungsvektoren darstellen:

$$\vec{x} = \vec{a} + r \cdot \vec{u} + s \cdot \vec{v}.$$

In der Abbildung wird dies für die durch den Rechteckausschnitt angedeutete Ebene veranschaulicht.

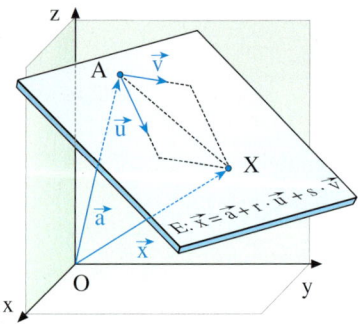

$$\overrightarrow{OX} = \overrightarrow{OA} + \overrightarrow{AX}$$
$$\vec{x} = \vec{a} \quad + r \cdot \vec{u} + s \cdot \vec{v}$$

Man bezeichnet diese Gleichung als *Punktrichtungsgleichung* der Ebene (1 Punkt, 2 Richtungsvektoren) oder als *vektorielle Parametergleichung* der Ebene und verwendet eine zu vektoriellen Ge- radengleichungen analoge Schreibweise.

Vektorielle Parametergleichung einer Ebene

E: $\quad \vec{x} = \vec{a} + r \cdot \vec{u} + s \cdot \vec{v}$ **(r, s $\in \mathbb{R}$)**
$\vec{x}$: allgemeiner Ebenenvektor
$\vec{a}$: Stützvektor
$\vec{u}, \vec{v}$: Richtungsvektoren
r, s: Ebenenparameter

Beispiel: Für die rechts ausschnittsweise dargestellte Ebene E können wir den Punkt A$(3|6|1)$ als Stützpunkt und $\vec{u} = \begin{pmatrix} 0 \\ -4 \\ 0 \end{pmatrix}$ sowie $\vec{v} = \begin{pmatrix} -3 \\ 0 \\ 5 \end{pmatrix}$ als Richtungs- vektoren wählen. Eine Parametergleichung der Ebene lautet dann:

$$E: \vec{x} = \begin{pmatrix} 3 \\ 6 \\ 1 \end{pmatrix} + \vec{r} \cdot \begin{pmatrix} 0 \\ -4 \\ 0 \end{pmatrix} + s \cdot \begin{pmatrix} -3 \\ 0 \\ 5 \end{pmatrix}.$$

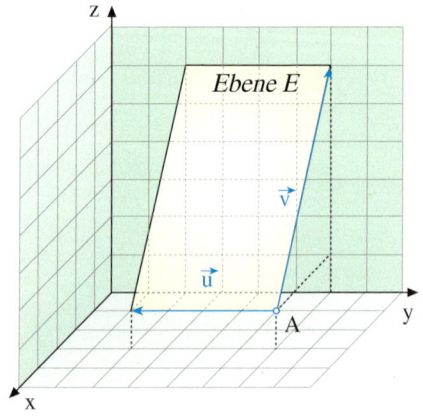

B. Die Dreipunktegleichung einer Ebene

Besonders einfach lässt sich eine Ebenengleichung aufstellen, wenn die Ebene durch drei Punkte gegeben ist, die natürlich nicht auf einer Geraden liegen dürfen.

> **Beispiel:** Zeichnen Sie einen Ausschnitt derjenigen Ebene E, welche die drei Punkte A(2|0|3), B(3|4|0) und C(0|3|3) enthält. Stellen Sie außerdem eine vektorielle Parametergleichung dieser Ebene auf.

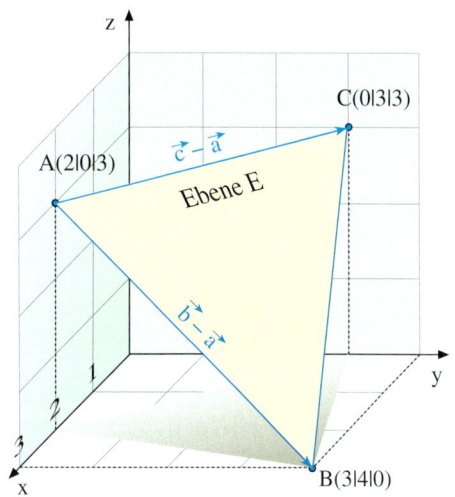

Lösung:
Der dreieckige Ebenenausschnitt ist rechts als Schrägbild dargestellt. Als Stützvektor verwenden wir den Ebenenpunkt A(2|0|3).
Als Richtungsvektoren verwenden wir die Differenzvektoren $\vec{b} - \vec{a}$ und $\vec{c} - \vec{a}$.
Damit ergibt sich die Gleichung

E: $\vec{x} = \vec{a} + r \cdot (\vec{b} - \vec{a}) + s \cdot (\vec{c} - \vec{a})$,

die man als *Dreipunktegleichung* der Ebene bezeichnet.

In unserem Beispiel ergibt sich hiermit als zugehörige Parametergleichung:

E: $\vec{x} = \begin{pmatrix} 2 \\ 0 \\ 3 \end{pmatrix} + r \cdot \begin{pmatrix} 3 - 2 \\ 4 - 0 \\ 0 - 3 \end{pmatrix} + s \cdot \begin{pmatrix} 0 - 2 \\ 3 - 0 \\ 3 - 3 \end{pmatrix}$,

> E: $\vec{x} = \begin{pmatrix} 2 \\ 0 \\ 3 \end{pmatrix} + r \cdot \begin{pmatrix} 1 \\ 4 \\ -3 \end{pmatrix} + s \cdot \begin{pmatrix} -2 \\ 3 \\ 0 \end{pmatrix}$.

> ### Dreipunktegleichung der Ebene
>
> A, B, C seien drei nicht auf einer Geraden liegende Punkte mit den Ortsvektoren $\vec{a}$, $\vec{b}$ und $\vec{c}$.
> Dann hat die A, B und C enthaltende Ebene die Gleichung:
>
> **E: $\vec{x} = \vec{a} + r \cdot (\vec{b} - \vec{a}) + s \cdot (\vec{c} - \vec{a})$.**

Übung 1
Wie lautet die Gleichung der Ebene E, welche die Punkte A, B und C enthält?
Fertigen Sie ein Schrägbild der Ebene an.

a) A(3|0|0)   b) A(2|0|1)   c) A(4|2|1)
   B(0|4|0)   B(3|2|0)   B(3|5|1)
   C(0|0|2)   C(0|3|2)   C(0|0|4)

Übung 2
Eine Pyramide hat als Grundfläche ein Dreieck ABC mit den Eckpunkten A(1|1|0), B(6|6|1) und C(3|6|1). Ihre Spitze ist S(2|4|4).
Zeichnen Sie ein Schrägbild der Pyramide und stellen Sie die Gleichungen der Ebenen E_1, E_2, E_3 auf, welche jeweils eine der drei Seitenflächen der Pyramide enthalten.

Übungen

3. Gesucht ist eine vektorielle Parametergleichung der abgebildeten Ebene.

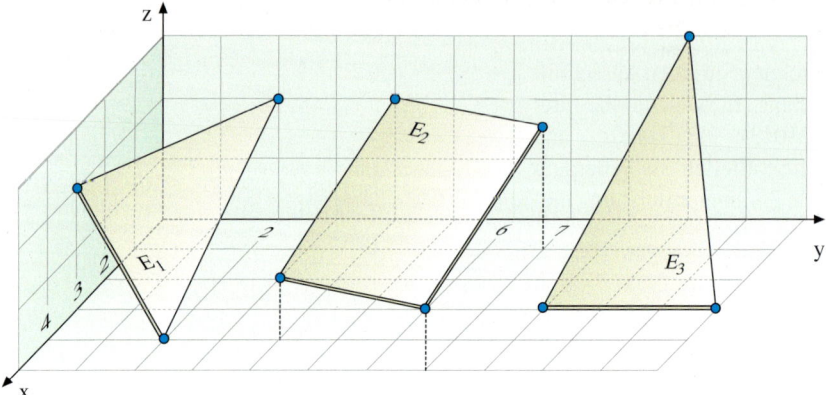

4. Geben Sie eine vektorielle Parametergleichung folgender Ebenen im Raum an.
   a) E_1 ist die x-y-Ebene, E_2 die y-z-Ebene und E_3 die x-z-Ebene.
   b) E_4 enthält den Punkt $P(2|3|0)$ und verläuft parallel zur x-z-Ebene.
   c) E_5 enthält den Punkt $P(-1|0|-1)$ und verläuft parallel zur x-y-Ebene.
   d) E_6 enthält die Ursprungsgerade durch $B(3|1|0)$ und steht senkrecht auf der x-y-Ebene.
   e) E_7 enthält die Winkelhalbierende des 1. Quadranten der y-z-Ebene und steht senkrecht zur
      y-z-Ebene.
   f) E_8 enthält die Gerade g: $\vec{x} = \begin{pmatrix} 1 \\ -1 \\ 1 \end{pmatrix} + r \cdot \begin{pmatrix} 3 \\ 2 \\ 1 \end{pmatrix}$ sowie die Gerade h durch die Punkte $A(3|2|2)$
      und $B(4|1|2)$.

5. Wie lautet eine Parametergleichung einer Ebene E, die die Punkte A, B und C enthält?
   a) $A(1|0|1)$ b) $A(1|0|0)$ c) $A(0|0|0)$ d) $A(2|-1|4)$
      $B(2|-1|2)$ $B(0|1|0)$ $B(3|2|1)$ $B(6|5|12)$
      $C(1|1|1)$ $C(0|0|1)$ $C(1|2|1)$ $C(8|8|16)$

6. Gegeben ist ein Würfel mit der Kantenlänge 5 in einem kartesischen Koordinatensystem.
   a) Jede Seitenfläche des Würfels liegt in
      einer Ebene. Geben Sie für jede dieser
      Ebenen eine Parametergleichung an.
   b) Die Ecken D, B, G, E bilden ein Tet-
      raeder, dessen Seitendreiecke Ebenen
      aufspannen. Geben Sie für jede dieser
      Ebenen eine Parametergleichung an.

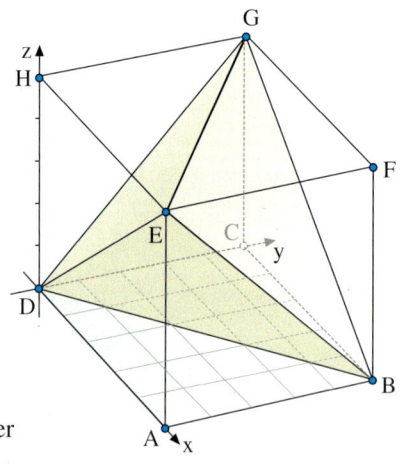

7. Durch die Punkte A, B und C sei eine Ebene
   mit E: $\vec{x} = \vec{a} + r(\vec{b} - \vec{a}) + s(\vec{c} - \vec{a})$ gegeben.
   Beschreiben Sie mithilfe einer Skizze die Lage der
   Punkte der Ebene E, für die
   a) $0 \leq r \leq 1$ und $0 \leq s \leq 1$,   b) $r + s = 1, r \geq 0, s \geq 0$,   c) $r - s = 0$ gilt.

C. Achsenabschnitte und Spurgeraden einer Ebene

Besonders einfach lässt sich die Lage einer Ebene E im Raum beurteilen, wenn man diejenigen Punkte X, Y und Z der Ebene kennt, die auf den drei Koordinatenachsen liegen. Diese Punkte werden als *Achsenabschnittspunkte* bzw. *Spurpunkte* von E bezeichnet.

Rechts ist eine Ebene mit ihren Achsenabschnittspunkten dargestellt. Verbindet man diese Punkte, so erhält man einen dreieckigen Ebenenausschnitt, der auf sehr anschauliche Weise die Lage und die Neigung der Ebene vermittelt. Man bezeichnet das Dreieck XYZ auch als *Stützdreieck* der Ebene.

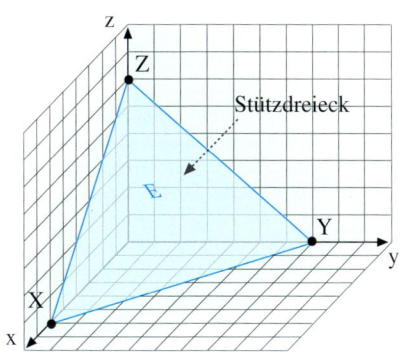

Achsenabschnittspunkte einer Ebene:
$X(x|0|0)$ $Y(0|y|0)$ $Z(0|0|z)$

▶ **Beispiel: Spurpunkte X, Y, Z einer Ebene**
Bestimmen Sie die Spurpunkte der Ebene E. Fertigen Sie anschließend ein Schrägbild der Ebene an.

$$E : \vec{x} = \begin{pmatrix} -2 \\ 1 \\ 3 \end{pmatrix} + r \begin{pmatrix} -8 \\ 2 \\ 3 \end{pmatrix} + s \begin{pmatrix} 0 \\ 2 \\ -3 \end{pmatrix}$$

Lösung:
Wir berechnen zunächst den Achsenabschnittspunkt $X(x|0|0)$ der Ebene, der auf der x-Achse liegt. Seine y-Koordinate und seine z-Koordinate sind 0. Daher gilt der Ansatz $y = 0$ und $z = 0$.

Die allgemeine y-Koordinate der Ebene E ist $1 + 2r + 2s$. Diesen Ausdruck setzen wir 0. Ebenso wird die z-Koordinate $3 + 3r - 3s$ gleich 0 gesetzt.

Wir erhalten so ein lineares Gleichungssystem mit zwei Variablen r und s und zwei Gleichungen I und II (rechts unterlegt). Dieses LGS lösen wir mit dem Gauß'schen Algorithmus. (oder: Additions- bzw. Einsetzungsverfahren bzw. GTR-Lösung).

Wir erhalten die Lösungen $r = -\frac{3}{4}$ und $s = \frac{1}{4}$. Durch Einsetzen dieser Parameterwerte in die x-Koordinate $x = -2 - 8 \cdot r + 0 \cdot s$ erhalten wir den x-Achsenabschnitt $x = 4$ der Ebene.

▼ Der Spurpunkt auf der x-Achse ist $X(4|0|0)$.

Berechnung von $X(x|0|0)$:
Ansatz:
$y = 0 \Rightarrow 1 + 2r + 2s = 0$
$z = 0 \Rightarrow 3 + 3r - 3s = 0$

Lineares Gleichungssystem:
$I : 2r + 2s = -1$
$II: 3r - 3s = -3 \rightarrow 3 \cdot I - 2 \cdot II$

$I' : 2r + 2s = -1$
$II': \qquad 12s = 3$

Rückeinsetzung:
aus II': $s = \frac{1}{4}$
in I': $2r + \frac{1}{2} = -1 \Rightarrow r = -\frac{3}{4}$

$\Rightarrow x = -2 - 8 \cdot r + 0 \cdot s$
$\qquad = -2 - 8 \cdot \left(-\frac{3}{4}\right) + 0 \cdot \frac{1}{4} = 4$

$\Rightarrow X(4|0|0)$ ist der Spurpunkt von E auf der x-Achse

Analog berechnen wir die beiden noch fehlenden Achsenabschnitte von E.

Für den y-Achsenabschnittspunkt Y$(0|y|0)$ gelten die Bedingungen $x = 0$ und $z = 0$, welche auf das rechts dargestellte Gleichungssystem führen. Dessen Lösung führt auf das Resultat $y = 2$ bzw. Y$(0|2|0)$.

Schließlich ergibt sich für den Achsenabschnitt auf der z-Achse analog $z = 3$, d. h. der Spurpunkt Z$(0|0|3)$.

Nun können wir das Schrägbild gewinnen, indem wir die Achsenabschnitte $x = 4$, $y = 2$ und $z = 3$ eintragen und miteinander verbinden, wobei das Stützdreieck entsteht.

Man kann auch gut die drei *Spurgeraden* der Ebene E erkennen. Dies sind die „Randgeraden" des Stützdreiecks, welche in den Koordinatenebenen verlaufen und dort eine ▶ „Spur" der Ebene E hinterlassen.

Berechnung von Y$(0|y|0)$:
$x = 0 \Rightarrow -2 - 8r \quad = 0 \Rightarrow$ I: $\quad -8r = 2$
$z = 0 \Rightarrow 3 + 3r - 3s = 0 \Rightarrow$ II: $3r - 3s = -3$
$\quad \Rightarrow r = -\frac{1}{4},\ s = \frac{3}{4} \Rightarrow y = 2$
$\quad \Rightarrow$ Y$(0|2|0)$

Berechnung von Z$(0|0|z)$:
$x = 0 \Rightarrow -2 - 8r \quad = 0 \Rightarrow$ I: $\quad -8r = 2$
$y = 0 \Rightarrow 1 + 2r + 2s = 0 \Rightarrow$ II: $2r + 2s = -1$
$\quad \Rightarrow r = -\frac{1}{4},\ s = -\frac{1}{4} \Rightarrow z = 3$
$\quad \Rightarrow$ Z$(0|0|3)$

Schrägbild der Ebene E:

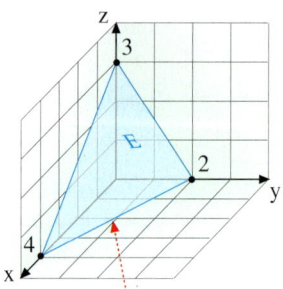

Spurgerade g_{xy} von E in der x-y-Ebene

Beispiel: Spurgeraden einer Ebene
Bestimmen Sie die Gleichung der Spurgeraden g_{xy} der Ebene E, welche in der x-y-Ebene verläuft.

$$E : \vec{x} = \begin{pmatrix} -2 \\ 1 \\ 3 \end{pmatrix} + r\begin{pmatrix} -8 \\ 2 \\ 3 \end{pmatrix} + s\begin{pmatrix} 0 \\ 2 \\ -3 \end{pmatrix}$$

Lösung*:
Die Spurgerade g_{xy} liegt in der x-y-Ebene. Ihre z-Koordinate ist daher null. Also setzen wir die z-Koordinate der Ebene E gleich null: $3 + 3r - 3s = 0$.
Diese Gleichung lösen wir nach s auf. Wir erhalten $s = r + 1$. Diesen Zusammenhang setzen wir nun in die Ebenengleichung ein. Wir ersetzen dort s durch $r + 1$.
Durch Ausmultiplizieren und anschließendes Zusammenfassen von Vektoren entsteht so eine Geradengleichung, welche die Spurgerade g_{xy} darstellt (siehe Rechnung ▶ rechts).

Gleichung der Spurgeraden g_{xy}:
Ansatz: $z = 0$
$$3 + 3r - 3s = 0$$
$$s = r + 1$$
Einsetzen von t in die Ebenengleichung:
$$g_{xy}: \vec{x} = \begin{pmatrix} -2 \\ 1 \\ 3 \end{pmatrix} + r\begin{pmatrix} -8 \\ 2 \\ 3 \end{pmatrix} + (r + 1)\begin{pmatrix} 0 \\ 2 \\ -3 \end{pmatrix}$$
$$= \begin{pmatrix} -2 \\ 1 \\ 3 \end{pmatrix} + r\begin{pmatrix} -8 \\ 2 \\ 3 \end{pmatrix} + r\begin{pmatrix} 0 \\ 2 \\ -3 \end{pmatrix} + 1 \cdot \begin{pmatrix} 0 \\ 2 \\ -3 \end{pmatrix}$$
$$g_{xy}: \vec{x} = \begin{pmatrix} -2 \\ 3 \\ 0 \end{pmatrix} + r\begin{pmatrix} -8 \\ 4 \\ 0 \end{pmatrix}$$

---

* *Hinweis*: Kennt man die Achsenabschnittspunkte der Ebene E bereits, so kann man die Spurgerade noch einfacher als Gerade durch die beiden zugehörigen Achsenabschnittspunkte gewinnen.

Übung 8 Achsenabschnitte

Bestimmen Sie die Achsenabschnitte der Ebene E und fertigen Sie ein Schrägbild der Ebene an.

a) $E: \vec{x} = \begin{pmatrix} 5 \\ 2 \\ -2 \end{pmatrix} + r \begin{pmatrix} 0 \\ 2 \\ -2 \end{pmatrix} + s \begin{pmatrix} -5 \\ 4 \\ -2 \end{pmatrix}$

b) Ebene durch A(1|2|6), B(2|8|0), C(3|6|6).

Sonderfälle: Ebenen mit weniger als drei Achsenabschnitten

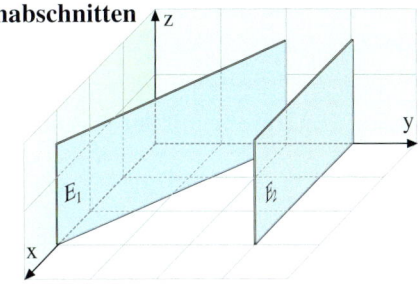

Im Folgenden geht es um die Sonderfälle, in denen die Ebene E nur zwei oder sogar nur einen Achsenabschnitt besitzt. Dies kann der Fall sein, wenn sie parallel verläuft zu einer oder zu zwei Koordinatenachsen. Rechts sind die typischen Fälle abgebildet. Man verwendet nun ein *Stützrechteck*, da es kein Stützdreieck mehr gibt.

▶ **Beispiel: Ebene mit 2 Achsenabschnitten**

Bestimmen Sie die Achsenabschnitte der Ebene E und zeichnen sie ein Schrägbild.

$$E : \vec{x} = \begin{pmatrix} 3 \\ 0 \\ 1 \end{pmatrix} + s \begin{pmatrix} 3 \\ -2 \\ 1 \end{pmatrix} + t \begin{pmatrix} -3 \\ 2 \\ 0 \end{pmatrix}$$

Lösung:

Zur Bestimmung des Achsenabschnittes der x-Achse setzen wir y = 0 und z = 0. Dies führt (siehe rechts) auf den Spurpunkt X(3|0|0).

Analog ergibt sich aus dem Ansatz x = 0 und z = 0 der Spurpunkt Y(0|2|0).

Beim Achsenabschnitt der z-Achse führt der Ansatz x = 0 und y = 0 jedoch auf einen logischen Widerspruch. Es gibt keinen Schnittpunkt der Ebene mit der z-Achse. Die Ebene ist echt parallel zur z-Achse.

Zum Erstellen des Schrägbildes zeichnen wir die Punkte X(3|0|0) und Y(0|2|0) ein und verbinden sie. Über der Verbindungsstrecke $\overline{XY}$ zeichnen wir ein zur z-Achse paralleles Stützrechteck.

Berechnung der Achsenabschnitte:

$y = 0 \Rightarrow -2s + 2t = 0 \Rightarrow$ I: $-2s + 2t = 0$
$z = 0 \Rightarrow 1 + s = 0 \quad\quad \Rightarrow$ II: $\quad s \quad\quad = -1$
$\Rightarrow s = -1, t = -1 \Rightarrow x = 3 \Rightarrow X(3|0|0)$

$x = 0 \Rightarrow 3 + 3s - 3t = 0 \Rightarrow$ I: $3s - 3t = -3$
$z = 0 \Rightarrow 1 + s = 0 \quad\quad \Rightarrow$ II: $\quad s \quad\quad = -1$
$\Rightarrow s = -1, t = 0 \quad \Rightarrow y = 2 \Rightarrow Y(0|2|0)$

$x = 0 \Rightarrow 3 + 3s - 3t = 0 \Rightarrow$ I: $3s - 3t = -3$
$y = 0 \Rightarrow -2s + 2t = 0 \quad \Rightarrow$ II: $-2s + 2t = 0$
aus II: s = t
in I: $0 = -3$
$\Rightarrow$ Widerspruch $\Rightarrow$ keine Lösung

Schrägbild:

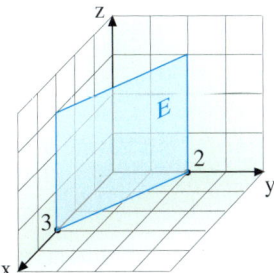

Übung 9 Sonderlagen

Bestimmen Sie die Achsenabschnitte der Ebene durch die Punkte A, B und C.

a) A(4|0|2), B(2|3|1), C(0|6|3)
b) A(3|3|1), B(2|3|2), C(0|3|1)
c) A(2|2|0), B(1|1|2), C(6|0|4)
d) A(2|0|3), B(2|2|-1), C(2|-2|1)

2. Lagebeziehungen

A. Die Lage von Punkt und Ebene

Die Lagebeziehung eines Punktes P zu einer Ebene E wird wie die Lagebeziehung von Punkt und Gerade durch Einsetzen des Ortsvektors $\vec{p}$ des Punktes in die Ebenengleichung geklärt.

Beispiel: Punktprobe mit der Parameterform

Liegen $P(2|-2|-1)$ oder $Q(2|1|1)$ in der Ebene E: $\vec{x} = \begin{pmatrix} 1 \\ 0 \\ -1 \end{pmatrix} + r \cdot \begin{pmatrix} 2 \\ -1 \\ 1 \end{pmatrix} + s \cdot \begin{pmatrix} 1 \\ 1 \\ 1 \end{pmatrix}$?

Lösung:
Der Ortsvektor des Punktes wird in die Ebenengleichung eingesetzt:

$\begin{pmatrix} 2 \\ -2 \\ -1 \end{pmatrix} = \begin{pmatrix} 1 \\ 0 \\ -1 \end{pmatrix} + r \cdot \begin{pmatrix} 2 \\ -1 \\ 1 \end{pmatrix} + s \cdot \begin{pmatrix} 1 \\ 1 \\ 1 \end{pmatrix}$ $\qquad\qquad$ $\begin{pmatrix} 2 \\ 1 \\ 1 \end{pmatrix} = \begin{pmatrix} 1 \\ 0 \\ -1 \end{pmatrix} + r \cdot \begin{pmatrix} 2 \\ -1 \\ 1 \end{pmatrix} + s \cdot \begin{pmatrix} 1 \\ 1 \\ 1 \end{pmatrix}$

Durch Aufspalten der Vektorgleichung in drei Koordinaten erhalten wir ein Gleichungssystem:

I	$2r + s = 1$	
II	$-r + s = -2$	
III	$r + s = 0$	

I	$2r + s = 1$
II	$-r + s = 1$
III	$r + s = 2$

Das Gleichungssystem mit drei Gleichungen und zwei Variablen wird auf Lösbarkeit untersucht.

I + 2 · II: $\quad 3s = -3 \Rightarrow s = -1$ $\qquad\qquad$ I + 2 · II: $\quad 3s = 3 \Rightarrow s = 1$
in I: $\qquad 2r - 1 = 1 \Rightarrow r = 1$ $\qquad\qquad$ in I: $\qquad 2r + 1 = 1 \Rightarrow r = 0$
Probe in III: $\qquad\qquad\qquad\qquad\qquad$ Probe in III:
$\qquad 1 + (-1) = 0$ wahr $\Rightarrow$ lösbar $\qquad\qquad\qquad 0 + 1 = 2$ falsch $\Rightarrow$ unlösbar
Folgerung: $P(2|-2|-1)$ liegt in E. $\qquad\qquad$ Folgerung: $Q(2|1|1)$ liegt nicht in E.

Übung 1   Punktproben
Untersuchen Sie, ob die Punkte in der gegebenen Ebene liegen.

E: $\vec{x} = \begin{pmatrix} 1 \\ 3 \\ -2 \end{pmatrix} + r \cdot \begin{pmatrix} -1 \\ 2 \\ 4 \end{pmatrix} + s \cdot \begin{pmatrix} 1 \\ -3 \\ -1 \end{pmatrix}$; $P(-2|10|7)$, $Q(1|1|1)$

Übung 2   Punktprobe mit Parameter
Gegeben ist die Ebene E: $\vec{x} = \begin{pmatrix} 2 \\ 1 \\ 1 \end{pmatrix} + r \cdot \begin{pmatrix} 1 \\ 1 \\ 0 \end{pmatrix} + s \cdot \begin{pmatrix} -1 \\ 1 \\ 1 \end{pmatrix}$.

a) Prüfen Sie, ob die Punkte $A(3|2|1)$, $B(1|4|2)$ und $C(-1|2|3)$ in E liegen.
b) Für welchen Wert des Parameters a liegen die Punkte $D(a|a+3|3)$ bzw. $F(a|2a|3)$ in E?
c) Kann der Punkt $P(a|-a|2a+2)$ in E liegen?

B. Die Lage von Punkt und Dreieck

Man kann mit der Punktprobe auch anspruchsvollere Aufgabenstellungen lösen, z. B. die Frage, ob ein Punkt in einem Teilbereich einer Ebene liegt. Dies geht mit der Parametergleichung.

> **Beispiel: Lage von Punkt und Dreieck**
> Die Punkte A (4|4|1), B (1|4|1) und C (0|0|5) bilden ein Dreieck im Raum.
> Untersuchen Sie, ob der Punkt P (1|2|3) im Dreieck ABC liegt oder nicht.

Lösung:
Wir stellen zunächst eine Gleichung der Ebene E auf, in der das Dreieck ABC liegt. Nun prüfen wir mit der Punktprobe, ob der Punkt P in der Ebene E liegt, denn das ist notwendige Voraussetzung dafür, dass der Punkt im Dreieck ABC liegt.
Der Punkt liegt in der Ebene, da das Gleichungssystem lösbar ist mit den Parameterwerten $r = \frac{1}{3}$ und $s = \frac{1}{2}$.

Diese Zahlen zeigen auch, dass der Punkt
► P tatsächlich im Dreieck ABC liegt.

Gleichung der Trägerebene E:

$$E: \vec{x} = \overrightarrow{OA} + r \cdot \overrightarrow{AB} + s \cdot \overrightarrow{AC}$$

$$E: \vec{x} = \begin{pmatrix} 4 \\ 4 \\ 1 \end{pmatrix} + r \cdot \begin{pmatrix} -3 \\ 0 \\ 0 \end{pmatrix} + s \cdot \begin{pmatrix} -4 \\ -4 \\ 4 \end{pmatrix}$$

Punktprobe:

$$1 = 4 - 3r - 4s$$
$$2 = 4 \qquad - 4s$$
$$3 = 1 \qquad + 4s$$

Lösung:

$$s = \frac{1}{2}, \quad r = \frac{1}{3}$$

Interpretation:

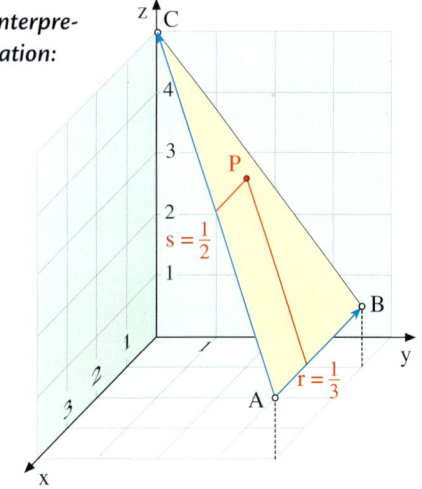

> ### Lage Punkt/Dreieck
> Ein Punkt P der Ebene
> $$E: \vec{x} = \overrightarrow{OA} + r \cdot \overrightarrow{AB} + s \cdot \overrightarrow{AC}$$
> liegt genau dann in dem durch die Vektoren $\overrightarrow{AB}$ und $\overrightarrow{AC}$ aufgespannten Dreieck, wenn die folgenden Bedingungen erfüllt sind:
> (1) $0 \leq r \leq 1$,
> (2) $0 \leq s \leq 1$,
> (3) $0 \leq r + s \leq 1$.

Die Zeichnung verdeutlicht diese Interpretation der Parameterwerte.

Übung 3   Lage Punkt/Dreieck
Gegeben sind die Punkte A (6|3|1), B (6|9|1), C (0|3|3).
Prüfen Sie, ob die Punkte P (3|5|2), Q (3|7|2), R (4|5|1) im Dreieck ABC liegen.

Übung 4   Lage Punkt/Parallelogramm
Ein Punkt P der Ebene E: $\vec{x} = \overrightarrow{OA} + r \cdot \overrightarrow{AB} + s \cdot \overrightarrow{AD}$ liegt genau dann in dem durch die Vektoren $\overrightarrow{AB}$ und $\overrightarrow{AD}$ aufgespannten Parallelogramm, wenn für seine Parameterwerte gilt: $0 \leq r \leq 1$ und $0 \leq s \leq 1$.
Gegeben sind die Punkte A (4|1|0), B (2|3|2), C (−1|3|4), D (1|1|2).
a) Zeigen Sie, dass ABCD ein Parallelogramm ist.
b) Prüfen Sie, ob die Punkte P (2|1,5|1,5) und Q (−2|4|5) im Parallelogramm ABCD liegen.

C. Die Lage von Gerade und Ebene

Es gibt drei unterschiedliche gegenseitige
Lagebeziehungen zwischen einer Geraden
g und einer Ebene E:

(A) g und E schneiden sich im Punkt S,
(B) g verläuft echt parallel zu E,
(C) g liegt ganz in E.

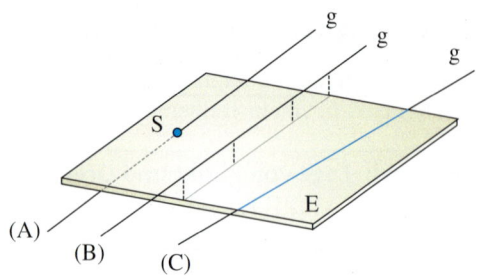

Wir behandeln nun zu jedem der drei Fälle ein Beispiel.

> **Beispiel: Gerade und Ebene schneiden sich**
> Gegeben sind die Gerade g und die Ebene E.
> Zeigen Sie: g und E schneiden sich.
> Bestimmen Sie den Schnittpunkt S.
> Fertigen Sie dann ein Schrägbild an.
>
> $$g:\ \vec{x} = \begin{pmatrix} 3 \\ 4 \\ 2 \end{pmatrix} + t\begin{pmatrix} 1 \\ 2 \\ 1 \end{pmatrix} \qquad E:\ \vec{x} = \begin{pmatrix} 8 \\ 2 \\ -1 \end{pmatrix} + r\begin{pmatrix} 1 \\ 1 \\ -1 \end{pmatrix} + s\begin{pmatrix} 5 \\ -4 \\ 1 \end{pmatrix}$$

Lösung:
Wir setzen die jeweils rechten Seiten von
Gerade und Ebene gleich. Es entsteht ein
lineares (3; 3)-Gleichungssystem.

$$\begin{pmatrix} 3 \\ 4 \\ 2 \end{pmatrix} + t\begin{pmatrix} 1 \\ 2 \\ 1 \end{pmatrix} = \begin{pmatrix} 8 \\ 2 \\ -1 \end{pmatrix} + r\begin{pmatrix} 1 \\ 1 \\ -1 \end{pmatrix} + s\begin{pmatrix} 5 \\ -4 \\ 1 \end{pmatrix}$$

Zunächst normieren wir das LGS: Variable
Terme kommen nach links und konstante
Terme nach rechts (s. rechts, unterlegt).

Dann bringen wir das LGS mit Hilfe des
Gauß'schen Algorithmus auf Dreiecksform
und lösen es durch Rückeinsetzung.

Die eindeutige Lösung ist $t = -1$, $r = -\frac{8}{3}$
und $s = -\frac{2}{3}$. Die Gerade schneidet also die
Ebene in einem einzigen Punkt.

Setzen wir $t = -1$ in die Geradengleichung
ein, so erhalten wir den Schnittpunkt
$S(2|2|1)$.

Für ein anschauliches Schrägbild der Ebene
errechnen wir die Achsenabschnitte
(s. S. 303).
Sie lauten $x = 9$, $y = 4,5$ und $z = 3$.
Für die Zeichnung der Geraden verwenden
wir ihren Stützpunkt $A(3|4|2)$ $(t = 0)$ und
den Schnittpunkt $S(2|2|1)$ $(t = -1)$.

1. Lageuntersuchung

Normiertes LGS:

I	t	$- r$	$- 5s =$	5	
II	$2t$	$- r$	$+ 4s =$	-2	$\to$ II $-2 \cdot$ I
III	t	$+ r$	$- s =$	-3	$\to$ III $-$ I

I' $t - r - 5s = 5$
II' $0 + r + 14s = -12$
III' $0 + 2r + 4s = -8 \quad \to$ III' $- 2 \cdot$ II'

I'' $t - r - 5s = 5$
II'' $0 + r + 14s = -12$
III'' $0 + 0 - 24s = 16$

Rückeinsetzung:
Aus III'': $-24s = 16 \quad \Rightarrow s = -\frac{2}{3}$
In II'': $r - \frac{28}{3} = -12 \Rightarrow r = -\frac{8}{3}$
In I': $t + \frac{8}{3} + \frac{10}{3} = 5 \Rightarrow t = -1$
$\Rightarrow$ Schnittpunkt für $t = -1$: $S(2|2|1)$

2. Schrägbild:

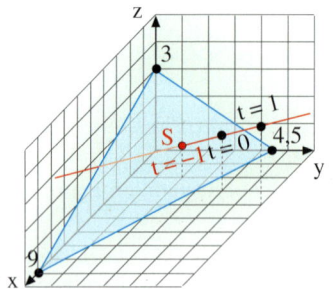

Übung 5 Schnitt von Gerade und Ebene
Untersuchen Sie die relative Lage der Geraden g und der Ebene E.

$$g: \vec{x} = \begin{pmatrix} 10 \\ 4 \\ 8 \end{pmatrix} + t \cdot \begin{pmatrix} 3 \\ 2 \\ -1 \end{pmatrix} \quad E: \vec{x} = \begin{pmatrix} 1 \\ -2 \\ 1 \end{pmatrix} + r \cdot \begin{pmatrix} 1 \\ 3 \\ 1 \end{pmatrix} + s \cdot \begin{pmatrix} 0 \\ 1 \\ 2 \end{pmatrix}$$

> **Beispiel: Gerade parallel zur Ebene/Gerade in der Ebene**
> Gegeben sind die beiden Geraden g_1 und g_2 sowie die Ebene E.
> Untersuchen Sie die gegenseitige relative Lage von g_1 und E bzw. von g_2 und E.
>
> $$g_1: \vec{x} = \begin{pmatrix} 2 \\ 3 \\ 1 \end{pmatrix} + t \cdot \begin{pmatrix} 1 \\ 1 \\ -1 \end{pmatrix} \qquad g_2: \vec{x} = \begin{pmatrix} 2 \\ 2 \\ 1 \end{pmatrix} + t \cdot \begin{pmatrix} 1 \\ 1 \\ -1 \end{pmatrix}$$
>
> $$E: \vec{x} = \begin{pmatrix} 1 \\ 1 \\ 2 \end{pmatrix} + r \cdot \begin{pmatrix} -3 \\ 0 \\ 1 \end{pmatrix} + s \cdot \begin{pmatrix} 4 \\ 1 \\ -2 \end{pmatrix}$$

Lösung:
Wie im Beispiel oben werden die rechten Seiten von Geraden- und Ebenengleichung gleichgesetzt. Das so entstandene lineare Gleichungssystem wird mit dem GTR untersucht.

Lage von g_1 zu E:
Das lineare Gleichungssystem hat keine Lösung. g und E haben keine gemeinsamen Punkte, sind also echt parallel.
Resultat: **g_1 und E sind echt parallel**.

Lage von g_2 und E:
Das Gleichungssystem hat unendlich viele Lösungen. Gerade und Ebene haben unendlich viele Punkte gemeinsam. Das obere Bild auf der vorherigen Seite zeigt, das dies nur auftreten kann, wenn die Gerade in E liegt.
Resultat: **g_2 liegt in E**.

Hinweis: Beim Casio-GTR muss man das Gleichungssystem zuerst in die Normalform bringen (Variable links, Konstanten rechts):

$$\begin{aligned} -3r + 4s - t &= 1 \\ s - t &= 2 \\ r - 2s + t &= -1 \end{aligned} \quad \text{bzw.} \quad \begin{aligned} -3r + 4s - t &= 1 \\ s - t &= 1 \\ r - 2s + t &= -1 \end{aligned}$$

Dann wird es untersucht unter der Option
Menu > A > F1 (SIMUL) .

Lösung TI-GTR:

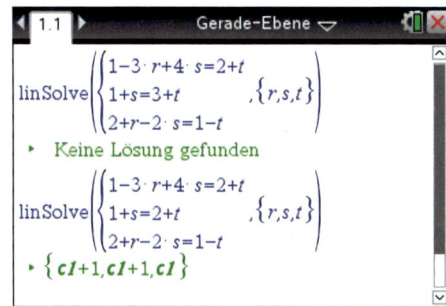

Lösung Casio-GTR:

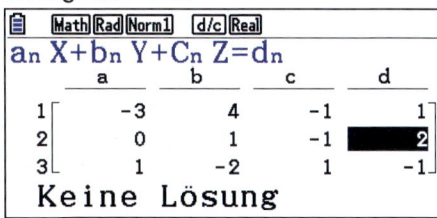

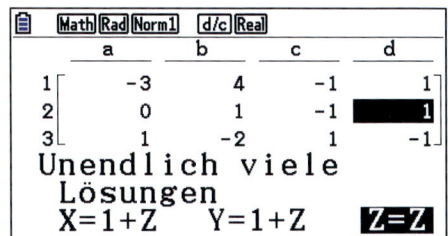

Übung 6   Lage von Gerade und Ebene
Untersuchen Sie die relative Lage von g und E.

a) $g: \vec{x} = \begin{pmatrix} 1 \\ 1 \\ 1 \end{pmatrix} + t \cdot \begin{pmatrix} 4 \\ 2 \\ -6 \end{pmatrix}$, $E: \vec{x} = \begin{pmatrix} 3 \\ 3 \\ 3 \end{pmatrix} + r \cdot \begin{pmatrix} 0 \\ 1 \\ 3 \end{pmatrix} + s \cdot \begin{pmatrix} 1 \\ 2 \\ 3 \end{pmatrix}$

b) g geht durch $P(3|3|-1)$ und $Q(7|3|1)$.
E enthält $A(1|0|1)$, $B(3|1|1)$, $C(3|-1|3)$.

D. Die Lage von Gerade und Dreieck

Manchmal stellt sich die Frage, ob eine Gerade g einen fest umschriebenen Teil einer Ebene E schneidet, z.B. ein Dreieck. Im folgenden Beispiel wird das Vorgehen demonstriert.

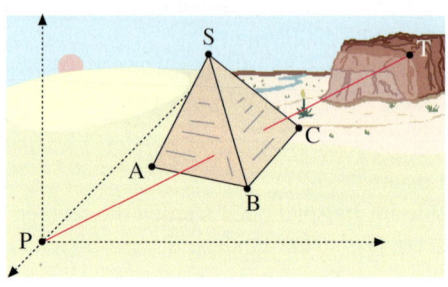

▶ **Beispiel: Sichtlinie**
Eine Pyramide hat die Ecken $A(-8|2|0)$, $B(-4|10|0)$ und $C(-12|8|0)$. Ihre Spitze hat die Koordinaten $S(-8|5|6)$. Ein Tafelberg hat den Gipfel $T(-12|14|4)$. Kann man den Gipfel T von der Beobachtungsplattform $P(0|0|0)$ aus sehen?

Lösung:
Die Frage ist, ob die Sichtlinie $\overline{PT}$ an der Pyramide vorbeigeht oder nicht.
Aus dem Bild, besser aber mithilfe eines auf Karopapier gezeichneten *Grundrisses* erkennt man, dass die Sichtlinie $\overline{PT}$ zum Beispiel von der Pyramidenfläche ABS unterbrochen werden kann.

Wir stellen die vektoriellen Parametergleichungen der Geraden g_{TP} und der Dreiecksebene E_{ABS} auf.

Durch Gleichsetzen erhalten wir ein Gleichungssystem mit drei Variablen in drei Gleichungen.
Die Lösungen sind $r = \frac{1}{2}$, $s = \frac{1}{2}$ und $t = \frac{1}{3}$.

Gerade und Ebene schneiden sich im Punkt $Q(-6|7|2)$.

Dieser liegt wegen $0 \leq s \leq 1$, $0 \leq t \leq 1$ und $0 \leq s + t \leq 1$ im Dreieck ABS (vgl. S. 307, Lage Punkt/Dreieck).
Daher kann von P aus die Spitze T des
▶ Tafelberges nicht gesehen werden.

Grundriss der Situation:

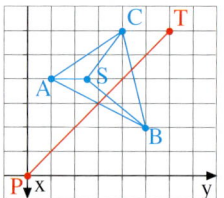

Gleichung von g_{PT} und E_{ABS}:

$$g_{PT}: \vec{x} = \begin{pmatrix} 0 \\ 0 \\ 0 \end{pmatrix} + r \begin{pmatrix} -12 \\ 14 \\ 4 \end{pmatrix}$$

$$E_{ABS}: \vec{x} = \begin{pmatrix} -8 \\ 2 \\ 0 \end{pmatrix} + s \begin{pmatrix} 4 \\ 8 \\ 0 \end{pmatrix} + t \begin{pmatrix} 0 \\ 3 \\ 6 \end{pmatrix}$$

Schnittuntersuchung:
I: $-12r = -8 + 4s$
II: $14r = 2 + 8s + 3t$
III: $4r = 6t$
aus III: $t = \frac{2}{3}r$
in II: II': $14r = 2 + 8s + 2r$
        $12r = 2 + 8s$
in I: $-2 - 8s = -8 + 4s$
        $\Rightarrow s = \frac{1}{2}$
in II': $\Rightarrow r = \frac{1}{2}$
in III: $\Rightarrow t = \frac{1}{3}$

Schnittpunkt $Q(-6|7|2)$

Übung 7   Gerade und Dreieck
Trifft die Gerade durch $P(2|11|-1)$ und $Q(8|-1|5)$ das Dreieck mit den Ecken A, B und C?
a) $A(2|1|-1)$, $B(8|7|2)$, $C(6|9|7)$ b) $A(2|8|3)$, $B(6|11|-2)$, $C(2|6|5)$

Übungen

8. Lage von Punkt und Ebene, Dreieck

Gegeben sind die Punkte $A(1|1|-1)$, $B(3|5|1)$, $C(5|5|7)$ und $D(-1|0|-6)$.

a) Stellen Sie eine Gleichung der Ebene E durch die Punkte A, B und C auf.

b) Zeigen Sie, dass der Punkt D in der Ebene E liegt.

c) Untersuchen Sie, ob der Punkt $F(5|6|6)$ im Dreieck ABC liegt.

9. Lagebeziehung Gerade/Ebene

Die Gerade g durch die Punkte A und B schneidet die Ebene E.
Bestimmen Sie den Schnittpunkt S. Zeichnen Sie ein Schrägbild.

a) $A(5|4|3)$, $B(7|7|5)$

$$E: \vec{x} = \begin{pmatrix} 6 \\ 1 \\ -1 \end{pmatrix} + r \cdot \begin{pmatrix} 0 \\ 1 \\ -1 \end{pmatrix} + s \cdot \begin{pmatrix} -3 \\ 1 \\ 1 \end{pmatrix}$$

b) $A(0|0|0)$, $B(4|6|4)$

$$E: \vec{x} = \begin{pmatrix} 2 \\ 3 \\ -2 \end{pmatrix} + r \cdot \begin{pmatrix} -2 \\ 3 \\ 1 \end{pmatrix} + s \cdot \begin{pmatrix} 4 \\ -6 \\ 0 \end{pmatrix}$$

10. Lagebeziehungen im Würfel

Ein Würfel mit der Kantenlänge 6 liegt wie abgebildet im Koordinatensystem.

a) Wie lauten die Koordinaten der Punkte A bis H?

b) Bestimmen Sie eine Parametergleichung der Ebene E_1 durch die Punkte B, G und E.

c) Wo schneidet die Gerade g durch F und D das Dreieck EBG?

d) Schneidet die Gerade h durch C und H die Ebene E_1?

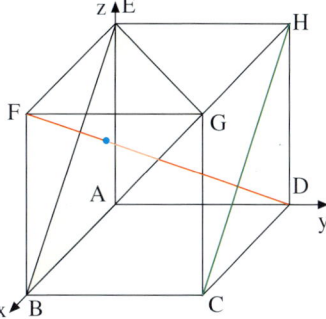

11. Laserbohrung

Ein Edelstahlblock hat die Form eines geraden quadratischen Pyramidenstumpfes. Die Seitenlänge der Grundfläche beträgt 8 cm, die der Deckfläche beträgt 4 cm und die Höhe beträgt 8 cm.

Mit einem Laserstrahl, der auf der Strecke $\overline{PQ}$ mit $P(-3,5|9,5|6)$ und $Q(-6|16|8)$ erzeugt wird, durchbohrt man das Werkstück. Der Koordinatenursprung liegt im Mittelpunkt der Grundfläche.

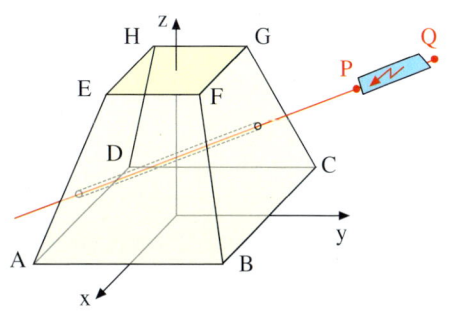

a) Stellen Sie Gleichungen für die Ebenen BCGF und ADHE auf.

b) Wo liegen Ein- und Austrittspunkt?

c) Wie lang ist der Bohrkanal?

d) Wo wird der Block getroffen, wenn der Laser längs der Strecke $\overline{PQ}$ mit $P(1|9|5)$ und $Q(-1|15|6)$ erzeugt wird?

12. Lagebeziehungen im Würfel

Gegeben ist der Würfel ABCDEFGH mit der Seitenlänge 6. M sei der Mittelpunkt des Vierecks BCGF.

a) In welchem Punkt S schneidet die Gerade g durch A und M das Dreieck BCE?

b) In welchem Punkt T trifft die Parallele p zur Kante $\overline{AB}$ durch M das Dreieck BCE?

c) Schneidet die Gerade h durch M und D das Dreieck?

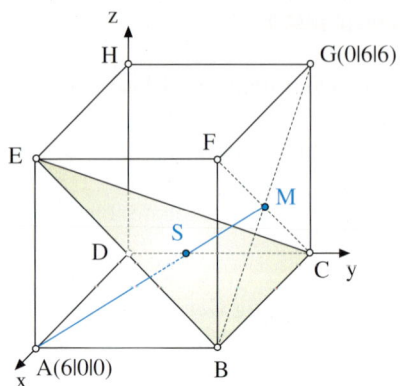

13. Lage von Gerade und Pyramide

Gegeben ist die Pyramide mit den Ecken A (8|0|0), B (0|6|0), C (0|0|0) und der Spitze S (0|0|6).

a) Bestimmen Sie die Kantenlängen.

b) Bestimmen Sie die Schnittpunkte der Geraden g durch P (12|10|−3) und Q (10|8|−2) mit der Pyramide. Wie lang ist die Teilstrecke der Geraden, die im Innern der Pyramide verläuft?

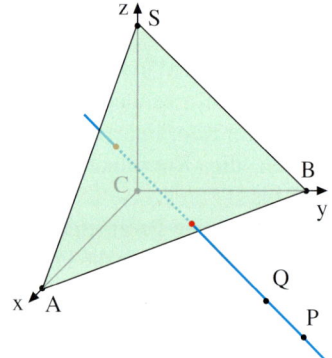

14. Projektion im Raum

Vier Sterne α, β, γ, δ begrenzen einen pyramidenförmigen Raumsektor. Sie haben die Koordinaten α (4|4|8), β (0|20|0), γ (−16|16|4) und δ (−8|12|12).

a) Liegen die Sterne P (−4|16|6), Q (−3|12|8), R (−8|12|6) im Dreieck αβγ?

b) Ein Komet fliegt geradlinig durch die Punkte A (10|3|1) und B (4|7|3). Der Komet dringt im Punkt S des Dreiecks αβγ in den Raumsektor ein. Ermitteln Sie die Koordinaten des Punktes S.

c) In welchem Punkt T verlässt der Komet den pyramidenförmigen Raumsektor?

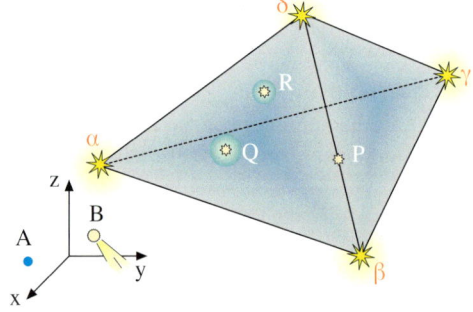

15. Flugbahn (Lage von Gerade und Pyramide)

Ein Flugzeug steuert auf die Cheops-Pyramide zu. Auf dem Radarschirm im Kontrollpunkt ist die Flugbahn durch die abgebildeten Punkte $F_1(56|-44|15)$ und $F_2(48|-36|14)$ erkennbar. Die Eckpunkte der Cheops-Pyramide sind ebenfalls auf dem Radarbild zu sehen. Kollidiert das Flugzeug bei gleichbleibendem Kurs mit der Cheops-Pyramide?
(Maßstab: 1 Einheit $\hat{=}$ 10 m)

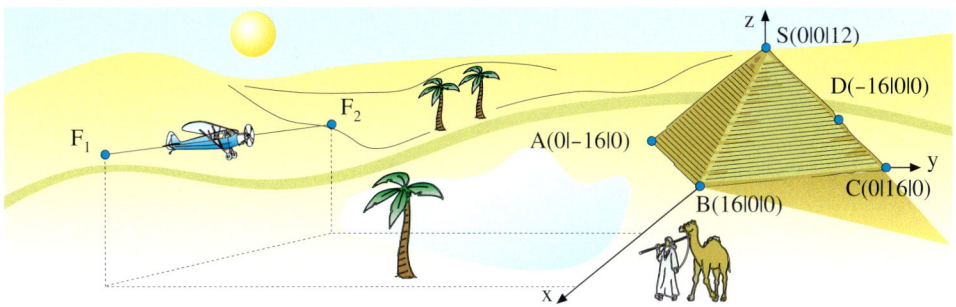

16. Sichtlinie (Lage von Gerade und Pyramide)

Ist die Bergspitze S von der Insel I bzw. vom Boot H aus zu sehen oder behindert die Pyramide die Sicht?

a) Fertigen Sie zunächst einen Grundriss an (Aufsicht auf die x-y-Ebene).

b) Entscheiden Sie anhand des Grundrisses, welche Pyramidenflächen die Sichtlinien unterbrechen könnten.

c) Berechnen Sie, ob die Sichtlinien durch diese Fläche tatsächlich unterbrochen werden.

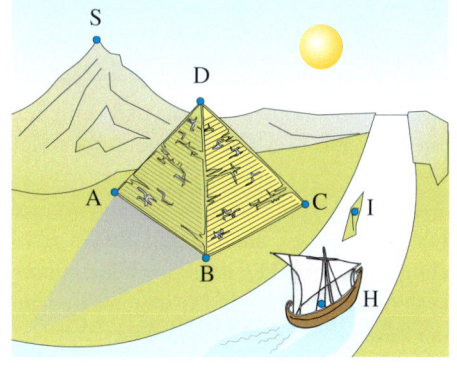

$A(100|-100|20)$, $B(20|140|20)$,
$C(-60|-20|-20)$, $D(0|0|80)$
$S(-70|-210|100)$, $H(210|-10|0)$, $I(130|230|0)$

17. Schattenwurf

Gegeben ist das rechts abgebildete Haus (Maße in m).

Eine Antenne auf dem Haus hat die Eckpunkte $A(-2|2|5)$ und $B(-2|2|6)$. Fällt paralleles Licht in Richtung des Vektors $\vec{v} = \begin{pmatrix} 2 \\ 8 \\ -3 \end{pmatrix}$ auf die Antenne, so wirft diese einen Schatten auf die Dachfläche EFGH. Berechnen Sie den Schattenpunkt der Antennenspitze auf der Dachfläche EFGH sowie die Länge des Antennenschattens auf dem Dach.

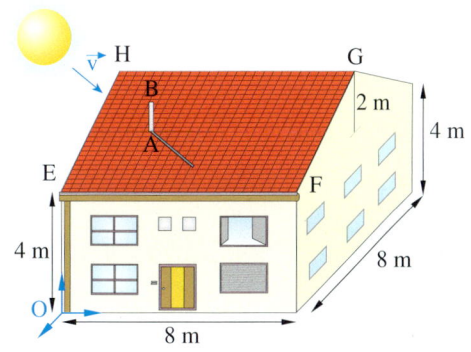

E. Exkurs: Die relative Lage zweier Ebenen

Zwei Ebenen E und F können folgende Lagen zueinander einnehmen: Sie können sich in einer Geraden g schneiden, echt parallel zueinander verlaufen oder identisch sein.

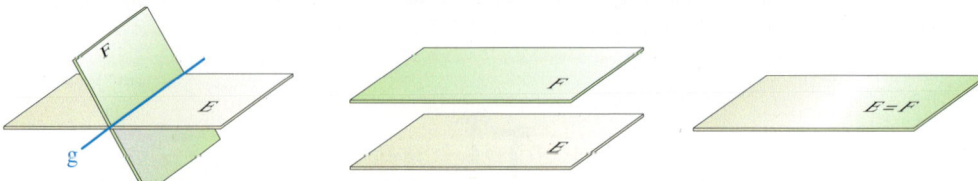

Die manuelle Untersuchung der Lagebeziehung zweier Ebenen verursacht einen sehr großen Rechenaufwand. Daher sollte im Regelfall der GTR verwendet werden.

Beispiel: Lagebeziehung zweier Ebenen

Untersuchen Sie die gegenseitige Lage der Ebenen E und F bzw. E und G.
Bestimmen Sie die Gleichung der Schnittgeraden, falls sich die Ebenen schneiden.

$$E:\ \vec{x} = \begin{pmatrix} 6 \\ 2 \\ 1 \end{pmatrix} + r \cdot \begin{pmatrix} 3 \\ -2 \\ -1 \end{pmatrix} + s \cdot \begin{pmatrix} -6 \\ 2 \\ 3 \end{pmatrix}, \quad F:\ \vec{x} = \begin{pmatrix} 0 \\ 0 \\ 3 \end{pmatrix} + u \cdot \begin{pmatrix} 3 \\ 2 \\ -1 \end{pmatrix} + v \cdot \begin{pmatrix} 3 \\ 0 \\ -1 \end{pmatrix}, \quad G:\ \vec{x} = \begin{pmatrix} 1 \\ 2 \\ 1 \end{pmatrix} + u \cdot \begin{pmatrix} 0 \\ 4 \\ -2 \end{pmatrix} + v \cdot \begin{pmatrix} -3 \\ 0 \\ 2 \end{pmatrix}$$

Lösung:
Wir setzen die rechten Seiten der beiden Ebenengleichungen gleich und erhalten ein LGS mit drei Gleichungen, aber vier Variablen.

Für die Ebenen E und F ergibt die Untersuchung mittels GTR, dass das Gleichungssystem unendlich viele Lösungen hat, denn der Parameter c1 ist frei wählbar.
Dadurch erhält man einen Zusammenhang zwischen den Parametern u und v der Ebenengleichung, nämlich v = 3 − 2u. Diesen Term setzen wir in die Gleichung von F ein, die dann nur noch den Parameter u enthält. Ausmultiplizieren und Zusammenfassen liefert nun die Gleichung der Schnittgeraden g von E und F.

Für die Ebenen E und G ist das zugehörige Gleichungssystem unlösbar. Die Ebenen E und G liegen daher echt parallel zueinander.

1. Untersuchung des LGS mit dem GTR:

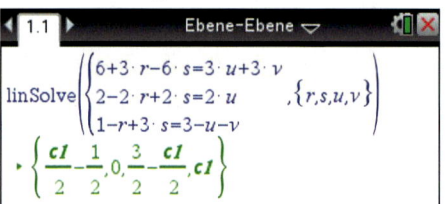

2. Zusammenhang zwischen u und v:

I: $v = c_1$,   II: $u = \frac{3}{2} - \frac{c_1}{2}$

I in II: $\Rightarrow u = \frac{3}{2} - \frac{v}{2} \Rightarrow v = -2u + 3$

3. Gleichung der Schnittgeraden:

$$g:\ \vec{x} = \begin{pmatrix} 0 \\ 0 \\ 3 \end{pmatrix} + u \cdot \begin{pmatrix} 3 \\ 2 \\ -1 \end{pmatrix} + (-2u + 3) \cdot \begin{pmatrix} 3 \\ 0 \\ -1 \end{pmatrix}$$

$$g:\ \vec{x} = \begin{pmatrix} 9 \\ 0 \\ 0 \end{pmatrix} + u \cdot \begin{pmatrix} -3 \\ 2 \\ 1 \end{pmatrix}$$

Übung 18   Lage von Ebenen
Bestimmen Sie die Schnittgerade g der Ebenen F und G aus dem obigen Beispiel.

Übung 19   Lage von Ebenen
Die Ebene H ist parallel zur x-Achse und geht durch A (2|2|2) sowie B (2|1|3).
Gesucht: Die Schnittgerade g von H und der Ebene F aus dem obigen Beispiel.

3. Untersuchung geometrischer Objekte im Raum

A. Würfel, Pyramiden und Quader

▶ **Beispiel: Ebenen und Geraden in einem Würfel**

Auf einem Würfel der Kantenlänge 6 liegen die Punkte $P(6|4|0)$, $Q(6|0|4)$ und $R(0|2|6)$.

a) Ermitteln Sie die Gleichung der Ebene E durch die Punkte P, Q und R, die Gleichung der Geraden g durch die Punkte $O(0|0|0)$ und $G(6|6|6)$, sowie den Schnittpunkt S von E und g.

b) Bestimmen Sie die Größe des Winkels PQR und den Flächeninhalt des Dreiecks PQR.

c) Weisen Sie nach, dass die Gerade h (Gleichung s. rechts) ganz in E liegt.

d) In welchem Punkt Y schneidet die Ebene E die y-Achse?

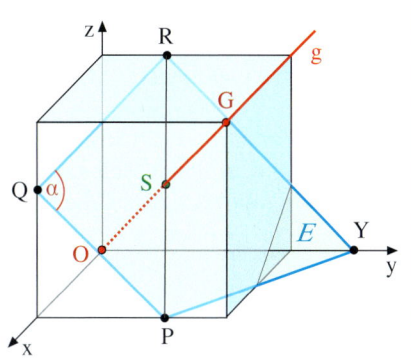

$$h: \vec{x} = \begin{pmatrix} 3 \\ 3 \\ 3 \end{pmatrix} + t \cdot \begin{pmatrix} 3 \\ -1 \\ -1 \end{pmatrix}$$

Lösung zu a:

Für die Ebene E wird der Punkt P als Stützpunkt gewählt. Die Vektoren $\overrightarrow{PQ}$ bzw. $\overrightarrow{PR}$ dienen als Richtungsvektoren.

Die Geradengleichung für g wird mit Hilfe der Zweipunkteform aufgestellt.

Gleichsetzen der rechten Seiten von Ebenen- und Geradengleichung liefert ein lineares Gleichungssystem, dessen Lösung am einfachsten mit dem GTR ermittelt wird.

Aus der Lösung $r = s = t = 0{,}5$ ergibt sich der Geradenparameterwert $t = 0{,}5$. Dieser liefert durch Einsetzen in die Gleichung von g den Schnittpunkt $S(3|3|3)$ von E und g.

1. Gleichungen von E und g:

$$E: \vec{x} = \overrightarrow{OP} + r \cdot \overrightarrow{PQ} + s \cdot \overrightarrow{PR}$$

$$\vec{x} = \begin{pmatrix} 6 \\ 0 \\ 4 \end{pmatrix} + r \cdot \begin{pmatrix} 0 \\ 4 \\ -4 \end{pmatrix} + s \cdot \begin{pmatrix} -6 \\ 2 \\ 2 \end{pmatrix}$$

$$g: \vec{x} = t \cdot \begin{pmatrix} 6 \\ 6 \\ 6 \end{pmatrix}$$

2. Schnittpunkt von E und g:

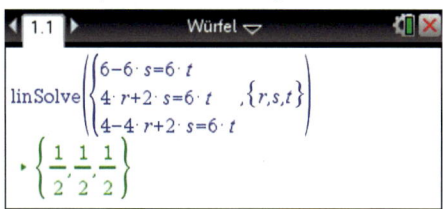

$$\Rightarrow t = \tfrac{1}{2} \Rightarrow \text{Schnittpunkt } S(3|3|3)$$

Lösung zu b:

Das Skalarprodukt der Richtungsvektoren $\overrightarrow{QP}$ und $\overrightarrow{QR}$ ist gleich null.
Die Vektoren sind daher orthogonal. Das Dreieck PQR ist rechtwinklig bei Q.

3. Rechtwinkligkeitsnachweis:

$$\overrightarrow{QP} \cdot \overrightarrow{QR} = \begin{pmatrix} 0 \\ 4 \\ -4 \end{pmatrix} \cdot \begin{pmatrix} -6 \\ 2 \\ 2 \end{pmatrix} = 0 + 8 - 8 = 0$$

Der Flächeninhalt A eines rechtwinkligen Dreiecks kann stets elementargeometrisch mit Hilfe seiner beiden Kathetenlängen ermittelt werden. Resultat: A = 18,76.

Lösung zu c:
Das Gleichsetzen der rechten Seiten der Ebenengleichung von E und der Geradengleichung von h ergibt ein (3; 3)-LGS.

Manuell oder mit dem GTR ermitteln wir, dass das System unendlich viele Lösungen hat. Das ist nur möglich, wenn die Gerade h vollständig in der Ebene E liegt.

Lösung zu d:
Gesucht ist der Schnittpunkt $Y(0|y|0)$ der Ebene E mit der y-Achse.

Setzen wir die Koordinaten von Y in die Ebenengleichung ein, so erhalten wir ein LGS.
Wir lösen es manuell oder mit dem GTR.
Die Lösungen sind y = 8, r = 1,5, s = 1.

▶ Der gesuchte Spurpunkt lautet $Y(0|8|0)$.

4. Flächeninhalt des Dreiecks PQR:

$$A = \frac{1}{2} \cdot |\overrightarrow{QP}| \cdot |\overrightarrow{QR}| = \frac{1}{2} \cdot \sqrt{32} \cdot \sqrt{44} \approx 18,76$$

5. Relative Lage von h und E:

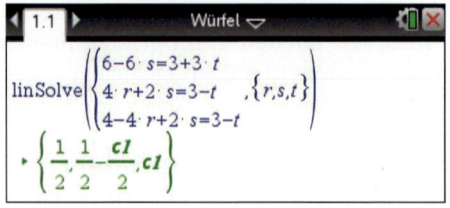

Der Parameter c1 ist frei wählbar.
Es gibt unendlich viele Lösungen.
Die Gerade h liegt in der Ebene E.

6. Der Achsenabschnittspunkt Y(0|y|0)

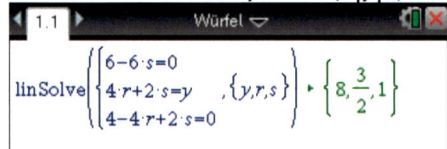

y besitzt den Wert 8.
Der Punkt $Y(0|8|0)$ ist der gesuchte Spurpunkt.

Übung 1   Pyramiden und Geraden

Die Ebene E schneidet die Koordinatenachsen in den Punkten A (12|0|0), B (0|6|0) und C (0|0|6).
a) Fertigen Sie ein Schrägbild der Ebene E an.
b) Geben Sie eine Parametergleichung für die Ebene E an.
c) Weisen Sie nach, dass der Punkt P (2|3|2) in der Ebene E liegt.
d) Wie groß ist der Winkel zwischen den Kanten AB und AC?
e) Wie lautet die Gleichung der Spurgeraden von E in der x-y-Ebene?
f) Die Gerade g geht durch die Punkte S (12|−1|−2) und T (10|0|−1). Stellen Sie für g eine Geradengleichung auf und bestimmen Sie den Schnittpunkt Q von g mit der Ebene E.
g) Punkt C der Ebene E wird verschoben nach $C_a(0|0|a)$. Wie muss a gewählt werden, damit der Abstand $|AC_a|$ gleich 13 ist?
h) Wie muss a gewählt werden, damit das Volumen der Pyramide ABC_aO (O: Koordinatenursprung) gleich 36 ist?
i) Weisen Sie nach, dass die Gerade g für jede Wahl von C_a einen Schnittpunkt mit der Ebene ABC_a hat. Ermitteln Sie die Koordinaten des Schnittpunktes.

Die folgende Aufgabe steht stellvertretend für komplexe Anwendungssituationen in realen räumlichen Umgebungen und für Bewegungsaufgaben im Raum.

> **Beispiel: Fußball**
>
>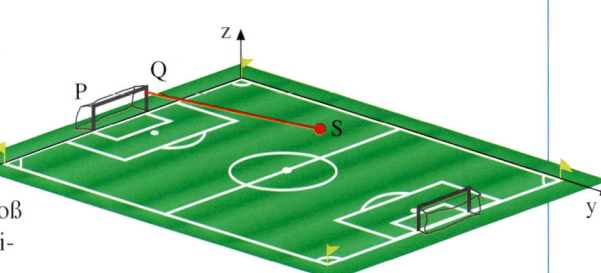
>
> Bei einem Fußballspiel wird ein Freistoß gegeben. Es liegen folgende Daten vor:
> Länge des Platzes 100 m, Breite 60 m.
> Breite des Tores 7,2 m, Höhe 2,4 m.
> Durchmesser des Balles 0,2 m.
> Der Ball berührt den Boden beim Freistoß
> – bezogen auf das eingezeichnete Koordinatensystem – im Punkt R (10|40|0).
> a) Bestimmen Sie die Koordinaten der vier Eckpunkte A, B und P, Q des Tores.
> b) Der Spieler, der den Freistoß ausführt, möchte exakt in den rechten oberen Eckwinkel des Tores treffen. Wie lautet die Gleichung der als geradlinig angenommenen Flugbahn g des Ballmittelpunktes S? Welche Flugbahn würde sich bei einem Schuss in die rechte untere Ecke bzw. in die linke untere Ecke ergeben?
> c) Wie groß ist der Anstiegswinkel der Fluggeraden g gegenüber dem Boden?
> d) Welche Zeit bleibt dem Tormann für seine Reaktion, wenn der Ball mit 30 m/s fliegt?
> e) Wie groß ist die Teilstrecke der 16 m-Linie, welche die auf der 16 m-Linie aufgestellte Verteidigungsmauer abdecken muss, um das zu verhindern?

Lösung zu a:
Die rechte obere Eckfahne steht im Ursprung O (0|0|0). Die Mitte der Grundlinie und der Torlinie ist also bei M (30|0|0). Die unteren Eckpunkte A und B liegen 3,6 m weiter links bzw. rechts, die oberen Eckpunkte zusätzlich 2,4 m hoch.

Lösung zu b:
Der Ball berührt den Rasen im Punkt R (10|40|0). Er hat einen Durchmesser von 20 cm. Sein Mittelpunkt S befindet sich also 10 cm höher bei S (10|40|0,1). Sein Zielpunkt T liegt 10 cm links und 10 cm unterhalb der Torecke Q (26,4|0|2,4), d. h. es gilt T (26,5|0|2,3).
Mit Hilfe der Zweipunkteform ergibt sich nun die rechts dargestellte Flugbahn g.

Bei einem Schuss in die rechte untere Ecke müsste man als Zielpunkt U (26,5|0|0,1) verwenden. Dann ergibt sich die Gerade h.
Bei einem Schuss in die linke untere Ecke V (33,5|0|0,1) ergibt sich die Gerade k.

Punktkoordinaten:
Ursprung O (0|0|0),
Grundlinienmitte: M (30|0|0)
Untere Torecken: A (33,6|0|0), B (26,4|0|0)
Obere Torecken: P (33,6|0|2,4), Q (26,4|0|2,4)

Gleichung der Fluggeraden g des Balles:
Startpunkt: S (10|30|0,1)
Zielpunkt: T (26,5|0|2,3)

Flugbahn: $g : \vec{x} = \begin{pmatrix} 10 \\ 30 \\ 0,1 \end{pmatrix} + r \cdot \begin{pmatrix} 16,5 \\ -30 \\ 2,2 \end{pmatrix}$

Gleichung der Fluggeraden h und k:
Start: S (10|30|0,1)   Ziel: U (26,5|0|0,1)

Flugbahn: $h : \vec{x} = \begin{pmatrix} 10 \\ 30 \\ 0,1 \end{pmatrix} + r \cdot \begin{pmatrix} 16,5 \\ -30 \\ 0 \end{pmatrix}$

Start: S (10|30|0,1)   Ziel: V (33,5|0|0,1)

Flugbahn: $k : \vec{x} = \begin{pmatrix} 10 \\ 30 \\ 0,1 \end{pmatrix} + r \cdot \begin{pmatrix} 23,3 \\ -30 \\ 0 \end{pmatrix}$

Lösung zu c:
Das Bild zeigt, dass der Anstiegswinkel α der Winkel zwischen den Vektoren $\overrightarrow{ST}$ und $\overrightarrow{SU}$ ist, wobei $U(26,5|0|0,1)$ der Zielpunkt für einen Schuss in die untere rechte Ecke ist.
Wir verwenden die Kosinusformel:

$$\cos\alpha = \frac{|\overrightarrow{ST} \cdot \overrightarrow{SU}|}{|\overrightarrow{ST}| \cdot |\overrightarrow{SU}|} \approx \frac{1172,25}{34,31 \cdot 34,24} \approx 0,9979$$

$$\Rightarrow \alpha = \arccos 0,9979 \approx 3,7°$$

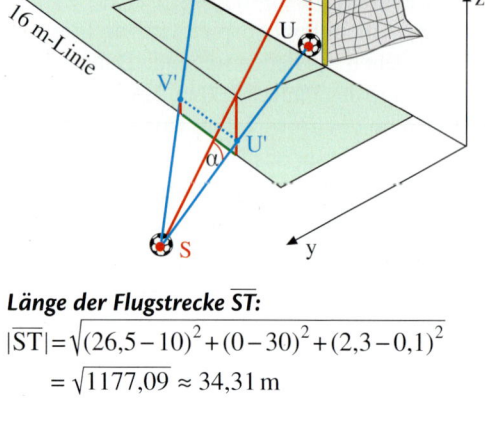

Lösung zu d:
Wir berechnen die Länge der Flugstrecke $\overline{ST}$ als Abstand der Punkte S und T.
Wir erhalten $|\overline{ST}| = 34,31$ m.

Eine Strecke von 34,31 m wird bei einer Geschwindigkeit von 30 m/s in ca. 1,14 s zurückgelegt. Nur diese kurze Zeitspanne bleibt dem Tormann für seine Reaktion.

Länge der Flugstrecke $\overline{ST}$:
$$|\overline{ST}| = \sqrt{(26,5-10)^2 + (0-30)^2 + (2,3-0,1)^2}$$
$$= \sqrt{1177,09} \approx 34,31 \text{ m}$$

Dauer des Fluges:
Flugdauer : $t \approx 34,31$ m : 30 m/s $\approx 1,14$ s

Lösung zu e:
Wir berechnen die Punkte U′ und V′ der Geraden h und k aus Aufgabenteil b), welche die y-Koordinate 16 besitzen, also exakt über der 16 m-Linie liegen.
Der Ansatz $y = 16$ liefert uns $U'(17,7|16|0,1)$ und $V'(20,97|16|0,1)$. Die x-Koordinaten von A und B haben den Abstand d = 3,27 m.
▶ Diese Länge muss abgedeckt werden.

Berechnung der Abwehrstrecke über der 16 m-Linie

Ansatz für U′:	Ansatz für V′:
$y = 0$ (Gerade h)	$y = 0$ (Gerade k)
$30 - 30r = 16$	$30 - 30r = 16$
$r = 7/15$	$r = 7/15$
$U'(17,7|16|0,1)$	$V'(20,97|16|0,1)$

Länge: d = 20,97 m − 17,7 m = 3,27 m

Übung 2 Flugbahnen
Ein Luftschiff l startet auf dem Flughafen $L(24|52|0)$ und wird kurz danach in $P(20|42|2)$ geortet.
Ein Hubschrauber h bewegt sich etwa zur gleichen Tageszeit in geradlinigem Steigflug vom Fliegerhorst $F(20|-8|0)$ in Richtung der Bergspitze $S(-4|32|16)$.
Die Front einer Nebelwand wird durch die Ebene E_{ABC} mit $A(16|0|0)$, $B(0|16|0)$, $C(0|0|16)$ beschrieben

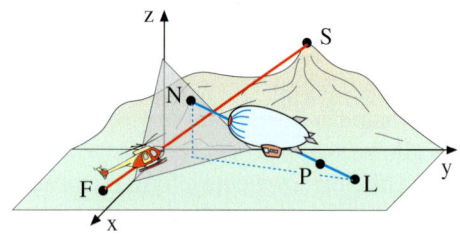

a) Gibt es eine mögliche Kollisionsposition T der Bahnen von Luftschiff und Hubschrauber? Wie groß ist der Schnittwinkel der Flugbahnen von l und h in dieser Position T?
b) Im weiteren Flugverlauf tritt das Luftschiff bei N in die Nebelwand ein. Bestimmen Sie N.
c) Fertigen Sie eine genaue Zeichnung der Objekte und Flugbahnen im Schrägbild an.

Übungen

3. Schiefe Pyramide mit rechteckiger Grundfläche

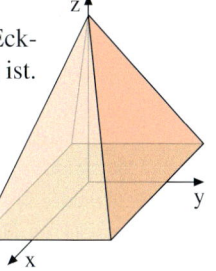

Die Punkte $A(-4|-2|0)$, $B(3|-2|0)$, $C(3|3|0)$ und $D(-4|3|0)$ sind die Eckpunkte der Grundfläche einer Pyramide, deren Spitze der Punkt $S(0|0|6)$ ist.

a) Zeichnen Sie ein Schrägbild der Pyramide.

b) Weisen Sie nach, dass der Punkt $P(1|1|4)$ auf der Kante CS liegt.
   Ergänzen Sie die Zeichnung um den Punkt P.

c) Die Ebene E enthält die Kante AB sowie den Punkt P.
   Wie lautet die Ebenengleichung?

d) Ermitteln Sie den Schnittpunkt Q der Ebene E mit der Geraden DS.

e) M_1 sei der Mittelpunkt der Strecke $\overline{AB}$. Begründen Sie, dass der Punkt $M_2(-0,5|1|4)$ auf der Strecke $\overline{PQ}$ liegt. Weisen Sie nach, dass $\overline{M_1 M_2}$ orthogonal zu $\overline{AB}$ liegt.

f) Begründen Sie, dass das Viereck ABPQ ein Trapez ist. Ermitteln Sie den Flächeninhalt des Trapezes.

4. Pyramide

Die Punkte $A(12|0|0)$, $B(12|12|0)$, $C(0|12|0)$ und $D(0|0|0)$ sind die Eckpunkte der Grundfläche einer Pyramide mit der Ecke $S(0|0|12)$ als Spitze. Die Ebene E enthält die Punkte $F(6|0|6)$, $G(0|6|6)$ und $H(0|0|3)$.

a) Zeichnen Sie ein Schrägbild der Pyramide sowie der Ebene E.

b) Bestimmen Sie eine Gleichung der Ebene E.
   Ermitteln Sie eine Geradengleichung für die Gerade BS.

c) In welchem Punkt I schneiden sich die Ebene E und die Gerade BS?

d) Weisen Sie nach, dass FG und HI orthogonal zueinander liegen.
   Ermitteln Sie den Schnittpunkt T der Geraden FG und HI.
   Welchen Flächeninhalt hat das Viereck GHFI?

e) Die Gerade g schneidet die Grundfläche der Pyramide senkrecht in ihrem Mittelpunkt.
   Welcher Punkt der Geraden g hat von allen Eckpunkten der Pyramide den gleichen Abstand?

5. Quader mit aufgesetzter Pyramide

Die Punkte $A(4|-4|4)$, $B(4|4|4)$, $C(0|4|4)$ und $D(0|-4|4)$ bilden die Deckfläche eines Quaders, dessen Grundfläche in der x-y-Ebene liegt. Die Deckfläche des Quaders ist gleichzeitig die Grundfläche einer Pyramide mit der Spitze im Punkt $S(2|0|10)$.

a) Zeichnen Sie ein Schrägbild des Quaders mit der aufgesetzten Pyramide.

b) M_1 sei der Mittelpunkt der Kante AS, M_2 der Mittelpunkt der Kante CS. Ermitteln Sie die Koordinaten von M_1 und M_2 und geben Sie eine Gleichung der Ebene E_1 an, welche die Punkte M_1, M_2 und B enthält. Zeichnen Sie die Ebene E_1 in das Schrägbild ein.

c) Die Gerade g enthält die Pyramidenkante DS. In welchem Punkt schneiden sich E_1 und g?

d) Die Ebene E_2 enthält die Punkte A, B und S. Wie lautet eine Ebenengleichung von E_2?
   Zeigen Sie, dass der Punkt $P(3|1|7)$ in E_2 liegt.

e) Weisen Sie nach, dass das Dreieck ABS gleichschenklig ist.
   Wie groß ist der Winkel α bei A im Dreieck ABS?
   Welchen Flächeninhalt hat das Dreieck ABS?

6. Haus mit Walmdach

Betrachtet wird das rechts dargestellte Haus mit Walmdach.

a) Ermitteln Sie die Koordinaten der fehlenden Eckpunkte des Hauses. (Maße in Metern)

b) Geben Sie eine Gleichung der Ebene FGS an. Begründen Sie, dass die Dachfläche FGTS ein Trapez ist.

c) Wie groß sind die Innenwinkel der dreieckigen Dachfläche EFS?

d) Bestimmen Sie den Mittelpunkt M der Strecke EF. Weisen Sie nach, dass die Strecken EF und MS orthogonal sind. Welchen Flächeninhalt hat das Dreieck EFS?

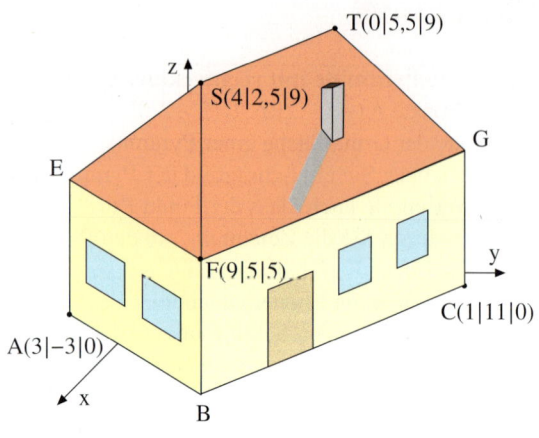

e) Der Schornstein des Hauses hat seinen Fußpunkt in $P(3|7|0)$. Der Schornsteinfeger hat die Auflage gemacht, dass er die Dachfläche, die er durchbricht, um 2 m überragen muss. In welchem Punkt Q durchstößt er die Dachfläche FGST? Wie hoch muss der Schornstein sein?

f) Wie lang ist der Schatten eines 9 m hohen Schornsteins, wenn ihn Sonnenlicht trifft, welches in Richtung des Vektors $\vec{v} = \begin{pmatrix} 5 \\ 0 \\ -6 \end{pmatrix}$ verläuft?

7. Pyramidenstumpf

Die Punkte $A(0|0|0)$, $B(12|0|0)$, $C(12|12|0)$ und $D(0|12|0)$ sind die Eckpunkte der Grundfläche eines gläsernen Pyramidenstumpfes (s. Schemabild rechts).

Die Eckpunkte der Deckfläche sind $E(2|2|3)$, $F(10|2|3)$, $G(10|10|3)$ und $H(2|10|3)$.

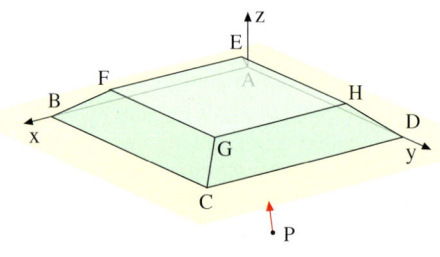

Teil 1:

a) Ermitteln Sie die Koordinaten der Pyramidenspitze S.

b) Bestimmen Sie eine Gleichung der Ebene CDH, in der die Seitenfläche CDHG des Pyramidenstumpfs liegt.

c) Im Punkt $P(14|20|0)$ steht ein Laser, der in Richtung des Vektors $\vec{v} = \begin{pmatrix} -3 \\ -3 \\ 0,5 \end{pmatrix}$ leuchtet. In welchem Punkt trifft der Laserstrahl die Ebene CDH?

d) Begründen Sie, dass der Strahl den Pyramidenstumpf nicht über die Deckfläche verlässt.

e) Welchen Inhalt hat die Seitenfläche CDHG?

Teil 2:

Im Mittelpunkt $M(6|6|3)$ der Deckfläche wird ein 5 m hoher senkrechter Mast errichtet.

Sonnenlicht fällt in Richtung des Vektors $\vec{u} = \begin{pmatrix} 2 \\ 1 \\ -2 \end{pmatrix}$ auf den Pyramidenstumpf mit Mast.

f) Gesucht ist der Schattenpunkt P der Mastspitze $S(6|6|8)$ in der x-y-Ebene.

g) Bestimmen Sie den Punkt Q des Mastes, dessen Schattenpunkt auf der Kante FG liegt.

h) Weisen Sie nach, dass der Mast keinen Schatten auf der Fläche BCFG hinterlässt.

i) Ermitteln Sie die Gesamtlänge des Mastschattens.

8. Turm am Deich

Der abgebildete Deich besitzt das Profil eines gleichschenkligen, symmetrischen Trapezes. Die Sohle ist 20 m und die Krone ist 4 m breit. Die Höhe beträgt 8 m.
Am Vorderhang des Deiches steht ein 16-m-Turm mit quadratischem Querschnitt (8 m × 8 m), der von einem 8 m hohen Dach in Form einer quadratischen Pyramide gekrönt wird.

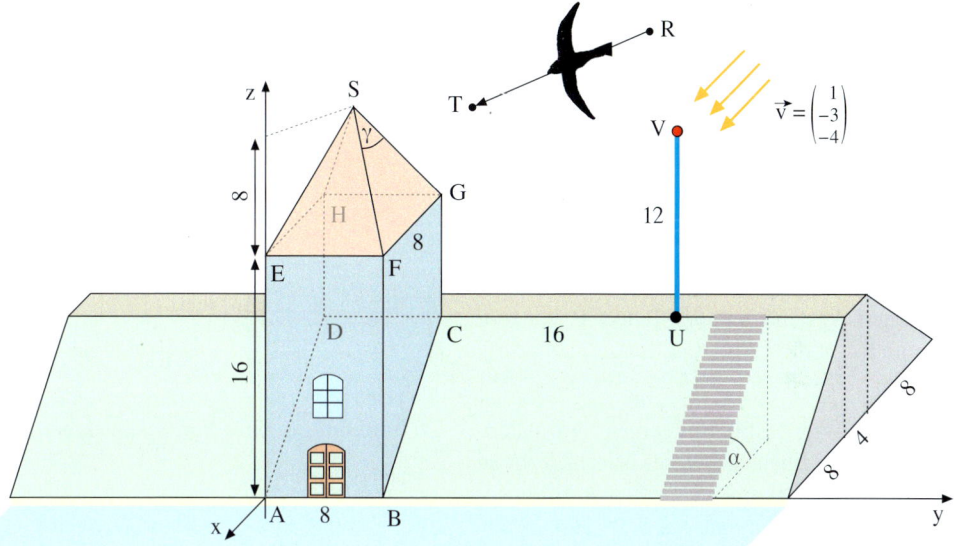

Teil 1:

a) Ermitteln Sie die Koordinaten der Turmecken A bis F. Wo liegt die Dachspitze S?
b) In welchem Winkel γ treffen sich die Dachbalken FS und GS bei S?
c) Wie viele Quadratmeter Ziegeln werden für das Eindecken des Daches benötigt?
d) Wie lautet die Gleichung der Ebene K, in der die vordere Hangfläche liegt?
e) Welche Steigung und welchen Steigungswinkel hat die Treppe, die auf die Krone führt?

Teil 2:

f) Welches Außenvolumen besitzt der sichtbare Teil des Turmes?
g) Wie groß ist das Volumen eines 100 m langen Deichabschnitts?
h) Wie viele Kubikmeter Putz werden benötigt, um die Seitenwand BCGF des Turmes mit einer 2 cm dicken Putzschicht zu versehen?
i) Sonnenlicht fällt in Richtung des eingezeichneten Vektors $\vec{v}$ ein. Wo trifft der Schatten der Mastspitze V auf den vorderen Deichhang? Wie lang ist der Schatten des Mastes?
j) Ein Mauersegler durchfliegt im geradlinigen Anflug kurz hintereinander die Positionen R (−13|17|25) und T (−9|9|23). Erreicht er sein Ziel, die Dachfläche GHS?

Der Abstand eines Punktes von einer Ebene

Der Abstand eines Punktes P von einer Ebene
E ist gleich der Länge d der Lotstrecke PF, die
von P ausgeht und senkrecht zur Ebene E ste-
hend in einem Punkt F der Ebene endet, dem
sog. Lotfußpunkt.

Um die Länge d zu berechnen, geht man wie
im folgenden Beispiel ausgeführt vor.

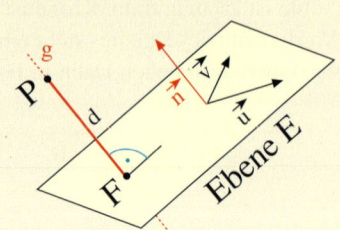

Abstand Punkt/Ebene

Gegeben sind der Punkt P und die Ebene E.
Welchen Abstand hat der Punkt P von der
Ebene E?

$$P(4|5|5),\ E:\ \vec{x} = \begin{pmatrix} 6 \\ 0 \\ 0 \end{pmatrix} + r\underbrace{\begin{pmatrix} -2 \\ 1 \\ 0 \end{pmatrix}}_{\vec{u}} + s\underbrace{\begin{pmatrix} -2 \\ 0 \\ 1 \end{pmatrix}}_{\vec{v}}$$

Lösung:
Schritt 1: Wir bestimmen einen Normalenvektor $\vec{n}$ der Ebene E. Dieser ist senkrecht zu
den Richtungsvektoren $\vec{u}$ und $\vec{v}$ (s. Bild).
Die Methode findet man auf Seite 294.

1. Bestimmung eines Normalenvektors:

Ansatz: $\vec{n} = \begin{pmatrix} x \\ y \\ z \end{pmatrix}$

$\vec{n} \cdot \vec{u} = 0 \Rightarrow$ I: $(-2) \cdot x + (1) \cdot y + (0) \cdot z = 0$
$\vec{n} \cdot \vec{v} = 0 \Rightarrow$ II: $(-2) \cdot x + (0) \cdot y + (1) \cdot z = 0$

Lösung: x = 1 (frei gewählt), y = 2, z = 2

$\Rightarrow \vec{n} = \begin{pmatrix} 1 \\ 2 \\ 2 \end{pmatrix}$

Schritt 2: Man stellt die Gleichung einer Lotgeraden g auf, die durch den Punkt P geht und
senkrecht zu E steht. g hat den Stützvektor $\vec{p}$
und den Richtungsvektor $\vec{n}$.
g schneidet die Ebene E im Lotfußpunkt F.

2. Gleichung der Lotgeraden g:

$$g:\ \vec{x} = \underbrace{\begin{pmatrix} 4 \\ 5 \\ 5 \end{pmatrix}}_{\vec{p}} + t\underbrace{\begin{pmatrix} 1 \\ 2 \\ 2 \end{pmatrix}}_{\vec{n}}$$

Schritt 3: Man bestimmt den Schnittpunkt F
von Lotgerade g und Ebene E durch Gleichsetzen der rechten Seiten von Geraden- und
Ebenengleichung. Das entstehende (3; 3)-LGS
löst man mit dem Gauß'schen Algorithmus
oder dem GTR. Der Lösungswert -2 für den
Geradenparameter t wird in die Geradenglei-
chung rückeingesetzt. Resultat: F(2|1|1).

3. Schnittpunkt von g und E:

I.: $4 + t = 6 - 2r - 2s$
II: $5 + 2t =\quad\quad r$
III: $5 + 2t =\quad\quad\quad\quad s$
Lösung des LGS: r = 1, s = 1, t = -2
Einsetzen von t = -2 in g $\Rightarrow$ F(2|1|1).

Schritt 4: Man berechnet mit der Abstands-
formel für Punkte den Abstand d von P und F
und damit den Abstand von P zu E.
Resultat: Der Abstand ist d = 6.

4. Länge der Lotstrecke PF:

$d = |\overrightarrow{FP}| = \sqrt{(4-2)^2 + (5-1)^2 + (5-1)^2}$
$\qquad = \sqrt{36} = 6$

Übung 1   Abstand/Ebene
Gesucht ist der Abstand des Punktes P von der
Ebene E durch die Punkte A, B und C.
a) P(2|4|7), A(3|1|0), B(3|3|−1), C(6|3|−2)
b) P(−1|4|−3), A(4|1|2), B(6|1|1), C(3|5|3)

Der Abstand eines Punktes von einer Geraden

Der Abstand eines Punktes P zu einer Geraden g ist gleich der Länge d des Lotes PF vom Punkt P auf die Gerade g.

Die Lotstrecke PF steht dabei senkrecht auf der Geraden. Der Punkt F wird als *Lotfußpunkt* bezeichnet.

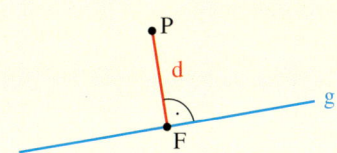

Abstand Punkt/Gerade

Bestimmen Sie den Abstand des Punktes $P(-1|12|5)$ von der Geraden g. Welche Koordinaten hat der Lotfußpunkt F ?

$$g: \vec{x} = \begin{pmatrix} 1 \\ 4 \\ -2 \end{pmatrix} + r \cdot \begin{pmatrix} -2 \\ 2 \\ 1 \end{pmatrix}$$

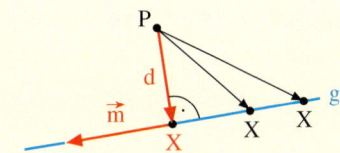

Lösung:
X sei ein beliebiger Punkt der Geraden g.
X hat die Koordinaten $X(1 - 2r|4 + 2r|-2 + r)$.

Wir suchen denjenigen Punkt X der Geraden g, der so liegt, dass der Vektor $\overrightarrow{PX}$ senkrecht auf g steht. Er steht also auch senkrecht auf dem Richtungsvektor $\vec{m}$ von g.
Daher muss das Skalarprodukt von $\overrightarrow{PX}$ und $\vec{m}$ null sein, d.h.: $\overrightarrow{PX} \cdot \vec{m} = 0$.
Dies führt auf die lineare Gleichung mit dem Parameter r, welche die Lösung r = 3 besitzt.
Setzen wir r = 3 in die Gleichung von g ein, so erhalten wir den gesuchten Lotfußpunkt $F(-5|10|1)$.
Der gesuchte Abstand d kann nun als Länge des Vektors $\overrightarrow{PF}$ errechnet werden.
Resultat: d = 6

Den *Abstand paralleler Geraden* g und h kann man übrigens nach dem gleichen Verfahren bestimmen: Man berechnet einfach den Abstand eines beliebigen, festen Punktes P auf g von der Geraden h.

1. Allgemeiner Geradenpunkt X:
$X(1 - 2r|4 + 2r|-2 + r)$

2. Verbindungsvektor PX:
$$\overrightarrow{PX} = \overrightarrow{OX} - \overrightarrow{OP} = \begin{pmatrix} 1 - 2r \\ 4 + 2r \\ -2 + r \end{pmatrix} - \begin{pmatrix} -1 \\ 12 \\ 5 \end{pmatrix} = \begin{pmatrix} 2 - 2r \\ -8 + 2r \\ -7 + r \end{pmatrix}$$

3. Berechnung des Lotfußpunktes:
$\overrightarrow{PX}$ und $\vec{m}$ sind orthogonal:
$$\overrightarrow{PX} \cdot \vec{m} = 0 \Rightarrow \begin{pmatrix} 2 - 2r \\ -8 + 2r \\ -7 + r \end{pmatrix} \cdot \begin{pmatrix} -2 \\ 2 \\ 1 \end{pmatrix} = 0$$
$$\Rightarrow -4 + 4r - 16 + 4r - 7 + r = 0$$
$$\Rightarrow r = 3$$
$$\Rightarrow \text{Lotfußpunkt}: F(-5|10|1)$$

4. Abstand von P zu g:
$$d = |\overrightarrow{PF}| = \left\| \begin{pmatrix} -4 \\ -2 \\ -4 \end{pmatrix} \right\| = \sqrt{36} = 6$$

Übung 2 Abstände
Gesucht ist der Abstand von P zu g bzw. der Abstand von g zu h.

a) $P(4|6|-2)$, $g: \vec{x} = \begin{pmatrix} 4 \\ 0 \\ 1 \end{pmatrix} + r \cdot \begin{pmatrix} -1 \\ 1 \\ 1 \end{pmatrix}$

b) $g: \vec{x} = \begin{pmatrix} -1 \\ 6 \\ 4 \end{pmatrix} + r \cdot \begin{pmatrix} 6 \\ -8 \\ 0 \end{pmatrix}$, $h: \vec{x} = \begin{pmatrix} 3 \\ 9 \\ 4 \end{pmatrix} + r \cdot \begin{pmatrix} -9 \\ 12 \\ 0 \end{pmatrix}$

Überblick

Parametergleichung einer Ebene:	$E: \vec{x} = \vec{a} + r \cdot \vec{u} + s \cdot \vec{v}$ $\vec{a}$: Stützvektor der Ebene $\vec{u}, \vec{v}$: Richtungsvektoren der Ebene r, s: Ebenenparameter	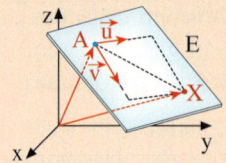

Dreipunktegleichung einer Ebene:	$E: \vec{x} = \vec{a} + r \cdot (\vec{b} - \vec{a}) + s \cdot (\vec{c} - \vec{a})$ $\vec{a}, \vec{b}, \vec{c}$: Ortsvektoren von drei Ebenenpunkten A, B und C	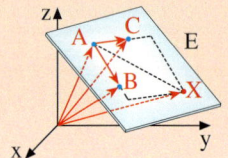

Spurpunkte einer Ebene	Die Schnittpunkte einer Ebene E mit den Koordinatenachsen werden als Spurpunkte bzw. Achsenabschnittspunkte der Ebene bezeichnet. Sie haben die Gestalt X (x|0|0), Y (0|y|0), Z (0|0|z). Bestimmungsmethode: s. S. 303 f.	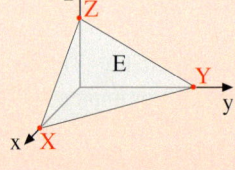

Spurgeraden einer Ebene	Die Schnittgeraden einer Ebene E mit den Koordinatenebenen werden als Spurgeraden der Ebene bezeichnet. Bestimmungsmethode: s. S. 304 f.	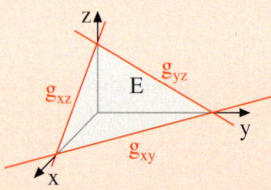

Relative Lage von Punkt und Ebene	Ein Punkt P im Raum kann auf einer gegebenen Ebene E liegen oder außerhalb der Ebene.	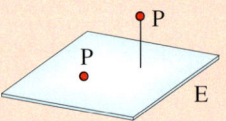

Man untersucht diese Fragestellung mit der sog. **Punktprobe**. Dabei setzt man den Ortsvektor des Punktes in die linke Seite der Ebenengleichung ein. Es ergibt sich ein (3; 2)-LGS. Ist es lösbar, liegt P auf E. Ist es unlösbar, liegt P nicht auf E.

Relative Lage von Punkt und Dreieck

Ein Punkt liegt im Dreieck ABC, wenn er folgende Bedingung erfüllt:
1. P liegt auf der Ebene E: $\vec{x} = \vec{a} + r \cdot (\vec{b} - \vec{a}) + s \cdot (\vec{c} - \vec{a})$.
2. Für die Parameterwerte r und s des Punktes P, die sich beim Einsetzen von P in E ergeben, gilt:
$0 \leq r \leq 1; 0 \leq s \leq 1; 0 \leq r + s \leq 1$.

Relative Lage von Punkt und Parallelogramm

Ein Punkt liegt im Parallelogramm ABCD, wenn er folgende Bedingung erfüllt:
1. P liegt auf der Ebene E: $\vec{x} = \vec{a} + r \cdot (\vec{b} - \vec{a}) + s \cdot (\vec{d} - \vec{a})$.
2. Für die Parameterwerte r und s von P gilt: $0 \leq r \leq 1; 0 \leq s \leq 1$

Relative Lage von Gerade und Ebene

Eine Gerade g und eine Ebene E im Raum können drei Lagebeziehungen zueinander haben:
1. g und E schneiden sich im Punkt S.
2. g und E verlaufen echt parallel.
3. g liegt in E.

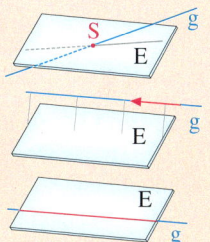

Man untersucht die Lagerelation, indem man die rechten Seiten von Geraden- und Ebenengleichung gleichsetzt.
Dies führt auf ein (3; 3)-LGS.
Je nachdem, ob das LGS eine, keine oder unendlich viele Lösungen hat, gilt:
g und E schneiden sich in S, g und E sind echt parallel bzw. g liegt in E.

Relative Lage von zwei Ebenen

Zwei Ebenen E_1 und E_2 können folgende Lagen zueinander einnehmen:
1. E_1 und E_2 schneiden sich in einer Schnittgeraden g.
2. E_1 und E_2 sind echt parallel.
3. E_1 und E_2 sind identisch
Untersuchungsmethode: s. S. 314 f.

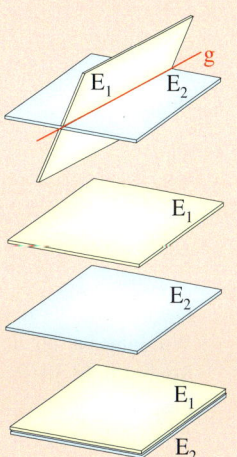

Ebenen

1. Ebenengleichung

Gegeben sind die Punkte A (0|2|3), B (4|2|0) und C (2|3|0) der Ebene E.

a) Stellen Sie eine Parametergleichung von E auf.

b) Prüfen Sie, ob der Punkt P (1|2|2,5) auf E liegt.

c) Bestimmen Sie die Spurpunkte (Achsenabschnittspunkte) von E. Fertigen Sie ein Schrägbild von E an.

d) Bestimmen Sie die Gleichung der Spurgeraden g_{xy} von E.

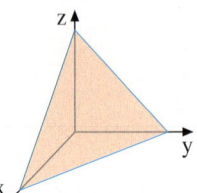

2. Gerade und Ebene

Gegeben sind die Ebene E sowie die Geraden g und h.

a) Untersuchen Sie die relative Lage von E und g sowie von E und h.

b) In welchem Punkt schneidet die Gerade g die x-z-Ebene?

$$E: \vec{x} = \begin{pmatrix} 3 \\ 2 \\ 0 \end{pmatrix} + r\begin{pmatrix} 0 \\ -2 \\ 2 \end{pmatrix} + s\begin{pmatrix} -3 \\ 0 \\ 2 \end{pmatrix}$$

$$g: \vec{x} = \begin{pmatrix} 3 \\ 2 \\ 1 \end{pmatrix} + t\begin{pmatrix} -3 \\ 2 \\ 0 \end{pmatrix} \qquad h: \vec{x} = \begin{pmatrix} -6 \\ -8 \\ 9 \end{pmatrix} + u\begin{pmatrix} 2 \\ 2 \\ -1 \end{pmatrix}$$

3. Gerade und Dreieck

Gegeben ist das Dreieck mit den Eckpunkten A (1|0|2), B (2|2|4) und C (0|4|0). E sei die Ebene, die das Dreieck enthält.

a) Zeigen Sie, dass die Gerade g durch die Punkte P (1|−3|1) und Q (4|3|10) die Dreiecksebene E schneidet. Bestimmen Sie den Schnittpunkt S von g und E.

b) Liegt der Schnittpunkt S innerhalb oder außerhalb des Dreiecks ABC?

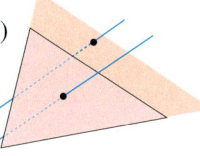

4. Pyramide

Gegeben ist die Pyramide mit der Grundfläche ABCD und der Spitze S. Die Punkte lauten A (40|0|0), B (40|40|0), C (0|40|0), D (0|0|0) und S (20|20|50). Weiter sind die Punkte P (50|10|50) und Q (−10|40|−25) gegeben.

a) Zeichnen Sie ein Schrägbild der Pyramide und tragen Sie die Punkte P und Q ein.

b) Welche Pyramidenseiten werden von der Geraden g durch P und Q durchstoßen? *Hinweis:* Fertigen Sie zur besseren Orientierung einen Grundriss an.

c) Bestimmen Sie den Durchstoßpunkt von g mit der Pyramidenseite ABS.

d) Die Gerade h entsteht durch eine senkrechte Projektion der Geraden g in die x-y-Ebene. Bestimmen Sie die Gleichung von h.

5. Haus

a) Wie lauten die Eckpunkte A, B, C, D, E des abgebildeten Hauses?

b) Unter welchem Winkel schneiden sich die Dachflächen am First?

c) Wie hoch ragt der Schornstein aus der sichtbaren Dachfläche heraus? Höhe der Spitze S: 6 m.

d) Wie lang ist der Schatten des Schornsteins, den das Sonnenlicht in Richtung des Vektors $\vec{v}$ auf dem Dach erzeugt?

e) Wie hoch sind die Materialkosten für den Anstrich des dreieckigen Giebels, wenn ein Eimer Farbe für 4 m² Anstrich 30 Euro kostet?

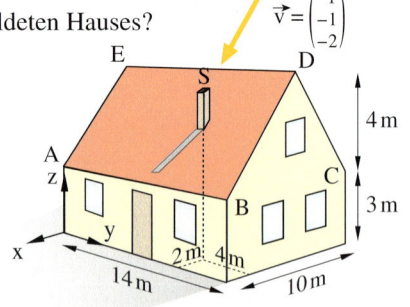

Lösungen S. 487

XI. Grundbegriffe der Wahrscheinlichkeitsrechnung

1. Mehrstufige Zufallsversuche

A. Baumdiagramme und Pfadregeln

Im Folgenden wiederholen wir *mehrstufige Zufallsversuche*.
Ein solcher Versuch setzt sich aus mehreren hintereinander ausgeführten einstufigen Versuchen zusammen (mehrmaliges Werfen mit einem oder mehreren Würfeln, mehrmaliges Ziehen einer oder mehrerer Kugeln etc.).

Der Ablauf eines mehrstufigen Zufallsversuchs lässt sich mit *Baumdiagrammen* besonders übersichtlich darstellen.

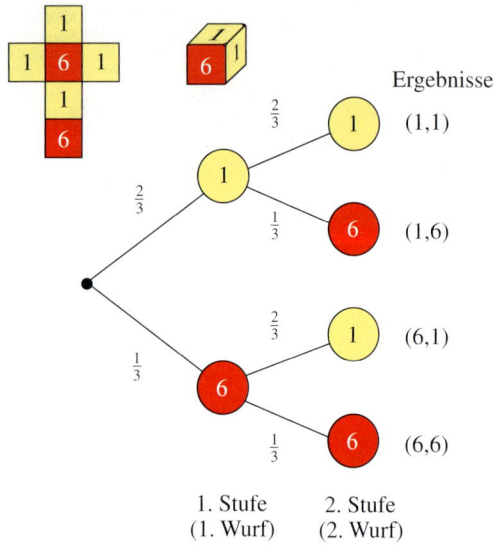

▶ **Beispiel: Zweifacher Würfelwurf**
Rechts ist ein zweistufiges Experiment
abgebildet, nämlich das zweimalige
Werfen eines Würfels, der 4 Einsen und
2 Sechsen trägt. Gesucht ist die Wahrscheinlichkeit dafür, dass sich eine gerade Augensumme ergibt.

Lösung:
Der Baum besteht aus zwei Stufen. Er besitzt insgesamt vier *Pfade* der Länge 2. Jeder Pfad repräsentiert das an seinem Ende
vermerkte Ergebnis des zweistufigen Expe-
riments.

Für das Ereignis „Augensumme gerade" sind zwei Pfade günstig, der Pfad (1,1), dessen Wahr-
scheinlichkeit $\frac{2}{3} \cdot \frac{2}{3} = \frac{4}{9}$ beträgt, und der Pfad (6,6) mit der Wahrscheinlichkeit $\frac{1}{3} \cdot \frac{1}{3} = \frac{1}{9}$. Insgesamt
▶ ergibt sich damit die Wahrscheinlichkeit $P(\text{„Augensumme gerade"}) = \frac{4}{9} + \frac{1}{9} = \frac{5}{9} \approx 0{,}56$.

Die Pfadregeln für Baumdiagramme

Mehrstufige Zufallsexperimente können durch Baumdiagramme dargestellt werden. Dabei
stellt jeder Pfad ein Ergebnis des Zufallsexperiments dar.

I. Die **Wahrscheinlichkeit eines Ergebnisses** ist gleich dem Produkt aller Zweigwahrscheinlichkeiten längs des zugehörigen Pfades (Pfadwahrscheinlichkeit).

II. Die **Wahrscheinlichkeit eines Ereignisses** ist gleich der Summe der zugehörigen Pfadwahrscheinlichkeiten.

B. Einfache Aufgaben zu Baumdiagrammen

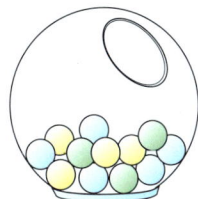

1. In einer Urne liegen 12 Kugeln, 4 gelbe, 3 grüne und 5 blaue Kugeln.
   3 Kugeln werden ohne Zurücklegen entnommen.
   a) Mit welcher Wahrscheinlichkeit sind alle Kugeln grün?
   b) Mit welcher Wahrscheinlichkeit sind alle Kugeln gleichfarbig?
   c) Mit welcher Wahrscheinlichkeit kommen genau zwei Farben vor?

2. In einer Schublade liegen fünf Sicherungen, von denen zwei defekt sind. Wie groß ist die Wahrscheinlichkeit, dass bei zufälliger Entnahme von zwei Sicherungen aus der Schublade mindestens eine defekte Sicherung entnommen wird?

3. Das abgebildete Glücksrad (mit drei gleich großen Sektoren) wird zweimal gedreht.
   Mit welcher Wahrscheinlichkeit
   a) erscheint in beiden Fällen Rot,
   b) erscheint mindestens einmal Rot?

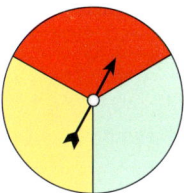

4. Sie werfen eine Münze wiederholt, bis zweimal hintereinander Kopf kommt. Mit welcher Wahrscheinlichkeit stoppen Sie exakt nach vier Würfen?

5. In einer Urne liegen 7 Buchstaben, viermal das O und dreimal das T. Es werden vier Buchstaben der Reihe nach mit Zurücklegen gezogen.
   Mit welcher Wahrscheinlichkeit
   a) entsteht so das Wort OTTO,
   b) lässt sich mit den gezogenen Buchstaben das Wort OTTO bilden?

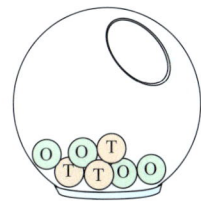

6. Robinson hat festgestellt, dass auf seiner Insel folgende Wetterregeln gelten:
   (1) Ist es heute schön, ist es morgen mit 80 % Wahrscheinlichkeit ebenfalls schön.
   (2) Ist heute schlechtes Wetter, so ist morgen mit 75 % Wahrscheinlichkeit ebenfalls schlechtes Wetter.
   a) Heute (Montag) scheint die Sonne. Mit welcher Wahrscheinlichkeit kann Robinson am Mittwoch mit schönem Wetter rechnen?

   b) Heute ist Dienstag und es ist schön. Mit welcher Wahrscheinlichkeit regnet es am Freitag?

2. Kombinatorische Abzählverfahren

Schon bei einfachen Zufallsversuchen kann es vorkommen, dass Baumdiagramme wegen ihrer Größe nicht mehr anwendbar sind. Dann werden kombinatorische Abzählverfahren verwendet.

A. Die Produktregel

▶ **Beispiel:** Ein Autohersteller bietet für ein Modell 5 unterschiedliche Motorstärken (60 kW, 65 kW, 70 kW, 90 kW, 120 kW), 6 verschiedene Farben (Rot, Blau, Weiß, Gelb, Schwarz, Orange) und 4 verschiedene Innenausstattungen (einfach, normal, luxus, super) an.
Unter wie vielen Modellvarianten kann ein Käufer auswählen?

Lösung:
Durch Kombination der 5 möglichen Motorleistungen mit den 6 möglichen Farben ergeben sich schon $5 \cdot 6 = 30$ Variationsmöglichkeiten.

Jede dieser 30 Zusammenstellungen kann mit jeweils 4 Innenausstattungen kombiniert werden.

Insgesamt erhält man so $5 \cdot 6 \cdot 4 = 120$ verschiedene Modellvarianten.

Das zugehörige – nebenstehend angedeu-
▶ tete – Baumdiagramm (Anzahlbaum) würde mit 120 Pfaden ausufern.

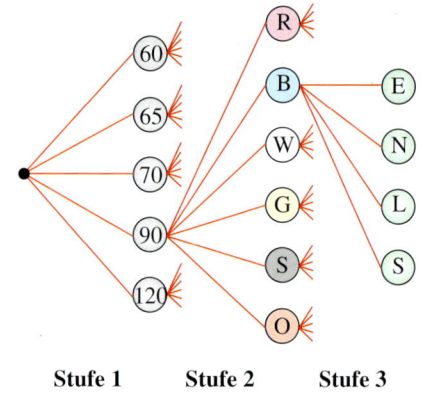

Stufe 1	Stufe 2	Stufe 3
5 Motorleistungen	6 Farben	4 Ausstattungen

In gleicher Weise wie im obigen Beispiel können wir bei mehrstufigen Zufallsversuchen die Anzahl der Ergebnisse immer dann als Produkt der Anzahl der Möglichkeiten pro Stufe bestimmen, wenn die Anzahl der in einer Stufe bestehenden Möglichkeiten nicht vom Ausgang anderer Stufen abhängt.

Die Produktregel

Ein Zufallsversuch werde in k Stufen durchgeführt. Die Anzahl der in einer beliebigen Stufe möglichen Ergebnisse sei unabhängig von den Ergebnissen vorhergehender Stufen.
In der ersten Stufe gebe es n_1, in der zweiten Stufe gebe es n_2, … und in der k-ten Stufe gebe es n_k mögliche Ergebnisse.
Dann hat der Zufallsversuch insgesamt $n_1 \cdot n_2 \cdot \ldots \cdot n_k$ mögliche Ergebnisse.

Übung 1

In einer Großstadt besteht das Kfz-Kennzeichen aus zwei Buchstaben, gefolgt von zwei Ziffern, gefolgt von einem weiteren Buchstaben. Wie viele Kennzeichen sind in der Stadt möglich?

B. Geordnete Stichproben beim Ziehen aus einer Urne

Mehrstufige Zufallsexperimente, die in jeder Stufe in gleicher Weise ablaufen, lassen sich gut durch sogenannte *Urnenmodelle* erfassen. In einer solchen Urne liegen n unterscheidbare Kugeln. Nacheinander werden k Kugeln *mit oder ohne Zurücklegen* gezogen. Je nachdem, ob man sich für die Reihenfolge des Auftretens der Ergebnisse interessiert oder ob die Reihenfolge keine Rolle spielt, spricht man von einer *geordneten Stichprobe* oder von einer *ungeordneten Stichprobe*. Die Anzahl der möglichen Reihenfolgen lässt sich stets durch eine Formel erfassen.

Ziehen mit Zurücklegen unter Beachtung der Reihenfolge (geordnete Stichprobe)

Aus einer Urne mit n unterscheidbaren Kugeln werden nacheinander k Kugeln *mit Zurücklegen* gezogen. Die Ergebnisse werden in der Reihenfolge des Ziehens notiert. Dann gilt für die Anzahl N der möglichen Anordnungen (k-Tupel) die Formel

$$N = n^k.$$

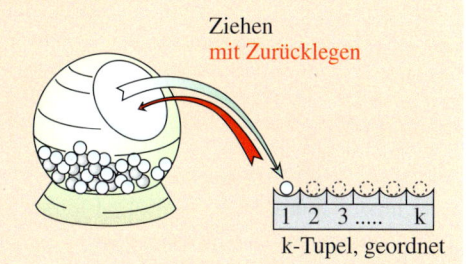

Ziehen
mit Zurücklegen

k-Tupel, geordnet

▶ **Beispiel: 13-Wette (Fußballtoto)**
Beim Fußballtoto muss man den Ausgang von 13 festgelegten Spielen vorhersagen. Dabei bedeutet 1 einen Sieg der Heimmannschaft, 0 ein Unentschieden und 2 einen Sieg der Gastmannschaft. Wie viele verschiedene Tippreihen sind möglich?

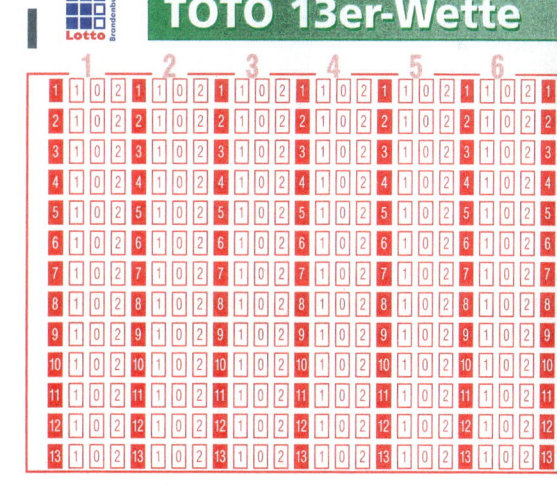

Lösung:
Man modelliert die Wette durch eine Urne, welche drei Kugeln mit den Nummern 0, 1 und 2 enthält. Man zieht eine Kugel, notiert das Ergebnis und legt die Kugel zurück. Das ganze wiederholt man 12-mal. Die Reihenfolge der Ergebnisse ist dabei wichtig. Nach obiger Formel gibt es $N = 3^{13}$ verschiedene
▶ Anordnungen (13-Tupel), d. h. 1 594 323 Tippreihen.

Übung 2
In einer Urne liegen 26 Zettel, welche mit den Buchstaben A bis Z des Alphabets beschriftet sind. Drei Zettel werden mit Zurücklegen gezogen. Mit welcher Wahrscheinlichkeit ergibt sich das Ergebnis AAA? Mit welcher Wahrscheinlichkeit werden drei gleiche Buchstaben gezogen?

Übung 3
Mit welcher Wahrscheinlichkeit wird beim 10-maligen Ziehen mit Zurücklegen einer Kugel aus einer Urne mit zwei schwarzen und einer weißen Kugel genau eine weiße Kugel gezogen? Mit welcher Wahrscheinlichkeit wird höchstens eine weiße Kugel gezogen?

Ziehen ohne Zurücklegen unter Beachtung der Reihenfolge (geordnete Stichprobe)

Aus einer Urne mit n unterscheidbaren Kugeln werden nacheinander k Kugeln **ohne Zurücklegen** gezogen. Die Ergebnisse werden in der Reihenfolge des Ziehens notiert. Dann gilt für die Anzahl N der möglichen Anordnungen (k-Tupel) die Formel

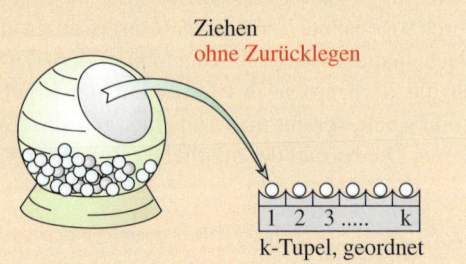

Ziehen
ohne Zurücklegen

$$N = n \cdot (n-1) \cdot \ldots \cdot (n-k+1).$$

k-Tupel, geordnet

Wichtiger Sonderfall: k = n. Aus der Urne wird so lange gezogen, bis sie leer ist. Es gibt dann N = n · (n − 1) · … · 3 · 2 · 1 = n! (n-Fakultät) mögliche Anordnungen.

▶ **Beispiel: Pferderennen**
Bei einem Pferderennen mit 12 Pferden gibt ein völlig ahnungsloser Zuschauer einen Tipp ab für die Plätze 1, 2 und 3.
Wie groß sind seine Chancen, die richtige Einlaufreihenfolge vorherzusagen?

Lösung:
Man modelliert den Vorgang durch eine Urne, welche 12 Kugeln enthält, für jedes Pferd eine Kugel. Man zieht eine Kugel und notiert das Ergebnis. Das entsprechende Pferd soll also Platz 1 erreichen. Dann wiederholt man das Ganze zweimal, um die Plätze 2 und 3 zu belegen. Dabei wird nicht zurückgelegt.
Nach obiger Formel gibt es insgesamt N = 12 · 11 · 10 verschiedene Anordnungen (3-Tupel) für den Zieleinlauf, d. h. 1320 Möglichkeiten. Die Chance für den sachunkundigen Zuschauer beträgt
▶ also weniger als 1 Promille.

Übung 4
Ein Zahlenschloss besitzt fünf Ringe, die jeweils die Ziffer 0, …, 9 tragen. Wie viele verschiedene fünfstellige Zahlencodes sind möglich? Wie ändert sich die Anzahl der möglichen Zahlencodes, wenn in dem Zahlencode jede Ziffer nur einmal vorkommen darf, d. h. der Zahlencode aus fünf verschiedenen Ziffern bestehen soll? Wie ändert sich die Anzahl, wenn der Zahlencode nur aus gleichen Ziffern bestehen soll?

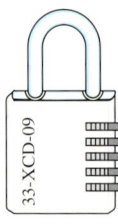

Übung 5
a) In einer Lostrommel befinden sich 6 Lose mit den Nummern 1 bis 6. Ein Spieler zieht nacheinander ohne Zurücklegen drei Lose und notiert die Ziffern hintereinander. Mit welcher Wahrscheinlichkeit entsteht so die Zahl 235?
b) Aus einem Kartenspiel mit 32 Karten werden 8 Karten ohne Zurücklegen gezogen. Wie groß ist die Wahrscheinlichkeit dafür, dass nur Karokarten gezogen werden?

C. Ungeordnete Stichproben beim Ziehen aus einer Urne

▶ **Beispiel: Minilotto 3 aus 7**
In einer Lostrommel befinden sich 7 Kugeln. Bei einer Ziehung werden 3 Gewinnkugeln ohne Zurücklegen gezogen. Mit welcher Wahrscheinlichkeit wird man mit einem Tipp Lottokönig?

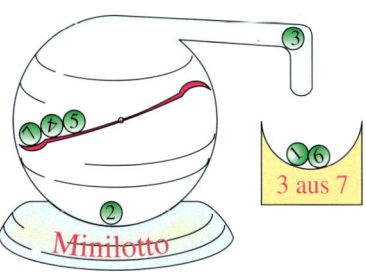

Lösung:
Mit der Urne wurden die drei Gewinnzahlen festgelegt. Der eigentliche Tipp wird auf dem Tippschein abgegeben. Er besteht aus einer Menge von 3 Zahlen, die aus einer Menge von 7 Zahlen ausgewählt werden. Dafür gibt es bekanntlich $\binom{7}{3}$ verschiedene Möglichkeiten. Das sind 35 Möglichkeiten. Da es nur einen richtigen Tipp gibt, beträgt die Wahrsheilichkeit dafür
▶ 1 zu 35 = 0,029 = 2,9 %.

Anzahl der 3-elementigen Teilmengen einer 7-elementigen Menge: $\binom{7}{3}$

$$\binom{7}{3} = \frac{7!}{3! \cdot 4!} = 35$$
$$\Rightarrow P\,(3\ \text{Richtige}) = \frac{1}{35} \approx 0,029$$

Man kann die obige Betrachtung verallgemeinern. Es gilt die rechts aufgeführte Formel für die Anzahl der k-elementigen Teilmengen einer n-elementigen Menge.

Teilmengen einer Menge
Anzahl der k-elementigen Teilmenge einer n-elementigen Menge: $\binom{n}{k}$

Daraus folgt ein weiteres Abzählprinzip:

Ziehen ohne Zurücklegen ohne Beachtung der Reihenfolge (ungeordnete Stichprobe)

Wird aus einer Urne mit n unterrscheidbaren Kugeln eine ungeordnete Teilmenge von k Kugeln entnommen, so ist die Anzahl der Möglichkeiten hierfür:

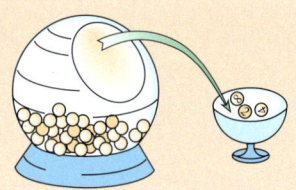

$$\binom{n}{k} = \frac{n!}{k! \cdot (n-k)!} = \frac{n(n-1)\,...\,(n-k+1)}{k!}$$

Übung 6 Sechs Richtige im Lotto
Wie viele verschiedene Tipps müßte man im Zahlenlotto „6 aus 49" abgeben, um mit Sicherheit „6 Richtige" zu erzielen?

Übung 7 Verschiedene Berechnungen
a) An einem Fußballturnier nehmen 8 Teams teil. Wie viele Endspielkombinationen sind möglich?
b) In einer Stadt gibt es 5 000 Telefonanschlüsse. Wie viele Gesprächspaarungen gibt es?
c) Aus einer Klasse mit 25 Schülern werden 3 Schüler abgeordnet. Wie viele Abordnungen gibt es?

D. Das Lottomodell

Die Bestimmung von Tippwahrscheinlichkeiten beim Lottospiel kann als Modell für zahlreiche weitere Zufallsprozesse verwendet werden. Wir betrachten eine Musteraufgabe.

> **Beispiel:** Wie groß ist die Wahrscheinlichkeit, dass man beim Lotto „6 aus 49" mit einem abgegebenen Tipp genau vier Richtige erzielt?

Lösung:
Insgesamt sind $\binom{49}{6} = 13\,983\,816$ Tipps möglich. Um festzustellen, wie viele dieser Tipps günstig für das Ereignis E: „Vier Richtige" sind, verwenden wir folgende Grundidee:
Wir denken uns den Inhalt der Lottourne in zwei Gruppen von Zahlen unterteilt: in eine Gruppe von 6 roten Gewinnkugeln und eine Gruppe von 43 weißen Nieten.

Ein für E günstiger Tipp besteht aus vier roten und zwei weißen Kugeln.

Es gibt $\binom{6}{4} = 15$ Möglichkeiten, aus der Gruppe der 6 roten Kugeln 4 Kugeln auszuwählen.

Analog gibt es $\binom{43}{2} = 903$ Möglichkeiten, aus der Gruppe der 43 weißen Kugeln 2 Kugeln auszuwählen.

Folglich gibt es $\binom{6}{4} \cdot \binom{43}{2}$ Möglichkeiten, vier rote Kugeln mit zwei weißen Kugeln zu einem für E günstigen Tipp zu kombinieren.

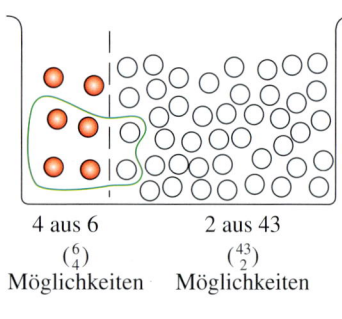

$$P(\text{„4 Richtige"}) = \frac{\binom{6}{4} \cdot \binom{43}{2}}{\binom{49}{6}}$$

$$= \frac{15 \cdot 903}{13\,983\,816} \approx 0{,}001$$

Dividieren wir diese Zahl durch die Anzahl aller Tipps, d. h. durch $\binom{49}{6}$, so erhalten wir die gesuchte Wahrscheinlichkeit.
► Sie beträgt ca. 0,001.

Übung 8
a) Berechnen Sie die Wahrscheinlichkeit für genau drei Richtige im Lotto 6 aus 49.
b) Mit welcher Wahrscheinlichkeit erzielt man mindestens fünf Richtige?

Übung 9
Eine Zehnerpackung Glühlampen enthält vier Lampen mit verminderter Leistung. Jemand kauft fünf Lampen. Mit welcher Wahrscheinlichkeit sind darunter
a) genau zwei defekte Lampen,
b) mindestens zwei defekte Lampen,
c) höchstens zwei defekte Lampen?

Übungen

10. Ein Zahlenschloss hat drei Einstellringe für die Ziffern 0 bis 9.
  a) Wie viele Zahlenkombinationen gibt es insgesamt?
  b) Wie viele Kombinationen gibt es, die höchstens eine ungerade Ziffer enthalten?

11. Ein Passwort soll mit zwei Buchstaben beginnen, gefolgt von einer drei- oder vierstelligen Zahl. Wie viele verschiedene Passwörter dieser Art gibt es?

12. Tim besitzt vier Kriminalromane, fünf Comicbücher und drei Mathematikbücher.
  a) Wie viele Möglichkeiten der Anordnung in seinem Buchregal hat Tim insgesamt?
  b) Wie viele Anordnungsmöglichkeiten gibt es, wenn die Bücher thematisch nicht vermischt werden dürfen?

13. Trapper Fuzzi ist auf dem Weg nach Alaska. Er muss drei Flüsse überqueren. Am ersten Fluss gibt es sieben Furten, wovon sechs passierbar sind. Am zweiten Fluss sind es fünf Furten, wovon vier passierbar sind. Am dritten Fluss sind zwei der drei Furten passierbar. Fuzzi entscheidet sich stets zufällig für eine der Furten. Sollte man darauf wetten, dass er durchkommt?

14. An einem Fußballturnier nehmen 12 Mannschaften teil. Wie viele Endspielpaarungen sind theoretisch möglich und wie viele Halbfinalpaarungen sind theoretisch möglich?

15. Acht Schachspieler sollen zwei Mannschaften zu je vier Spielern bilden. Wie viele Möglichkeiten gibt es?

16. Am Ende eines Fußballspiels kommt es zum Elfmeterschießen. Dazu werden vom Trainer fünf der elf Spieler ausgewählt.
  a) Wie viele Auswahlmöglichkeiten hat der Trainer?
  b) Wie viele Auswahlmöglichkeiten gibt es, wenn der Trainer auch noch festlegt, in welcher Reihenfolge die fünf Spieler schießen sollen?

17. Aus einem Kartenspiel mit den üblichen 32 Karten werden vier Karten entnommen.
  a) Wie viele Möglichkeiten der Entnahme gibt es insgesamt?
  b) Wie viele Möglichkeiten gibt es, wenn zusätzlich gefordert wird, dass unter den vier Karten genau zwei Asse sein sollen?

18. Aus einer Urne mit 15 weißen und 5 roten Kugeln werden 8 Kugeln ohne Zurücklegen gezogen. Mit welcher Wahrscheinlichkeit sind unter den gezogenen Kugeln genau 3 rote Kugeln? Mit welcher Wahrscheinlichkeit sind mindestens 4 rote Kugeln dabei?

19. In einer Sendung von 80 Batterien befinden sich 10 defekte. Mit welcher Wahrscheinlichkeit enthält eine Stichprobe von 5 Batterien genau eine (genau 3, höchstens 4, mindestens eine) defekte Batterie?

3. Bedingte Wahrscheinlichkeiten und Unabhängigkeit

A. Der Begriff der bedingten Wahrscheinlichkeit

Die Wahrscheinlichkeit eines Ereignisses ist eine relative Größe. Sie kann durch *Informationen* beeinflusst werden. Wir betrachten als Beispiel einen Würfelwurf.

> **Beispiel:** Ein Würfel mit dem abgebildeten Netz wurde verdeckt geworfen. Betrachtet wird die Wahrscheinlichkeit für die Augenzahl 5. Wie groß ist diese Wahrscheinlichkeit? Wie hoch ist die Wahrscheinlichkeit, wenn man zusätzlich die Information erhält, dass eine grüne Fläche oben liegt?

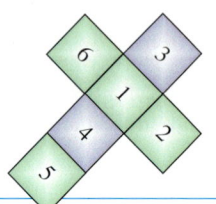

Lösung:
Die Wahrscheinlichkeit für die Augenzahl 5 beträgt $\frac{1}{6}$, da es sechs gleichwahrscheinliche Ergebnisse 1, 2, 3, 4, 5, 6 gibt.
Hat man jedoch die Vorinformation, dass eine grüne Fläche gefallen ist, so kommen nur noch die Ergebnisse 1, 2, 5 und 6 in Frage, und man wird unter dieser Bedingung die Wahrscheinlichkeit für die Augenzahl 5 auf $\frac{1}{4}$ taxieren.

Man spricht in diesem Zusammenhang von einer *bedingten Wahrscheinlichkeit*.

Man verwendet hierfür die symbolische Schreibweise $P_B(A)$.
(gelesen: Die Wahrscheinlichkeit von A unter der Bedingung B).

Bedingte Wahrscheinlichkeiten können durch zweistufige Baumdiagramme veranschaulicht werden. Rechts ist der Zusammenhang dargestellt. In der zweiten Stufe des Baumdiagramms treten vier bedingte Wahrscheinlichkeiten auf.

Bedingte Wahrscheinlichkeiten beim Würfelwurf

A: „Es fällt eine Fünf"
B: „Es fällt eine grüne Fläche"

$P(A) = \frac{1}{6}$ $P_B(A) = \frac{1}{4}$

totale Wahr-   bedingte Wahrscheinlichkeit   scheinlichkeit

Bedingte Wahrscheinlichkeiten im Baumdiagramm

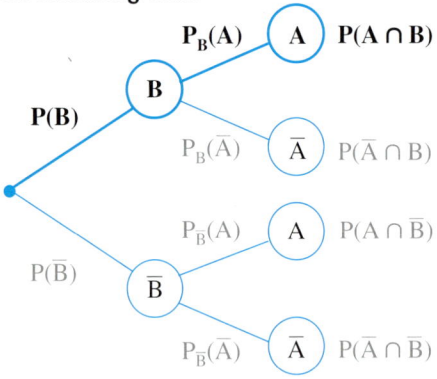

Beispielsweise gibt es für das Eintreten von A zwei bedingte Wahrscheinlichkeiten:
$P_B(A)$: Wahrscheinlichkeit, dass A eintritt, unter der Bedingung, dass B eingetreten ist.
$P_{\overline{B}}(A)$: Wahrscheinlichkeit, dass A eintritt, unter der Bedingung, dass $\overline{B}$ eingetreten ist.

Der Begriff der bedingten Wahrscheinlichkeit kann durch eine Formel definiert werden:

Definition XI.1:
Bedingte Wahrscheinlichkeit

$$P_B(A) = \frac{P(A \cap B)}{P(B)}, \; P(B) > 0$$

Satz XI.1: Multiplikationssatz
Für zwei Ereignisse A und B mit $P(B) > 0$ gilt die Formel

$$P(A \cap B) = P(B) \cdot P_B(A).$$

Zur Lösung von Aufgaben wird meistens der Multiplikationssatz herangezogen, weil er die Schnittwahrscheinlichkeit $P(A \cap B)$ auf die einfacher zu bestimmenden Wahrscheinlichkeiten $P(B)$ und $P_B(A)$ zurückführt.

▶ **Beispiel:** Aus einem Kartenspiel werden ohne Zurücklegen zwei Karten nacheinander gezogen. Wie groß ist die Wahrscheinlichkeit dafür, dass
a) beide Karten Buben sind,
b) beide Karten keine Buben sind?

Lösung:
Gesucht sind die Schnittwahrscheinlichkeiten $P(B_1 \cap B_2)$ und $P(\overline{B}_1 \cap \overline{B}_2)$, wobei B_1 und B_2 rechts aufgeführt sind.

4 der 32 Karten sind Buben. Daher gilt $P(B_1) = \frac{4}{32}$ und $P(\overline{B}_1) = \frac{28}{32}$.
Auch die bedingten Wahrscheinlichkeiten $P_{B_1}(B_2) = \frac{3}{31}$ und $P_{\overline{B}_1}(B_2) = \frac{4}{31}$ sind leicht zu bestimmen. Hieraus ergeben sich auch noch die bedingten Wahrscheinlichkeiten $P_{B_1}(\overline{B}_2) = \frac{28}{31}$ und $P_{\overline{B}_1}(\overline{B}_2) = \frac{27}{31}$ als Gegenwahrscheinlichkeit.

Nun wird der Multiplikationssatz angewendet.

Alternativ kann man die Aufgabe mithilfe
▶ des abgebildeten Baumdiagramms lösen.

B_1: „Die 1. Karte ist ein Bube"
B_2: „Die 2. Karte ist ein Bube"

Anwendung des Multiplikationssatzes:
$$P(B_1 \cap B_2) = P(B_1) \cdot P_{B_1}(B_2) = \frac{4}{32} \cdot \frac{3}{31}$$
$$\approx 0{,}012 = 1{,}2\,\%$$
$$P(\overline{B}_1 \cap \overline{B}_2) = P(\overline{B}_1) \cdot P_{\overline{B}_1}(\overline{B}_2) = \frac{28}{32} \cdot \frac{27}{31}$$
$$\approx 0{,}762 = 76{,}2\,\%$$

Alternativ: Lösung mit Baumdiagramm:

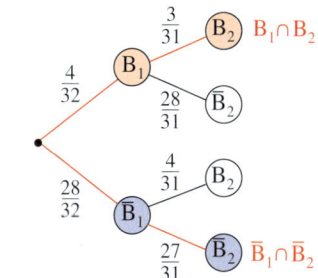

Übung 1
Otto hat fünf Schlüssel in seiner Hosentasche. Er zieht blindlings einen nach dem anderen, um in seine Wohnung zu gelangen. Wie groß ist die Wahrscheinlichkeit dafür, dass er den richtigen Schlüssel beim zweiten Griff (beim dritten Griff) zieht?

B. Unabhängige Ereignisse

Durch das Eintreten eines bestimmten Ereignisses B kann sich die Wahrscheinlichkeit für das Eintreten eines weiteren Ereignisses A ändern. Ist das der Fall, so werden A und B als *abhängige Ereignisse* bezeichnet. Ändert sich die Wahrscheinlichkeit von A durch das Eintreten von B jedoch nicht, so heißen A und B *unabhängige Ereignisse*. Die exakte Definition lautet:

Definition XI.2: Ereignisse A und B mit positiven Wahrscheinlichkeiten werden als *stochastisch unabhängig* voneinander bezeichnet, wenn $P_B(A) = P(A)$ bzw. $P_A(B) = P(B)$ gilt.

▶ **Beispiel:** Eine Schule wird von 1036 Schülern besucht, 560 Jungen und 476 Mädchen. 125 Jungen und 105 Mädchen tragen eine Brille. Hängt das Sehvermögen der Kinder vom Geschlecht ab?

Lösung:

Wir können $P(B)$ und $P_M(B)$ näherungsweise bestimmen, indem wir aus den gegebenen statistischen Daten die entsprechenden relativen Häufigkeiten errechnen.

Wir stellen fest, dass die Wahrscheinlichkeit für das Tragen einer Brille nicht vom
▶ Geschlecht abhängt.

B: „Kind trägt eine Brille"

M: „Kind ist ein Mädchen"

$$P(B) = \frac{230}{1036} \approx 0{,}222 = 22{,}2\,\%$$

$$P_M(B) = \frac{105}{476} \approx 0{,}221 = 22{,}1\,\%$$

Übung 2 Eltern und Kinder
Eine Umfrage unter den Eltern der Schüler aus dem letzten Beispiel ergibt, dass bei 213 Kindern beide Elternteile Brillenträger sind. In 70 dieser Fälle trägt das Kind ebenfalls eine Brille. Ist das Sehvermögen der Kinder von dem der Eltern abhängig?

Übung 3 Zug oder Auto
In einer großen Ferienanlage wohnen 738 Familien. 462 Familien sind mit dem PKW angereist, die restlichen mit dem Zug. Von den 396 Familien mit zwei oder mehr Kindern reisten 121 mit dem Zug. Ist das zur Anreise benutzte Verkehrsmittel von der Kinderzahl abhängig?

Übung 4 Würfel und Urne
Prüfen Sie die Ereignisse A und B auf stochastische Unabhängigkeit.
a) Ein Würfel wird zweimal geworfen. A sei das Ereignis, dass im zweiten Wurf eine 1 fällt. B sei das Ereignis, dass die Augensumme 5 beträgt.
b) Ein Würfel wird zweimal geworfen. A: „Augensumme 6", B: „Gleiche Augenzahl in beiden Würfen".
c) Aus einer Urne mit 4 weißen und 6 schwarzen Kugeln werden 2 Kugeln mit Zurücklegen gezogen. A: „Im zweiten Zug wird eine weiße Kugel gezogen", B: „Im ersten Zug wird eine weiße Kugel gezogen".
d) Das Experiment aus Aufgabenteil c wird wiederholt, wobei jedoch ohne Zurücklegen gezogen wird.

4. Vierfeldertafeln

In der statistischen Praxis werden häufig sog. Vierfeldertafeln anstelle von Baumdiagrammen eingesetzt. Sie sind übersichtlicher in der Darstellung und einfach in der Handhabung.

Eine Vierfeldertafel ist eine zusammenfassende Darstellung zweier Merkmale mit jeweils zwei Ausprägungen (A, $\overline{A}$, B, $\overline{B}$).

	B	$\overline{B}$	
A	$|A \cap B|$	$|A \cap \overline{B}|$	$|A|$
$\overline{A}$	$|\overline{A} \cap B|$	$|\overline{A} \cap \overline{B}|$	$|\overline{A}|$
	$|B|$	$|\overline{B}|$	Summe

In die Tafel werden in der Regel die absoluten Häufigkeiten oder die Wahrscheinlichkeiten der vier möglichen Kombinationsereignisse $A \cap B$, $A \cap \overline{B}$, $\overline{A} \cap B$ und $\overline{A} \cap \overline{B}$ eingetragen.

In die fünf Randfelder werden die Zeilen- und Spaltensummen eingetragen, d.h. $|A|$, $|\overline{A}|$, $|B|$, $|\overline{B}|$ und die Gesamtsumme. Mithilfe dieser Eintragungen können gesuchte Wahrscheinlichkeiten bestimmt werden, z.B. die Randwahrscheinlichkeit $P(A)$ oder $P_B(A)$, d.h. die Wahrscheinlichkeit für A, wenn B bereits eingetreten ist.

Berechnung einer Randwahrscheinlichkeit:

$$P(A) = \frac{|A|}{\text{Summe}}$$

Berechnung einer bedingten Wahrscheinlichkeit:

$$P_B(A) = \frac{|A \cap B|}{|B|}$$

▶ **Beispiel: Oktoberfest**
Im Festzelt feiern 140 Touristen, die eine Lederhose tragen, sowie 60 Touristen in normaler Kleidung. Hinzu kommen 10 Münchner mit Lederhose und 40 Münchner in Alltagskleidung.
Durch die Hitze wird eine Person ohnmächtig. Sie trägt eine Lederhose. Mit welcher Wahrscheinlichkeit ist es ein Tourist?

Lösung:
Wir tragen die vier bekannten absoluten Häufigkeiten in die Vierfeldertafel ein (rote Felder).
Dann bilden wir die Zeilensummen, die Spaltensummen und schließlich die Gesamtsumme (gelbe Felder).

Bezeichnungen:

T: Tourist $\overline{T}$: Münchner
L: Lederhose $\overline{L}$: keine Lederhose

Vierfeldertafel:

	L	$\overline{L}$	
T	140	60	200
$\overline{T}$	10	40	50
	150	100	250

Gesucht ist die bedingte Wahrscheinlichkeit $P_L(T)$. Diese erhalten wir, indem wir die Anzahl der Personen im Schnittereignis $T \cap L$ durch die Anzahl aller Lederhosenträger teilen.
Resultat: Die ohnmächtige Person ist zu
▶ 93,33% ein Tourist.

Berechnung der Wahrscheinlichkeit $P_L(T)$:

$$P_L(T) = \frac{|T \cap L|}{|L|} = \frac{140}{150} \approx 93,33\%$$

▶ **Beispiel: Alarmanlage**

In einer gefährlichen Stadt werden 500 Häuser mit dem neuen Modell einer Alarmanlage ausgerüstet. In der ersten Nacht ergibt sich die rechts dargestellte Statistik.

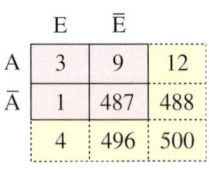

	E	$\bar{E}$	
A	3	9	12
$\bar{A}$	1	487	488
	4	496	500

A: Alarm, $\bar{A}$: kein Alarm

E: Einbruch, $\bar{E}$: kein Einbruch

a) Mit welcher Wahrscheinlichkeit gibt die Anlage bei einem Einbruch Alarm?

b) Mit welcher Wahrscheinlichkeit wird ein Alarm ausgelöst, obwohl kein Einbruch vorliegt?

c) Mit welcher Zahl von Einbruchsversuchen muss ein Hausbesitzer im Jahr rechnen?

Lösung zu a:

Gesucht ist die bedingte Wahrscheinlichkeit $P_E(A)$.

Da es bei 4 Einbrüchen 3-mal Alarm gab, beträgt diese Wahrscheinlichkeit 75%.

Korrekter Alarm:

$$P_E(A) = \frac{|A \cap E|}{|E|} = \frac{3}{4} \approx 75\%$$

Lösung zu b:

Nun ist die bedingte Wahrscheinlichkeit $P_{\bar{E}}(A)$ gesucht.

Da in 496 Häusern kein Einbruch stattfand, aber dennoch 9-mal Alarm geschlagen wurde, beträgt das Risiko für diesen Fehlalarm knapp 2%.

Fehlalarm:

$$P_{\bar{E}}(A) = \frac{|A \cap \bar{E}|}{|\bar{E}|} = \frac{9}{496} \approx 1,81\%$$

Lösung zu c:

Die Wahrscheinlichkeit eines Einbruchs liegt für ein einzelnes Haus bei 0,8% pro Nacht. Im Jahr muss also mit ca. 3 Einbruchsversuchen gerechnet werden, eine wahrlich gefährliche Gegend.

Einbruchswahrscheinlichkeit pro Nacht:

$$P(E) = \frac{4}{500} = 0,8\%$$

Erwartete Einbrüche pro Jahr und Haus:

$$n = 365 \cdot 0,008 = 2,92 \text{ Einbrüche}$$

Übung 1 Lügendetektor

Ein neuer Lügendetektor wird einer gründlichen Testserie unterzogen.

Die Vierfeldertafel zeigt die Ergebnisse von 1200 Testläufen.

A: Detektor schlägt an

L: Person hat gelogen

	L	$\bar{L}$	
A	300	400	700
$\bar{A}$	150	350	500
	450	750	1200

a) Mit welcher Wahrscheinlichkeit bewertet der Detektor eine Lüge richtig?

b) Mit welcher Wahrscheinlichkeit wird eine wahre Antwort korrekt eingestuft?

c) Wie wahrscheinlich sind falsch-positive bzw. falsch-negative Ergebnisse?

d) Wie viele Fehler sind bei einer Person zu erwarten, der 50 Fragen gestellt werden, von denen sie 20 wahrheitsgemäß und 30 falsch beantwortet?

Übungen

2. Interventionsstudie

Ein neues Medikament gegen Akne wird an einer Gruppe von 200 Personen ausprobiert. Eine Vergleichsgruppe von 80 Personen erhält ein Placebo.
Bei 50 Personen der Interventionsgruppe wirkt das Medikament.
In der Placebogruppe heilt die Krankheit bei 10 Personen ab.
(M: Medikament, P: Placebo, H: Heilung, $\overline{H}$: keine Heilung)

	H	$\overline{H}$	
M	50		200
P	10		80

a) Vervollständigen Sie die Vierfeldertafel.
b) Vergleichen Sie die Erfolgswahrscheinlichkeit der Interventionsgruppe mit der Erfolgswahrscheinlichkeit der Placebogruppe.
c) Bei Jakob heilt die Krankheit ab. Mit welcher Wahrscheinlichkeit hat er dennoch nur das Scheinmedikament erhalten?

3. Französisch

In einer Reisegruppe mit 30 Personen sprechen 16 Französisch.
60 % der Teilnehmer sind weiblich. 6 Mädchen sprechen Französisch.

a) Stellen Sie eine Vierfeldertafel auf.
b) Wie viele Jungen sprechen Französisch?
c) Eines der Mädchen wird zur Sprecherin der Gruppe gewählt.
Mit welcher Wahrscheinlichkeit spricht sie Französisch?

4. Safari

An einer Safari nehmen 200 Personen teil. 60 % der Teilnehmer sind Touristen, der Rest besteht aus Einheimischen. 10 Einheimische haben keine Wasservorräte, 30 Touristen haben einen Wasservorrat.

a) Stellen Sie eine Vierfeldertafel auf.
b) Einer der Touristen verirrt sich in der Wüste. Mit welcher Wahrscheinlichkeit hat er keinen Wasservorrat und muss verdursten?
c) Eine Person bekommt kurz nach dem Aufbruch Angst. In einem Dorf kauft sie sich doch noch Wasser. Mit welcher Wahrscheinlichkeit handelt es sich um einen Einheimischen?

5. Großfamilie

Eine Großfamilie besteht aus Erwachsenen und Kindern. 200 Erwachsene und 100 Kinder spielen ein Instrument. Insgesamt 80 Kinder spielen kein Instrument. Die Wahrscheinlichkeit, dass ein zufällig ausgewählter Erwachsener ein Instrument spielt, beträgt 20 %.
a) Aus wie vielen Personen besteht die Familie? Wie viele Kinder und wie viele Erwachsene gehören zur Familie?
b) Auf dem Fest spielt ein zufällig ausgewähltes Familienmitglied die Eröffnungsmelodie. Mit welcher Wahrscheinlichkeit handelt es sich um ein Kind?

6. Farbenblindheit

Von 1000 zufällig ausgewählten Personen einer Bevölkerung sind 420 männlich und 580 weiblich. 60 der ausgesuchten Personen sind farbenblind, darunter 40 männliche.
a) Mit welcher Wahrscheinlichkeit ist eine weibliche Person farbenblind?
b) Eine Person ist nicht farbenblind. Mit welcher Wahrscheinlichkeit ist sie männlich?

Überblick

Das empirische Gesetz der großen Zahlen:

Die relative Häufigkeit eines Ereignisses stabilisiert sich mit steigender Anzahl an Versuchen um einen festen Wert.

Wahrscheinlichkeit:

Gegeben sei ein Zufallsexperiment mit dem Ergebnisraum $\Omega = \{e_1, \ldots, e_m\}$.

Eine Zuordnung P, die jedem Elementarereignis $\{e_i\}$ genau eine reelle Zahl $P(e_i)$ zuordnet, heißt Wahrscheinlichkeitsverteilung, wenn die beiden folgenden Bedingungen gelten:

$$\text{I. } P(e_i) \geq 0 \text{ für } 1 \leq i \leq m$$
$$\text{II. } P(e_1) + \ldots + P(e_m) = 1$$

Die Zahl $P(e_i)$ heißt dann Wahrscheinlichkeit des Elementarereignisses $\{e_i\}$.

Laplace-Experiment:

Ein Zufallsexperiment, bei dem alle Elementarereignisse gleich wahrscheinlich sind, heißt auch Laplace-Experiment.

Laplace-Regel:

Bei einem Laplace-Experiment sei $\Omega = \{e_1, \ldots, e_m\}$ der Ergebnisraum und $E = \{e_{i_1}, \ldots, e_{i_k}\}$ ein beliebiges Ereignis. Dann gilt für die Wahrscheinlichkeit dieses Ereignisses:

$$P(E) = \frac{|E|}{|\Omega|} = \frac{k}{m} \qquad P(E) = \frac{\text{Anzahl der für E günstigen Ergebnisse}}{\text{Anzahl aller möglichen Ergebnisse}}$$

Mehrstufiger Zufallsversuch:

Ein mehrstufiger Zufallsversuch setzt sich aus mehreren, hintereinander ausgeführten, einstufigen Versuchen zusammen.

Pfadregeln für Baumdiagramme:

I. Die Wahrscheinlichkeit eines Ergebnisses ist gleich dem Produkt aller Zweigwahrscheinlichkeiten längs des zugehörigen Pfades (Pfadwahrscheinlichkeit).

II. Die Wahrscheinlichkeit eines Ereignisses ist gleich der Summe der zugehörigen Pfadwahrscheinlichkeiten.

Produktregel:

Ein Zufallsversuch werde in k Stufen durchgeführt. In der ersten Stufe gebe es n_1, in der zweiten Stufe $n_2 \ldots$ und in der k-ten Stufe n_k mögliche Ergebnisse. Dann hat der Zufallsversuch insgesamt $n_1 \cdot n_2 \cdot \ldots \cdot n_k$ mögliche Ergebnisse.

Kombinatorische Abzählprinzipien:

Anzahl der Möglichkeiten bei k Ziehungen aus n Elementen (z. B. Kugeln)

Ziehen mit Zurücklegen unter Berücksichtigung der Reihenfolge: n^k

Ziehen ohne Zurücklegen unter Berücksichtigung der Reihenfolge: $n \cdot (n-1) \cdot \ldots \cdot (n-k+1)$

Sonderfall: k = n, d. h. alle Elemente werden gezogen: $n!$

Ziehen ohne Zurücklegen ohne Berücksichtigung der Reihenfolge: $\binom{n}{k}$

Das Lottomodell

Beim Lottomodell hat man eine Urne mit insgesamt N Kugeln, davon A Gewinnkugeln und B Verlustkugeln (N = A + B).

Man zieht ohne Zurücklegen n Kugeln und sucht die Wahrscheinlichkeit dafür, dass sich darunter genau k Gewinnkugeln befinden.

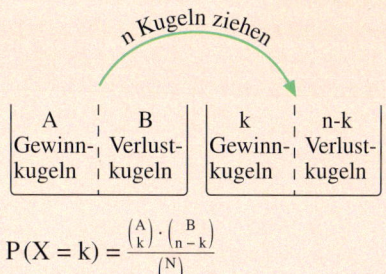

$$P(X = k) = \frac{\binom{A}{k} \cdot \binom{B}{n-k}}{\binom{N}{n}}$$

Bedingte Wahrscheinlichkeit:

Für die Wahrscheinlichkeit, dass das Ereignis A eintritt unter der Bedingung, dass das Ereignis B bereits eingetreten ist, gilt: $P_B(A) = \frac{P(A \cap B)}{P(B)}$, $P(B) > 0$

Multiplikationssatz:

$P(A \cap B) = P(B) \cdot P_B(A)$, $P(B) > 0$

Satz von der totalen Wahrscheinlichkeit:

A und B seien beliebige Ereignisse mit $P(B) \neq 0$, $P(\overline{B}) \neq 0$. Dann gilt: $P(A) = P(B) \cdot P_B(A) + P(\overline{B}) \cdot P_{\overline{B}}(A)$
Diese Formel gewinnt man direkt aus den Pfadregeln für das zu B und A gehörige Baumdiagramm.

Satz von Bayes:

Sind A und B Ereignisse mit $P(A) \neq 0$ und $P(B) \neq 0$, so gilt folgende Formel:

$$P_B(A) = \frac{P(A) \cdot P_A(B)}{P(B)} = \frac{P(A) \cdot P_A(B)}{P(A) \cdot P_A(B) + P(\overline{A}) \cdot P_{\overline{A}}(B)}$$

Diese Formel ergibt sich, wenn man das zu den Ereignissen B und A zugehörige inverse Baumdiagramm zeichnet.

Vierfeldertafel:

	B	$\overline{B}$	
A	$|A \cap B|$	$|A \cap \overline{B}|$	$|A|$
$\overline{A}$	$|\overline{A} \cap B|$	$|\overline{A} \cap \overline{B}|$	$|\overline{A}|$
	$|B|$	$|\overline{B}|$	Summe

Zunächst werden die gegebenen Daten eingetragen. Alle anderen können durch summative Ergänzungen der Zeilen und Spalten errechnet werden.
Berechnung einer Randwahrscheinlichkeit:
$P(A) = \frac{|A|}{\text{Summe}}$
Berechnung einer bedingten Wahrscheinlichkeit:
$P_B(A) = \frac{|A \cap B|}{|B|}$

Grundbegriffe der Wahrscheinlichkeitsrechnung

1. Bei einem Schulfest soll ein Fußballspiel Schüler gegen Lehrer veranstaltet werden. Für die Schülermannschaft stehen 4 Schüler aus Klasse 10, 6 Schüler aus Klasse 11 und 5 Schüler aus Klasse 12 zur Verfügung.
   a) Wie viele Möglichkeiten gibt es, aus diesen Schülern 11 Spieler auszuwählen?
   b) Unter den aufgestellten Schülern sind 2 Torhüter, 8 Spieler für Mittelfeld und Verteidigung sowie 5 Stürmer. Die Schülerelf will das Spiel mit 3 Stürmern beginnen. Wie viele Möglichkeiten für die Auswahl der Startelf gibt es nun?
   c) Zum Einlaufen stellen sich die Schüler der ausgewählten Startmannschaft in einer Reihe auf. Wie üblich steht an der Spitze der Mannschaftskapitän und an zweiter Stelle der Torwart. Wie viele Möglichkeiten zur Aufstellung haben die restlichen Spieler?

2. In einer Umfrage werden 453 Personen nach ihrer Schulbildung (Abitur: Ja/Nein) sowie nach ihrer beruflichen Zufriedenheit (Zufrieden: Ja/Nein) befragt. Die Ergebnisse sind in der abgebildeten Vierfeldertafel dargestellt. Mit welcher Wahrscheinlichkeit wird ein Abiturient in seinem Beruf zufrieden sein? Beantworten Sie die gleiche Frage für einen Nichtabiturienten.

	zufrieden (Z)	unzufrieden ($\overline{Z}$)
Abitur (A)	64	44
kein Abitur ($\overline{A}$)	185	160

3. Bei der Herstellung hochwertiger elektronischer Bauteile beträgt der Anteil defekter Teile 20 %. Um zu vermeiden, dass zu viele defekte Bauteile in den Handel gelangen, wird vor dem Versand eine Kontrolle durchgeführt, bei der 95 % der defekten Teile ausgesondert werden. Die kontrollierten Teile kommen alle in den Handel. Ein Kunde kauft ein Bauteil. Mit welcher Wahrscheinlichkeit ist es defekt?

4. In einer empirischen Untersuchung wird geprüft, ob ein Zusammenhang zwischen der Häufigkeit der Blutgruppe und der Häufigkeit des Geschlechts besteht. Von 1850 (900 w, 950 m) untersuchten Personen hatten 738 die Blutgruppe A. Von diesen Personen waren 359 weiblich. Sind die Merkmale Geschlecht und Blutgruppe unabhängig?

5. Urne U_1 enthält 7 rote und 3 weiße Kugeln. Urne U_2 enthält 1 rote und 4 weiße Kugeln.
   a) Jemand wählt zufällig eine Urne aus und zieht eine Kugel. Mit welcher Wahrscheinlichkeit zieht er eine rote Kugel?
   b) Mit welcher Wahrscheinlichkeit stammt diese dann aus $\overline{U}_1$?

Lösungen: S. 488

XII. Zufallsgrößen

1. Zufallsgrößen und Wahrscheinlichkeitsverteilung

Bei einem Glücksspiel kann man Gewinne und Verluste machen. Wie hoch der in einem Spiel erzielte Gewinn ist, hängt dabei vom Zufall ab. Deshalb betrachtet man den Spielgewinn als eine *Zufallsgröße*. Um diesen neuen Begriff geht es im Folgenden.

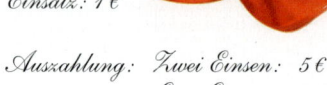

▶ **Beispiel: „Einserwurf"**
Beim Würfelspiel „Einserwurf" wird mit zwei Würfeln gleichzeitig geworfen. Der Einsatz beträgt 1 €. Man erhält 5 € Auszahlung bei zwei Einsen und 3 € bei einer Eins.
Die Größe X sei der Gewinn/Verlust in diesem Spiel.

Einsatz: 1 €

Auszahlung: Zwei Einsen: 5 €
Eine Eins: 3 €

a) Welche Werte x_i kann X annehmen. Welche Würfelergebnisse gehören zu diesen Werten?
b) Bestimmen Sie die Wahrscheinlichkeiten der Werte x_i von X. Zeichnen Sie ein Diagramm.
c) Ist das Spiel fair?

Lösung zu a):
Wir stellen die Ergebnisse in einem Rechteckschema* dar, wie wir es vom doppelten Würfelwurf bereits kennen. In die inneren Felder tragen wir den zum Ergebnis gehörigen Gewinn X ein.
Der Gewinn ist stets gleich der Differenz Auszahlung – Einsatz. Das Ergebnis $(1;2)$ hat z. B. den Gewinn $3 € - 1 € = 2 €$.

Wir sehen, dass die *Zufallsgröße* X, also der Gewinn, drei Werte annehmen kann, nämlich 4, 2 und −1.
Zum Ereignis X = 4 gehört nur ein einziges Ergebnis, nämlich $(1;1)$, die doppelte Eins.
Zum Ereignis X = 2 gehören die 10 Ergebnisse $(1;2)$ bis $(1;6)$ und $(2;1)$ bis $(6;1)$.
Zum Ereignis X = −1 gehören alle Zahlenpaare ohne eine 1.

Lösung zu b):
Die Wahrscheinlichkeiten der drei Ereignisse bestimmen wir durch Abzählen der zugehörigen Ergebnisse oder mittels Baumdiagramm. Die Resultate sind:
$P(X = 4) = \frac{1}{36}, P(X = 2) = \frac{10}{36}, P(X = -1) = \frac{25}{36}$

Der Gewinn X
Gewinn = Auszahlung – Einsatz

Würfel 1

	1	2	3	4	5	6
1	4	2	2	2	2	2
2	2	−1	−1	−1	−1	−1
3	2	−1	−1	−1	−1	−1
4	2	−1	−1	−1	−1	−1
5	2	−1	−1	−1	−1	−1
6	2	−1	−1	−1	−1	−1

Würfel 2

Die drei Gewinnereignisse:

X = 4: $\{(1;1)\}$

X = 2: $\{(1;2), \ldots, (1;6), (2;1), \ldots, (6;1)\}$

X = −1: $\{$ alle Zahlenpaare ohne 1 $\}$

Die Wahrscheinlichkeiten $P(X = x_i)$:

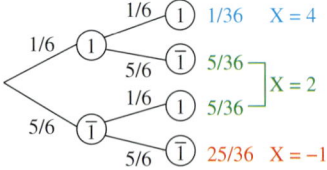

---

* Alternative Möglichkeit: Verwendung eines Baumdiagramms

Diese *Wahrscheinlichkeitsverteilung* der Zufallsgröße X (Gewinn pro Spiel) kann man in einer Tabelle erfassen.

Wir können sie auch als *Verteilungsdiagramm* bzw. *Histogramm* graphisch darstellen.

Wahrscheinlichkeitsverteilung von X:

x_i	-1	2	4
$P(X = x_i)$	$\frac{25}{36}$	$\frac{10}{36}$	$\frac{1}{36}$

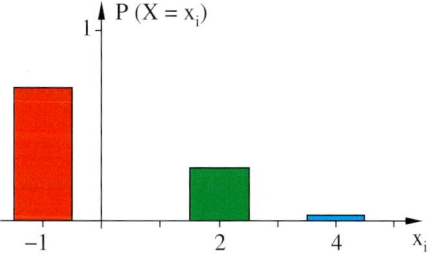

Lösung zu c):
Wir verwenden folgende Methode, um zu überprüfen, ob das Spiel fair ist oder nicht: Wir denken uns das Spiel 36-mal durchgeführt. Im statistischen Durchschnitt werden wir 25-mal keine 1 werfen und jedesmal 1 € Verlust machen. 10-mal werden wir genau eine Eins werfen und jeweils 2 € Gewinn machen. Und 1-mal werden wir zwei Einsen werfen und 4 € Gewinn erzielen. Insgesamt haben wir nun in 36 Spielen 1 € Verlust eingefahren. Pro Spiel sind das ca. 2,8 Cent Verlust. Das Spiel ist also aus der Sicht des Spielers nur wenig unfair.

Gewinn-Verlust-Rechnung:
Simulation von 36 Spielen:

25-mal	$-1 €$	$= -25 €$
10-mal	$+2 €$	$= +20 €$
1-mal	$+4 €$	$= +4 €$
Bilanz:	$-1 €$ in 36 Spielen

$$-\frac{1}{36} € \approx -2,8 \text{ Cent pro Spiel}$$

Wir fassen die im Beispiel erarbeiteten Begriffe in folgender Definition zusammen:

Definition XII.1: Die Wahrscheinlichkeitsverteilung einer Zufallsgröße

1. Eine Größe X, die jedem Ergebnis eines Zufallsversuchs genau eine reelle Zahl zuordnet, heißt *Zufallsgröße* oder *Zufallsvariable*.
   Im Beispiel oben ordnet die Zufallsgröße X (Gewinn) jedem Ergebnis den zugehörigen Gewinn zu, also eine der drei Zahlen -1, 2 und 4.

2. Mit $X = x_i$ wird das Ereignis bezeichnet, dessen Ergebnisse alle dazu führen, dass die Zufallsgröße X den Wert x_i annimmt.
   Im Beispiel oben gibt es drei solcher Ereignisse: $X = -1$, $X = 2$ und $X = 4$.

3. Ordnet man jedem möglichen Wert x_i, den die Zufallsgröße X annehmen kann, die Wahrscheinlichkeit $P(X = x_i)$ zu, so erhält man eine Zuordnungstabelle, die man als *Wahrscheinlichkeitsverteilung* von X bezeichnet.

   Ihre graphische Darstellung heißt *Histogramm* oder Verteilungsdiagramm.

Übung 1   Gewinn beim Glücksrad
Bei einem Spiel wird das Glücksrad gedreht. Der Einsatz beträgt 2 €. Ausgezahlt werden 5 € bei Rot und 3 € bei Gelb. Stellen Sie die Wahrscheinlichkeitsverteilung der Zufallsgröße X (Gewinn pro Spiel) tabellarisch und graphisch dar. Ist das Spiel fair?

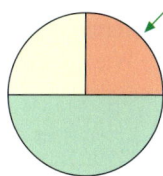

Übungen

2. Aus der nebenstehenden Urne wird dreimal mit Zurücklegen eine Kugel gezogen. X sei die Anzahl der gezogenen roten Kugeln.
a) Welche Werte kann X annehmen?
b) Stellen Sie mithilfe eines Baumdiagramms die Verteilungstabelle von X auf.
c) Stellen Sie die Wahrscheinlichkeitsverteilung graphisch dar.

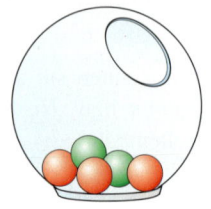

3. Ein Glücksrad wird zweimal gedreht. Gespielt wird nach dem abgebildeten Spielplan. X sei der Gewinn pro Spiel.
a) Welche Werte kann X annehmen?
b) Bestimmen Sie die Wahrscheinlichkeitsverteilung von X als Tabelle.
c) Ist das Spiel günstig für den Spieler?

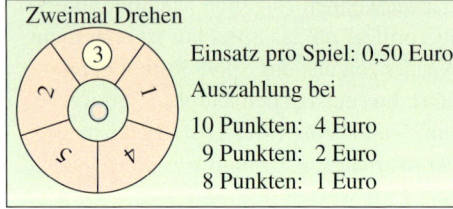

Zweimal Drehen

Einsatz pro Spiel: 0,50 Euro
Auszahlung bei
10 Punkten: 4 Euro
9 Punkten: 2 Euro
8 Punkten: 1 Euro

4. Otto und Egon vereinbaren ein Spiel. Otto wirft eine Münze so lange, bis Kopf fällt, höchstens jedoch dreimal. Für jeden einzelnen Münzwurf muss er Egon 1 € zahlen. Wenn Kopf fällt, erhält er von Egon eine Belohnung von 2 €.
Die Zufallsgröße X sei der Gewinn/Verlust von Otto pro Spiel.
a) Stellen Sie den Spielablauf als Baumdiagramm dar (K: Kopf, Z: Zahl).
b) Welche Werte kann X annehmen?
c) Zeichnen Sie das Histogramm von X.
d) Welcher Spieler ist langfristig im Vorteil?

5. Auf der Insel Helgoland kann man zollfrei und mehrwertsteuerfrei bis zu 200 Zigaretten erwerben. In einer Reisegruppe von fünf Personen haben drei diese Freigrenze überschritten. Bei der Rückfahrt auf das Festland kommt eine Zollkontrolle und überprüft drei der Reisenden. X sei die Anzahl der dabei erwischten Schmuggler.
a) Welche Werte kann X annehmen?
b) Zeichnen Sie ein Baumdiagramm.
c) Wie lautet die Wahrscheinlichkeitsverteilung von X (Tabelle)?
d) Welche Anzahl von ertappten Schmugglern ist am wahrscheinlichsten?

6. Ein Vertreter reist jeden Tag von A nach B. Dabei fährt er entweder über den Ort C oder den Ort D. Die Passierwahrscheinlichkeiten stehen am Straßennetz vermerkt, ebenso die Entfernungen. X sei die Fahrstrecke des Vertreters pro Tag. Wie lautet die Wahrscheinlichkeitsverteilung von X?
Wie groß ist die mittlere Fahrstrecke?

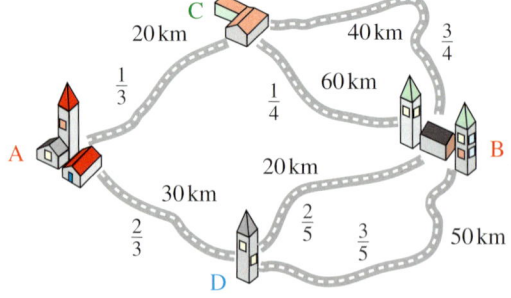

2. Der Erwartungswert einer Zufallsgröße

Führt man ein Zufallsexperiment oft durch, so interessiert der „Mittelwert" einer beim Experiment beobachteten Zufallsgröße X. Man bezeichnet ihn als Erwartungswert.

▶ **Beispiel: Das Spiel Augensumme**
Auf einem Jahrmarkt wird ein Spiel angeboten, bei dem zwei identische Würfel geworfen werden, welche beide das abgebildete Netz haben.
Der Einsatz kostet 2 €, die Auszahlung richtet sich nach der erzielten Augensumme.
Lohnt sich das Spiel für den Spieler?
Mit welcher langfristigen Gewinnerwartung kann er rechnen?

AUGENSUMME

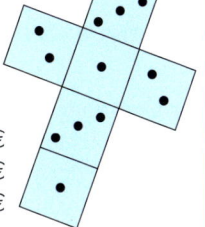

EINSATZ: 2 €

AUSZAHLUNG:
Augensumme 2 und 6: 7 €
Augensumme 4:   1 €
Augensumme 3 und 5: 0 €

Lösung:
Die Zufallsgröße X soll den Gewinn pro Spiel beschreiben.
Es gilt: Gewinn X = Auszahlung − Einsatz.
Daher kann X drei Werte annehmen, nämlich −2, −1 und 5.

Zum Ereignis X = −2 gehören vier Ergebnisse: die Zahlenpaare $(1;2)$, $(2;1)$, $(2;3)$, $(3;2)$.
Daher gilt $P(X = -2) = \frac{4}{9}$.
Zum Ereignis X = −1 gehören drei Ergebnisse: $(1;3)$, $(2;2)$, $(3;1)$.
Also gilt $P(X = -1) = \frac{3}{9}$.
Zum Ereignis X = 5 gehören zwei Ergebnisse: $(1;1)$, $(3;3)$.
Daraus folgt: $P(X = 5) = \frac{2}{9}$.

Spielt man neunmal, so wird man im Mittel in vier Fällen 2 € Verlust machen, in drei Fällen 1 € Verlust, in zwei Fällen 5 € Gewinn.
Die Rechnung für neun Spiele lautet also:
$(-2\,€) \cdot 4 + (-1\,€) \cdot 3 + (+5\,€) \cdot 2 = -1\,€$

Pro Spiel bedeutet das $\frac{1}{9}\,€ \approx 11$ Cent Verlust.

Zum gleichen Ergebnis kommt man, wenn man jeden möglichen Gewinnwert mit der Wahrscheinlichkeit seines Eintretens multipliziert und dann aufsummiert (alternative Rechnung).
▶ $(-2\,€) \cdot \frac{4}{9} + (-1\,€) \cdot \frac{3}{9} + (+5\,€) \cdot \frac{2}{9} = -\frac{1}{9}\,€$

Die Zufallsgröße Gewinn:
X: Gewinn/Verlust pro Spiel

Mögliche Werte von X:
Augensumme 3 und 5: −2 €
Augensumme 4:   −1 €
Augensumme 2 und 6:   5 €

Die Wahrscheinlichkeitsverteilung von X:

Augensumme A   Gewinn X

Würfel 2	Würfel 1				Würfel 2	Würfel 1		
		1	2	3			1	2	3
1		2	3	4	1		5	−2	−1
2		3	4	5	2		−2	−1	−2
3		4	5	6	3		−1	−2	5

$P(X = -2) = \frac{4}{9}$, $P(X = -1) = \frac{3}{9}$, $P(X = 5) = \frac{2}{9}$

Erwarteter Gewinn pro Spiel:
$E(X) = \frac{(-2) \cdot 4 + (-1) \cdot 3 + (+5) \cdot 2}{9} = -\frac{1}{9}$

Alternative Rechnung:
$E(X) = (-2) \cdot \frac{4}{9} + (-1) \cdot \frac{3}{9} + (+5) \cdot \frac{2}{9} = -\frac{1}{9}$

Das vorhergehende Beispiel veranlasst uns zur Definition des Erwartungswertes einer Zufallsgröße X. Der Erwartungswert stellt eine gewichtete Mittelwertbildung dar. Die Gewichtung ist erforderlich, da die möglichen Werte x_i, die X annnehmen kann, nicht gleichwahrscheinlich sind.

> **Definition XII.2 Der Erwartungswert einer Zufallsgröße**
> X sei eine Zufallsgröße mit der Wertemenge $\{x_1, x_2, ..., x_m\}$. Dann wird die Zahl
>
> $$\mu = E(X) = x_1 \cdot P(X = x_1) + x_2 \cdot P(X = x_2) + ... + x_m \cdot P(X = x_m)$$
>
> als *Erwartungswert* der Zufallsgröße X bezeichnet.

Der Erwartungswert einer Zufallsgröße X ist das gewichtete arithmetische Mittel der Elemente x_i der Wertemenge von X. Als Gewicht von x_i dient die Wahrscheinlichkeit $P(X = x_i)$, mit der x_i eintritt.

$$\mu = E(X) = x_1 \cdot P(X = x_1) + ... + x_m \cdot P(X = x_m)$$

Wert · Wahrscheinlichkeit

▶ **Beispiel: Welcher Einsatz?**
Ein Betreiber des dargestellten Spielautomaten möchte pro Spiel mindestens 15 Cent verdienen.
Welchen Einsatz muss er pro Spiel verlangen? Runden Sie auf einen vollen Betrag.

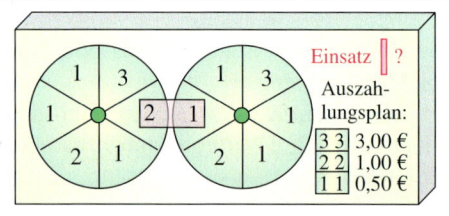

Lösung:
X sei die Auszahlung pro Spiel in Euro.
Mithilfe eines reduzierten Baumdiagramms bestimmen wir die Wahrscheinlichkeitsverteilung von X.

Die Berechnung des Erwartungswertes von X ergibt $\mu = E(X) = 0,31 \,€$.

Er muss also $0,31\,€ + 0,15\,€ = 0,46\,€$ oder mehr verlangen. Sinnvollerweise sollte er auf 50 Cent aufrunden.
Dann kam man dieses Geldstück als Einsatz
▶ in den Automaten einwerfen.

Baumdiagramm:

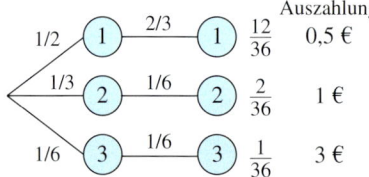

Wahrscheinlichkeitsverteilung von X:

x_i	0	0,5	1	3
$P(X = x_i)$	$\frac{21}{36}$	$\frac{12}{36}$	$\frac{2}{36}$	$\frac{1}{36}$

Erwartungswert von X:

$$\mu = E(X) = 0 \cdot \frac{21}{36} + 0,5 \cdot \frac{12}{36} + 1 \cdot \frac{2}{36} + 3 \cdot \frac{1}{36}$$
$$= \frac{11}{36}$$

Übung 1 Rubel
Eine Urne enthält zwanzig 1-Rubel-Münzen, zehn 2-Rubel-Münzen und fünf 5-Rubel-Münzen. Zwei Münzen werden zufällig entnommen. X sei der entnommene Betrag. Welche Werte kann X annehmen? Wie lautet die Wahrscheinlichkeitsverteilung von X? Wie groß ist der entnommene Betrag im langfristigen Mittel?

Übungen

2. Die beiden Würfel werden gleichzeitig geworfen.

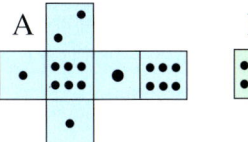 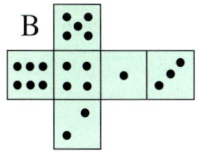

a) Wie wahrscheinlich ist es, dass mindestens einmal die Sechs kommt?

b) Bei einem Spiel gilt der abgebildete Gewinnplan. Ist das Spiel fair?

c) Der Betreiber möchte die Sechs von Würfel B durch eine Vier ersetzen. Ist das günstig für ihn?

Einsatz: 2 €

Auszahlung bei Pasch: 10 €

Auszahlung sonst: 0 €

3. Eine Münze wird dreimal geworfen. Die Zufallsgröße X sei die Anzahl der Kopfwürfe.

a) Stellen Sie die Wahrscheinlichkeitsverteilung von X auf.

b) Bestimmen Sie den Erwartungswert von X.

c) Verwenden Sie nun eine reale Münze.

    I. Werfen Sie diese sechsmal und zählen Sie die Kopfwürfe. Wiederholen Sie das zweimal.

    II. Werfen Sie nun die Münze 60-mal und zählen Sie die Kopfwürfe. Vergleichen Sie.

d) Bestimmen Sie den Erwartungswert von X für eine gefälschte Münze mit einer reduzierten Wahrscheinlichkeit von nur 40 % für Kopf.

4. Jährlich gibt es in Deutschland ca. 230 Drillingsgeburten. Wir nehmen an, dass die Wahrscheinlichkeit für ein Mädchen bei ca. 50 % liegt.

X sei die Anzahl der Mädchen bei einer Drillingsgeburt.

a) Welche Werte kann X annehmen?

b) Bestimmen Sie die Wahrscheinlichkeitsverteilung von X.

c) Berechnen Sie den Erwartungswert von X.

d) Welcher Unterschied ergibt sich, wenn die Wahrscheinlichkeit für ein Mädchen bei einer Drillingsgeburt 80 % betragen würde?

5. Ein Tontaubenschütze schießt in einer Trainingssequenz so lange, bis er eine Tontaube trifft, maximal aber sechsmal. Er trifft pro Schuss mit einer Wahrscheinlichkeit von 50 %. X sei die Anzahl seiner Schüsse pro Sequenz.

a) Zeichnen Sie ein Baumdiagramm (T: Treffer , $\overline{T}$: Niete) und stellen Sie daraus die Tabelle der Wahrscheinlichkeitsverteilung von X auf.

b) Wie groß ist der Erwartungswert von X?

c) Wie groß ist der Erwartungswert von X, wenn der Schütze sich nach weiteren Trainingssequenzen auf eine Trefferwahrscheinlichkeit von 75 % hochgearbeitet hat?

6. Otto schlägt folgendes Spiel vor: Egon muss für das Spiel den Einsatz e = 5 Cent an Otto zahlen. Im Gegenzug stellt Otto drei Münzen zur Verfügung (1 Cent, 2 Cent und 5 Cent). Egon darf diese Münzen dann gleichzeitig werfen. Alle Münzen, die Zahl zeigen, darf er behalten. Die Münzen, die Kopf zeigen, fallen an Otto zurück. Welcher Spieler ist im Vorteil? Wie müsste der Einsatz e lauten, wenn das Spiel fair sein soll?

3. Die Standardabweichung einer Zufallsgröße

Die Graphiken zeigen die Wahrscheinlichkeitsverteilungen zweier Zufallsgrößen X und Y. Beide Verteilungen haben den gleichen Erwartungswert $\mu = 5$. Während die Werte x_i alle nahe am Erwartungswert liegen, weichen die Werte y_i stark davon ab. Sie streuen stärker.

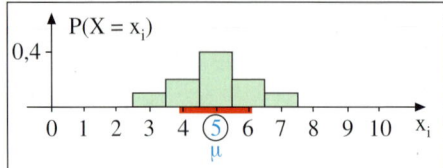 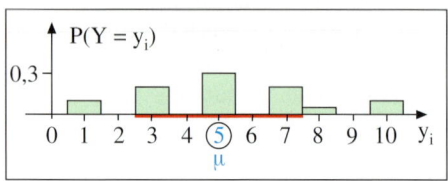

Um ein exaktes Maß für die Streuung von X zu bekommen, stellt man folgende Überlegungen an.

1. Man berechnet alle Abweichungen der Werte x_i vom Erwartungswert μ. Dieses sind:
   $(x_1 - \mu), (x_2 - \mu), \ldots, (x_m - \mu)$

2. Jede Abweichung $(x_i - \mu)$ wird mit der Wahrscheinlichkeit ihres Auftretens $P(X = x_i)$ gewichtet:
   $(x_1 - \mu) \cdot P(X = x_1), (x_2 - \mu) \cdot P(X = x_2), \ldots, (x_m - \mu) \cdot P(X = x_m)$

3. Damit positive und negative Abweichungen sich beim nun folgenden Aufsummieren nicht gegeneinander aufheben, werden die Abweichungen gleichzeitig noch quadriert.
   $(x_1 - \mu)^2 \cdot P(X = x_1), (x_2 - \mu)^2 \cdot P(X = x_2), \ldots, (x_m - \mu)^2 \cdot P(X = x_m)$

4. Beim Quadrieren wird leider auch die physikalische Einheit der Größe X quadriert. Um diesen Effekt rückgängig zu machen, wird aus der Summe abschließend die Quadratwurzel gezogen. Das so entwickelte Streuungsmaß heißt *Standardabweichung* von X. Das Symbol ist σ.

$$\sigma(X) = \sqrt{(x_1 - \mu)^2 \cdot P(X = x_1) + (x_2 - \mu)^2 \cdot P(X = x_2) + \ldots + (x_m - \mu)^2 \cdot P(X = x_m)}$$

Wir berechnen nun als Anwendungsbeispiel die Standardabweichungen der beiden Zufallsgrößen X und Y, deren Verteilungen oben graphisch dargestellt sind.

$$\sigma(X) = \sqrt{(x_1 - \mu)^2 \cdot P(X = x_1) + (x_2 - \mu)^2 \cdot P(X = x_2) + \ldots + (x_5 - \mu)^2 \cdot P(X = x_5)}$$

$$= \sqrt{(3-5)^2 \cdot 0{,}1 + (4-5)^2 \cdot 0{,}2 + (5-5)^2 \cdot 0{,}4 + (6-5)^2 \cdot 0{,}2 + (7-5)^2 \cdot 0{,}1} = \sqrt{1{,}2} \approx 1{,}1$$

$$\sigma(Y) = \sqrt{(y_1 - \mu)^2 \cdot P(Y = y_1) + (y_2 - \mu)^2 \cdot P(Y = y_2) + \ldots + (y_6 - \mu)^2 \cdot P(Y = y_6)}$$

$$= \sqrt{(1-5)^2 \cdot 0{,}1 + (3-5)^2 \cdot 0{,}2 + (5-5)^2 \cdot 0{,}3 + (7-5)^2 \cdot 0{,}2 + (8-5)^2 \cdot 0{,}05 + (10-5)^2 \cdot 0{,}1}$$

$$= \sqrt{6{,}15} \approx 2{,}48$$

Die größere Streuung von Y wird durch die Standardabweichung σ gut erfasst. In den beiden Diagrammen oben ist ein sog. 1σ-Intervall um μ bereits als roter Balken eingezeichnet.

Definition XII.3 Die Standardabweichung einer Zufallsgröße

X sei eine Zufallsgröße mit der Wertemenge x_1, x_2, …, x_m und dem Erwartungswert $\mu = E(X)$. Dann wird die folgende Größe σ als Standardabweichung von X bezeichnet.

$$\sigma(X) = \sqrt{(x_1 - \mu)^2 \cdot P(X = x_1) + (x_2 - \mu)^2 \cdot P(X = x_2) + \ldots + (x_m - \mu)^2 \cdot P(X = x_m)}$$

Die Standardabweichung ist ein Maß für die Streuung der Zufallsgröße X. Sie hat die gleiche physikalische Einheit wie die Zufallsgröße selbst.

▶ **Beispiel: Roulette-Strategien**
Vergleichen Sie die beiden folgenden Strategien beim Roulette.
Berechnen Sie dazu den Erwartungswert und die Standardabweichung der Zufallsgröße X = Gewinn/Verlust pro Spiel.

STRATEGIE 1
Spieler A setzt stets 10 € auf die Farbe ROT.

STRATEGIE 2
Spieler B setzt stets 10 € auf die Zahl 22.

Lösung zu Strategie 1:
X sei der Gewinn von Spieler A pro Spiel. Die Roulette-Regeln besagen: Wenn ROT kommt, dann wird der doppelte Einsatz ausbezahlt. Es gilt dann X = 10. Wenn ROT nicht kommt, ist der Einsatz verloren und X = −10.
Da es 18 rote Felder, 18 schwarze Felder und das neutrale Feld für die Null gibt, ist die Gewinnwahrscheinlichkeit $\frac{18}{37}$ und die Verlustwahrscheinlichkeit $\frac{19}{37}$.

Lösung zu Strategie 2:
Y sei der Gewinn von Spieler B pro Spiel. Die Roulette-Regeln besagen: Wenn die gesetzte Zahl kommt, dann wird der 36-fache Einsatz ausbezahlt. Es gilt dann Y = 350. Wenn die Zahl 22 nicht kommt, ist der Einsatz verloren und Y = −10. Da es 37 verschiedene Zahlen gibt, ist die Gewinnwahrscheinlichkeit $\frac{1}{37}$ und die Verlustwahrscheinlichkeit $\frac{36}{37}$.

Wahrscheinlichkeitsverteilung von X:

x_i	−10	10
$P(X = x_i)$	$\frac{19}{37}$	$\frac{18}{37}$

Wahrscheinlichkeitsverteilung von Y:

x_i	−10	350
$P(X = x_i)$	$\frac{36}{37}$	$\frac{1}{37}$

Erwartungswert von X:

$$\mu = (-10) \cdot \tfrac{19}{37} + (+10) \cdot \tfrac{18}{37} = -\tfrac{10}{37} \approx -0{,}27$$

Erwartungswert von X:

$$\mu = (-10) \cdot \tfrac{36}{37} + (+350) \cdot \tfrac{1}{37} = -\tfrac{10}{37} \approx -0{,}27$$

Standardabweichung von X:

$$\sigma = \sqrt{(-10 - (-0{,}27))^2 \cdot \tfrac{19}{37} + (+10 - (-0{,}27))^2 \cdot \tfrac{18}{37}}$$
$$= \sqrt{48{,}61 + 51{,}31} \approx 10$$

Standardabweichung von Y:

$$\sigma = \sqrt{(-10 - (-0{,}27))^2 \cdot \tfrac{36}{37} + (+350 - (-0{,}27))^2 \cdot \tfrac{1}{37}}$$
$$= \sqrt{92{,}11 + 3315{,}92} \approx 58{,}38$$

Beide Strategien haben die gleiche Verlusterwartung pro Spiel. Die Strategie von Spieler B ist wegen der großen Standardabweichung aber mit einem größeren Risiko verbunden. Es winkt ein großer Gewinn, aber es droht auch ein schneller Verlust.

Übungen

1. X sei die Augenzahl beim Werfen eines Würfels mit dem abgebildeten Netz. Berechnen Sie Erwartungswert und Standardabweichung von X. Zeichnen Sie das Verteilungsdiagramm.

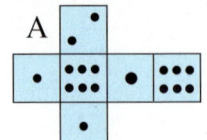 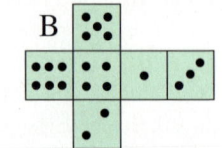

2. Bei den Olympischen Spielen in Sydney im Jahr 2000 gewann Heike Drechsler im Weitsprung mit 6,99 m die Goldmedaille vor Fiona May und Marion Jones (6,93 m). Werten Sie die Trainingsserien aus.

   Heike D. : 6,82 m   6,79 m   6,85 m   6,83 m   6,88 m   6,75 m
   Marion J. : 6,32 m   6,74 m   6,97 m   –   6,88 m   6,54 m

   a) Bestimmen Sie die mittleren Sprungweiten.
   b) Berechnen Sie die Standardabweichungen.
   c) Vergleichen Sie die beiden Sportlerinnen anhand der Daten.

3. Ein Pharmabetrieb besitzt zwei Abfüllautomaten, die Infusionsflaschen mit 1000 ml physiologischer Kochsalzlösung möglichst präzise füllen sollen. Monatlich werden die Automaten durch Stichproben überprüft, indem die Füllmengen von jeweils 1000 Flaschen exakt nachgemessen werden. Je nach Ergebnis müssen die Maschinen nachjustiert werden. Die Tabelle enthält das Prüfergebnis. Welche Maschine arbeitet präziser?

Füllmenge in ml	996	997	998	999	1000	1001	1002	1003	1004
Automat A	10	20	80	180	450	160	40	40	20
Automat B	20	40	40	160	490	140	60	20	30

4. Mit Hilfe der Standardabweichung kann man beurteilen, wie aussagefähig ein Mittelwert ist. Die Schlafdauer von zwei Patienten wird eine Woche lang täglich protokolliert.

Wochentag	Mo	Di	Mi	Do	Fr	Sa	So
Person A, Schlafdauer in h	8,5	9	6	7	8	9,5	8
Person B, Schlafdauer in h	8,5	10,5	6	4,5	5,5	10	11

   a) Berechnen Sie die mittlere Schlafdauer der Personen.
   b) Bestimmen Sie für beide Personen die Standardabweichung der Zufallsgröße X = Schlafdauer.
   c) Vergleichen Sie, wie aussagekräftig der Mittelwert für Person A bzw. für Person B ist.

5. Zwei gleich starke Mannschaften A und B tragen ein Volleyballspiel aus, das drei Sätze hat. X sei die Anzahl der Satzgewinne von Mannschaft A.
   Welche Werte kann X annehmen? Wie lautet die Wahrscheinlichkeitsverteilung von X? Wie viele Satzgewinne von Mannschaft A sind im Mittel zu erwarten? Wie groß ist die Standardabweichung von X?

Zusammengesetzte Übungen

1. Aus der nebenstehenden Urne werden zwei Kugeln ohne Zurücklegen gezogen. X sei die Augensumme der beiden Kugeln.
   a) Stellen Sie den Vorgang mit Hilfe eines Baumdiagramms dar.
   b) Geben Sie die Wahrscheinlichkeitsverteilung von X in Tabellenform an.
   c) Berechnen Sie den Erwartungswert von X.
   d) Bestimmen Sie die Standardabweichung von X.

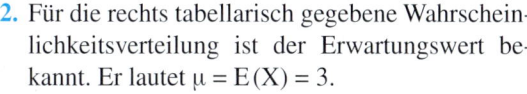

2. Für die rechts tabellarisch gegebene Wahrscheinlichkeitsverteilung ist der Erwartungswert bekannt. Er lautet $\mu = E(X) = 3$.

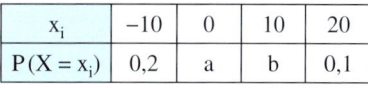

x_i	-10	0	10	20
$P(X = x_i)$	0,2	a	b	0,1

   a) Bestimmen Sie die Werte a und b der Wahrscheinlichkeitsverteilung von X.
   b) Berechnen Sie die Standardabweichung von X.

3. Für das Winterfest des Karnevalvereins wird eine Tombola vorbereitet. Unter den 2000 Losen sind 1600 Nieten, 200 Lose mit 5 € Auszahlung, 150 Lose mit 10 € Auszahlung und 50 Lose mit 20 € Auszahlung. Der Lospreis beträgt 2 €. Die Zufallsgröße X beschreibt den Gewinn/Verlust des Losverkäufers.
   a) Geben Sie die Wahrscheinlichkeitsverteilung von X an.
   b) Berechnen Sie den Erwartungswert und die Standardabweichung von X.
   c) Der Festausschuss schlägt eine vereinfachte Variante vor, nämlich 1500 Nieten und 500 Gewinne zu je a Euro Auszahlung. Wie muss a festgelegt werden, wenn der zu erwartende Reingewinn der Tombola genau so hoch sein soll wie bei der ersten Variante?

4. Der Einsatz bei dem amerikanischen Glücksspiel CHUCK A LUCK beträgt 1 $. Der Spieler setzt auf eine der Zahlen 1, 2, …, 6. Anschließend werden drei Würfel geworfen. Fällt die gesetzte Zahl nicht, so ist der Einsatz verloren. Fällt die Zahl einmal, zweimal bzw. sogar dreimal, so erhält der Spieler das Einfache, Zweifache bzw. Dreifache des Einsatzes ausgezahlt und zusätzlich seinen Einsatz zurück.
   a) Ist das Spiel fair?
   b) Wenn die gesetzte Zahl dreimal fällt, soll nun das a-fache des Einsatzes ausgezahlt werden. Wie muss a gewählt werden, damit das Spiel fair wird?

5. Das Glücksrad liefert beim Drehen die Zahlen 2 oder 6. Bei einem Spiel wird es zweimal gedreht. X sei die Summe der erhaltenen Zahlen.
a) Zeichnen Sie ein Baumdiagramm.
b) Mit welcher Wahrscheinlichkeit kommt mindestens einmal die Sechs?
c) Welche Werte kann die Zufallsgröße X annehmen? Stellen sie die Wahrscheinlichkeitsverteilung von X tabellarisch dar.
d) Der Spielplan ist rechts dargestellt. Zeigen Sie, dass das Spiel nicht fair ist. Wie muss die Auszahlung bei zwei Zweien erhöht werden, damit das Spiel fair wird?

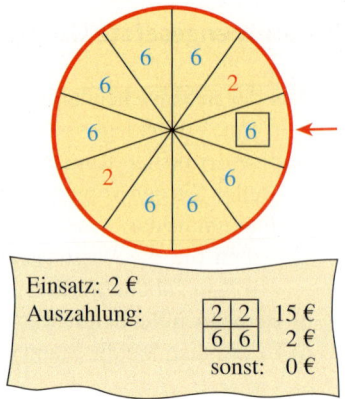

Einsatz: 2 €
Auszahlung:

2	2	15 €
6	6	2 €
	sonst:	0 €

6. In einem Skigebiet betreibt eine Gemeinde während der fünfmonatigen Saison drei Skilifte A, B und C auf unterschiedlich langen und steilen Strecken.
Pro Tag haben die Lifte mit den Wahrscheinlichkeiten a = 0,7, b = 0,8 und c = 0,6 eine Panne. Reparatur und Einnahmeausfall verursachen Kosten von 60 € bei A, 80 € bei B und 20 € bei C. X sei die Anzahl der Lifte, die pro Tag ausfallen. Y seien die täglichen Ausfallkosten.
a) Zeichnen Sie ein Baumdiagramm.
b) Welche Werte kann X annehmen? Zeichnen Sie das Histogramm von X. Welchen Erwartungswert hat X? Mit welcher Wahrscheinlichkeit fallen an einem Tag mindestens zwei Lifte aus? Welchen Erwartungswert hat Y?
c) Eine Firma verspricht, durch Zusatzeinbauten die Ausfallwahrscheinlichkeiten garantiert und dauerhaft auf 40% der alten Werte zu drücken. Was darf die Maßnahme ungefähr kosten, wenn sie sich in einer Saison amortisiert haben soll?

7. Unter den Wehrpflichtigen der Amerikanischen Armee waren 0,1% von einer unerkannten infektiösen Erkrankung befallen. Statt jeden Wehrpflichtigen einzeln einem teuren Bluttest zu unterziehen, hatte der Amerikaner *Robert Dorfman* die Idee, die Gesamtgruppe der Wehrpflichtigen in Teilgruppen von jeweils k Personen aufzuteilen, deren Blutproben zu mischen und erst diese Probenmischung auf die Erkrankung zu testen. Wird der Erreger darin gefunden, wird jede Person dieser Teilgruppe einzeln getestet. Falls nicht, wird die Teilgruppe als gesund angesehen und auf Einzeltests kann verzichtet werden .
Zur Austestung einer Gruppe von 100 Personen wird diese Gruppe in 10 Teilgruppen zu je 10 Personen aufgeteilt wird. X sei die Anzahl der erforderlichen Tests pro Teilgruppe.
a) Begründen Sie, dass X nur die beiden Werte 1 und 11 annehmen kann. Bestimmen Sie die Wahrscheinlichkeiten P(X = 1) und P(X = 11). Berechnen Sie den Erwartungswert von X.
b) Berechnen Sie nun, wie viele Tests für die Gesamtgruppe im Mittel nötig sind. Wie groß ist die Ersparnis gegenüber der Alternative, alle Personen einzeln zu testen?

Überblick

Zufallsgröße X

Eine Zuordnung X, die jedem Ergebbis eines Zufallsversuchs eine reelle Zahl zuordnet, wird als *Zufallsgröße* oder *Zufallsvariable* bezeichnet.

Beispiel:
Doppelter Würfelwurf
X = Anzahl der Sechsen
Y = Augensumme

Das Ereignis X = x_i

Mit $X = x_i$ wird das Ereignis bezeichnet, dessen Eintritt dazu führt, dass die Zufallsgröße X den Wert x_i annimmt.

Beispiel:
Doppelter Münzwurf
X = Kopfzahl
X = 0, X = 1, X = 2

Wahrscheinlichkeitsverteilung der Zufallsgröße X.

Ordnet man jedem Wert x_i, den die Zufallsgröße X annehmen kann, die Wahrscheinlichkeit $P(X = x_i)$ zu, so hat man die *Wahrscheinlichkeitsverteilung* der Zufallsgröße X.

Verteilungstabelle Histogramm

x_i	0	1	2
$P(X = x_i)$	$\frac{1}{4}$	$\frac{1}{2}$	$\frac{1}{4}$

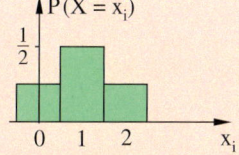

Der Erwartungswert einer Zufallsgröße X

X sei eine Zufallsgröße, welche die Werte $x_1, x_2, ..., x_m$ annehmen kann.
Dann heißt der Wert

$$\mu = E(X) = x_1 \cdot P(X = x_1) + ... + x_m \cdot P(X = x_m)$$

Erwartungswert der Zufallsgröße X.

Die Standardabweichung einer Zufallsgröße X

X sei eine Zufallsgröße, welche die Werte $x_1, x_2, ..., x_m$ annehmen kann.
Daher heißt der Wert

$$\sigma = \sigma(X) = \sqrt{(x_1 - \mu)^2 \cdot P(X = x_1) + ... + (x_m - \mu)^2 \cdot P(X = x_m)}$$

Standardabweichung von X.

Erwartungswert und Standardabweichung im Verteilungsdiagramm

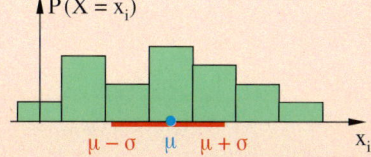

Erwartungswert und Spielstrategien

Mithilfe des Erwartungswertes lässt sich die langfristige Gewinnerwartung in Glücksspielen bestimmen. Darüber hinaus ist es sogar möglich, Strategien bei Spielen zu beurteilen, die Elemente des Zufalls enthalten.

Die blauen Kugeln

In einer Urne befinden sich zwei blaue und drei weiße Kugeln. Ein Spieler zieht aus dieser Urne der Reihe nach Kugeln, und zwar ohne Zurücklegen. Nach jedem Zug hat er die Wahl, weiterzuziehen oder das Spiel abzubrechen.
Für jede im Verlauf des Spiels gezogene blaue Kugel erhält er 1 €. Für jede weiße Kugel muss er 1 € zahlen.
Gibt es eine Strategie, die für den Spieler günstig ist?

Lösung:
Es gibt eine solche Strategie, auch wenn der Inhalt der Urne mit drei ungünstigen weißen Kugeln und nur zwei günstigen blauen Kugeln dies zunächst auszuschließen scheint.

Kommt im ersten Zug eine blaue Gewinn-kugel, so wird das Spiel mit Gewinn abgebrochen. Kommt im ersten Zug eine weiße Verlustkugel, so wird weitergespielt.

Kommt anschließend im zweiten Zug eine blaue Kugel, so kann ohne Verlust abgebrochen werden.
Kommt auch im zweiten Zug Weiß, so lohnt sich das Weiterspielen.

Bei Blau im dritten Zug kann man weiterspielen, da dann jede weitere Verschlechterung vermeidbar ist (siehe Baumdiagramm).
Bei Weiß auch im dritten Zug sind nur noch Verbesserungen möglich. Der vierte und der fünfte Zug werden dann ausgeführt und liefern Blau.

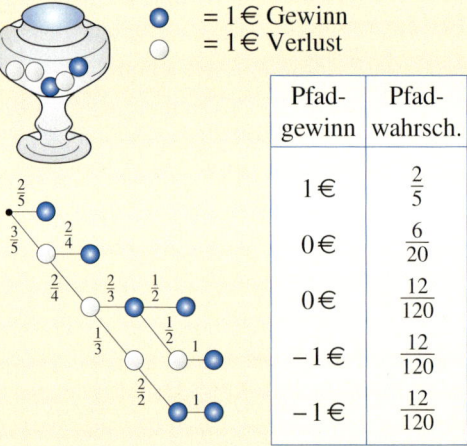

Pfad-gewinn	Pfad-wahrsch.
1 €	$\frac{2}{5}$
0 €	$\frac{6}{20}$
0 €	$\frac{12}{120}$
−1 €	$\frac{12}{120}$
−1 €	$\frac{12}{120}$

Erwartungswert für den Gewinn X pro Spiel:

$$E(X) = 1 \cdot \frac{2}{5} + 0 \cdot \left(\frac{6}{20} + \frac{12}{120}\right)$$
$$+ (-1) \cdot \left(\frac{12}{120} + \frac{12}{120}\right) = 0{,}20\,€$$

Das abgebildete Baumdiagramm zeigt die Strategie als Wahrscheinlichkeitsbaum. Pfad 1 $\left(\text{Wahrscheinlichkeit } \frac{2}{5}\right)$ liefert 1 € Gewinn. Die Pfade 2 und 3 liefern weder Gewinn noch Verlust, die Pfade 4 und 5 $\left(\text{Wahrscheinlichkeit } \frac{1}{10}\right)$ liefern jeweils 1 € Verlust.
Insgesamt ergibt sich so pro Spiel ein durchschnittlich zu erwartender Gewinn von 20 Cent, ein überraschendes Ergebnis.

Nicht so einfach ist das Auffinden und Beurteilen einer Spielstrategie für das folgende Spiel.

Die verhexte Sechs

Ein Spieler würfelt mit einem Würfel. Er darf das Spiel nach jedem Wurf abbrechen. Die geworfenen Augenzahlen werden addiert und die Summe als Punktergebnis gewertet, solange keine 6 auftritt. Fällt unglücklicherweise die 6, so wird das Punktergebnis auf 0 gesetzt und behält diesen Wert bis zum Abbruch durch den Spieler bei.
Der Spieler entschließt sich, nach genau n Würfen abzubrechen.
Berechnen Sie für n = 1 bis 7 den zu erwartenden Punktestand. Legen Sie eine Tabelle an.
Wie muss n gewählt werden, damit diese Strategie ein optimales Ergebnis liefert?

Lösung:

Bricht der Spieler das Spiel nach dem 1. Wurf ab, so wird er auf null Punkte gesetzt, sofern es eine 6 $\left(p_1 = \frac{1}{6}\right)$ ist.

Wirft er eine andere Zahl $\left(p_2 = \frac{5}{6}\right)$, so erhält er im Mittel $\frac{1+2+3+4+5}{5} = 3$ Punkte.

Für den durchschnittlich zu erwartenden Punktestand nach dem 1. Wurf ergibt sich also

$E(X_1) = 3 \cdot \frac{5}{6} + 0 \cdot \frac{1}{6} = \frac{15}{6} = 2{,}5.$

Der abgebildete Baum zeigt den Spielverlauf bis zum fünften Wurf. Wir erhalten für den durchschnittlich zu erwartenden Punktestand nach dem 5. Wurf dann

$E(X_1) = 5 \cdot 3 \cdot \left(\frac{5}{6}\right)^5 \approx 6{,}03.$

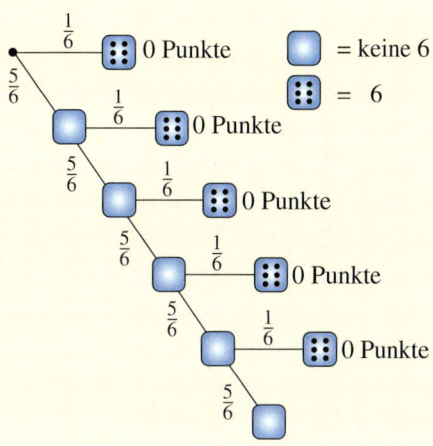

im Mittel $5 \cdot 3$ Punkte

$E(X_5) = 5 \cdot 3 \cdot \left(\frac{5}{6}\right)^5$

Wir wollen unsere Überlegungen nun verallgemeinern.

Mit der Pfadwahrscheinlichkeit $\left(\frac{5}{6}\right)^n$ schafft es der Spieler, n Würfe ohne 6 zu liefern. Er sammelt bei jedem dieser Würfe im Mittel 3 Punkte, sodass auf seinem Punktekonto nach diesen n Würfen im Mittel $n \cdot 3$ Punkte sind.

Der zu erwartenden Punktestand am Spielende beträgt dann $n \cdot 3 \cdot \left(\frac{5}{6}\right)^n$.

allgemein:

X_n = Punktezahl nach n Würfen

$E(X_n) = n \cdot 3 \cdot \left(\frac{5}{6}\right)^n$

n	$E(X_n)$
1	2,5
2	4,17
3	5,21
4	5,79
5	6,03
6	6,03
7	5,86

Die nebenstehende Tabelle zeigt, dass der Erwartungswert für den Punktestand für n = 5 und n = 6 maximal wird.
Der Spieler sollte also nach 5 oder 6 Würfen abbrechen. Er kann dann im Mittel mit ca. 6,03 Punkten rechnen.

$E_{opt} = E(X_5) \approx 6{,}03$

Zufallsgrößen

1. Urne

Aus der abgebildeten Urne werden zwei Kugeln ohne Zurücklegen gezogen. X ist die Augensumme der beiden Kugeln.

a) Stellen Sie den Vorgang mit Hilfe eines Baumdiagramms dar.

b) Geben Sie die Wahrscheinlichkeitsverteilung von X in Tabellenform an und zeichnen Sie ein Histogramm.

c) Berechnen Sie den Erwartungswert und die Standardabweichung von X und tragen Sie diese in das Histogramm ein.

2. Spielstrategie

Aus der Urne von Aufgabe 1 werden mit einem Griff eine oder mehrere Kugeln gezogen, wobei nur die Farbe der Kugeln eine Rolle spielt. Für eine gelbe Kugel erhält der Spieler 2 €, für eine rote Kugel muss er 5 € zahlen. Vor Beginn der Ziehung muss der Spieler festlegen, wie viele Kugeln er ziehen möchte. X beschreibt den Gewinn/Verlust des Spielers pro Spiel.

a) Stefan ist vorsichtig. Er will nur eine Kugel ziehen. Berechnen Sie den Erwartungswert und die Standardabweichung des Gewinns X.

b) Vera ist der Meinung, dass ihre Chancen besser sind, wenn sie drei Kugeln zieht. Berechnen Sie ebenfalls Erwartungswert und Standardabweichung des Gewinns X.
Beurteilen Sie die Strategien von Stefan und Vera im Vergleich.

3. Maschinen

Ein Schraubenhersteller hat zwei Maschinen, die Schwerlastschrauben der Normlänge 200 mm herstellen. Diese Maschinen müssen von Zeit zu Zeit überprüft werden, damit die Herstellungstoleranzen nicht überschritten werden, da sie andernfalls gewartet oder repariert werden müssen.

Eine Stichprobe durch genaues Nachmessen von 1000 Schrauben hat folgendes Ergebnis:

Schraubenlänge in mm	196	197	198	199	200	201	202	203	204
Maschine A	20	60	65	130	455	125	75	35	35
Maschine B	15	45	60	170	445	145	50	40	30

X sei die Länge einer Schraube.

a) Berechnen Sie den Mittelwert und die Standardabweichung von X für beide Maschinen.

b) Beurteilen Sie, welche Maschine als nächste gewartet werden sollte.

4. Münzspiel

Felix besitzt 4 €. Er nimmt an folgendem Spiel teil: Der Spieler wirft zweimal eine faire Münze. Jedesmal, wenn Kopf fällt, wird sein Guthaben halbiert. Fällt Zahl, wird sein Guthaben verdoppelt. X sei das Guthaben des Spielers am Ende des Spiels.

a) Bestimmen Sie Erwartungswert und Standardabweichung von X. Ist das Spiel fair?

b) Das Spiel soll fair gemacht werden. Dazu wird, wenn Zahl fällt, das Guthaben nicht verdoppelt, sondern mit dem Faktor $a > 0$ vervielfacht. Wenn Kopf fällt, bleibt es bei der Halbierung des Guthabens. Wie muss a gewählt werden?

Lösungen: S. 489

XIII. Die Binomialverteilung

1. Bernoulli-Ketten

A. Die Formel von Bernoulli

Ein Zufallsversuch wird als *Bernoulli-Experiment* bezeichnet, wenn es nur zwei Ausgänge T und $\overline{\text{T}}$ gibt. Das Ereignis T wird als Treffer (Erfolg) und $\overline{\text{T}}$ als Niete (Misserfolg) bezeichnet. Die Wahrscheinlichkeit p für das Eintreten von T wird Trefferwahrscheinlichkeit genannt. Beispiele sind das Werfen einer Münze (Kopf, Zahl), das Werfen eines Würfels (Sechs, keine Sechs) oder das Überprüfen eines Bauteils (defekt, nicht defekt).

Wiederholt man einen Bernoulli-Versuch n-mal in gleicher Weise, so spricht man von einer *Bernoulli-Kette* der Länge n mit der Trefferwahrscheinlichkeit p.

> ▶ **Beispiel: Bernoulli-Kette der Länge n = 4**
> Ein Würfel wird viermal geworfen. X sei die Anzahl der dabei geworfenen Sechsen. Wie groß ist die Wahrscheinlichkeit für das Ereignis X = 2, d. h. für genau zwei Sechsen.

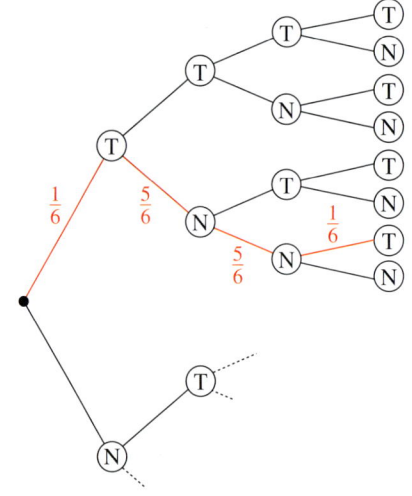

Lösung:
Es ist eine Bernoulli-Kette der Länge n = 4
mit der Trefferwahrscheinlichkeit $p = \frac{1}{6}$.

Das Diagramm veranschaulicht die Kette
als mehrstufigen Zufallsversuch.
Die Wahrscheinlichkeit eine Weges mit
genau zwei Treffern T und zwei Nieten N

beträgt nach der Produktregel $\left(\frac{1}{6}\right)^2 \cdot \left(\frac{5}{6}\right)^2$.

Es gibt $\binom{4}{2}$ solcher Pfade, da man $\binom{4}{2}$
Möglichkeiten hat, die beiden Treffer auf
die vier Plätze eines Pfades zu verteilen.

Die gesuchte Wahrscheinlichkeit lautet:

▶ $P(X = 2) = \binom{4}{2} \cdot \left(\frac{1}{6}\right)^2 \cdot \left(\frac{5}{6}\right)^2 \approx 0{,}1157$

Verallgemeinert man die Rechnung aus dem obigen Beispiel, so erhält man folgende allgemeingültige Formel zur Bestimmung von Wahrscheinlichkeiten bei Bernoulli-Ketten.

> **Satz XIII.1: Die Formel von Bernoulli**
> Liegt eine Bernoulli-Kette der Länge n mit der Trefferwahrscheinlichkeit p vor, so wird die Wahrscheinlichkeit für genau k Treffer mit B (n; p; k) bezeichnet. Sie kann mit der rechts dargestellten Formel berechnet werden.
>
> $$P(X = k) = B(n; p; k) = \binom{n}{k} \cdot p^k \cdot (1-p)^{n-k}$$

Durch mehrfache Anwendungen der Formel von Bernoulli lassen sich auch kumulative Wahrscheinlichkeiten und Intervallwahrscheinlichkeiten bestimmen.

▶ **Beispiel: Multiple-Choice-Test**
Ein Test enthält vier Fragen mit jeweils drei Antwortmöglichkeiten. Welche Chance hat ein ganz und gar ahnungsloser Testkandidat, mehr als die Hälfte der Fragen richtig zu beantworten?

Einstellungstest für den auswärtigen Dienst

Kreuzen Sie das Zutreffende an. Nur jeweils eine Antwort ist richtig.

1.	Welche der folgenden chinesischen Städte liegt am weitesten westlich?	
	XINYANG	☐
	XIANGFAN	☐
	XIANGTAN	☐
2.	An welchem Fluß liegt die chinesische Stadt DAYU?	
	OU	☐
	MIN	☐
	GAN	☐
3.	Welches der folgenden chinesischen Schriftzeichen lautet "chün"?	
	君	☐
	友	☐
	非	☐
4.	Wie hieß der chinesische Verkehrsminister im Jahre 1971?	
	TAO TSCHU	☐
	YANG TSCHIE	☐
	YUNG LO	☐

Lösung:
Der Test kann als Bernoulli-Kette der Länge $n = 4$ betrachtet werden. Das korrekte Beantworten einer Frage zählt als Treffer.
Die Trefferwahrscheinlichkeit ist $p = \frac{1}{3}$.
X sei die Anzahl der Treffer. Dann ist die Wahrscheinlichkeit $P(X \geq 3)$ gesucht.

$$P(X = 3) = \binom{4}{3} \cdot \left(\frac{1}{3}\right)^3 \cdot \left(\frac{2}{3}\right)^1 = \frac{8}{81} \approx 0{,}0988$$
$$P(X = 4) = \binom{4}{4} \cdot \left(\frac{1}{3}\right)^4 \cdot \left(\frac{2}{3}\right)^0 = \frac{1}{81} \approx 0{,}0123$$

Addiert man diese Einzelwahrscheinlichkeiten, so erhält man für die gesuchte Ratewahrschein-
▶ lichkeit $P(X \geq 3) \approx 0{,}1111 = 11{,}11\,\%$.

Im folgenden Beispiel wird bestimmt, wie oft man einen Bernoulli-Versuch mindestens wiederholen muss, um wenigstens einen Treffer mit einer vorgegebenen Mindestwahrscheinlichkeit zu erzielen (Man bezeichnet diese Aufgabenstellung auch als „Mindestens-mindestens-mindestens-Problem").

▶ **Beispiel: Länge einer Bernoulli-Kette**
Wie oft muss man einen Würfel mindestens werfen, um mit einer Wahrscheinlichkeit von mindestens 90 % mindestens eine Sechs zu erzielen?

Lösung:
n sei die gesuchte Länge der Bernoulli-Kette, d.h. die Anzahl der Würfelwürfe. X sei die Anzahl der dabei erzielten Sechsen. Laut Voraussetzung soll $P(X \geq 1) \geq 0{,}90$ gelten. Aus dieser Ansatzgleichung lässt sich nach nebenstehender Rechnung die gesuchte Mindestanzahl n von Würfen bestimmen, d.h. die Länge der Bernoulli-Kette.
Das Resultat ist $n \geq 12{,}63$, d.h. $n = 13$.
Man benötigt also mindestens 13 Würfe, wenn man eine 90%-Chance auf mindes-
▶ tens eine Sechs haben möchte.

Ansatz:
$$P(X \geq 1) \geq 0{,}90$$
$$1 - P(X = 0) \geq 0{,}90$$
$$P(X = 0) \leq 0{,}10$$
$$B\left(n; \frac{1}{6}; 0\right) \leq 0{,}10$$
$$\binom{n}{0} \cdot \left(\frac{1}{6}\right)^0 \cdot \left(\frac{5}{6}\right)^n \leq 0{,}10$$
$$\left(\frac{5}{6}\right)^n \leq 0{,}10$$
$$n \cdot \ln\left(\frac{5}{6}\right) \leq \ln(0{,}10)$$
$$n \geq 12{,}63$$

Übungen

1. Bestimmung einer Punktwahrscheinlichkeit P (X = k)
51,4% aller Neugeborenen sind Knaben. Berechnen Sie die Wahrscheinlichkeit dafür, dass eine Familie genauso viele Mädchen wie Jungen hat, für eine Familie mit 2 Kindern, eine Familie mit 4 Kindern und eine Familie mit 6 Kindern.

2. Bestimmung einer linksseitigen Intervallwahrscheinlichkeit P (X ≤ k)
Der Marktanteil von Smartphones lag im Jahr 2011 bei 23%. Wie groß war die Wahrscheinlichkeit, dass unter 6 zufällig ausgewählten Personen höchstens 2 ein Smartphone besaßen?

3. Bestimmung einer rechtsseitigen Intervallwahrscheinlichkeit P (X ≥ k)
Der Anteil der Haushalte mit Internet-Anschluss ist auf 73% angewachsen. Wie groß ist die Wahrscheinlichkeit, dass von 10 zufällig ausgewählten Haushalten mindestens 8 einen Internet-Anschluss haben?

4. Bestimmung einer Intervallwahrscheinlichkeit: P (k ≤ X ≤ m)
70% aller Schäferhunde werden 10 Jahre oder älter. Wie groß ist die Wahrscheinlichkeit, dass von den 12 Hunden eines Züchters mindestens 7 und höchstens 10 Schäferhunde dieses Alter erreichen?

5. Anwendung der Formel für das Gegenereignis: P (X > k) = 1 − P (X ≤ k)
30% der Deutschen sind in einem Verein. Wie groß ist die Wahrscheinlichkeit, dass unter 12 Personen mehr als 3 in einem Verein sind?

6. Bestimmung einer Mindestanzahl von Versuchen
Wie oft muss ein Würfel mindestens geworfen werden, damit mit einer Wahrscheinlichkeit von mindestens 98% mindestens einmal die Sechs fällt?

7. Nach Angaben der Post erreichen 90% aller Inlandsbriefe den Empfänger am nächsten Tag. Johanna verschickt acht Einladungen zu ihrem Geburtstag. Mit welcher Wahrscheinlichkeit
a) sind alle Briefe am nächsten Tag zugestellt?
b) sind mindestens sechs Briefe am nächsten Tag zugestellt?

8. Die Mitglieder der deutschen Tischten-nis-Nationalmannschaft gewinnen gegen chinesische Spitzenspieler 15% der Spiele.
a) Mit welcher Wahrscheinlichkeit gewinnt von 6 Nationalspielern genau einer sein Spiel?
b) Mit welcher Wahrscheinlichkeit gewinnen die Deutschen von 10 Einzelspielen mehr als 2?

B. Erwartungswert und Standardabweichung bei Bernoulli-Ketten

Das Diagramm auf der rechten Seite zeigt die *Wahrscheinlichkeitsverteilung* der Trefferzahl X in einer Bernoulli-Kette mit der Länge n = 10 und der Trefferwahrscheinlichkeit p = 0,4. Da die Trefferzahl X nicht vorhersagbar, also zufällig ist, handelt es sich um eine *Zufallsgröße*.
Die Breite der einzelnen Säulen ist 1, die Höhe der Säule k ist die Wahrscheinlichkeit P(X = k). Die Gesamtfläche aller Säulen ist 1.

In natürlicher Weise stellen sich nun die beiden folgenden Fragen.

Frage 1: Mit welcher Trefferzahl kann man im Mittel rechnen?

Da man 10 Versuche macht und die Trefferwahrscheinlichkeit jeweils 0,4 beträgt, wird man im Mittel mit 4 Treffern rechnen können. Der *Erwartungswert* für die Trefferzahl X beträgt 4, d. h. $\mu = E(X) = 4$.

Satz XIII.2 Erwartungswert von X
X sei die Trefferzahl in einer Bernoulli-Kette der Länge n mit der Trefferwahrscheinlichkeit p. Dann gilt:

$$\mu = E(X) = n \cdot p.$$

Frage 2: Wie stark streuen die Trefferzahlen um den Erwartungswert?

Als Streuungsmaß verwendet man in der Regel die sog. *Standardabweichung* $\sigma(X)$. Sie wird nach Satz XIII.3 berechnet, den wir hier nicht beweisen können. Für unser Beispiel ist
$\sigma(X) = \sqrt{10 \cdot 0,4 \cdot 0,6} \approx 1,55$.

Satz XIII.3 Standardabweichung von X
X sei die Trefferzahl in einer Bernoulli-Kette der Länge n mit der Trefferwahrscheinlichkeit p. Dann gilt:
$$\sigma = \sigma(X) = \sqrt{n \cdot p \cdot (1 - p)}.$$

Drehen eines Glücksrades:

Versuchsanzahl: n = 10
Treffer: Es kommt ROT
Trefferwahrsch.: p = 0,4

Beobachtete Zufallsgröße X:
X = Anzahl der Treffer

Wahrscheinlichkeitsverteilung von X:

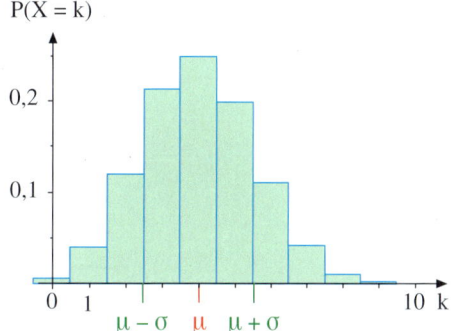

Erwartungswert von X:
$E(X) = n \cdot p = 10 \cdot 0,4 = 4$

Standardabweichung von X:
$\sigma(X) = \sqrt{n \cdot p \cdot (1 - p)}$
$\quad\quad = \sqrt{10 \cdot 0,4 \cdot 0,6} \approx 1,55$

Bedeutung der Parameter μ und σ:
Die Anzahl der Treffer bei n = 10 Versuchen beträgt im Mittel $\mu = 4$.

Die Standardabweichung 1,55 beschreibt die Streuung um den Mittelwert. Sie ist relativ groß bezogen auf den Versuchsumfang von n = 10. Ihre anschauliche Bedeutung wird im folgenden Abschnitt präzisiert.

C. Die Sigmaregeln

Die Bedeutung des Erwartungswertes μ und der Standardabweichung σ liegt vor allem in den folgenden Regeln, die man als *Sigmaregeln* bezeichnet.

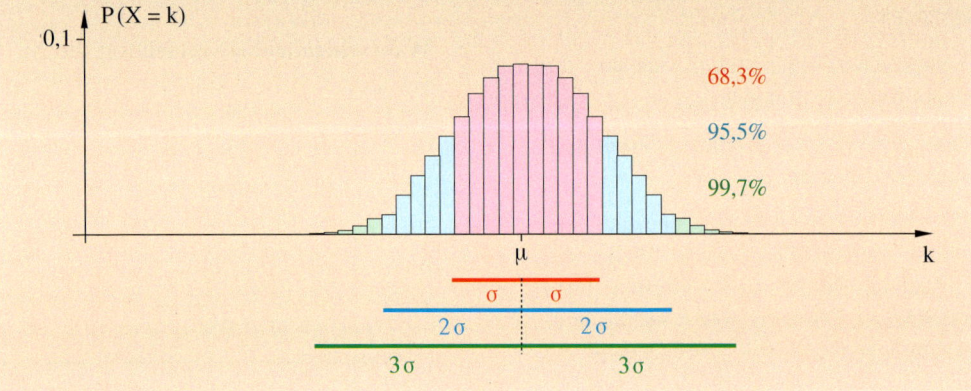

Satz XIII.4: Sigmaregeln

X sei eine binomialverteilte Zufallsgröße mit den Parametern n und p. $\mu = n \cdot p$ sei der Erwartungswert und $\sigma = \sqrt{n \cdot p \cdot (1-p)}$ die Standardabweichung von X. Dann gilt:

1. $P(\mu - \sigma \leq X \leq \mu + \sigma) \approx 68{,}3\%$ (68,3% der Werte von X liegen im Intervall $[\mu - \sigma; \mu + \sigma]$
2. $P(\mu - 2\sigma \leq X \leq \mu + 2\sigma) \approx 95{,}5\%$ (95,5% der Werte von X liegen im Intervall $[\mu - 2\sigma; \mu + 2\sigma]$.
3. $P(\mu - 3\sigma \leq X \leq \mu + 3\sigma) \approx 99{,}7\%$ (99,7% der Werte von X liegen im Intervall $[\mu - 3\sigma; \mu + 3\sigma]$.

Wenn die sog. *Laplace-Bedingung* $\sigma > 3$ erfüllt ist, erhält man mit den Sigmaregeln zuverlässige Werte.

> Laplacebedingung:
> $\sigma > 3$

▶ | **Beispiel: Prognose einer absoluten Häufigkeit**
Mit einem Würfel wird 100-mal gewürfelt. X sei die Anzahl der geworfenen Sechsen. Berechnen Sie den Mittelwert und die Standardabweichung von X. Geben Sie ein Intervall an, in dem ca. 95% aller Werte von X liegen.

Lösung:
Der Mittelwert ist $\mu = 16{,}67$ und die Standardabweichung lautet $\sigma = 3{,}73$. Die Laplacebedingung $\sigma > 3$ ist erfüllt, also ist die 2σ-Regel anwendbar. Daher kann man mit einer Wahrscheinlichkeit von 95,5% prognostizieren, dass die Anzahl X der Sechsen zwischen $\mu - 2\sigma = 9{,}21$ und $\mu + 2\sigma = 24{,}13$ liegt, also zwischen 10 und 24.
Weniger als 10 und mehr als 24 Sechsen sind also unwahrscheinlich.

1. Erwartungswert:

$$\mu = n \cdot p = 100 \cdot \frac{1}{6} \approx 16{,}67$$

2. Standardabweichung:

$$\sigma = \sqrt{n \cdot p \cdot (1-p)} = \sqrt{100 \cdot \frac{1}{6} \cdot \frac{5}{6}}$$
$$= \sqrt{100 \cdot \frac{1}{6} \cdot \frac{5}{6}} \approx \sqrt{13{,}89} \approx 3{,}73$$

3. 2σ-Intervall:

$$16{,}67 - 2 \cdot 3{,}73 \leq X \leq 16{,}67 + 2 \cdot 3{,}73$$
$$9{,}21 \leq X \leq 24{,}13$$
$$10 \leq X \leq 24$$

▶

▶ **Beispiel: Beurteilung einer Werbung**
Auf der Kirmes wirbt eine Losbude mit dem Versprechen: Jedes dritte Los gewinnt! Johannes ist misstrauisch und kauft 60 Lose, um die Aussage zu testen. Darunter sind nur 12 Gewinnlose. Beurteilen Sie die Werbung mit Hilfe der 2σ-Regel.

Lösung:
X sei die Anzahl der Gewinnlose in einer Stichprobe vom Umfang $n = 60$. Der Erwartungswert von X beträgt $\mu = 20$. Die Standardabweichung ist $\sigma = 3{,}65 > 3$.
Die 2σ-Umgebung lautet $12{,}7 \leq X \leq 27{,}3$. $95{,}5\,\%$ aller Ausgänge liegen in dieser Umgebung, nur $4{,}5\,\%$ liegen außerhalb.
Das beobachtete Testergebnis liegt linksseitig der 2σ-Umgebung. Die Wahrscheinlichkeit dafür beträgt nur ca. $2{,}25\,\%^*$.
Beurteilung: Wahrscheinlich ist die Werbung falsch. Der Anteil der Gewinnlose ist
▶ vermutlich deutlich geringer als ein Drittel.

Mittelwert und Standardabweichung:
X = Anzahl der Gewinnlose in der Stichprobe vom Umfang $n = 60$
$$\mu = n \cdot p = 60 \cdot \frac{1}{3} = 20$$
$$\sigma = \sqrt{n \cdot p \cdot (1 - p)} = \sqrt{13{,}33} = 3{,}65 > 3$$

2σ-Umgebung:
In $[\mu - 2\sigma; \mu + 2\sigma] = [12{,}7; 27{,}3]$ liegen ca. $95{,}5\,\%$ der Werte von X.

Beurteilung:
Die Werbeaussage „Jedes dritte Los gewinnt!" ist wenig glaubhaft.

Übung 9 **Theorie**
Berechnen Sie μ und σ für $n = 8$ und $p = 0{,}5$. Bestimmen Sie dann den Wert von $P(\mu - 2\sigma \leq X \leq \mu + 2\sigma)$ mit dem GTR und mit der 2σ-Regel. Beurteilen Sie Ihre Ergebnisse.

Übung 10 **Geburtstag**
a) Eine Schule hat 1000 Schüler. Mit welcher Wahrscheinlichkeit hat ein zufällig ausgewählter Schüler am Sonntag Geburtstag? Stellen Sie auf dem 2σ-Niveau eine Prognose auf über die zu erwartende Zahl von am Sonntag geborenen Schülern.
b) Der Mathematik-Kurs hat 21 Schüler. Nikolaus erzählt: „In unserem Mathekurs sind 8 Sonntagskinder!". Ist die Aussage glaubhaft?

Übung 11 **Kreuzfahrt**
Für eine Kreuzfahrt zum Nordkap stehen 180 Schiffskabinen zur Verfügung. Der Reiseveranstalter nimmt hierfür mehr als 180 Buchungen an, da in der Regel $10\,\%$ der Buchungen storniert werden.
a) Erstellen Sie auf dem $95{,}5\,\%$-Niveau der 2σ-Regel eine Prognose über die Anzahl X der tatsächlich realisierten Buchungen, wenn der Veranstalter 200 Buchungen annimmt.
b) Wiederholen Sie die Rechnung aus a) für den Fall, dass der Veranstalter 190 Buchungen annimmt. Schätzen Sie das Risiko ein, dass die Reise überbucht wird.

---

* Grund: Für großes n ist das Histogramm einer Binomialverteilung nahezu symmmetrisch, so dass die $4{,}5\,\%$ außerhalb der 2σ-Umgebung je zur Hälfte oberhalb bzw. unterhalb derselben liegen.

Übungen

12. Berechnen Sie Erwartungswert und Standardabweichung der Trefferzahl X in einer Bernoulli-Kette mit den Parametern n und p.
   a) n = 12, p = 0,4,   b) n = 125, p = 0,2,   c) n = 37 400, p = 0,95.

13. Pollen können Heuschnupfen auslösen. Ein Nasenspray wirkt in 70 % aller Anwendungsfälle lindernd.
   a) 20 Patienten nehmen das Mittel gegen ihre Beschwerden ein. Bei wie vielen Patienten ist eine Linderung zu erwarten?
   b) Wie groß ist die Wahrscheinlichkeit, dass exakt bei dieser erwarteten Anzahl unter den 20 Patienten das Mittel hilft?

14. Ein Autohersteller bestellt Scheinwerferlampen für sein Standardmodell, das schon länger hergestellt wird. Erfahrungsgemäß sind 4 % der Lampen fehlerhaft.
   a) Wie viele fehlerhafte Lampen sind in einer Lieferung von 5000 Lampen zu erwarten? Geben Sie die Standardabweichung an.
   b) Der Autohersteller benötigt im Mittel mindestens 6000 fehlerfreie Lampen. Wie viele Lampen soll er bestellen?
   c) In welchem Intervall liegt die Anzahl der fehlerhaften Lampen mit 99,7 % Sicherheit, wenn die Lieferung 3000 Lampen umfasst?

15. In einer Urne befinden sich 4 rote, 6 gelbe und 10 blaue Kugeln. Es werden n Kugeln mit Zurücklegen gezogen. Die Zufallsgröße X beschreibt die Anzahl der roten Kugeln und die Zufallsgröße Y die Anzahl der gelben Kugeln unter den gezogenen Kugeln.

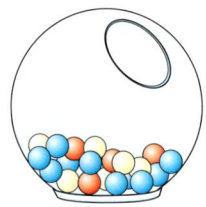

   a) Sei n = 8.
      Skizzieren Sie die zugehörige Binomialverteilung der Zufallsgröße X.
      Berechnen Sie den Erwartungswert und die Standardabweichung von X.
      Mit welcher Wahrscheinlichkeit überschreitet der tatsächliche Wert von X den Erwartungswert E(X)?
   b) Wie viele Kugeln müssen mindestens gezogen werden, damit der Erwartungswert der Zufallsgröße Y größer als 5 ist? Wie groß ist in diesem Fall die Standardabweichung von Y?
   c) Wie viele Kugeln müssen mindestens gezogen werden, damit der Erwartungswert von X mindestens gleich 1 ist?
   d) Wie viele Kugeln müssen mindestens gezogen werden, wenn mit mindestens 90 % Wahrscheinlichkeit mindestens eine rote Kugel unter den gezogenen Kugeln ist?

2. Praxis der Binomialverteilung

A. Die einfache Binomialverteilung B(n; p; k) mit dem GTR

Die Binomialverteilung B(n; p; k) wurde historisch zur Reduktion des Rechenaufwandes tabelliert. Bisher verwendete man gedruckte Tabellen, bei denen man sich aber aus Platzgründen auf ausgesuchte Werte der drei Parameter beschränken musste. Im GTR ist die Binomialverteilung nun fest einprogrammiert, wodurch diese Beschränkungen wegfallen.

> **Beispiel: Glücksrad**
> Das dargestellte Glücksrad wird neunmal gedreht.
> Mit welcher Wahrscheinlichkeit fällt dabei siebenmal eine Primzahl?

Lösung mit dem TI-GTR:
X sei die Anzahl der beim neunmaligen Drehen erhaltenen Primzahlen.
Wir suchen P(X = 7) = B(9; 0,6; 7).

Der GTR-Befehl zur Berechnung von B(n; p; k) lautet *binomPdf(n, p, k)*.

Man kann ihn im Calculator-Fenster direkt eintippen oder alternativ aufrufen mit folgender Befehlsfolge:

menu > Wahrscheinlichkeit > Verteilung > binomPdf

Die Parameter n = 9, p = 0.6, k = 7 werden in dieser Reihenfolge eingegeben, die der mathematischen Reihenfolge in B(n; p; k) entspricht.
Dabei werden sie durch Kommas getrennt und mit einer Klammer abgeschlossen. Dann wird die enter-Taste gedrückt.

P(X = 7) = B(9; 0,6; 7)
= binomPdf(9, 0.6, 7) = 0,1612

Lösung mit dem CASIO-GTR:
X sei die Anzahl der beim neunmaligen Drehen erhaltenen Primzahlen.
Wir suchen P(X = 7) = B(9; 0,6; 7).

Der GTR-Befehl zur Berechnung von B(n; p; k) lautet *BinomialPD(k, n, p)*.

Man kann ihn im Run-Matrix-Fenster nicht direkt eintippen, sondern muss ihn aufrufen mit folgender Befehlsfolge:

OPTN > F5 (STAT) > F3 (DIST) > F5 (BINOMIAL) > F1 (Bpd)

Es erscheint der Befehlsanfang BinomialPD(. Man gibt nun die Parameter k, n und p durch Kommas getrennt ein, aber leider in der von B(n; p; k) abweichenden, ungewöhnlichen Reihenfolge k = 7, n = 9, p = 0,6.
Dann schließt man mit einer Klammer ab und erhält das Ergebnis mit der EXE-Taste.

P(X = 7) = B(9; 0,6; 7)
= BinomialPD(7, 9, 0.6) = 0,1612

Übung 1 Haltestelle
15 Touristen warten auf den Bus. Wie groß ist die Wahrscheinlichkeit, dass darunter genau doppelt so viele Männer wie Frauen sind, wenn man annimmt, dass im statistischen Durchschnitt der Frauenanteil an Haltestellen 50% beträgt. Stellen Sie eine Vergleichsrechnung für 40% an.

B. Die kumulierte Binomialverteilung F (n; p; k)

Während wir bisher stets Punktwahrscheinlichkeiten P(X = k) bestimmten, kommen nun auch Intervallwahrscheinlichkeiten P(X ≤ k) hinzu. Wir betrachten folgende Gegenüberstellung:

Punktwahrscheinlichkeiten:
P(X = k) ist die Wahrscheinlichkeit, dass die Zufallsvariable X den Einzelwert k annimmt.

Ist X binomialverteilt, so gilt:
P(X = k) = B (n; p; k).

Intervallwahrscheinlichkeiten:
P(X ≤ k) ist die Wahrscheinlichkeit, dass die Zufallsvariable X irgendeinen der Werte 0, 1, …, k annimmt.
Ist X binomialverteilt, so gilt:
P(X ≤ k) = P(X = 0) + P(X = 1) + ... + P(X = k)
$\qquad$ = B (n; p; 0) + B (n; p; 1) + ... + B (n; p; k).
$\qquad$ = F(n; p; k)

B ist die einfache *Binomialverteilung*, deren Werte mit der Formel von Bernoulli berechnet werden können.

F wird als *kumulierte Binomialverteilung* bezeichnet, da ein Aufsummieren von B-Werten vorliegt.

Für n = 5 und p = 0,5 sieht der Graph von B folgendermaßen aus:

Für n = 5 und p = 0,5 sieht der Graph von F folgendermaßen aus:

Einfache Binomialverteilung B (5; 0,5, k)

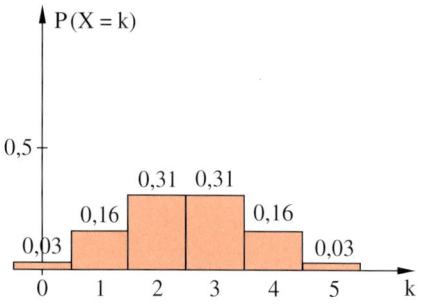

Kumulierte Binomialverteilung F (5; 0,5, k)

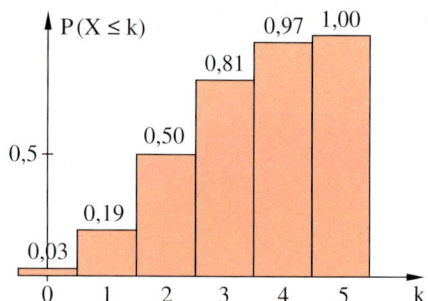

▶ **Beispiel: Berechnung von F (n; p; k)**
Mit welcher Wahrscheinlichkeit erzielt man beim fünffachen Münzwurf höchstens zwei Kopfwürfe?

Lösung TI:
X = Anzahl der Kopfwürfe

P(X ≤ 2) = F (5; 0,5; 2)
$\qquad$ = binomCdf (5, 0.5, 2)
$\qquad$ = 0,5 = 50%

binomCdf (n; p; k) ist dabei der TI-Befehl
▶ für das Berechnen von F(n; p; k).

Lösung CASIO:
X = Anzahl der Kopfwürfe

P(X ≤ 2) = F (5; 0,5; 2)
$\qquad$ = BinomialCD (2, 5, 0.5)
$\qquad$ = 0,5 = 50%

BinomialCD (k; n; p) ist dabei der CASIO-Befehl für das Berechnen von F(n; p; k).

> ▶ **Beispiel: Münzwurf**
> Bei einem Spiel wird 20-mal eine faire Münze ge-
> worfen. Man gewinnt, wenn man es schafft, höchs-
> tens 5-mal Kopf zu werfen.
> a) Wie groß ist die Gewinnwahrscheinlichkeit?
> b) Der Einsatz beträgt 1 €. Im Gewinnfall erhält man
>   30 €. Ist das Spiel fair?

Lösung zu a:
X sei die Anzahl der Münzwürfe bei n = 20
Würfen, die mit Kopf enden.
Die Trefferwahrscheinlichkeit ist p = 0,5.

Rechnung TI:
$P(X \leq 5) = F(20; 0,5; 5)$
$\qquad = binomCdf(20, 0.5, 5) = 0,0207$

Die Gewinnwahrscheinlichkeit ist :
$P(X \leq 5) = F(20; 0,5; 5) = 0,0207 = 2,07\,\%$

Rechnung CASIO:
$P(X \leq 5) = F(20; 0,5; 5)$
$\qquad = BinomialCD(5, 20, 0.5) = 0,0207$

Lösung zu b:
Von 100 Spielen würde man im Mittel nur
ca. 2 Spiele gewinnen. Also würden 100 €
Einsatz nur ca. 60 € Gewinn gegenüberste-
hen. In 100 Spielen sind das 40 € Verlust.
Pro Spiel beträgt der im Mittel zu erwarten-
de Verlust ca. 0,40 €.
Rechts ist alternativ die Berechnung des
Erwartungswertes für den Gewinn darge-
stellt. Das etwas genauere Ergebnis lautet:
Pro Spiel sind im Mittel 0,379 € Verlust zu
▶ erwarten.

Berechnung des Gewinnerwartungswertes:
Y sei der Gewinn pro Spiel.

Y kann die Werte −1 und 29 annehmen.

Es gilt: $P(Y = 29) = 0.0207$
$\qquad\quad P(Y = -1) = 1 - 0,0207 = 0,9793$

Der Erwartungswert von Y ist daher:
$E(Y) = (-1) \cdot 0,9793 + (29) \cdot 0,0207$
$\qquad = -0,379$

Übung 2 Kumulierte Binomialverteilung
Berechnen Sie folgende Wahrscheinlichkeiten: F(10; 0,5; 5), F(10; 0,5; 3), F(10; 0,1; 5), F(10; 0,1; 1)

Übung 3 Wahrscheinlichkeiten interpretieren
Denken Sie sich eine stochastische Sachsituation aus, in der die Berechnung der angegebenen
Wahrscheinlichkeit sinnvoll ist.
a) F(6; 0,5; 3)   b) F(6; $\frac{1}{6}$; 1)   c) F(100; 0,4; 35)   d) F(7; 0,3; 2)

Übung 4 Beurteilen von Zeitungsnachrichten
Die Wahrscheinlichkeit, dass ein neugeborenes Kind ein Mädchen ist, liegt bei ca. 50%.
a) In einer Stadt werden pro Jahr ca. 1200 Kinder geboren. Mit welcher Wahrscheinlichkeit sind
   darunter weniger als 590 Mädchen?
b) In der Zeitung ist zu lesen, dass unter den 100 Geburten im Mai nur 45 Jungen zur Welt kamen.
   Eine zweite Meldung besagt, dass in den Monaten Januar bis Oktober 1200 Kinder geboren
   wurden, aber nur 450 Jungen waren. Beurteilen Sie diese beiden Nachrichten, auch im Vergleich.

▶ **Beispiel: Ananassamen**
Eine Gärtnerei in Alaska verkauft Ananassamen. Die Keimfähigkeit wird
mit 80% beziffert. Ein Liebhaber kauft 60 Samen.
a) Mit welcher Wahrscheinlichkeit entwickeln sich höchstens 45 Samen
   zu einem Ananasbaum?
b) Mit welcher Wahrscheinlichkeit entwickeln sich 50 oder mehr Samen
   zu einem Ananasbaum?
c) Wie viele Ananasbäume kann der Liebhaber im Mittel erwarten?

Lösung zu a:
X sei die Anzahl der keimfähigen Exemplare unter den gekauften Samen.
Gesucht ist die Wahrscheinlichkeit $P(X \le 45) = F(60; 0,8; 45)$, die wir mittels GTR berechnen.

TI: Wir verwenden den TI-Befehl
binomCdf(n, p, a, b). Man kann ihn direkt
eintippen oder aufrufen durch die Eingabefolge: Menu > Wahrscheinlichkeit > Verteilungen > Binomial Cdf.*
Resultat: $P(X \le 45) = 0,2065 = 20,65\%$

Berechnung mit dem TI:
binomCdf(60, 0.8, 0, 45)   0.2065…

Casio: Wir verwenden den Casio-Befehl
BinomialCD(k, n, p). Eine Direkteingabe
ist nicht möglich. Wir rufen ihn auf mit der
Eingabefolge: Menue > 1 > SHIFT > CA-
TALOG > B > BinomialCD(
Resultat: $P(X \le 45) = 0,2065 = 20,65\%$

Berechnung mit dem Casio:
BinomialCD(45, 60, 0.8)   0,2065…

Lösung zu b:
Gesucht ist $P(X \ge 50)$. Man geht wie bei
der Lösung zu a vor, nur müssen beim GTR-
Befehl jetzt als untere Grenze 50 und als
obere Grenze 60 eingegeben werden.
Ergebnis: $P(X \ge 50) = 32,34\%$.

Berechnung mit dem TI:
binomCdf(60, 0.8, 50, 60)   0.3234…

Berechnung mit dem Casio:
BinomialCD(50, 60, 60, 0.8)   0,3234,…

Lösung zu c:
Gesucht ist der Erwartungswert der Zufallsgröße X. Es gilt: $E(X) = n \cdot p = 60 \cdot 0,8 = 48$.
▶ Der Liebhaber kann erwarten, dass im Mittel 48 Samen zu Ananasbäumen aufwachsen.

Übung 5 Münzwurf
Bei einer gefälschten Münze ist die Wahrscheinlichkeit für Kopf 70%. Für ein Spiel mit 50 Würfeln werden 2€ Einsatz gefordert.
a) Mit welcher Wahrscheinlichkeit beträgt die Anzahl der Kopfwürfe höchstens 25?
b) Der Spieler erhält 20€, wenn es ihm gelingt, maximal 30-mal Kopf zu werfen.
   Ist das Spiel günstig für den Spieler?
c) Wie muss der Einsatz festgelegt werden, wenn das Spiel fair sein soll?

_____
* Cdf: cumulative density function, kumulierte Dichtefunktion

Handhabung des TI bei binomialverteilten Zufallsgrößen

Wir erläutern nun zusammenhängend die verschiedenen Möglichkeiten, welche der TI-GTR bietet, um Wahrscheinlichkeiten bei Binomialverteilungen zu berechnen.

1. Die Binomialverteilung $P(X = k) = B(n;p;k)$

Die Punktwahrscheinlichkeit $P(X = k) = B(n; p; k)$ kann mit dem Befehl **binomPdf (n, p, k)** berechnet werden.

$P(X = k) = B(n; p; k) = \text{binomPdf}(n, p, k)$

2. Die kumulierte Binomialverteilung $P(X \leq k) = F(n; p; k)$

Auf dem TI wird die kumulierte Binomialverteilung $P(X \leq k) = F(n; p; k)$ in der Form $P(a \leq X \leq b)$ eingegeben. Der Befehl lautet **binomCdf (n, p, a, b)**. Der Befehl enthält somit vier Parameter: Die Länge der Bernoullikette n, die Trefferwahrscheinlichkeit p, sowie die Unter- und Obergrenze der zulässigen Werte der Zufallsgröße X. Für die kumulierte Binomialverteilung gilt dann $F(n; p; k) = \text{binomCdf}(n, p, 0, k)$.

$P(X \leq k) = F(n; p; k) = \text{binomCdf}(n, p, 0, k)$

3. Die Intervallwahrscheinlichkeit $P(a \leq X \leq b) = \text{binomCdf}(n, p, a, b)$

Die Intervallwahrscheinlichkeit $P(a \leq X \leq b)$ kann mithilfe der Gleichung $P(a \leq X \leq b) = P(X \leq b) - P(X \leq a - 1)$ auf den Fall $P(X \leq k) = F(n; p; k)$ zurückgeführt werden. Mit dem TI kann diese Intervallwahrscheinlichkeit jedoch auch direkt berechnet werden.

$P(a \leq X \leq b) = \text{binomCdf}(n, p, a, b)$

In allen Fällen stehen in der Calculator-Anwendung drei Wege zur Verfügung, mit denen man die oben angegebenen Befehle aufrufen kann.

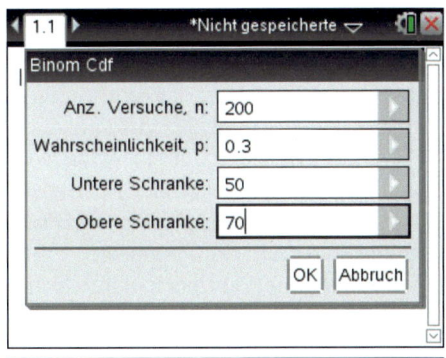

1. Direkteingabe

Eine schnelle und einfache Möglichkeit besteht darin, den Befehl binomPdf (n, p, k) bzw. binomCdf (n, p, a, b) mit seinen drei bzw. vier Parametern direkt einzugeben.

2. Menuauswahl

Nach Wahl von Menu > Wahrscheinlichkeit > Verteilungen > binomial Pdf (bzw. binomial Cdf) öffnet sich ein Fenster, in das man die drei bzw. vier Parameter des Befehls eingibt. Mit OK startet man die Berechnung.

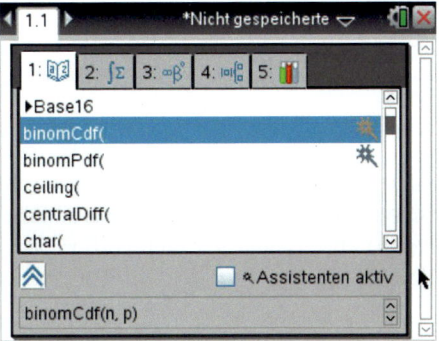

3. Katalogauswahl

Man ruft den Katalog auf. Dort sind alle auf dem GTR vordefinierten Funktionen verzeichnet. Man wählt entweder binomPdf (oder binomCdf aus. Anschließend wird wieder das Fenster zur Eingabe der Parameter eingeblendet.

Handhabung des CASIO bei binomialverteilten Zufallsgrößen

Wir erläutern nun zusammenhängend die verschiedenen Möglichkeiten, welche der CASIO-GTR bietet, um Wahrscheinlichkeiten von Binomialverteilungen zu berechnen.

1. Die Binomialverteilung $P(X = k) = B(n; p; k)$

Die Punktwahrscheinlichkeit $P(X = k) = B(n; p; k)$ kann mit dem Befehl **BinomialPD (k, n, p)** berechnet werden. Man muss unbedingt auf die Reihenfolge der Parameter achten, welche von der mathematischen Schreibweise abweicht: Erst wird k eingegeben, dann n und schließlich p, getrennt durch Kommas.

$$P(X = k) = B(n; p; k) = \textbf{BinomialPD(k, n, p)}$$

2. Die kumulierte Binomialverteilung $P(X \leq k) = F(n; p; k)$

Auf dem CASIO ist die kumulierte Binomialverteilung $P(X \leq k) = F(n; p; k)$ direkt realisiert, Der entsprechende Befehl lautet **BinomialCD (k, n, p)**.

$$P(X \leq k) = F(n; p; k) = \textbf{BinomialCD(k, n, p)}$$

3. Die Intervallwahrscheinlichkeit $P(a \leq X \leq b)$

Die Intervallwahrscheinlichkeit $P(a \leq X \leq b)$ kann mithilfe der Gleichung $P(a \leq X \leq b) = P(X \leq b) - P(X \leq a - 1)$ auf den Fall $P(X \leq k) = F(n; p; k)$ zurückgeführt werden. Mit dem CASIO kann diese Intervallwahrscheinlichkeit auch direkt berechnet werden.

$$P(a \leq X \leq b) = \textbf{BinomialCD(a, b, n, p)}$$

Der CASIO bietet zwei Möglichkeiten, die Befehle einzugeben. Ein direktes Eintippen ist nicht möglich.

1. Menuauswahl

Man geht mit Menu 1 in das Run-Matrix-Fenster. Nun gibt man die folgende Tastenfolge ein: OPTN>F5 (STAT)>F3 (DIST)>F5 (BINOMIAL) Dann tippt man F1 (Bpd) oder F2 (Bcd) ein. Dann erscheint BinomialPD bzw. BinomialCD und man kann nun die Parameter k, n und p in dieser Reihenfolge eintippen, durch Kommas getrennt und mit einer Klammer abgeschlossen. EXE liefert das Resultat.

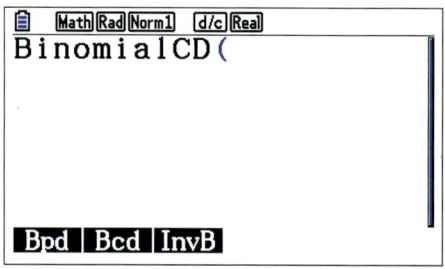

2. Katalogauswahl

Man ruft aus der Run-Matrix-Anwendung mit der Tastenfolge SHIFT > CATALOG > B den Katalog auf. Dort sind alle auf dem GTR vordefinierten Funktionen verzeichnet. Man wählt nun entweder BinomialPD oder BinomialCD aus und kann dann die Parameter eingeben und die Berechnung mit EXE starten.

Im vorigen Abschnitt wurden in der Regel Punktwahrscheinlichkeiten der Form
$P(X = k) = B(n; p; k)$ und Intervallwahrscheinlichkeiten der Form $P(X \leq k) = F(n; p; k)$ berechnet. Andere Aufgabenstellungen lassen sich auf diese beiden Hauptfälle zurückführen.

> **Beispiel: Multiple-Choice-Test**
>
> Ein Multiple-Choice-Test besteht aus $n = 20$ Fragen mit jeweils 5 Antwortmöglichkeiten, von denen stets genau eine richtig ist. Ein Kandidat absolviert den Test, indem er jede Frage zufällig ankreuzt. Mit welcher Wahrscheinlichkeit erzielt er
>
> 1. genau 4 richtige Antworten? 2. höchstens 5 richtige Antworten?
> 3. mindestens 7 richtige Antworten? 4. 3 bis 8 richtige Antworten?

Lösung:
$n = 20$ ist die Anzahl der Ankreuzvorgänge. $p = 0.2$ ist die Trefferwahrscheinlichkeit.
X ist die Anzahl der Treffer, also der Fragen, die der Kandidat richtig beantwortet.

1. Gesucht ist die Punktwahrscheinlichkeit $P(X = 4)$. Wir können diese unmittelbar mit der Bernoulli-Formel bestimmen oder die GTR-Routine verwenden: TI: binomPdf(n, p, k) CASIO: BinomialPD(k, n, p)	$P(X = 4) = \binom{20}{4} \cdot 0{,}2^4 \cdot 0{,}8^{16} \approx 0{,}2182$ $P(X = 4) = B(n; p; k)$ $= \text{binomPdf}(20, 0.2, 4) \quad = 0{,}2182$ $= \text{BinomialPD}(4, 20, 0.2) = 0{,}2182$
2. Gesucht ist die linksseitige Intervallwahrscheinlichkeit $P(X \leq 5)$. Wir verwenden die GTR-Routine. TI: binomCdf$(0, n, p, k)$ CASIO: BinomialCD(k, n, p)	$P(X \leq 5) = F(20; 0{,}2; 5)$ $= \text{binomCdf}(20, 0.2, 5) \quad = 0{,}8042$ $= \text{BinomialCD}(5, 20, 0.2) = 0{,}8042$
3. Gesucht ist die rechtseitige Intervallwahrscheinlichkeit $P(X \geq 7)$. Wir können diese Wahrscheinlichkeit als Gegenwahrscheinlichkeit von $P(X \leq 6)$ bestimmen. TI: binomCdf(n, p, k) CASIO: BinomialCD(k, n, p)	$P(X \geq 7) = 1 - P(X \leq 6) = 1 - F(20; 0{,}2; 6)$ $= 1 - \text{binomCdf}(20, 0.2, 6) \quad = 0{,}0867$ $= 1 - \text{BinomialCd}(6, 20, 0.2) = 0{,}0867$
4. Gesucht ist die zweiseitige Intervallwahrscheinlichkeit $P(3 \leq X \leq 8)$. Wir können diese Wahrscheinlichkeit wie rechts dargestellt auf zwei Arten gewinnen. TI: binomCdf(n, p, a, b) CASIO: BinomialCD(a, b, n, p)	$P(3 \leq X \leq 8)$ $= 1 - \text{binomCdf}(20, 0.2, 3, 8) \quad = 0{,}7839$ $= 1 - \text{BinomialCd}(3, 8, 20, 0.2) = 0{,}7839$
5. Weitere Fälle: $P(X < a) = P(X \leq a - 1)$ $P(X > a) = P(X \geq a + 1)$	

Übungen

6. Auf Robinsons Insel ist täglich entweder schönes oder schlechtes Wetter. Mit einer Wahrscheinlichkeit von 80% scheint die Sonne. Die Regenwahrscheinlichkeit beträgt 20%. Donald besucht Robinson für eine Woche. Mit welcher Wahrscheinlichkeit ist

   a) der erste Tag verregnet?
   b) die ganze Woche schönes Wetter?
   c) genau ein Tag verregnet?
   d) an genau zwei Tagen Regenwetter?
   e) an mindestens zwei Tagen Regenwetter?
   f) an höchstens zwei Tagen Regenwetter?
   g) Donald hat auf 20 Tage Urlaub verlängert. Mit welcher Wahrscheinlichkeit erlebt er mehr Sonnen- als Regentage?
   h) Für wie viele Tage müsste er mindestens buchen, um die Wahrscheinlichkeit für mindestens einen schönen Tag auf mindestens 99,99% zu sichern?

7. Der Torwart von FC Sieglos kann von 10 Elfmetern durchschnittlich 3 abwehren. Bei einem Elfmeterschießen werden 8 Elfmeter auf das Tor der Siegloser Mannschaft geschossen. Berechnen Sie die Wahrscheinlichkeit dafür, dass mehr Schüsse treffen als abgewehrt werden können.

8. Die Einsatzbereitschaft jeder der 10 Feuerwehrwachen einer Stadt beträgt 60%. Berechnen Sie die Wahrscheinlichkeit, dass beim Ausbruch eines Großbrandes

   a) genau drei Wachen einsatzbereit sind,
   b) mindestens acht Wachen einsatzbereit sind,
   c) weniger als drei Wachen einsatzbereit sind,
   d) nur die drei Wachen am Südtor, am Bahnhof und am Hühnerberg einsatzbereit sind.

9. Die neue Diät FDH soll mit einer Wahrscheinlichkeit von 80% zu einer Gewichtsabnahme von mindestens 10 kg innerhalb eines Monats führen. Die 20 übergewichtigen Mitglieder des Schützenvereins wenden die Diät an. Bestimmen Sie die Wahrscheinlichkeit dafür, dass

   a) mindestens ein Mitglied das Ziel nicht schafft,
   b) höchstens 10 Mitglieder Erfolg haben,
   c) mindestens 13, aber weniger als 18 das Ziel erreichen.
   d) Johannes, Thomas und eines der beiden Mitglieder namens Günther es nicht schaffen.

10. 30% aller Schüler haben schadhafte Zähne.
Der Schulzahnarzt untersucht an einem Tag
die 20 Schüler der dritten Klasse.

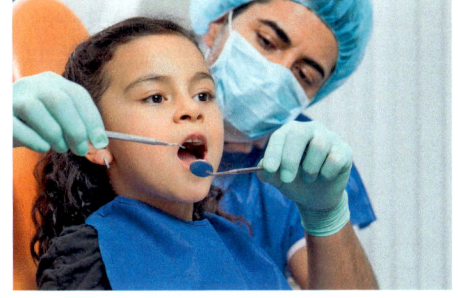

a) Berechnen Sie die Wahrscheinlichkeiten
der folgenden Ereignisse:
A: Keiner der Schüler hat Zahnschäden.
B: Nur die ersten vier untersuchten Schü-
ler haben Zahnschäden.
C: Mindestens einer, aber höchstens fünf
Schüler haben Zahnschäden.

b) Welche Zahl von Schülern mit schadhaften Zähnen wird bei der Untersuchung der 20
Schüler am wahrscheinlichsten aufgefunden?

c) Wie viele Schüler muss der Arzt mindestens untersuchen, damit er mit einer Wahrscheinlichkeit von mindestens 90% wenigstens einen Schüler mit Zahnschäden findet?

11. Im Stadtrat wird über ein wichtiges Projekt abgestimmt. Der Rat hat 20 Mitglieder. Das Projekt wird durchgeführt, wenn mehr als die Hälfte der Mitglieder dafür stimmen.

a) Alle Mitglieder des Stadtrates sind
unentschieden. Mit welcher Wahrscheinlichkeit wird das Projekt angenommen?

b) Drei Mitglieder des Stadtrates haben
sich abgesprochen. Sie wollen das
Projekt unbedingt durchsetzen. Alle
anderen sind unentschieden. Mit
welcher Wahrscheinlichkeit kommt
das Projekt nun zur Durchführung?

12. Beim „Mensch ärgere dich nicht" darf
derjenige, der an der Reihe ist, zu Beginn dreimal würfeln. Wenn dabei eine
Sechs fällt, darf der Spieler seine Figur
auf das Spielbrett setzen. Wie oft muss
man mindestens an der Reihe sein, damit die Wahrscheinlichkeit für das Auf-
setzen auf mindestens 95% steigt.

13. Knut Bolz schießt auf eine Torwand. Man weiß, dass er im Mittel bei den zwei Schüssen eines Durchgangs zunächst mit 25 % oben und dann zu 40 % unten trifft.

   a) Mit welcher Wahrscheinlichkeit trifft er bei einem Durchgang
   A: oben und unten,
   B: genau einmal,
   C: gar nicht?
   b) Nun macht Knut 10 Durchgänge. Mit welcher Wahrscheinlichkeit
   D: trifft er genau zweimal sowohl das obere als auch das untere Loch,
   E: trifft er bei genau 5 Durchgängen weder oben noch unten,
   F: trifft er bei höchstens 2 Durchgängen beide Öffnungen,
   G: Das obere Loch 4-mal bis 6-mal ?
   c) Wie viele Durchgänge müsste Knut machen, um mit einer Wahrscheinlichkeit von mindestens 99,99 % mindestens einmal beide Löcher zu treffen?

14. Der Basketballspieler Dirk Nowitzki trifft von der Freiwurflinie mit einer Wahrscheinlichkeit von 95 %. Seine Treffsicherheit bei 3-Punkt-Würfen liegt bei 30 %.

   a) In einem Spiel bekommt Nowitzki nach Fouls 15 Freiwürfe. Mit welcher Wahrscheinlichkeit punktet er
   A: bei allen Freiwürfen,
   B: bei weniger als 13 Würfen?
   b) Mit welcher Wahrscheinlichkeit trifft Dirk bei zehn 3-Punkt-Würfen
   C: mindestens viermal,
   D: höchstens zweimal,
   E: nur beim 8. Versuch?
   c) Wie viele 3-Punkt-Würfe benötigt Dirk, um mit mindestens 99 % Sicherheit mindestens einmal zu treffen?

15. Nach einem Kälteeinbruch ist die Pünktlichkeit der Züge einer Bahngesellschaft auf 80 % gesunken.

   a) Wie groß ist die Wahrscheinlichkeit, dass
   A: der Zug eines Pendlers an allen 5 Arbeitstagen einer Woche pünktlich ist,
   B: von 20 Zügen mindestens 14 und höchstens 17 pünktlich sind?
   b) Wie viele Züge müssen mindestens geprüft werden, damit mit 99 % Wahrscheinlichkeit mindestens einer davon verspätet ist?

3. Zusammengesetzte Problemstellungen

In vielen praktischen Untersuchungen, aber auch in Übungs- und Abituraufgaben sind die einzelnen Fragestellungen so unterschiedlich, dass verschiedene Lösungsmethoden miteinander kombiniert werden müssen. Oft werden die elementaren Teile einer Aufgabe mit kombinatorischen Mitteln oder Baumdiagrammen gelöst, während weitergehende Fragestellungen mit Vierfeldertafeln oder der Binomialverteilung bearbeitet werden. Wir behandeln hierzu zwei Beispiele sowie einige ähnlich zusammengesetzte Übungsaufgaben.

▶ **Beispiel: Freizeitverhalten**
Die meisten Jugendlichen in Deutschland hören in ihrer Freizeit am liebsten Musik (40%). In der Beliebtheitsskala folgen Computerspiele (30%) und Fernsehen (20%).

a) Berechnen Sie die Wahrscheinlichkeiten der folgenden Ereignisse.
  Unter 20 zufällig ausgewählten Jugendlichen gibt es
  A: höchstens einen, dessen bevorzugte Freizeitbeschäftigung Fernsehen ist,
  B: mehr als 8, die am liebsten Musik hören.
b) Wie viele Jugendliche müssen mindestens befragt werden, um mit mindestens 99% Wahrscheinlichkeit mindestens einen zu finden, der Computerspiele bevorzugt?
c) In einem Mathematikkurs sind 12 Schüler, von denen 8 Computerspiele bevorzugen. Wie groß ist die Wahrscheinlichkeit für das folgende Ereignis D?
  D: Von zwei zufällig gewählten Schülern bevorzugt mindestens einer Computerspiele.

Lösung zu a:
X sei die Anzahl der Jugendlichen in der Stichprobe vom Umfang $n = 20$, die bevorzugt fernsehen.
Die Zufallsgröße X besitzt angenähert eine Binomialverteilung mit $n = 20$, $p = 0,20$. Mit der Formel von Bernoulli erhalten wir:
$P(A) = P(X = 0) + P(X = 1) = 6,92\%$.
Es ist also unwahrscheinlich, dass nur maximal ein Jugendlicher Fernsehfan ist.

Wahrscheinlichkeit von A:

$n = 20$; $p = 0,20$; $k = 0$ und $k = 1$

$P(A) = P(X \leq 1) = P(X = 0) + p(X = 1)$
$= \binom{20}{0} \cdot 0,20^0 \cdot 0,80^{20} + \binom{20}{1} \cdot 0,20^1 \cdot 0,80^{19}$
$= 0,0692$

Y gebe die Anzahl der Musikliebhaber in der Stichprobe an. Y ist binomialverteilt mit $n = 20$ und $p = 0,40$.
Die Wahrscheinlichkeit von B wird mit den Tabellen zur kumulierten Binomialverteilung berechnet, da man sonst die Formel von Bernoulli vielfach anwenden müsste.
▼ Wir erhalten $P(B) = 58,41\%$.

Wahrscheinlichkeit von B:

$n = 20$; $p = 0,40$; $k = 8, \ldots, 20$

$P(B) = P(Y \geq 8) = 1 - P(Y \leq 7)$
$\qquad = 1 - F(20; 0,4; 7)$
$\qquad = 1 - 0,4159$
$\qquad = 0,5841$

Lösung zu b:
Hier muss die Mindestgröße n der Stichprobe bestimmt werden. Z sei also die Anzahl der Jugendlichen in einer Bernoullikette der Länge n, die Computerspiele bevorzugen.
Es soll $P(Z \geq 1) \geq 0{,}99$ gelten.
Aus dieser Ansatzgleichung wird nach nebenstehender Rechnung die Mindestlänge n bestimmt.
Resultat: Man muss mindestens 13 Jugendliche befragen, damit mit einer Sicherheitswahrscheinlichkeit von ca. 99 % mindestens ein Spielefan in der Stichprobe ist.

Lösung zu c:
Hier besteht die untersuchte Gesamtheit nicht mehr aus allen Jugendlichen in Deutschland, sondern nur aus den 12 Kursschülern. Da aus dieser kleinen Gesamtheit eine Stichprobe von 2 Schülern ohne Zurücklegen gezogen wird, ändert sich die Trefferwahrscheinlichkeit nach dem ersten Zug, so dass kein Bernoulliexperiment vorliegt.

Wir können die Aufgabe kombinatorisch lösen wie rechts dargestellt, indem wir den Kurs in zwei Gruppen einteilen und die Anzahl der Möglichkeiten ausrechnen, bei der Auswahl von zwei Schülern genau einen aus der Computergruppe bzw. genau zwei aus der Computergruppe zu erhalten. Die so erhaltene Anzahl wird durch die Anzahl aller Möglichkeiten für die Auswahl von 2 Schülern aus den 12 Schülern dividiert. Resultat: $P(D) = 90{,}91\,\%$.

Wir können die Aufgabe aber auch mit einem zweistufigen reduzierten Baumdiagramm lösen, bei welchem die beiden Schüler nacheinander ohne Zurücklegen aus der Zwölfergruppe gezogen werden. Es gibt drei günstige Pfade für das Ereignis D. Die Summe ihrer Wahrscheinlichkeiten
▶ beträgt 90,91 %.

Mindestanzahl n von Jugendlichen Mindestlänge n der Bernoullikette

$$P(Z \geq 1) \geq 0{,}99$$
$$1 - P(Z = 0) \geq 0{,}99$$
$$P(Z = 0) \leq 0{,}01$$

$$\binom{n}{0} \cdot 0{,}3^0 \cdot 0{,}7^n \leq 0{,}01$$
$$n \cdot \ln 0{,}7 \leq \ln 0{,}01$$
$$n \geq \frac{\ln 0{,}01}{\ln 0{,}7}$$
$$n \geq 12{,}9$$
$$n \geq 13$$

Wahrscheinlichkeit von D:
Lösung mittels Kombinatorik:
Einteilung in zwei Gruppen:
Gruppe 1: 8-köpfige Computergruppe
Gruppe 2: 4-köpfiger Rest

Anzahl der Möglichkeiten: Anzahl der Möglichkeiten:
1 Schüler aus Gruppe 1   2 Schüler aus Gruppe 1
1 Schüler aus Gruppe 2   0 Schüler aus Gruppe 2

$$P(D) = \frac{\binom{8}{1} \cdot \binom{4}{1} + \binom{8}{2} \cdot \binom{4}{0}}{\binom{12}{2}} = \frac{60}{66} \approx 0{,}9091$$

Anzahl aller Möglichkeiten:
2 Schüler aus 12 Schülern

Lösung mittels Baumdiagramm:
C: Computergruppe, $\overline{C}$: Restgruppe

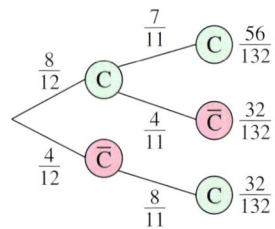

$$P(D) = \frac{56 + 32 + 32}{132} = \frac{120}{132} = \frac{10}{11} = 0{,}9091$$

▶ **Beispiel: Elektronische Bauteile**

Ein Hörgerätehersteller bezieht Mikrofone von zwei Firmen. Firma A verlangt einen geringen Stückpreis, allerdings sind 6 % der Teile fehlerhaft. Firma B verlangt einen höheren Stückpreis, dafür sind nur 2 % der Teile fehlerhaft.

a) Erstellen Sie eine Vierfeldertafel auf der Grundlage einer Bestellung von 1000 Teilen, wenn Firma A 30 % der Teile liefert und Firma B 70 %.

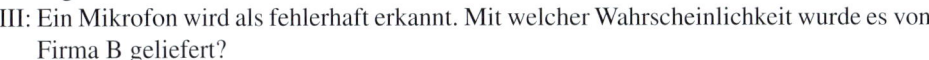

Lösen Sie damit die folgenden Fragestellungen.

I: Welcher Prozentsatz der gelieferten Mikrofone ist insgesamt fehlerhaft?

II: Mit welcher Wahrscheinlichkeit stammt ein zufällig ausgewähltes Mikrofon von Firma A und ist zugleich fehlerhaft?

III: Ein Mikrofon wird als fehlerhaft erkannt. Mit welcher Wahrscheinlichkeit wurde es von Firma B geliefert?

b) Der Hersteller bezieht 100 Mikrofone von Firma B. Mit welcher Wahrscheinlichkeit sind mindestens 99 dieser Teile brauchbar?

c) Für einen eiligen Auftrag benötigt der Hersteller 200 brauchbare Mikrofone. Wie viele Teile sollte er bei einer Bestellung bei Firma A anfordern?

Lösung zu a:

Von 1000 Teilen kommen 300 von Firma A, wovon 6 %, also 18 Teile, fehlerhaft sind. Unter den 700 Teilen von Firma B sind 2 %, also 14 Teile, fehlerhaft. Die weiteren Zahlenwerte der Vierfeldertafel lassen sich leicht als Differenzen/Summen berechnen.

Frage I: Der Prozentsatz lässt sich aus der ersten Zeile der Tafel direkt ablesen. Er beträgt 3,2 % (32 von 1000 Mikrofonen).

Frage II: Auch diese Wahrscheinlichkeit steht in der Vierfeldertafel in der linken oberen Zelle direkt vermerkt: 1,8 %.

Frage III: Gesucht ist die Wahrscheinlichkeit dafür, dass ein Mikrofon von Firma B geliefert wurde unter der Bedingung, dass es fehlerhaft ist, also $P_F(B)$. Aus den Daten der Vierfeldertafel folgt:

$P_F(B) = \frac{|F \cap B|}{|F|} = \frac{14}{32} = 0{,}4375.$

Aufstellen der Vierfeldertafel

A: Mikro stammt von Firma A
B: Mikro stammt von Firma B
F: Mikro ist fehlerhaft
$\overline{F}$: Mikro ist in Ordnung

	A	B	Σ
F	18	14	32
$\overline{F}$	282	686	968
Σ	300	700	1000

Bestimmung von Wahrscheinlichkeiten:

I: $P(F) = \frac{32}{1000} = 0{,}032 = 3{,}2\,\%$

II: $P(A \cap F) = \frac{18}{1000} = 0{,}018 = 1{,}8\,\%$

III: $P_F(B) = \frac{|F \cap B|}{|F|} = \frac{14}{32} = 0{,}4375 = 43{,}75\,\%$

Lösung zu b:

Hier liegt näherungsweise eine Bernoulli-kette der Länge n = 100 vor.

Die Trefferwahrscheinlichkeit (Treffer: Teil ist in Ordnung) liegt bei 0,98.

Die Anzahl der Treffer soll gleich 99 oder 100 sein.

Mit der Formel von Bernoulli errechnen wir daher P(E) = 40,33 %

Berechnung der Wahrscheinlichkeit:

E: Mindestens 99 von 100 Teilen sind in Ordnung

$$n = 100; p = 0,98, k = 99 \text{ und } k = 100$$

$$P(E) = \binom{100}{99} \cdot 0,98^{99} \cdot 0,02^{1}$$
$$+ \binom{100}{100} \cdot 0,98^{100} \cdot 0,02^{0}$$

$$\approx 0,2707 + 0,1326 = 0,4033$$

Lösung zu c:

Von Firma A sind 94 % der Teile brauchbar. Bei einer Lieferung von n Teilen sind somit $\mu = n \cdot 0,94$ brauchbare Teile zu erwarten. Damit dieser Wert mindestens 200 beträgt, muss n ≥ 213 sein.

Berechnung der Stückzahl

Erwartungswert: $\mu = n \cdot p$
$$= n \cdot 0,94$$
$$\geq 200$$
$$n \geq \frac{200}{0,94}$$
$$\approx 212,77$$
$$n \geq 213$$

Übung 1 Pyramide

Eine schiefe dreiseitige Pyramide mit den Augenzahlen 1, 2, 3 und 4 (siehe Abbildung) wird geworfen. Man notiert als Ergebnis die Zahl der Grundseite, auf der die Pyramide liegen bleibt. Die Wahrscheinlichkeiten sind durch Gewichte im Innern folgendermaßen ausgelegt durch P(X = 1) = 0,3, P(X = 2) = 0,18, P(X = 3) = 0,4 und P(X = 4) = 0,12.

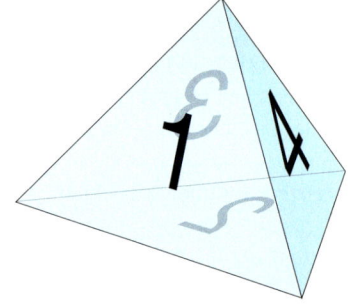

a) Wie groß ist die Wahrscheinlichkeit, bei dreimaligem Wurf
   (1) nur ungerade Zahlen zu werfen?
   (2) genau einmal 4 zu werfen?
   (3) drei (paarweise) verschiedene Augenzahlen zu werfen?
b) Berechnen Sie den Erwartungswert und interpretieren Sie das Ergebnis im Vergleich zum Erwartungswert bei einem Tetraederwürfel.
c) Der „Würfel" wird bei einem Glücksspiel verwendet. Man zahlt als Gewinn bei Augenzahl „2" 2 € und bei Augenzahl „4" 2,50 €. Als Einsatz wird 1 € pro Spiel gefordert. Der Einsatz wird auch bei Gewinn einbehalten. Wie groß ist die Gewinnerwartung pro Spiel?
d) Wir betrachten jetzt das Ereignis für einen Gewinn: „Die geworfene Augenzahl ist gerade". Mit welcher Wahrscheinlichkeit wird das bei 100maligem Werfen des „Würfels" mindestens 30mal eintreten?

Übung 2 Glücksspiel

Der einarmige Bandit kann in jedem der vier Fenster eine
der Ziffern 1, 2 oder 3 ausgeben.

a) Wie viele verschiedene Ergebnisse gibt es insgesamt?
b) Bestimmen Sie die Wahrscheinlichkeit des Ereignisses:
   A: Es erscheint die Ziffernfolge 1 2 3 3.
   B: Es erscheint genau zweimal die Ziffer 1.
   C: Es erscheinen nur Einsen.
   D: Es erscheinen nur gleiche Ziffern.

c) Das Gerät wird 10-mal bedient. Mit welcher Wahrscheinlichkeit tritt das Ereignis B nicht ein
   einziges Mal ein? Mit welcher Wahrscheinlichkeit tritt es genau 2-mal ein?
d) Wie oft muss man das Gerät mindestens in Gang setzen, damit mit einer Wahrscheinlichkeit
   von wenigstens 95 % mindestens einmal das Ereignis B eintritt?
e) Bei einem Einsatz von 1 € pro Spiel gewinnt man 30 €, wenn die Ziffernfolge 3333 kommt
   und 5 €, wenn die Ziffernfolge 2 x x 2 kommt, also 2112 oder 2222 oder 2332. Lohnt sich das
   Spiel für den Spieler? Wie viel Gewinn/Verlust ist für den Betreiber an einem Tag mit 8 Stunden zu erwarten, wenn pro Stunde ca. 20 Spiele stattfinden?
f) Johannes berichtet, dass er gerade fünfmal hintereinander gewonnen hat (Ziffernfolge 3333
   oder 2 x x 2). Beurteilen Sie diese Aussage bezüglich ihrer Glaubwürdigkeit.
   Jana sagt, dass sie bei 100 Spielen ca. 20- bis 30-mal das Ereignis B beobachtet hat. Ist das
   glaubhaft? (Verwenden Sie bei der Lösung dieser Aufgabe für die Wahrscheinlichkeit des
   Ereignisses B den Näherungswert 0,3.)

Übung 3 Lieblingsmusik

60 % aller Jugendlichen hören gerne Rockmusik. 30 %
der Jugendlichen sind weiblich und hören nicht gerne
Rockmusik, 40 % sind männlich und hören gerne Rockmusik.

a) Erstellen Sie ein Baumdiagramm und ermitteln Sie
   die Wahrscheinlichkeiten der folgenden Ereignisse.
   A: Ein zufällig befragter Jugendlicher ist weiblich.
   B: Eine zufällig befragtes Mädchen hört gerne
   Rockmusik.
   C: Ein zufällig Befragter ist weiblich und hört gerne
   Rockmusik.
b) Erstellen Sie eine Vierfeldertafel auf der Grundlage von 100 Jugendlichen.
c) Berechnen Sie die folgenden Wahrscheinlichkeiten.
   Unter 10 befragten Jugendlichen hören mindestens 5 gerne Rockmusik.
   Unter 50 befragten Jugendlichen hören mindestens 28 und höchstens 31 gerne Rockmusik.
d) Wie viele Jugendliche muss man mindestens fragen, um mit mindestens 95 % Wahrscheinlich-
   keit mindestens einen zu finden, der keine Rockmusik mag?

Übung 4 Fußball

In Neustadt spielen 25 % der Bevölkerung regelmäßig Fußball.

a) Bestimmen Sie die Wahrscheinlichkeiten der folgenden Ereignisse:
   Unter 15 zufällig ausgesuchten Neustädtern befinden sich
   A: genau 5 Personen, die regelmäßig Fußball spielen,
   B: mindestens 14 Personen, die nicht regelmäßig Fußball spielen.

b) Wie viele Neustädter müssten mindestens befragt werden,
   um mit einer Wahrscheinlichkeit von mindestens 94 % wenigstens
   eine Person zu entdecken, die regelmäßig Fußball spielt?

c) Wie groß müsste der Anteil p der regelmäßig Fußball spielenden
   Neustädter mindestens sein, damit sich mit einer Wahrscheinlichkeit von mindestens 99 % unter 10 zufällig ausgewählten Neustädtern wenigstens eine Person befindet, die regelmäßig Fußball spielt?

In Neustadt gehört auch Tennis zu den beliebten Sportarten. An einem Tennisturnier nehmen sechs
Neustädter und zwei Gäste teil, wobei jeder Spieler gegen jeden der anderen antritt, um eine der
drei Medaillen zu gewinnen. Alle Spieler sind gleich stark.

d) Mit welcher Wahrscheinlichkeit sind unter den drei Medaillengewinnern höchsten zwei Neustädter?

e) Bei einem Spiel des Turniers ist derjenige Spieler Sieger, der zuerst zwei Sätze gewonnen hat.
   Wie viele Sätze kann ein Spiel dauern?
   Mit wie vielen Sätzen muss man bei zwei gleich starken Spielern im Durchschnitt rechnen?

Übung 5 Urnen

Aus einer Urne mit drei blauen, fünf weißen und zwei gelben
Kugeln werden n Kugeln mit Zurücklegen gezogen. X sei
die Anzahl der blauen unter den gezogenen Kugeln.

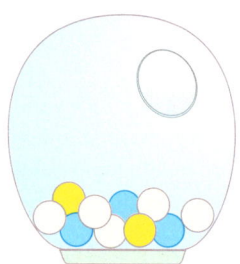

a) Gezogen werden vier Kugeln mit Zurücklegen.
   Bestimmen Sie die Wahrscheinlichkeiten der Ereignisse:
   A: „Alle vier Kugeln sind blau",
   B: „Die dritte gezogene Kugel ist blau",
   C: „Mindestens zwei der Kugeln sind blau".

b) Nun werden 100 Kugeln mit Zurücklegen gezogen. Wie groß ist der Erwartungswert von X?
   Mit welcher Wahrscheinlichkeit werden dabei 28 bis 32 blaue Kugeln gezogen?

c) Ist es wahrscheinlicher, beim zehnmaligen Ziehen mit Zurücklegen genau drei blaue Kugeln
   zu ziehen oder beim zwanzigmaligen Ziehen genau sechs blaue Kugeln zu ziehen?

d) Ist es wahrscheinlicher, beim dreimaligen Ziehen ohne Zurücklegen drei blaue Kugeln oder
   beim fünfmaligen Ziehen ohne Zurücklegen fünf weiße Kugeln zu ziehen?

e) Wie oft muss man mindestens mit Zurücklegen ziehen, wenn die Wahrscheinlichkeit, dass
   mindestens eine gelbe Kugel gezogen wird, mindestens 99 % betragen soll?

f) Lars behauptet: Ich habe schon mehrfach beim fünfzigmaligen Ziehen mit Zurücklegen mindestens 20 gelbe Kugeln gezogen. Wie glaubhaft ist diese Aussage?

Überblick

Bernoulli -Versuch

Ein Bernoulliversuch ist ein Zufallsexperiment mit genau zwei Ausgängen E und $\bar{\text{E}}$ (Treffer/Niete bzw. Erfolg/Misserfolg).

Bernoullikette

Eine Bernoullikette der Länge n ist die n-fache Wiederholung eines Bernoulliversuchs.

Formel von Bernoulli

Formel zur Berechnung der Wahrscheinlichkeit, in einer Bernoullikette der Länge n mit der Trefferwahrscheinlichkeit p genau k Treffer zu erzielen:

$$P(X = k) = B(n; p; k) = \binom{n}{k} \cdot p^k \cdot (1 - p)^{n-k}$$

TI: $P(X = k) = B(n, p, k) = \text{binomPfd}(n, p, k)$

Casio: $P(X = k) = B(n, p, k) = \text{BinomialPD}(k, n, p)$

Binomialverteilung

Verteilung der Zufallsgröße X, welche die Anzahl k der Treffer in einer Bernoullikette der Länge n mit der Trefferwahrscheinlichkeit p darstellt.

k	P(X = k)
0	0,2401
1	0,4116
2	0,2646
3	0,0756
4	0,0081

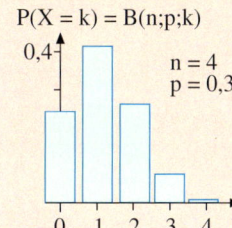

$P(X = k) = B(n;p;k)$

n = 4
p = 0,3

Erwartungswert:
$\mu = n \cdot p$

Standardabweichung:
$\sigma = \sqrt{n \cdot p \cdot (1 - p)}$

Kumulierte Binomialverteilung

Summe der Wahrscheinlichkeiten der Trefferzahlen 0, 1, …, k in einer Bernoullikette der Länge n und der Trefferwahrscheinlichkeit p.

$$P(X \le k) = F(n, p, k)$$
$$= B(n, p, 0) + B(n, p, 1) + \ldots + B(n, p, k)$$

TI: $P(X \le k) = F(n, p, k) = \text{binomCdf}(n, p, k)$

Casio: $P(X \le k) = F(n, p, k) = \text{Binomial CD}(k, n, p)$

Intervallwahrscheinlichkeiten mit dem GTR

TI: $P(a \le X \le k) = \text{binomCdf}(n, p, a, b)$

Casio: $P(a \le X \le k) = \text{Binomial CD}(a, b, n, p)$

Binomialkoeffizient

$\binom{n}{k} = \frac{n!}{k! \cdot (n - k)!} \; (0 \le k \le n)$ $n! = 1 \cdot 2 \cdot \ldots \cdot n$

Das Galton-Brett

Sir Francis Galton wurde am 16. Februar 1822 in Birmingham geboren. Er war ein Cousin des berühmten Vererbungsforschers Charles Darwin (1809 bis 1882). Er unternahm Forschungsreisen auf den Balkan, nach Ägypten und Afrika. 1857 ließ Galton sich in London nieder. 1883 gründete er dort das Galton-Laboratorium, das mit Mathematik, Biologie, Physik und Chemie befasst war. Hier entwickelte Galton für die Auswertung von Statistiken das *Galton-Brett*, mit dem man Binomialverteilungen mechanisch erzeugen kann.

Das Galton-Brett besteht – wie unten abgebildet – aus einem geneigten Brett mit Nagelreihen, die so angeordnet sind, dass aus einem Trichter senkrecht auf den ersten Nagel fallende Kugeln jeweils mit der Wahrscheinlichkeit 0,5 nach links oder nach rechts abgelenkt werden. Bei günstiger Anordnung der Nägel trifft die Kugel wieder senkrecht auf einen Nagel der nächsten Reihe. Die Kugeln fallen schließlich in Fächer. Nummeriert man die Fächer mit 0 bis n, wobei n die Anzahl der Nagelreihen ist, so gibt die Nummer die Anzahl der Rechtsablenkungen der Kugeln an, die hier landen. Lässt man viele Kugeln durch das Brett laufen, entsteht in den Fächern angenähert die Binomialverteilung. Der Zusammenhang zwischen den Pfaden der Bernoulli-Kette im Baumdiagramm und dem Galtonbrett ergibt sich durch folgende Gegenüberstellung.

Bernoullikette: n = 4, p = 0,5

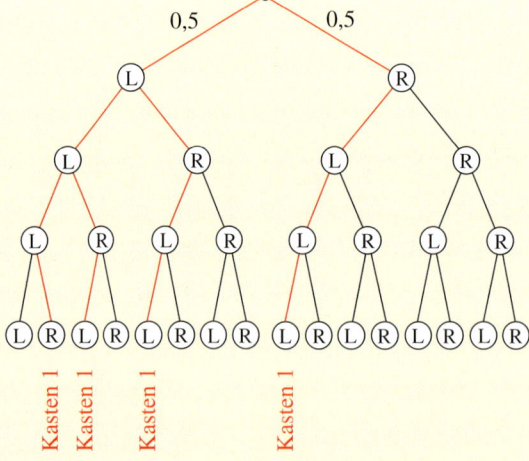

Galton-Brett: n = 4, p = 0,5

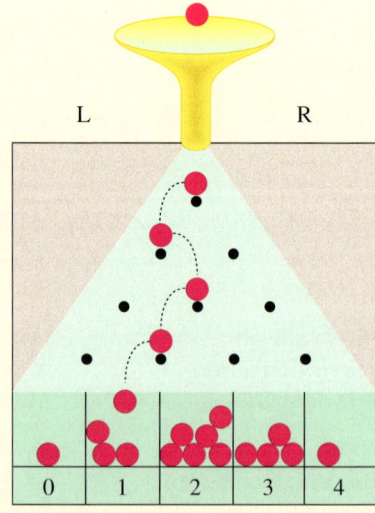

Der Baum besteht aus insgesamt 16 Pfaden. Die vier rot gezeichneten Pfade enthalten jeweils genau einen Treffer (hier: R). Sie führen auf dem Galton-Brett alle in den Kasten Nr. 1.

Alle Pfade mit genau einem Treffer (Rechtsablenkung R) werden in Kasten Nr. 1 gelenkt.

Übungen

Übung 1   Galton-Brett mit drei Stufen, Lauf einer Kugel
Das abgebildete Galton-Brett hat $n = 3$ Stufen. Die Wahrscheinlichkeit für eine Rechtsablenkung betrage $p = 0,5$. Eine einzelne Kugel durchläuft das Brett.
a) Wie viele Pfade gibt es insgesamt?
b) Wie viele Pfade führen zum Kasten Nr. 2?
c) Bestimmen Sie die Wahrscheinlichkeiten, mit welchen die Kugel im Kasten Nr. 0 bzw. Nr. 1 bzw. Nr. 2 bzw. Nr. 3 landet.
d) Mit welcher Wahrscheinlichkeit landet eine Kugel nicht in den beiden mittleren Kästen?
e) Durch Neigung des Brettes nach rechts wird die Wahrscheinlichkeit für eine Rechtsablenkung auf $p = 0,6$ gesteigert. Lösen Sie c) und d) für diesen Fall.

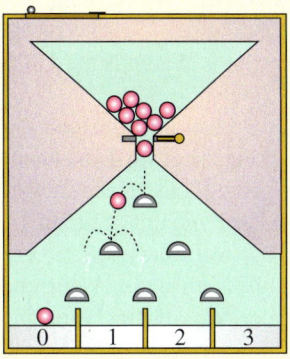

Übung 2   Galton-Brett mit drei Stufen, Lauf mehrerer Kugeln
Betrachtet wird wieder das oben abgebildete Galton-Brett mit $n = 3$ und $p = \frac{1}{2}$. Allerdings werden nun der Reihe nach $m = 10$ Kugeln über das Brett geschickt.
a) Mit welcher Wahrscheinlichkeit landet eine einzelne Kugel im Kasten Nr. 2?
b) Mit welcher Wahrscheinlichkeit landen genau 4 der 10 Kugeln im Kasten Nr. 2?
c) Mit welcher Wahrscheinlichkeit landen höchstens drei Kugeln im Kasten Nr. 2?
d) Wie wahrscheinlich sind die folgenden Ereignisse?
    A: „Genau 2 Kugeln landen im Kasten Nr. 0"
    B: „Alle Kugeln landen in den Kästen 1, 2 oder 3"

Übung 3   Arme Maus
Eine Maus irrt zu Versuchszwecken durch das abgebildete Labyrinth. Sie hat einen leichten Rechtsdrall und entscheidet sich an Abzweigungen mit einer Wahrscheinlichkeit von $\frac{2}{3}$ für rechts.

Teil I: Lauf einer Maus
a) Wie viele mögliche Wege existieren?
b) Mit welcher Wahrscheinlichkeit erreicht die Maus die Karotte bzw. die Walnuss?
c) Mit welcher Wahrscheinlichkeit wird die Erdbeere erreicht? Mit welcher Wahrscheinlichkeit findet die Maus überhaupt Futter?

Teil II: Lauf mehrerer Mäuse
a) 10 Mäuse passieren nun das Labyrinth.
    Mit welcher Wahrscheinlichkeit finden mindestens 5 Mäuse die Erdbeere?
b) Wie viele Mäuse muss man mindestens durch das Labyrinth schicken, wenn mit mindestens 99 % Wahrscheinlichkeit sichergestellt werden soll, dass mindestens eine Maus die Erdbeere erreicht?

Binomialverteilung

1. Beim abgebildeten Glücksrad mit fünf
gleich großen Sektoren wird nach dem
Drehen im Stillstand durch einen Pfeil
angezeigt, ob man einen Treffer (1) oder
eine Niete (0) erzielt hat. Das Glücksrad
wird zehnmal gedreht.

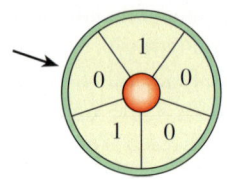

a) Mit welcher Wahrscheinlichkeit erreicht man genau 5 Treffer?
b) Mit welcher Wahrscheinlichkeit ergeben sich höchstens 2 Treffer?
c) Mit welcher Wahrscheinlichkeit erreicht man mehr Treffer als Nieten?
d) Mit welcher Wahrscheinlichkeit erhält man beim 10. Versuch den ersten Treffer?

2. Ein Führerschein-Test besteht aus 6 Fragen mit je 3 Antwortmöglichkeiten, von denen jeweils
genau eine richtig ist.
X sei die Zufallsgröße, die die Anzahl der richtig beantworteten Fragen beschreibt.
a) Stellen Sie die Wahrscheinlichkeitsverteilung tabellarisch und graphisch dar.
b) Berechnen Sie den Erwartungswert und die Varianz der Verteilung.
c) Mit welcher Wahrscheinlichkeit besteht ein Kandidat den Test, wenn er auf gut Glück jeweils
eine Antwort ankreuzt? Der Test gilt als bestanden, wenn mindestens 4 Fragen richtig beantwortet sind.

3. Ein Spieler rückt auf dem abgebildeten
Spielfeld vom Startpunkt ausgehend
nach rechts vor, wenn er mit einer Münze Kopf wirft. Wirft er Zahl, rückt er
nach links vor. Nach vier Münzwürfen
kommt er in einer der Positionen A bis
E an, womit das Spiel endet.
a) Welche Wurfserien führen zur Position A, welche Wurfserien führen zur
Position C?
b) Berechnen Sie die Wahrscheinlichkeiten der folgenden Ereignisse:
E_1: „Der Spieler erreicht A"
E_2: „Der Spieler erreicht C"
E_3: „Der Spieler erreicht C oder D."
c) Ein Spieler führt 10 Spiele durch. Mit welcher Wahrscheinlichkeit erreicht er genau dreimal
Position C?
d) Wie viele Spiele muss der Spieler mindestens machen, wenn mit einer Wahrscheinlichkeit
von mindestens 90 % mindestens einmal Position A erreicht werden soll?

Lösungen: S. 490

XIV. Stochastische Prozesse

1. Matrizen

A. Der Begriff der Matrix

Wirtschaftliche und technische Prozesse lassen sich oft durch rechteckige Tabellen, die sogenannten Matrizen, erfassen.
Diese sind uns schon bei den linearen Gleichungssystemen in Gestalt der Koeffizientenmatrix begegnet.

Wir verdeutlichen nun den Begriff zunächst am Beispiel und behandeln dann die Matrizenrechnung, d.h. das Rechnen mit Tabellen, das viele Vorteile bringt.

Beispiel: Entfernungsmatrix

Die rechts dargestellte Entfernungstabelle enthält in übersichtlicher Weise die Entfernungsinformationen zu vier großen Städten. Verzichtet man auf die Angabe der Start- und Zielstädte, so vereinfacht sich die Tabelle auf ein rechteckiges Zahlenschema A, das man als *Matrix* bezeichnet.

VON \ NACH	Berlin	Hamburg	Hannover	München
Berlin	0	292	282	586
Hamburg	292	0	164	776
Hannover	282	164	0	638
München	586	776	638	0

Die Matrix A besteht in diesem Beispiel aus vier Zeilen (horizontal) und vier Spalten (vertikal) mit insgesamt sechzehn Elementen (Zellen). Man spricht hier von einer quadratischen 4×4-Matrix.
Die einzelnen Elemente der Matrix A werden mit a_{ij} bezeichnet. Der erste Index i gibt die Zeile an, in der das Element steht, der zweite Index j gibt die Spalte an.
In diesem Beispiel dient die Matrix nur als besonders übersichtliches und auf das Wesentliche reduzierte Darstellungselement. Gerechnet wird damit noch nicht.

$$A = \begin{pmatrix} 0 & 292 & 282 & 586 \\ 292 & 0 & 164 & 776 \\ 282 & 164 & 0 & 638 \\ 586 & 776 & 638 & 0 \end{pmatrix}$$

a_{ij}: Element in Zeile i, Spalte j

im Beispiel: $a_{23} = 164$

Definition XIV.1: Der Begriff der Matrix

Eine rechteckige Zahlentabelle der rechts dargestellten Form wird als Matrix A mit m Zeilen und n Spalten bezeichnet. Man spricht dann auch von einer m×n-Matrix.
Kurzschreibweise:
$A = (a_{ij})$ mit i = 1, ..., m und j = 1, ..., n.
Ist m = n, so bezeichnet man A als quadratische Matrix.

$$A = \begin{pmatrix} a_{11} & a_{12} & \cdots & a_{1n} \\ a_{21} & a_{22} & \cdots & a_{2n} \\ \vdots & \vdots & \vdots & \vdots \\ a_{m1} & a_{m2} & \cdots & a_{mn} \end{pmatrix}$$

(a_{ij}): Kurzschreibweise für A

a_{ij} : Element in Zeile i und Spalte j

B. Die Addition von Matrizen

Beispiel: Absatzmatrix

Ein Unternehmen stellt an zwei Fabrikationsorten U und V Bagger her. Es liefert die Maschinen nach Frankreich (F), Italien (I) und Holland (H).

Die monatlichen Absatzzahlen können als Tabellen bzw. Matrizen dargestellt werden. In diesem Beispiel kann man im Gegensatz zum ersten Beispiel mit den Matrizen rechnen. So erhält man z. B. durch elementeweise Addition der Matrizen für Januar und Februar den Gesamtabsatz für die beiden Monate.

	Januar		
	F	H	I
U	6	3	2
V	8	2	4

	Februar		
	F	H	I
U	5	3	4
V	7	5	2

$$A = \begin{pmatrix} 6 & 3 & 2 \\ 8 & 2 & 4 \end{pmatrix} \qquad B = \begin{pmatrix} 5 & 3 & 4 \\ 7 & 5 & 2 \end{pmatrix}$$

$$A + B = \begin{pmatrix} 6 & 3 & 2 \\ 8 & 2 & 4 \end{pmatrix} + \begin{pmatrix} 5 & 3 & 4 \\ 7 & 5 & 2 \end{pmatrix} = \begin{pmatrix} 11 & 6 & 6 \\ 15 & 7 & 6 \end{pmatrix}$$

Definition XIV.2: Addition von Matrizen

Man kann Matrizen addieren, wenn sie vom gleichen Typ sind, d. h. wenn sowohl ihre Zeilenzahl als auch ihre Spaltenzahl übereinstimmt.

Man addiert zwei Matrizen A und B elementeweise.

$A = (a_{ij})$ und $B = (b_{ij})$ seien mxn-Matrizen. Dann gilt für ihre Summe:

$$A + B = (a_{ij} + b_{ij})$$

Addiert man die gleiche Matrix mehrfach, so kommt es zu einer *Vervielfachung* der Matrix. Man spricht auch von der Multiplikation der Matrix mit einem **Skalar**.

Vervielfachung:

$$A = \begin{pmatrix} 6 & 3 & 2 \\ 8 & 2 & 4 \end{pmatrix} \Rightarrow 3A = \begin{pmatrix} 18 & 9 & 6 \\ 24 & 6 & 12 \end{pmatrix}$$

Matrizen gleichen Typs (Gleiche Spalten- und Zeilenzahl) kann man voneinander subtrahieren.

Subtraktion:

$$\begin{pmatrix} 8 & 5 & 4 \\ 5 & 4 & 7 \end{pmatrix} - \begin{pmatrix} 2 & 2 & 5 \\ 2 & 4 & 2 \end{pmatrix} = \begin{pmatrix} 6 & 3 & -1 \\ 3 & 0 & 5 \end{pmatrix}$$

Die *Nullmatrix* entsteht, wenn man eine Matrix von sich selbst subtrahiert. Sie enthält nur Nullen.

Nullmatrix:

$$O = \begin{pmatrix} 0 & 0 & 0 \\ 0 & 0 & 0 \end{pmatrix}$$

Übung 1 Addition

Gegeben sind die Matrizen A und B. Berechnen Sie die Matrix X, welche die gegebene Gleichung erfüllt:

a) $X = 3A + B$ c) $X + 0{,}5A = B + 2X$
b) $2X + 4A = -B$ d) $A - B - 0{,}5X = O$

(I) $A = \begin{pmatrix} -2 & 4 & 2 \\ 8 & 2 & 4 \end{pmatrix}$ $B = \begin{pmatrix} 6 & 2 & -2 \\ 8 & 4 & 0 \end{pmatrix}$

(II) $A = \begin{pmatrix} 1 & 2 & 0 \\ 2 & 3 & 0 \\ 3 & 4 & 1 \end{pmatrix}$ $B = \begin{pmatrix} -3 & 2 & 0 \\ 2 & -1 & 0 \\ 1 & -2 & 1 \end{pmatrix}$

C. Die Multiplikation von Matrizen

Beispiel: Berechnung des Umsatzes

Ein Computerhändler führt drei Modelle eines bekannten Herstellers, einen PC, einen Laptop und ein Tablet. Die Stückzahlen, die er in den Monaten Januar bis März absetzt, können der abgebildeten Tabelle entnommen werden die auch als Absatzmatrix A interpretiert werden kann.

Die Verkaufspreise lauten:

PC: 400 €
Laptop: 950 €
Tablet: 550 €

Man kann die Umsätze des Händlers für das erste Quartal berechnen, indem man die abgesetzten Stückzahlen mit den zugehörigen Preisen multipliziert und aufaddiert.

Interpretieren wir die monatlichen Absätze als Zeilenvektoren der Absatzmatrix A und fassen die Verkaufspreise in einem Preisvektor zusammen, so läßt sich der Umsatz im Januar als das Skalarprodukt des Absatzvektors für Januar mit dem Preisvektor interpretieren und berechnen.

Der Februarumsatz ergibt sich analog durch Multiplikation des Zeilenvektors der zweiten Zeile der Absatzmatrix mit dem Preisvektor. Der Märzumsatz ist das Skalarprodukt des Zeilenvektors der dritten Zeile der Absatzmatrix mit dem Preisvektor.

Insgesamt kann man feststellen: Wenn man die Matrix A zeilenweise mit dem Preisvektor multipliziert, so erhält man den Umsatzvektor des ersten Quartals.

Verallgemeinerung: Eine Matrix lässt sich zeilenweise mit einem Spaltenvektor multiplizieren, dessen Zeilenzahl der Spaltenzahl der Matrix A entspricht. Das Ergebnis der Multiplikation ist wieder ein Spaltenvektor.

Berechnung der Umsätze:

Jan : $8 \cdot 400 + 14 \cdot 950 + 11 \cdot 550 = 22\,550$
Feb : $6 \cdot 400 + \ \ 9 \cdot 950 + 18 \cdot 550 = 20\,850$
Mrz: $11 \cdot 400 + 12 \cdot 950 + \ \ 7 \cdot 550 = 19\,650$

Absatzvektoren   *Preisvektor*

$$\vec{j} = (\ 8\ \ 14\ \ 11)$$
$$\vec{f} = (\ 6\ \ \ \ 9\ \ 18)\qquad \vec{p} = \begin{pmatrix} 400 \\ 950 \\ 550 \end{pmatrix}$$
$$\vec{m} = (11\ \ 12\ \ \ \ 7)$$

Umsatz für Januar:

$$\vec{j} \cdot \vec{p} = (8\ \ 14\ \ 11) \cdot \begin{pmatrix} 400 \\ 950 \\ 550 \end{pmatrix}$$
$$= 8 \cdot 400 + 14 \cdot 950 + 11 \cdot 550$$
$$= 22\,550$$

Umsätze im ersten Quartal:

$$A \cdot \vec{p} = \begin{pmatrix} 8 & 14 & 11 \\ 6 & 9 & 18 \\ 11 & 12 & 7 \end{pmatrix} \cdot \begin{pmatrix} 400 \\ 950 \\ 550 \end{pmatrix}$$
$$= \begin{pmatrix} 8 \cdot 400 + 14 \cdot 950 + 11 \cdot 550 \\ 6 \cdot 400 + \ \ 9 \cdot 950 + 18 \cdot 550 \\ 11 \cdot 400 + 12 \cdot 950 + \ \ 7 \cdot 550 \end{pmatrix}$$
$$= \begin{pmatrix} 22\,550 \\ 20\,850 \\ 19\,650 \end{pmatrix}$$

Nun ist es nur noch ein kleiner Schritt, der zur Multiplikation zweier vollständiger Matrizen führt. Die Zeilen der Matrix A lassen sich mit den Spalten einer Matrix B multiplizieren, wenn die Zeilen von A die gleiche Länge haben wie die Spalten von B. Die Spaltenzahl der Matrix A muss also gleich der Zeilenzahl der Matrix B sein.

Definition XIV.3: Multiplikation von Matrizen

Man kann zwei Matrizen A und B nur dann multiplizieren, wenn gilt:

Spaltenzahl von A = Zeilenzahl von B

Das Produkt der $m \times n$-Matrix A mit der $n \times k$-Matrix B ist eine $m \times k$-Matrix C.

Das Element c_{ij} der Matrix C ist das Skalarprodukt des i-ten Zeilenvektors der Matrix A mit dem j-ten Spaltenvektor von B (siehe Merkschema rechts).

A sei eine $m \times n$-Matrix.
B sei eine $n \times k$-Matrix.
Es sei $C = A \cdot B$.
Dann gelte:

$$c_{ij} = (a_{i1} \ \dots \ a_{in}) \cdot \begin{pmatrix} b_{1j} \\ \vdots \\ b_{nj} \end{pmatrix} = a_{i1}b_{1j} + \dots + a_{in}b_{nj}$$

► Beispiel: Produkt von Matrizen

Gegeben sind die Matrizen A und B. Berechnen Sie das Produkt $C = A \cdot B$.

$$A = \begin{pmatrix} 2 & 4 & 3 \\ 1 & 2 & 5 \end{pmatrix} \qquad B = \begin{pmatrix} 2 & -1 \\ 3 & 2 \\ -2 & 4 \end{pmatrix}$$

Lösung:

Die Spaltenzahl von A ist gleich der Zeilenzahl von B. Daher ist die Multiplikation durchführbar.

Die Multiplikation der 3×2-Matrix A mit der 2×3-Matrix B führt auf eine 2×2-Matrix C.

c_{11} erhält man durch das Skalarprodukt der ersten Zeile von A mit der ersten Spalte von B.

c_{12} ergibt sich durch Multiplikation der ersten Zeile von A mit der zweiten Spalte von B.

Analog ergeben sich c_{21} und c_{22} durch Multiplikation der zweiten Zeile von A mit der ersten bzw. der zweiten Spalte von B.

$$c_{11} = a_{11} \cdot b_{11} + a_{12} \cdot b_{21} + a_{13} \cdot b_{31}$$
$$= 2 \cdot 2 + 4 \cdot 3 + 3 \cdot (-2) = 10$$

$$c_{12} = a_{11} \cdot b_{12} + a_{12} \cdot b_{22} + a_{13} \cdot b_{32}$$
$$= 2 \cdot (-1) + 4 \cdot 2 + 3 \cdot (4) = 18$$

$$c_{21} = a_{21} \cdot b_{11} + a_{22} \cdot b_{21} + a_{23} \cdot b_{31}$$
$$= 1 \cdot 2 + 2 \cdot 3 + 5 \cdot (-2) = -2$$

$$c_{22} = a_{21} \cdot b_{12} + a_{22} \cdot b_{22} + a_{23} \cdot b_{32}$$
$$= 1 \cdot (-1) + 2 \cdot 2 + 5 \cdot (4) = 23$$

$$C = A \cdot B = \begin{pmatrix} 10 & 18 \\ -2 & 23 \end{pmatrix}$$

Übung 2 Multiplikationen

Gegeben seien die Matrizen A, B, C sowie der Vektor $\vec{v}$.

a) Berechnen Sie $A \cdot B$ und $A \cdot C$.
b) Ist $B \cdot A$ oder $B \cdot C$ berechenbar?
c) Berechnen Sie $A \cdot \vec{v}$ und $C \cdot \vec{v}$.

$$A = \begin{pmatrix} 2 & 3 & -1 \\ 4 & -2 & 1 \end{pmatrix} \qquad B = \begin{pmatrix} 1 & 2 & -2 & 3 \\ -1 & 3 & 2 & 0 \\ 2 & 0 & 4 & 1 \end{pmatrix}$$

$$C = \begin{pmatrix} 1 & 2 & 0 \\ 2 & 3 & 0 \\ 3 & 4 & 1 \end{pmatrix} \qquad \vec{v} = \begin{pmatrix} 1 \\ 2 \\ 3 \end{pmatrix}$$

In den folgenden Abschnitten werden wir oft Potenzen von Matrizen verwenden.
Die k-te Potenz A^k (k > 0) einer Matrix A wird durch k sukzessive Multiplikationsschritte gewonnen. Das geht natürlich nur, wenn A eine quadratische Matrix ist.

Die Potenzen einer Matrix A
$$A^1 = A$$
$$A^2 = A \cdot A$$
$$A^3 = A^2 \cdot A$$
$$\dots$$

▶ **Beispiel: Matrixpotenzen**
Berechnen Sie manuell die Potenzen A^2 und A^3 der Matrix A.

$$A = \begin{pmatrix} 2 & 1 \\ -3 & 4 \end{pmatrix}$$

Lösung:
Zur Berechnung von A^2 berechnen wir das Produkt $A \cdot A$.
Das geht nur, wenn die Spaltenzahl der ersten Matrix gleich der Zeilenzahl der zweiten Matrix ist. Also muss die Spaltenzahl von A gleich der Zeilenzahl von A sein. Potenzieren kann man also nur quadratischen Matrizen.

Berechnung von A^2

$$A^2 = A \cdot A$$
$$= \begin{pmatrix} 2 & 1 \\ -3 & 4 \end{pmatrix} \cdot \begin{pmatrix} 2 & 1 \\ -3 & 4 \end{pmatrix}$$
$$= \begin{pmatrix} 2 \cdot 2 + 1 \cdot (-3) & 2 \cdot 1 + 1 \cdot 4 \\ (-3) \cdot 2 + 4 \cdot (-3) & (-3) \cdot 1 + 4 \cdot 4 \end{pmatrix}$$
$$= \begin{pmatrix} 1 & 6 \\ -18 & 13 \end{pmatrix}$$

Diese Bedingung ist hier erfüllt und die Detailrechnung ist rechts dargestellt.

Da wir nun die Potenz A^2 kennen, können wir die Potenz A^3 als Produkt $A^2 \cdot A$ berechnen. Rechnung und Ergebnis sind ebenfalls rechts dargestellt.

Berechnung von A^3

$$A^3 = A^2 \cdot A$$
$$= \begin{pmatrix} 1 & 6 \\ -18 & 13 \end{pmatrix} \cdot \begin{pmatrix} 2 & 1 \\ -3 & 4 \end{pmatrix}$$
$$= \begin{pmatrix} 1 \cdot 2 + 6 \cdot (-3) & 1 \cdot 1 + 6 \cdot 4 \\ (-18) \cdot 2 + 13 \cdot (-3) & (-18) \cdot 1 + 13 \cdot 4 \end{pmatrix}$$
$$= \begin{pmatrix} -16 & 25 \\ -75 & 34 \end{pmatrix}$$

Für die Potenz A^k sind k − 1 Multiplikationen nötig, aufwendig und fehlerträchtig. Daher berechnen wir im Folgenden Matrixpotenzen in der Regel mit dem GTR, der diese in einem Schritt ausrechnen kann. Rechts ist eine solche Berechnung dargestellt. Matrizenrechnungen mit dem GTR
▶ findet man auf den Seiten 395 und 396.

Berechnung von A^3 mit dem GTR

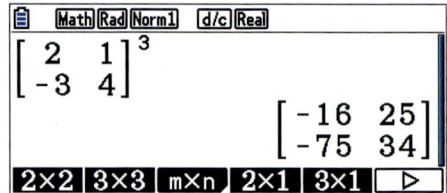

Übung 3 Manuelles Potenzieren
Berechnen Sie die Matrixpotenz manuell.

a) A^2, A^3 für $A = \begin{pmatrix} -1 & 3 \\ 2 & -2 \end{pmatrix}$

b) A^2 für $A = \begin{pmatrix} 0{,}4 & 0{,}8 \\ 0{,}6 & 0{,}2 \end{pmatrix}$

Übung 4 Potenzieren mit dem GTR
Berechnen Sie die Matrixpotenz mit GTR.

a) A^2, A^3, A^{10} für $A = \begin{pmatrix} 0{,}9 & 0{,}7 \\ 0{,}1 & 0{,}3 \end{pmatrix}$

b) A^2, A^3, A^{10} für $A = \begin{pmatrix} 0{,}2 & 0{,}5 & 0{,}6 \\ 0{,}4 & 0{,}3 & 0{,}2 \\ 0{,}4 & 0{,}2 & 0{,}2 \end{pmatrix}$

Matrizenrechnung mit dem CASIO-GTR

Das Rechnen mit Matrizen und Vektoren (vor allem die Multiplikation und die Potenzierung) findet in der **Run-Matrix-Anwendung** statt, welche im Hauptmenü mit 1 angewählt wird.

I. Die direkte Eingabe einer Matrix bzw. eines Vektors
1. Im Hauptmenü mit 1 die **Run-Matrix**-Anwendung starten.
2. F4 (**MATH**) auswählen
3. F1 (**MAT/VCT**) auswählen, um die Matrix direkt einzugeben.
4. F3 (**m × n**) auswählen, um die Dimension der Matrix festzulegen. m (Zeilenzahl) und n (Spaltenzahl) werden eingegeben.
5. Nun wird eine Matrixschablone angezeigt, deren Leerstellen mit den Elementen der Matrix gefüllt werden.
6. Die Eingabe ist nun abgeschlossen und es kann ein Operationszeichen (+, −, ×, ^) angeschlossen werden, dem eine zweite Matrix oder ein Vektor folgt oder ein Exponent beim Potenzieren.
7. Die Berechnung wird mit der **EXE**-Taste ausgelöst. Rechts ist als Beispiel die Berechnung Matrix × Vektor aufgeführt.

II. Die Eingabe einer Matrix als Matrix-Variable
Will man eine Matrix mehrfach verwenden, so speichert man sie zunächst im Matrix-Editor unter einer der Variablen A bis Z ab.
1. Im Hauptmenü mit **1** die **Run-Matrix**-Anwendung starten.
2. F3 (**MAT/VCT**) auswählen, um die Matrix als Variable einzugeben.
3. Auf den Variablennamen gehen (Mat A, Mat B, …) und **F3 (DIM)** drücken, um die Dimensionseingabe zu starten. m und n eingeben. Mit EXE abschließen.
4. Nun wird eine Matrixschablone angezeigt, deren Leerstellen mit den Elementen der Matrix gefüllt werden.
6. Die Eingabe ist nun abgeschlossen und es kann nach Exit die Eingabe einer zweiten Matrix oder eines Vektors folgen.
7. Durch zweimaliges Drücken der **EXIT**-Taste kommt man in das Fenster der Run-Matrix-Anwendung zurück.
8. Mit **SHIFT MAT** und Drücken des Variablennamens der Matrix als Buchstabe, z.B. mit **ALPHA** A, wird die Matrix aufgerufen.
9. Nun kann ein Operationzeichen eingegeben und eine zweite Matrix oder ein Vektor analog aufgerufen werden.
10. Die Berechnung wird mit der **EXE**-Taste ausgelöst. Rechts sind als Beispiele die Multiplikation von zwei Matrizen A und B und die Potenzierung A^3 aufgeführt.

Hinweis: Für einen Vektor gibt es keine eigene, besondere Darstellung. Er wird als Matrix mit m Zeilen und einer Spalte realisiert.

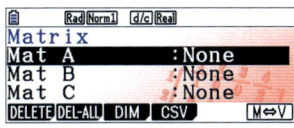

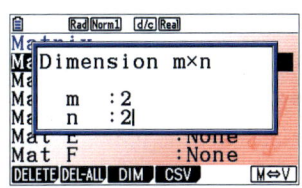

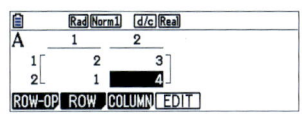

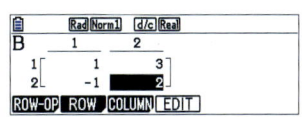

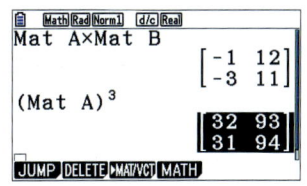

III. Weiterverwendung einer Matrix

Will man mit einer Matrix weiterrechnen, die man als Ergebnis erhalten hat, so kann man diese mit der folgenden Tastenfolge aufrufen: **SHIFT MAT SHIFT ANS**. Rechts ist die Wirkung auf dem Bildschirm für ein einfaches Beispiel zu sehen.

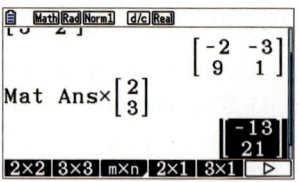

Matrizenrechnung mit dem TI-GTR

Beim TI-GTR werden Rechnungen mit Matrizen und Vektoren im Calculator durchgeführt.

Es ist dabei sinnvoll, die Matrix bzw. den Vektor gleich mit einem Variablennamen auszustatten. Möchte man beispielsweise eine Matrix A definieren, gibt man zuerst mit ⬚ a := ⬚ den Variablennamen ein. Anschließend gibt man die Matrix wie dargestellt ein.

1. Menu
2. Matrix und Vektor
3. Erstellen
4. Matrix
5. Zeilen- und Spaltenzahl festlegen
6. Nun wird eine Matrixschablone angezeigt, deren Leerstellen mit den Elementen der Matrix gefüllt werden.

Das Rechnen mit Matrizen (Addition, Subtraktion, Multiplikation zweier Matrizen, Potenzierung einer Matrix, Multiplikation Matrix/Vektor) wird in Analogie zum Rechnen mit Zahlen durchgeführt.

Rechts sind die beiden wichtigsten im Folgenden benötigten Operationen, die Multiplikation von Matrix und Vektor sowie die Potenzierung einer Matrix dargestellt.

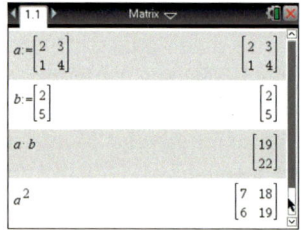

Übung 5 Matrizen

Gegeben sind die Matrizen A und B und der Vektor $\vec{v}$. Berechnen Sie folgende Terme.

a) $A \cdot \vec{v}$ b) $A \cdot B$

c) A^2 d) $A^2 \cdot \vec{v}$

e) GTR: A^{10} f) GTR: $A^5 \cdot \vec{v}$

$$A = \begin{pmatrix} 0,4 & 0,2 & 0,7 \\ 0,3 & 0,5 & 0,1 \\ 0,3 & 0,3 & 0,2 \end{pmatrix} \quad B = \begin{pmatrix} 3 & 1 \\ 2 & 0 \\ -1 & 4 \end{pmatrix} \quad \vec{v} = \begin{pmatrix} 0,5 \\ 0,2 \\ 0,3 \end{pmatrix}$$

Übungen

6. Addition/Subtraktion

Gegeben sind die Matrizen A und B.
Berechnen Sie die folgenden Terme.

a) $A + B$ b) $A - 2 \cdot B$

c) $3 \cdot A + 4 \cdot B$ d) $3 \cdot (2 \cdot A - B)$

$$A = \begin{pmatrix} 3 & -4 & 2 \\ -1 & 5 & 8 \\ 7 & 3 & 6 \end{pmatrix}, \qquad B = \begin{pmatrix} -1 & 5 & 3 \\ 9 & -7 & 6 \\ 4 & 2 & 8 \end{pmatrix}$$

7. Multiplikation Matrix/Vektor

Gegeben sind die Matrix A und der Vektor $\vec{v}$. Gesucht sind die folgenden Terme.

a) $A \cdot \vec{v}$ b) $2A \cdot (-\vec{v})$

c) $A \cdot (-2\,\vec{v})$ d) $6A \cdot \left(\frac{1}{3}\vec{v}\right)$

$$A = \begin{pmatrix} 2 & 1 & -6 \\ 8 & -4 & 3 \\ -9 & 5 & -2 \end{pmatrix}, \qquad \vec{v} = \begin{pmatrix} 4 \\ -2 \\ 3 \end{pmatrix}$$

8. Matrizenmultiplikation ohne GTR

Berechnen Sie die folgenden Matrizenprodukte.

a) $A \cdot B$ b) A^2

c) B^2 d) $(A + B) \cdot A$

$$A = \begin{pmatrix} 1 & 3 & 0 \\ -2 & 0 & 5 \\ 4 & 6 & 0 \end{pmatrix}, \qquad B = \begin{pmatrix} 6 & 0 & -4 \\ -2 & 3 & 5 \\ 0 & 1 & 4 \end{pmatrix}$$

9. Matrizenmultiplikation mit dem GTR

Berechnen Sie die Matrizenprodukte mit dem GTR.

a) $A \cdot B$ b) $A^2 \cdot B^2$

c) $(A \cdot B)^2$ d) $(2 \cdot A - B) \cdot A^3$

$$A = \begin{pmatrix} 1 & 4 & 2 \\ -3 & 5 & 1 \\ 6 & -2 & 3 \end{pmatrix}, \qquad B = \begin{pmatrix} 2 & -1 & 5 \\ 6 & 3 & -6 \\ 4 & -5 & 1 \end{pmatrix}$$

10. Kommutativ- und Distributivgesetz

Untersuchen Sie, ob für die Matrizenmultiplikation das Kommutativgesetz
$A \cdot B = B \cdot A$ bzw. das Distributivge-
setz $A \cdot (B + C) = A \cdot B + A \cdot C$ gilt.

$$A = \begin{pmatrix} 1 & 4 & -3 \\ 5 & 2 & 1 \\ 6 & -7 & 2 \end{pmatrix}, \qquad B = \begin{pmatrix} 5 & 2 & 6 \\ -4 & 3 & 1 \\ 2 & 4 & 5 \end{pmatrix}$$

$$C = \begin{pmatrix} 9 & 2 & -5 \\ 3 & 4 & 6 \\ -1 & 5 & 3 \end{pmatrix}$$

11. Potenzen von Matrizen

Berechnen Sie mithilfe des GTR die
folgenden Terme.

a) A^4 b) B^3

c) $(A + B)^3$ d) $A^2 \cdot B^3$

e) A^{125} f) A^{126}

g) C^3 h) C^{100}

i) $A \cdot D$ j) D^5

$$A = \begin{pmatrix} 1 & 0 & 2 \\ 3 & -4 & 1 \\ 6 & 5 & 3 \end{pmatrix}, \qquad B = \begin{pmatrix} 3 & 2 & -1 \\ 6 & 1 & 4 \\ 5 & -3 & 8 \end{pmatrix}$$

$$C = \begin{pmatrix} 0{,}1 & 0{,}2 & 0{,}5 \\ 0{,}7 & 0{,}5 & 0{,}3 \\ 0{,}2 & 0{,}3 & 0{,}2 \end{pmatrix}, \qquad D = \begin{pmatrix} 1 & 0 & 0 \\ 0 & 1 & 0 \\ 0 & 0 & 1 \end{pmatrix}$$

2. Stochastische Prozesse

Im Folgenden geht es um Prozesse, die durch eine Anzahl von Zuständen beschrieben werden können. Der Übergang zwischen den Zuständen erfolgt dabei mehr oder weniger zufällig und kann mithilfe einer Matrix erfasst werden. Die Prozesse sind in der Regel unbegrenzt und daher durch klassische endliche Baumdiagramme nicht zu erfassen.

A. Die Übergangsmatrix

Das Übergangsverhalten von Käufern, die einem Produkt treu bleiben oder zu einem Konkurrenzprodukt überwechseln oder zu Nichtkäufern werden, ist Gegenstand von Untersuchungen, welche von Marktforschungsinstituten vorgenommen werden, um zukünftige Marktentwicklungen im Voraus prognostizieren zu können. Wir konkretisieren dies an einem Beispiel.

► **Beispiel: Die Marktübergangsmatrix**   *Übergangsgraph*

Zwei Monatsmagazine S und F konkurrieren um die Gunst der Leser und der Nichtleser N. Im Januar lauten die Marktanteile:

   S: 60%   **F**: 20%   **N**: 20%

Das Übergangsverhalten der Verbraucher geht aus dem Übergangsgraphen hervor.
a) Erläutern Sie den Prozess.
b) Welche Marktanteile werden in den nächsten drei Monaten vorliegen?

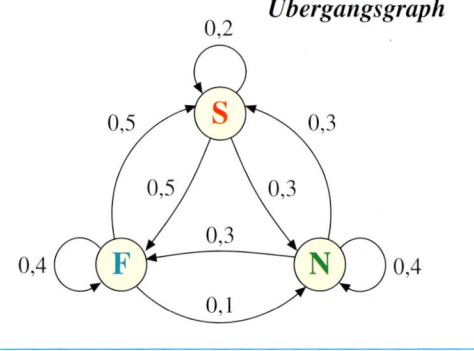

Lösung zu a:
Dieser stochastische Prozess wird durch den *Übergangsgraphen** erfasst, der drei *Zustände* S, F und N enthält.

Die Verbraucher wechseln mit bestimmten *Übergangswahrscheinlichkeiten* von einem Zustand in den anderen. Sie können aus dem Übergangsgraphen abgelesen und in eine übersichtliche Tabelle übertragen werden. Das Weglassen der Tabelleneingänge führt zur *Übergangsmatrix* M.

Es gibt eine *Anfangsverteilung* der Verbraucher auf die Zustände. Ersetzen wir die Prozentzahlen (60%, 20%, 20%) durch Anteile (0,60; 0,20; 0,20), so lautet sie:

   S: 60%   **F**: 20%   **N**: 20%

▼ Sie wird durch den *Startvektor* $\vec{v}_0$ erfasst.

Übergangstabelle

von \ nach	S	F	N
S	0,2	0,5	0,3
F	0,5	0,4	0,3
N	0,3	0,1	0,4

Übergangsmatrix

$$M = \begin{pmatrix} 0,2 & 0,5 & 0,3 \\ 0,5 & 0,4 & 0,3 \\ 0,3 & 0,1 & 0,4 \end{pmatrix}$$

Anfangsverteilung/Startvektor

$$\vec{v}_0 = \begin{pmatrix} 0,60 \\ 0,20 \\ 0,20 \end{pmatrix}$$

_____
* Anderer Name: Prozessdiagramm

Lösung zu b:
Die Marktanteile nach einem Monat sind:

$S = 0{,}2 \cdot 0{,}60 + 0{,}5 \cdot 0{,}20 + 0{,}3 \cdot 0{,}20 = 0{,}28$
$F = 0{,}5 \cdot 0{,}60 + 0{,}4 \cdot 0{,}20 + 0{,}3 \cdot 0{,}20 = 0{,}44$
$N = 0{,}3 \cdot 0{,}60 + 0{,}1 \cdot 0{,}20 + 0{,}4 \cdot 0{,}20 = 0{,}28$

Diese neue Verteilung kann wieder durch einen *Verteilungsvektor* $\vec{v}_1$ erfasst werden, der auch *Zustandsvektor* genannt wird. Er hat die Koordinaten 0,28; 0,44; 0,28. Man erkennt: Der neue Verteilungssvektor $\vec{v}_1$ ist das **Produkt** aus der Übergangsmatrix M und dem alten Verteilungsvektor $\vec{v}_0$, d.h. $\vec{v}_1 = M \cdot \vec{v}_0$.

Die Marktanteile im März erhalten wir auf die gleiche Weise, indem wir den aktuellen Verteilungssvektor für Februar mit der Übergangsmatrix M multiplizieren.

Nochmalige Wiederholung führt auf die gesuchten Marktanteile im April:
S: 34,4 %   F: 41,2 %   N: 24,4 %
Interpretation: Das Magazin S verliert Anteile, das Magazin M gewinnt Anteile, der ► Nichtleseranteil N steigt geringfügig.

Vereinfachung mit dem GTR

Obige Ergebnisse können wir schneller erzielen, wenn wir die Multiplikation von Übergangasmatrix M und Verteilungsvektor nicht manuell, sodern mit dem GTR durchführen. Rechts ist dies für die Berechnung des Februar-Verteilungsvektors dargestellt.

Stark vereinfacht kann auch der April-Verteilungsvektor ohne jeden Zwischenschritt berechnet werden, indem wir M potenzieren und M^3 verwenden, statt die Matrix M dreimal hintereinander anzuwenden.
Der Term $M^3 \cdot \vec{v}_0$ liefert dann mit einem einzigen GTR-Schritt das Ergebnis $\vec{v}_3$ für die April-Marktanteile .

Marktanteile im Januar
Anfangsverteilung

$$\vec{v}_0 = \begin{pmatrix} 0{,}60 \\ 0{,}20 \\ 0{,}20 \end{pmatrix}$$

Marktanteile im Februar
Folgeverteilung

$$\begin{pmatrix} 0{,}2 & 0{,}5 & 0{,}3 \\ 0{,}5 & 0{,}4 & 0{,}3 \\ 0{,}3 & 0{,}1 & 0{,}4 \end{pmatrix} \cdot \begin{pmatrix} 0{,}60 \\ 0{,}20 \\ 0{,}20 \end{pmatrix} = \begin{pmatrix} 0{,}28 \\ 0{,}44 \\ 0{,}28 \end{pmatrix}$$
$$M \qquad \cdot \quad \vec{v}_0 \quad = \quad \vec{v}_1$$

Marktanteile im März

$$\begin{pmatrix} 0{,}2 & 0{,}5 & 0{,}3 \\ 0{,}5 & 0{,}4 & 0{,}3 \\ 0{,}3 & 0{,}1 & 0{,}4 \end{pmatrix} \cdot \begin{pmatrix} 0{,}28 \\ 0{,}44 \\ 0{,}28 \end{pmatrix} = \begin{pmatrix} 0{,}36 \\ 0{,}40 \\ 0{,}24 \end{pmatrix}$$
$$M \qquad \cdot \quad \vec{v}_1 \quad = \quad \vec{v}_2$$

Marktanteile im April

$$\begin{pmatrix} 0{,}2 & 0{,}5 & 0{,}3 \\ 0{,}5 & 0{,}4 & 0{,}3 \\ 0{,}3 & 0{,}1 & 0{,}4 \end{pmatrix} \cdot \begin{pmatrix} 0{,}36 \\ 0{,}40 \\ 0{,}24 \end{pmatrix} = \begin{pmatrix} 0{,}344 \\ 0{,}412 \\ 0{,}244 \end{pmatrix}$$
$$M \qquad \cdot \quad \vec{v}_2 \quad = \quad \vec{v}_3$$

GTR: Marktanteile im Februar
$M \cdot \vec{v}_0 = \vec{v}_1$

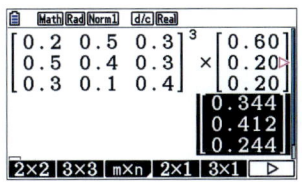

GTR: Marktanteile im April
$M^3 \cdot \vec{v}_0 = \vec{v}_3$

B. Stabilisierung einer Verteilung

Langfristig pendelt sich der Markt bei gleichbleibendem Übergangsverhalten auf einen sogenannten *stationären Gleichgewichtszustand* mit stabilen Marktanteilen ein.

▶ **Beispiel: Stabile Markanteile**
Die Marktanteile der Magazine aus dem
vorhergehenden Beispiel pendeln sich
langfristig auf feste, fixierte Werte ein.
Berechnen Sie diese Anteile.

Lösung:
Der Vektor $\vec{v}$ mit den Koordinaten x, y, z
sei der noch unbekannte *Verteilungsvektor
der stabilen Marktanteile*.
Dann muß offenbar gelten: $M \cdot \vec{v} = \vec{v}$.
$\vec{v}$ wird als *Fixvektor* von M bezeichnet.

Wie berechnet man nun den Fixvektor?
Die Bedingung $M \cdot \vec{v} = \vec{v}$ führt auf ein lineares Gleichungssystem mit den Glei-
chungen I, II und III. Versucht man, es zu
lösen, erkennt man: Es ist unterbestimmt.

Aber es gibt noch eine weitere, *versteckte
Gleichung* IV: Die Summe der drei Marktanteile x, y und z muss 1 sein. Diese Gleichung füllt die Informationslücke.

Wir ersetzen nun Gleichung III, deren Information in den Informationen von I und
II schon enthalten ist, durch Gleichung IV.

Das neue Gleichungssystem ist lösbar. Wir
GTR können es manuell oder mit dem GTR lösen. Die Lösung liefert die stabilen Marktanteile x = 34,7 %, y = 41,1 %, z = 24,2 %,
▶ die einen stationären Zustand darstellen.

Bedingung für stabile Marktanteile

$$\begin{pmatrix} 0,2 & 0,5 & 0,3 \\ 0,5 & 0,4 & 0,3 \\ 0,3 & 0,1 & 0,4 \end{pmatrix} \cdot \begin{pmatrix} x \\ y \\ z \end{pmatrix} = \begin{pmatrix} x \\ y \\ z \end{pmatrix}$$

Berechnung des Fixvektors

I   : $0,2\,x + 0,5\,y + 0,3\,z = x$
II : $0,5\,x + 0,4\,y + 0,3\,z = y$
III : $0,3\,x + 0,1\,y + 0,4\,z = z$
IV: $x +\quad y +\quad z = 1$

Vereinfachtes Gleichungssystem

$10 \cdot$ I : $-8\,x + 5\,y + 3\,z = 0$
$10 \cdot$ II : $5\,x - 6\,y + 3\,z = 0$
      IV: $x +\ y +\ z = 1$

Lösung des Gleichungssystems
x = 0,347, y = 0,411, z = 0,242

Marktgleichgewicht/stabile Anteile
Magazin S: 34,7 %
Magazin F: 41,1 %
Nichtleser N: 24,2 %

Übung 1

Drei Firmen M, L und B teilen sich den Mineralwassermarkt einer Region. Bekannt sind das
Übergangsverhalten der Käufer und die Anfangsverteilung der Marktanteile.
a) Stellen Sie eine Übergangstabelle auf.
b) Wie lautet die Übergangsmatrix M?
c) Berechnen Sie den Marktanteil nach einem Monat und nach drei Monaten.
d) Welche stabilen Markanteile bilden sich
   langfristig aus?

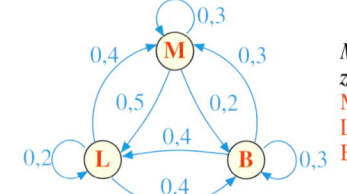

*Marktanteile
zu Beginn:*
Minerva: 50 %
Lullus: 20 %
Bonifatius: 30 %

C. Theorie: Fixvektor, Grenzmatrix und Grenzverteilung

Im vorhergehenden Abschnitt wurde ein *stochastischer Prozess* untersucht. Auf dieser Seite systematisieren und präzisieren wir die dabei gemachten Erfahrungen.

Ein solcher Prozess ist durch seine *Zustände*, deren *Übergangswahrscheinlichkeiten* und den *Verteilungsvektor* gekennzeichnet. Die Übergangswahrscheinlichkeiten können im Übergangsgraphen - auch Prozessdiagramm genannt - oder in der Übergangsmatrix M dargestellt werden.

Diese Matrix M ist eine sog. *stochastische Matrix*. Das ist eine quadratische Matrix, deren Elemente reelle Zahlen zwischen 0 und 1 sind (Wahrscheinlichkeiten), und deren Spaltensummen alle gleich 1 sind.

Wir wissen, dass ein Übergang durch Multiplikation eines Verteilungsvektors $\vec{v}$ mit der Übergangsmatrix M beschrieben werden kann. Mit wachsender Zahl n von Übergängen stabilisiert sich der Verteilungsvektor $\vec{v}$ zunehmend und nähert sich einer *stationären Grenzverteilung* an.

Dabei spielt der sog. *Fixvektor* $\vec{v}$ der Übergangsmatrix M eine wichtige Rolle. Das ist ein Verteilungsvektor, der sich bei Multiplikation mit M nicht ändert.

Seine Bedeutung geht aus einem Satz hervor, der im Folgenden oft verwendet wird (Ein Beweis ist hier nicht möglich).

Definition XIV.4: Stochastische Matrix
Eine Matrix $M = (a_{ij})$ bezeichnet man als *stochastische Matrix*, wenn gilt:

1. M ist eine quadratische Matrix.
2. Die Elemente vom M sind reelle Zahlen zwischen 0 und 1 ($0 \le a_{ij} \le 1$).
3. Alle Spaltensummen von M sind 1 ($a_{1j} + a_{2j} + \ldots + a_{nj} = 1$ für $1 \le j \le n$).

Verlauf eines Übergangsprozesses:

$$M \cdot \vec{a} = \vec{b}$$

| Übergangs-matrix | Anfangsver-teilung | Folge-verteilung |

Grenzverteilung:

$$M^n \cdot \vec{v} = \vec{v} \quad \text{für } n \to \infty$$

Definition XIV.5: Der Fixvektor von M
Ein Verteilungsvektor $\vec{v} \neq 0$ eines stochastischen Prozesses heißt *Fixvektor* der Übergangsmatrix M, wenn gilt:

$$M \cdot \vec{v} = \vec{v}.$$

Die durch $\vec{v}$ beschriebene Verteilung wird als *stationäre Verteilung* des Prozesses bezeichnet.

Satz XIV.1: Grenzmatrix und Fixvektor
M sei eine stochastische Matrix, deren Elemente alle positiv* sind. Dann gelten (1)–(4).

(1) Es gibt *genau einen* vom Nullvektor verschiedenen Fixvektor $\vec{v}$ von M.
(2) Die Matrixpotenzen M, M^2, M^3, … streben mit wachsendem Exponenten gegen die sog. Grenzmatrix M^∞.
(3) Die Spalten der Grenzmatrix M^∞ sind mit dem Fixvektor $\vec{v}$ identisch.
(4) Die Folgeverteilungen $\vec{v}_1 = M \cdot \vec{v}_0$, $\vec{v}_2 = M^2 \cdot \vec{v}_0$, $\vec{v}_3 = M^3 \cdot \vec{v}_0$, … streben für jede Anfangsverteilung $\vec{v}_0 \neq \vec{0}$ gegen den Fixvektor $\vec{v}$ von M. Es gilt $M^\infty \cdot \vec{v}_0 = \vec{v}$.

---

* Es reicht schon aus, wenn die Elemente *irgendeiner Matrixpotenz* M^k ($k \in \mathbb{N}$) positiv ($a_{ij} > 0$) sind.

Im folgenden Beispiel wenden wir Satz XIV.1 an, um seine Aussagen besser zu verstehen.

▶ **Beispiel: Stochastischer Prozess mit Grenzverteilung**
Die Abbildung zeigt den Übergangsgraphen eines stochastischen Prozesses.
a) Bestimmen Sie die Übergangsmatrix M.
b) Wie lautet der Fixvektor $\vec{v}$ von M?
c) Berechnen Sie die Matrixpotenzen M^2, M^3 und M^4.
d) Wie lautet die Grenzmatrix M^∞?
e) Nennen Sie eine mögliche Interpretation des Prozesses.

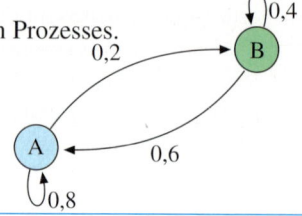

Lösung zu a:
Die Daten des *Übergangsgraphen* übertragen wir in eine Tabelle. Durch das Weglassen der Tabelleneingänge erhalten wir die Übergangsmatrix M. Sie enthält nur positive Elemente, so dass Satz XIV.1 gilt.

Übergangsmatrix:

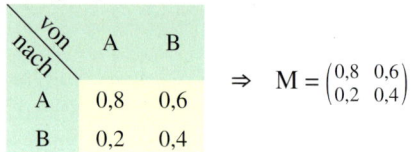

von\nach	A	B
A	0,8	0,6
B	0,2	0,4

$$\Rightarrow \quad M = \begin{pmatrix} 0,8 & 0,6 \\ 0,2 & 0,4 \end{pmatrix}$$

Lösung zu b:
Der eindeutige Fixvektor $\vec{v}$ erfüllt die Gleichung $M \cdot \vec{v} = \vec{v}$. Daraus ergeben sich die Gleichungen I und II, die aber zur eindeutigen Lösung nicht ausreichen, wie wir schon wissen. Die Zusatzinformation, dass die Koordinatensumme des Verteilungsvektors $\vec{v}$ stets 1 ergibt, liefert Gleichung III. Nun lassen wir Gleichung II weg und lösen das (2; 2)-System aus I und III.
Resultat: Der Fixvektor $\vec{v}$ hat die Koordinaten x = 0,75 und y = 0,25.

Fixvektor:

$$M \cdot \vec{x} = \vec{x}$$

$$\begin{pmatrix} 0,8 & 0,6 \\ 0,2 & 0,4 \end{pmatrix} \cdot \begin{pmatrix} x \\ y \end{pmatrix} = \begin{pmatrix} x \\ y \end{pmatrix}$$

I : $0,8\,x + 0,6\,y = x$
II : $0,2\,x + 0,4\,y = y$
III : $\quad x + \quad y = 1$

Lösung: x = 0,75, $\Rightarrow \quad \vec{v} = \begin{pmatrix} 0,75 \\ 0,25 \end{pmatrix}$
            y = 0,25

Lösung zu c:
Durch Matrizenmultiplikation erhalten wir die gesuchten Potenzen. Einfacher ist die direkte Potenzierung von M mit dem GTR.

Matrixpotenzen:

$$M^2 = \begin{pmatrix} 0,76 & 0,72 \\ 0,24 & 0,28 \end{pmatrix}, \quad M^3 = \begin{pmatrix} 0,752 & 0,744 \\ 0,248 & 0,256 \end{pmatrix}$$

$$M^4 = \begin{pmatrix} 0,7504 & 0,7488 \\ 0,2496 & 0,2512 \end{pmatrix}$$

Lösung zu d:
Die Grenzmatrix können wir näherungsweise durch die Berechnung noch höherer Potenzen von M mit dem GTR bestimmen (M^{10}, M^{100} etc.)
Aber <u>einfacher</u> geht es nach Satz XIV 1.3:
Die Spalten der Grenzmatrix entsprechen alle dem Fixvektor $\vec{v}$.

Grenzmatrix:

$$M^{10} = \begin{pmatrix} 0,75000003 & 0,74999992 \\ 0,24999997 & 0,25000007 \end{pmatrix} \approx \begin{pmatrix} 0,75 & 0,75 \\ 0,25 & 0,25 \end{pmatrix}$$

$$\vec{v} = \begin{pmatrix} 0,75 \\ 0,25 \end{pmatrix} \Rightarrow M^\infty = \lim_{n \to \infty} M^n = \begin{pmatrix} 0,75 & 0,75 \\ 0,25 & 0,25 \end{pmatrix}$$

Lösung zu e:
Es kann sich um das Übergangsverhalten der Käufer zweier konkurrierender marktbeherrschender Produkte A und B handeln. Ganz unabhängig von den anfänglichen Marktanteilen pendeln
▶ sich die Marktanteile bei konstantem Übergangsverhalten auf 75 % für A und 25 % für B ein.

Übungen*

2. Stochastische Matrizen
Prüfen Sie, ob die Matrix M eine stochastische Matrix ist.

a) $M = \begin{pmatrix} 0 & 0,6 \\ 1 & 0,4 \end{pmatrix}$ b) $M = \begin{pmatrix} 0,4 & 0,7 \\ 0,6 & 0,2 \end{pmatrix}$ c) $M = \begin{pmatrix} 0,1 & 0,6 & 0 \\ 0,8 & 0,4 & 0,5 \\ 0,1 & 0 & 0,5 \end{pmatrix}$ d) $M = \begin{pmatrix} 0,4 & 0,3 & 0,2 \\ 0,2 & 0,3 & -0,1 \\ 0,4 & 0,3 & 0,7 \end{pmatrix}$

3. Die Übergangsmatrix
Rechts ist das Prozessdiagramm eines stochastischen Prozesses dargestellt. Es ist nicht ganz vollständig, denn es fehlen Übergangswahrscheinlichkeiten.
a) Vervollständigen Sie das Diagramm.
b) Stellen Sie die Übergangsmatrix M auf.

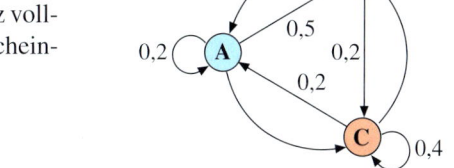

4. Potenzen der Übergangsmatrix
Ein stochastischer Prozess wird durch die abgebildete Übergangsmatrix M erfasst.
a) Zeichnen Sie das Prozessdiagramm.
b) Berechnen Sie die Potenz M^2 manuell.
   (Hinweis: $M^2 = M \cdot M$).
c) Berechnen Sie die Potenz M^3 mit Hilfe des GTR.
d) Welche anschauliche Bedeutung hat die erste Spalte der Matrix M^2? Welche Bedeutung haben die zweite und die dritte Spalte von M^2?

$$M = \begin{pmatrix} 0,3 & 0,5 & 0,2 \\ 0,6 & 0,4 & 0,0 \\ 0,1 & 0,1 & 0,8 \end{pmatrix}$$

5. Bedeutung des Startvektors
Das Diagramm beschreibt einen Prozess, bei dem sich eine Anzahl von Molekülen zwischen den Orten A, B und C bewegen.
a) Was bedeutet der Startvektor $\vec{v}_0$ anschaulich?

$$\text{I: } \vec{v}_0 = \begin{pmatrix} 0,2 \\ 0,3 \\ 0,5 \end{pmatrix} \qquad \text{II: } \vec{v}_0 = \begin{pmatrix} 1 \\ 0 \\ 0 \end{pmatrix} \qquad \text{III: } \vec{v}_0 = \begin{pmatrix} 0 \\ 0 \\ 1 \end{pmatrix}$$

b) Berechnen Sie jeweils den Folgezustand $\vec{v}_1$ für die drei Startzustände aus a).

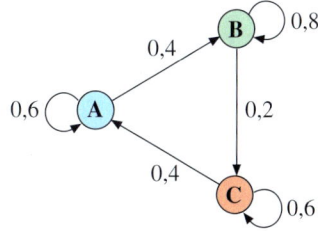

6. Die Grenzverteilung
Die Wildschweine haben als Revier die drei Waldstücke A, B und C. In jeder Nacht wechseln sie den Aufenthaltsort anhand des abgebildeten Übergangsgraphen. Zu Beginn verteilen sich die Tiere folgendermaßen: A: 30%, B: 60%, C: 10%.
Welche Verteilung auf die Standorte stellt sich langfristig ein? Berechnen Sie dazu mit dem GTR $M^n \cdot \vec{v}_0$ für einige große Werte von n.

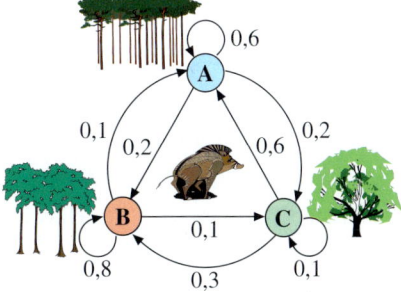

* Seite 403–405: Elementare Übungen, Seite 406–410: Anwendungsübungen, Seite 411: Abiturartige Übungen

7. Grenzmatrix
Bestimmen Sie angenähert die Grenzmatrix des stochastischen Prozesses mit der Übergangsmatrix M.

a) $M = \begin{pmatrix} 0,2 & 0,4 \\ 0,8 & 0,6 \end{pmatrix}$, $\vec{v}_0 = \begin{pmatrix} 0,3 \\ 0,7 \end{pmatrix}$ b) $M = \begin{pmatrix} 0,4 & 0,6 \\ 0,6 & 0,4 \end{pmatrix}$, $\vec{v}_0 = \begin{pmatrix} 1 \\ 0 \end{pmatrix}$ c) $M = \begin{pmatrix} 0,2 & 0,2 & 0,2 \\ 0,6 & 0,4 & 0,2 \\ 0,2 & 0,4 & 0,6 \end{pmatrix}$, $\vec{v}_0 = \begin{pmatrix} 0,2 \\ 0,5 \\ 0,3 \end{pmatrix}$

8. Übergangsprozesse und ihre stationäre Verteilung
Die unvollständigen Prozessdiagramme I. bis III. zeigen stochastische Übergangsprozesse.
a) Ergänzen Sie die noch fehlenden Übergangswahrscheinlichkeiten.
b) Stellen Sie das Prozessdiagramm tabellarisch dar. Wie lautet die Übergangsmatrix M?
c) Bestimmen Sie für den angegebenen Startvektor $\vec{v}_0$ die Folgeverteilungen $\vec{v}_1$, $\vec{v}_2$, $\vec{v}_3$.
d) Welche stationäre Verteilung $\vec{v}$ ergibt sich langfristig? Verwenden Sie den Ansatz
$M \cdot \vec{v} = \vec{v}$.
e) Wie lautet die Grenzmatrix M^∞ des Prozesses?

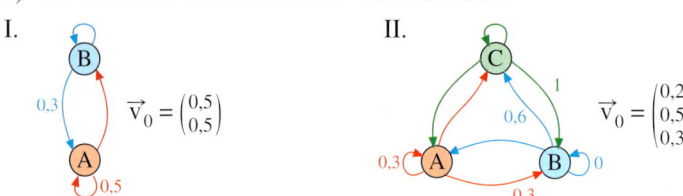

9. Stabilisierung von Verteilungen
a) Bestimmen Sie die Übergangsmatrix M des dargestellten stochastischen Prozesses.
b) Berechnen Sie, ausgehend von der angegebenen Startverteilung $\vec{v}_0$, die Folgeverteilungen $\vec{v}_1$, $\vec{v}_2$ und $\vec{v}_3$.
c) Bestimmen Sie die Grenzmatrix M^∞ angenähert durch Potenzen von M, welche mithilfe
des GTR berechnet werden.
d) Welche Grenzverteilung ergibt sich, ausgehend von der Startverteilung $\vec{v}_0$? Stellen Sie dies
durch eine Näherungsrechnung mit dem GTR fest.
e) Geben Sie eine andere Startverteilungen $\vec{v}_0$ vor und untersuchenSie wie unter d), welche
Grenzverteilungen sich nun ergibt. Was folgern Sie aus dem Ergebnis?

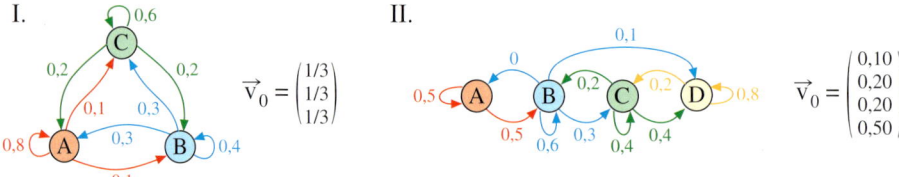

10. Zukunft und Vergangenheit
Stochastische Prozesse, die durch eine stochastische Übergangsmatrix M und eine Startverteilung $\vec{v}_0$ festgelegt sind, gestatten eine Prognose in die Zukunft, aber keinen Rückblick in
die Vergangenheit. Es kann sein, dass es keine Verteilung gibt, die zur Startverteilung hin
führt. Die Startverteilung hat „keine Vergangenheit". Zeigen Sie dies für folgendes Beispiel.

$M = \begin{pmatrix} 0,8 & 0,2 \\ 0,2 & 0,8 \end{pmatrix}$, $\vec{v}_0 = \begin{pmatrix} 0 \\ 1 \end{pmatrix}$ Hinweis: Verwenden Sie den Ansatz $M \cdot \vec{v}_{-1} = \vec{v}_0$ mit $\vec{v}_{-1} = \begin{pmatrix} x \\ y \end{pmatrix}$

11. Stochastischer Prozess

Die Abbildung zeigt den Übergangsgraphen eines Prozesses. Fehlende Pfeile bedeuten, dass die entsprechende Übergangswahrscheinlichkeit 0 beträgt.

a) Bestimmen Sie die Übergangsmatrix M. Handelt es sich um eine stochastische Matrix?

b) Zeigen Sie durch Anwendung von Satz XIV.1: Es gibt einen eindeutigen Fixvektor $\vec{v}$ von M. Berechnen Sie dazu die Matrixpotenz M^2 und beachten Sie die Fußnote zu Satz XIV.1.

c) Berechnen Sie den Fixvektor $\vec{v}$ mithilfe des Ansatzes $M \cdot \vec{v} = \vec{v}$.

d) Berechnen Sie die Matrixpotenzen M^3 bis M^5.

e) Wie lautet die Grenzmatrix M^∞?

f) Welche Folgeverteilung ergibt sich nach einem Übergang bzw. nach 10 Übergängen, wenn folgende Startverteilung vorliegt:

A: 20%, B: 30%, C: 50%

Welche Grenzverteilung ergibt sich langfristig?

g) Geben Sie eine mögliche reale Interpretation des Prozesses an.

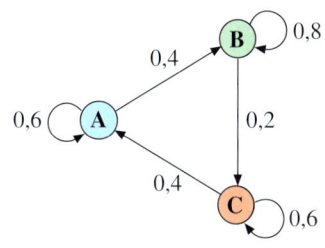

12. Fixvektoren/Satz XIV.1

Die Übergangsmatrix M eines stochastischen Prozesses sei eine Einheitsmatrix, d.h. eine Matrix, deren Hauptdiagonale nur Einsen enthält, während alle anderen Zellen Nullen enthalten. Rechts sind als Beispiele zwei Einheitsmatrizen aufgeführt.

a) Ist M eine stochastische Matrix?

b) Weshalb kann Satz XIV.1 in diesen Fällen nicht angewandt werden? Berechnen Sie dazu einige Matrixpotenzen von M. Beachten Sie die Fußnote zu Satz XIV.1.

c) Welche Fixvektoren $\vec{v}$ haben die Matrizen M? Verwenden Sie die Gleichung $M \cdot \vec{v} = \vec{v}$ und die gegebenen Ansätze für $\vec{v}$.

$$M = \begin{pmatrix} 1 & 0 \\ 0 & 1 \end{pmatrix} \qquad \text{Ansatz: } \vec{v} = \begin{pmatrix} x \\ y \end{pmatrix}$$
$$x + y = 1$$

$$M = \begin{pmatrix} 1 & 0 & 0 \\ 0 & 1 & 0 \\ 0 & 0 & 1 \end{pmatrix} \qquad \text{Ansatz: } \vec{v} = \begin{pmatrix} x \\ y \\ z \end{pmatrix}$$
$$x + y + z = 1$$

13. Fixvektoren/Stationäre Verteilungen

M sei die Übergangsmatrix eines stochastischen Prozesses. Bestimmen Sie einen Verteilungsvektor $\vec{v}$, der durch Multiplikation mit M nicht verändert wird, also einen Fixvektor. Lösen Sie die Aufgabe, ausgehend von der Gleichung $M \cdot \vec{v} = \vec{v}$ und der Annahme, dass die Summe der Elemente des Vektors $\vec{v}$ gleich 1 ist ($x + y = 1$ bzw. $x + y + z = 1$).

a) $M = \begin{pmatrix} 0,3 & 0,5 \\ 0,7 & 0,5 \end{pmatrix}$ b) $M = \begin{pmatrix} 0 & 1 \\ 1 & 0 \end{pmatrix}$ c) $M = \begin{pmatrix} 0,2 & 0,3 & 0,5 \\ 0,4 & 0,2 & 0,4 \\ 0,4 & 0,5 & 0,1 \end{pmatrix}$ d) $M = \begin{pmatrix} 0 & 0 & 1 \\ 1 & 0 & 0 \\ 0 & 1 & 0 \end{pmatrix}$

Andere Prozessse

14. Urlaubsplanung

Im Übergangsgraphen rechts ist die Ur-
laubsplanung der Deutschen dargestellt.
Dabei bedeutet
H: Urlaub zu Hause
D: Urlaub in Deutschland
A: Urlaub im Ausland
Es wird angenommen, dass das Über-
gangsverhalten langfristig konstant bleibt.

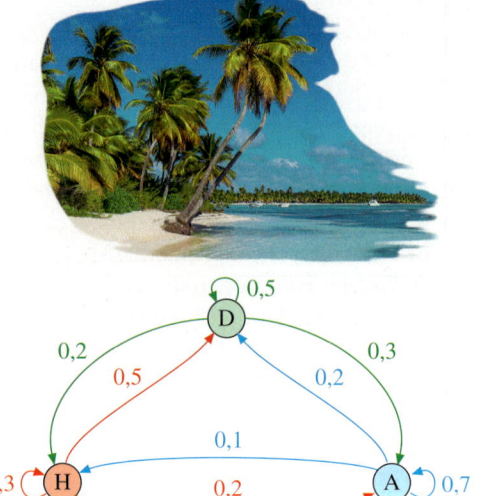

a) Bestimmen Sie die Übergangsmatrix M.
b) Die Verteilung im Jahr 2015 war:
   H: 25%, D: 40%, A: 35%.
   Mit welcher Verteilung können die
   Reiseveranstalter für 2016 rechnen?
c) Berechnen Sie die Matrixpotenzen M^2,
   M^3 und M^4.
d) Wie lautet die Grenzmatrix M^∞? Welche Grenzverteilung $\vec{v}$ ergibt sich?

15. Carsharing

Ein Carsharingunternehmen bietet seine
Dienste in einer Großstadt an. Dazu wurde das Stadtgebiet in drei Bereiche einge-
teilt. Das Prozessdiagramm gibt an, wie
sich die Verteilung der Autos auf die drei
Bereiche A, B und C im Tagestakt ändert.

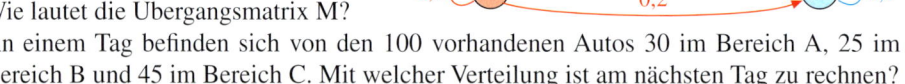

a) Wie lautet die Übergangsmatrix M?
b) An einem Tag befinden sich von den 100 vorhandenen Autos 30 im Bereich A, 25 im
   Bereich B und 45 im Bereich C. Mit welcher Verteilung ist am nächsten Tag zu rechnen?
c) Wie lautet die Verteilung eine Woche später?
d) Wie lautet die Grenzmatrix M^∞?
e) Zeigen Sie, dass unabhängig von der Anfangsverteilung $\vec{v}_0$ der Autos sich immer dieselbe
   Grenzverteilung $\vec{v}$ einstellt.

16. Shopping-Center

Drei Einkaufszentren A, B und C stehen den 500000 Kunden eines
Gebietes zur Verfügung. Das monatliche Wechselverhalten wird durch
die Übergangsmatrix M beschrieben.

$$M = \begin{pmatrix} 0{,}86 & 0{,}03 & 0{,}07 \\ 0{,}09 & 0{,}91 & 0{,}05 \\ 0{,}05 & 0{,}06 & 0{,}88 \end{pmatrix}$$

a) Ist M eine stochastische Matrix?
b) Stellen Sie das Übergangsverhalten im Prozessdiagramm dar.
c) Im Monat Mai hatte A 19000 Kunden, B hatte 15000 Kunden und C 16000 Kunden.
   Ermitteln Sie die Verteilungen für die nächsten drei Monate.
d) Mit welcher Verteilung ist nach einem Jahr zu rechnen?
e) Gibt es eine stationäre Verteilung, die sich beim angegebenen Wechselverhalten in den
   folgenden Monaten nicht ändert?

---

* Die Übungen auf den folgenden Seiten sind typische zusammengesetzte Anwendungsübungen

17. Diffusion

Ein Behälter enthält insgesamt 36 Mio. Teilchen. Eine durchlässige Membran teilt ihn in zwei Bereiche A und B. Im Sekundentakt diffundieren 20 % der Teilchen, die sich gerade im Bereich A befinden, durch die Membran nach B. Gleichzeitig diffundieren 10 % der Teilchen von B nach A. Zu Beginn des Prozesses befinden sich 27 Mio. Teilchen in A und 9 Mio. Teilchen in B.

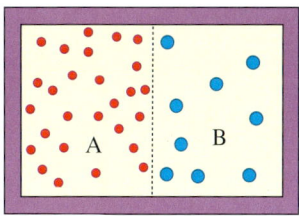

a) Stellen Sie den Übergangsgraphen dar. Wie lautet die Übergangsmatrix M?
b) Untersuchen Sie die kurzfristige Entwicklung der Teilchenzahlen in A und in B.
c) Welche Teilchenzahlen stellen sich langfristig ein?
d) Welche langfristige Entwicklung ergibt sich, wenn sich zu Beginn alle 36 Mio. Teilchen im Bereich A befinden? Welches Ergebnis erhält man langfristig, wenn sich zu Beginn alle Teilchen im Bereich B aufhalten?

18. Wahlen

In einem Land gibt es drei politische Parteien. Der abgebildete Graph zeigt das Wechselverhalten der Wähler bei den monatlichen Umfragen ein Jahr vor der nächsten Wahl.

a) Vervollständigen Sie den Übergangsgraphen.
b) Stellen Sie die Übergangsmatrix M auf.
c) Die Umfrageergebnisse der Parteien betragen aktuell:
A: 25 %, B: 35 %, C: 40 %. Welche Stimmenanteile ergeben sich im nächsten Monat bzw. in zwei Monaten, wenn das Wechselverhalten sich nicht ändert?
d) Welche Prognose ergibt sich für die Wahl in zwölf Monaten? Wie realistisch ist eine solche Prognose?
e) Welche Wahlprognose ergäbe sich bei der Ausgangslage A: 5 %, B: 35 %, C: 60 %?

19. Adler oder Engel

Vier Münzen liegen in einer Reihe. Bei allen liegt Adler oben.

Nun wird im Sekundentakt jeweils eine Münze zufällig ausgewählt und umgedreht. Auf diese Weise können Zustände entstehen, bei denen 0 bis 4 Engel oben liegen.

a) Vervollständigen Sie den folgenden Übergangsgraphen durch Eintragen der Übergangswahrscheinlichkeiten. Die Zahlen stehen jeweils für die Anzahl der obenliegenden Engel.

b) Stellen Sie die Übergangsmatrix M auf. Handelt es sich um eine stochastische Matrix? Wie lautet der Startvektor $\vec{v}_0$?
c) Bestimmen Sie die Folgeverteilungen $\vec{v}_1$, $\vec{v}_2$, $\vec{v}_3$, $\vec{v}_{11}$, $\vec{v}_{12}$, $\vec{v}_{13}$, $\vec{v}_{14}$. Was fällt Ihnen auf?
d) Mit welcher Wahrscheinlichkeit liegt nach 10 Sekundentakten genau ein Engel oben?
e) Zeigen Sie mithilfe des GTR angenähert, dass es keine eindeutige Grenzmatrix M^∞ gibt.

20. Idyll

In einem Naturschutzgebiet gibt es Teile, die mit Wiese, Gestrüpp und Sumpf bedeckt sind. Jährlich geht ein Teil des Wiesenlandes in Gestrüpp über, Sumpf wird zu Wiese usw. Die Tabelle zeigt die jährlichen Übergangswahrscheinlichkeiten.

a) Begründen Sie: Die Übergangsmatrix M ist eine stochastische Matrix.

von nach	W	G	S
W	0,7	0,2	0,2
G	0,2	0,8	0,0
S	0,1	0,0	0,8

b) Die Startanteile lauten:
W: 60%, G: 30%, S: 10%.
Welche Anteile findet man nach einem Jahr, nach zwei Jahren, nach fünf Jahren?

c) Welche Anteile sind langfristig zu erwarten, wenn die Übergänge konstant bleiben?

d) Durch Mähen der Wiesen wird der Übergang zu Gestrüpp auf 10% verringert. Durch Bewässerungsmaßnahmen wird das Umwandeln des Sumpfes in Wiese ebenfalls auf 10% verringert. Wie entwickelt sich das Gebiet nun nach 5 Jahren bzw. nach 10 Jahren bzw. langfristig? Interpretieren Sie das Ergebnis anschaulich.

21. Banken

Drei Bankhäuser konkurrieren um ihre Kunden. Der Übergangsgraph zeigt die jährlichen Kundenströme.

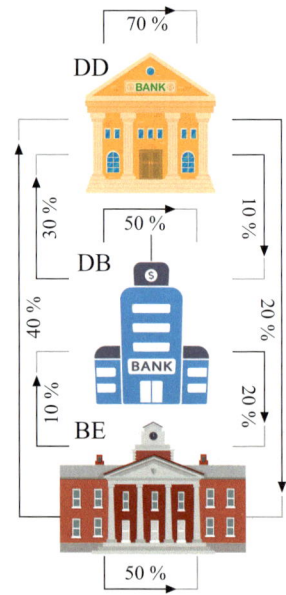

a) Stellen Sie die Übergangstabelle und die Übergangsmatrix M auf.

b) Die aktuellen Marktanteile lauten:
DD: 43%, DB: 22%, BE: 35%.
Wie lauten die Anteile in einem Jahr, in drei Jahren, in 5 Jahren? Welche Vermutung liegt nahe?

c) Wie lauten die stabilen Anteile, auf die sich der Markt langfristig einpegelt?

d) Wie würde sich das Ergebnis von c) ändern, wenn es der BE durch Sofortmaßnahmen gelänge, ihre Kundenabgänge jeweils zu halbieren?

e) Zeigen Sie, dass die Marktanteile vor einem Jahr folgendermaßen lauteten:
DD: 20%, DB: 30%, BE: 50%.

f) Die BE geht pleite. Dadurch steigen die Marktanteile von DD und DB auf 60% bzw. 40%. Die Markentreue der Kunden von DD und DB bleibt unverändert. Lösen Sie die Fragestellungen a) bis c) nun für die neue Konstellation.

22. Restaurant

Das Restaurant LaFille verliert monatlich 30 % der Stammkunden an das Restaurant McHunger. 70 % der Kunden bleiben. Umgekehrt verliert McHunger 20 % an LaFille, 80 % bleiben.

a) Lafille hat aktuell 60 Stammgäste, McHunger 40. Wie lauten die Gästeanteile im Folgemonat? Welche Aufteilung ergibt sich langfristig?

b) Sechs Monate später eröffnet das Restaurant PizAria in der Nähe. Es nimmt den Alteingesessenen jeweils 10 Prozentpunkte ihrer Stammgäste aus deren Bleiberquote. PizAria hält 60 % seiner Gäste, verliert aber 10 % an LaFille und 30 % an McHunger. Welche Verteilung ergibt sich nun langfristig? Wer ist von der Neueröffnung stärker betroffen?

23. Farbwechsel

In der Landwirtschaftlichen Versuchsanstalt Eichhof werden auf einem Feld rote, gelbe und blaue Blumen gezüchtet (R, G, B), die eine erstaunliche Eigenschaft haben. Sie können bei jedem Generationenwechsel ihre Farbe wechseln. Eine Auszählung ergibt, dass der Farbwechsel nach der abgebildeten Tabelle erfolgt.

von\nach	R	G	B
R	0,5	0,2	0,3
G	0,2	0,6	0,3
B	0,3	0,2	0,4

a) Erläutern Sie das Übergangsverhalten. Stellen Sie die Übergangsmatrix M auf. Welche Eigenschaften hat eine stochastische Matrix? Begründen Sie, dass M eine solche Matrix ist.

b) Anfangs lag folgende Verteilung vor: R: 50 %, G: 30 %, B: 20 %.
Berechnen Sie die Verteilung in den beiden Folgegenerationen.

c) Welche Verteilung der Farben R, G, B stellt sich langfristig ein? (Hinweis: Berechnen Sie den Fixvektor von M)

d) In einer bestimmten Generation gilt:
ROT: 35 %, GELB: 35 %, BLAU: 30 %.
Zeigen Sie, dass 2 Jahre zuvor folgende Verteilung vorlag:
ROT: 60 %, GELB: 20 %, BLAU: 20 %.

e) Nach einiger Zeit ändern die gelben Blumen plötzlich ihr Übergangsverhalten. Sie behalten beim Generationenwechsel ihre Farbe nur noch in 20 % der Fälle. Zur roten Farbe wechseln sie überhaupt nicht mehr. Stellen Sie die neue Übergangsmatrix N auf. Ist die Befürchtung gerechtfertigt, dass die gelben Blumen ganz vom Feld verschwinden könnten?

24. Umfüllen

In einem Behälter C befindet sich 1 Liter Cola, in einem zweiten Behälter E 1 Liter Eiswasser.
Aus C werden 30% des Inhalts in Glas I gegossen. Aus E werden 50% des Inhalts in Glas II
gefüllt. Anschließend wird Glas I in die Eiswasserflasche und Glas II in die Colaflasche zu-
rückgegossen. Dann wird der Prozess mehrfach durchgeführt.

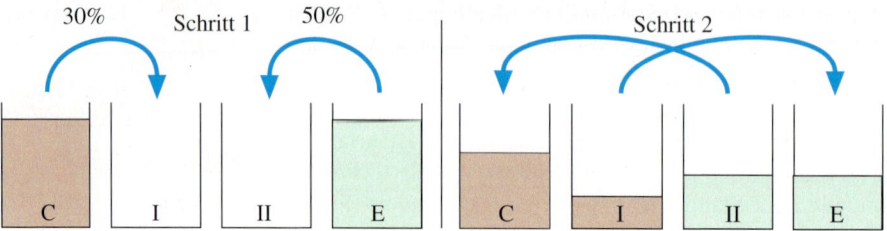

a) Zeichnen Sie den Übergangsgraphen für die Volumina von C und E. Wie lautet die Übergangsmatrix M?
b) Welche Füllmenge hat Behälter C nach der ersten, der zweiten und der dritten Durchführung?
c) Welcher Füllmenge nähert sich Behälter C langfristig?
d) Wie groß ist die Colamenge in Behälter C nach der ersten bzw. der zweiten bzw. der dritten Durchführung? Welche Colamenge stellt sich langfristig in Behälter C ein?

25. Kolibris/Populationsdynamik

Eine Kolibrikolonie entwickelt sich im Zweijahrestakt in drei Gruppen:
Jungvögel (J), Erwachsenenstadium mit Reproduktion (E) und Altvögel (A).
Dabei gelten folgende populationsdynamischen Regeln:
50% der Jungtieren erreichen nach einem Takt das Erwachsenenstadium (Achtung, Katze!)
80% der erwachsenen Vögel überleben einen Takt und erreichen so das Altvogelstadium.
Die erwachsenen Vögel erreichen innerhalb eines Taktes eine Nachwuchsrate von 60% ihres
Bestandes. 40% der Altvögel sterben innerhalb eines Taktes.

a) Ergänzen Sie die fehlenden Übergangswahrscheinlichkeiten am abgebildeten
   Übergangsgraphen.

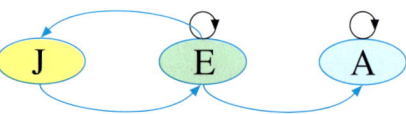

b) Stellen Sie die Übergangsmatrix M auf. Zeigen Sie: M ist keine stochastische Matrix.
c) Wie entwickelt sich die Kolonie im Verlauf von drei Jahren, wenn zu Beginn folgende
   Anfangsverteilung vorliegt? J: 40 Vögel, E: 100 Vögel, A: 60 Vögel.
   Wie entwickelt sich die Gesamtzahl der Vögel in der Kolonie in diesem Zeitraum?
d) Vogelfreunde sichern die Eier besser gegen Feinde ab, so dass die Nachwuchsrate von 60%
   (0,60) auf 210% (2,10) steigt. Zeigen Sie, dass die Population nun langfristig nahezu unbegrenzt wächst.
e) Zeigen Sie, dass sich beim Einstellen der Nachwuchsrate auf 200% (2,00) langfristig eine
   relativ stabile Situation einstellt, bei der die Population weder ausstirbt noch unbegrenzt
   wächst. Beschreiben Sie diese Situation genauer.
f) Untersuchen Sie, welche Populationsdynamik sich ergibt, wenn man die erwachsenen
   Vögel so schützt, dass sie diese Entwicklungsphase vollzählig überstehen und gleichzeitig
   ihre Reproduktionsrate durch Nestschutz auf 1,25 bringt, während man die verbleibenden
   Altvögel am Ende der Zweijahresperiode einfängt und verkauft.

Abiturähnliche Fragestellungen

26. Literaturverein

Ein Literaturverein teilt seine 1500 Gründungsmitglieder in drei Gruppen ein. Gruppe K hat im Jahr 2014 keine Lesung des Vereins besucht, Gruppe E hat eine Lesung und Gruppe V hat mehr als eine Lesung besucht. Der Graph zeigt das Übergangsverhalten der Mitglieder zwischen den Gruppen in den letzten Jahren an.

a) Wie lautet die Übergangsmatrix M? Ist sie stochastisch?
b) Im Jahr 2014 entfielen 800 Mitglieder auf Gruppe K, 400 auf E und 300 auf V. Stellen Sie einen Startvektor $\vec{v}_0$ auf, der diese Anfangsverteilung repräsentiert. Welche Folgeverteilungen ergeben sich damit für die Jahre 2017 bis 2021? Welche langfristige Verteilung würde sich einstellen, wenn das Übergangsverhalten konstant bliebe? Beurteilen Sie die Relevanz der Ergebnisse.
c) Eine Umfrage deutet darauf hin, dass ab 2017 mit einer Änderung des Übergangsverhaltens zu rechnen ist. Es soll ab diesem Jahr durch die Matrix N erfasst werden. Geben Sie die Veränderungen im Verhalten der Mitglieder an. Wie wirkt sich das auf die Prognose für das Jahr 2021 aus?

$$N = \begin{pmatrix} 0,5 & 0,2 & 0,3 \\ 0,3 & 0,4 & 0,3 \\ 0,2 & 0,4 & 0,4 \end{pmatrix}$$

d) Die Vereinsführung will durch vereinsinterne Werbemaßnahmen im laufenden Jahr 2014 erreichen, dass ab sofort nur noch 10 % der Mitglieder aus Gruppe K auch im Folgejahr keine Lesung besuchen. Begründen Sie, dass dann die rechts dargestellte Matrix T das Übergangsverhalten beschreibt.

$$T = \begin{pmatrix} 0,1 & 0,1 & 0,1 \\ t & 0,5 & 0,3 \\ 0,9-t & 0,4 & 0,6 \end{pmatrix}$$

e) Welchen Wert hat der noch unbekannte Parameter t aus d), wenn sich Ende 2015 zeigt, dass im Laufe dieses Jahres genau 610 Mitglieder an exakt einer Lesung teilgenommen haben?

27. Baumärkte

Die drei Baumärkte B, H und O einer Stadt konkurrieren um die Kunden. Die Matrix M zeigt das monatliche Übergangsverhalten der Kunden an.

$$M = \begin{pmatrix} 0,8 & 0,2 & 0,2 \\ 0,1 & 0,6 & 0,3 \\ 0,1 & 0,2 & 0,5 \end{pmatrix}$$

a) Zeichnen Sie den Übergangsgraphen.
b) Im Mai kauften 50 % bei B, 30 % bei H und 20 % bei O.
Welche Prozentanteile ergeben sich für Juni, Juli und Dezember?
c) Berechnen Sie M^5 und interpretieren sie das Element in der zweiten Zeile und der ersten Spalte im Sachzusammenhang.
d) Welche Bedeutung hat die Tatsache, dass die Spaltensummen der Matrix M alle gleich 1 sind, im Sachzusammenhang?
e) Bestimmen Sie eine stabile Verteilung der Käufer auf die drei Märkte, welche sich von einem Monat zum nächsten Monat nicht ändert.
Was bedeutet das in Bezug auf das langfristige Käuferverhalten?
f) Baumarkt O vernachlässigt seinen Service. Er verliert daher weitere Kunden an die Konkurrenz. Die Anzahl der Käufer ändert sich in einem Monat von (20 000 | 15 000 | 10 000) auf (22 000 | 18 000 | 5000). Alle anderen Übergangswahrscheinlichkeiten bleiben gleich. Wie lautet die neue Übergangsmatrix?

D. Prozesse mit absorbierenden Zuständen

Es gibt stochastische Prozesse, bei denen bestimmte Zustände nach ihrem Erreichen nicht mehr verlassen werden können. Im Gegensatz zu den meisten Prozessen aus dem vorhergehenden Abschnitt ist dann die Grenzverteilung vom Startvektor abhängig.

▶ **Beispiel: Spiel**
Bei dem Spiel Blackhole besitzt der Spieler zu Beginn einen Euro. Er wirft bei jedem Zug eine Münze. Kommt Kopf, erhält er einen Euro und rückt eine Position nach rechts.
Bei Zahl muss er einen Euro abgeben und eine Position nach links rücken. Erreicht er Position 1 (Black Hole), hat er verloren, Erreicht er Position 5 (Erde), hat er gewonnen.
a) Zeichnen Sie den Übergangsgraphen und stellen Sie die Übergangsmatrix M auf.
b) Welche Gewinnchancen hat der Spieler, wenn er auf der Startposition 2 beginnt?
c) Wie ändern sich seine Gewinnchancen, wenn er auf Position 3 startet?
d) X sei das Geldvermögen des Spielers am Ende des Spiels. Wie groß ist der Erwartungswert von X beim Start von Position 2? Ist das Spiel in diesem Fall fair?

Lösung zu a:
Das Prozessdiagramm, d. h. der Übergangsgraph, besitzt fünf Zustände, die den möglichen Positionen des Spielers entsprechen. Die Übergangswahrscheinlichkeiten zwischen den Zuständen 2 und 3 bzw. 3 und 4 sind jeweils 0,5. Hat man Zustand 1 erreicht, gibt es kein Entkommen mehr. Die Übergangswahrscheinlichkeit dieses Zustandes zu sich selbst wird daher 1 gesetzt. Genauso ist es bei Zustand 5, allerdings aus erfreulicherem Grund. Nicht eingezeichnete Pfeile bedeuten, dass die Übergangswahrscheinlichkeit 0 ist.

Übergangsgraph

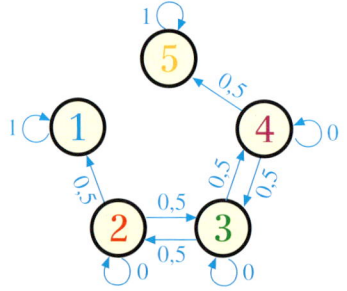

Übergangsmatrix

$$M = \begin{pmatrix} 1 & 0,5 & 0 & 0 & 0 \\ 0 & 0 & 0,5 & 0 & 0 \\ 0 & 0,5 & 0 & 0,5 & 0 \\ 0 & 0 & 0,5 & 0 & 0 \\ 0 & 0 & 0 & 0,5 & 1 \end{pmatrix}$$

Aus dem Prozessdiagramm entwickeln wir wie üblich die Übergangsmatrix M. Es ist eine stochastische Matrix.

Die Zustände 1 und 5 bezeichnet man als *absorbierende Zustände*. Die Zustände 2 bis 4 heißen *innere Zustände*.

Anfangsverteilung/Startvektor bei Start an Position 2

$$\vec{v}_0 = \begin{pmatrix} 0 \\ 1 \\ 0 \\ 0 \\ 0 \end{pmatrix}$$

Lösung zu b:
Beim Starten auf Position 2 hat der Startvektor $\vec{v}_0$ die Koordinaten 0, 1, 0, 0, 0.

Wir könnten nun mühselig die Folgezustände berechnen: $\vec{v}_1 = M \cdot \vec{v}_0, \vec{v}_2 = M \cdot \vec{v}_1$ usw. Sinnvoller ist es, mit Hilfe einer Matrixpotenz gleich $\vec{v}_{100}$ oder $\vec{v}_{1000}$ zu berechnen. Mit dem GTR ist das möglich. Das Resultat ist rechts dargestellt.

Die Wahrscheinlichkeit, im schwarzen Loch zu enden, beträgt beim Start in Position 2 ganze 75 %, und nur 25 % verbleiben für den Gewinn des Spieles.

Lösung zu c:
Wir könnten diesen Aufgabenteil in Analogie zu Teil b lösen. Wir können aber auch die Grenzmatrix M^∞ des Prozesses berechnen, zumindest angenähert. Dazu bilden wir mit dem GTR eine hohe Potenz von M, also z. B. M^{100} oder gleich M^{1000}.

Wir erhalten eine Grenzmatrix, die unterschiedliche Spaltenvektoren hat. Es gibt also keinen eindeutigen Fixvektor mehr. Die Grenzverteilung ist vom Startzustand abhängig.

Wir erkennen, das die Spaltenvektoren der Grenzmatrix die Endverteilungsvektoren der Startpositionen 1 bis 5 sind.

Die gesuchte Endverteilung für Startposition 3 führt zu ausgeglichenen Chancen: Sieg und Niederlage stehen auf 50 zu 50.

Lösung zu d:
Das Geldvermögen des Spielers beträgt zu Beginn 1 €. Verliert er (75 % Wahrscheinlichkeit), steht er am Ende auf Position 1 und hat einen Schritt mehr nach links gemacht als nach rechts. Also hat er dann 0 €. Gewinnt er (Wahrscheinlichkeit 25 %), steht er am Ende auf Position 5. Er hat dann 4 Euro. Der Erwartungswert beträgt 1 €, wie
▶ schon zu Beginn. Das Spiel ist dann fair.

$$\vec{v}_{1000} = M^{1000} \cdot \vec{v}_0 = \begin{pmatrix} 0,75 \\ 0 \\ 0 \\ 0 \\ 0,25 \end{pmatrix}$$

Für die Startposition 2 gilt:
P (Spiel wird verloren) $= 0,75$
P (Spiel wird gewonnen) $= 0,25$

Grenzmatrix M^∞ des Prozesses

$$M^\infty \approx M^{1000} = \begin{pmatrix} 1 & 0,75 & 0,5 & 0,25 & 0 \\ 0 & 0 & 0 & 0 & 0 \\ 0 & 0 & 0 & 0 & 0 \\ 0 & 0 & 0 & 0 & 0 \\ 0 & 0,25 & 0,5 & 0,75 & 1 \end{pmatrix}$$

Start in Pos. 5
Start in Pos. 4
Start in Pos. 3
Start in Pos. 2
Start in Pos. 1

Für die Startposition 3 gilt:
P (Spiel wird verloren) $= 0,50$
P (Spiel wird gewonnen) $= 0,50$

Erwartungswert für das Geldvermögen:

X: Geldvermögen des Spielers

Spielbeginn: $X = 1 €$

Spielende: $E(X) = 4 \cdot 0,25 + 0 \cdot 0,75 = 1 €$

Ausblick: Prozesse mit absorbierenden Zustanden können zur Modellierung von Spielen und in der Populationsdynamik eingesetzt werden. Der Prozesstakt entspricht dabei dem Spielzug bzw. dem Generationenwechsel. Absorbierende Zustände sind der Sieg und die Niederlage im Spiel bzw. das Aussterben einer Population in der Populationsdynamik.

Übung 28 Würfelspiel

Das Spielfeld besteht aus fünf Feldern. Die
Spielfigur befindet sich auf einem dieser
Felder. Das Ergebnis eines Würfelwurfes
entscheidet, wie sich die Spielfigur bewegt.

1:      Die Spielfigur bewegt sich ein Feld nach links.
6:      Die Spielfigur bewegt sich ein Feld nach rechts.
2–5: Die Spielfigur bleibt auf dem aktuellen Feld stehen.
Erreicht die Spielfigur das Feld 1 oder das Feld 5, so ist sie gefangen und das Spiel ist zu Ende.
a) Bestimmen Sie die Übergangsmatrix M.
b) Die Spielfigur startet auf Feld Nr. 3. Wie lautet die Anfangsverteilung?
c) Wie lautet die Verteilung nach zwei Spielzügen?
d) Wie lautet die Verteilung nach zehn Spielzügen?
e) Welche Grenzverteilung ergibt sich?
f) Welche Grenzverteilung $\vec{v}$ ergibt sich, wenn der Spielstein zu Beginn auf Feld Nr. 2 steht?
g) Welche Grenzverteilung $\vec{v}$ ergibt sich, wenn der Spielstein zu Beginn auf Feld Nr. 4 steht?
h) Wie lautet die Grenzmatrix M^{∞}?

Übung 29 Glücksrad

Das nebenstehende Glücksrad (Sektoren
ROT: 120°, GRÜN: 240°) wird gedreht. Der
Einsatz pro Dreh beträgt 1 €.
Steht nach dem Drehen der Zeiger auf ROT,
so erhält der Spieler 2 €. Sein Gewinn beträgt 1 €. Steht der Zeiger auf GRÜN, so ist
der Einsatz verloren.
Das Spiel endet, wenn der Spieler entweder
4 € erreicht oder kein Geld mehr hat.

a) Erstellen Sie ein Prozessdiagramm.
b) Wie lautet die Übergangsmatrix M?
c) Der Spieler beginnt mit 3 €. Wie lautet die Verteilung des Spielers auf die verschiedenen
   Vermögenszustände (seine Aufenthaltswahrscheinlichkeit) nach dem ersten Dreh? Wie lautet
   die langfristige Entwicklung?
d) Der Spieler startet mit 2 €. Wie lautet die Verteilung nach dem zweiten Dreh? Welche langfristige Entwicklung kann der Spieler jetzt erwarten?
e) Der Spieler besitzt nur einen Euro ein. Wie lautet die Verteilung nach dem fünften Dreh?
   Welche langfristige Entwicklung erwartet der Spieler nun?
f) Wie lautet die Grenzmatrix M^{∞}?
g) Formulieren Sie ein zusammenfassendes Ergebnis, indem Sie die Ergebnisse der Aufgaben-
   teile c) bis f) miteinander vergleichen.

Übung 30 Ameisenfalle

Eine Ameise wandert im festen Zeittakt
zwischen den Positionen 1 und 5.
1, 2 und 3 sind Ameisenhaufen, 4 und 5
sind Fallen der Ameisenbären.
Einmal dort in die Falle gegangen, gibt es
kein Entkommen mehr.

a) Bestimmen sie die Übergangsmatrix M
des Prozesses.

b) Mit welcher Wahrscheinlichkeit übersteht die
Ameise die ersten drei Übergänge, wenn sie in
Position 1 startet? Mit welcher Wahrscheinlichkeit
gelingt ihr dies, wenn sie in Position 2 startet?

c) Bestimmen Sie angenähert die Wahrscheinlichkeiten, mit denen die Ameise vom Bären in
Falle 4 bzw. vom Bären in Falle 5 gefangengenommen wird, wenn sie in Position 1 startet?

d) Berechnen Sie mit dem GTR die Matrixpotenz M^{2000} und interpretieren Sie deren Spalten.

Übung 31 Kühne Strategie

Ein Spieler nimmt an einem Spiel teil, bei dem man seinen Einsatz
pro Zug frei wählen kann. Es wird eine Münze geworfen. Man verliert
den Einsatz bei Zahl und erhält das Doppelte zurück bei Kopf.
Der Spieler besitzt 2 Euro und hat das Ziel, 10 Euro zu erreichen.

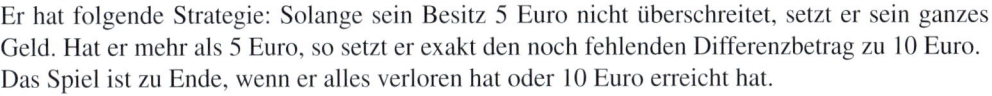

Er hat folgende Strategie: Solange sein Besitz 5 Euro nicht überschreitet, setzt er sein ganzes
Geld. Hat er mehr als 5 Euro, so setzt er exakt den noch fehlenden Differenzbetrag zu 10 Euro.
Das Spiel ist zu Ende, wenn er alles verloren hat oder 10 Euro erreicht hat.

a) Man kann als Zustände die erreichbaren Eurobeträge verwenden. Ergänzen Sie das folgende
Diagramm zu einem passenden Prozessdiagramm, indem Sie die möglichen Pfeile und die
Übergangswahrscheinlichkeiten eintragen. Denken Sie auch an die Wahrscheinlichkeiten, mit
welchen ein Zustand zu sich selbst übergeht. Ist kein Übergang möglich, kann auf den Pfeil
verzichtet werden.

b) Stellen Sie die Übergangsmatrix M auf. Wie lautet die Startverteilung $\vec{v}_0$?

c) Berechnen Sie die Folgeverteilungen $\vec{v}_1$, $\vec{v}_2$, $\vec{v}_3$, $\vec{v}_4$ und $\vec{v}_{10}$.

d) Wie groß ist die Wahrscheinlichkeit, spätestens im zweiten Zug zu verlieren?
Wie wahrscheinlich ist es, spätestens im dritten Zug zu verlieren?
Hinweis: Verwenden Sie ein Baumdiagramm.

e) Welche Zugzahl benötigt man für den Gewinn im Spiel am wahrscheinlichsten?

f) Bestimmen Sie die Grenzverteilung $\vec{v}$ und interpretieren Sie diese Verteilung.

g) Berechnen Sie die Grenzmatrix M^∞ und interpretieren Sie deren Spalten.

h) Ist das Spiel fair, wenn der Spieler mit 2 Euro startet?
Wie ist die Lage bei einem Start mit 8 Euro?

i) Welche Siegchance hat der Spieler, wenn er seine Strategie ändert und stets 2 Euro setzt?

Überblick

Matrix

Eine $(m \times n)$-Matrix $A = (a_{ij})$ ist ein rechteckiges Zahlenschema mit m Zeilen und n Spalten. Die Elemente werden mit a_{ij} bezeichnet. Dabei gibt i die Zeile und j die Spalte an, in der das Element steht.

$$\text{Spalte J} \\ A = (a_{ij}) = \begin{pmatrix} a_{ll} & . & a_{lj} & . & a_{ln} \\ a_{il} & : & a_{ij} & : & a_{in} \\ a_{ml} & . & a_{mj} & . & a_{mn} \end{pmatrix} \text{—Zeile i}$$

Rechnen mit Matrizen

Addition und Subtraktion

Matrizen gleicher Ordnung (Zeilenzahlen und Spaltenzahlen stimmen überein) können addiert und subtrahiert werden. Dies geschieht jeweils elementeweise.

$$\begin{pmatrix} 1 & 1 & 2 \\ 2 & 2 & 3 \end{pmatrix} + \begin{pmatrix} 2 & 2 & 5 \\ 4 & 4 & 6 \end{pmatrix} = \begin{pmatrix} 3 & 3 & 7 \\ 6 & 6 & 9 \end{pmatrix} \qquad \begin{pmatrix} 3 & 2 \\ 1 & 3 \\ 1 & 4 \end{pmatrix} - \begin{pmatrix} 2 & 1 \\ 0 & 3 \\ 4 & 2 \end{pmatrix} = \begin{pmatrix} 1 & 1 \\ 1 & 0 \\ -3 & 2 \end{pmatrix}$$

Vervielfältigung

Man kann eine Matrix mit einer reellen Zahl multiplizieren. Dies geschieht elementeweise.

$$3 \cdot \begin{pmatrix} 1 & 1 & 2 \\ 2 & 2 & 3 \end{pmatrix} = \begin{pmatrix} 3 & 3 & 6 \\ 6 & 6 & 9 \end{pmatrix}$$

Multiplikation

Matrizen kann man multiplizieren, wenn die Spaltenzahl der ersten Matrix mit der Zeilenzahl der zweiten Matrix übereinstimmt.
Sei $C = A \cdot B$. Dann gilt: Das Element c_{ij} des Produktes C ist das Skalarprodukt der Zeile i von A mit der Spalte j von B.

$$\begin{pmatrix} 1 & 1 & 2 \\ 2 & 2 & 3 \end{pmatrix} \cdot \begin{pmatrix} 4 & 6 & 4 & 5 \\ 4 & 6 & 7 & 5 \\ 5 & 7 & 8 & 6 \end{pmatrix} = \begin{pmatrix} 18 & 26 & 27 & 22 \\ 31 & 45 & 46 & 38 \end{pmatrix}$$

Potenzierung

Quadratische Matrizen kann man potenzieren. Die Potenzierung wird durch wiederholte Multiplikation realisiert. Schritt für Schritt wird eine Potenz nach der anderen entwickelt.

$M^2 = M \cdot M$, $M^3 = M \cdot M^2$, $M^4 = M \cdot M^3 \ldots$

Manuell erfordert die Berechnung der Potenz M^n insgesamt $n - 1$ Matrizenmultiplikationen.
Mit Hilfe des GTR kann die Potenz M^n direkt in einem einzigen Schritt berechnet werden.

Stochastischer Prozess

Ein stochastischer Prozess verläuft getaktet und zufallsgesteuert. Er wird durch einen **Übergangsgraphen** (Prozessdiagramm) beschrieben, der die im Prozess auftretenden Zustände und die Übergangswahrscheinlichkeiten zwischen den Zuständen enthält. Der Prozess wird mit einem **Startvektor** begonnen, der die Zustandswahrscheinlichkeiten zu Beginn des Prozesses enthält.
Die Informationen des Übergangsgraphen können vollständig in der **Übergangsmatrix** M abgelegt werden.

Übergangsgraph
Übergangsmatrix
Startvektor

Übergangsgraph   Übergangsmatrix   Startvektor

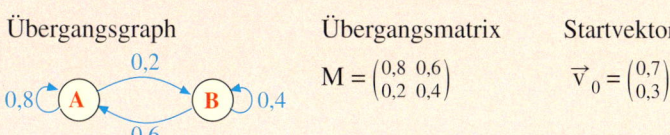

$$M = \begin{pmatrix} 0{,}8 & 0{,}6 \\ 0{,}2 & 0{,}4 \end{pmatrix} \qquad \vec{v}_0 = \begin{pmatrix} 0{,}7 \\ 0{,}3 \end{pmatrix}$$

Stochastische Matrix

Die Übergangsmatrix M ist oft eine sog. **stochastische Matrix**. Das ist eine Matrix, welche die folgenden drei Eigenschaften hat:
(1) M ist eine quadratische Matrix.
(2) Die Elemente von M liegen zwischen 0 und 1 ($0 \leq m_{ij} \leq 1$).
(3) Die Spalten von M haben alle die Elementesumme 1.

Folgeverteilung

Ausgehend von der Startverteilung (Startvektor $\vec{v}_0$) ergeben sich durch sukzessive Multiplikation mit der Übergangsmatrix M oder durch Potenzierung von M **Folgeverteilungen** $\vec{v}_1$, $\vec{v}_2$, $\vec{v}_3$, …

$$M \cdot \vec{v}_0 = \vec{v}_1 \quad M \cdot \vec{v}_1 = \vec{v}_2 \quad M \cdot \vec{v}_2 = \vec{v}_3, \dots$$

$$M \cdot \vec{v}_0 = \vec{v}_1 \quad M^2 \cdot \vec{v}_0 = \vec{v}_2 \quad M^3 \cdot \vec{v}_0 = \vec{v}_3, \dots$$

Fixvektor

Enthält die stochastische Übergangsmatrix M oder eine ihrer Potenzen M^k nur echt positive Elemente, so gibt es einen eindeutig festgelegten **Fixvektor** $\vec{v}$, der durch Multiplikation mit der Übergangsmatrix nicht verändert wird. Seine Koordinatensumme ist 1. Der Fixvektor gibt dann die **Grenzverteilung** des Prozesses an.

$$M \cdot \vec{v} = \vec{v}, \quad \text{Koordinatensumme von } \vec{v} = 1$$

Grenzmatrix

Die Matrixpotenzen M, M^2, M^3, … einer stochastischen Matrix streben (wenn mindestens eine Matrixpotenz nur echt positive Elemente enthält) mit wachsendem Exponenten gegen die **Grenzmatrix** M^∞. Deren Spalten sind alle gleich. Sie sind gleich dem Fixvektor.

Prozesse mit absorbierenden Zuständen

Es gibt stochastische Prozesse, welche Zustände enthalten, die mit der Wahrscheinlichkeit 1 in sich selbst übergehen. Diese Zustände heißen **absorbierende Zustände**. Sie können – einmal angenommen – nicht mehr verlassen werden. Alle anderen Zustände heißen **innere Zustände** des Prozesses. Solche Prozesse werden bei Spielen und Fragen der Populationsdynamik verwendet.

Chiffrieren

1. Der Caesar-Code

Schon im alten Rom wurden wichtige Nachrichten ver-
schlüsselt. Die Cäsaren-Verschlüsselung ordnet jedem Buchstabe des Alphabets eindeutig einen anderen Buchstaben zu,
beispielsweise so:

A B C D E F G H I ... S T U V W X Y Z
U V W X Y Z A B C ... M N O P Q R S T

Das Wort MATHEMATIK wird so zu GUNBYCUNCE.
Sicher ist dieses Verfahren nicht, da zwei verschiedene Buchstaben nicht den gleichen Chiffre haben können. Aufgrund
der Tatsache, dass die Häufigkeit des Vorkommens der einzelnen Buchstaben in deutschen Texten bekannt ist, kann ein
so verschlüsselter Text leicht entziffert werden.

2. Verschlüsseln mit Matrizen

Mithilfe der Matrizenmultiplikation kann man Texte so verschlüsseln, dass verschiedene Buchstaben den gleichen Chiffre oder gleiche Buchstaben verschiedene Chiffren haben können,
sodass die unerwünschte Entschlüsselung über die Häufigkeit der Buchstaben nicht mehr funktioniert. Dechiffriert wird bei diesem Verfahren mithilfe der inversen Matrix.

Wir beschreiben nun, wie man das Wort MATHEMATIK chiffriert und wieder dechiffriert.

Schritt 1: Die Buchstaben werden in Zahlen umgewandelt
Jedem Buchstaben von A bis Z wird eine Zahl von 1 bis 26 zugeordnet, dem Leerzeichen 27.

A B C D E F G H I J K L M N O P Q R S T U V W X Y Z leer
1 2 3 4 5 6 7 8 9 10 11 12 13 14 15 16 17 18 19 20 21 22 23 24 25 26 27

Das Wort MATHEMATIK wird zur Zahlenfolge 13-1-20-8-5-13-1-20-9-11.

Schritt 2: Die Zahlen werden in einer Matrix A abgelegt
Die Zahlenfolge wird in eine Matrix A mit mindestens zwei Zeilen übertragen. Die zehn Zahlen
des Beispiels passen z. B. in eine 2 × 5-Matrix.

$$A = \begin{pmatrix} 13 & 1 & 20 & 8 & 5 \\ 13 & 1 & 20 & 9 & 11 \end{pmatrix}$$

Schritt 3: Die Matrix A wird durch Multiplikation mit einer Matrix C chiffriert
A wird durch linksseitige Multiplikation mit einer quadratrischen Matrix C in eine Matrix B
chiffriert: C · A = B. C muss eine quadratische 2 × 2-Matrix mit ganzzahligen Elementen sein,
die eine Inverse mit ebenfalls ganzzahligen Elementen besitzt. Wir verwenden z. B.

$$C = \begin{pmatrix} 1 & 1 \\ 3 & 2 \end{pmatrix}.$$

$$\begin{pmatrix} 1 & 1 \\ 3 & 2 \end{pmatrix} \cdot \begin{pmatrix} 13 & 1 & 20 & 8 & 5 \\ 13 & 1 & 20 & 9 & 11 \end{pmatrix} = \begin{pmatrix} 26 & 2 & 40 & 17 & 16 \\ 65 & 5 & 100 & 42 & 37 \end{pmatrix}$$

$$\quad\quad C \quad\quad\cdot\quad\quad\quad A \quad\quad\quad = \quad\quad\quad B$$

Chiffrierungs-   zu verschlüsselnde   verschlüsselte
matrix C   Matrix A   Matrix B

Schritt 4: Dechiffrierung der Matrix B

Nun übermittelt der Absender die Matrix B an den Empfänger. Der Empfänger muss außerdem im Besitz der Chiffrierungsmatrix C sein. Er berechnet – z. B. mit dem GTR – die sogenannte *inverse Matrix* C^{-1} der Chiffrierungsmatrix C. Diese Matrix C^{-1} macht die Operationen von C wieder rückgängig, wenn man damit den Chiffre B multipliziert. So erhält der Empfänger die Matrix A zurück und wandelt die Zahlen wieder in Buchstaben um.

$$\begin{pmatrix} -2 & 1 \\ 3 & -1 \end{pmatrix} \cdot \begin{pmatrix} 26 & 2 & 40 & 17 & 16 \\ 65 & 5 & 100 & 42 & 37 \end{pmatrix} = \begin{pmatrix} 13 & 1 & 20 & 8 & 5 \\ 13 & 1 & 20 & 9 & 11 \end{pmatrix}$$

$$\quad C^{-1} \quad\quad\cdot\quad\quad\quad B \quad\quad\quad = \quad\quad\quad A$$

13-1-20-8-5-13-1-20-9-11 = M A T H E M A T I K

Übungen

Übung 1   Chiffrieren

Die Nachricht MICHAEL JACKSON LEBT soll mit der Matrix C chiffriert und wieder dechiffriert werden. Führen Sie den Auftrag schrittweise durch.

$$C = \begin{pmatrix} 5 & 2 \\ 3 & 1 \end{pmatrix}$$

Übung 2   Augenblick

Bei einer Verschlüsselung wird das Alpabet wie oben in Zahlen umgewandelt* (A = 1, B = 2, C = 3 usw.) und die Matrix C zum Chiffrieren verwendet.

$$C = \begin{pmatrix} 4 & 3 \\ 1 & 1 \end{pmatrix} \quad D = \begin{pmatrix} 4 & 2 \\ 6 & 3 \end{pmatrix} \quad E = \begin{pmatrix} 1 & 1 \\ 1 & -1 \end{pmatrix}$$

a) Chiffrieren Sie das Wort AUGENBLICK.
b) Bestimmen Sie die Matrix C^{-1}.
c) Welche Bedeutung hat die Nachricht
   92-98-99-98-74-47-63-28-31-26-26-23-13-18
d) Sind die Matrizen D bzw. E ebenfalls geeignet?

Übung 3   Rätsel

Der englische Geheimdienst MI6 sendete den unten aufgeführten Zahlencode. Es ist bekannt, dass zum Verschlüsseln Matrix C oder Matrix D verwendet wurde.

$$C = \begin{pmatrix} 2 & 3 \\ 3 & 5 \end{pmatrix} \quad\quad D = \begin{pmatrix} 6 & 2 \\ 3 & 1 \end{pmatrix}$$

Welche Matrix wurde verwendet?
Wie lautete die Nachricht? Was bedeutet sie?
Welcher Zusammenhang besteht zu der Abbildung?

44-27-11-61-100-57-78-45-49-53-25-
73-41-18-97-160-88-124-72-77-86-38

* Übungen 1–3: A = 1, B = 2, ..., Z = 26, Leerzeichen = 27.

Test

Matrizen

1. Matrizenrechnung
a) Berechnen Sie manuell das Produkt A · B.
b) Berechnen Sie manuell das Produkt A · $\vec{v}$.
c) Berechnen Sie mit dem GTR die Potenz A^4.

$$A = \begin{pmatrix} 1 & -1 & 0 \\ 2 & -3 & 1 \\ 1 & 0 & -2 \end{pmatrix} \quad B = \begin{pmatrix} 1 & 3 \\ -2 & 0 \\ 2 & 1 \end{pmatrix} \quad \vec{v} = \begin{pmatrix} 2 \\ -3 \\ 5 \end{pmatrix}$$

2. Richtig oder falsch?
(1) Zwei Matrizen A und B kann man multiplizieren, wenn die Spaltenzahl von A gleich der Zeilenzahl von B ist.
(2) Eine Matrix kann man potenzieren, wenn Sie nur positive Elemente enthält.
(3) Zwei Matrizen kann man nur addieren, wenn sowohl ihre Spaltenzahlen als auch ihre Zeilenzahlen übereinstimmen.
(4) Eine Matrix kann man nur potenzieren, wenn Sie quadratisch ist.

3. Stochastische Matrizen
a) Welche Eigenschaften hat eine stochastische Matrix?
b) Prüfen Sie, ob die Matrix M eine stochastischen Matrix ist.

$$\text{I: } M = \begin{pmatrix} 0,4 & 0,0 \\ 0,6 & 1,0 \end{pmatrix} \quad \text{II: } M = \begin{pmatrix} 0,3 & 0,5 & 1,2 \\ 0,4 & 0,1 & -0,5 \\ 0,3 & 0,4 & 0,3 \end{pmatrix} \quad \text{III: } M = \begin{pmatrix} 0,4 & 0,5 & 0,1 \\ 0,4 & 0,3 & 0,3 \\ 0,2 & 0,2 & 0,6 \end{pmatrix} \quad \text{IV: } M = \begin{pmatrix} 0,3 & 0,5 & 0,2 \\ 0,4 & 0,5 & 0,1 \\ 0,3 & 0 & 0,3 \end{pmatrix}$$

4. Robinsons Insel
Robinson ist auf der Insel Tierra gestrandet. Dort gibt es drei Wetterlagen: Sonne (S), Regen R) und Nebel (N). Außerdem gibt es drei Wetterregeln:

(1) Ist es sonnig, so ist es am nächsten Tag mit 70% Wahrscheinlichkeit wieder sonnig, mit 20% Wahrscheinlichkeit regnet es und mit 10% Wahrscheinlichkeit ist es neblig.

(2) Ist es regnerisch, so ist am nächsten Tag mit 60% Wahrscheinlichkeit die Sonne da, mit 30% Wahrscheinlichkeit ist Nebel da und mit 10% Wahrscheinlichkeit ist es regnerisch.

(3) Herrscht Nebel, so fällt der nächste Tag mit 40% Wahrscheinlichkeit ins Wasser und mit 20% Wahrscheinlichkeit ist es sonnig.

a) Zeichnen Sie den Übergangsgraphen des Wetterprozesses.
b) Stellen Sie die Übergangsmatrix M auf.
c) Auf Robinsons Insel ist es heute gerade schön. Durch welchen Verteilungsvektor $\vec{v}_0$ kann dieser Zustand beschrieben werden? Mit welcher Wahrscheinlichkeit ist es auch übermorgen schön? Mit welcher Wahrscheinlichkeit ist es in einer Woche schön?
d) Berechnen Sie die Grenzmatrix M^∞ angenähert mit dem GTR. (Verwenden Sie hierbei den GTR zu Potenzierung der Matrix M.)
e) Wie lautet die langfristige Verteilung der Sonnen-, Regen- und Nebeltage auf der Insel? Berechnen Sie hierzu den Fixvektor $\vec{v}$ von M (Ansatz: $M \cdot \vec{v} = \vec{v}$)

Lösungen: S. 491

XV. Aufgaben zur Abiturvorbereitung

Aufgaben zur Vorbereitung auf das schriftliche Abitur

In diesem Kapitel werden zu jedem der drei Gebiete Analysis, Geometrie und Stochastik zwei Arten von Aufgaben angeboten:

A. Ein Satz von elementaren Aufgaben. Diese behandeln grundlegende Techniken, sind relativ kurz und eng gefasst und sollen in der Regel ohne die Verwendung von Hilfsmitteln wie z. B. dem GTR gelöst werden.

B. Ein Satz von komplexen Aufgaben. Diese sind breiter strukturiert und auch von erheblichem Umfang. Hier können verstärkt Hilfsmttel wie der GTR erforderlich sein. Diese Aufgaben ähneln den klassischen Abituraufgaben.

Die Stochastik wird dabei noch einmal in zwei Abschnitte unterteilt. Der erste Abschnitt spricht eher die Wahrscheinlichkeitsrechung an mit Kombinatorik, Baumdiagrammen, bedingten Wahrscheinlichkeiten, Vierfeldertafeln, Zufallsgrößen, Sigmaumgebungen und vor allem mit den Anwendungen der Binomialverteilung.
Der zweite Abschnitt betrifft die stochastischen Prozesse mit Prozessdiagrammen, Übergangmatrizen, Folgezuständen, Fixvektoren und auch absorbierende Zustände. Er hat also eine ganz andere Prägung.

Die Aufgaben können nur exemplarisch im Rahmen des Unterrichts behandelt werden. Sie eignen sich aber gut zur gezielten häuslichen Vorbereitung in der Vorphase zum schriftlichen Abitur. Bei der Auswahl der zu übenden Aufgaben ist es sinnvoll, sich an den Abituraufgaben der letzten Jahre zu orientieren. Zeitlich ist zu beachten, dass die Analysis im Abitur einen höheren Anteil besitzt als die beiden weiteren Gebiete.

Es ist sinnvoll, auch schon während der Behandlung der Gebiete im Unterricht einzelne Aufgaben anzusprechen, damit die Schüler frühzeitig eine Vorstellung vom Abitur erhalten, aber auch ein Einsatz bei der Vorbereitung auf Semesterklausuren ist denkbar.

A. Analysis: Elementare Aufgaben

1. Graphen skizzieren
Skizzieren Sie den Graphen der Funktion f.

a) $f(x) = x^3 - x$
b) $f(x) = 4 - x^2$
c) $f(x) = e^{-x}$
d) $f(x) = e^{x-2} + 1$
e) $f(x) = \left(\frac{1}{4}\right)^x$
f) $f(x) = -1{,}5^x$

2. Nullstellen bestimmen
Bestimmen Sie die Nullstellen der Funktion f.
Hinweise:
p-q-Formel
Faktorisieren
Logarithmieren

a) $f(x) = 2x^2 - 2x - 12$
b) $f(x) = (2x - 1) \cdot (x^2 - 4x + 3)$
c) $f(x) = x^3 - 4x^2$
d) $f(x) = e^{-x} + 2$
e) $f(x) = (x^2 - 3x) \cdot e^{-x}$

3. Standardsymmetrien
Geben Sie an, ob die Funktion f achsensymmetrisch zur y-Achse ist, punktsymmetrisch zum Ursprung ist oder keine dieser Symmetrien aufweist. Begründen Sie Ihre Aussage.

a) $f(x) = x^2 + 2$
b) $f(x) = x^3 - 2x$
c) $f(x) = \frac{1}{2}x^2 + x$
d) $f(x) = 2e^{-x}$
e) $f(x) = e^x + e^{-x}$

4. Ableitungen bestimmen
Bestimmen Sie die Ableitungsfunktion f′ der angegebenen Funktion f. Nennen Sie die verwendeten Ableitungsregeln.

a) $f(x) = e^{-x}$
b) $f(x) = 2e^x$
c) $f(x) = e^{2x} + x$
d) $f(x) = e^{-\frac{1}{2}x}$
e) $f(x) = e^{kx}$
f) $f(x) = e^{2-3x}$
g) $f(x) = 0{,}5^x$
h) $f(x) = 0{,}5^{2x}$

5. Ableitung skizzieren
Die Abbildung zeigt den Graphen einer Funktion f.
Skizzieren Sie den Graphen der Ableitungsfunktion f′.

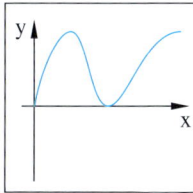 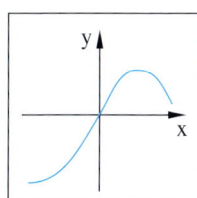

6. Zuordnung von Funktion und Graph
Abgebildet sind die Graphen von
A: $f(x) = e^{-x}$,   B: $f(x) = 2^{-x}$
C: $f(x) = e^x + 2$,   D: $f(x) = 3 \cdot 1{,}2^x$.
Ordnen Sie jeder Funktion (A, B, C, D) den zugehörigen Graphen (I, II, III, IV) zu.

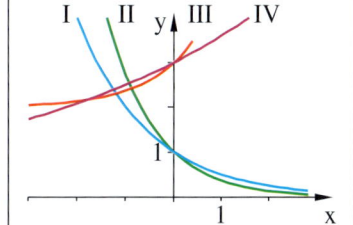

7. Kriterien für Extrema
Untersuchen Sie $f(x) = 3x^4 + x^3$ mithilfe von notwendigen und hinreichenden Kriterien auf Extrema und Wendepunkte.

8. a^x und e^x

a) Stellen Sie $0{,}7^x$ in der Form $a \cdot e^{bx}$ dar.

b) Stellen Sie $e^{-\frac{1}{2}x}$ in der Form a^x dar.

c) Berechnen Sie die Ableitung von $f(x) = 0{,}8^x$. Stellen Sie dazu f in der Form $f(x) = e^{kx}$ dar.

9. Extremalprobleme

a) Mit einem 60 m langen Seil soll ein Rechteck mit maximalem Inhalt so abgesteckt werden, dass eine Seite zur Hälfte offen bleibt. Bestimmen Sie Länge und Breite des Rechtecks.

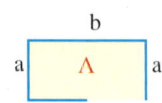

b) Die Zahl 10 soll so in zwei Summanden a und b zerlegt werden, dass deren Produkt maximal wird. Bestimmen Sie a und b.

c) Ein achsenparalleles Rechteck, mit einer Ecke im Ursprung und der gegenüberliegenden Ecke $P(x|y)$ auf dem Graphen von $f(x) = 4 - \frac{1}{4}x$ soll maximalen Inhalt haben.

d) Die Zahl 25 soll so in zwei Faktoren a und b zerlegt werden, dass ihre Summe minimal wird. Bestimmen Sie a und b.

10. Stammfunktion zeichnen

Die Skizze zeigt eine Ableitungsfunktion $f'(x)$.

Skizzieren Sie den Graphen der Funktion $f(x)$. f soll durch den Ursprung gehen.

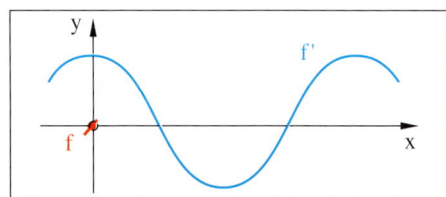

11. Stammfunktion bestimmen

Bestimmen Sie jeweils eine Stammfunktion von f.

a) $f(x) = x^2 + 2x + 5$

b) $f(x) = -\frac{1}{4}x^3 + 0{,}2x^2$

c) $f(x) = a x^3 + c x$

d) $f(x) = 2e^{-x}$

e) $f(x) = e^{\frac{1}{2}x + 1} + x$

f) $f(x) = 0{,}6x$

12. Stammfunktionsnachweis

Zeigen Sie, dass die Funktion F eine Stammfunktion von f ist.
Leiten Sie dazu F ab.

a) $f(x) = 3x^2 + 0{,}5x + 1$, $F(x) = x^3 + 0{,}25x^2 + x$

b) $f(x) = 2e^x + e^{-x}$, $F(x) = 2e^x - e^{-x} + 1$

c) $f(x) = (2x - 4) \cdot e^x$, $F(x) = (2x - 6) \cdot e^x + C$

d) $f(x) = (-x^2 + 2x - 4) \cdot e^{-x}$, $F(x) = (x^2 + 4) \cdot e^{-x}$

13. Bedeutung von f' im Sachzusammenhang

Erklären Sie, welche Bedeutung die Ableitungsfunktion f' der beschriebenen Funktion f im Sachzusammenhang besitzt.

a) $s(t)$ ist die Strecke, die ein Auto in der Zeitspanne t zurückgelegt hat.
   Welche Bedeutung hat $s'(t)$?

b) $h(x)$ ist die Höhe auf einem Hang an der Stelle x.
   Welche Bedeutung hat $h'(x)$?

c) $K(t)$ ist die Anzahl der Erkrankten zur Zeit t bei einer Grippeepidemie.
   Welche Bedeutung hat $K'(t)$?

14. Bestimmte Integrale
Berechnen Sie die folgenden bestimmten Integrale.

a) $\int_{0}^{2}(x^2 - 4x)\,dx$
b) $\int_{0}^{4}(e^{-x} + x)\,dx$
c) $\int_{b}^{a}e^{2-x}\,dx$

15. Flächeninhalte
Berechnen Sie den Inhalt des abgebildeten Flächenstückes A.

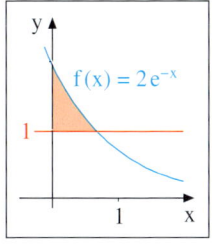
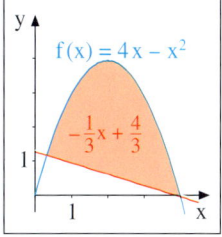

16. Fahrstrecke
Die Funktion v stellt die Geschwindigkeit eines Modellautos bei einer Testfahrt in der Einheit m/s dar.
Wie weit ist die gesamte Fahrstrecke?

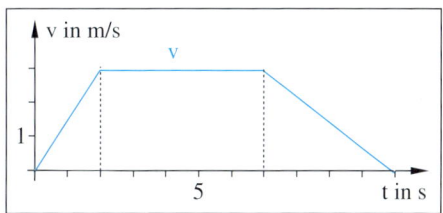

17. Pflanzenwachstum
Eine Pflanze wächst mit der Geschwindigkeit $f(t) = -0,1\,t^2 + 0,8\,t + 2$ (t in Tage, f in cm/Tag).
Zur Zeit $t = 0$ ist die Pflanze 2 cm hoch. Welche maximale Größe erreicht die Pflanze?

18. Gegeben ist die Funktion $f(x) = e^{0,4x} - 2x$.
a) Bestimmen Sie die ersten beiden Ableitungen von f und ermitteln Sie die Koordinaten des Tiefpunktes angenähert.
b) Begründen Sie, dass f keine Wendepunkte hat.
c) Weisen Sie nach, dass f im Intervall $I = [6; 7]$ eine Nullstelle hat.
d) Wie lautet die Gleichung der Tangente an f in $x_0 = 0$?
e) Ermitteln Sie eine Stammfunktion F von f.

19. Gegeben ist die Funktion $f(x) = 2x \cdot e^{-0,5x}$.
a) Ermitteln Sie den Hochpunkt von f.
b) Wie lautet die Gleichung der Tangente an den Graphen von f an der Stelle $x_0 = 1$?
c) Weisen Sie nach, dass $F(x) = -4(x + 2) \cdot e^{-0,5x}$ eine Stammfunktion von f ist.

20. Gegeben ist die Funktion $f_a(x) = a - 15 \cdot e^{-0,1x}$.
a) Bestimmen Sie den Wert von a so, dass $f_a(0) = 5$ ist.
b) An welcher Stelle gilt $f_{20}(x) = 10$?
c) An welcher Stelle ist $f'_{20}(x) = 1$?
d) Die Funktionswerte von f_{20} sind nach oben begrenzt. Geben Sie diese obere Grenze G an.
Wo erreichen die Funktionswerte von f_{20} 90 % des Wertes G?
e) Geben Sie eine Stammfunktion F_a von f_a an.

B. Analysis: Komplexe Aufgaben

1. Kurvenuntersuchungen

Gegeben ist die Funktion $f(x) = x^3 - 3x^2$.

a) Untersuchen Sie f auf Nullstellen.

b) Berechnen Sie f', f'' und f'''.
   Untersuchen Sie f auf Extrema und Wendepunkte.

c) Zeichnen Sie aufgrund der Vorergebnisse und mithilfe einer ergänzenden Wertetabelle den Graphen von f für $-1 \leq x \leq 3{,}5$.
   Kontrollieren Sie die Zeichnung mithilfe des GTR.

d) Welche Verschiebungen muss man durchführen, damit der Wendepunkt im Ursprung liegt?
   Wie lautet die Gleichung der verschobenen Funktion g (Kontrolle: $g(x) = x^3 - 3x$)?
   Zeichnen Sie den Graphen von g in das bestehende Koordinatensystem ein.

e) Begründen Sie anhand der Ergebnisse von d), dass der Graph von g punktsymmetrisch zum Ursprung ist.

f) Berechnen Sie den Inhalt des Flächenstückes A, das im 4. Quadranten von den Graphen von f und g eingeschlossen wird.

g) Bestimmen Sie die Gleichung der Wendenormalen n von f.

h) Die Wendenormale n schneidet den Graphen von f dreimal.
   Berechnen Sie die Schnittpunkte mithilfe des GTR.

2. Kurvenschar

Gegeben ist die Funktionenschar $f_a(x) = x^3 - ax^2$, $a > 0$.

a) Zeichnen Sie mit dem GTR die Graphen f_1, f_2 und $f_{2{,}5}$.

b) Beschreiben Sie, welchen Einfluss der Parameter a auf die Graphen von f_a hat.

c) Bestimmen Sie die Ableitungen f_a', f_a'' und f_a'''.

d) Untersuchen Sie f_a in Abhängigkeit von a auf Extrema und Wendepunkte.

e) Für welches a liegt ein Extrempunkt von f_a an der Stelle $x = \frac{4}{3}$?

   Für welches a hat der Wendepunkt von f_a die Ordinate $y = -\frac{1}{4}$?

   Für welches a beträgt die Steigung von f_a im Wendepunkt -1?

f) Bestimmen Sie die Gleichung der Wendetangente von f_a.

   Kontrollergebnis: $t_a(x) = -\frac{1}{3}a^2 x + \frac{1}{27}a^3$

g) Zeigen Sie, dass alle Wendepunkte der Schar auf der Kurve $y = -2x^3$ liegen.

h) Welchen Wert hat das bestimmte Integral $\int_0^a f_a(x)\,dx$

i) Für welches a hat die vom Graphen von f_a und der x-Achse im 4. Quadranten umschlossene Fläche den Inhalt $\frac{4}{3}$?

3. Kurvenuntersuchungen

Gegeben ist die Funktion

$f(x) = \frac{1}{4}(4 - x) \cdot e^x$. Die Graphen von f

und f′ sind rechts dargestellt.

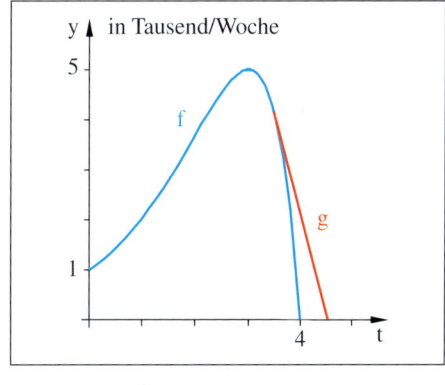

a) Bestimmen Sie die beiden Achsenschnittpunkte von f und f′.

b) Bestimmen Sie rechnerisch die Extrema und Wendepunkte von f.

c) Wie lautet die Gleichung der Tangente von f im Punkt $P(2|f(2))$?

d) Zeigen Sie: $F(x) = \frac{1}{4}(5 - x) \cdot e^x$ ist eine Stammfunktion von f.

e) Bestimmen Sie den Inhalt des Flächenstücks A, welches im 1. Quadranten von den Graphen von f und f′ und den beiden Koordinatenachsen umschlossen wird.

f) Durch welche Operationen geht der Graph von $g(x) = f(-x) + 1$ aus dem Graphen von f hervor? Wie lautet die Gleichung von g? Zeichnen Sie den Graphen von g für $-3 \leq x \leq 3$.

4. Epidemie

Der abgebildete Graph der Funktion

$f(t) = \frac{1}{4}(4 - t) \cdot e^t$ stellt für $0 \leq t \leq 4$ die

momentane Änderungsrate der Zahl der Erkrankten bei einer Grippeepidemie dar. t ist die Zeit in Wochen und $f(t)$ die Anzahl der Neuerkrankungen in Tausend pro Woche zur Zeit t.

a) Beschreiben Sie, wie sich die Erkrankungsrate im Zeitraum $0 \leq t \leq 4$ entwickelt. Wie verändert sich infolgedessen die Anzahl der insgesamt erkrankten Personen?

b) Wie viele Neuerkrankungen sind im Verlauf der vier Wochen zu erwarten?

c) Nach exakt dreieinhalb Wochen beginnen die Vorsichtsmaßnahmen der Bevölkerung zu erlahmen. Nun sinkt die Änderungsrate f nur noch linear, wie aus der Abbildung ersichtlich. Die beschreibende lineare Funktion $g(t) = a\,t + b$ schließt bei $t = 3{,}5$ tangential an f an. Bestimmen Sie a und b und berechnen Sie, um welchen Zeitraum die Epidemie sich nun verlängert.

d) $F(x) = \frac{1}{4}(5 - t) \cdot e^t + C$ ist eine Stammfunktion von f. Weisen Sie dies mithilfe der Produktregel nach. Wie muss C gewählt werden, damit $F(0) = 0$ gilt?

e) Wie groß ist die Anzahl der zusätzlichen Neuerkrankungen, welche sich aus dem veränderten linearen Abklingverhalten ergeben?

5. Fracking

Beim hydraulischen Fracking werden in tiefen Schiefergesteinsschichten durch Hochdruck-bohrungen Risse erzeugt, durch die das im Gestein enthaltene Gas gewonnen werden kann.
Die momentane Förderrate einer solchen Lagerstätte wird durch die Funktion $f(t) = (200 - 5t) \cdot e^{0,2t}$, $0 \leq t \leq 40$, erfasst. Dabei ist t die Zeit seit Förderbeginn in Monaten und $f(t)$ die Förderrate zur Zeit t in der Einheit $1000\,m^3$/Monat.

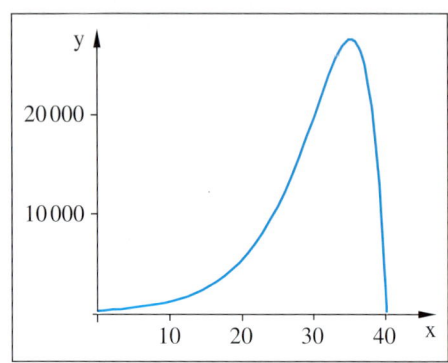

a) Wie groß ist die momentane Förderrate f zu Beginn der Förderung, nach 12 Monaten bzw. nach 24 Monaten? Wann ist die momentane Förderrate f auf null gesunken?

b) Bestimmen Sie die Ableitungsfunktion f′ der momentanen Förderrate f.

c) Wann erreicht die Förderrate f ein Maximum? Wie hoch ist die Förderrate zu diesem Zeit-punkt?

d) In welchem Zeitraum liegt die Förderrate bei mindestens 20 Mio. m^3/Monat?
(Zur Lösung der Teilaufgabe ist der GTR erforderlich)

e) Gesucht ist eine Stammfunktion $F(t)$ von $f(t)$, welche die Gasmenge angibt, die seit Beginn der Förderung bis zum Zeitpunkt gefördert wird. Weisen Sie nach, dass die Funktion $F(t) = 25 \cdot (45 - t) \cdot e^{0,2t} - 1125$ die gesuchten Eigenschaften hat.

f) Wie viel Gas wird während der gesamten Förderdauer gewonnen? (GTR empfohlen)

g) Die Fördergesellschaft beschließt, ab dem 35. Monat die Förderung so zu steuern, dass das weitere Absinken der Förderrate nun linear erfolgt und durch eine Funktion der Gestalt $g(x) = ax + b$ erfasst werden kann. Die Förderung soll auf diese Weise erst nach 50 Mona-ten zum Erliegen kommen. Bestimmen Sie a und b.

Kontrollergebnis: $g(t) = -\frac{5}{3}e^7 \cdot (t - 50) \approx -1827{,}7t + 91\,385$

h) Durch die lineare Streckung der Förderrate ab dem 35. Monat erhöht sich die insgesamt geförderte Gasmenge deutlich.
Wie groß ist die zusätzlich gewonnene Gasmenge? (GTR empfohlen)

6. Löschgraben

Das Querschnittsprofil eines Feuerwehrgeländes wird modellhaft durch die Funktion f mit der Gleichung $f(x) = (x^2 - 6x) \cdot e^{-0,3x}$, $0 \leq x \leq 20$, erfasst.

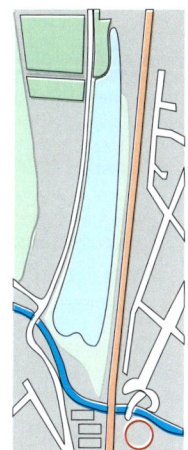

a) Zeichnen Sie den Graphen von f für $0 \leq x \leq 20$.

b) Bestimmen Sie die Nullstellen von f.

c) Zwischen $x = 0$ und $x = 6$ ist ein Grabenquerschnitt zu erkennen. Bestimmen Sie die Stellen am linken und am rechten Grabenhang, die besonders steil sind. Wo liegt der tiefste Punkt des Grabens?

d) Weisen Sie nach, dass $F(x) = -\frac{10}{27}(9x^2 + 6x + 20) \cdot e^{-0,3x}$ eine Stammfunktion von f ist.

e) Die Feuerwehr hat ein 20 m langes Stück des Grabens als Löschreserve in Betrieb. Wie lange kann die Feuerwehr daraus Löschwasser pumpen, wenn pro Minute 400 Liter entnommen werden?

f) Könnte man den Graben bei einer späteren Einplanierung mit Hilfe des Erdmaterials zuschütten, das auf dem Streifen zwischen $x = 6$ und $x = 20$ über Nullniveau liegt?

g) Wie groß ist die mittlere Tiefe des Grabens?

7. Medikament

Ein Unfallopfer erhält zur Beruhigung per intravenöser Injektion ein Medikament. Dessen Konzentration f im Blut beträgt direkt nach der Injektion $f(0) = 1$ mg/ml.

Die Änderungsrate f' der Konzentration des Medikamentes im Blut werde modellhaft erfasst durch die rechts dargestellte Funktion $f'(t) = 0,025 \cdot e^{-0,05t} - 0,01$.

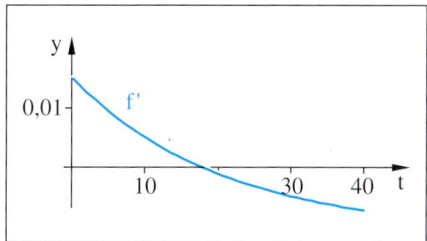

t: Zeit in min, f'(t): Änderungsrate der Konzentration in mg/ml pro Minute.

a) Interpretieren Sie anhand des Verlaufs des Graphen von f', wie sich die Medikamentenkonzentration f im Blut des Patienten im Zeitverlauf qualitativ ändern wird (Wann steigt die Konzentration f an, wann fällt sie, etc.).

b) Ermitteln Sie durch Integration die Gleichung der Funktion f, die die Konzentration des Medikamentes im Blut beschreibt: Kontrollergebnis: $f(t) = -0,5 \cdot e^{-0,05t} - 0,01t + 1,5$

c) Wie hoch ist die Konzentration des Medikamentes im Blut des Patienten 30 Minuten nach der Injektion. Fällt oder steigt sie zu diesem Zeitpunkt?

d) Ermitteln Sie Zeitpunkt und Höhe der maximalen Medikamentenkonzentration im Blut des Patienten in der Zeit nach der Injektion.

e) Wie groß ist der Zeitraum, in der die Konzentration des Medikamentes über dem Schwellenwert von 0,03 mg/ml liegt, ab dem das Medikament überhaupt erst wirkt (GTR)?

f) Wann fällt die Konzentration unter die Grenze von 0,001 mg/ml? Wann ist sie auf null gesunken (GTR)? Was bedeutet das Ergebnis für die Geltungsgrenzen des Modells?

g) Berechnen Sie das rechts aufgeführte Mittelwertintegral.

Interpretieren Sie das Ergebnis im Sachzusammenhang. $\frac{1}{40}\int_{0}^{40} f(t)\,dt$

h) Es kann zu Nebenwirkungen wie Schwindel kommen, wenn die Konzentration mit einer Änderungsrate von mindestens 0,010 mg/ml pro Minute steigt. Wann ist dies der Fall?

A. Geometrie: Elementare Aufgaben

1. Parallele Vektoren

Suchen Sie Paare paralleler Vektoren.

$$\begin{pmatrix} 2 \\ 3 \\ -2 \end{pmatrix}, \begin{pmatrix} 4 \\ 6 \\ 4 \end{pmatrix}, \begin{pmatrix} 3 \\ 3 \\ -2 \end{pmatrix}, \begin{pmatrix} -6 \\ -2 \\ 8 \end{pmatrix}, \begin{pmatrix} -3 \\ -2 \\ 4 \end{pmatrix}, \begin{pmatrix} -1 \\ -1,5 \\ 1 \end{pmatrix}, \begin{pmatrix} -1,5 \\ -1,5 \\ 1 \end{pmatrix}, \begin{pmatrix} 4 \\ 4/3 \\ -16/3 \end{pmatrix}, \begin{pmatrix} 1 \\ 1,5 \\ 1 \end{pmatrix}, \begin{pmatrix} 12 \\ 8 \\ -16 \end{pmatrix}$$

2. Orthogonale Vektoren

Zwei der drei Vektoren $\vec{a}$, $\vec{b}$ und $\vec{c}$ sind orthogonal zueinander.
Um welche Vektoren handelt es sich?

a) $\vec{a} = \begin{pmatrix} 2 \\ 3 \end{pmatrix}$, $\vec{b} = \begin{pmatrix} 3 \\ 2 \end{pmatrix}$, $\vec{c} = \begin{pmatrix} 6 \\ -4 \end{pmatrix}$
  b) $\vec{a} = \begin{pmatrix} 1 \\ 3 \\ -2 \end{pmatrix}$, $\vec{b} = \begin{pmatrix} 2 \\ 1 \\ 3 \end{pmatrix}$, $\vec{c} = \begin{pmatrix} 2 \\ 2 \\ 4 \end{pmatrix}$

3. Parallele und schneidende Geraden

Sind die Geraden g und h windschief? Sind sie parallel oder sogar identisch? Schneiden sie sich? Fertigen Sie ein Schrägbild an.

a) g: $\vec{x} = \begin{pmatrix} 2 \\ 0 \\ 5 \end{pmatrix} + r\begin{pmatrix} 0 \\ 2 \\ -1 \end{pmatrix}$, h: $\vec{x} = \begin{pmatrix} 8 \\ 1 \\ 0 \end{pmatrix} + r\begin{pmatrix} -2 \\ 1 \\ 1 \end{pmatrix}$

b) g geht durch A(0|0|0) und B(0|2|6), h geht durch C(2|2|0) und D(2|3|3).

4. Rechtwinklige Dreiecke

Prüfen Sie, ob das Dreieck ABC rechtwinklig ist. Ist es gleichschenklig?

a) A(2|2|2), B(4|3|4), C(3|4|4)   b) A(2|2|2), B(4|5|0), C(3|4|6)

5. Punkt und Gerade

Prüfen Sie, ob der Punkt P auf der Geraden g: $\vec{x} = \begin{pmatrix} 2 \\ 0 \\ 3 \end{pmatrix} + r\begin{pmatrix} -1 \\ 2 \\ 3 \end{pmatrix}$ liegt.

a) P(−1|4|9)   b) P(0,5|5|2)   c) P(−1|10 + 2a|12)

6. Gerade im Koordinatensystem

Wo schneidet die Gerade g: $\vec{x} = \begin{pmatrix} 2 \\ 1 \\ 5 \end{pmatrix} + r\begin{pmatrix} 2 \\ -1 \\ -1 \end{pmatrix}$ die Koordinatenebenen?
Zeichnen Sie ein Schrägbild.

7. Dreieck, Innenwinkel und Flächeninhalt

a) Wie groß sind die Innenwinkel des abgebildeten Dreiecks ABC?
b) Berechnen Sie den Flächeninhalt des Dreiecks ABC.
c) Gesucht ist ein Punkt D, so dass das Viereck ABCD ein Parallelogramm ist.

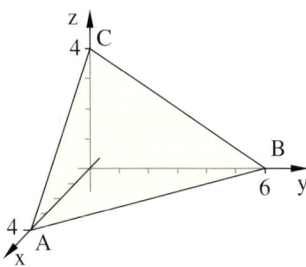

8. Ebene und Punkte

Gegeben sind die Punkte A (3|2|0), B (0|2|4) und C (3|0|4).
a) Stellen Sie eine Gleichung der Ebene E auf, welche die Punkte A, B und C enthält.
b) Wie lauten die Achsenabschnitte von E?
c) Wie lauten die Spurgeraden von E?
d) Fertigen Sie ein Schrägbild von E an.
e) Überprüfen Sie, ob P (3|1|2) bzw. Q (0|−2|16) auf E liegen.

9. Ebene und Gerade, Spiegelung eines Punktes

Gegeben sind die Ebene E: $\vec{x} = \begin{pmatrix} 3 \\ 1 \\ 3 \end{pmatrix} + r\begin{pmatrix} 1 \\ -1 \\ 0 \end{pmatrix} + s\begin{pmatrix} 4 \\ 0 \\ -3 \end{pmatrix}$ und die Gerade g: $\vec{x} = \begin{pmatrix} 5 \\ 5 \\ 7 \end{pmatrix} + t\begin{pmatrix} 3 \\ 3 \\ 4 \end{pmatrix}$.

a) Wo schneiden sich E und g?

b) Zeigen Sie, dass der Vektor $\vec{v} = \begin{pmatrix} 3 \\ 3 \\ 4 \end{pmatrix}$ senkrecht auf E steht.

c) Der Punkt H (8|8|11) wird an der Ebene E gespiegelt. Wie lautet der Spiegelpunkt?

10. Lage: Punkt/Strecke

Gegeben ist die Strecke $\overline{AB}$ mit den Endpunkten A (3|0|1) und B (7|8|5).
Liegen die Punkte P (4|2|2), Q (8|10|6) und R (5|4|4) auf der Strecke $\overline{AB}$?

11. Lage: Punkt/Dreieck

Gegeben ist ein Dreieck ABC durch A (4|0|0), B (0|8|0) und C (0|0|8).
a) Liegen die Punkte P (2|2|2), Q (−1|6|4), R (1|2|4) im Dreieck ABC?

b) Schneidet die Gerade g: $\vec{x} = \begin{pmatrix} 0 \\ 3 \\ 3 \end{pmatrix} + r\begin{pmatrix} 1 \\ 1 \\ -1 \end{pmatrix}$ das Innengebiet des Dreiecks?

(Hier kann der GTR verwendet werden.)

12. Lineares Gleichungssystem

a) Berechnen Sie die eindeutige Lösung des linearen Gleichungssystems.

$$\begin{aligned} \text{I: } 2x - y + 3z &= 4 \\ \text{II: } 4x + 2y - 6z &= 0 \\ \text{III: } 6x - y - 3z &= -1 \end{aligned}$$

b) Wie lautet die Lösungsmenge des LGS, das aus den Gleichungen I und II besteht? Gibt es eine Lösung (x; y; z) mit x > 0, y > 0 und z > 0?

13. Schattenwurf

Der abgebildete Würfel hat die Seitenlänge a = 6 m. Der senkrechte Stab hat den Fußpunkt Q (8|10|0) und ist 10 m hoch.
Licht aus Richtung des Vektors $\vec{v}$ wirft einen Schatten des Stabes auf den Würfel und den Boden. Bestimmen Sie die Punkte P′ und P″ und berechnen Sie die Gesamtlänge des Schattens.

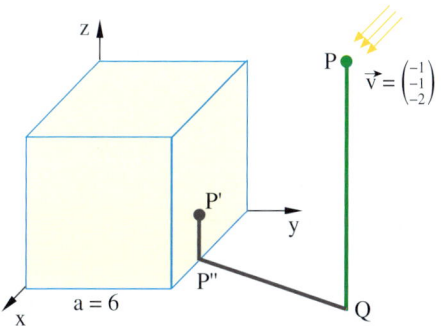

14. Gerade und Spiegelgerade

Die Gerade g: $\vec{x} = \begin{pmatrix} 5 \\ 5 \\ 5 \end{pmatrix} + t \begin{pmatrix} -3 \\ -1 \\ -2 \end{pmatrix}$ wird an der

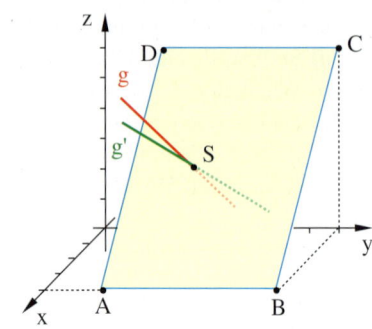

Ebene E durch die Punkte A(4|2|0), B(4|8|0), C(0|8|6) und D(0|2|6) gespiegelt. So entsteht die Spiegelgerade g'.

a) Zeigen Sie, dass der Vektor $\vec{v} = \begin{pmatrix} 3 \\ 0 \\ 2 \end{pmatrix}$ senkrecht auf E steht.

b) Bestimmen Sie den Schnittpunkt S von E und g (GTR kann verwendet werden).

c) Wie lautet der Spiegelpunkt T' des Stützpunktes T(5|5|5) von g? Wie lautet die Gleichung von g'?

15. Trapeznachweis

Prüfen Sie, ob das Viereck ABCD ein Trapez ist.

a) A(2|4|0), B(4|8|0), C(2|8|3), D(1|6|3)   b) A(1|2|2), B(3|8|1), C(0|4|4), D(1|7|2)

16. Lage einer Ebene im Koordinatensystem

Stellen Sie eine Gleichung der beschriebenen Ebene E auf und zeichnen Sie ein Schrägbild von E.

a) E hat drei Spurpunkte X(6|0|0), Y(0|8|0) und Z(0|0|4).

b) E hat nur zwei Spurpunkte Y(0|4|0) und Z(0|0|4).

c) E hat nur einen Spurpunkt Y(0|4|0).

17. Quadrat

Gegeben ist das Dreieck ABC mit den Eckpunkten A(6|3|1), B(9|9|7) und C(3|6|13).

a) Ergänzen Sie einen Punkt D so, dass das Viereck ABCD ein Quadrat ist.

b) Zeigen Sie: Der Vektor $\begin{pmatrix} 2 \\ -2 \\ 1 \end{pmatrix}$ steht senkrecht auf dem Quadrat.

c) Gesucht ist die Gleichung einer Geraden g, die durch den Mittelpunkt M des Quadrates geht und senkrecht auf dem Quadrat steht.

d) Welche beiden Punkte von g haben den Abstand 36 vom Mittelpunkt M des Quadrates?

18. Gerade mit Parametern

Gegeben sind die Geraden g: $\vec{x} = \begin{pmatrix} 1 \\ 2 \\ 2 \end{pmatrix} + r \begin{pmatrix} 1 \\ 2 \\ 3 \end{pmatrix}$ und h: $x = \begin{pmatrix} 4 \\ 4 \\ 1 \end{pmatrix} + s \begin{pmatrix} 2 \\ a \\ b \end{pmatrix}$.

a) Für welche Werte für a und b sind die Geraden g und h parallel?

b) Welche Beziehung muss zwischen a und b gelten, wenn g und h senkrecht aufeinander stehen sollen?

19. Punkt und Ebene

Zeigen Sie, dass die Punkte P(3|4|3) und Q(1|2|−1) auf verschiedenen Seiten der Ebene

E: $x = \begin{pmatrix} 8 \\ 0 \\ 0 \end{pmatrix} + r \begin{pmatrix} -4 \\ 3 \\ 0 \end{pmatrix} + s \begin{pmatrix} -2 \\ 0 \\ 1 \end{pmatrix}$ liegen.

20. Orthogonale Vektoren

a) Ergänzen Sie das Dreieck ABC mit A(0|0|8), B(0|0|0) und C(6|6|0) durch Hinzunahme eines Punktes D zu einem Rechteck ABCD.

b) Zeigen Sie, dass der Vektor $\vec{v} = \begin{pmatrix} 1 \\ -1 \\ 0 \end{pmatrix}$ senkrecht auf dem Rechteck ABCD steht.

c) Zeigen Sie, dass der Punkt S(9|−3|4) auf der Geraden g liegt, die durch den Mittelpunkt M des Rechtecks geht und senkrecht zum Rechteck verläuft.

d) Welches Volumen hat die Pyramide ABCDS mit der Grundfläche ABCD und der Spitze S?

21. Bewegung und Geschwindigkeit

Ein Hase bewegt sich mit einer Geschwindigkeit von 5 m/s auf der Strecke $\overline{AB}$ von A(10|40|50) nach B(30|70|110) (1 LE = 1 m).

a) Wann hat der Hase die Streckenmitte erreicht?

b) Der Hase bewegt sich nach der Ankunft in B mit der verdoppelten Geschwindigkeit nach A zurück. Welche Durchschnittsgeschwindigkeit erzielt er auf seinem Ausflug insgesamt?

c) Mit welcher Geschwindigkeit muss der Hase den Rückweg bewältigen, wenn er seine Durchschnittsgeschwindigkeit auf 8 m/s steigern will?

22. Ballkriminalistik

Lieber Herbert!
Rainer hat mir das Foto gegeben. Er sagte, dass der Stürmer aus 4 m Höhe geworfen hat. Es ist übrigens Wulf Tilkowski. Ich kann das gar nicht glauben. Kannst Du es überprüfen? Die beiden Scheinwerfer habe ich schon mal vermessen. Sie sind bei L_1 (4|1|6) und L_2 (2|6|8) aufgehängt. Erwarte Deine Nachricht.
Gruß Friedhelm

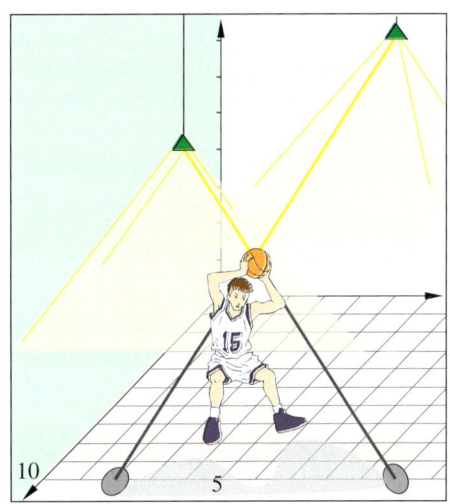

23. Reflexion

Die Billardkugel wird im Punkt K(4|6) aufgelegt und in Richtung des eingezeichneten Vektors $\vec{v}$ gestoßen.

a) Wie lautet der Vektor $\vec{v}_A$, der die Richtung angibt, in welche die Kugel an Bande A reflektiert wird?

b) Verfolgen Sie den Weg der Kugel und ermitteln Sie die Aufprallpunkte an den Banden B und C.

c) Erreicht die Kugel das Loch L(0|1)? Wenn nicht: Wie weit wird das Loch verfehlt?

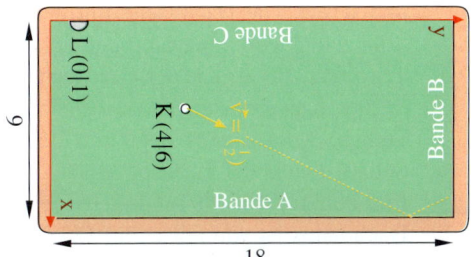

B. Geometrie: Komplexe Aufgaben

1. Filmkulisse

In einer Filmkulisse ist ein Haus aufgebaut, dessen Dach eine quadratische Pyramide mit den Grundflächenecken A (6|4|2), B (6|6|2), C (4|6|2), D (4|4|2) und der Spitze S ist. Die Dachpyramide ist 2 m hoch. Ein Scheinwerfer bei L(5|10|2) beleuchtet das Haus von rechts. In der x-z-Ebene ist eine Leinwand aufgespannt, auf der ein Schatten des Hauses entsteht.

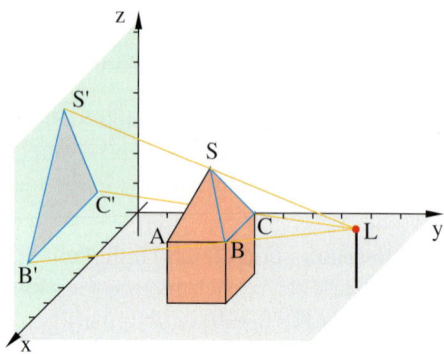

a) Wie lauten die Koordinaten der Pyramidenspitze S?

b) Berechnen Sie das Volumen V und die sichtbare Oberfläche O der Dachpyramide.

c) Welchen Winkel bilden die Dachbalken AS und BS bei S?

d) Berechnen Sie das Schattenbild S′ der Pyramidenspitze S auf der Leinwand.
Die Eckpunkte B und C haben die Schattenpunkte B′(7,5|0|2) und C′(2,5|0|2). Zeigen Sie: Das Schattendreieck B′C′S′ ist ein gleichschenkliges Dreieck.

e) Zeigen Sie, dass der Vektor $\vec{v}$ senkrecht auf der Dachfläche BCS steht. $\vec{v} = \begin{pmatrix} 0 \\ -2 \\ -1 \end{pmatrix}$

f) Ein Lichtstrahl in Richtung des Vektors $\vec{v}$ erzeugt einen Schattenpunkt der Pyramidenspitze S. Liegt dieser Schattenpunkt auf der Bodenebene oder auf der Leinwand?

2. Kirchturm am Hang

Eine Bergwiese bildet einen ebenen, leicht geneigten Hang. Auf dem Hang steht ein alter Kirchturm. das Dach des Turms hat die Form einer quadratischen Pyramide mit der Höhe 10. Für die Punktkoordinaten in der Abbildung gilt: A (10|0|0), B (10|10|0), C (0|10|2), E (10|0|20).

a) Bestimmen Sie eine Parametergleichung der Hangebene ε.

b) Zeigen Sie, dass der Vektor $\vec{v}$ senkrecht zur Hangebene ε steht. $\vec{v} = \begin{pmatrix} 1 \\ 0 \\ 5 \end{pmatrix}, \ \vec{u} = \begin{pmatrix} 0 \\ -2 \\ -1 \end{pmatrix}$

c) Wie groß ist der Abstand der Pyramidenspitze S zur Hangebene ε?

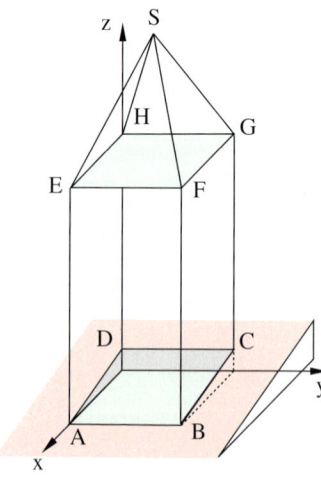

d) Zu einer bestimmten Tageszeit fällt das Sonnenlicht in Richtung des Vektors $\vec{u}$ ein. Die Dachfläche mit den Solarzellen wird nun exakt senkrecht getroffen. Um welche der vier Dachflächen handelt es sich? An welcher Stelle S″ des Hangs liegt nun der Schattenpunkt der Turmspitze S?

e) Ein Punkt P(5|5|p) im Innern des Dachraums ist von allen fünf Ecken der Dachpyramide exakt gleich weit entfernt. Bestimmen Sie die Höhenkoordinate p des Punktes.

3. Flugbahnen

Ein Flugzeug f fliegt von A(0|0|10) nach B(0|27|10), während ein zweites Flugzeug g im gleichem Zeitraum von C(−8|26|14) nach D(10|8|5) fliegt (1 LE = 1 km). Die Flugdauer beträgt jeweils 3 Minuten.

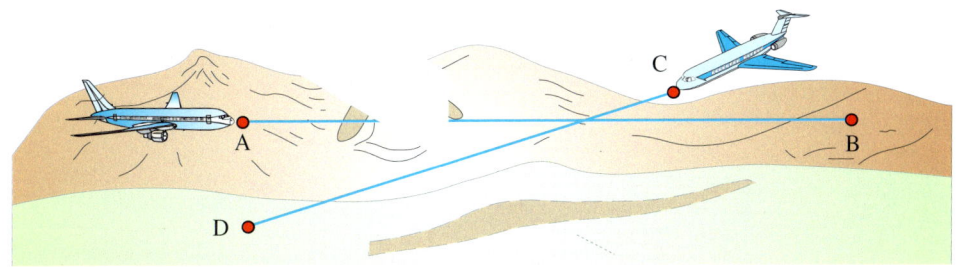

a) Untersuchen Sie, ob die Flugzeuge sich auf Kollisionskurs befinden.
b) Bestimmen Sie die Geschwindigkeiten der Flugzeuge und untersuchen Sie, ob tatsächlich Kollisionsgefahr besteht.
c) Wie groß ist die vertikale Sinkgeschwindigkeit von Flugzeug g?
d) Wegen aufkommenden Nebels ändert Flugzeug f nach einem Drittel der Gesamtstrecke im Punkt M seinen Kurs ab in Richtung des Punktes T(0|13|13), um von dort aus wieder das Ziel B ins Visier zu nehmen. Unter welchem Winkel steigt das Flugzeug beim Flug von T nach B ab? Wie groß ist der gesamte Umweg, der durch die Kursänderungen entsteht?
e) Gelang es Flugzeug f, seinen Kurs noch rechtzeitig vor Erreichen der schmalen Nebelfront zu ändern, die in der Ebene E liegt? Wieviel Flugzeit verblieb noch bis zur Nebelwand?

$$E: \vec{x} = \begin{pmatrix} 2 \\ 12 \\ 4 \end{pmatrix} + r\begin{pmatrix} 1 \\ 1 \\ 0 \end{pmatrix} + s\begin{pmatrix} 0 \\ 0 \\ 1 \end{pmatrix}$$

4. Pyramide

Eine Pyramide hat die quadratische Grundfläche ABCD mit A(7|5|0), B(4|9|0), C(0|6|0) und die Spitze S(3,5|5,5|12).

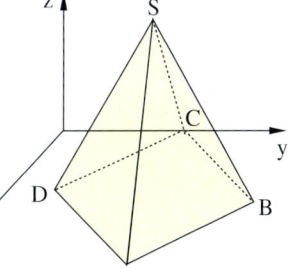

a) Bestimmen Sie die Koordinaten des fehlenden Punktes D.
b) Stellen Sie eine Parametergleichung der Ebene E durch die Punkte A, B und S auf. Wo schneidet diese Ebene die x-Achse?
c) Zeigen Sie, dass das Seitendreieck ABS der Pyramide gleichschenklig ist.
d) Bestimmen Sie den Mittelpunkt M der Grundfläche ABCD.
e) Wie groß ist das Pyramidenvolumen? Bestimmen Sie die Oberfläche der Pyramide.
f) Unter welchem Winkel schneidet die Seitenkante CS die y-Achse?
g) Fertigen Sie ein Schrägbild der Pyramide an.
h) Paralleles Sonnenlicht in Richtung des Vektors $\vec{v}$ trifft auf die Pyramide. Wo liegt der Schatten der Pyramidenspitze S in der x-z-Ebene?

$$\vec{v} = \begin{pmatrix} -3 \\ -11 \\ -4 \end{pmatrix}$$

5. Steigflug

Das Flugzeug F befindet sich im Steigflug, als es vom Kontrollturm T(−10|10|0) um 14.00 Uhr in A(8|8|4) und noch einmal um 14.02 Uhr in B(4|12|6) gesichtet wird. Später verschwindet es in der horizontalen Wolkenschicht, die in 9 km Höhe beginnt und in 10 km Höhe endet. Direkt beim Austritt aus der Wolkenschicht geht das Flugzeug vom Steigflug in den Horizontalflug über, ohne weitere Richtungsänderungen vorzunehmen (Angaben in km).

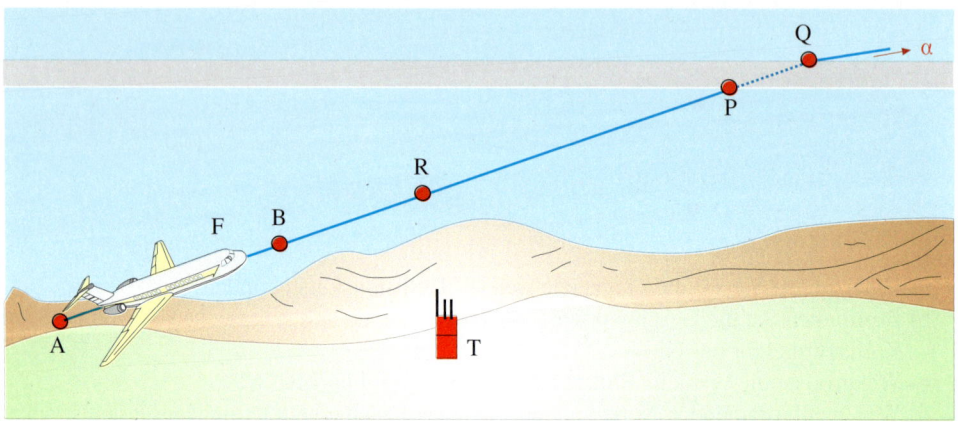

a) Bestimmen Sie eine Parametergleichung der Flugbahn f des Flugzeuges.
b) In welchem Punkt L ist das Flugzeug gestartet (Starthöhe h = 0).
c) Berechnen Sie die Fluggeschwindigkeit in km/min und in km/h.
d) In welcher Positionen P und Q wird die Wolkendecke erreicht und wieder verlassen?
e) Wie groß ist der Korrekturwinkel α beim Einschwenken in den Horizontalflug?
f) Zeigen Sie, dass das Flugzeug im Punkt R(0|16|8) dem Überwachungsturm T am nächsten kommt. Betrachten Sie dazu den Vektor $\overrightarrow{TR}$ und den Richtungsvektor $\vec{m}$ der Flugbahn f.
g) Ein Hubschrauber H startet um 14.00 Uhr in C(8|11|0) mit Kurs auf das Ziel D(4|9|10). Seine Geschwindigkeit beträgt 5 km/min. Besteht Kollisionsgefahr?

6. Geraden

Gegeben sind Geraden g: $\vec{x} = \begin{pmatrix} 4 \\ 7 \\ 4 \end{pmatrix} + r\begin{pmatrix} -8 \\ 10 \\ 8 \end{pmatrix}$ und h: $x = \begin{pmatrix} 0 \\ 4 \\ 8 \end{pmatrix} + r\begin{pmatrix} 4 \\ 3 \\ -4 \end{pmatrix}$.

a) Berechnen Sie die Spurpunkte A und B von g in der x-y-Ebene bzw. in der y-z-Ebene.
b) Berechnen Sie die Spurpunkte C und D von h in der x-y-Ebene bzw. in der y-z-Ebene.
c) Zeichnen Sie die beiden Geraden in ein räumliches Koordinatensystem ein.
d) Untersuchen Sie, ob g und h sich schneiden. Bestimmen Sie ggf. den Schnittpunkt.
e) Der Punkt S(4|7|4) bildet mit den Punkten A und C ein Dreieck. Zeigen Sie, dass es nicht rechtwinklig ist. Der Punkt S bildet mit den Punkten B und D ebenfalls ein Dreieck. Zeigen Sie, dass die Dreiecke kongruent sind.
f) Bestimmen Sie zwei in der x-y-Ebene liegende Punkte U und V so, dass ACUV ein Quadrat ist.
g) S sei nun die Spitze der quadratischen geraden Pyramide ACUVS. Berechnen Sie das Volumen der Pyramide.

7. Tennis

Der Tennisplatz ist idealisiert dargestellt mit 24 m Länge und 10 m Breite.
Die Aufschlagfelder sind jeweils
6 m lang und 5 m breit. Das Netz
ist durchgehend 1 m hoch. Alle
Schläge verlaufen geradlinig.

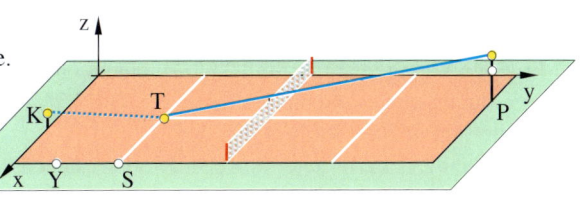

Ein Spieler steht an der Grundlinie bei $P(3|24|0)$ und versucht, den Ball mit einer Geschwin-
digkeit von 144 km/h in der Höhe 3,10 m abzuschlagen, um exakt den Punkt $T(5|6|0)$ des
Aufschlagfeldes zu treffen.

a) Wie hoch geht der Ball über das Netz?

b) In welchem Winkel α zum Boden trifft der Ball in T auf?

c) Nach dem Auftreffen wird der Ball unter Beibehaltung seiner Geschwindigkeit exakt unter
dem gleichen Winkel α reflektiert ohne weitere Richtungsänderungen. An welcher Position
K muss der auf seiner Grundlinie stehende Gegner den Ball zurückschlagen? Wieviel Zeit
hat er für seine gesamte Reaktion?

d) In einer weiterer Spielsituation hat der Gegner einen Ball geschlagen. Nach dem Zwischen-
aufprall am Boden kommt er genau am alten Standort P des Spielers an, allerdings in einer
Höhe von nur 2 m. Der Spieler versucht, diesen Ball an die äußerste Position S seines linken
Aufschlagfeldes zu schlagen. Kann dies gelingen?
Was geschieht, wenn er den Ball nicht richtig trifft und dieser das Netz exakt in Netzmitte
0,10 m über der oberen Seilkante passiert?

8. Ägypten

Eine antike Pyramide hat die Ecken $A(100|0|0)$,
$B(100|100|0)$, $C(0|100|0)$, $D(0|0|0)$ und die
Spitze $S(50|50|100)$. Aus der Seitenfläche BCS
ragt als Teil einer Hebevorrichtung senkrecht
ein Balken PQ heraus, dessen Mitte T auf einer
vertikalen Stütze RT steht. Es gilt $P(50|60|80)$
und $Q(50|100|100)$.

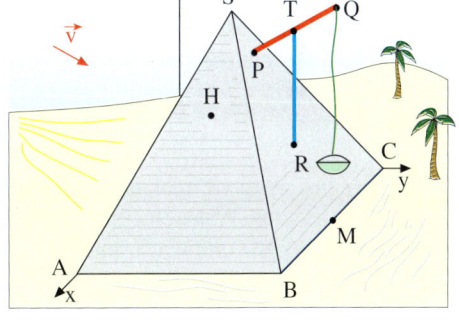

a) Stellen Sie eine Parametergleichung der Ebene E auf, welche B, C und S enthält.

b) Überprüfen Sie, ob der Punkt P tatsächlich
auf der Seitenfläche BCS liegt.

c) Weisen Sie nach, dass der Balken PQ senkrecht auf BCS steht. Wie lang ist PQ?

d) Berechnen Sie die Länge der Stütze TR. Stellen Sie dazu die Gleichung der vertikalen
Geraden g auf, die den Punkt T enthält. Berechnen Sie dann den Punkt R als Schnittpunkt
der Geraden g mit der Fläche BCS.

e) Bestimmen Sie den Mittelpunkt M der Strecke BC. Bestimmen Sie dann den Winkel
$\alpha = \sphericalangle PQM$ zwischen den Strecken QP und QM.

f) Zeigen Sie, dass die Punkte $U(40|40|80)$ und $V(60|40|80)$ auf zwei Kanten der Pyramide
liegen. Begründen Sie, dass das Viereck ADUV ein Trapez ist.

g) An der Position $H(70|50|a)$ liegt ein Schachteingang. Der Schacht führt zur
Schatzkammer in der Pyramidenmitte $G(50|50|50)$. Das Sonnenlicht fällt bis in
die Schatzkammer G, wenn es in Richtung des Vektors $\vec{v}$ einfällt. Bestimmen
Sie a.

$\vec{v} = \begin{pmatrix} -4 \\ 0 \\ -2 \end{pmatrix}$

A. Wahrscheinlichkeitsrechnung: Elementare Aufgaben

1. Eine fünfköpfige Familie stellt sich zu einem Gruppenphoto auf. Wie viele Möglichkeiten der Anordnung gibt es, wenn
   a) alle sich in einer Reihe aufstellen,
   b) die beiden Eltern hinter den drei Kindern stehen?

2. Ein wichtiges Gremium in Karnevalsvereinen ist der sogenannte Elferrat, der – wie der Name schon sagt – aus elf Personen besteht.
   a) Aus dem Elferrat werden als Vorstand nacheinander der 1. Vorsitzende, der 2. Vorsitzende und der Schriftführer durch die Vereinsmitglieder gewählt. Wie viele Möglichkeiten für die Wahl des Vereinsvorstands gibt es?
   b) Ein vierköpfiges Gremium des Elferrates soll die Prunksitzung des Verein vorbereiten. Berechnen Sie, wie viele Möglichkeiten es gibt, das Gremium zusammenzustellen.
   c) Drei enge Freunde gehören zum Elferrat. Wie wahrscheinlich ist es, dass mindestens einer von ihnen dem vierköpfigen Gremium angehört?

3. Zwölf Jungen verabreden sich zu einem Fußballspiel. Dazu müssen sie zwei Mannschaften aus jeweils sechs Spielern bilden. Wie viele Möglichkeiten für die Zusammensetzung der beiden Teams gibt es?

4. In einer Galerie gibt es 10 Leuchten, die einzeln ein- und ausgeschaltet werden können. Wie viele unterschiedliche Möglichkeiten der Beleuchtung gibt es?

5. 10% der Bevölkerung sind zuckerkrank. Ein Test zeigt bei 95% der Kranken ein positives Testergebnis an. Bei den Gesunden ergibt der Test bei 4% irrtümlich ein positives Ergebnis.
   a) Es wird ein Massenscreening durchgeführt. Welcher Prozentsatz der untersuchten Personen wird dabei ein positives Testergebnis erhalten?
   b) Eine Person wurde positiv getestet. Mit welcher Wahrscheinlichkeit ist sie tatsächlich zuckerkrank?

6. Eine Münze wird viermal geworfen. Die Größe X beschreibt die Anzahl der Kopfwürfe.
   a) Geben Sie die Wahrscheinlichkeitsverteilung von X an.
   b) Berechnen Sie den Erwartungswert von X.

7. Ein Biathlet trifft beim Stehend-Schießen mit einer Wahrscheinlichkeit von 80%. Eine Serie besteht aus fünf Schüssen. Wie wahrscheinlich sind die folgenden Ereignisse?
   A: Alle Schüsse der Serie sind Treffer.
   B: Nur der letzte Schuss ist kein Treffer.
   C: Die Serie wird mit vier Treffern beendet.
   D: Es werden mindestens vier Treffer erreicht.

8. Die Gewinnwahrscheinlichkeit bei einem Glücksspiel liegt bei 25%.
   a) Mit welcher Wahrscheinlichkeit gewinnt man bei acht Spielen genau einmal?
   b) Mit welcher Wahrscheinlichkeit gewinnt man bei sechs Spielen mindestens einmal?
   c) Wie viele Gewinnspiele kann man bei 60 Spielen erwarten?
   d) Bestimmen Sie ein möglichst kleines Intervall, in dem die Anzahl der Gewinnspiele bei 100 Spielen mit einer Sicherheit von mindestens 95% liegt.

9. Bei dem Spiel „Mensch ärgere dich nicht" benötigt der Spieler eine Sechs des Spielwürfels zur Eröffnung des Spiels. Dazu hat er drei Versuche. Wie wahrscheinlich ist es, dass ein Spieler das Spiel schon in der ersten Runde eröffnen kann?

10. Bei einem Würfelspiel werden 2 Würfel geworfen. Zeigen beide Würfel eine der Zahlen von 1 bis 5, erhält der Spieler 5 Euro ausgezahlt. Zeigen beide Würfel die Sechs, werden sogar 10 Euro an den Spieler ausgezahlt. Der Einsatz beträgt 1 Euro. Die Zufallsgröße X beschreibt den Gewinn/Verlust des Spielers.
    a) Geben Sie die Wahrscheinlichkeitsverteilung von X an.
    b) Welchen Erwartungswert hat die Zufallsgröße X?

11. Bei einer Online-Umfrage unter 800 Schülern wird gefragt, ob sie einen Account bei Facebook bzw. bei Twitter haben. Das Ergebnis der Umfrage ist in der unvollständigen Vierfeldertafel erfasst.

F/T: Account bei Facebook/Twitter

	F	$\bar{F}$	
T	600		660
$\bar{T}$		40	
			800

    a) Vervollständigen Sie die Vierfeldertafel.
    b) Ein befragter Schüler hat einen Facebook-Account. Mit welcher Wahrscheinlichkeit hat er ebenfalls einen Twitter-Account?

12. Eine Urne enthält 7 schwarze und 3 weiße Kugeln. Es werden 3 Kugeln mit Zurücklegen gezogen. Mit welcher Wahrscheinlichkeit
    a) ist nur die 2. Kugel schwarz,   b) sind alle Kugeln weiß,
    c) ist mindestens eine Kugel schwarz?
    d) Beantworten Sie a) bis c), wenn die 3 Kugeln ohne Zurücklegen gezogen werden.

13. Eine Firma produziert LED-Leuchten in zwei Werken A und B. Das ältere Werk A produziert mit 5 % Ausschuss. Das modernere Werk B, aus dem 70 % der Gesamtproduktion stammen, produziert mit 2 % Ausschuss.
    a) Wie groß ist der Ausschussanteil an der Gesamtproduktion?
    b) Eine LED-Leuchte ist fehlerhaft. Mit welcher Wahrscheinlichkeit wurde sie in Werk B produziert?
    c) Jeweils 200 LED-Leuchten werden in einen Karton zum Verkauf verpackt. Wie groß ist die Wahrscheinlichkeit, dass in einem Karton aus Werk B weniger als 3 LED-Leuchten defekt sind?
    d) Ein Käufer bezieht einen Karton aus Werk A. Ein genaue Prüfung ergibt, dass er 18 fehlerhafte Leuchten enthält. Kann er der Produzentenangabe von 5 % Ausschuss noch glauben?

14. Sven trifft als guter Basketballspieler bei 80 % seiner Freiwürfe.
    a) Wie wahrscheinlich sind genau 8 Treffer bei 10 Würfen? Ist die Wahrscheinlichkeit für 40 Treffer bei 50 Würfen geringer oder höher?
    b) Wie wahrscheinlich ist es, dass Sven weniger als 3 Fehlwürfe bei 20 Freiwürfen hat?
    c) Wie viele Treffer kann sein Trainer bei 60 Freiwürfen erwarten?
    d) Welche Trefferanzahl kann Sven bei 50 Freiwürfen mit mindestens 95 % Sicherheit garantieren?

B. Wahrscheinlichkeitsrechnung: Komplexe Aufgaben

1. Geschwindigkeitskontrollen

An einem Unfallschwerpunkt werden Geschwindigkeitskontrollen durchgeführt. Es wurde festgestellt, dass 6% der PKW-Fahrer als sogenannte Raser eingestuft werden. Die Kontrollwahrscheinlichkeit beträgt unabhängig von der Fahrzeugart 5%.

a) Bestimmen Sie die Wahrscheinlichkeit folgender Ereignisse:

A: „Unter 55 kontrollierten PKW-Fahrern befindet sich kein Raser."

B: „Unter 60 kontrollierten PKW-Fahrern befindet sich mindestens ein Raser."

b) Bestimmen Sie die Wahrscheinlichkeit folgender Ereignisse. Fertigen Sie eventuell auch ein Baumdiagramm an.

C: „Von vier aufeinander folgenden Fahrzeugen wird nur das erste kontrolliert."

D: „Von fünf aufeinander folgenden Fahrzeugen werden genau drei Fahrzeuge kontrolliert, die direkt hintereinander fahren."

c) Berechnen Sie, wie viele PKW mindestens kontrolliert werden müssen, um mit einer Wahrscheinlichkeit von mindestens 50% mindestens einen Raser zu erwischen.

d) Der Anteil der Motorradfahrer, die mit korrekter Geschwindigkeit fahren, sei p mit $0 < p < 1$. Berechnen Sie p so, dass die Wahrscheinlichkeit dafür, unter 10 zufällig ausgewählten Motorradfahrern genau 2 mit nichtkorrekter Geschwindigkeit zu finden, maximal ist. Auf den Nachweis des Maximums wird verzichtet.

2. Glücksspiel

Der einarmige Bandit kann in jedem der vier Fenster eine der Ziffern 1, 2 und 3 ausgeben.

a) Wie viele verschiedene Ergebnisse gibt es insgesamt?

b) Bestimmen Sie die Wahrscheinlichkeit des Ereignisses:

A: Es erscheint die Ziffernfolge 1 2 3 3.

B: Es erscheint genau zweimal die Ziffer 1.

C: Es erscheinen nur Einsen.

D: Es erscheinen nur gleiche Ziffern.

c) Das Gerät wird 10-mal bedient. Mit welcher Wahrscheinlichkeit tritt das Ereignis B nicht ein einziges Mal ein? Mit welcher Wahrscheinlichkeit tritt es genau 2-mal ein?

d) Wie oft muss man das Gerät mindestens in Gang setzen, damit mit einer Wahrscheinlichkeit von wenigstens 95% mindestens einmal das Ereignis B eintritt?

e) Bei einem Einsatz von 1 € pro Spiel gewinnt man 30 €, wenn die Ziffernfolge 3333 kommt und 5 €, wenn die Ziffernfolge 2xx2 kommt, wobei x eine beliebige aber feste Ziffer ist. Lohnt sich das Spiel für den Spieler? Wie viel Gewinn/Verlust ist für den Betreiber an einem Tag mit 8 Stunden zu erwarten, wenn pro Stunde ca. 20 Spiele stattfinden?

f) Johannes berichtet, dass er gerade fünfmal hintereinander gewonnen hat (Ziffernfolge 3333 oder 2xx2). Beurteilen Sie diese Aussage bezüglich ihrer Glaubwürdigkeit.

Jana sagt, dass sie bei 100 Spielen ca. 20 bis 30-mal das Ereignis B beobachtet hat. Ist das glaubhaft? (Verwenden Sie bei der Lösung dieser Aufgabe für die Wahrscheinlichkeit des Ereignisses B den Näherungswert $P(B) = \binom{4}{2}\frac{1}{3}^2 \cdot \left(\frac{2}{3}\right)^2 = \frac{24}{81} = 0{,}296 \approx 0{,}3$).

3. Urnenaufgabe

In einer Urne befinden sich 3 rote und 7 grüne Kugeln.

a) Es werden 3 Kugeln *ohne Zurücklegen* gezogen.

Dabei werden folgende Ereignisse betrachtet:

A: „Alle Kugeln sind grün."

B: „Genau zwei der Kugeln sind rot."

Skizzieren Sie ein vollständiges Baumdiagramm.

Berechnen Sie die Wahrscheinlichkeiten von A und von B.

b) Nun werden alle 10 Kugeln nacheinander *ohne Zurücklegen* gezogen.

Mit welcher Wahrscheinlichkeit werden zuerst alle Kugeln der einen Farbe und dann die der anderen Farbe gezogen?

c) Nun wird zehnmal eine Kugel *mit Zurücklegen* gezogen.

Dabei werden folgende Ereignisse betrachtet:

C: „Man zieht genau fünfmal eine rote Kugel."

D: „Man zieht mindestens siebenmal eine grüne Kugel".

Berechnen Sie die Wahrscheinlichkeiten von C und von D.

Berechnen Sie außerdem, mit welcher Wahrscheinlichkeit das Ereignis D bei viermaliger Wiederholung der 10 Ziehungen genau zweimal eintritt.

d) In einem neuen Experiment werden 3 Kugeln mit einem Griff gezogen. Ermitteln Sie für die Ereignisse A_k: „Es werden k grüne Kugeln gezogen" (k = 0, 1, 2, 3) die Wahrscheinlichkeiten.

e) Für folgendes Glücksspiel verlangt der Veranstalter zwei Euro Einsatz.

Aus der Urne wird eine Kugel gezogen. Ist die gezogene Kugel rot, erhält der Spieler 6 Euro ausgezahlt. Wer gewinnt auf lange Sicht? Wie groß ist der durchschnittliche Gewinn pro Spiel?

4. Umfrage

Bei einer repräsentativen Umfrage unter 1500 Kinobesuchern wird nach den beiden Merkmalen
– männlich (M) weiblich (W) und
– intensiver Kinobesucher (I)/gelegentlicher Kinobesucher (G)
unterschieden.

Das Ergebnis dieser Umfrage ist (unvollständig) in der nebenstehenden Tabelle wiedergegeben.

	I	G	Summe
M	200		
W		460	
Summe	250		

a) Übertragen Sie die Vierfeldertafel auf Ihr Arbeitspapier und ergänzen Sie alle fehlenden Werte.

Bestimmen Sie den Anteil der intensiven Kinobesucher unter den weiblichen Besuchern.

Bestimmen Sie den Anteil der männlichen gelegentlichen Kinobesucher unter allen Kinobesuchern.

b) Bestimmen Sie die Wahrscheinlichkeit dafür, dass man unter 100 befragten Kinobesuchern mehr als 10 intensive Kinobesucher findet.

Bestimmen Sie, wie viele Kinobesucher man mindestens befragen muss, um mit mindestens 99 % Wahrscheinlichkeit mindestens einen intensiven Kinobesucher zu finden.

c) Von den 12 Schülern eines Kurses sind 3 intensive Kinobesucher, der Rest geht gelegentlich ins Kino.
   Drei Schüler des Kurses werden zufällig ausgewählt. Bestimmen Sie die Wahrscheinlichkeit folgender Ereignisse:
   A: „Nur der erste und der dritte Schüler sind gelegentliche Kinobesucher."
   B: „Genau zwei der Schüler sind intensive Kinobesucher."

d) Der Kinobetreiber möchte durch ein verstärktes Angebot von Premiumfilmen den Anteil p der intensiven Kinobesucher steigern. Die Wahrscheinlichkeit, dass unter sechs Kinobesuchern mindestens zwei intensive zu finden sind, soll mindestens 60 % betragen. Ist dies bei einem Anstieg der intensiven Kinobesucher auf p = 30 % erfüllt?

5. Würfelspiel

Für ein Würfelspiel stehen zwei Tetraeder (T_1 und T_2) sowie ein Würfel (W) zur Verfügung. Die Beschriftungen sind den rechts angegebenen Netzen zu entnehmen.

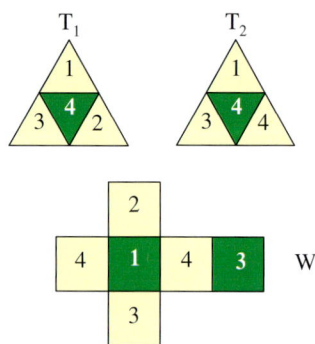

a) Die beiden Tetraeder werden gleichzeitig geworfen. Berechnen Sie mithilfe eines geeigneten Baumdiagramms die Wahrscheinlichkeiten der folgenden Ereignisse.
   A: Beide Zahlen sind gerade.
   B: Mindestens eine Zahl ist gerade.

b) Die drei Körper werden gleichzeitig geworfen. Bestimmen Sie die Wahrscheinlichkeiten der folgenden Ereignisse.
   C: Die Augensumme ist 5.
   D: Die Augensumme ist 12.

c) Der Würfel wird sechsmal geworfen. Wie groß sind die Wahrscheinlichkeiten der folgenden Ereignisse?
   E: Die Zahl 3 erscheint genau zweimal.
   F: Die Zahl 3 erscheint genau dreimal nacheinander.

d) Die drei Körper werden zehnmal gleichzeitig geworfen. Bestimmen Sie die Wahrscheinlichkeit dafür, dass genau einmal die Summe 3 kommt.

e) Folgendes Spiel wird angeboten. Der Spieler zahlt einen Einsatz e und wirft die drei Körper einmal. Ist die Augensumme gerade, erhält er seinen Einsatz zurück. Ist die Augensumme 3, erhält der Spieler 20 € ausgezahlt. Bestimmen Sie den Einsatz e so, dass der Anbieter des Spiels durchschnittlich mit 1 Euro Gewinn pro Spiel rechnen kann.

6. Glaukom

Die Augenkrankheit Glaukom (grüner Star) tritt überwiegend ab einem Alter von 40 Jahren auf. Viele der Erkrankten leiden dabei an erhöhtem Augeninnendruck, der jedoch auch bei einem nicht an einem Glaukom Erkrankten auftreten kann.

In NRW leben 10 Mio. Personen über 40 Jahre, von denen 0,8 Mio. an erhöhtem Augeninnendruck leiden.

Im Folgenden werden nur Personen betrachtet, die älter als 40 Jahre sind.

a) Für eine Studie werden 20 Personen ausgewählt. Mit welcher Wahrscheinlichkeit
   – hat niemand aus der Gruppe einen erhöhten Augeninnendruck
   – haben mindestens 3 Personen der Gruppe einen erhöhten Augeninnendruck?

b) 2,5 % der über 40 Jahre alten Personen leiden an einem Glaukom. Davon haben 75 % einen erhöhten Augeninnendruck. Unter den nicht an einem Glaukom erkrankten Personen leiden 8 % unter erhöhtem Augeninnendruck. Wie groß ist die Wahrscheinlichkeit, dass eine zufällig ausgewählte Person unter erhöhtem Augeninnendruck leidet?

c) Eine Person aus der Gruppe der über 40-Jährigen leidet unter erhöhtem Augeninnendruck. Wie groß ist die Wahrscheinlichkeit, dass sie an einem Glaukom erkrankt ist?

d) Wie groß ist die Wahrscheinlichkeit, dass unter 200 zufällig ausgewählten Personen aus der Gruppe der über 40-Jährigen mehr als 25 unter erhöhtem Augeninnendruck leiden?

e) Wie viele Personen müssen mindestens untersucht werden, um mit mindestens 90 % Sicherheit mindestens eine Person zu finden, die an einem Glaukom erkrankt ist?

7. Der Spezialwürfel

Beim Spezialwürfel treten die Augenzahlen 2 und 3 mit der doppelten Wahrscheinlichkeit, die Augenzahlen 4 und 5 mit der dreifachen Wahrscheinlichkeit und die Augenzahl 6 mit der vierfachen Wahrscheinlichkeit der Augenzahl 1 auf. Man kann dazu einen 20-flächigen Würfel verwenden, der fünf ungültige Flächen hat.

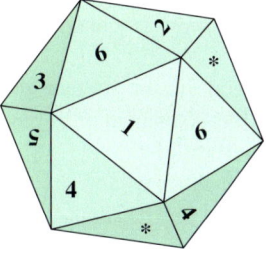

Eins	1
Zwei	2
Drei	2
Vier	3
Fünf	3
Sechs	4
*	5

a) Die Zufallsgröße X gibt die Augenzahl beim Werfen des Würfels an. Bestimmen Sie die Wahrscheinlichkeitsverteilung und den Erwartungswert von X.

b) Ein Spiel kann man nur durch Würfeln einer Sechs beginnen. Dazu hat ein Spieler bis zu drei Versuche pro Spielrunde.
   Wie groß ist die Wahrscheinlichkeit, dass ein Spieler es schafft, schon in der ersten Runde ins Spiel zu kommen?
   Wie groß ist die Wahrscheinlichkeit, dass ein Spieler nach drei Runden immer noch nicht im Spiel ist?

c) Wie oft muss man mindestens würfeln, um mit mindestens 99 % Wahrscheinlichkeit mindestens eine Sechs zu würfeln?

d) Wie groß ist die Wahrscheinlichkeit, bei 100 Würfen mehr als 25 Sechsen zu würfeln?

e) Der Würfel wird für ein Glücksspiel benutzt. Bei 2 Euro Einsatz wird der Würfel zweimal geworfen. Ist die Augensumme größer als 10, wird die Augensumme in Euro ausgezahlt. Mit welchem Gewinn pro Spiel kann der Anbieter rechnen?

f) Jemand behauptet, bei 100 Spielen 25-mal gewonnen zu haben. Wie glaubwürdig ist diese Aussage?

A. Stochastische Prozesse: Elementare Aufgaben

1. Matrizen
Berechnen Sie manuell die folgenden Terme:
a) $M \cdot \vec{v}$
b) $M^2 = M \cdot M$
c) N^2
d) $N^2 \cdot \vec{u}$

$$M = \begin{pmatrix} 0,5 & 0,6 \\ 0,5 & 0,4 \end{pmatrix} \qquad \vec{v} = \begin{pmatrix} 0,2 \\ 0,8 \end{pmatrix}$$

$$N = \begin{pmatrix} 0,2 & 0,4 & 0,5 \\ 0,3 & 0 & 0,5 \\ 0,5 & 0,6 & 0 \end{pmatrix} \qquad \vec{u} = \begin{pmatrix} 0,2 \\ 0,3 \\ 0,5 \end{pmatrix}$$

2. Stochastische Matrizen
a) Was versteht man unter einer stochastischen Matrix?
b) Bei welchen der folgenden Matrizen handelt es sich um stochastissche Matrizen?

$$M = \begin{pmatrix} 0,7 & 0,1 \\ 0,3 & 0,9 \end{pmatrix} \quad N = \begin{pmatrix} 0,5 & 0,2 & 0,3 \\ 0,3 & 0,4 & -0,1 \\ 0,2 & 0,5 & 0,8 \end{pmatrix} \quad P = \begin{pmatrix} 0,1 & 0,5 & 0,3 \\ 0,2 & 0,4 & 0,6 \\ 0,7 & 0,1 & 0,1 \end{pmatrix} \quad Q = \begin{pmatrix} 0,1 & 0,4 & 0,5 & 0 \\ 0,1 & 0,2 & 0,3 & 1 \\ 0,8 & 0,2 & 0,2 & 0 \\ 0 & 0,2 & 0 & 0 \end{pmatrix}$$

c) Ergänzen Sie die Matrix zu einer stochastischen Matrix, sofern dies möglich ist.

$$M = \begin{pmatrix} 0,1 & \blacksquare & 0,1 \\ \blacksquare & 0,5 & 0,3 \\ 0,4 & 0 & \blacksquare \end{pmatrix} \quad N = \begin{pmatrix} \blacksquare & 0,5 \\ 0 & \blacksquare \end{pmatrix} \quad P = \begin{pmatrix} 0,1 & 0,5 & 0,2 & 0 \\ 0,2 & 0,3 & 0,3 & \blacksquare \\ 0,6 & \blacksquare & 0,6 & 0 \\ \blacksquare & 0,2 & \blacksquare & 0 \end{pmatrix}$$

3. Übergangsmatrix und Übergangsgraph
Gegeben ist der noch unvollständige Übergangsgraph eines stochastischen Prozesses.

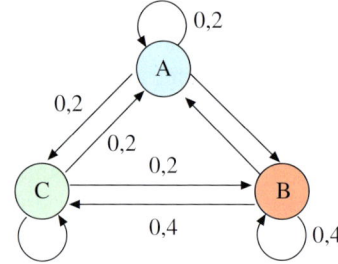

a) Vervollständigen Sie ihn so, dass die zugehörige Übergangsmatrix M eine stochastische Matrix ist.
b) Stellen Sie die Matrix M auf.
c) Die Matrix M hat nur Elemente, die positiv sind. Nach Satz XIV:1 hat sie daher einen eindeutigen Fixvektor $\vec{v}$. Für einen Fixvektor gilt bekanntlich $M \cdot \vec{v} = \vec{v}$. Berechnen Sie die Koordinaten von $\vec{v}$. Das auftretende LGS kann mit dem GTR gelöst werden.
d) Berechnen Sie die Folgeverteilung $\vec{v}_1$, ausgehend von der Startverteilung $\vec{v}_0 = \begin{pmatrix} 0,4 \\ 0,5 \\ 0,1 \end{pmatrix}$.

4. Prozess mit absorbierenden Zuständen
Gegeben ist der Übergangsgraph eines dynamischen Prozesses.
a) Wie lautet die Übergangsmatrix M?
b) Welche Zustände sind absorbierend?

c) Die Startverteilung $\vec{v}_0$ sei A: 0, B :1, C: 0, D :0. Wie lautet die Folgeverteilung $\vec{v}_1$?
d) Zeigen Sie, dass die Verteilung $\vec{v}$ mit A: 0,8, B: 0, C: 0, D: 0,2 eine stabile Zustandsverteilung darstellt. Hinweis: Zu zeigen ist, dass $M \cdot \vec{v} = \vec{v}$ gilt.

B. Stochastische Prozesse: Komplexe Aufgaben

1. Stochastischer Standardprozess

M sei die Übergangsmatrix eines stochastischen Prozesses und $\vec{v}_0$ eine Startverteilung des Prozesses.

$$M = \begin{pmatrix} 0 & 0,5 & 0,5 \\ 0 & 0 & 0,5 \\ 1 & 0,5 & 0 \end{pmatrix} \qquad \vec{v}_0 = \begin{pmatrix} 0,2 \\ 0,3 \\ 0,5 \end{pmatrix}$$

a) Zeigen Sie, dass M eine stochastische Matrix ist.

b) Zeichnen Sie den Übergangsgraphen des Prozesses.

c) Bestimmen Sie M^2 und $M^2 \cdot \vec{v}_0$. Welche Bedeutung hat $M^2 \cdot \vec{v}_0$?

d) Bestimmen Sie die Folgeverteilungen $\vec{v}_1$, $\vec{v}_5$ und $\vec{v}_{10}$.

e) Bestimmen Sie *manuell* einen Fixvektor $\vec{v}$ ($M \cdot \vec{v} = \vec{v}$).
   Lediglich das auftretende LGS darf mit dem GTR gelöst werden.

f) Berechnen Sie mit dem GTR näherungsweise die Grenzmatrix M^∞. Welcher Zusammenhang besteht zwischen dem Fixvektor $\vec{v}$ und der Grenzmatrix M^∞?

2. Schnellrestaurant

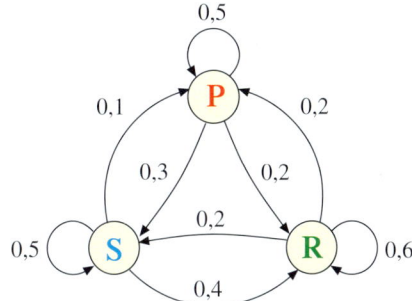

Ein Schnellrestaurant bietet drei Arten
von Gerichten an:
S: Sphagetti, P: Pizza, R: Reisgericht
Täglich wechseln die Kunden das Ge-
richt so, wie es sich aus dem Übergangsgraphen ergibt. Am ersten Tag wählen
34 % Spaghetti, 22 % eine Pizza und 44 %
ein Reisgericht.

a) Stellen Sie die Übergangsmatrix M auf.

b) Begründen Sie, weshalb M eine stochastische Matrix ist.

c) Berechnen Sie M^2. Welche Bedeutung hat das Element a_{23} von M^2 in diesem Sachzusammenhang? a_{23} ist das Element, welches in der 2. Zeile und in der 3. Spalte vom M^2 steht.

d) Bestimmen Sie die Verteilung der Kunden auf die Gerichte nach zwei Tagen bzw. nach fünf Tagen, ausgehend von der zu Beginn vorliegenden Startverteilung.

e) Zeigen Sie, dass zwei Wochen vor Beobachtungsbeginn die folgende Verteilung vorlag:
   Spaghetti: 60 %, Pizza: 20 %, Reisgericht: 20 %.

f) Berechnen Sie manuell den Fixvektor $\vec{v}$, für den die Gleichung $M \cdot \vec{v} = \vec{v}$ gilt.
   Das im Verlauf der Lösung entstehende LGS können Sie mit dem GTR lösen.

g) Bestimmen Sie die Grenzmatrix M^∞ und interpretieren Sie deren Spalten im Sachzusammenhang.

h) Wie verändert sich die Grenzverteilung, wenn nach drei Wochen aufgrund eines vielfältigeren Angebots im Bereich der Pizzagerichte ein Kunde, der ein solches gewählt hat, dies mit 80 % Wahrscheinlichkeit auch in der Folgewoche tut, während er nur mit jeweils 10 % Wahrscheinlichkeit auf die anderen Gerichte wechselt?

i) Nach einem Wechsel des Kochs sind die Spaghettigerichte und die Pizzagerichte so gut, dass jeder, der sie einmal gegessen hat, sie immer wieder wählt. Das Reisgericht wird mit 95 % Wahrscheinlichkeit wieder gewählt. 3 % der Reisesser welchseln in der Folgewoche zu einer Pizza und 2 % zu einem Spaghettigericht. Wie lautet die Verteilung nach zwei Tagen bzw .nach zwei Wochen? Stellt sich nun eine langfristige Verteilung ein? Am ersten Tag teilen sich die Kunden gleichmäßig auf: Spaghetti: 1/3, Pizza:1/3, Reis:1/3.

3. Absorbierende Zustände

Max und Moritz spielen. Max wirft dazu mehrfach eine Münze. Kommt irgendwann einmal die Folge KK, so hat Max gewonnen. Kommt ZK, so hat Moritz gewonnen.

a) Begründen Sie, dass man das rechts dargestellte Prozessdiagramm mit fünf Zuständen verwenden kann. Welche Zustände absorbieren?

b) Stellen Sie die Übergangsmatrix M auf. Ist sie stochastisch?

c) Die Startverteilung ist durch den Vektor $\vec{v}_0$ mit den Koordinaten $(1,0,0,0,0)$ gegeben.
Berechnen Sie die Folgeverteilungen $\vec{v}_1$, $\vec{v}_2$ und $\vec{v}_3$.

d) Welche Grenzverteilung stellt sich ein? Wer hat die besseren Gewinnaussichten?

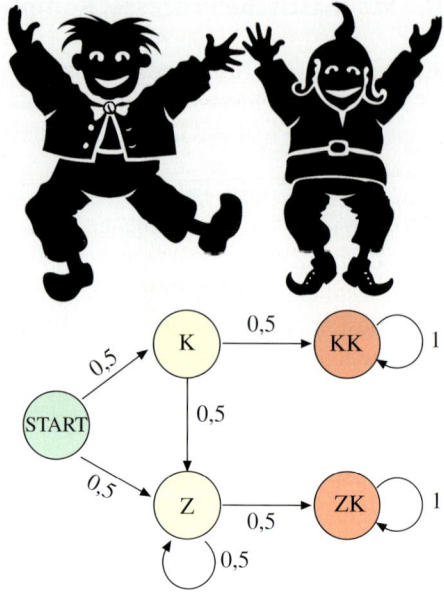

e) Mit welcher Wahrscheinlichkeit ist das Spiel schon nach fünf Zügen entschieden?

4. Bevölkerungswanderung

Eine Stadt hat drei Bezirke A, B und C. Jährlich kommt es zu Umzügen zwischen den Bezirken, die durch die Übergangsmatrix M beschrieben werden. Die Startverteilung der Einwohner auf die Bezirke wird durch den Vektor $\vec{v}_0$ erfasst (Angaben in Tausend). Es wird davon ausgegangen, dass die Gesamtbevölkerung konstant gleich 60 (tausend) bleibt.

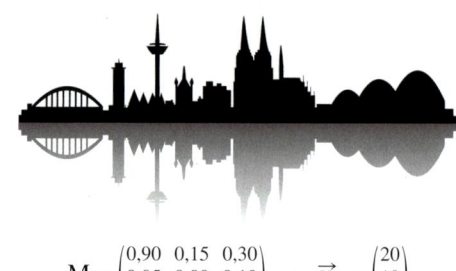

$$M = \begin{pmatrix} 0{,}90 & 0{,}15 & 0{,}30 \\ 0{,}05 & 0{,}80 & 0{,}10 \\ 0{,}05 & 0{,}05 & 0{,}60 \end{pmatrix} \qquad \vec{v}_0 = \begin{pmatrix} 20 \\ 10 \\ 30 \end{pmatrix}$$

a) Erläutern Sie die Bedeutung der Elemente der Übergangsmatrix M an selbstgewählten Beispielen. Skizzieren Sie das Prozessdiagramm (Übergangsgraph) des Vorgangs.

b) Wieviele Einwohner hat Bezirk A nach zwei Jahren?

c) Berechnen Sie, wieviele Personen in den ersten beiden Jahren von A nach C ziehen. Wie stark ist die gegenläufige Wanderungsbewegung in diesem Zeitraum? Welche Wanderungsbilanz ergibt sich?

d) Bestimmen Sie angenähert die Verteilung der Einwohner auf die Bezirke nach fünf bzw. nach zehn Jahren.

e) Welche Verteilung stellt sich bei gleichbleibendem Wechselverhalten langfristig ein?

f) Bestimmen Sie eine stationäre Verteilung $\vec{v}$ (Fixvektor), für die $M \cdot \vec{v} = \vec{v}$ gilt. Verwenden Sie den Ansatz $v = \begin{pmatrix} x \\ y \\ z \end{pmatrix}$ mit $x + y + z = 60$.

g) Welche Grenzverteilung ergibt sich für eine andere Startverteilung? Berechnen Sie als Beispiel die Grenzverteilung, wenn folgende Startverteilung vorliegt:
Bezirk A: 5, Bezirk B: 5, Bezirk C: 50

XVI. GTR-Anwendungen

1. Beispiele für den TI-nspire CX

Graphische Darstellung von Funktionen

Die wichtigste GTR-Anwendung besteht in der *Darstellung von Funktionsgraphen*.

> **Beispiel: Untersuchung von Funktionsgraphen**
> Gegeben sind die Funktionen $f(x) = x^2 - 2x - 1$ und $g(x) = \frac{x}{2} + 1$.
> Stellen Sie die Graphen von f und g mit dem GTR dar. Ermitteln Sie Näherungswerte für die Koordinaten der Schnittpunkte der beiden Graphen sowie für die Nullstellen von f und g. Welche Koordinaten hat der Scheitelpunkt des Graphen von f näherungsweise?

Lösung:
Nach dem Einschalten des Rechners erscheint der **Hauptbildschirm** (s. nebenstehendes Bild). Man kann nun unter Scratchpad $\boxed{B}$ direkt die Graph-Funktion aufrufen oder unter Dokumente $\boxed{1}$ den Menüpunkt 2: Graphs hinzufügen wählen oder direkt das Graphs-Symbol unten auswählen.

Es erscheint ein Koordinatensystem und die Aufforderung zur Eingabe des Funktionsterms f1(x). Hier wird zunächst der Term von f eingegeben, also $x^2 - 2 \cdot x - 1$. Nach Betätigung der Taste $\boxed{\text{enter}}$ erscheint die zugehörige Parabel.
Mit $\boxed{\text{ctrl}}$ $\boxed{G}$ kann man die Eingabezeile erneut aufrufen und weitere Funktionen f2(x), f3(x), … eingeben. Mit den Kursortasten ▲ und ▼ wechselt man zwischen den Eingabezeilen.

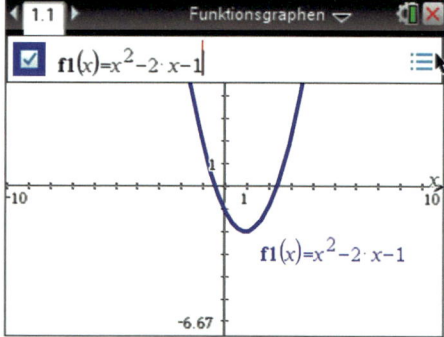

Nach nochmaligem Einblenden der Eingabezeile wird unter f2(x) der Term x/2 + 1 der linearen Funktion g übergeben.

Im Koordinatensystem ergibt sich das nebenstehende Bild.

Wird ein anderer Ausschnitt gewünscht, so kann mit der Taste $\boxed{\text{menu}}$ und der Auswahl 4: Fenster die Darstellung geändert werden.

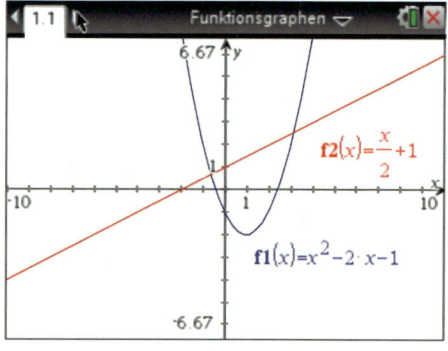

Mit der Auswahl 5: Spur wird die Trace-Funktion gestartet. Auf einem der Graphen erscheint ein Cursor, der mit ◄ und ► auf dem Graphen bewegt werden kann.
Mit ▲ und ▼ wechselt man zwischen den Graphen f1 und f2. Im unteren Teil des Bildschirms werden die Koordinaten des entsprechenden Punktes ausgegeben. Damit kann man näherungsweise die Schnittpunkte, die Nullstellen sowie den Scheitelpunkt
► der Parabel bestimmen.

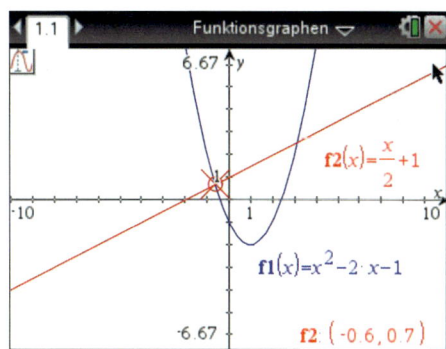

Lösen von Gleichungen

Bei der Untersuchung von Problemen, die kompliziertere Potenzterme, exponentielle oder trigonometrische Terme beinhalten, sind häufig Gleichungen zu lösen, für die keine exakten Verfahren bekannt sind. GTR ermöglichen die näherungsweise *Lösung von Gleichungen*.

► **Beispiel: Lösung von Gleichungen mit einer Variablen**
Bestimmen Sie Näherungslösungen der Gleichung $2^x = x + 2$ mit dem GTR.

Lösung:
Aus dem Hauptmenü wird Applikation Calculator gewählt und dort der Befehl nSolve($2^x = x + 2, x$) eingegeben. Beim nSolve-Befehl wird also zunächst die zu lösende Gleichung eingetragen und nach dem Komma die Lösungsvariable x.
Das Näherungsverfahren liefert die Lösung x = −1,69009.
Man kann nach weiteren Lösungen suchen lassen, indem man dem nSolve-Befehl Bedingungen für x anfügt.

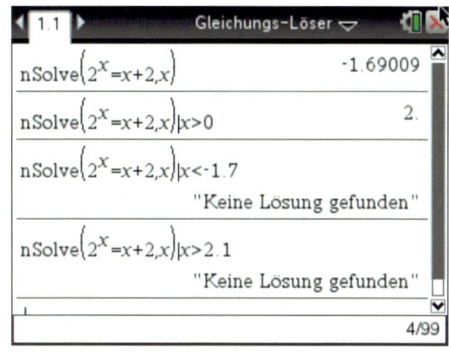

Im Folgenden soll noch eine graphische Lösung mit der Applikation Graphs gefunden werden. Dabei werden die beiden Seiten der Gleichung als Funktionsterme von f1 und f2 eingegeben und die Graphen gezeichnet.

Nun betätigt man die Taste menu und wählt 6: Graph analysieren und darunter 4: Schnittpunkt.
Das nebenstehende Bild zeigt für x die Näherungslösung −1,69 sowie die offensichtlich exakte Lösung 2. Außerdem kann man als y-Koordinate den jeweilig übereinstimmenden Wert 0,31 bzw. 4 der linken und rechten Seiten der Gleichung ablesen.

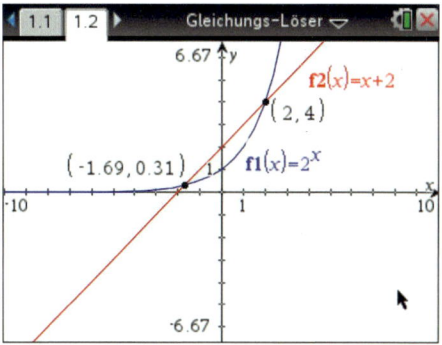

Variieren von Parametern von Funktionstermen

Enthält ein Funktionsterm außer der Variablen x eine weitere Variable a, so kann der Einfluss dieses sog. *Parameters* a auf den Funktionsgraphen untersucht werden.

> **Beispiel: Funktion mit Parameter**
> Gegeben ist die Funktionenschar $f_a(x) = x^3 + 2\,a\,x^2$, $x \in \mathbb{R}$, mit dem reellen Parameter a.
> Zeichnen Sie den Graphen von f_a für verschiedene Werte von a.

Lösung:
Wir verwenden eine Notes-Seite, um in Math-Boxen zunächst den Parameter a, dann die Funktion fa(x) zu definieren. In weiteren Math-Boxen kann man dann den Funktionsterm für verschiedene x-Werte berechnen lassen.

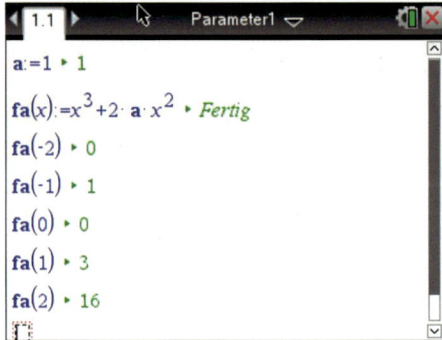

Nach Aufruf des Hauptmenüs wählt man nun die Applikation Graphs und definiert die Funktion f1 durch $f1(x) = fa(x)$, wonach der Funktionsgraph für den auf der Notes-Seite festgelegt Parameterwert gezeichnet wird.

Möchte man den Parameterwert ändern, so erledigt man dies auf der Notes-Seite und wechselt anschließend wieder zur Graphs-Seite.

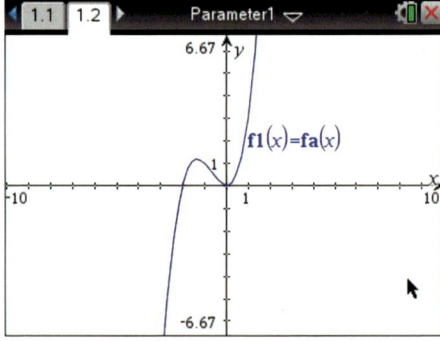

Eine elegante Lösung ermöglicht die Verwendung eines Schiebereglers, wobei man ausschließlich die Applikation Graphs mit $f1(x) = x^3 + 2 \cdot a \cdot x^2$ verwendet und über Menü, 1: Aktionen, B: Schieberegler einfügen den Regler aufruft. Dabei ist v1 durch a zu ersetzen, wonach der Graph erscheint. Mit ctrl menu kann man die Schiebereinstellungen anpassen und schließlich Graphen für verschiedene Werte von a betrachten.

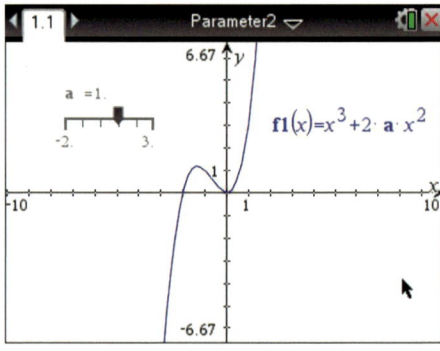

Numerische Berechnungen der Ableitung einer Funktion an einer Stelle

GTR sind nicht in der Lage, den analytischen Term einer Ableitungsfunktion zu bestimmen. Sie liefern aber Näherungswerte für die Ableitung an einer Stelle.

▶ **Beispiel: Ableitung einer Funktion an einer Stelle**
   a) Gegeben ist die Funktion $f(x) = 3x^3 + x^2$. Gesucht ist die Ableitung an der Stelle $x = 2$.
   b) Erstellen Sie eine Tabelle der Ableitungswerte von $f(x) = \frac{x^3}{3}$ für $x = -2; -1{,}9; -1{,}8; \ldots; 2$.

Lösung:
a) Aus der Palette der mathematischen Ausdrücke ⊞ wird die Ableitung $\frac{d}{d\square}\square$ gewählt und der Ableitungswert berechnet.

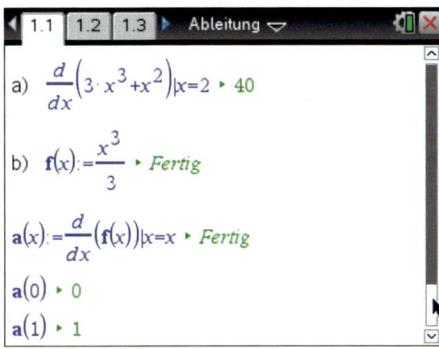

b) Wir verwenden die Notes-Seite, um in Math-Boxen zunächst die Funktion $f(x)$ und ihre Ableitungsfunktion $a(x)$ mit $\frac{d}{d\square}\square$ zu definieren.
In weiteren Math-Boxen kann man dann Ableitungswerte für verschiedene x-Werte berechnen lassen.

Mithilfe der Tabellenkalkulation des GTR wird eine Wertetabelle der Funktion erstellt, die in der dritten Spalte die entsprechenden Ableitungswerte $a(x)$ enthält.
Dabei sind nur die Zelle B1 und C1 durch $=f(A1)$ bzw. $=a(A1)$ zu füllen und anschließend jeweils durch „Ziehen" nach unten zu kopieren.

Schließlich können die Graphen der Funktionen $f(x)$ und ihrer Ableitungsfunktion $a(x)$ auf einer Graphs-Seite dargestellt werden.

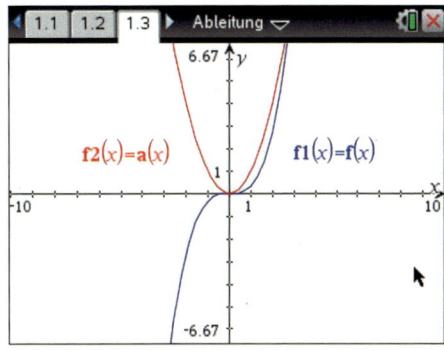

Tangenten an einen Funktionsgraphen an einer Stelle

Der GTR bietet eine komfortable Lösung zur Bestimmung der *Tangente* eines Funktionsgraphen in einem beliebigen Punkt des Graphen.

▶ **Beispiel: Tangente an einer Stelle eines Graphen**
  Gegeben ist die Funktion $f(x) = 0{,}4\,x^3 + x^2 + 2$. Ermitteln Sie die Tangente an den Graphen von f an der Stelle $x = -0{,}5$.

Lösung:
Wir verwenden eine Notes-Seite, um in Math-Boxen zunächst die Funktion $f(x)$ und die Stelle x0 zu definieren.

In weiteren Math-Boxen werden dann der Funktionswert $f(x0)$ und die Steigung m berechnet.

Darauf aufbauend wird schließlich die Tangente $t(x)$ definiert.

Ergebnis: $t(x) = -0{,}7\,(x + 0{,}5) + 2{,}2$

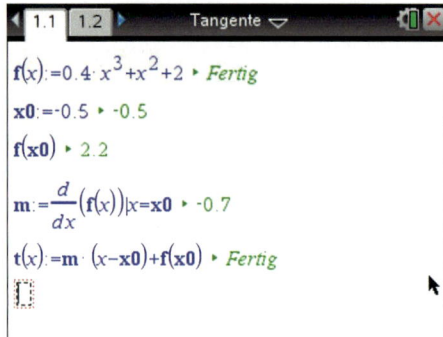

Nach Aufruf des Hauptmenüs wählt man nun die Applikation Graphs und definiert die Funktion f1 durch $f1(x) = f(x)$ und die Tangentenfunktion f2 durch $f2(x) = t(x)$, wonach beide Graphen gezeichnet werden. Möchte man die Tangente an einer anderen Stelle ermitteln, so wechselt man auf die Notes-Seite, ändert den Wert von x0, erhält die neue Tangentengleichung, deren Graph nach dem Wechsel auf die Graphs-Seite abgebildet wird (s. Bilder unten).

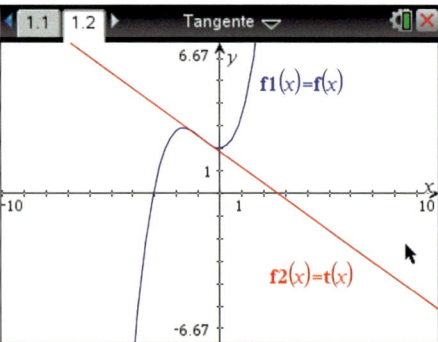

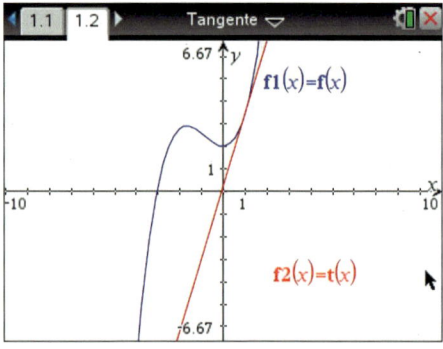

Graphische Darstellung der 1. und 2. Ableitungsfunktion einer gegebenen Funktion

Mit einem GTR kann man zwar nicht den analytischen Term einer Ableitungsfunktion ermitteln. Es gibt aber die Möglichkeit, die *Graphen der 1. und 2. Ableitung* darzustellen.

> ► **Beispiel: Graphen der 1. und 2. Ableitung einer Funktion**
> Gegeben ist die Funktion $f(x) = \sin x$.
> Gesucht sind die Graphen der ersten und der zweiten Ableitungsfunktion von f.

Lösung:
Es wird ausschließlich die Applikation Graphs verwendet. Nach dem Aufruf erscheint die Eingabezeile f1 (x) = . Dort wird der Funktionsterm $f(x) = \sin(x)$ der Funktion f1 übergeben; sofort erscheint der Graph (blau).
Mit ctrl G wird die neue Eingabezeile f2 (x) = geöffnet. Dort wird mithilfe der Palette der mathematischen Ausdrücke ⊞ die erste Ableitung $\frac{d}{d\square}\square$ gewählt und die Ableitungsfunktion f2 durch $f2(x) = \frac{d}{dx}(f1(x))$ definiert. Daraufhin wird zusätzlich zum Funktionsgraphen der Graph der Ableitungsfunktion (rot) gezeichnet.

Schließlich wird mit ctrl G die neue Eingabezeile f3 (x) = geöffnet sowie – wieder mithilfe der Palette der mathematischen Ausdrücke ⊞ – die zweite Ableitung $\frac{d^2}{d\square}\square$ gewählt und die 2. Ableitungsfunktion f3 durch $f3(x) = \frac{d2}{dx^2}(f1(x))$ definiert.
Damit erscheint dann auch der Graph der zweiten Ableitungsfunktion (schwarz).

Man erkennt: $(\sin x)' = \sin\left(x + \frac{\pi}{2}\right) = \cos x$ und $(\sin x)'' = \sin(x + \pi) = -\sin x$.

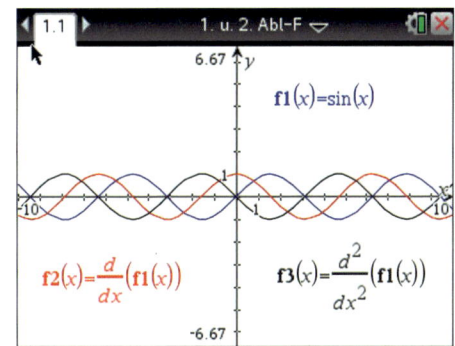

Speichert man die tns-Datei, so kann sie immer wieder verwendet werden zur Darstellung der Graphen von f'(x) und f''(x) zusammen mit dem Graphen einer gegebenen Funktion f(x). Dazu ist nur der Term von f1 (x) neu zu definieren, worauf unmittelbar alle drei Funktionen graphisch dargestellt werden. Das Bild unten links zeigt zur Funktion $f(x) = \frac{x^3}{6}$ die Graphen ihrer 1. und 2. Ableitungsfunktion. Das Bild unten rechts zeigt, dass auch kompliziertere Funktionen problemlos zusammen mit den ersten beiden Ableitungsfunktionen dargestellt werden können.

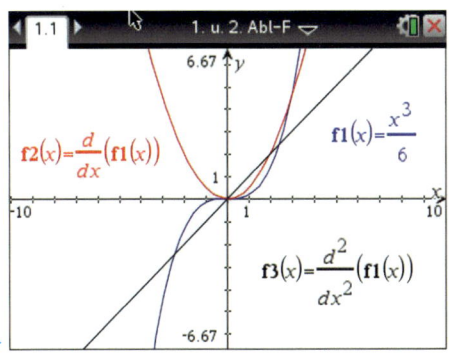

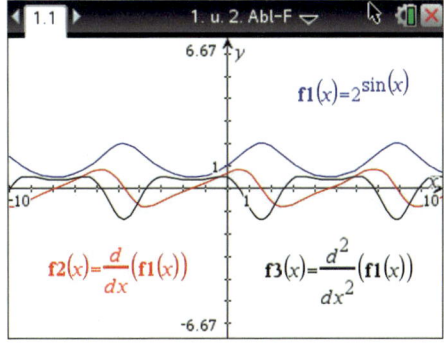

Funktionsdiskussion

Bei der *Funktionsdiskussion* sollen die spezifischen Eigenschaften einer analytisch gegebenen Funktion erforscht werden. Die Verwendung eines GTR legt die Umkehr der gewohnten Reihenfolge nahe, denn zunächst kann man den Graphen betrachten ohne Kenntnis der Eigenschaften.

> **Beispiel: Funktionsdiskussion**
> Gegeben ist die Funktion f mit $f(x) = \frac{1}{8}x^3 - \frac{3}{4}x^2$. Führen Sie eine Funktionsdiskussion durch.

Lösung:

1. Graph von f:

Die Funktionsdiskussion erfolgt allein mit der Applikation Graphs. Nach dem Start wird der gegebene Funktionsterm $f(x) = \frac{1}{8}x^3 - \frac{3}{4}x^2$ der Funktion f1 übergeben und der Graph gezeichnet.

Ggf. muss mit menu 4: Fenster/Zoom, 1: Fenstereinstellungen der Ausschnitt gewählt werden.

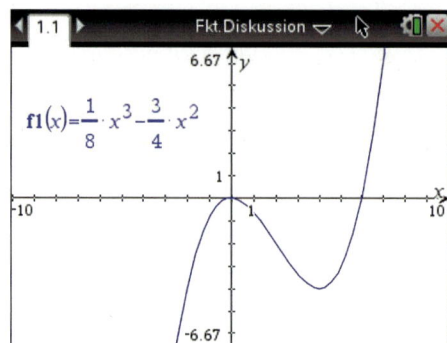

2. Wertetabelle:

Es ist besonders einfach, eine Wertetabelle zu erzeugen: Durch die Eingabe ctrl T wird der Bildschirm geteilt; links wird weiterhin der Graph dargestellt und rechts erscheint eine Wertetabelle.

Mit ctrl T wird der Graph wieder im ganzen Fenster dargestellt.

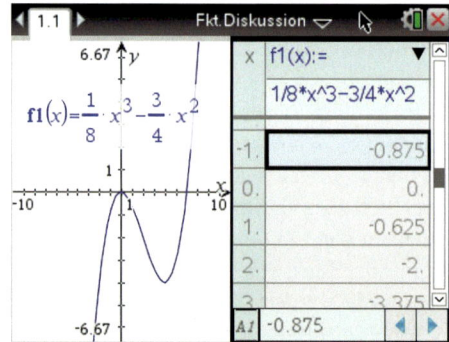

3. Achsenschnitt- und Extrempunkte:

Mit der Taste menu und der Auswahl 6: Graph analysieren kann man unter den Punkten 1: Nullstellen, 2: Minimum bzw. 3: Maximum wählen. In jedem Fall ist ein Intervall zu markieren, in dem die ausgewählte Stelle gesucht werden soll.

Das nebenstehende Bild zeigt die ermittelten Schnittpunkte mit der x-Achse sowie den Tiefpunkt des Funktionsgraphen.

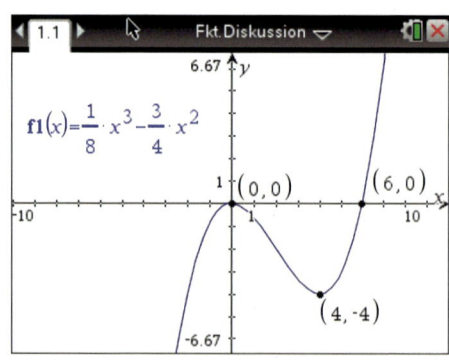

Diskussion einer Funktionenschar

Eine *Funktionenschar* ist gegeben durch einen Term $f_a(x)$, der eine weitere Variable a als *Parameter* enthält. Mit dem GTR können ausgewählter Funktionen der Schar untersucht werden.

> **Beispiel: Diskussion einer Funktionenschar**
> Gegeben ist die Funktionenschar fa mit $f_a(x) = \frac{1}{8}x^3 - ax^2$ mit dem reellen Parameter a > 0.
> Untersuchen Sie die Schar f_a für die Parameterwerte a ∈ [0; 1,25].

Lösung:

1. Graphen:
Nach dem Start von Graphs wird $\frac{1}{8}x^3 - ax^2$ der Funktion f1 übergeben. Ein Graph wird erst gezeichnet, wenn ein Wert für den Parameter a feststeht. Dazu wird mit $\boxed{\text{menu}}$ 1: Aktionen, B: Schieberegler einfügen ein Eingabefenster für die Eigenschaften eines Schiebereglers des Parameters a geöffnet. Ggf. muss mit $\boxed{\text{menu}}$ 4: Fenster/Zoom, 1: Fenstereinstellungen der Ausschnitt gewählt werden.

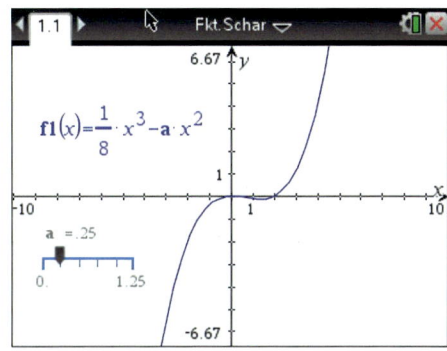

2. Tiefpunkte:
Mit der Taste $\boxed{\text{menu}}$ und der Auswahl 6: Graph analysieren kann man unter den Punkten 1: Nullstellen, 2: Minimum bzw. 3: Maximum wählen. In jedem Fall ist ein Intervall zu markieren, in dem die ausgewählte Stelle gesucht werden soll.
Das nebenstehende Bild zeigt den ermittelten Tiefpunkt des Funktionsgraphen für a = 0,5.

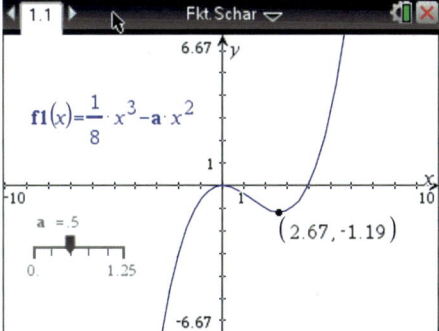

3. Ortskurve der Tiefpunkte:
Mit $\boxed{\text{menu}}$ 5: Spur, 4: Geometriespur und der Auswahl des aktuellen Tiefpunktes erzeugt man durch Betätigen der Cursortasten ◄ und ► eine Spur der Tiefpunkte.
Die Spur der Tiefpunkte verdeutlicht die Lage der Tiefpunkte der Scharkurven für verschiedene Werte des Parameters a. Sie bildet die sog. Ortskurve der Tiefpunkte der Funktionenschar.

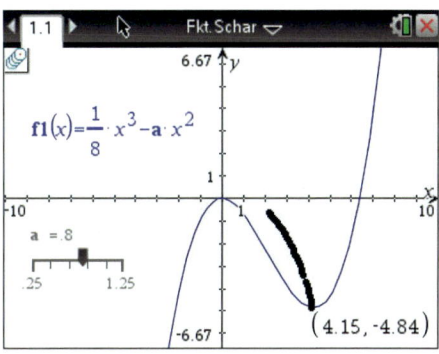

Näherungsfunktion eines Wachstumsprozesses

Bei der Untersuchung von Wachstumsprozessen ergeben sich zunächst Tabellen, die beispielsweise die Entwicklung einer Population beschreiben. Gesucht ist schließlich eine passende Exponentialfunktion.

> **Beispiel: Näherungsfunktion eines Wachstumsprozesses**
>
> Die Tabelle beschreibt einen exponentiel-
> len Wachstumsprozess. Man bestimme
> eine passende Funktion $f(x) = a \cdot b^x$.
>
> | x | 0 | 1 | 2 | 3 | 4 | 5 |
> |---|---|---|---|---|---|---|
> | y | 300 | 388 | 510 | 670 | 870 | 1 125 |

Lösung:
Die gegebene Wertetabelle erfasst man mit der Applikation Lists & Spreadsheet.
Um Konflikte zu vermeiden, werden die Spalten mit xw und yw bezeichnet.
Die Wertepaare können zunächst als Streudiagramm mit der Applikation
Graphs veranschaulicht werden, wobei die nebenstehende Zuweisung erfolgt.

$$s1 \begin{cases} x \leftarrow xw \\ y \leftarrow yw \end{cases}$$

Der Rechner bietet zunächst ein ungeeignetes Fenster an, das noch entsprechend angepasst werden muss. Dazu drückt man $\boxed{\text{menu}}$, wählt 4: Fenster und 1: Fenstereinstellungen.

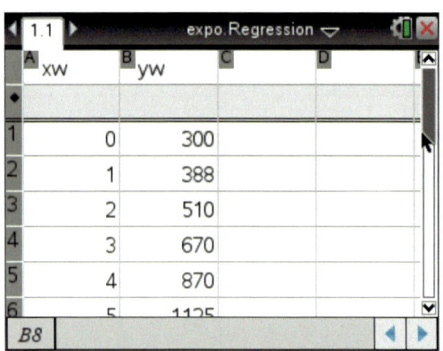
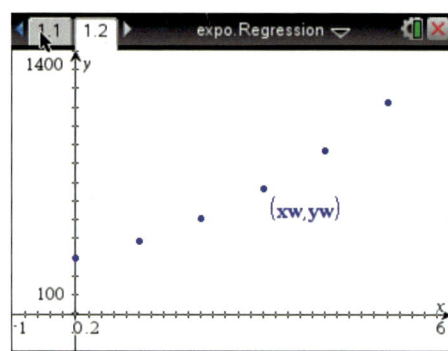

Zur Bestimmung einer passenden Funktion $f(x) = a \cdot b^x$ wird wieder zur Tabellenkalkulation
gewechselt und mit $\boxed{\text{menu}}\,\boxed{4}\,\boxed{1}\,\boxed{A}$ Statistik>Statistische Berechnungen>Exponentielle Regression mit xw (x-Liste) und yw (y-Liste) gewählt. Nach $\boxed{\text{enter}}$ erscheint das Bild unten links.
Uns interessieren die beiden Werte 299.517 und 1.30452. Der erste Wert ist der Faktor a, der
zweite ist die Basis b der gesuchten Exponentialfunktion. In einem neuen Graphs-Fenster wird
schließlich die Exponentialfunktion mit gerundeten Werten a und b dargestellt.

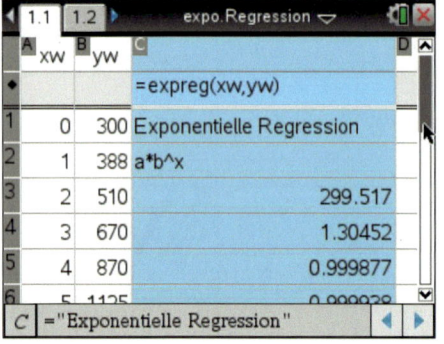
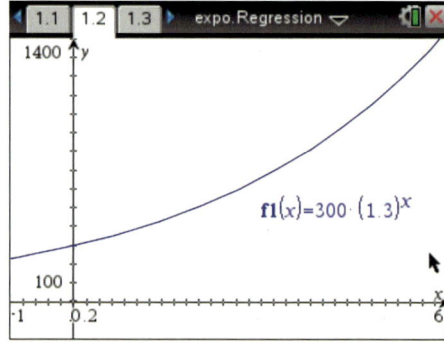

Flächenberechnungen

Liegt eine auf einem abgeschlossenen Intervall [a; b] definierte, nicht negative Funktion f vor, so stellt das Integral $\int_a^b f(x)\,dx$ eine Flächenbilanz dar. Dementsprechend ist $\int_a^b |f(x)|\,dx$ der Inhalt der Fläche zwischen dem Graphen von f und der x-Achse.

> **Beispiel: Fläche zwischen Funktionsgraph und x-Achse**
> Gegeben ist die Funktion $f(x) = x^2 - 4x + 3$. Berechnen Sie den Inhalt A der Fläche zwischen den Graphen von f und der x-Achse über dem Intervall [0; 5].

Lösung:
Nach den vorstehenden Überlegungen erhält man den gesuchten Flächeninhalt durch die Berechnung des Integrals $\int_0^5 |f(x)|\,dx$. Dazu gibt man im Anschluss an

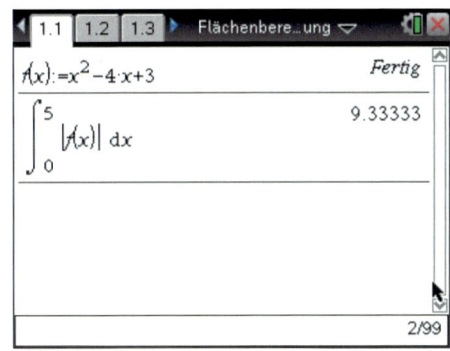

die Festlegungen von $f(x)$ sowie der Intervallgrenzen a und b am einfachsten ein:

integral(abs(f(x)),x,0,5)

und erhält unmittelbar die Maßzahl des gesuchten Flächeninhalts A.

> **Beispiel: Fläche zwischen zwei Funktionsgraphen**
> Gegeben sind die Funktionen $g(x) = \frac{1}{3}x^3 - 2x^2 + 4x + \frac{7}{3}$ und $h(x) = x^2 - 4x + 6$. Berechnen Sie den Inhalt A der Fläche zwischen den Graphen von f und g über dem Intervall [0; 4].

Lösung:
Analog zu den vorstehenden Überlegungen und dem obigen Beispiel erhält man den gesuchten Flächeninhalt durch die Berechnung des Integrals $\int_0^4 |g(x) - h(x)|\,dx$, also durch

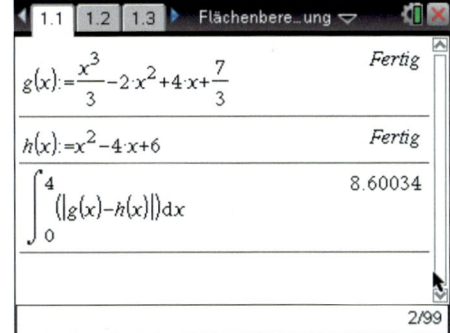

integral(abs(g(x)-h(x)),x,0,4).

Übung

Gegeben sind die Funktionen $g(x) = x^3 - 6x^2 + 12x - 7$ und $h(x) = x^2 - 2x$.
a) Ermitteln Sie den Inhalt der Fläche zwischen den Graphen von g und h für $0 \leq x \leq 4$.
b) Die Graphen von g und h schließen zwei Flächenstücke ein. Berechnen Sie den Flächeninhalt.

Bestimmung der Lösungsmenge von linearen Gleichungssystemen

Der GTR bietet mehrere Möglichkeiten zur Lösung *lineare Gleichungssysteme*.

> **Beispiel: Lösung eines linearen Gleichungssystems (3 × 3)**
> Ermitteln Sie die Lösung des LGS:
> $$4x + y - 2z = -1$$
> $$x + 6y + 3z = 1$$
> $$-5x + 4y + z = -7$$

Lösung:
Auf einer Notes-Seite erhält man mit $\boxed{\text{menu}}$ $\boxed{6}$ $\boxed{3}$ $\boxed{2}$ also der Auswahl Berechnung > Algebra > System linearer Gleichungen lösen (mit der Anzahl der Gleichungen = 3) das Eingabeschema für den linSolve-Befehl und damit die Lösung $x = 1$, $y = -1$, $z = 2$.
Eine weitere Möglichkeit bietet der simult-Befehl, bei dem die Koeffizientenmatrix des linearen Gleichungssystems und der Vektor der rechten Seite einzugeben sind.

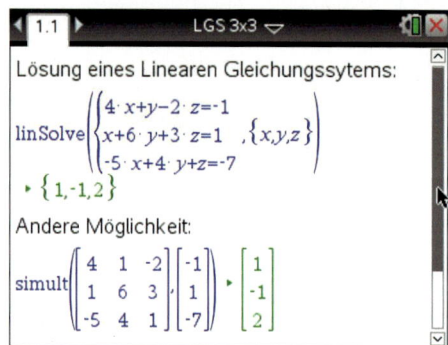

Mit dem rref-Befehl liefert der GTR eine Umformung des LGS in die sog. reduzierte Diagonalform,
$$1 \cdot x + 0 \cdot y + 0 \cdot z = 1$$
$$0 \cdot x + 1 \cdot y + 0 \cdot z = -1$$
$$0 \cdot x + 0 \cdot y + 1 \cdot z = 2$$
aus der man unmittelbar die Lösung
$x = 1$, $y = -1$, $z = 2$
ablesen kann.

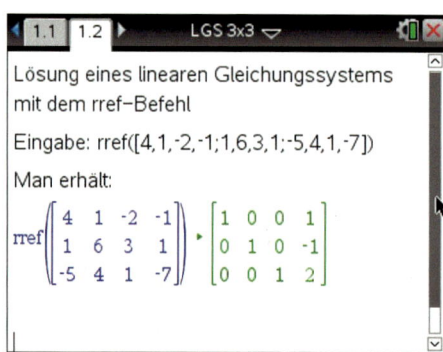

Wenn die Spaltenvektoren der Koeffizientenmatrix – wie im nebenstehenden Fall – linear abhängig sind, so kommt man mit dem simult-Befehl nicht weiter. Anders ist es mit dem rref-Befehl: Beim LGS
$$\begin{cases} x + 2y = 1 \\ 2x + 4y = 2 \end{cases} \text{ folgt } \begin{cases} x + 2y = 1 \\ 0x + 0y = 0 \end{cases},$$
also die Lösung $x = 1 - 2y$, $y \in \mathbb{R}$ bei
$$\begin{cases} x + 2y = 1 \\ 2x + 4y = 1 \end{cases} \text{ folgt } \begin{cases} x + 2y = 0 \\ 0x + 0y = 1 \end{cases},$$
▶ also ein Widerspruch.

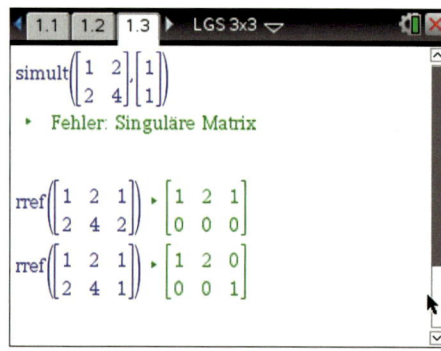

Lösungsmengen von unterbestimmten linearen Gleichungssystemen

Mit dem GTR kann auch die Lösungsmenge von *unterbestimmten linearen Gleichungssystemen* ermittelt werden.

(*Hinweis:* Zu den Eingaben vgl. Lösung des vorstehenden Beispiels.)

> **Beispiel: Lösung eines unterbestimmten linearen Gleichungssystems (3 × 2)**
> Ermitteln Sie die Lösung des LGS:
> $$4x + y - 2z = -1$$
> $$x + 6y + 3z = 1$$

Lösung:
Der linSolve-Befehl (vgl. S. 458) liefert eine einparametrige Lösung, wobei der Parameter c1 für die Variable z steht. Aus der im Screenshot angegebenen Lösung kann abgelesen werden:

$$x = -\frac{7}{23} + \frac{15}{23}z, \quad y = \frac{5}{23} - \frac{14}{23}z, \quad z \in \mathbb{R}$$

Der simult-Befehl führt zu einer Fehlermeldung. Er ist nur geeignet für eindeutig lösbare lineare Gleichungssysteme.

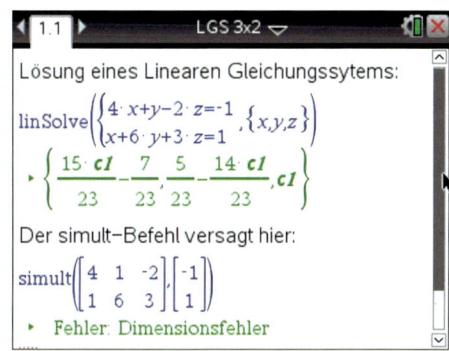

Mit dem rref-Befehl liefert der GTR eine Umformung des LGS in die sog. reduzierte Diagonalform,

$$1 \cdot x + 0 \cdot y - \frac{15}{23} \cdot z = -\frac{7}{23}$$
$$0 \cdot x + 1 \cdot y + \frac{14}{23} \cdot z = \frac{5}{23}$$

aus der man unmittelbar die Lösung

$$x = -\frac{7}{23} + \frac{15}{23}z, \quad y = \frac{5}{23} - \frac{14}{23}z \quad (z \in \mathbb{R})$$

ablesen kann.

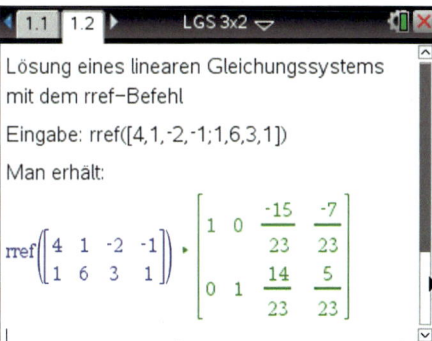

Der rref-Befehl versagt auch nicht bei den Gleichungssystemen

a) $\begin{cases} 4x + y - 2z = -1 \\ 4x + y - 2z = -1 \end{cases}$ und

b) $\begin{cases} 4x + y - 2z = -1 \\ 4x + y - 2z = 1 \end{cases}$.

Im Fall a) liefert rref die Lösung

$$x = -\frac{1}{4} - \frac{1}{4}y + \frac{1}{2}z \quad (y, z \in \mathbb{R}),$$

im Fall b) folgt der Widerspruch 0 = 1.

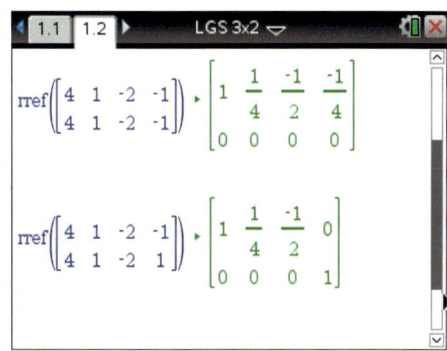

Elementare Rechenoperationen mit Vektoren

Die Notation weicht bei der Vektorrechnung teilweise von derjenigen ab, die beim Aufschreiben zu verwenden ist. Es ist sinnvoll, mit dem ersten Buchstaben eines Namens die Art des Objektes anzugeben, also p für einen Punkt, v für einen Vektor usw. Mehrere Eingaben können in einer Zeile durch einen Doppelpunkt getrennt werden; gerade bei Vektoren ist das übersichtlicher.

Möglichkeiten zur Eingabe von Vektoren:

1. Die Koordinaten werden in eckigen Klammern in mehreren Zeilen eingetragen. Dazu wird nach der linken Klammer und ersten Koordinate mit der Taste ⏎ rechts unten auf der Nspire-Tastatur eine weitere Zeile erzeugt. In die neue Zeile gelangt man mit dem Cursor.
2. Im Katalog bei 5 die Vorlage für eine Matrix auswählen und den Vektor als Matrix mit der Zeilenzahl 3 und Spaltenzahl 1 vorgeben.
3. Den Vektor als Zeilenvektor eingeben, dann mit menu Matrix und Vektor ▶ Transponieren in einen Spaltenvektor umwandeln.

> **Beispiel: Eingabe von Vektoren und einfache Operationen**
> Gegeben sind die Punkte $A(1|-2|-3)$ und $B(-1|4|2)$.
> a) Definieren Sie im GTR den Punkt A unter dem Namen pa und die Ortsvektoren $\vec{a} = \overrightarrow{OA}$ und $\vec{b} = \overrightarrow{OB}$ unter den Namen va und vb.
>   Bestimmen Sie die Länge des Ortsvektors $\vec{b}$ mithilfe der Funktion norm.
> b) Bilden Sie die Summe $\vec{a} + \vec{b}$, die Differenz $\overrightarrow{AB} = \vec{b} - \vec{a}$ und die Linearkombination $\vec{a} + 4\vec{b}$.

Lösung zu a):
Punkte werden als Zeile, Vektoren als Spalte in eckigen Klammern geschrieben. Bei der Eingabe werden die Werte durch Kommata getrennt, in der Anzeige erscheinen stattdessen größere Zwischenräume. Durch Transponieren (Zeile wird zur Spalte) erhält man den zum Punkt gehörigen Ortsvektor. Mit der Eingabe norm(vb) erfolgt p die Berechnung von $\sqrt{(-1)^2 + 4^2 + 2^2}$ mit dem Ergebnis $\sqrt{21}$.

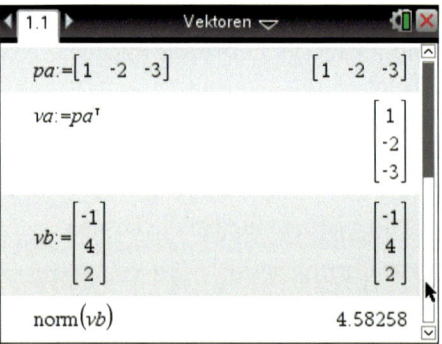

Lösung zu b):
Für die Vektoraddition wird die übliche Taste + verwendet.
Der Verbindungsvektor vom Punkt A zum Punkt B wird sinnvollerweise mit vab bezeichnet und durch die Eingabe vb – va berechnet.
Die Skalar-Multiplikation (Vielfaches des Vektors) erfolgt mit der Taste × .

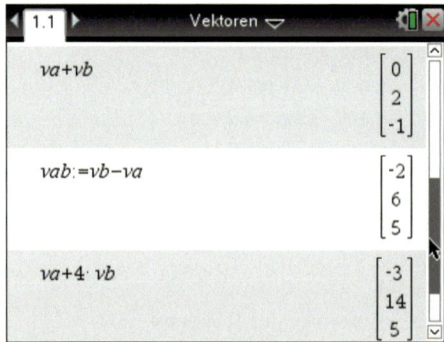

Winkelberechnungen

Zur Bestimmung von Winkelgrößen dient das Skalarprodukt zweier Vektoren, das als Ergebnis eine reelle Zahl (einen Skalar) hat. Vor der Durchführung von Winkelberechnungen sollte man darauf achten, dass die GTR-Einstellungen geeignet gewählt sind (Grad statt Bogenmaß).

▶ **Beispiel: Skalarprodukt von Vektoren**
Berechnen Sie das Skalarprodukt der Vektoren $\vec{a} = \begin{pmatrix} 1 \\ 2 \\ 1 \end{pmatrix}$ und $\vec{b} = \begin{pmatrix} 2 \\ 3 \\ -4 \end{pmatrix}$.

Lösung:
Die Vektoren werden zunächst mit den Bezeichnungen va und vb festgelegt.
Auf einer Calculator-Seite kann man das Skalarprodukt mithilfe der Funktion dotp berechnen. Bei der Arbeit in einer Math-Box findet man sie unter [menu] Berechnungen ▸ Matrix & Vektor ▸ Vektor ▸ Skalarprodukt.
Weniger zeitaufwändig ist es jedoch, dotP(va,vb) direkt hinzuschreiben.
▶ Man erhält: $\vec{a} \cdot \vec{b} = 4$.

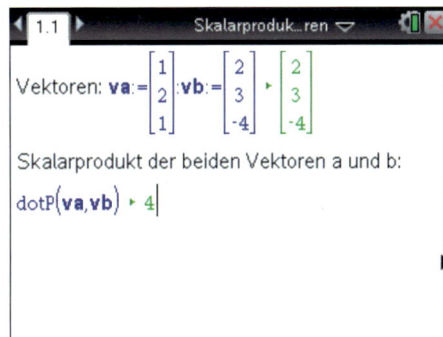

▶ **Beispiel: Winkelberechnung**
Berechnen Sie auf einer Notes-Seite die Größe des Winkels (im Gradmaß) zwischen den Vektoren $\vec{a} = \begin{pmatrix} 4 \\ 1 \\ 2 \end{pmatrix}$ und $\vec{b} = \begin{pmatrix} 7 \\ 6 \\ -1 \end{pmatrix}$.

Lösung:
Es wird die Kosinusformel verwendet in folgender Form:

$$\gamma = \cos^{-1}\left(\frac{|\vec{a} \cdot \vec{b}|}{|\vec{a}| \cdot |\vec{b}|}\right)$$

Auf einer Notes-Seite gibt man die Vektoren va und vb ein; die Koordinaten können jeweils verändert werden. Bei den trigonometrischen Funktionen findet man $\cos^{-1}$, den Betrag erhält man mithilfe der Funktion norm und [ctrl] [enter] liefert schließlich
▶ den Näherungswert 41,1497°.

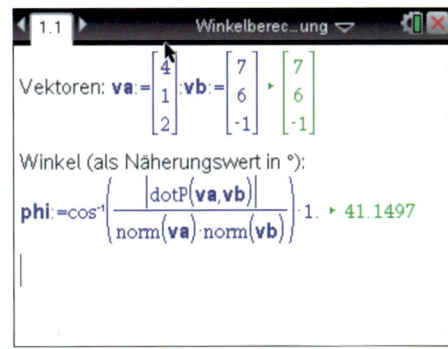

Graphische Darstellung einer Wahrscheinlichkeitsverteilung

Mit der Tabellenkalkulation und den Graphikausgaben des GTR können *Wahrscheinlichkeits-verteilungen* berechnet und tabelliert sowie graphisch veranschaulicht werden.

▶ **Beispiel: Wahrscheinlichkeitsverteilung der Augensumme beim Wurf zweier Würfel**
Die Augensumme beim Wurf zweier Laplace-Würfel kann die Werte 2, 3, 4, …, 12 annehmen.
Bestimmen Sie die Tabelle der Wahrscheinlichkeitsverteilung und veranschaulichen Sie die
Verteilung graphisch.

Lösung:
Die Augensumme beim Wurf zweier Laplace-Würfel ist – wie das folgende Bild zeigt – nicht
gleichverteilt. Man kann die Einzelwahrscheinlichkeiten der Summenwerte 2, 3, 4, …, 12 unmittelbar ablesen.

In einer Lists & Spreadsheet-Tabelle werden in der Spalte A die Werte der Wahrscheinlichkeitsverteilung 2, 3, 4, …, 12
eingetragen. In die Spalte B kommen die
zugehörigen Wahrscheinlichkeiten $\frac{1}{36}$, $\frac{2}{36}$,
$\frac{3}{36}$, $\frac{4}{36}$, $\frac{5}{36}$, $\frac{6}{36}$, $\frac{5}{36}$, $\frac{4}{36}$, $\frac{3}{36}$, $\frac{2}{36}$ und $\frac{1}{36}$.
Durch die Multiplikation mit 1.0 werden
die Wahrscheinlichkeiten in der Tabelle
der Wahrscheinlichkeitsverteilung als De-
zimalzahlen ausgegeben.

Über menu und 3: Daten wählt man
8: Ergebnisdiagramm mit den Vorgaben

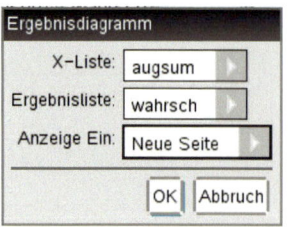

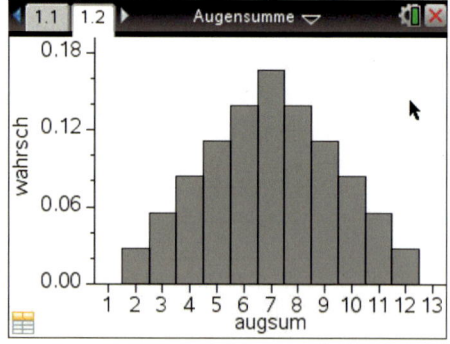

und erhält das nebenstehende Diagramm.

Binomialverteilung

> **Beispiel: Berechnung einer Punktwahrscheinlichkeit, einer Intervallwahrscheinlich-**
> **keit, des Erwartungswertes und der Standardabweichung**
> Eine Zufallsgröße X ist binomialverteilt mit den Parametern n = 50 und p = 0,25.
> Berechnen Sie $P(X = 10)$, $P(20 \leq X \leq 30)$, $\mu = E(X)$ und $\sigma = \sigma(X)$.

Lösung:
Die Bearbeitung dieses allgemein gehalte-
nen, formalen Beispiels zur Binomialverteilung erfolgt auf einer Notes-Seite. Somit
kann die tns-Datei für die Wahl anderer
Parameter verwendet werden.
Wir erhalten die folgenden Ergebnisse:
$P(X = 10) = 0{,}098518$,
$P(20 \leq X \leq 30) = 0{,}013918$,
$m = E(X) = 12{,}5$,
> $\sigma = \sigma(X) = 3{,}06186$.

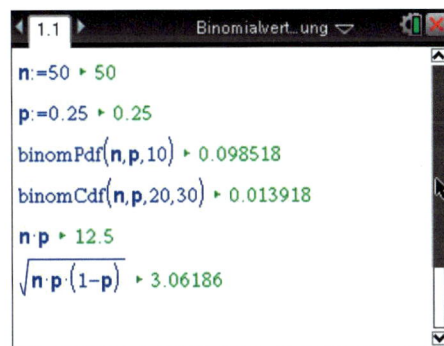

Sigmaregeln

> **Beispiel: σ-Umgebungen des Erwartungswertes**
> Eine Münze werde 50-mal geworfen. X sei die Anzahl der Kopfwürfe. Bestimmen Sie, wie
> wahrscheinlich es ist, dass X einen Wert annimmt, der höchstens um σ bzw. um 2σ bzw. um
> 3σ vom Erwartungswert μ abweicht.

Lösung:
Wir verwenden wieder eine Notes-Seite.
Nach Eingabe des Stichprobenumfangs n
und der Trefferwahrscheinlichkeit p wird
auch eine Math-Box für den Faktor c bereitgestellt, für den zunächst der Wert 1,
später dann 2 bzw. 3 gewählt wird.
Nach Berechnung von μ und σ werden die
untere und die obere Grenze der Inter-
valle $[\mu - c \cdot \sigma; \mu + c \cdot \sigma]$ und schließlich
> $P(\mu - c \cdot \sigma \leq X \leq \mu + c \cdot \sigma)$ bestimmt.

Übung
Ergänzen Sie die tns-Datei des Beispiels
zur σ-Umgebung des Erwartungswertes
durch eine Visualisierung.

2. Beispiele für den CASIO fx-CG20

Graphische Darstellung von Funktionen

Die wichtigste GTR-Anwendung besteht in der Darstellung von Funktionsgraphen.

> **Beispiel: Untersuchung von Funktionsgraphen**
> Gegeben sind die Funktionen $f(x) = x^2 - 2x - 1$ und $g(x) = \frac{x}{2} + 1$.
> Stellen Sie die Graphen von f und g mit dem GTR dar. Ermitteln Sie Näherungswerte für die Koordinaten der Schnittpunkte der beiden Graphen sowie für die Nullstellen von f und g. Welche Koordinaten hat der Scheitelpunkt des Graphen von f näherungsweise?

Lösung:
Vom **Hauptmenü** (s. linkes Bild), das man mit der Taste $\boxed{\text{MENU}}$ erreicht, wählt man mit der Taste $\boxed{5}$ die Graph-Anwendung und gelangt damit zu einem Editor, der die Eingabe der beiden gegebenen Funktionsterme $x^2 - 2x - 1$ und $\frac{x}{2} + 1$ gestattet. Dabei ist zu beachten, dass für die Variable x die Taste $\boxed{\text{X,Θ,T}}$ verwendet werden muss.

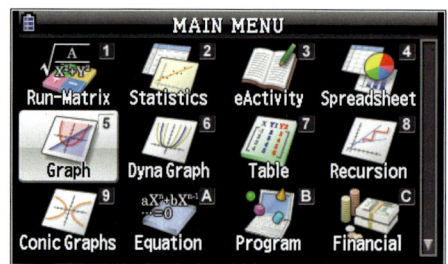

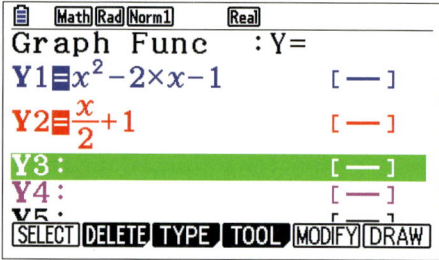

Aus dem Editor wird mit $\boxed{\text{F6}}$ der Menü-punkt DRAW ausgewählt, worauf beide Funktionsgraphen erscheinen.
Man kann nun mit $\boxed{\text{F3}}$ das V-Window-Menü aufrufen, um den Darstellungsbe-reich anzupassen. Mit der Tastenfolge $\boxed{\text{F1}}$ $\boxed{\text{EXIT}}$ $\boxed{\text{F6}}$ erscheint die hier geeignete Standarddarstellung INITIAL.

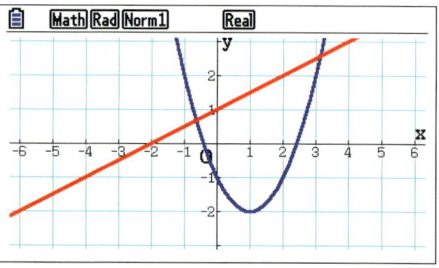

Da es nur um eine näherungsweise Bestim-mung von Koordinaten geht, bietet sich die Verwendung der Trace-Funktion an, die mit $\boxed{\text{F1}}$ gestartet wird. Auf dem Graphen von f = Y1 erscheint ein Cursor, der mit ◄ und ► auf dem Graphen bewegt werden kann. Mit ▼ und ▲ wechselt man zwischen den Graphen Y1 und Y2.

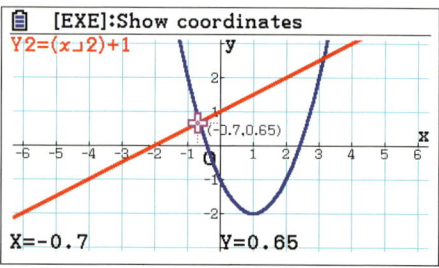

Man kann nun unmittelbar Näherungswerte für die Schnittpunkte, Nullstellen und den Scheitel-punkt der Parabel ablesen.

Lösen von Gleichungen

Bei der Untersuchung von Problemen, die kompliziertere Potenzterme, exponentielle oder trigonometrische Terme beinhalten, sind häufig Gleichungen zu lösen, für die keine exakten Verfahren bekannt sind. GTR ermöglichen die näherungsweise *Lösung von Gleichungen*.

▶ **Beispiel: Lösung von Gleichungen mit einer Variablen**
Bestimmen Sie Näherungslösungen der Gleichung $2^x = x + 2$ mit dem GTR.

Lösung:
Vom Hauptmenü (Taste $\boxed{\text{MENU}}$) wählt man mit den Tasten $\boxed{\text{A}}$ die Gleichung-Anwendung und gelangt damit zu einem Untermenü, das die Auswahl zwischen der Lösung von linearen Gleichungssystemen ($\boxed{\text{F1}}$: SIMUL), von Polynomgleichungen ($\boxed{\text{F2}}$: POLY) und einem Näherungsverfahren ($\boxed{\text{F3}}$: SOLVER) gestattet. Hier muss das Näherungsverfahren des GTR gewählt werden, d. h. SOLVER.

Nach der Auswahl $\boxed{\text{F3}}$ (SOLVER) erscheint ein Fenster, in dem hinter Eq: die zu lösenden Gleichung einzugeben ist. Dabei ist zu beachten, dass für die Variable x die Taste $\boxed{\text{X,}\Theta\text{,T}}$ verwendet werden muss. Außerdem ist ein Startwert für x einzugeben. Wir wählen x = 0. Nach $\boxed{\text{ENTER}}$ können noch die untere und die obere Grenze des Intervalls festgelegt werden, in dem eine Lösung der Gleichung gesucht werden soll.

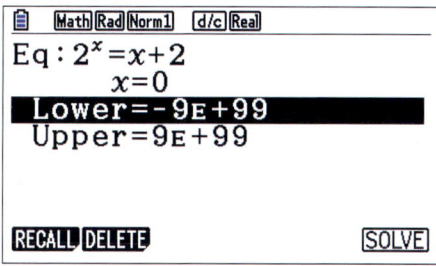

Nach dem abschließenden $\boxed{\text{ENTER}}$ (oder vorher mit der Taste $\boxed{\text{F3}}$ (SOLVE)) startet das Verfahren und liefert die Näherungslösung x = −1,690098068.
Außerdem werden als Probe mit Lft = 0,3099069324 und Rgt = 0,3099069324 die Werte der linken und der rechten Seite der Gleichung ausgegeben.

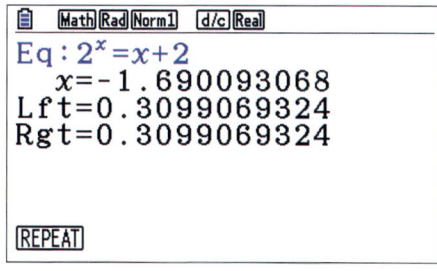

Mit $\boxed{\text{F1}}$ (REPEAT)) kann ein neuer Startwert (beispielsweise x = 1) gewählt werden. Damit erhält man die (offensichtlich exakte) Lösung x = 2. Mit Lft = 4 und Rgt = 4 werden wieder die Werte der linken und der rechten Seite der Gleichung ausgegeben. Weitere Lösungen existieren offensichtlich nicht.

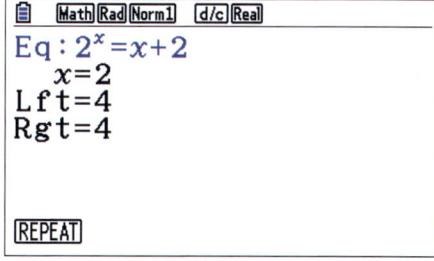

Variieren von Parametern von Funktionstermen

Enthält ein Funktionsterm außer der Variablen x eine weitere Variable A, so kann der Einfluss dieses sog. *Parameters* A auf den Funktionsgraphen untersucht werden.

▶ **Beispiel: Funktion mit Parameter**
Gegeben ist die Funktionenschar $f_A(x) = x^3 + 2Ax^2$, $x \in \mathbb{R}$, mit dem reellen Parameter A. Zeichnen Sie die Graphen von f_A für $A = -1; 0; 1,5$.

Lösung:
Im Hauptmenü (Taste MENU) wählt man mit der Taste 5 die Graphik-Anwendung, worauf sich ein Editor öffnet, in den der Funktionsterm $x^3 + 2 \cdot A \cdot x^2$ eingetragen wird. Dabei ist zu beachten, dass für die Variable x die Taste X,Θ,T verwendet werden muss.

Mit (F5) wird der Menüpunkt MODIFY ausgewählt. Für die gezeigte Funktion wurde für den Parameter A eine feste Zahl gewählt, die im linken unteren Eck im nebenstehenden Bild zu sehen ist.

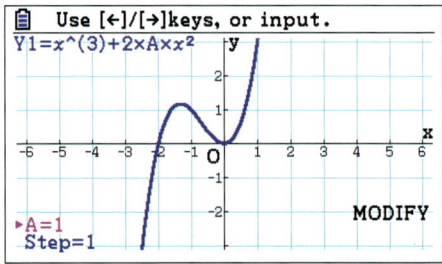

Durch ▶ wird der Wert von A um den Wert von Step erhöht, durch ◀ wird der Wert von A entsprechend gesenkt. Man kann auch einen konkreten Wert für A eingeben. z. B.: 1.5 EXE.

Der GTR kann für mehrere Parameterwerte von A gleichzeitig die Graphen der Funktionenschar anzeigen, indem im Editor hinter dem Funktionsterm, getrennt durch ein Komma, die gewünschten Parameterwerte in einer Liste der Form

$$[A = -1, 0, 1.5]$$

eingetragen werden.

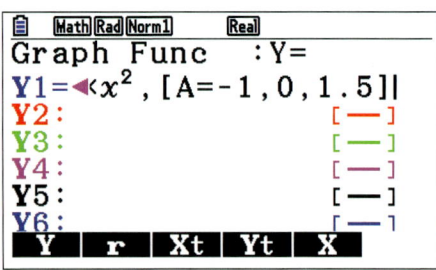

Die Eingabe im Editor wird wieder mit EXE abgeschlossen.

Mit (F6) (DRAW) wird die Funktionenschar abgebildet für diejenigen Werte, die für den Parameter A in der Liste eingegeben wurden.

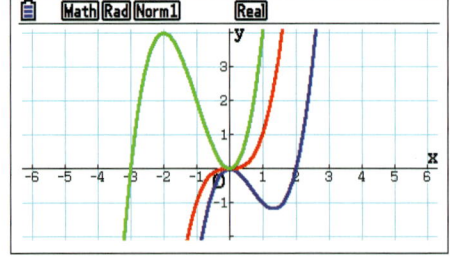

Numerische Berechnungen der Ableitung einer Funktion an einer Stelle

GTR sind nicht in der Lage, den analytischen Term einer Ableitungsfunktion zu bestimmen. Sie liefern aber Näherungswerte für die *Ableitung an einer Stelle*.

> ▶ **Beispiel: Ableitung einer Funktion an einer Stelle**
> a) Gegeben ist die Funktion $f(x) = 3x^3 + x^2$. Gesucht ist die Ableitung an der Stelle $x = 2$.
> b) Erstellen Sie eine Tabelle der Ableitungswerte von $g(x) = \frac{x^3}{3}$ für $x = -2; -1{,}9; -1{,}8; \ldots ; 2$.

Lösung zu a):
Im Hauptmenü (Taste $\boxed{\text{MENU}}$) wählt man mit der Taste $\boxed{1}$ die Run-Matrix-Anwendung und unter $\boxed{\text{F4}}$ die Ableitung d/dx durch $\boxed{\text{F4}}$. Nach Eingabe des Funktionsterms und der Stelle $x = 2$ ergibt sich der Ableitungswert 40.
Entsprechend kann man den Wert 38 der zweiten Ableitung bei $x = 2$ ermitteln.

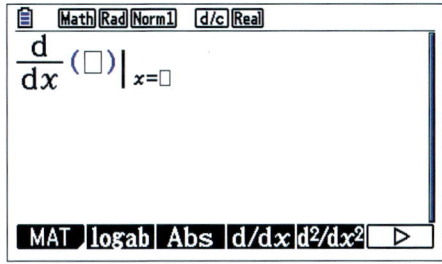

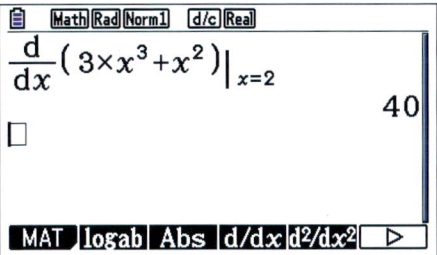

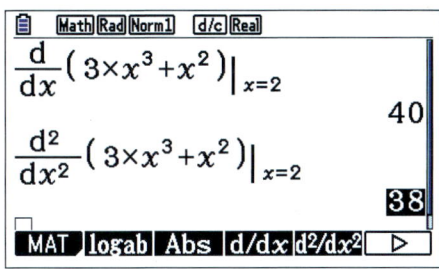

Lösung zu b):
Im Hauptmenü wählt man mit der Taste $\boxed{7}$ die Tabelle-Anwendung, wodurch sich der Funktionseditor öffnet. Nun ruft man durch $\boxed{\text{SHIFT}}$ $\boxed{4}$ den CATALOG und daraus d/dx aus, trägt den Term $x^3 \div 3$ und $x = x$ ein. Mit $\boxed{\text{F5}}$ $\boxed{\text{EXE}}$ $\boxed{\text{F6}}$ erhält man die Tabelle und mit $\boxed{\text{F6}}$ schließlich den Plot.

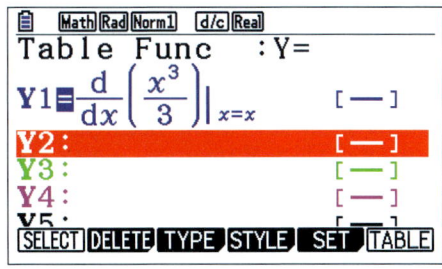

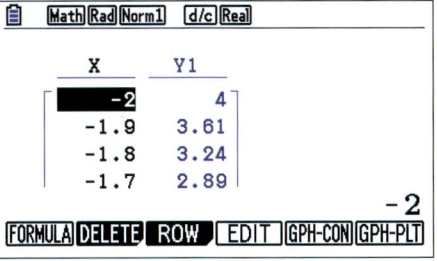

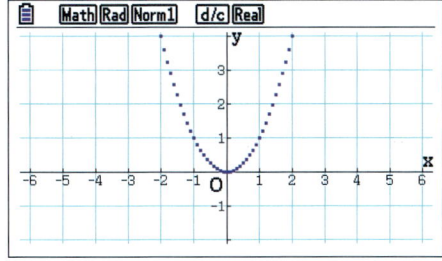

Tangenten an einen Funktionsgraphen an einer Stelle

Der GTR bietet eine komfortable Lösung zur Bestimmung der *Tangente* eines Funktionsgraphen in einem beliebigen Punkt des Graphen.

> **Beispiel: Tangente an einer Stelle eines Graphen**
> Gegeben ist die Funktion $f(x) = 0{,}4\,x^3 + x^2 + 2$. Ermitteln Sie die Tangente an den Graphen von f an der Stelle $x = -0{,}5$.

Lösung:

Zunächst muss eine Einstellung im SETUP vorgenommen werden, das man mit der Tastenfolge $\boxed{\text{SHIFT}}$ $\boxed{\text{MENU}}$ öffnet. Ist dort Derivative :Off eingestellt, so ändert man dies mit F6 Derivative :On. Damit werden im Folgenden nicht nur Tangenten gezeichnet, sondern auch die Tangentengleichungen ausgegeben.

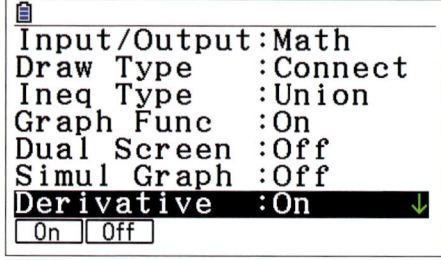

Man gibt nun in die Graph-Anwendung den Funktionsterm $0{,}4\,x^3 + x^2 + 2$ ein. Mit F6 wird der Funktionsgraph gezeichnet.

Mit F4 (Sketch) erscheint ein Menü; mit F2 (Tangent) erfolgt dann das Zeichnen der Tangente an der Stelle $x = 0$.

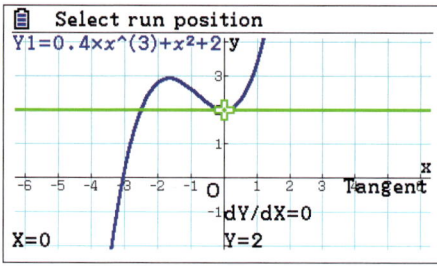

Mit den Cursor-Tasten ◄ und ► kann der Berührpunkt der Tangente entlang der x-Achse jetzt in 0,1-Schritten zu dem gewünschten x-Wert bewegt werden. Alternativ kann auch nach Betätigung der Taste $\boxed{\text{X,}\Theta\text{,T}}$ ein X-Wert eingegeben werden. Nach erneuter Betätigung von $\boxed{\text{EXE}}$ erscheint unten links auch die Tangentengleichung $y = -0{,}7\,x + 1{,}85$.

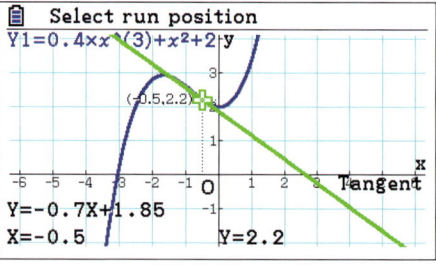

Mit Betätigung von $\boxed{\text{EXE}}$ wird die Tangente fest an den gewählten Punkt gelegt.

Nun kann ein weiterer Berührpunkt ausgewählt werden, an welchen erneut eine Tangente angelegt werden soll. Man erhält zur neuen Tangente ebenfalls die Tangentengleichung, wenn man $\boxed{\text{EXE}}$ betätigt.

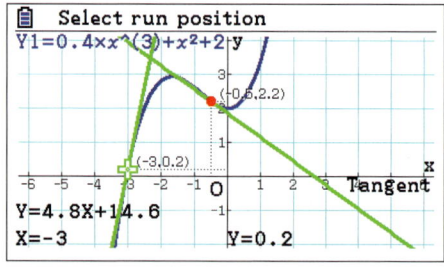

Graphische Darstellung der 1. und 2. Ableitungsfunktion einer gegebenen Funktion

Mit einem GTR kann man zwar nicht den analytischen Term einer Ableitungsfunktion ermitteln. Es gibt aber die Möglichkeit, die *Graphen der 1. und 2. Ableitung* darzustellen.

> **Beispiel: Graphen der 1. und 2. Ableitung einer Funktion**
> Gegeben ist die Funktion $f(x) = \sin x$.
> Gesucht sind die Graphen der ersten und der zweiten Ableitungsfunktion von f.

Lösung:
Im Hauptmenü (Taste MENU) wählt man mit der Taste 5 die Graph-Anwendung. Im Editor (Bild unten) wird zunächst Y1 = sin(x) eingetragen. Dann wählt man aus dem CATALOG (Bild 3) d/dx für Y2 im Editor aus. Wichtig ist, dass das Y1 mit (F1) 1 und x = x mit X,θ,T eingetragen werden.

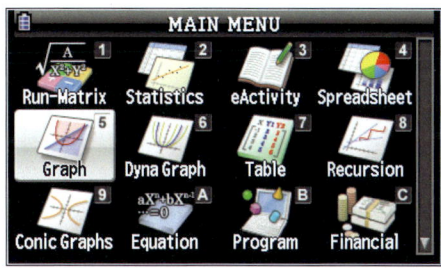

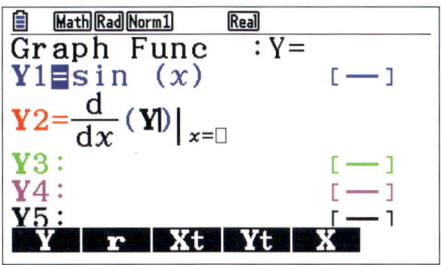

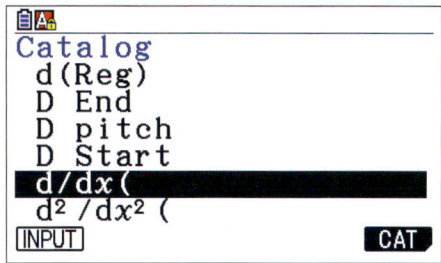

Nachdem unter Y1 die erste Ableitung definiert wurde, erfolgt analog die Festlegung der zweiten Ableitung unter Y2 (s. Bild rechts). Man beachte besonders die Wahl der „variablen Stelle" durch x = x.

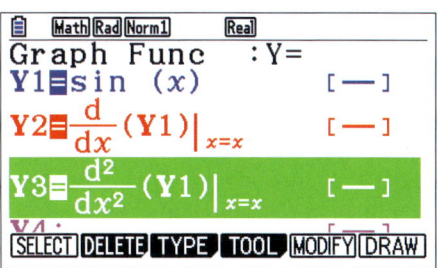

Mit (F6) (DRAW) wird nun das Zeichnen aller drei Graphen gestartet. Man erhält nach „kurzer Zeit" das nebenstehende Bild.

Gibt man im Funktionseditor einen anderen Funktionsterm für Y1 ein, so ändern sich entsprechend alle drei Funktionsgraphen.

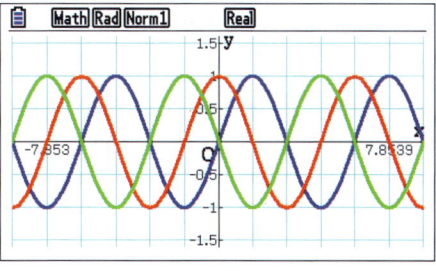

Funktionsdiskussion

Bei der *Funktionsdiskussion* sollen die spezifischen Eigenschaften einer analytisch gegebenen Funktion erforscht werden. Die Verwendung eines GTR legt die Umkehr der gewohnten Reihenfolge nahe, denn zunächst kann man den Graphen betrachten ohne Kenntnis der Eigenschaften.

> ▶ **Beispiel: Funktionsdiskussion**
> Gegeben ist die Funktion f mit $f(x) = \frac{1}{8}x^3 - \frac{3}{4}x^2$. Führen Sie eine Funktionsdiskussion durch.

Lösung:

1. Graph von f:
Aus dem Hauptmenü wählt man mit $\boxed{5}$ die Graph-Anwendung. Es öffnet sich der Editor, in den man den Funktionsterm einträgt. Mit $\widehat{F6}$ (DRAW) wird ein Graph gezeichnet, mit $\widehat{F3}$ (V-Window) kann das Fenster so gewählt werden, dass die charakteristischen Teile des Graphen deutlich werden.

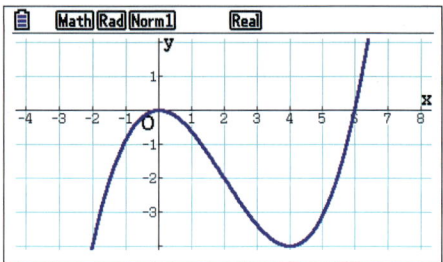

2. Wertetabelle:
Aus dem Hauptmenü wählt man mit $\boxed{7}$ die Tabellen-Anwendung. Der Funktionsterm steht bereits im Editor. Mit $\widehat{F5}$ (SET) werden Start- und Endwert sowie die Schrittweite (Step) eingegeben (Abschluss mit $\boxed{EXE}$). Aus dem Editor wird schließlich mit $\widehat{F6}$ (TABLE) die Tabelle ausgegeben.

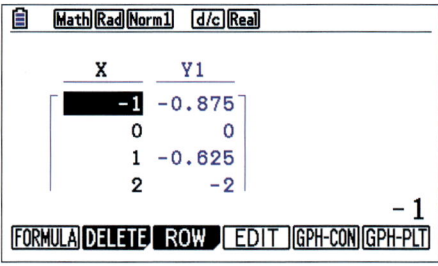

3. Schnittpunkte mit der x-Achse:
Man wechselt wieder über das Hauptmenü zum Graphen, wählt dort $\widehat{F5}$ (G-Solve) und erhält das F-Tasten-Menü $\boxed{ROOT}$ $\boxed{MAX}$ $\boxed{MIN}$ …
Mit $\widehat{F1}$ – also $\boxed{ROOT}$ – wird der erste Schnittpunkt (0,0) mit der x-Achse ermittelt; (6,0) erhält man durch $\widehat{F1}$ (Trace).

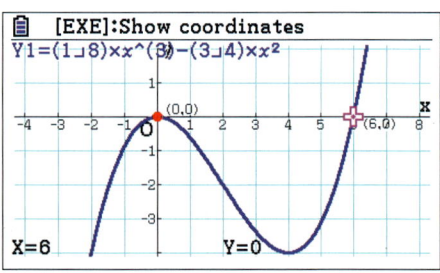

4. Extrempunkte:
Über G-Solve wählt man mit $\widehat{F2}$ ($\boxed{MAX}$) bzw. mit $\widehat{F3}$ ($\boxed{MIN}$) und erhält so den Hochpunkt (0,0) und den Tiefpunkt (4,−4).

Zusammenfassung:
f hat Nullstellen bei x = 0 und x = 6 und die Extrempunkte H (0|0), T (4|−4).

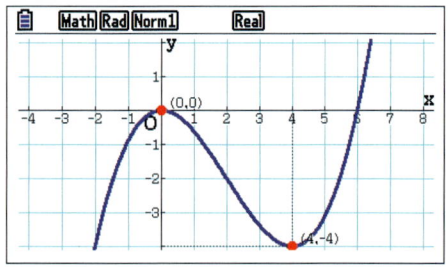

Diskussion einer Funktionenschar

Eine *Funktionenschar* ist gegeben durch einen Term $f_A(x)$, der eine weitere Variable A als *Parameter* enthält. Mit dem GTR können ausgewählter Funktionen der Schar untersucht werden.

> ### Beispiel: Diskussion einer Funktionenschar
> Gegeben ist die Funktionenschar f_A mit $f_A(x) = \frac{1}{8}x^3 - Ax^2$ mit dem reellen Parameter $A > 0$.
> Untersuchen Sie die Schar f_A für die Parameterwerte $A = \frac{1}{2}, \frac{3}{4}$ und 1.

Lösung:

1. Graphen von $f_{0,5}, f_{0,75}$ und f_1:

Aus dem Hauptmenü wählt man mit $\boxed{5}$ die Graph-Anwendung und trägt in den Editor den Funktionsterm mit dem Parameter A ein. Hinter dem Funktionsterm getrennt durch ein Komma werde die gewünschten Parameterwerte in einer Liste der Form [A = 0.5, 0.75, 1] vermerkt.

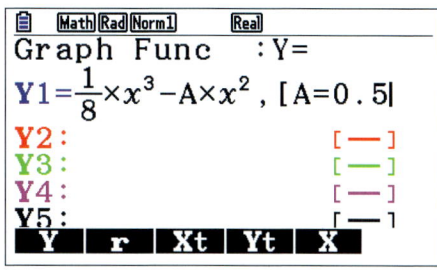

Mit $\widehat{F6}$ (DRAW) werden alle drei Graphen gezeichnet, mit $\widehat{F3}$ (V-Window) kann das Fenster geeignet eingestellt werden.

2. Nullstellen und Hochpunkte:

Die Graphen gehen durch den Ursprung; weiter gilt: $f_{\frac{1}{2}}(4) = f_{\frac{3}{4}}(6) = f_1(8) = 0$ und allgemein $F_A(8A) = 0$. Im Ursprung liegt der Hochpunkt aller Graphen.

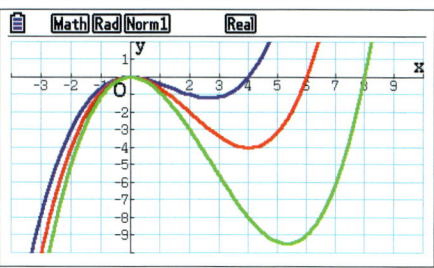

3. Tiefpunkte von von $f_{0,5}, f_{0,75}$ und f_1:

Wählt man über $\widehat{F5}$ (G-Solve) und $\widehat{F3}$ ($\boxed{MIN}$), so beginnt der erste Graph zu blinken. Die Auswahl erfolgt mit $\boxed{EXE}$, der Tiefpunkt wird ermittelt und mit $\boxed{EXE}$, $\boxed{Exit}$, $\boxed{EXE}$ fixiert. Mit $\widehat{F5}$ (G-Solve) und $\widehat{F3}$ ($\boxed{MIN}$) blinkt wieder der Graph; mit $\blacktriangledown$ (bzw. $\blacktriangle$) und $\boxed{EXE}$ wählt man einen anderen Graphen, usw.

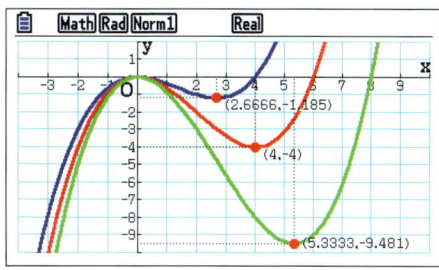

4. Ortskurve der Tiefpunkte:

Im Tiefpunkt gilt: $f'_A(x) = \frac{3}{8}x^2 - 2Ax = 0$, also $A = \frac{3}{16}x$. Setzt man in $y = \frac{1}{8}x^3 - Ax^2$ den Term $\frac{3}{16}x$ für A ein, so erhält die Gleichung $y = -\frac{1}{16}x^3$ für die Ortskurve der Tiefpunkte, deren Graph man über den Editor als Y4 violett darstellen kann.

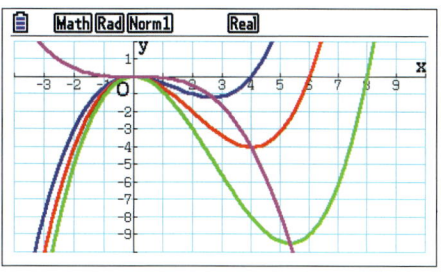

Näherungsfunktion eines Wachstumsprozesses

Bei der Untersuchung von Wachstumsprozessen ergeben sich zunächst Tabellen, die beispielsweise die Entwicklung einer Population beschreiben. Gesucht ist schließlich eine passende Exponentialfunktion.

▶ **Beispiel: Näherungsfunktion eines Wachstumsprozesses**

Die Tabelle beschreibt einen exponentiellen Wachstumsprozess. Man bestimme eine passende Funktion $f(x) = a \cdot b^x$.

x	0	1	2	3	4	5
y	300	388	510	670	870	1 125

Lösung:

Aus dem Hauptmenü gelangt man mit der Taste 2 zur Statistik-Anwendung. In der Liste 1 des Statistik-Editors werden die x-Werte 0, 1, …, 5 eingetragen. Mithilfe der Cursor-Taste wechselt man in die Liste 2 und trägt dort die zugehörigen y-Werte 300, 388, …, 1 125 ein. In der Zeile SUB kann der Variablenname notiert werden.

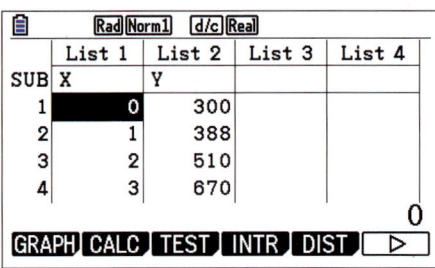

Man kann nun die Wertepaare graphisch darstellen. Dazu wählt man den Menüpunkt GRAPH mit (F1) und kann zunächst unter SET (Taste (F6)) die Graphik-Einstellungen festlegen. Mit EXIT gelangt man wieder zur Tabelle und von dort mit (F1) zur graphischen Darstellung.

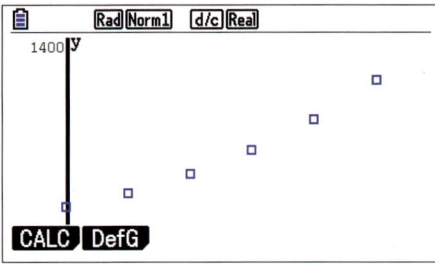

Mit EXIT wechselt man wieder zur Tabelle, wählt mit (F2) den Menüpunkt CALC, mit (F3) REG und mit (F6) (F2) schließlich EXP, also die exponentielle Regression. Dort entscheiden wir uns mit (F2) für den Funktionstyp $a\,b^x$. Man erhält den Faktor $a = 299{,}51\cdots \approx 300$ und die Basis $b = 1{,}3045\cdots \approx 1{,}3$.

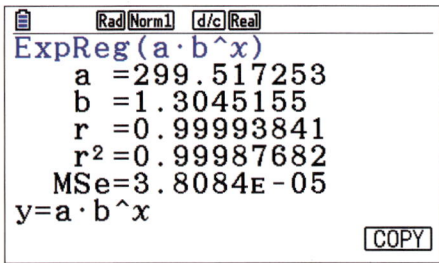

Mit (F6) (COPY) kann man den Funktionsterm in den Graphik-Editor kopieren. Mit MENU 5 wechselt man ins Graphik-Menü, wählt den Funktionsterm mit (F1) aus und zeichnet mit (F6) den Graphen. Mit SHIFT (F3) kann schließlich noch das Graphik-Fenster modifiziert werden.

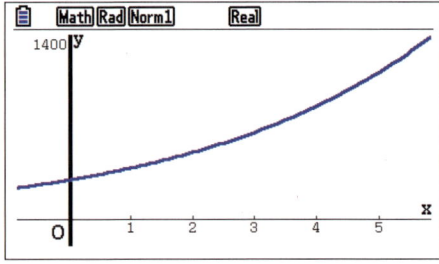

▶

Flächenberechnungen

Liegt eine auf einem abgeschlossenen Intervall [a; b] definierte, nicht negative Funktion f vor, so stellt das Integral $\int_a^b f(x)\,dx$ eine Flächenbilanz dar. Dementsprechend ist $\int_a^b |f(x)|\,dx$ der Inhalt der Fläche zwischen dem Graphen von f und der x-Achse.

> **Beispiel: Fläche zwischen Funktionsgraph und x-Achse**
> Gegeben ist die Funktion $f(x) = x^2 - 4x + 3$. Berechnen Sie den Inhalt A der Fläche zwischen den Graphen von f und der x-Achse über dem Intervall [0; 5].

Lösung:
Man wechselt im Hauptmenü auf die Ansicht Run-Matrix. Über den Menüpunkt MATH (F4) und Weiterblättern per F6 gelangt man zu dem Integraloperator $\int dx$. Unter dem Punkt MATH findet sich auch der Betragsoperator ABS. Nun gibt man den Funktionsterm und dann die Integrationsgrenzen ein und erhält unmittelbar die Maßzahl des gesuchten Flächeninhalts A.

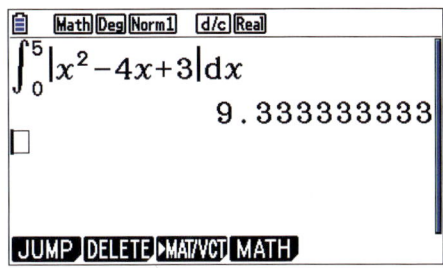

> **Beispiel: Fläche zwischen zwei Funktionsgraphen**
> Gegeben sind die Funktionen $g(x) = \frac{1}{3}x^3 - 2x^2 + 4x + \frac{7}{3}$ und $h(x) = x^2 - 4x + 6$. Berechnen Sie den Inhalt A der Fläche zwischen den Graphen von f und g über dem Intervall [0; 4].

Lösung:
Zunächst gibt man die Funktionsterme unter dem Hauptmenüpunkt Graph ein. Dann wechselt man wieder zu Run-Matrix und verfährt weiter wie im obigen Beispiel. Über die Taste VARS wählt man GRAPH (F4) und hat Zugriff auf die zuvor eingegebenen Funktionsterme. Hierzu wählt man Y (F1) und dann 1 bzw. 2 zur Eingabe der Differenz Y1 − Y2.

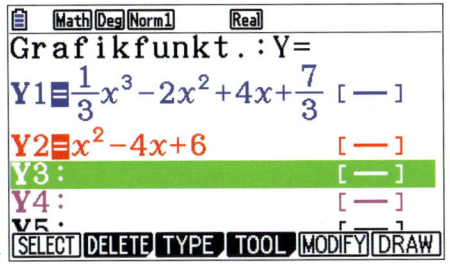 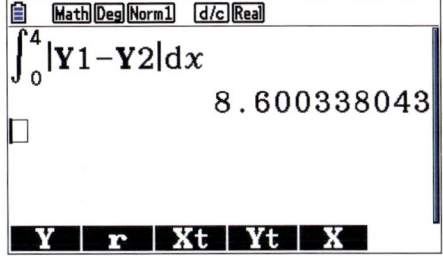

Übung
Gegeben sind die Funktionen $g(x) = x^3 - 6x^2 + 12x - 7$ und $h(x) = x^2 - 2x$.
a) Ermitteln Sie den Inhalt der Fläche zwischen den Graphen von g und h für $0 \le x \le 4$.
b) Die Graphen von g und h schließen zwei Flächenstücke ein. Berechnen Sie den Flächeninhalt.

Bestimmung der Lösungsmenge von linearen Gleichungssystemen

Der GTR kann *lineare Gleichungssysteme* mit 2, 3, 4, 5 oder 6 Variablen exakt lösen.

▶ **Beispiel: Lösung eines linearen Gleichungssystems (3 × 3)**
Ermitteln Sie die Lösung des LGS:
$$4x + y - 2z = -1$$
$$x + 6y + 3z = 1$$
$$-5x + 4y + z = -7$$

Lösung:
Im Hauptmenü (Taste MENU) wählt man mit ALPHA X,Θ,T (also A) den Gleichungs-Editor und dort mit F1 (Simultaneous) die Lösung von linearen Gleichungssystemen.

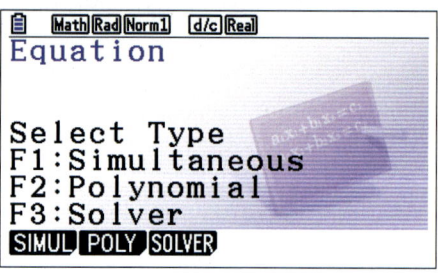

Zunächst wird man vor die Wahl gestellt, wie viele Unbekannte das Gleichungssystem hat. Unser Beispiel hat 3 Variable. Diese Festlegung wird über F2 getätigt.

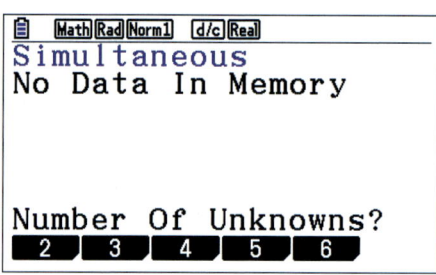

Anschließend erscheint eine Eingabemaske mit drei Zeilen und vier Spalten zur Eingabe der Spaltenvektoren des LGS:

$$a_n = \begin{pmatrix} 4 \\ 1 \\ -5 \end{pmatrix}, b_n = \begin{pmatrix} 1 \\ 6 \\ 4 \end{pmatrix}, c_n = \begin{pmatrix} -2 \\ 3 \\ 1 \end{pmatrix} \text{ und}$$

$$d_n = \begin{pmatrix} -1 \\ 1 \\ -7 \end{pmatrix}$$

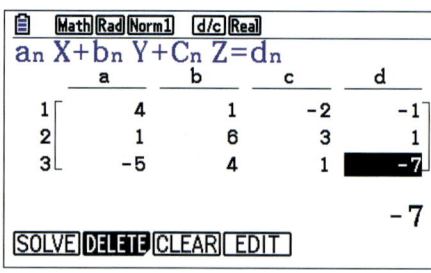

Ist die Tabelle gefüllt, wird mit F1 (SOLVE) die Lösung des Gleichungssystems berechnet und sofort ausgegeben. Man erhält die folgende Lösung:
$x = 1; \ y = -1; \ z = 2.$

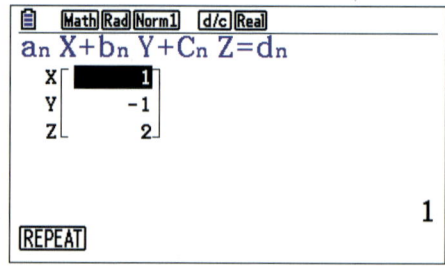

Lösungsmengen von unterbestimmten linearen Gleichungssystemen

Der GTR kann auch *unterbestimmte lineare Gleichungssysteme* mit 2, 3, …, 6 Variablen lösen.

> **Beispiel: Lösung eines unterbestimmten linearen Gleichungssystems (3 × 2)**
> Ermitteln Sie die Lösung des LGS: $4x + y - 2z = -1$
> $x + 6y + 3z = 1$

Lösung:
Im Hauptmenü (Taste MENU) wählt man mit ALPHA X,Θ,T (also A) den Gleichungs-Editor und dort mit F1 (Simultaneous) die Lösung von linearen Gleichungssystemen.

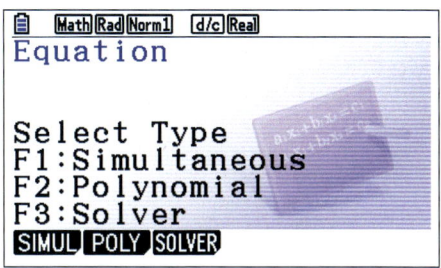

Zunächst erfolgt die Wahl der Anzahl der Unbekannten des Gleichungssystems. Unser Beispiel hat 3 Variable. Diese Festlegung wird über F2 getätigt.

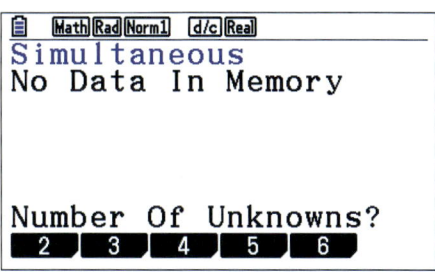

Anschließend erscheint eine Eingabemaske mit drei Zeilen und vier Spalten zur Eingabe der Spaltenvektoren des LGS:
$a_n = \begin{pmatrix} 4 \\ 1 \end{pmatrix}$, $b_n = \begin{pmatrix} 1 \\ 6 \end{pmatrix}$, $c_n = \begin{pmatrix} -2 \\ 3 \end{pmatrix}$ und $d_n = \begin{pmatrix} -1 \\ 1 \end{pmatrix}$.
Die dritte Zeile der Eingabemaske wird durch Nullen aufgefüllt.

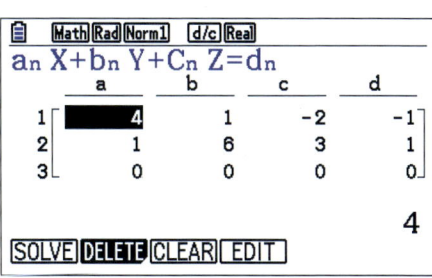

Ist die Tabelle gefüllt, wird mit F1 (SOLVE) die Lösung des Gleichungssystems berechnet und sofort ausgegeben. Dabei werden die ersten beiden Variablen X und Y in Abhängigkeit der dritten dargestellt. Z tritt also als Parameter auf. Man erhält die folgende Lösung:
$x = -\frac{7}{23} + \frac{15}{23}z$, $y = \frac{5}{23} - \frac{14}{23}z$, $z \in \mathbb{R}$.

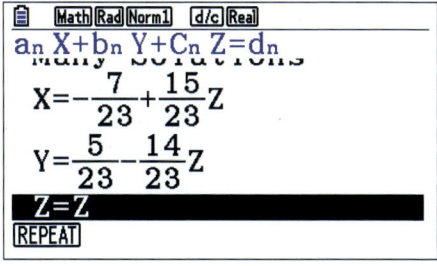

Elementare Rechenoperationen mit Vektoren

Wählt man im Hauptmenü die 1, also Run-Matrix, so gelangt man mit ⑤ (MAT/VCT) in das Matrix-Menü. Das Vektor-Menü wird dann mit ⑥ (M ↔ V) ausgewählt. Mit ⟨EXE⟩ legt man für jeden einzugebenden Vektor die Dimensionen fest. Mit m = 3 und n = 1 wird ein Spaltenvektor des $\mathbb{R}^3$ definiert m = 1 und n = 3 ein Zeilenvektor bzw. ein Punkt.

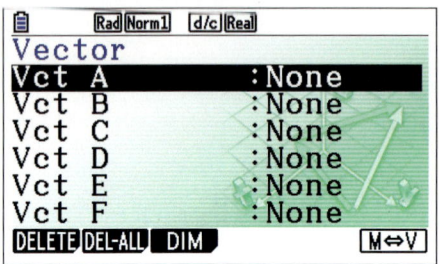
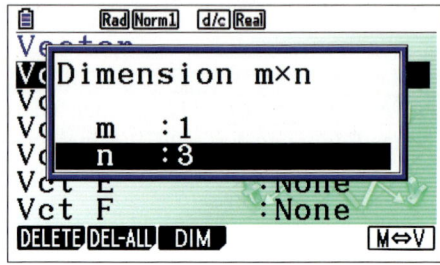

Die erzeugten Vektoren füllt man mit den gegebenen Koordinaten. Über ⟨EXIT⟩ gelangt man zurück in den Editor. Im folgenden Beispiel werden einfache *Vektoroperationen* durchgeführt.

▶ **Beispiel: Eingabe von Vektoren und einfache Operationen**
Gegeben sind die Punkte A (1|−2|−3), B (−1|4|2). Definieren Sie dazu Ortsvektoren im GTR.
a) Bilden Sie die Summe $\vec{a} + \vec{b}$, die Differenz $\overrightarrow{AB} = \vec{b} - \vec{a}$ und die Linearkombination $\vec{a} + 4\,\vec{b}$.
b) Bestimmen Sie die Länge des Ortsvektors $\vec{b}$ von B.

Lösung zu a):
Man wählt über OPTN zwei Vektoren aus, benennt sie und verbindet sie mit dem Additionszeichen. Nach Bestätigung der Eingabe mit EXE erscheint das Ergebnis [0 2 −1] in Zeilenform, da wir oben die Vektoren in dieser Form definiert haben. Die Differenzbildung erfolgt analog, die Linearkombination entsprechend.

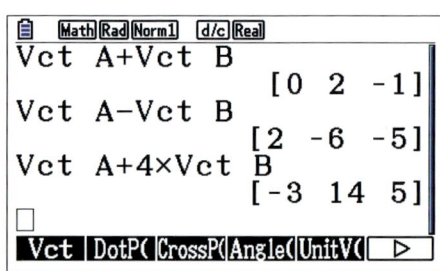

Lösung zu b):
Über OPTN ⑫ wählt man mit dreimaligem ⑥ und anschließendem ⑪ Norm() aus. Man gibt aus demselben Menü (Vct) mit ⑪ ein. Anschließend bestimmt man den Buchstaben des Vektors, dessen Länge zu berechnen ist, im Beispiel mit der Tastenfolge ⟨ALPHA⟩ ⟨log⟩ den Buchstaben B. Nach ⟨)⟩ und ⟨EXE⟩ erhält man $\sqrt{21}$.

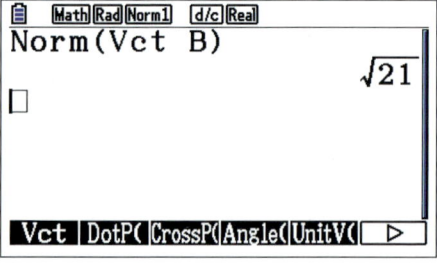

Winkelberechnungen

Zur Bestimmung von Winkelgrößen dient das Skalarprodukt zweier Vektoren, das als Ergebnis eine reelle Zahl (einen Skalar) hat. Vor der Durchführung von Winkelberechnungen sollte man darauf achten, dass die GTR-Einstellungen geeignet gewählt sind (Grad statt Bogenmaß).

▶ **Beispiel: Skalarprodukt von Vektoren**
Berechnen Sie das Skalarprodukt der Vektoren $\vec{a} = \begin{pmatrix} 1 \\ 2 \\ 1 \end{pmatrix}$ und $\vec{b} = \begin{pmatrix} 2 \\ 3 \\ -4 \end{pmatrix}$.

Lösung:
In der Anwendung Run-Matrix wählt man im Options-Menü (Taste OPTN) zunächst Mat/VCT (F2) und mit (nach 2-mal F6) den Befehl DotP (F2).
Nach zweimaligem Betätigen der Taste EXIT wählt man MATH (F4) und dann Mat/VCT (F1).
Mit F5 legt man für den ersten Vektor die Zeilenzahl 3 und die Spaltenzahl 1 fest.

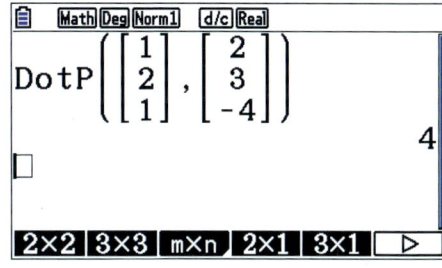

Nach Betätigung der Taste EXE wird die Maske für den ersten Vektor bereitgestellt für die Eingabe der drei Koordinaten. Nach Eingabe eines Kommas wiederholt man die Schritte der Vektoreingabe für den zweiten Vektor. Der Befehl wird mit einer runden Klammer abgeschlossen. Nach
▶ EXE erhält man das Ergebnis 4, also: $\vec{a} \cdot \vec{b} = 4$.

Die obige Rechnung ist nur möglich, wenn auf dem fx-CG20 mindestens die Software-Version 2.0 installiert ist. Aber auch wenn der Rechner über diese Version verfügt, ist man wohl schneller fertig, wenn man einfach im Kopf rechnet: $\vec{a} \cdot \vec{b} = 1 \cdot 2 + 2 \cdot 3 + 1 \cdot (-4) = 4$.

Im folgenden Beispiel wäre die Kosinusformel zu verwenden: $\gamma = \cos^{-1}\left(\frac{|\vec{a} \cdot \vec{b}|}{|\vec{a}| \cdot |\vec{b}|}\right)$.
Es geht aber auch anders!

▶ **Beispiel: Winkelberechnung**
Ermitteln Sie den Winkel (im Gradmaß) zwischen den Vektoren $\vec{a} = \begin{pmatrix} 4 \\ 1 \\ 2 \end{pmatrix}$ und $\vec{b} = \begin{pmatrix} 7 \\ 6 \\ -1 \end{pmatrix}$.

Lösung:
Zunächst wird im Setup (Shift+MENU) Angle auf Deg eingestellt. Dann wählt man in der Anwendung Run-Matrix im Options-Menü (Taste OPTN) Mat/VCT (F2) und (nach 2-mal F6) den Befehl Angle (F4) aus. Nun muss man wie im obigen Beispiel die Vektoren eingeben und erhält schließlich für den Winkel zwischen den Vektoren den
▶ Näherungswert 41,15°.

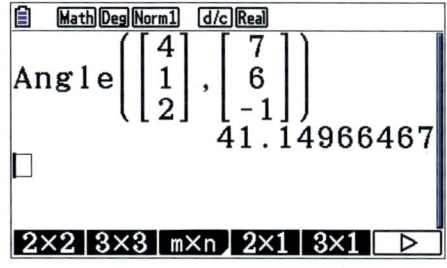

Graphische Darstellung einer Wahrscheinlichkeitsverteilung

Mit der Tabellenkalkulation und den Graphikausgaben des GTR können *Wahrscheinlichkeits-verteilungen* berechnet und tabelliert sowie graphisch veranschaulicht werden.

> **Beispiel: Wahrscheinlichkeitsverteilung der Augensumme beim Wurf zweier Würfel**
> Die Augensumme beim Wurf zweier Laplace-Würfel kann die Werte 2, 3, 4, …, 12 annehmen. Bestimmen Sie die Tabelle der Wahrscheinlichkeitsverteilung und veranschaulichen Sie die Verteilung graphisch.

Lösung:
Die Augensumme beim Wurf zweier Laplace-Würfel ist – wie das folgende Bild zeigt – nicht gleichverteilt. Man kann die Einzelwahrscheinlichkeiten der Summenwerte 2, 3, 4, …, 12 unmittelbar ablesen.

Aus dem Hauptmenü wählt man mit $\boxed{4}$ die Spreadsheet-Anwendung und erhält eine leere Tabellenkalkulation. In die Spalte A werden die Werte 2, 3, 4, 5, 6, 7, 8, 9, 10, 11, 12 der Wahrscheinlichkeitsverteilung eingetragen. In die Spalte B kommen die zugeordneten Wahrscheinlichkeiten:

$\frac{1}{36}, \frac{2}{36}, \frac{3}{36}, \frac{4}{36}, \frac{5}{36}, \frac{6}{36}, \frac{5}{36}, \frac{4}{36}, \frac{3}{36}, \frac{2}{36}, \frac{1}{36}$.

SHE	A	B	C	D
1	2	0.0277		
2	3	0.0555		
3	4	0.0833		
4	5	0.1111		
5	6	0.1388		

0.1388888889

GRAPH1 GRAPH2 GRAPH3 SELECT   SET

Nachdem alle Werte der Verteilung und die zugehörigen Wahrscheinlichkeiten in die Tabelle eingetragen sind, wählt man (F1) (GRAPH), dann (F6) (SET) und dann die links unten angegebenen Einstellungen.

Mit der Taste $\boxed{\text{EXE}}$ gelangt man wieder in das Tabelle-Fenster (s. Bild rechts oben). Dort wählt man (F1) (GRAPH1) und erhält das rechts unten stehende Balkendiagramm der Wahrscheinlichkeitsverteilung.

```
       Rad Norm1  d/c Real SHEET
StatGraph1
Graph Type:Bar
Category   :A1:A11
Data1      :B1:B11
Data2      :None
Data3      :None
Stick Styl:Length      ↓
GRAPH1 GRAPH2 GRAPH3
```

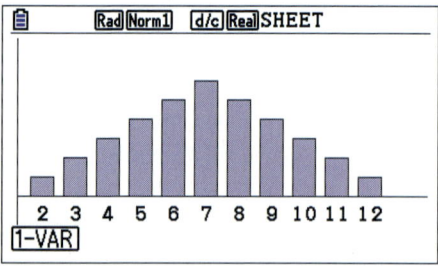

Binomialverteilung

▶ **Beispiel: Berechnung einer Punktwahrscheinlichkeit, einer Intervallwahrscheinlichkeit, des Erwartungswertes und der Standardabweichung**
Eine Zufallsgröße X ist binomialverteilt mit den Parametern n = 50 und p = 0,25.
Berechnen Sie $P(X = 10)$, $P(20 \le X \le 30)$, $\mu = E(X)$ und $\sigma = \sigma(X)$.

Lösung:
In der Anwendung Run-Matrix ruft man über die Taste OPTN mit der Folge F5-F3-F5 die Funktionen Bpd und Bcd zur Berechnung der Einzelwahrscheinlichkeit bzw. der Intervallwahrscheinlichkeit auf (s. Abb.); weiterhin:

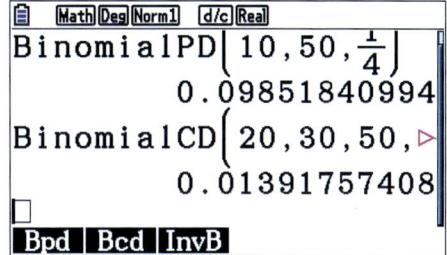

$\mu = E(X) = n \cdot p = 12,5$,
▶ $\sigma = \sigma(X) = \sqrt{n \cdot p \cdot (1 - p)} = 3,06186$.

Sigmaregeln

▶ **Beispiel: σ-Umgebungen des Erwartungswertes**
Eine Münze werde 50-mal geworfen. X sei die Anzahl der Kopfwürfe. Bestimmen Sie, wie wahrscheinlich es ist, dass X einen Wert annimmt, der höchstens um σ bzw. um 2σ bzw. um 3σ vom Erwartungswert μ abweicht.

Lösung:

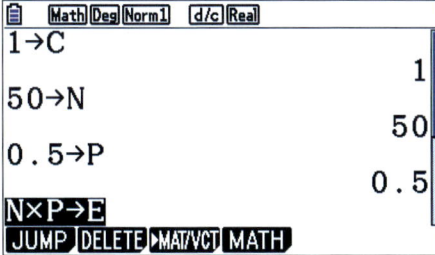

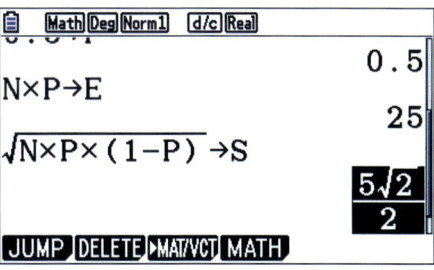

Die obigen beiden Screenshots zeigen die Zuweisungen der gegebenen Werte an die Variablen C, N, P, E und S.

Die Werte für die untere und obere Intervallgrenze müssen ganzzahlig vorliegen. Dazu wird die Funktion Intg aus dem Katalog verwendet. Wie im obigen Beispiel wird schließlich Bcd aufgerufen.

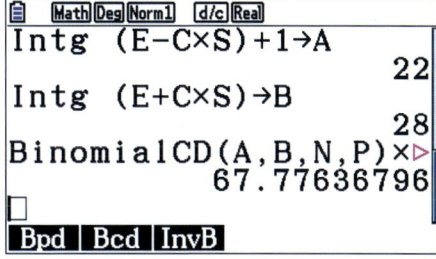

Testlösungen

Testlösungen zum Kapitel I (Seite 56)

1. a) $f'(x) = -3x^2 + 6x = 0$ gilt für $x = 0$ und $x = 2$
   $f'(x) < 0$ gilt für $x < 0$ und für $x > 2$, dort ist f streng monoton fallend
   $f'(x) > 0$ gilt für $0 < x < 2$, dort ist f streng monoton steigend

   b) $f''(x) = -6x + 6 = 0$ gilt für $x = 1$
   $f''(x) > 0$ gilt für $x < 1$, dort ist f linksgekrümmt
   $f''(x) < 0$ gilt für $x > 1$, dort ist f rechtsgekrümmt

2. a) $f'(x) = 0$ ist notwendig für einen Hochpunkt
   $f'(x) = 0$ und $f''(x) < 0$ ist hinreichend für einen Hochpunkt

3. a) Der Term von f enthält gerade und ungerade Exponenten, d.h. keine Standardsymmetrie.
   Nullstellen: $x = 0$ und $x = 3$
   Extrema: $f'(x) = \frac{3}{2}x^2 - 6x + \frac{9}{2} = 0$, $x = 1$, $x = 3$
   $\qquad f''(x) = 3x - 6$, $f''(1) = -3 < 0 \Rightarrow H(1|2)$
   $\qquad f''(3) = 3 > 0 \Rightarrow T(3|0)$
   Wendepunkt: $f''(x) = 0$ gilt für $x = 2$, $f'''(x) = 3 > 0$, $W(2|1)$

   b) $f'(0) = 4{,}5$, $\alpha \approx 77{,}5°$

4. a) $H(-2|-2)$, $T(2|2)$

   b) $f'(x) = 0{,}5 - \frac{2}{x^2}$, $f'(1) = -1{,}5$
   $t(x) = -1{,}5x + 4$
   Schnittpunkte mit den Achsen:
   $X\left(\frac{8}{3}\middle|0\right)$, $Y(0|4)$

5. a)

t	0	2	4	6	8	10	12	14	16
d(t)	200	220,8	270,4	329,6	379,2	400	372,8	278,4	97,6

   b) $d'(t) = -\frac{6}{5}t^2 + 12t = 0$, $t = 0$, $t = 10$, $d''(t) = -\frac{12}{5}t + 12$
   $d''(0) = 12 > 0$, $d''(10) = -12 < 0 \Rightarrow H(10|400)$

   c) im Wendepunkt:
   $d''(t) = 0$ gilt für $t = 5$
   Für $t = 5$ ändert sich die Durchflussmenge am stärksten.

   d) $d(t) = 250$: $t^3 - 15t^2 + 125 = 0$ hat die
   Näherungslösungen 3,26 und 14,40.
   Der Alarm dauert ca. 11,14 min und beginnt ca. 3,26 min
   nach Beginn der Zeitrechnung.

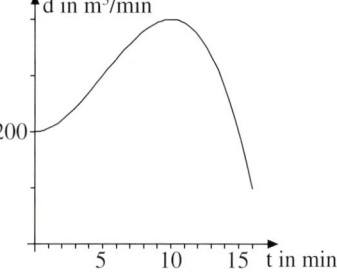

6. a) Nullstellen: $x = 0$ und $x = 3a$

Extrema: $f_a{}'(x) = \frac{3}{4}x^2 - \frac{6}{4}ax$, $f_a{}''(x) = \frac{3}{2}x - \frac{3}{2}a$

$f_a{}'(x) = 0$, $x = 0$, $x = 2a$

$f_a{}''(0) = -\frac{3}{2}a < 0 \Rightarrow H(0|0)$, $f_a{}''(2a) = \frac{3}{2}a > 0 \Rightarrow T(2a|-a^3)$

Wendepunkte: $f_a{}''(x) = 0$ gilt für $x = a$, $W\left(a\left|-\frac{1}{2}a^3\right.\right)$

b) Für $a = 1{,}5$.
c) Für $a = 2$.
e) $x = 2a$, $a = 0{,}5x$

$y = -a^3 = -\frac{1}{8}x^3$

d)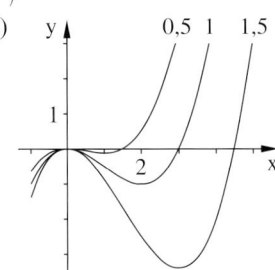

Testlösungen zum Kapitel II (Seite 86)

1. a) $x \cdot y = 225$, $y = \frac{225}{x}$, $S = x + y$, $S(x) = x + \frac{225}{x}$

$S'(x) = 1 - \frac{225}{x^2} = 0$, $x = 15$, $y = 15$ $\left(S''(x) = \frac{450}{x^3},\ S''(15) = \frac{4}{30} > 0\right)$

2. $K = 0{,}5x \cdot 40 + 0{,}5x \cdot 20 + 0{,}5h \cdot 20 = 30$

$30 = 30x + 10h$, $h = 3 - 3x$

$V(x) = 0{,}25x \cdot h = 0{,}75(x - x^2)$, $V'(x) = 0{,}75(1 - 2x) = 0$

$x = 0{,}5$, $h = 1{,}5$ $(V''(x) = -1{,}5 < 0)$

3. $A(x) = 2x \cdot f(x) = 8x - \frac{8}{3}x^3$

$A'(x) = 8 - 8x^2 = 0$, $x = 1$ $(A''(x) = -16x,\ A''(1) = -16 < 0)$

Resultat: $P\left(1\left|\frac{8}{3}\right.\right)$

4. a) $f(x) = ax^2 + bx + c$, $f'(x) = 2ax + b$

$f(10) = 7{,}5$: $7{,}5 = 100a + 10b + c$, $f(0) = 0$, $c = 0$

$f'(10) = 0{,}5$: $0{,}5 = 20a + b$, $5 = 5b$, $b = 1$, $a = -0{,}025$

b) $f(x) = -0{,}025x^2 + x$, $f(x) = 0$: $x = 0$ und $x = 40$

Der Bogen ist $40\,\text{m}$ breit.

In der Mitte gilt: $f(20) = 10$, also ist er $10\,\text{m}$ hoch.

c) $f'(x) = -0{,}05x + 1$, $f'(0) = 1$, also $\alpha = 45°$.

5. a) $f(x) = ax^3 + bx^2 + cx + d$, $f'(x) = 3ax^2 + 2bx + c$, $f''(x) = 6ax + 2b$

$f(1) = 6$: $6 = a + b + c + d$

$f'(1) = 0$: $0 = 3a + 2b + c$

$f''(4) = 0$: $0 = 24a + 2b$

$f(-1) = 2$: $2 = -a + b - c + d$, $4 = 2a + 2c$, $4 = -4a - 4b$, $a = \frac{1}{11}$

$f(x) = \frac{1}{11}x^3 - \frac{12}{11}x^2 + \frac{21}{11}x + \frac{56}{11}$

b) $f(4) = \frac{12}{11}$, $f'(4) = -\frac{27}{11}$

$t(x) = -\frac{27}{11}(x - 4) + \frac{12}{11} = -\frac{27}{11}x + \frac{120}{11}$

Testlösung zum Kapitel III (Seite 108)

1. a) $F(x) = \frac{1}{5}x^5 + C$ b) $F(x) = -\frac{3}{x} + C$

   c) $F(x) = \frac{1}{2}x^4 - \frac{1}{2}x^2 + 3x + C$ d) $F(x) = 2ax^4 + C$

   e) $F(x) = nx^n + C$ f) $F(x) = -\cos x - \sin x$

2. a) $F'(x) = 3x^2 + 4x + 1 = 2(1,5x^2 + 2x - 1) + 3 = f(x)$

   b) $F'(x) = 9x^2 + 6x + 1 = (3x + 1)^2 = f(x)$

   c) $F'(x) = 2\sin x = f(x)$

   d) $F'(x) = 8x^3 + 4bx + 2ax^3 = (8 + 2a)x^3 + 4bx = f(x)$

   e) $F'(x) = -\frac{2}{x^2} = -2x^{-2} = f(x)$

   f) $F(x) = \sqrt{2} \cdot \sqrt{x}, \ F'(x) = \sqrt{2} \cdot \frac{1}{2\sqrt{x}} = \frac{1}{\sqrt{2} \cdot \sqrt{x}} = \frac{1}{\sqrt{2x}} = f(x)$

3. $F(x) = x^3 - x^2 + C, F(2) = -1: C = -5, F(x) = x^3 - x^2 - 5$

4. a) $\int (3 - x^2)\,dx = 3x - \frac{1}{3}x^3 + C$

   b) $\int_2^4 (2x - x^2)\,dx = \left[x^2 - \frac{1}{3}x^3\right]_2^4 = -\frac{20}{3}$

   c) $\int_1^2 (3x + 6x^3)\,dx = \left[\frac{3}{2}x^2 + \frac{3}{2}x^4\right]_1^2 = 27$

   d) $\int_0^a (6ax^2 - a^2x)\,dx = \left[2ax^3 - \frac{1}{2}a^2x^2\right]_0^a = 1,5\,a^4$

5. a) $F(x) = \frac{1}{9}x^3 + x, \ A = F(3) - F(1) = \frac{44}{9}$

   b) Spiegelung: $g(x) = -x^2 + 6x - 8$, Nullstellen: $x = 2$ und $x = 4$
     $G(x) = -\frac{1}{3}x^3 + 3x^2 - 8x, \ A = G(4) - G(2) = \frac{4}{3}$

6. a) Koordinatenursprung im linken Ufer.
     Scheitelpunkt der Parabel: $S(6|8)$
     Ansatz: $f(x) = a(x - 6)^2 + 8, f(0) = 6: 36a + 8 = 6, a = -\frac{1}{18}$
     Resultat: $f(x) = -\frac{1}{18}(x - 6)^2 + 8 = -\frac{1}{18}x^2 + \frac{2}{3}x + 6$

   b) $F(x) = -\frac{1}{54}x^3 + \frac{1}{3}x^2 + 6x, \ A = F(12) - F(0) = 88$

Testlösung zum Kapitel IV (Seite 150)

1. a) $F(x) = \frac{1}{4}x^4 - \frac{1}{6}x^3 - \frac{1}{4}x^2 + x$, $A = F(1) - F(-1) = \frac{5}{3}$

   b) Nullstellen: $x = 1$ und $x = 3$

   $F(x) = -\frac{1}{3}x^3 + 2x^2 - 3x$, $A = F(3) - F(1) = 0 - \left(-\frac{4}{3}\right) = \frac{4}{3}$

2. Schnittpunkte: $x^2 - 7x + 10 = 0$, $x = 2$, $x = 5$

   $D(x) = -\frac{1}{3}x^3 + \frac{7}{2}x^2 - 10x$, $A = D(5) - D(2) = -\frac{25}{6} - \left(-\frac{26}{3}\right) = 4{,}5$

3. a) Ansatz: $f(x) = ax^2 + 3$, $f(2) = 0 \Rightarrow a = -\frac{3}{4}$

      Resultat: $f(x) = -\frac{3}{4}x^2 + 3$

   b) $F(x) = -\frac{1}{4}x^3 + 3x$, $A_f = 2(F(2) - F(0)) = 8$

   $G(x) = -\frac{10}{27}x^3 + 2{,}5x$, $A_g = 2(G(1{,}5) - G(0)) = 5$

   Querschnittsfläche: $G = 3\,\text{m}^2$, Betonmenge: $V = 30\,\text{m}^3$

4. a) $\displaystyle\int_0^{10} w'(t)\,dt = [-0{,}008\,t^3 + 0{,}06\,t^2 + 9{,}8\,t]_0^{10} = 96$ Wölfe

   b) $F(20) = 156$

      Zu Beginn waren es 16 Wölfe.

5. a) $\displaystyle\int v(t)\,dt = 0{,}0005\,t^3 - 0{,}15\,t^2 + C$

      $h(t) = 0{,}0005\,t^3 - 0{,}15\,t^2 + 2000$

   b) $h(120) = 704\,\text{m}$ Höhe nach 2 Minuten

      $v(120) = -14{,}4\,\text{m/s}$

   c) $v(t) = 0$: $t^2 - 200t = 0$: $t = 0$ und $t = 200$

      Nach 200 Sekunden erfolgt die Landung in $h(200) = 0\,\text{m}$ Höhe.

Testlösung zum Kapitel V (Seite 192)

1. a) $f'(x) = -2e^{-2x}$ b) $f'(x) = -x \cdot e^x$ c) $f'(x) = (2x - 4x^2) \cdot e^x$

2. a) Nullstellen: $x = 0$

      Extrema: $f'(x) = (2 - 2x) \cdot e^{-x}$, $f''(x) = (2x - 4) \cdot e^{-x}$

      $f'''(x) = (6 - 2x) \cdot e^{-x}$

      $f'(x) = 0$: $x = 1$, $f''(1) < 0$, $H(1|2/e)$

      Wendepunkte: $f''(x) = 0$: $x = 2$, $f'''(2) > 0$, $W(2|4/e^2)$

   b) $f(x) \to 0$ für $x \to \infty$; $f(x) \to -\infty$ für $x \to -\infty$

   d) $t(x) = 2x$

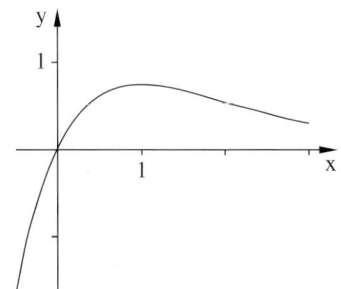

3. a) $f(t) = 90 + at$, $f(12) = 90 + 12t = 150$, $a = 5$
   $f(t) = 90 + 5t$

   b) $f(t) = a \cdot e^{bt}$, $a = 90$, $150 = 90 \cdot e^{12b}$, $b \approx 0{,}043$
   $f(t) = 90 \cdot e^{0{,}043t}$

   c) $d(t) = 90 \cdot e^{0{,}043t} - 90 - 5t$, $d'(t) = 3{,}87 \cdot e^{0{,}043t} - 5 = 0$, $t \approx 5{,}96$
   Im Verlauf des 6. Jahres.

4. a) $T_A = \frac{\ln 2}{0{,}22} \approx 3{,}15$, $T_B - \frac{\ln 2}{0{,}15} \approx 4{,}62$

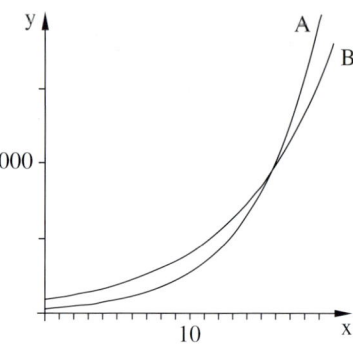

   b)
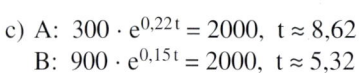
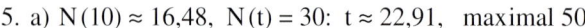

t	0	5	10	15	20
A	300	901,25	2707,50	8133,79	24435,26
B	900	1905,30	4033,52	8538,96	18076,98

   c) A: $300 \cdot e^{0{,}22t} = 2000$, $t \approx 8{,}62$
   B: $900 \cdot e^{0{,}15t} = 2000$, $t \approx 5{,}32$

   d) $300 \cdot e^{0{,}22t} = 900 \cdot e^{0{,}15t}$, $e^{0{,}07t} = 3$, $t \approx 15{,}69$

   e) $N_B{}'(t) = 135 \cdot e^{0{,}15t}$, $N_B{}'(0) = 135$
   $N_A{}'(t) = 66 \cdot e^{0{,}22t} = 135$, $t \approx 3{,}25$

5. a) $N(10) \approx 16{,}48$, $N(t) = 30$: $t \approx 22{,}91$, maximal 50

   b) $N'(t) = 2 \cdot e^{-0{,}04t}$, $N'(0) = 2$, $N'(t) = 1$: $t \approx 17{,}33$

   c) $N(60) \approx 45{,}5$
   $N(t) = 45{,}5 \cdot e^{-0{,}04(t-60)} = 45{,}5 \cdot e^{2{,}4} \cdot e^{-0{,}04t}$
   $\approx 501{,}6 \cdot e^{-0{,}04t} = 5$, $t \approx 115{,}2$
   Nach weiteren 55,2 min.

Testlösungen zum Kapitel VI (Seite 230)

1. a) $f'(x) = (4 - x) \cdot e^{1 - 0{,}5x}$, $f''(x) = (-3 + 0{,}5x) \cdot e^{1 - 0{,}5x}$

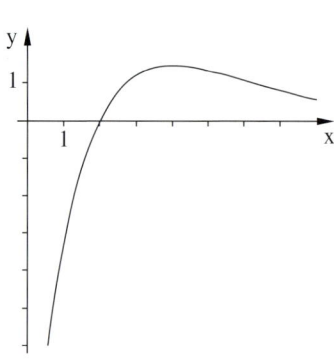

   b) Nullstellen: $x = 2$
   Extrema: $x = 4$: $H(4|1{,}47)$
   Wendepunkte: $x = 6$: $W(6|1{,}08)$

   d) $t(x) \approx -0{,}27(x - 6) + 1{,}08 = -0{,}27x + 2{,}7$

   e) $F'(x) = (2x - 4) \cdot e^{1 - 0{,}5x}$
   $A = F(10) - F(2) = 40e^{-4} + 8e \approx 7{,}27$

2. a) $f'(x) = (4 - 2x)e^{-0{,}5x}$, $f'(x) = 0$: $x = 2$, $f(2) = \frac{8}{e} \approx 2{,}94$
   $P(2|2{,}94)$ ist der nördlichste Punkt.

   b) $F'(x) = (-8 + 4x + 8)e^{-0{,}5x} = f(x)$

c) Fußweg: $g(x) = \frac{1}{3}x - 2$

$$A = \int_0^6 (f(x) - g(x))\,dx = \left[(-8x - 16)e^{-0,5x} - \frac{1}{6}x^2 + 2x\right]_0^6 \approx 2,81 - (-16) = 18,81$$

d) $f'(0) = 4 \Rightarrow \alpha \approx 76°$
   Der Winkel beträgt ca. 14°.

e) $f''(x) = (x - 4)e^{-0,5x}$, $f''(x) = 0$: $x = 4$, $W(4|2,17)$

   $n(x) = -\frac{1}{f'(4)}(x - 4) + 2,17 \approx 1,85x - 5,22$

   $n(x) = g(x)$: $x \approx 2,12$, $P(2,12|-1,29)$

3. a) $w'(0) = -17$, $t = \ln\frac{9}{16} \cdot (-50) \approx 28,77$

   b) $w(t) = 800 \cdot e^{-0,22t} - t - 200$

   c) $w(7) \approx 488,5$

   d) $\overline{w} \approx \frac{1}{7}(488,5 - 600) \approx -15,93$

   e) $w(t) = 0$, $t \approx 56,8$, d.h. nach 8 Wochen

Testlösungen zum Kapitel VII (Seite 256)

1. $x = 4$, $y = 4$

2. a) $x = 1$, $y = 3$, $z = 2$ b) $x = 6$, $y = 6$, $z = 4$

3. a) $x = -2$, $y = 3$, $z = 5$ b) Widerspruch, keine Lösung

4. $x + y + z = 30$
   $x - 4 = y - 4 + z - 4$
   $z - 4 = 2(y - 4)$ Lösung: $x = 13$ (Maria), $y = 7$ (Emma), $z = 10$ (Julia)

5. $f(2) = 0$: $8a + 4b + 16 = 0$
   $f''(2) = 0$: $12a + 2b = 0$ Lösung: $a = 1$, $b = -6$, $f(x) = x^3 - 6x^2 + 16$

6. a) $x + y + z = 6$ b) $x + y + z = 6$ c) $x + y + z = 6$
   $ x + y - z = 0$ $x + y - z = 0$ $x + y - z = 0$
   $ x - y = 1$ $2x + 2y = 5$ $2x + 2y = 6$

7. Subtrahiert man die erste Gleichung 2-mal von der zweiten, so erhält man:
   $(4 - a)y = a - 3$, $y = \frac{a - 3}{4 - a}$, d.h. für $a = 4$ ist das System nicht lösbar.

Testlösungen zum Kapitel VIII (Seite 282)

1. a) $g: \vec{x} = \begin{pmatrix} 3 \\ 0 \\ 1 \end{pmatrix} + r \begin{pmatrix} -3 \\ 6 \\ 3 \end{pmatrix}$

   b) $\begin{pmatrix} 1 \\ 4 \\ 3 \end{pmatrix} = \begin{pmatrix} 3 \\ 0 \\ 1 \end{pmatrix} + r \begin{pmatrix} -3 \\ 6 \\ 3 \end{pmatrix}$ gilt für $r = \frac{2}{3}$. Wegen $0 < r < 1$ liegt P auf der Strecke $\overline{AB}$.

2. A(4|0|0), B(4|6|0), C(0|6|0), D(0|0|0), E(4|0|3), F(4|6|3), G(0|6|3), H(0|0|3), I(4|3|0), J(2|6|0)

   a) $g_{HB}: \vec{x} = \begin{pmatrix} 0 \\ 0 \\ 3 \end{pmatrix} + r \begin{pmatrix} 4 \\ 6 \\ -3 \end{pmatrix}$, $g_{HF}: \vec{x} = \begin{pmatrix} 0 \\ 0 \\ 3 \end{pmatrix} + r \begin{pmatrix} 4 \\ 6 \\ 0 \end{pmatrix}$, $g_{HI}: \vec{x} = \begin{pmatrix} 0 \\ 0 \\ 3 \end{pmatrix} + r \begin{pmatrix} 4 \\ 3 \\ -3 \end{pmatrix}$

   $g_{GJ}: \vec{x} = \begin{pmatrix} 0 \\ 6 \\ 3 \end{pmatrix} + r \begin{pmatrix} 2 \\ 0 \\ -3 \end{pmatrix}$

3. a) $g = h: r = \frac{1}{3}$, $s = -2$, S(3|4|4)   b)

   c) $g: S_{xy}(-1|-4|0)$, $S_{xz}(1|0|2)$, $S_{yz}(0|-2|1)$
      $h: S_{xy}(7|8|0)$, $S_{xz}(-1|0|8)$, $S_{yz}(0|1|7)$

4. a) $g: \vec{x} = \begin{pmatrix} 4 \\ 0 \\ 6 \end{pmatrix} + r \begin{pmatrix} 1 \\ 3 \\ -1,5 \end{pmatrix}$, $z = 0 \Rightarrow r = 4$

   P(8|12|0), der Anflug dauert 4 min.

   b) aus a) $4 + r = 6$ ergibt $r = 2$, $y = 6$ und $z = 3$
      Mittelpunkt bei 2,9; Rand bei 2,92
      d. h. 80 m Sicherheitsabstand nach unten

   c) $h: \vec{x} = \begin{pmatrix} 12 \\ 0 \\ 0 \end{pmatrix} + s \begin{pmatrix} -14 \\ 14 \\ 7 \end{pmatrix}$; $h = g : r = 2$, $s = 3/7$; Kollisionskurs mit S(6|6|3)

   Der Flieger ist nach 2 min bei S, der Hubschrauber nach $5 \cdot \frac{3}{7} = \frac{15}{7} = 2\frac{1}{7}$ min, also 1/7 min später, also keine Kollision.

Testlösungen zum Kapitel IX (Seite 298)

1. a) $\vec{a} \cdot \vec{b} = \begin{pmatrix} 5 \\ 2 \end{pmatrix} \cdot \begin{pmatrix} 4 \\ -1 \end{pmatrix} = 18$ b) $\begin{pmatrix} 1 \\ 2 \\ -2 \end{pmatrix} \cdot \begin{pmatrix} 3 \\ 3 \\ 4 \end{pmatrix} = 1$ c) $\begin{pmatrix} 1 \\ a \\ 2 \end{pmatrix} \cdot \begin{pmatrix} 2a \\ -3 \\ a \end{pmatrix} = a$

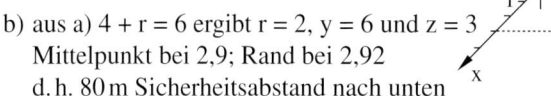

2. $\vec{a} = \begin{pmatrix} 5 \\ 2 \\ 1 \end{pmatrix}$, $\vec{b} = \begin{pmatrix} 1 \\ 3 \\ 1 \end{pmatrix}$, $\cos \gamma = \frac{12}{\sqrt{30 \cdot 11}} \approx 0,661$, $\gamma \approx 48,7°$

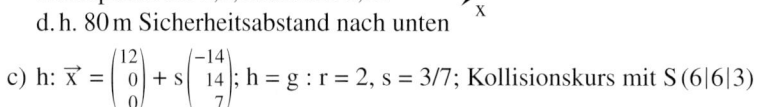

3. $\vec{a} = \begin{pmatrix} 4 \\ 6 \\ -3 \end{pmatrix}$, $\vec{b} = \begin{pmatrix} -4 \\ 6 \\ 3 \end{pmatrix}$, $\cos \gamma = \frac{11}{61} \approx 0,18$, $\gamma \approx 79,6°$

4. a) $\cos\alpha = \dfrac{\begin{pmatrix}-2\\0\\4\end{pmatrix}\cdot\begin{pmatrix}0\\-5\\4\end{pmatrix}}{\sqrt{20\cdot41}} = \dfrac{16}{\sqrt{820}},\ \alpha\approx 56°,\ \cos\beta = \dfrac{\begin{pmatrix}2\\-5\\0\end{pmatrix}\cdot\begin{pmatrix}2\\0\\-4\end{pmatrix}}{\sqrt{29\cdot20}} = \dfrac{4}{\sqrt{580}},\ \beta\approx 80,4°$

$\cos\gamma = \dfrac{\begin{pmatrix}0\\5\\-4\end{pmatrix}\cdot\begin{pmatrix}-2\\5\\0\end{pmatrix}}{\sqrt{41\cdot29}} = \dfrac{25}{\sqrt{1189}} \approx 43,5°$

$A = \dfrac{1}{2}\cdot\sqrt{\begin{pmatrix}-2\\0\\4\end{pmatrix}^2\cdot\begin{pmatrix}0\\-5\\4\end{pmatrix}^2 - \left(\begin{pmatrix}-2\\0\\4\end{pmatrix}\cdot\begin{pmatrix}0\\-5\\4\end{pmatrix}\right)^2} = \dfrac{1}{2}\cdot\sqrt{20\cdot41-16^2} \approx 11,87$

b) $V = \dfrac{1}{3}G\cdot h = \dfrac{1}{3}\cdot4\cdot5 = \dfrac{20}{3} \approx 6,67$ VE mit G: ABD, D(4|8|4)

5. $\overrightarrow{AB} = \begin{pmatrix}2\\4\\1\end{pmatrix}$, $\overrightarrow{BC} = \begin{pmatrix}-5\\2\\2\end{pmatrix}$, $\overrightarrow{AB}\cdot\overrightarrow{BC} = 0$, also rechtwinklig

6. Winkel α: $\vec{a} = \begin{pmatrix}-100\\-100\\250\end{pmatrix}$, $\vec{b} = \begin{pmatrix}100\\-100\\250\end{pmatrix}$, $\cos\alpha = \dfrac{250^2}{82\,500} \approx 0,76,\ \alpha\approx 40,7°$

Winkel β: $\vec{a} = \begin{pmatrix}-100\\-100\\250\end{pmatrix}$, $\vec{c} = \begin{pmatrix}-100\\0\\0\end{pmatrix}$, $\cos\beta = \dfrac{10\,000}{\sqrt{82\,500\cdot10\,000}} \approx 0,348,\ \beta\approx 69,6°$

Winkel γ: $\vec{d} = \begin{pmatrix}-100\\100\\250\end{pmatrix}$, $\vec{e} = \begin{pmatrix}-100\\100\\0\end{pmatrix}$, $\cos\gamma = \dfrac{20\,000}{\sqrt{82\,500\cdot20\,000}} \approx 0,492,\ \gamma\approx 60,5°$

Testlösungen zum Kapitel X (Seite 326)

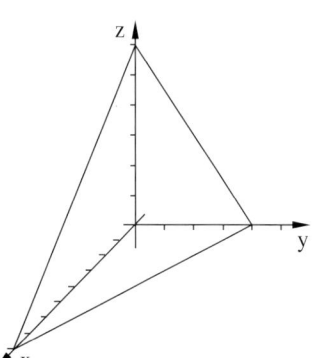

1. a) E: $\vec{x} = \begin{pmatrix}0\\2\\3\end{pmatrix} + r\begin{pmatrix}4\\0\\-3\end{pmatrix} + s\begin{pmatrix}2\\1\\-3\end{pmatrix}$

b) P liegt nicht auf E.

c) X(8|0|0), Y(0|4|0), Z(0|0|6)

d) g_{xy}: $\vec{x} = \begin{pmatrix}8\\0\\0\end{pmatrix} + t\begin{pmatrix}-8\\4\\0\end{pmatrix}$

2. a) E = g liefert einen Widerspruch.
g verläuft echt parallel zu E.
E = h liefert r = 2, s = 1 und u = 3, d. h. Schnittpunkt S(0|−2|6)

b) y = 0 liefert t = −1 und damit S_{xz}(6|0|1)

3. a) E: $\vec{x} = \begin{pmatrix}1\\0\\2\end{pmatrix} + r\begin{pmatrix}1\\2\\2\end{pmatrix} + s\begin{pmatrix}-1\\4\\-2\end{pmatrix}$, g: $\vec{x} = \begin{pmatrix}1\\-3\\1\end{pmatrix} + t\begin{pmatrix}3\\6\\9\end{pmatrix}$

E = g liefert r = 0,5, s = −0,5, t = 1/3 und damit S(2|−1|4)

b) außerhalb wegen s = −0,5

4. b) Die Seite ABS sowie die Grundseite ABCD.

a)

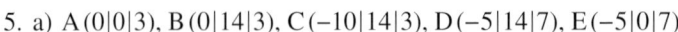

c) $E_{ABS}: \vec{x} = \begin{pmatrix} 40 \\ 0 \\ 0 \end{pmatrix} + r\begin{pmatrix} 0 \\ 40 \\ 0 \end{pmatrix} + s\begin{pmatrix} -20 \\ 20 \\ 50 \end{pmatrix}$, $\overline{PQ}: \vec{x} = \begin{pmatrix} 50 \\ 10 \\ 50 \end{pmatrix} + t\begin{pmatrix} -60 \\ 30 \\ -75 \end{pmatrix}$

Schnittpunkt $S(30|20|25)$

d) $h: \vec{x} = \begin{pmatrix} 10 \\ 30 \\ 0 \end{pmatrix} + t\begin{pmatrix} -60 \\ 30 \\ 0 \end{pmatrix}$

5. a) $A(0|0|3)$, $B(0|14|3)$, $C(-10|14|3)$, $D(-5|14|7)$, $E(-5|0|7)$

b) $\overrightarrow{BD} = \begin{pmatrix} -5 \\ 0 \\ 4 \end{pmatrix}$, $\overrightarrow{CD} = \begin{pmatrix} 5 \\ 0 \\ 4 \end{pmatrix}$, $\cos\gamma = \frac{-9}{41} \approx -0{,}22$, $\gamma \approx 102{,}7°$

c) $E_{ABD}: \vec{x} = \begin{pmatrix} 0 \\ 0 \\ 3 \end{pmatrix} + r\begin{pmatrix} 0 \\ 14 \\ 0 \end{pmatrix} + s\begin{pmatrix} -5 \\ 0 \\ 4 \end{pmatrix}$, $g_S: \vec{x} = \begin{pmatrix} -2 \\ 10 \\ 0 \end{pmatrix} + t\begin{pmatrix} 0 \\ 0 \\ 1 \end{pmatrix}$

$E = g$ liefert $r = \frac{5}{7}$, $s = 0{,}4$, $t = 4{,}6$, $T(-2|10|4{,}6)$
Er ragt $1{,}4\,m$ heraus.

d) Lichtgerade durch s: $h: \vec{x} = \begin{pmatrix} -2 \\ 10 \\ 6 \end{pmatrix} + t\begin{pmatrix} 1 \\ -1 \\ -2 \end{pmatrix}$

Schnittpunkt mit EABD: $s = \frac{1}{6}$, $t = \frac{7}{6}$, $r = \frac{53}{6 \cdot 14}$, $P\left(-\frac{5}{6}\Big|\frac{53}{6}\Big|\frac{22}{6}\right)$, $l \approx \sqrt{3{,}59} \approx 1{,}90\,m$

e) $A = 20$, $K = 5 \cdot 30€ = 150€$

Testlösungen zum Kapitel XI (Seite 344)

1. a) $N = \binom{15}{11} = \frac{15!}{11! \cdot 4!} = 1365$ Möglichkeiten für eine 11er Auswahl aus 15 Schülern.

b) $N = \binom{2}{1} \cdot \binom{5}{3} \cdot \binom{8}{7} = 160$ Möglichkeiten

c) Es gibt noch $9! = 362\,880$ Möglichkeiten

2. $P_A(Z) = \frac{64}{108} \approx 59\%$, $P_{\overline{A}}(Z) = \frac{185}{345} \approx 53{,}6\%$

3. A: Bauteil ist defekt, $P(A) = 0{,}2$
   K: Bauteil bei Kontrolle ausgesondert
   H: Bauteil kommt in den Handel, $P(H) = 0{,}81$
   gesuchte Wahrscheinlichkeit: $\frac{1}{81} \approx 0{,}012$

	A	$\overline{A}$	
A	$0{,}2 \cdot 0{,}95 = 0{,}19$	0	0,19
$\overline{K}$	$0{,}2 \cdot 0{,}05 = 0{,}01$	0,8	$1 - 0{,}19 = 0{,}81$
	0,2	0,8	1

4. Wir erstellen durch Differenzbildung
eine Vierfeldertafel.
Dann bestimmen wir $P_A(W) = \frac{|A \cap W|}{|A|} = \frac{359}{738} \approx 0{,}486$
sowie $P(W) = \frac{900}{1850} \approx 0{,}486$.
Die Blutgruppe ist nicht vom Geschlecht abhängig.

	W	$\overline{W}$	
A	359	379	738
$\overline{A}$	541	571	1112
	90	950	1850

5. $P(R) = 0{,}5 \cdot 0{,}7 + 0{,}5 \cdot 0{,}2 = 0{,}45$
$P(U_1 \cap R) = 0{,}5 \cdot 0{,}7 = 0{,}35$
$P_R(U_1) = \frac{0{,}35}{0{,}45} \approx 0{,}78 = 78\,\%$

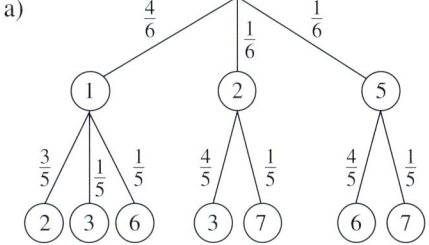

Testlösungen zum Kapitel XII (Seite 360)

1. b)

x_i	2	3	6	7
$P(X = x_i)$	$\frac{12}{30}$	$\frac{8}{30}$	$\frac{8}{30}$	$\frac{2}{30}$

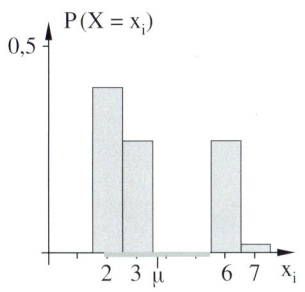

a)

c) $E(X) = \frac{11}{3} \approx 3{,}67$, $\sigma(X) \approx 1{,}85$

2. a) 1 Kugel:

x_i	-5	2
$P(X = x_i)$	$\frac{1}{3}$	$\frac{2}{3}$

$E(X) = -\frac{1}{3}$, $\sigma(X) \approx 3{,}30$

b) 3 Kugeln:

x_i	-8	-1	6
$P(X = x_i)$	$\frac{1}{5}$	$\frac{3}{5}$	$\frac{1}{5}$

$E(X) = -1$, $\sigma(X) \approx 4{,}43$

Die Strategie von Vera ist schlechter als die Strategie von Stefan.

3. a) Mittelwert A: 200; B: 200   Standardabweichung A: 160; B: 150

b) Maschine A sollte als nächste gewartet werden.

4. a) G: Guthaben/Verlust
$E(G) = \frac{1}{4} + 2 + 4 = \frac{25}{4}$, $\sigma(X) \approx 5{,}76$

g_i	1	4	16
$P(G = g_i)$	$\frac{1}{4}$	$\frac{1}{2}$	$\frac{1}{4}$

b) Das Spiel ist fair, wenn $E(G) = 4$ gilt.
$E(G) = \frac{1}{4} + a + a^2 = 4$. Wegen $a > 0$ muss $a = 1{,}5$ sein.

g_i	1	2a	$4a^2$
$P(G = g_i)$	$\frac{1}{4}$	$\frac{1}{2}$	$\frac{1}{4}$

Testlösungen zum Kapitel XIII (S. 388)

1. a) $n = 10$; $p = 0,4$; $k = 5$; $P(X = 5) = B(10; 0,4; 5) = 0,2007$

   b) $n = 10$; $p = 0,4$; $k \leq 2$; $P(X \leq 2) \approx 0,1673$

   c) Mehr Treffer als Nieten werden nur erzielt, wenn mindestens 6 Treffer erreicht werden:
   $n = 10$; $p = 0,4$; $k = 6, 7, \ldots, 10$
   $$P(X \geq 6) = B(10; 0,4; 6) + \ldots + B(10; 0,4; 10)$$
   $$= 0,1115 + 0,0425 + 0,0106 + 0,0016 + 0,0001 = 0,1663$$

   d) E_1: „erster Treffer im 10. Versuch", $P(E_1) = 0,6^9 \cdot 0,4 = 0,0040$

2. $n = 6$; $p = \frac{1}{3}$

   a)

x_i	0	1	2	3	4	5	6
$P(X = x_i)$	0,0878	0,2634	0,3292	0,2195	0,0823	0,0165	0,0014

   b) $\quad E(X) = 2$; $V(X) = \frac{4}{3}$ $\qquad$ c) $\qquad P(X \geq 4) = 1 - P(X \leq 3) \approx 0,1001$

3. a) Wurfserie zu A: $\quad$ ZZZZ
   Wurfserien zu C: ZZKK ZKZK ZKKZ KZZK KZKZ KKZZ

   b) $P(E_1) = \frac{1}{16}$; $\ P(E_2) = \frac{6}{16}$; $\ P(E_3) = \frac{10}{16}$

   c) $n = 10$; $k = 3$; $p = \frac{3}{8}$; $P(X = 3) = \binom{10}{3} \cdot \left(\frac{3}{8}\right)^3 \cdot \left(\frac{5}{8}\right)^7 = \frac{253\,125\,000}{2^{30}} \approx 0,2357$

   d) P(Spieler erreicht nie A bei n Spielen) $= \left(\frac{15}{16}\right)^n$
   P(Spieler erreicht mindestens einmal A bei n Spielen) $= 1 - \left(\frac{15}{16}\right)^n$
   $$1 - \left(\frac{15}{16}\right)^n \geq 0,9 \iff \left(\frac{15}{16}\right)^n \leq 0,1, \ \ n \geq \frac{\ln 0,1}{\ln \frac{15}{16}} \approx 35,68$$
   Der Spieler muss mindestens 36-mal spielen.

Testlösungen zum Kapitel XIV (S. 420)

1. a) $A \cdot B = \begin{pmatrix} 3 & 3 \\ 10 & 7 \\ -3 & 1 \end{pmatrix}$ $\qquad$ b) $A \cdot \vec{v} = \begin{pmatrix} 5 \\ 18 \\ -8 \end{pmatrix}$ $\qquad$ c) $A^4 = \begin{pmatrix} -4 & 13 & -13 \\ -13 & 48 & -52 \\ 0 & -13 & 22 \end{pmatrix}$

2. (1) richtig $\qquad$ (2) falsch $\qquad$ (3) richtig $\qquad$ (4) richtig

3. a) Eine stochastische Matrix A hat zwei Eigenschaften:
   (1) Ihre Elemente liegen zwischen 0 und 1: $0 \leq a_{ij} \leq 1$
   (2) Die Spaltensummen betragen alle 1.

   b) I ja, II nein (ein Element negativ), III ja, IV nein (2. und 3. Spaltensumme 1,4 bzw. 0,6)

4. a)

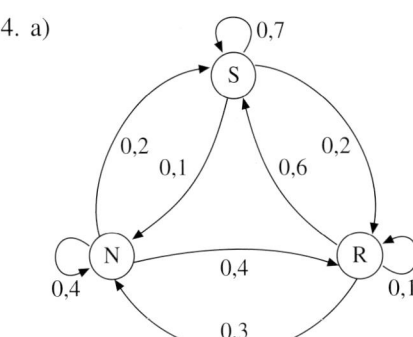

b)

	S	N	R
S	0,7	0,2	0,6
N	0,1	0,4	0,3
R	0,2	0,4	0,1

$$\vec{v} \approx \begin{pmatrix} 0,5753 \\ 0,2055 \\ 0,2191 \end{pmatrix}$$

c) $\quad \vec{v} = \begin{pmatrix} 1 \\ 0 \\ 0 \end{pmatrix}$; $M^2 \cdot \vec{v}_0 = \begin{pmatrix} 0,7 & 0,2 & 0,6 \\ 0,1 & 0,4 & 0,3 \\ 0,2 & 0,4 & 0,1 \end{pmatrix}^2 \cdot \begin{pmatrix} 1 \\ 0 \\ 0 \end{pmatrix} = \begin{pmatrix} 0,63 \\ 0,17 \\ 0,20 \end{pmatrix}$; übermorgen mit 63 %

$M^7 \cdot \vec{v}_0 = \begin{pmatrix} 0,7 & 0,2 & 0,6 \\ 0,1 & 0,4 & 0,3 \\ 0,2 & 0,4 & 0,1 \end{pmatrix}^7 \cdot \begin{pmatrix} 1 \\ 0 \\ 0 \end{pmatrix} = \begin{pmatrix} 0,576 \\ 0,205 \\ 0,219 \end{pmatrix}$; in einer Woche mit 57,6 %

d) Grenzmatrix: $M^\infty \approx M^{100} \approx \begin{pmatrix} 0,5753 & 0,5753 & 0,5753 \\ 0,2192 & 0,2192 & 0,2192 \\ 0,2055 & 0,2055 & 0,2055 \end{pmatrix}$

d) Fixvektor: $\vec{v} = \dfrac{1}{73} \begin{pmatrix} 42 \\ 16 \\ 15 \end{pmatrix} \approx \begin{pmatrix} 0,5753 \\ 0,2192 \\ 0,2055 \end{pmatrix}$

Stichwortverzeichnis

Bildnachweis

Titelfoto VISUM / Markus Bollen; **11** mauritius images / imageBROKER/Movementway; **12** Fotolia / big-label; **30** Fotolia / Andrey Bandurenko; **32** o. re. Shutterstock / bikeriderlondon; **32** u. li. mauritius images / Alamy / artpartner.de; **34** o. re. Shutterstock / Ammit Jack; **34** u. re. Shutterstock / Sergey Uryadnikov; **35** Fotolia / lucadp; **36** Shutterstock / Samot; **48** Shutterstock / wellphoto; **49** Mi. Fotolia / Gina Sanders; **49** u. re. Shutterstock / zentilia; **51** Shutterstock / Elenarts; **52** Shutterstock / mezzotint; **53** Fotolia / Kara; **57** Fotolia / Kevin Biberbach; **62** o. re. Shutterstock / Coprid; **64** o. re. Shutterstock / Alex Mischenko; **68** o. re. Fotolia / Kuleshin; **71** Mi. li. Fotolia / RGtimeline; **81** u. re. Fotolia / Romolo Tavani; **84** Mi. picture-alliance / dpa; **87** mauritius images / imageBROKER / Hans Blossey; **89** o. re. mauritius images / imageBROKER / Hans Blossey; **98** u. re. Cornelsen / Ulf Rothkirch / Microsoft® Office: Excel®-Screenshot; **106** akg-images; **109** imago / Hans Blossey; **132** Imago Stock & People GmbH / Hans Blossey; **135** Shutterstock / Inga Nielsen; **136** VISUM / Photoshot; **137** Fotolia / Kaspars Grinvalds; **138** u. re. Fotolia / lassedesignen; **138** o. re. Fotolia / Visions-AD; **142** o. re. Fotolia / Peer Frings; **143** Mi. re. Shutterstock / orin; **143** u. re. Fotolia / Hellen Sergeyeva; **144** Mi. re. Fotolia / Kovalenko Inna; **146** u. re. Fotolia / Digitalpress; **149** o. Fotolia / photosvac; **149** o. re. Shutterstock / Guzel Studio; **149** o. li. panthermedia / patrimonio; **150** u. re. Fotolia / Wolfgang Kruck; **151** KE Fotolia / sehbaer_nrw; **159** ullstein bild / Lebrecht Music & Arts; **160** akg-images; **169** Shutterstock / Maridav; **174** Shutterstock / GoodMood Photo; **179** Shutterstock / Aleksandar Mijatovic; **180** u. re. Shutterstock / Krom1975; **180** o. re. Shutterstock / deformer; **183** Shutterstock / racorn; **184** Mi. re. Shutterstock / Fotofermer; **184** o. re. akg-images; **185** u. re. Shutterstock / Andriy Solovyov; **186** u. re. Fotolia / Christian Schwier; **186** o. re. Shutterstock / viphotos; **186** Mi. re. Shutterstock / kochanowski; **187** Shutterstock / holwichaikawee; **188** Shutterstock / yuris; **189** o. re. Shutterstock / Teri Virbickis; **189** Mi. re. Shutterstock / nattanan726; **192** Shutterstock / Ufuk ZIVANA; **193** Fotolia / Adrian v. Allenstein; **206** u. re. Fotolia / haiderose; **207** u. re. Shutterstock / Menno Schaefer; **209** u. re. Shutterstock / Joseph Sohm; **217** Shutterstock / Vetapi; **218** Shutterstock / Zorandim; **219** Shutterstock / wavebreakmedia; **220** Shutterstock / Mikael Damkier; **222** Shutterstock / pgaborphotos; **223** u. re. Shutterstock / Peter Sobolev; **223** o. re. Shutterstock / iurii; **223** Mi. re. Shutterstock / ikayaki; **223** Mi. re. u. Shutterstock / Bildagentur Zoonar GmbH; **224** u. re. Fotolia / Edyta Pawlowska; **224** o. re. Fotolia / Donovan van Staden; **229** Archäologie Land Sachsen / Weida; **230** Shutterstock / f9photos; **231** Fotolia / borisb17; **232** Fotolia / Tyler Olson; **237** akg-images; **254** akg-images; **255** mauritius images / imageBROKER / fotosol; **256** Fotolia / BeTa-Artworks; **257** Fotolia / Adrian v. Allenstein; **278** Shutterstock / southmind; **283** Fotolia / brudertack69; **294** Shutterstock / Volodymyr Martyniuk; **299** Fotolia / Christian Schwier; **327** laif / Malte Jaeger; **330** u. re. Shutterstock / Keith Bell; **332** Mi. re. Fotolia / jentz5262; **337** Cornelsen / Jürgen Wolff; **341** Mi. re. Fotolia / EcoView; **345** KE Fotolia / Adrian v. Allenstein; **346** o. re. Shutterstock / Planner; **348** Mi. re. Shutterstock / Hein Nouwens; **350** u. re. Shutterstock / Asaf Eliason; **351** Mi. re. Shutterstock / Shestakoff; **351** u. re. Shutterstock / jps; **353** Shutterstock / Lisa S.; **354** Imago Sportfotodienst GmbH; **355** Mi. re. Fotolia / B. Wylezich; **355** u. re. Shutterstock / Viktor Kunz; **356** Mi. re. Shutterstock / Mirelle; **361** Fotolia / rcfotostock; **364** Glow Images; **367** Fotolia / VRD; **368** o. re. Shutterstock / nobeastsofierce; **371** Shutterstock / rsooll; **372** Fotolia / Tim UR; **376** Bridgeman Art Library / Look and Learn Magazine Ltd; **376** Mi. re. picture alliance / dpa; **376** u. re. Clip Dealer GmbH / Supertrooper; **377** o. re. Shutterstock / Santiago Cornejo; **377** Mi. re. Fotolia / mojolo; **377** u. re. Fotolia / Daniela Stärk; **378** o. re. Shutterstock / Felix Pergande; **378** Mi. re. Fotolia / Maxisport; **378** u. re. Fotolia / Fulcanelli; **379** Fotolia / LanaK; **381** Shutterstock / andras_csontos; **383** o. re. Fotolia / grgroup; **383** u. re. Shutterstock / ostill; **384** o. re. Fotolia / Gino Santa Maria; **386** o. re. picture-alliance / Leemage; **389** Fotolia / Yannic Rademacher; **390** Shutterstock / Rawpixel.com; **406** Shutterstock / Anna Jedynak; **407** Mi. Cornelsen / Dr. Norbert Koehler; **407** Mi. Cornelsen / Dr. Norbert Koehler; **407** u. Cornelsen / Dr. Norbert Koehler; **408** o. re. Shutterstock / bill smith; **408** Mi. / 3 Shutterstock / robuart; **408** Mi. / 1 Shutterstock / MarShot; **408** Mi. / 2 Shutterstock / ghrzuzudu; **409** o. re. Shutterstock / Dodrov Vitaliy; **409** u. re. Shutter stock / tr3gin; **409** Mi. / 1 Shutterstock / Marynka; **409** Mi. / 2 Shutterstock / Marynka; **410** Fotolia / dracozlat; **412** Cornelsen / Dr. Norbert Koehler; **414** Cornelsen / Dr. Norbert Koehler; **415** Mi. re. Fotolia / bluedesign; **415** u. Cornelsen / Dr. Norbert Koehler; **418** Shutterstock / 360b; **419** akg-images; **420** Shutterstock / Everett Historical; **421** VISUM / euroluftbild.de; **428** Shutterstock / Jens Lambert; **440** Fotolia / grgroup; **446** Mi. re. Fotolia / fotografiedk; **446** o. re. Fotolia / Fiedels; **447** mauritius images / imageBROKER